中国科学院科学出版基金资助出版

现代化学专著系列·典藏版　23

流态化过程工程导论

李佑楚　编著

科学出版社

北　京

内 容 简 介

本书以理论与实际、工艺与工程相结合的方法，全面概括了化工、冶金、煤炭、石油、材料、生化、环境等工业部门的各种流态化过程的工艺技术及其发展；以国际流态化工程技术发展为背景，系统总结了流态化工程的技术发展历程及其流动、传递的基本规律和理论，特别是我国学者在这些方面的贡献；从工业应用需要出发，重点介绍流态化过程的工艺设计和技术评价、反应器设计和工程化方法等。

本书可供从事化学工程、化工冶金、煤炭利用、石油加工、生物化工、环境工程等科研人员和相关工业部门的工程技术人员以及高等院校的本科生、研究生和教师参考。

图书在版编目（CIP）数据

现代化学专著系列：典藏版 / 江明，李静海，沈家骢，等编著. —北京：科学出版社，2017.1

ISBN 978-7-03-051504-9

Ⅰ.①现… Ⅱ.①江… ②李… ③沈… Ⅲ.①化学 Ⅳ.①O6

中国版本图书馆 CIP 数据核字(2017)第 013428 号

责任编辑：黄 海 宛 楠 / 责任校对：钟 洋
责任印制：张 伟 / 封面设计：铭轩堂

科学出版社 出版
北京东黄城根北街 16 号
邮政编码：100717
http://www.sciencep.com
北京厚诚则铭印刷科技有限公司印刷
科学出版社发行 各地新华书店经销

*

2017 年 1 月第 一 版 开本：B5(720×1000)
2017 年 1 月第一次印刷 印张：43
字数：843 000

定价：7980.00 元（全 45 册）

（如有印装质量问题，我社负责调换）

序

我于 1956 年回国到中国科学院化工冶金研究所（现中国科学院过程工程研究所）工作。该所创始人、所长叶渚沛先生要我用流态化技术从我国的贫矿、共生矿、难选矿中富集和提取有用金属。当时用化工技术处理金属矿在国际上也开始不久，因此化工冶金被视为新型交叉技术和科学。通常化学工程考虑的多半是最终的产品，而化工冶金需围绕金属原矿的特征，量身订制合适的工艺流程和创造所需的特殊设备，而其产品是化学元素周期表中众所周知的金属元素。但两者的共同点是，都从事物质的物理和化学转化的工艺过程。化学工程师的特殊能力是围绕不同的原料或产品，开发高效、经济的物质的物理和化学转化过程，但需要随时适应不同的原料和产品。通过这一理解，化工冶金研究所已于 2004 年改名为过程工程研究所，以便扩展猎取研究课题的视野和输出研究成果的对象，更有效地完成中国科学院前瞻、基础和引领的使命。

工程的进步标志为其科学含量，从特殊到一般的不断总结和一般到特殊的延伸。该书的出发点定位于过程工程，将已积累的流态化学识和经验（该书第一章）延伸到有关产业（第二～七章）。最后该书总结和讨论了流态化中 4 个特殊问题（第八～十一章）。分类合适，取题精确，如此形成一个完整的流态化技术科学体系。

流态化技术往往出现为厄长工业过程中的一部分，其效果的好坏取决于两个判据：第一是技术上的可行；第二是所属的过程整体是否在采用流态化技术后经济上更合理。工程与纯科学一个大不相同的特色，是工程多了一个 ¥（＄或€）参数及其与工程参数结合的技术经济关联。因此技术经济分析必须先行，首先要对于包含流态化技术的全工业过程进行物料、能量和化学平衡计算，绝不能在白图的基础上标榜流态化技术的优越性，甚至一步跃进到扩大实验，放大了可能的错误认识或判断。

流态化技术在民间的应用，例如，扬谷和淘金已无法追踪其起源。其工业应用可能始于用沙粒流态化床精选原煤，按密度差，煤上浮、脉石下沉。显著的化工应用为德国在第二次世界大战中的流态气化褐煤生产合成气及人造石油，为德军提供军用燃料。这些都早于现代化学工程的兴起，因此，迟至 20 世纪 40 年代才出现有关流态化的工程理论研究；化工教科书迟至 1950 年才出现有关流态化的章节。该书作者李佑楚 1962 年自天津大学毕业后到中国科学院化工冶金研究所流态化研究室工作，第一项工作是流态化磁化焙烧（弱还原）甘肃酒泉贫铁矿，该矿含难以分解的菱铁矿，作者采用了水蒸气催化分解的方法；后在安徽马鞍山从事贫铁矿及复杂铁矿的日处理百吨级的磁化焙烧中间实验；后为攀枝花矿的快速流态化焙烧完成了从颗粒与流体物性计算流态化床轴向孔隙率分布的方法。特别是后一工作使他成为 1989 年国家自然科学二等奖"无气泡气固接触"的得主之一。1986 年李佑楚接替本人主持中国科学院化工冶金研究所流态化研究室的工作，介入了更多的应用研究。他一直遵循理论与实践相结合、分析计算先行的工作原则，从事流态化的研究，不但在书中展示这一工作原则，并列出了他在理论上的研究和一些创新见解。李佑楚于退休后的数年中主动、单枪匹马撰写该书，总结 45 年的经验，以利后人，实属可贵。

科学出版社自 1958 年起为中国科学院化工冶金研究所出版过四本流态化方面的专著，并通过其《中国科学》杂志多次刊登有关论文。在编印中一贯精耕细作，希望此次科学出版社能将该书作为精品出版。

郭慕孙

2007 年 2 月 24 日

前　　言

　　流态化是强化流体与颗粒间接触和传递的工程技术，广泛应用于化工、冶金、石油、煤炭、材料、生化、环境等工业部门，形成了各种矿物资源综合利用、化石能源清洁转化、新型材料高效制备、生化转化污染控制的流态化过程。实践无数次证明，流态化技术的任何一次创新，都会明显地推动现行流态化工艺过程的进步和革新，取得明显的经济效益、环境效益和社会效益。

　　自从流态化技术大规模工业生产应用以来，经历了 80 多年的发展，流态化论文和科研报告不计其数，技术创新和发明层出不穷，流态化专著不断问世，标志着流态化由经验走向理论，由单纯技艺走向科学，逐步发展成为一门重要的工程科学，显示出旺盛的发展生命力，同时也为流态化过程的开发提供了技术保障。新世纪的经济发展面临着资源、能源、环境承受能力的挑战，用新型流态化技术改造传统工艺技术，催生高效、清洁的流态化新工艺，是经济发展的客观要求；掌握流态化过程的最新成果和工程方法，改造传统工艺技术，是从事过程工程技术人员的历史责任。然而，现已面世的流态化专著大多论述的是流态化力学特性，而涉及流态化过程工程的专著很少，即使有，也限于某一工艺过程，未见有涵盖各工业部门的不同工艺过程的专著出版，这不能不说是一个遗憾，也是一个缺陷。因而，出版一部与流态化应用相适应的流态化过程工程专著是十分必要的。

　　流态化过程工程涉及过程的工艺以及为实施该工艺的流态化工程技术，是一种理论联系实际、跨行业发展的工程科学。流态化技术离不开工业生产过程，工业生产过程需要流态化技术，两者彼此相互依存，相得益彰。在我国经济快速发展的新时期，流态化工程技术应该也可以为我国现代化建设发挥更大的作用，同时也会赢得自身发展不可多得的历史机遇。然而，行业的繁多、物系的庞杂、资源的不足、市场的分割，使得这种原本休戚相关的联系变得十分脆弱。另外，流态化技术的基础研究也因从业人员的知识背景不同，研究手段不同，分析方法不同，名词术语不同，工业界技术人员在这种浩瀚的文献面前常常会望而却步，使学术界与工业界的交流更加薄弱，其结果是工业生产过程得不到最新流态化工程技术的及时支持而老化，而流态化本身也会因脱离实际生产过程而丧失创新能力。强化学术界与工业界的技术交流是一种最好的解决办法，学术界面向生产，加强创新，以生产过程为本，开发生产急需的流态化新技术、新工艺和新设备，同时改进方法，做好服务，不失时机地向工业界介绍流态化技术的最新成果。编著这本《流态化过程工程导论》就算是朝向这一解决方法的具体行动，这也是编著这本专著的意义和作用之所在。

作者有幸在郭慕孙院士领导下的中国科学院过程工程研究所工作，一直从事流态化技术的基础研究和过程开发，经历过鼓泡流态化技术的发展，进行过快速流态化技术新领域的开拓，关注着气-液-固三相流态化技术的进展，同时用流态化技术原理进行过各种不同流态化技术的非金属矿物煅烧，金属矿物的氧化、还原、氯化及其他特殊的流态化焙烧，煤和生物质流态化的热解、汽化、燃烧，石油的催化裂化和热解，以及超细无机粉末材料的制备等流态化过程工程的研究。《硫酸工业》杂志 1979 年的约稿及其所给予的高度评价，使作者备受鼓舞，也深深感受到工业界的殷切期盼。在与工业界、研究院所的广泛交流中，受益匪浅，也体味到现实中的种种困惑与无奈，这使作者感到一种责任：应该回答他们心中想问的问题，介绍他们希望认知的新领域；《科学》杂志 1991 年的约稿，引起了作者对流态化技术及其应用的回顾，深感流态化工程的作用、挑战与机遇；1999年作者借为《中国现代科学全书（化学工艺-化工冶金篇）》撰稿之机，对中国科学院化工冶金研究所已有的化工冶金等工艺过程的研究思想和成果进行分析和概括，并参照国内外的发展现状做出评价。这些经历和积淀，为编写一本适应行业更宽、对象更广的"流态化过程工程"的专著创立了一定的基础。

本书旨在分门别类地讨论化工冶金、无机材料、煤炭加工、石油炼制、生化环境等工业生产中各种流态化过程，涉及这些过程的工艺原理、技术方案及发展趋势，介绍从过程设计、设备选型到确定最佳工艺流程的基本方法以及不同类型流态化反应器在不同工艺过程的应用及其模拟放大，为从事流态化工程科学研究和工艺过程开发的科技人员提供广泛的技术背景资料和研究流态化过程工程化所需的完整知识和方法。本书的编写特点是：

1) 注重理论联系实际。以流态化工业生产过程为重点，尽可能汇集现有的典型过程和生产经验，加强颗粒化学流体力学的基础理论，通过工程化学和流态化工程的理论分析，深入剖析工艺过程原理和技术特点，理性判断过程工程发展趋势，从便于科研与生产、科研院所与企业的交流，可帮助科研人员从生产过程的特点及其发展趋势出发，选择有关键作用的课题和研究方向进行研究开发，发展理论，同时有利于企业工程技术人员掌握和利用流态化技术的科研成果。

2) 力求理论原理统一。根据颗粒-流体系统的特点，以表观曳力两相流的理论方法观察各种不同的流态化现象，从散式流态化、聚式流态化以及新近发展的快速流态化和三相流态化，统一分析颗粒与流体相互作用的规律，使流态化过程工程在理论上具有系统性和统一性，以求内容简明扼要，表述逻辑合理，便于学术的交流和技术的比较。

3) 注重技术新颖先进。在保证理论的完整和满足应用的需要的前提下，特别注重可有效改进现有工艺过程的流态化新过程，如当前国际前沿的快速流态化和三相流态化的流态化新过程，以促进生产技术的进步。同时也要面对传统流态化工艺过程的现实作用，适当兼蓄传统与近期的流态化工艺过程，包括我们自己未曾发表而仍有应用价值的研究资料。

4）严格、严肃、科学、客观。广泛收集国内外流态化过程工程资料，着重流态化过程工程类型的完整，而不在于个案多少；着重原理、概念和方法，而不拘泥于具体操作和繁杂计算。严格概念定义，严肃资料筛选，科学论述贡献，客观评述分歧，指明被人们忽视或未曾注意的重要问题。

本书力图反映流态化过程工程的全貌，但有关气力输送，流态化加热、冷却、干燥等物理热过程，采用有关流态化力学特性和传递特性的基本知识就能解决，为突出重点，故不单列章节。此外，外力场下的流态化过程，如振动流化床、离心力流化床、电场流化床、磁场流化床等，因其流态化的原理有所不同而未予以收集。全书共 12 章，各章末尾给予小结和评述，并列有参考文献。

第一章介绍流态化过程工程赖以发展的流态化现象及其力学特性和传递特性，概述了流态化技术发展历程及具有标志性技术成就的流态化工业生产过程。

第二章论及非金属矿物高耗能加工的各种流态化过程，特别介绍作为基础工业原料的碳酸盐、硫酸盐、硅酸盐、含镁矿物的流态化煅烧过程的工艺原理和特点、技术方案和流程以及发展趋势。

第三章讨论了金属矿物加工的各种流态化过程，如金属矿物的氧化焙烧、还原焙烧、硫酸化焙烧、氯化焙烧、离析焙烧等过程的工艺条件、影响因素、生产过程及发展趋势。

第四章介绍了煤炭加工各种流态化过程的工艺特点和生产过程，阐述了燃煤取热和发电的沸腾燃烧、循环流化床燃烧、增压流化床燃烧等过程；分析了煤气化制合成原料气和燃料气的工艺原理和各种过程；讨论了煤的催化加氢、快速热解、加氢快速热解等直接液化过程。

第五章为石油热解和催化裂化的流态化过程，石脑油的流态化催化裂化制轻质燃料油，渣油的中、高温热解过程，重质油的流态化催化裂化制燃料油和乙烯、丙烷等低碳烃过程。

第六章是有关化学制备中的流态化过程，特别是有关细粉和超细粉物料的煅烧、易熔融物料热解等特殊流态化工艺方法，合成原料气催化合成液态烃和甲醇等 C_1 化学过程，石油烃的催化加工制有机合成单体以及单体的流态化气相聚合过程。

第七章生物转化和环境污染控制的流态化过程，特别是微生物、动植物细胞发酵培养，提取二次代谢产物如抗生素、生物酶等生物转化过程，生物酶催化如化工中发酵乙醇、发酵丁醇等生物催化过程，微生物发酵如环境保护中污水处理等生物降解过程。

第八章介绍流态化过程的过程类型、工艺设计、设备选型、过程计算，流化床反应器及其部件的设计等工程化方法。

第九章介绍鼓泡流化床反应器的流动、混合特性，反应器模型方法和工程设计。

第十章介绍快速流化床反应器的流动、混合特性，反应器模型方法和工程设计。

第十一章介绍液-固及气-液-固三相流化床反应器的流动、混合特性，反应器模型方法和工程设计。

第十二章展望新世纪的流态化过程工程的发展趋势，指出值得开发的重要流态化过程工程。

本书涉及当前国内外广泛的流态化过程，作者也望借此表达中国科学院过程工程研究所几代流态化过程工程科学家和科研人员多年的奋斗、思考和期盼，因此在一定程度上也可以说，它是中国科学院过程工程研究所流态化与多相反应工程科学家们共同的智慧成果。

本书能在享誉国内外的科学出版社出版，是我的荣幸，我要感谢中国科学院科学出版基金委员会的热情支持和大力资助。我要感谢科学出版社领导为本书出版所做的精心组织和周密安排，感谢责任编辑黄海先生和他的同事们认真负责的工作。

中国科学院过程工程研究所名誉所长郭慕孙院士对本书的出版给予了高度的关注和支持，并不辞辛劳地亲自为本书撰写序文，使我深受感动，万分感激。同时我要感谢我所各级领导对我们工作的支持和对我本人的关心，感谢我的同事们所做的种种贡献和对我的帮助。我还要感谢我的妻子沐静秋多年来对我的理解和支持，特别是在资料整理、书稿校对等方面所做的艰辛细致的工作。本书的出版还得到清华大学金涌院士的支持和举荐，作者在此表示衷心感谢。

流态化过程工程的资料是极其丰富的，限于篇幅，所选十分有限，加之是初次尝试，难免有不妥之处。同时由于作者的学术水平有限，错误在所难免，敬请批评指正，作者在此谨致衷心谢忱。

李佑楚

2006 年 12 月于北京

目　　录

第一章　流态化过程工程及其发展

人类的生存更多地依赖于对自然界固体物料的利用，人类所接触到的物质95％以上为固态，如何充分利用这些物质就成为人类争取生存和持续发展的永恒主题。固体物料的利用大多是通过流体的作用而得以实现，固体物料与流体相互接触和热、质传递是固体物质利用过程最基本的物理本质，是物质转化过程中的最重要步骤，是创立现代流态化技术的根基。

流态化技术的出现源于人们对固体物料加工效率强化的追求。固态物质加工利用的物理化学过程，因其块度大，比表面积小而不能与其他物质充分接触，物质转化的速度很慢，因而其传递和转化过程的速率远比以气态、液态形式参与的过程速率低，同时利用程度也低。为了提高固态物质的加工利用效率和利用程度，改变固态物质的加工状态是一种有效的技术手段，并得到不断发展和广泛采用，从而形成了现代工业的许多工业生产部门。例如，广为人知的石灰石煅烧过程，原本为百毫米级块度的固定床竖式窑、十毫米级移动床和回转窑煅烧技术，现今已发展为毫米级或更小块度的现代流态化煅烧技术了，其实质是强化了固体石灰石颗粒与热烟气之间的接触面积和热质传递，提高了生产效率，改善了产品质量，降低了生产成本，其成功的技术关键在于改变固体物料的粒度尺寸，并通过与流体的相互作用，形成不同的加工状态，直至形成一种类似于流体属性的加工状态，即"流态化"。大量事实表明，这种相际接触方式的创新和发展，都会不同程度地促进相关过程工程的更新和进步，从而提高工艺过程的生产效率，赢得较好的经济效益和社会效益。

流态化技术是既古老而又年轻的相际接触工程方法，现代流态化物理化学过程是强化物质转化过程的新成就。说其古老，是因为明代宋应星所著《天工开物》和西方 Agricola 所著 *De Re Metallia*（冶金术）中都记载有古代社会从矿物中富集金属的"淘金盘"、跳汰法以及分离谷物中杂物的风力扬析法等事例，前者是古代的液固流态化，后者是古代的气固流态化；说其年轻，是从 1879 年世界上第一个流态化技术专利问世至今只有 130 年，从世界上第一个流态化工业装置 Winkler 煤气化炉出现至今约 80 年，从 1940 年石油流态化催化裂化过程成功到现代流态化技术的广泛应用至今约 67 年；自 1956 年 Othmer 发表第一部流态化专著至今不过 50 年，特别是流态化过程仍然在迅速地发展，每年有成千上万份的研究报告、论文、专著发表，每年有大量新的流态化过程诞生，流态化技术依然是一门新型的充满活力的现代工程技术。

1.1　流态化力学特性

1.1.1　流态化现象

物质按其所处的条件不同通常可表现为气态、液态或固态。所谓"流态（化）"既非气态、液态，也非固态，而是流体与固体颗粒物料相互作用、通过动量传递而形成的一种新的具有流体属性的状态。"流态化"就是借助颗粒与流体（气体或液体）接触，对被加工的固体颗粒物料或者对气体或液体进行加工的状态，以进行有效物质和能量的转化。图 1-1 表示了一种将固体颗粒转化为"流态化"的装置和方法，它由一个圆柱形的容器和一个分布室组成，其间安装一个可允许流体通过的多孔分布板，尚且将这一系统称为流化床。在床层底部和床层上方空室的侧壁上分别安有 U 形压力计和差压变送器取压头以测量床层的流动压降；用光导纤维探头、动量探头、电容探头、电导探头等以测量床层的流动结构。差压变送器等探头输出的电信号，经转换用计算机进行实际记录和数据处理，分析床层的实时结构。

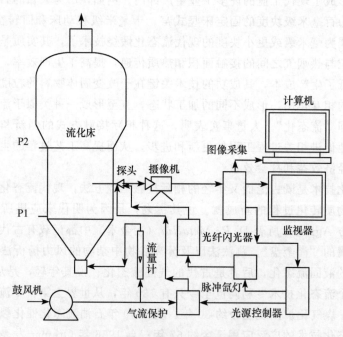

图 1-1　颗粒物料流态化装置及方法

在该流化床中装入一定量的固体颗粒物料构成一定料层的固定床，然后向流化床下端的分布室通入一定量的流体（气体或液体），该流体将穿过分布板向上流过固体颗粒料层，通过床层顶部出口排出床外。实验观察发现，随着流体流率的增大，床层的流动压降相应增加，当流体流率达到某一值时，床层压降等于单位断面床层中颗粒物料的净重而不再随流体流率的增大而增加，此时，静止不动的颗粒开始振动，然后床层有微小膨胀，床层压降略有下降，颗粒床层由固定床转变为流化床；随着流体流率逐渐增大，床中固体颗粒可以自由移动，直至做不规则的随机运动；随着流速的进一步增加，整个床层显示出某些液体属性的特征；床层颗粒间距离扩大，床层进一步膨胀。不难看出，原本静止的固体颗粒现已转化为"流体"的状态，故称之为流态化。因此，可以说，流态化的含义就是指固体颗粒物料在流体（气体或液体）的作用下，由原始相对静止的状态转变为具有某些液体属性的流动状态。将初始发生的流态化叫初始流态化，将对应初始出现该流动状态的流体速率称之为初始流态化速度或最小流态化速度，也因流化点处于固定床状态和流态化两种床层状态边界上，故又称之为临界流态化及临界流态化速度。图 1-2 表示的是颗粒均匀分散在流体之中的流动特征，在对数坐标

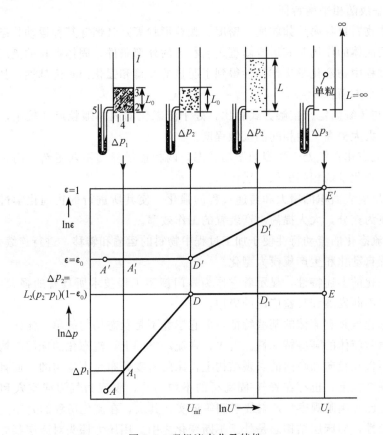

图 1-2　理想流态化及特性

上床层压降和空隙率与流体流速之间表现为线性的依赖关系[1]，是一种理想的流动状态，故称之为理想流态化。

1.1.1.1　流态化特性

上述实验表明，流态化体系属于由颗粒与流体构成的混合物，但它具有某些液体的流动特性，例如：

它像液体一样，有一个清晰的上界面，且保持水平状态；

它像液体一样，能从一个高位容器自动流入另一个低位容器；

它像通常的流体一样，流化床中的静压仅与床层的深度和密度成正比，而与其水平位置无关；

它像流体一样，也具有一定的黏度；

它像液体一样，其上方空间总存在与之处于平衡的"气相"，即流化床中细颗粒可被流体从床层中带出并在其上方空间中形成稀薄细粒"蒸汽相"，显示出类似于气-液两相平衡特征。

固体物料自身属性如粒度、密度、颗粒形状等是其惯守某种运动状态的内在条件，而流体的作用是其形成新型运动状态的外部条件。固体颗粒的流态化使其在加工过程中物理化学工作特性得到了明显的改善和强化而具优越性，具体表现在以下几个方面：

1）与传统固定床接触方式相比，处于流态化的固体颗粒尺寸较小，比表面积较大，大大提高了两相间的接触程度。

2）流态化颗粒处于强烈的湍动状态，两相接触界面不断更新，两相间速度差较大，强化了两相间的热、质传递。

3）反应表面积的增大和传递过程的强化，使其所进行的物理化学过程更为完全、更为充分，大大提高生产装置的工作效率。

4）流态化的流动特性便于加工过程中物料的运输和转移，进行连续化操作，实现过程自动化和生产规模大型化。

流态化的上述特性，显示着它作为一门新型工程技术所具有的强大生命力，并能获得不断发展和日益广泛的应用。

流态化虽具有流体的某些特征，但它毕竟不是状态均匀的单一流体，存在着有别于通常流体的某些特殊性。首先，在流动空间上，流态化的床层结构是不均匀的，不仅在径向和轴向的宏观结构上，床层密度分布是不均匀的，而且在床层局部微观结构上，也存在着气-固离析的不均匀性，表现为气泡或空穴和颗粒团聚体，这已为肉眼观察、X射线观测等证实；其次，在流化历程的时序上，存在着不稳定性，即床层结构总是处于不断变化之中。用压力探头对床层某处进行探测，所得到床层压力动态特性属典型随机波动信号，表明了床层结构的明显的不均匀和不稳定的特性。

流化床层的不均性在一定程度上反映了床层颗粒与流体两相接触程度尚未达到完全；另外，气固混合相当完全，它们在流化床中的停留时间具有宽分布特性，因而限制了反应过程的选择性和转化率的提高，降低了反应器效率。

1.1.1.2　流态化体系

流态化系统涉及气固系统、液固系统和气、液、固三相系统。系统的属性也千差万别，如固体颗粒尺寸有大有小，相差可达 3 个数量级之大；颗粒的密度也有大有小，颗粒与流体的密度差也很大，可达 1～3 个数量级。系统属性的不同决定着系统的力学特性，如颗粒间黏附力、两相界面曳力、非稳态流动的附加力，因而，颗粒流体系统是个复杂的非线性系统，是个有着多态的复杂体系。

流态化操作也因条件不同而异。在重力场下，液固系统可表现为固定床、散式流态化以及液-固并流向上、液固并流向下和液固逆流等不同的流态化操作。粗颗粒气固系统可表现为固定床或喷动床、鼓泡流态化直至气力输送，而细粒气固系统则可表现为固定床、散式膨胀、鼓泡流态化、湍流流态化直至气固并流向上的快速流态化、气力输送，还有气固并流向下的下行流态化，以及气固逆流的不同操作状态。气-液-固三相系统也可表现为固定床、三相流态化。除重力场外，对颗粒-流体系统附加其他外力场，以建立起具有特殊功能的新的流态化操作，如磁场流态化、电场流态化、离心力场旋转流态化、搅拌流态化、振动流态化、脉动流态化等。现有实际流态化体系综合表示见表 1-1。

表 1-1　实际流态化体系

流动方向\流态化体系	经典流态化	广义流态化		
	流体向上	同向向上	同向向下	两相逆流
液固系统	固定床　散式流态化	液固输送		逆流浸洗
气固系统	固定床 散式膨胀 鼓泡流态化 喷动床	快速流态化 气力输送	下行流态化	淋雨流态化 筛板流态化
气液固系统	固定床　三相流态化	循环流态化	三相流态化	浆态流化床
外力场系统	脉动流态化 搅拌流态化 振动流态化 磁场流态化 电场流态化 离心力场流态化			

1.1.1.3　流化床的流变性

1. 流化颗粒的流变性

具有"流体"属性的流化颗粒床层有没有黏度，其数值是多少，曾为人们所关注。实验研究的回答是肯定的。

研究各种不同物系的流变性，即剪切应力与剪切应变率的关系发现，一般可用流动方程表示为

$$\tau - \tau_0 = k \left(\frac{\mathrm{d}u_x}{\mathrm{d}y} \right)^{n-1} \left| \frac{\mathrm{d}u_x}{\mathrm{d}y} \right| = \mu_a \left| \frac{\mathrm{d}u_x}{\mathrm{d}y} \right| \tag{1-1}$$

其中

$$\mu_a = k \left(\frac{\mathrm{d}u_x}{\mathrm{d}y} \right)^{n-1} \tag{1-2}$$

式中：τ 为剪切应力；τ_0 为屈服应力；$\dfrac{\mathrm{d}u_x}{\mathrm{d}y}$ 为应变率；μ_a 为表观黏度；k 为稠度系数。表观黏度与形变率之间为幂函数关系，又名幂律规则，一般关系如图 1-3 所示。

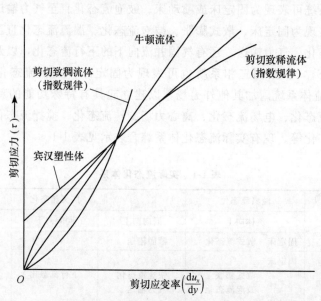

图 1-3　流体的不同类型及其流变特性

黏度通常用黏度测定仪测定。黏度测定仪有多种，然而，既要适应颗粒流化物系又要能将其剪切应力与剪切应变率的关系转化成流动方程，采用库尔特（Couette）黏度计较为合适。库尔特黏度计为两个同轴式转鼓，内、外转鼓半径分别为 R_i 和 R_a，内鼓长为 L。若颗粒流化床层离内鼓的距离为 r，内鼓以 ω 的角速度旋转，测定其旋转时受到的力矩 M_i，则剪切应力 τ（或 $|R_y|$）为

$$\tau = \frac{M_i}{2\pi r^2 L} \tag{1-3}$$

$$d\tau = -\frac{M_i}{\pi r^3 L} dr \tag{1-4}$$

$$\frac{d\tau}{\tau} = -2\frac{dr}{r} \tag{1-5}$$

而应变率 $\dfrac{du_r}{dy}$ 因为 $u_r = r\omega$，则

$$\frac{du_r}{dy} = -r\frac{d\omega}{dr} \tag{1-6}$$

式（1-6）代入流动方程变为

$$\frac{du_r}{dy} = f(\tau) = -r\frac{d\omega}{dr} = 2\tau\frac{d\omega}{d\tau} \tag{1-7}$$

故

$$d\omega = \frac{1}{2} f(\tau) \frac{d\tau}{\tau} \tag{1-8}$$

令 $S^2 = \dfrac{R_i^2}{R_a^2} = \dfrac{\tau_i}{\tau_a}$

$$r = R_i \text{ 时，} \quad \omega = \Omega; \quad \tau = \tau_i$$
$$r = R_a \text{ 时，} \quad \omega = 0; \quad \tau = \tau_a = \tau_i/s^2$$

积分式（1-8），得到

$$-\int_\Omega^0 d\omega = \frac{1}{2}\int_{\tau_i/s^2}^{\tau_i} \frac{f(\tau)}{\tau} d\tau = \Omega \tag{1-9}$$

式（1-9）中变形率 Ω 与剪切应力 τ 的关系由实验测定。

Schugerl[1]对流化床的流变性进行了实验研究。流化床中的固体颗粒随着流化气速由小至大的逐渐增加，床层中的固体颗粒将由固定床状态转变为流态化，当气速的进一步增加，床层中将会出现气泡等复杂情况。在这一流化过程中，床层中任何细微的状态变化，都会对剪切应变图产生明显的影响，即该床层的流变性是敏感多变的。

临界流态点附近的流变性通过流化不同物料进行了观测，它表明，在颗粒开始流化之前，处于固定床状态的床层有一"弹性"形变。例如，在黏度计转鼓施加一力矩条件下，由于颗粒处于静止而无位移，即 $\Omega=0$，剪切应力的存在使床层发生"弹性"变形；随着力矩的增加至某一值 τ_0 时，超过床层颗粒"弹性"形变的应力极限，颗粒将开始运动或流动，床层将发生非弹性变形了，转鼓开始旋转，此时叫流动极限，τ_0 叫极限剪切应力。粒径 $250\mu m$、密度 $2880kg/m^3$ 的玻璃珠用气速 $6cm/s$ 操作的床层，其剪切应变图表示在图 1-4。由此图可见，当应力略超过 τ_0（$\Omega=0$）后，转鼓开始旋转，床层中的剪切应力开始从流动极限

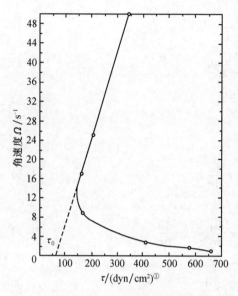

图 1-4　临界流化点附近的剪切应力变化图

$\Omega=0$ 起逐渐减小，经过一个最小值，然后又逐渐增大，表现为塑性体的特性。

当床层超过临界流化点后，由于气泡的出现和颗粒粒度的不均匀，床层可能出现部分流化和部分不流化的复杂状态。当气速给定时，增加转鼓转速 Ω，床层的剪切应力从流动极限 τ_0 已处于 0 值增加至一最大值，然后逐渐减少并经过极小值后再增加。在一定气速和转速下，随着气速的增加，其流动极限 τ_0 迅速减小，而床层的压降相应增加，达到临界流化状态后，流动极限 τ_0 将消失。

在流化床完全流化后，多于临界流化速度的那部分气体，将以气泡形式通过床层。当气泡在固体颗粒床层中上升时，气泡将对颗粒床层产生剪切作用，而且气泡表面附近的应力将超过流动极限，因而气泡表面附近的颗粒发生流动，具有"润滑"作用。由于气泡的这种"润滑"作用，颗粒床层尽管不是流体，然而却表现出良好流动性。

试验测定表明，颗粒床层处于固定床或半流化床，在角速度 Ω 为 0 时，其黏度为无穷大；在很小剪切率范围内，黏度是很高的。总的说来，它们具有在 $\Omega=0$ 时的塑性流体或宾汉体相似的特性，不可能给出一个有效黏度数据。颗粒床层完全流态化，床层稳定，可以获得有效的剪切图，并能估计其有效黏度。

Schugerl[2] 的实验结果表明，流化床的黏度因物系不同而异，粗颗粒物料的流化床的黏度较高，而细颗粒物料的流化床的黏度较低。流化床的黏度随操作速度的增加而减小，当气速达到某一值时，除细粉外，其黏度趋于恒定，如图 1-5 所示。流化床的黏度曾用不同形式的黏度计进行过测定[3~9]，所得的实验结果表明，颗粒粒径大、密度高，通常在相对高的流速下才能达到稳定的黏度值；粒径小、密度高的颗粒，其床层黏度将随流速增加通过一最小值后达到一个恒定的黏度。对密度低的颗粒，不管其粒径大小如何，随着流速的增加，床层黏度也通过一最小值后达到一个恒定极限值，密度低，床层黏度低；对于粗而重的颗粒，其颗粒形状和表面光滑程度对床层黏度没有明显影响；对于极轻的颗粒如软木粒和极细的颗粒，因其内摩擦力远远大于其重力，在很低剪切率下，床层结构即被破坏，而新形成的床层结构主要取决于流速，而且恢复得很慢，因而很难得到规则

注①：$1\text{dyn}=10^{-5}\text{N}$，下同。

剪切图，无法计算其黏度。

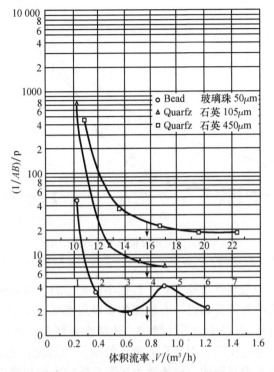

图 1-5　黏度和体积流率（体积变量 V）的典型关系[2]

○ $d_p=50\mu m$ 玻璃珠；▲ $d_p=105\mu m$ 石英砂；□ $d_p=450\mu m$ 石英砂

2. 流化床的黏度

流化床的黏度可利用巴罗斯基法，将测得的规则剪切图转化为流动方程，从而得到黏度。Schugerl[2]对粒径为 $275\mu m$ 密度、$2650kg/m^3$ 的石英砂完全流态化的剪切应变图进行了测定，表示在图 1-6 中。从该图可以看出，除气速为 4.57cm/s 的低气速流化情况外，在较高气速操作时，流化颗粒表现为几乎相近的拟塑性流体特性，而低速操作，则略微显示有宾汉流体的特性。

流动剪切图 1-6 所表示的 τ 与 Ω 的依赖关系可用双曲正弦函数来描述，即

$$\Omega = B_1' \sinh(B_2'\tau) \tag{1-10}$$

式中：B_1'、B_2' 为实验常数。

值得注意的是，流化床剪切图并不完全遵从双曲正弦函数方程（即不规则性），即在低剪切速度 Ω 时，服从双曲正弦函数方程，而在高 Ω 值条件下，则偏离了双曲正弦函数方程，我们将该偏离点的应力和应变速率称为临界应力 τ_k 和临界应变率（角速度）Ω_k。许多流化床流变性研究表明，剪切图的不规则性与

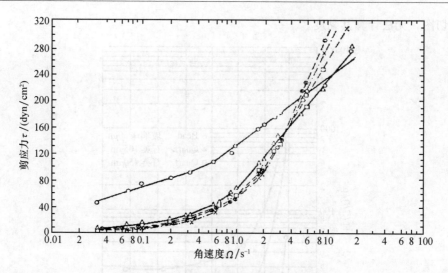

图 1-6　完全流化的颗粒床层的剪切图[2]

操作气速/(cm/s)：○-4.57；△-5.58；□-6.60；×-7.55；○-9.50

颗粒的性状有关，一般定性的规律是：粒径小而光滑的、流动性好而动能小的颗粒床层，有着较宽的规则剪切图，有较高的临界角速度 Ω_k，超过 Ω_k 时，显示出第二类偏差（陡增）；粒径小而不光滑的、流动性差而动能小的颗粒床层，只有在高速流下才形成稳定流动，而且具有较低的临界角速度，超过 Ω_k 也将表现为第二类偏差。粒径大而光滑的、流动性中等而动能较大的颗粒床层，具有较高的 Ω_k，在很宽范围内出现正规剪切图；粒径大而不光滑的、流动性差的颗粒床层，只有高速流下才稳定，得到正规的剪切图，这后两种物系在高于其相应的 Ω_k 后，均发生第一类的偏差（骤减）。对于粒度小、形状不规则、能量又低的软木塞颗粒床层，根本就没有规则的剪切图。超细粉体的剪切图有待进一步研究。

　　利用巴罗斯基方法将测得的规则剪切图其转化为流动方程，将式（1-9）展成级数，有

$$f(\tau) = 2\tau \sum_{k=0}^{\infty} S^{2k}\Omega'(S^{2k}\tau) \tag{1-11}$$

规则剪切图表达式服从式（1-10），将其求导数，有

$$\Omega' = B_1'B_2'\cosh(B_2'\tau) \tag{1-12}$$

　　将式（1-12）代入式（1-11），得到

$$f(\tau) = 2B_1'B_2'\tau \sum_{k=0}^{\infty} S^{2k}\cosh(S^{2k}B_2'\tau) \tag{1-13}$$

式（1-13）通过数据的数值拟合和求解，仍然得到双曲正弦函数形式的方程

$$f(\tau) = B_1\sinh(B_2\tau) \tag{1-14}$$

B_1 和 B_2 为常数，通过实验数据拟合而求得。

$$B_1 = \alpha_1 \exp(-B_2 \varepsilon_1) \tag{1-15}$$

式中：当 $d_p \leqslant 0.1\text{mm}$ 的石英砂和玻璃珠，有

$$\alpha_1 = 150 d_p^{1.5}$$

$$\varepsilon_1 = 700 d_p^{1.5}$$

当 $d_p \geqslant 0.1\text{mm}$

$$\alpha_1 = 6$$

而

$$B_2 = \sigma_2 \frac{d_p^2}{(U - U_{mf}) U_{mf}} \tag{1-16}$$

式中：对于玻璃珠，$\sigma_2 = 0.325$，对于石英砂，$\sigma_2 = 0.61$。

令流化床的流度为 $\phi_B(\tau)$，并定义如下

$$\phi_B(\tau) = \frac{f(\tau)}{\tau} = \frac{B_1 \sinh(B_2 \tau)}{\tau} \tag{1-17}$$

当 τ 很小时，有

$$\phi_B(\tau) \big|_{\tau \to 0} \approx B_1 B_2 \tag{1-18}$$

当 τ 很大时，有

$$\phi_B(\tau) \big|_{\tau \to \infty} \approx \frac{B_1}{2\tau} \exp(B_2 \tau) \tag{1-19}$$

相反，流化床的有效黏度 $\mu_B(\tau)$ 为流度的倒数，因而有

$$\mu_B(\tau) = \frac{\tau}{f(\tau)} = \frac{\tau}{B_1 \sinh(B_2 \tau)} \tag{1-20}$$

将式（1-15）和式（1-16）与式（1-18）和式（1-19）联立，得到

$$f(\tau) = \alpha_1 \exp\left(-\frac{700 \sigma_2 d_p^{3.5}}{(U - U_{mf}) U_{mf}}\right) \sinh \frac{\sigma_2 d_p^2 \tau}{(U - U_{mf}) U_{mf}} \tag{1-21}$$

这表明，流化床具有自身的特性黏度，而且是随剪切应力而变的，属非牛顿流体。

在剪切应力 τ 很小时，有

$$\mu_B(\tau) \big|_{\tau \to 0} = \frac{1}{B_1 B_2} = \frac{(U - U_{mf}) U_{mf}}{\sigma_2 d_p^2 \alpha_1} \exp\left[\frac{700 \sigma_2 d_p^{3.5}}{(U - U_{mf}) U_{mf}}\right] \tag{1-22}$$

这表明，只有在剪切应力 τ 很小时，流化床可以具有一个与剪应力无关的有效黏度。而当剪切力很大时，有

$$\mu_B(\tau) \big|_{\tau \to \infty} = \frac{2}{B_2} \tau \exp(-B_2 \tau) \tag{1-23}$$

对于流速 U 足够高时，$\dfrac{700 \sigma_2 d_p^{3.5}}{(U - U_{mf}) U_{mf}} \ll 1$，则

$$\exp\left[\frac{700 \sigma_2 d_p^{3.5}}{(U - U_{mf}) U_{mf}}\right] \approx \frac{700 \sigma_2 d_p^{3.5}}{(U - U_{mf}) U_{mf}} \tag{1-24}$$

于是有当 $U \gg U_{mf}$，式（1-24）代入（1-22），得到

$$\mu_B(\tau)\big|_{\tau \to 0} \approx \frac{700 d_p^{1.5}}{\alpha_1} \tag{1-25}$$

这说明，在高速操作下，床层的有效黏度接近一个极限值。

若当 $d_p > 0.1\text{mm} = 100\mu\text{m}$ 时，有

$$\alpha_1 = 150 d_p^{1.5}, \quad \mu_B(\tau)\big|_{\tau \to 0} \approx 4.7\text{dyn} \cdot \text{s/cm}^2 \tag{1-26}$$

当 $d_p < 100\mu\text{m}$ 时

$$\alpha_1 = 6, \quad \mu_B(\tau)\big|_{\tau \to 0} = 117 d_p^{1.5} \tag{1-27}$$

由上述分析可知，在高速操作下，流化床层具有一个有效黏度极限值。当颗粒粒径小于 $100\mu\text{m}$，床层表观黏度与流速无关，而随粒径的减小而减小，参见式（1-27），而且粒度越小，床层有效黏度接近极限黏度值越快。当颗粒粒径大于 $100\mu\text{m}$ 时，床层表观黏度与流速和颗粒粒径无关，参见式（1-26）；对于粗颗粒，这个极限值通常是难以达到的。

实验测定表明，流化床的黏度与流化速度有密切关系，流速低时，特别是接近临界流化点时，流化床层的黏度很高；增加气速，床层黏度迅速下降，并像式（1-26）和式（1-27）预测的那样，在高气速下将趋向于一恒定值，如图 1-5 所示。有时由于在增加气速的过程中，床层出现塌落而使床层密度增加，导致床层黏度通过一最小值，然后床层恢复稳定，床层黏度达到一个与气速无关的稳定值。

Hagyard 和 Sacerdote[4] 将运动黏度与归一化速度（流速/颗粒直径）的关系进行了关联，如图 1-7 所示，在低速时，床层运动黏度很高，而在高速时，床层运动黏度将与流速无关。

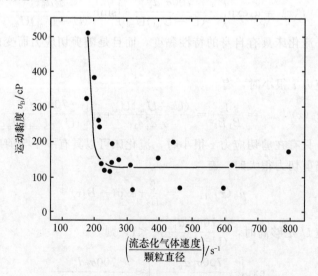

图 1-7　流化床运动黏度与归一化速度的关系[4]

流化床的气体分布板对流化状态有重要影响，因而将影响流化床的黏度。不同分布板如网状分布板、孔板分布板等流化床层，随着离开分布板距离的增大，床层局部黏度减小；网状分布板比孔板状分布板的床层黏度高得多；孔板分布板床层黏度与径向位置无关，而网状分布板的流化床层中心区黏度最高，边壁处黏度最低。床层黏度的不同及其分布不均匀，导致床层各处流动阻力的不同，形成不同的流动状态。

不同特性颗粒的流化床的黏度测定表明，粗而重的 B 类和 D 类物料所形成的流化床，其有效黏度一般为 5～10P；颗粒小、密度低的颗粒物料流化床，其有效黏度为 1～5P，如聚丙乙烯粒子流化床黏度为 1P。理想液固流态化床层、低固含率悬浮液、细颗粒气固流化床通常为较接近于遵守牛顿定律的黏性流体，而其他高固含率液固流态化床层和颗粒粗而重的气固流态化床层，具有较强的非线性特点，偏离牛顿流体特性。认识这些特性是利用这些特性进行实用的前提。

3. 颗粒床层内作用力

床层中颗粒间的作用力使其具有一定黏度，当其发生剪切变形时，首先因改变取向和运动而形成新的床层结构，尽管这种变形率对床层密度的影响是微不足道的，然而却使剪应力显著下降，即黏度因此而改变，随剪切率增加而减小；其次颗粒除平动外，剪切作用力的存在使颗粒发生旋转，剪切率可增大颗粒旋转的角速度，又将使床层黏度减小。

Schugerl[2]采用空穴理论研究了流化床中颗粒的平均位移与剪应力的关系，从理论上得到经验流动方程中常数 B_1 和 B_2 的表达式

$$B_1 = \left(\frac{\alpha_p}{\delta_p}\right)\left(\frac{1}{t_0}\right)\exp(-\beta W)\ (s^{-1}) \tag{1-28}$$

和

$$B_2 = \frac{\alpha_p \beta}{2\delta_p n_p}\left(\frac{cm^2}{erg^{①}}\right) \tag{1-29}$$

式中：δ_p 为两相邻颗粒间的中心距，cm；α_p 为两相邻空穴间的距离，cm；β 为颗粒的平均动能的倒数，erg^{-1}；$1/t_0$ 为颗粒振动的频率，s^{-1}；n_p 为单位体积中颗粒数目，cm^{-3}；W 为颗粒迁移过程中的活化能，erg。

对于气固流化床，粗略得到颗粒平均动能如下

$$\beta^{-1} = C(U - U_{mf}) \cdot U_{mf} \tag{1-30}$$

$$B_2 = \varepsilon_1 \beta \tag{1-31}$$

由式（1-15）和式（1-16），有

注①：$1erg = 10^{-7}J$。

$$\alpha_1 = \left(\frac{\alpha_p}{\delta_p}\right)\left(\frac{1}{t_0}\right)s^{-1} \tag{1-32}$$

$$\varepsilon_1 = \frac{W}{V_b} = 700d_p^{1.5}(\text{dyn/cm}^2) \tag{1-33}$$

通常 $\alpha_1 = 8 \sim 50s^{-1}$

$$\frac{W}{V_b} = \varepsilon_1 = 6 \sim 250(\text{dyn/cm}^2)$$

Buysman 和 Peersman[10]根据粒度为 $250\mu m$ 光滑玻璃珠流化床的剪切图的测定，估计了颗粒间的相对作用力。当在剪切率 $\Omega = 0.031s^{-1}$ 时，颗粒床层产生的剪切力约为 10dyn/cm^2，每颗粒所受重力约为 $1.5 \times 10^{-2}\text{dyn}$，颗粒间的作用力为 $0.75 \times 10^{-2}\text{dyn}$。颗粒间的摩擦力与颗粒所受重力差不多，而是颗粒间的作用力的 2 倍。因此，在有规则流动方程的流化床中，剪切力与重力属同一量级，大于颗粒间的作用力，而当颗粒间摩擦力比重力大得多时，就不存在规则的剪切图了，意味着离牛顿流体属性更远。

流化床的流动阻力是由床层中固体颗粒间的静态作用和动态作用力所引起的内摩擦造成的。所谓静态作用力，主要有重力、范德华力、静电力、内含水分引起的毛细管力等，而动态作用力包括有压力、附加质量力、贝鲁特力、塞夫曼力等。流化物系属性不同，其静态作用力不同，从而显示出不同的流变特性或黏度，特别是非理想流化物系呈现着多态性，因而其流变性更为复杂，从宾汉体到低黏流体的各种特性均有可能存在。

不同物系特性的流化床，具有不同的流变特性，从而导致不同的流动阻力，可以形成不同类型的流态化。认识流化物系的流变特性是改善流化状态、发展流态化理论的基础。

1.1.2　流态化类型

1.1.2.1　流化质量

实际的颗粒流体系统的特定的流变性，其流化床层结构远不如理想流态化的均匀、稳定，也就是说，床层并非为理想的均匀性结构。因而，实际流态化应用中的流化质量就成为一个非常突出的问题。

实验观测表明，液-固流态化通常都显示出良好的流化质量，然而，气固流态化则有明显不同。当气体速度超过临界流态化速度之后，多于临界流态化速度的那部分气量，将发生气固离析，形成其中几乎不含固体的气泡；床层则由气泡相和被流化颗粒乳化密相组成。气泡尺寸在其沿床上升过程中逐渐长大，而气泡上升速度因气泡尺寸变大而加快。Harrison 等[11]认为，气泡内的气体以与气泡上升速度相近的速度循环，当其超过颗粒的终端速度，床层中的颗粒就被吸入气泡的尾涡之中，气泡将因此而趋向于崩溃。显然，颗粒的终端速度越大，气泡的最大稳定尺寸也越大。不言而喻，粗而重的颗粒床层，会有较大的稳定气泡尺寸，床层均匀性差，流化质量不好；细而轻的颗粒床层，有较小的稳定气泡尺寸，床层均匀性程度高，流化质量好。

流化颗粒床层的不均匀性源于气泡的形成和运动，气泡的合并和破碎导致床层局部压力的变化。因而床层压力波动信号，如图1-8所示，是床层的不均匀性的一种反映（不包含气体分布板的影响）。在流态化流化质量的早期研究中，大多采用流化床层起伏比或压力波动信号的波动幅度定性判定流化床均匀程度。对于一个稳定操作的流化床层，体现流化质量的压力波动信号属平稳随机过程，在一定时间间隔里，压力波动信号 $P(t)$ 的统计特性具有重现性，因而可以作为流化质量的定量判据。如采样时间或周期为 T（一般 $30\sim60\text{s}$），满足采样定律，采样时间间隔为 Δt（7.8ms 或 15.6ms），则相应的采样次数 $N = T/\Delta t$，压力波动信号的样本函数 $P(t)$，均值或数学期望为

$$E[P(t)] = \frac{1}{N}\sum_{N}^{1} P_k = \mu_p, \quad k = 1, 2, \cdots, N \tag{1-34}$$

其方差为

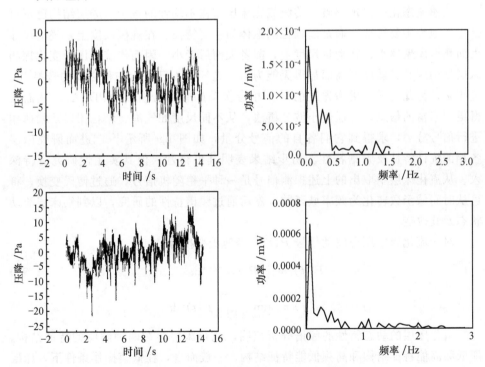

图 1-8　流化床床层压力波动信号实录

$$D(P) = E\{[P(t) - \mu_{\mathrm{p}}]^2\} = \frac{1}{N}\sum_{k=1}^{N}(P_k - \mu_{\mathrm{p}})^2 \tag{1-35}$$

当然也可用均方差 $\sigma(P)$ 来判别流化质量

$$\sigma(P) = \sqrt{D(P)} \tag{1-36}$$

均方差愈大，流化床层波动幅度愈大，均匀性愈差，流化质量愈差。应该指出的是，流化床层压力波动信号不仅与物系特性（颗粒的粒度、流体的密度、黏度）、设备的几何结构（床层直径、分布板形式、床层高度、进气方向等）有关，而且还与操作条件等有关。因而这些判据缺乏可比的统一标准，而只具有相对的定性意义。

刘得金[12]将流化床的节涌状态定为最不均匀状态，其均方差也为最大 $\sigma_{\max}$，并有

$$\sigma_{\max} = \frac{1 - \varepsilon_{\mathrm{mf}}}{2} \tag{1-37}$$

进而定义了床层不均匀度为

$$\delta(u) = \frac{\sigma}{\sigma_{\max}} \tag{1-38}$$

当 $\delta(u) = 0$，床层完全均匀，属于理想散式流态化，$\delta(u) = 1$，床层发生节涌式的不均匀流态化。

快速流态化的出现突破了传统流化床层结构不均性的概念。床层结构已不再是以气泡为主要特征，而是以颗粒团聚体为主要特征。在规模尺度上，气泡尺寸大而颗粒团聚体小；在动量尺度上，前者大而后者小。因而传统的压力变化探测床层结构因其灵敏度不高而显得无能为力，光纤探头已成为一种必要的选择[13]。近年来，为此而采用更为先进的激光相位多普勒颗粒分析仪（PDPA），从而获得更为丰富的信息，并通过小波分析法，从不同尺度如气泡、颗粒团以及稀薄相进行信号分解，求得到它们各自的信号分量，如图 1-9 所示[14]，进而研究床层各相的统计特性及频谱特性。初步结果表明其可行性，但其实用性研究有待深入。从流化床层中取出的上述探测信号是一种平稳随机信号，通过傅氏变换，将可从时间域函数转化为频率域函数，然后通过频谱特性的研究，以判别床层流动状态及其改变。

对于流化床层压力波动信号 $P(t)$，经傅氏变换得

$$P(f) = \int_0^T P(t)\mathrm{e}^{-\mathrm{j}2\pi ft}\,\mathrm{d}t \tag{1-39}$$

$$G(f) = \lim_{T \to \infty}\frac{1}{2T}\int_{-1}^{T}P(t)^2\,\mathrm{d}t \tag{1-40}$$

流化床层的动态特性的频谱分析表明，流化床层存在两种鲜明的特征结构，即低频高能特征结构和高频低能特征结构。一般而言，在低速操作条件下，床层以气泡为主要特征，通常显示为低频高能特征；而在高气速操作条件下，床层气

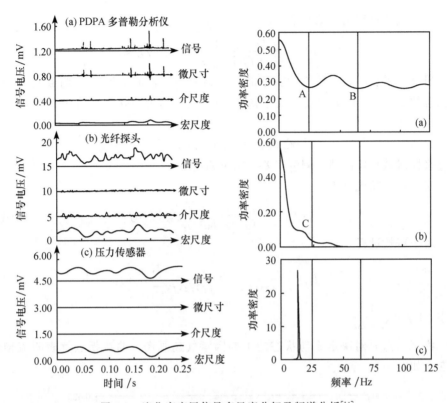

图 1-9　流化床床层信号多尺度分解及频谱分析[14]

泡消失，表现为颗粒团聚体的高频低能特征。前者床层不均匀性突出，流化质量差；后者床层结构较均匀，流化质量好。在这里，操作气速十分重要，同时物系特性也同样重要。

对 x 和 y 两点检测的两个压力波动信号 $P_x(t)$、$P_y(t)$ 作如下变换，有

$$P_x(f) = \int_0^T P_x(t) e^{-j2\pi ft} dt \tag{1-41}$$

$$P_y(f) = \int_0^T P_y(t) e^{-j2\pi ft} dt \tag{1-42}$$

它们的自功率谱函数

$$G_{xx}(f) = \frac{2}{T} |P_x(f)|^2 = \frac{2}{T} P_x^*(f) P_x(f) \tag{1-43}$$

$$G_{yy}(f) = \frac{2}{T} |P_y(f)|^2 = \frac{2}{T} P_y^*(f) P_y(f) \tag{1-44}$$

互功率谱函数

$$G_{xy}(f) = \frac{2}{T} P_x^*(f) P_y(f) \tag{1-45}$$

定义线性过程的凝聚函数

$$\gamma_{xy}(f) = \frac{|G_{xy}(f)|^2}{G_{xx}(f)G_{yy}(f)}, \quad 0 \leqslant \gamma_{xy}^2 \leqslant 1 \tag{1-46}$$

研究结果表明，每种流动状态的功率谱有一个特征主频 f_m。将互功率谱的凝聚函数 $\gamma_{xy}^2(f)$ 和主频处的凝聚函数 $\gamma_{xy}^2(f_m)$ 作为流化床层流型的转变的判据[15]

$$\gamma_{xy}^2(f_m) = \max[\gamma_{xy}^2(f)] \tag{1-47}$$

通过采样时域平均以消除测量误差，结果如下：

对于连续随机过程

$$\bar{\gamma}_{xy}^2(f_m) = \frac{1}{(f_2 - f_1)} \int_{f_1}^{f_2} \gamma_{xy}^2(f)\mathrm{d}f \tag{1-48}$$

对于离数过程

$$\bar{\gamma}_{xy}^2(f_m) = \frac{1}{1 + (f_2 - f_1)/\Delta f} \sum_{i=f_1}^{f_2} \gamma_{xy}^2(f_i) \tag{1-49}$$

式中：$\Delta f = \dfrac{1}{N \cdot \Delta t}$

将 $\gamma_{xy}^2(f_m)$ 对决定流动状态的主要因素气速画图，曲线拐点就表明流型的转变，如图 1-10 所示。

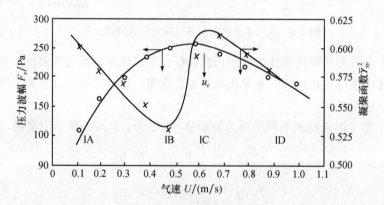

图 1-10　流化床流型转变与随机信号频谱分析[15]

（硅胶 B；$\phi139\mathrm{mm}$ 床）

A—B——典型鼓泡流化区；B—C——过渡区；C—D——湍动流化区

1.1.2.2　散式流态化和聚式流态化

流态化类型涉及床层结构和流动特性。在早期的流态化研究中，人们已经发现两类床层结构特征不同、膨胀特性各异的流态化，即散式流态化和聚式流态化[16]。平稳、均匀的液固流态化通常属散式流态化，而气固流态化则属于聚式流态化，因物系特性，特别是颗粒物料的粒度特性不同所致。图 1-11 表明[17]，物料粒度与床层膨胀特性的关系，图中纵坐标 m 为流化床床层空隙率函数对操作雷诺数的斜率。可以看出，当粒径＞0.5mm（0.0195in（非法定单位，1in＝2.54cm，下同）），气固流态化与液固流态化的膨胀特性差异不大，而当粒径＜0.5mm，则存在明显差异，且随粒径减小而加剧。

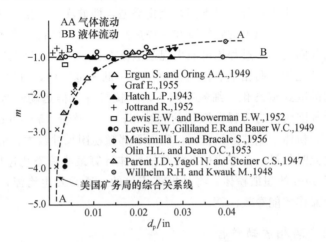

图 1-11　液固流态化和气固流态化的膨胀特性与粒径的关系[17]

通过对物系参数和操作参数的因次分析，获得系统可能发生的流态化类型的判据。Wilhelm 和 Kwauk[16] 判据：

$$Fr_{mf} = \frac{U_{mf}^2}{d_p \cdot g} \tag{1-50}$$

$$Fr_{mf} < 0.13 \quad 为散式流态化 \tag{1-51}$$

$$Fr_{mf} > 1.3 \quad 为聚式流态化 \tag{1-52}$$

Romero 和 Johnson[18] 还引入了流化床的几何尺寸因素，并提出如下判据：

$$Fr_{mf} \cdot Re_{mf} \left(\frac{\rho_s - \rho_f}{\rho_f}\right)\left(\frac{L_{mf}}{D_t}\right) < 100 \quad 为散式流态化 \tag{1-53}$$

$$Fr_{mf} \cdot Re_{mf} \left(\frac{\rho_s - \rho_f}{\rho_f}\right)\left(\frac{L_{mf}}{D_t}\right) > 100 \quad 为聚式流态化 \tag{1-54}$$

式中

$$Re_{mf} = \frac{d_p \cdot U_{mf} \cdot \rho_f}{\mu_f}$$

随着流态化应用领域扩展和基础研究的深入，流态化类型由早期两大类扩展为散式流态化、聚式流态化和三相流态化三大类，同时对气固聚式流态化进行了更细的分类。Geldart[19] 通过对现有的不同物系的流化床层结构特征的鉴别，他认为聚式流态化又可细分为如下四种类型，即他定义的 D 类物料（相当粗颗粒）的喷动流态化、B 类物料（中粗颗粒）的砂性鼓泡流态化、A 类物料（细颗粒）的充气流态化和 C 类物料（粉体）的沟流流态化（极难流态化），然而，他对 C 类物料的流态化特性尚无充分的观测研究结果，并非都属极难流化的（沟流流态化），鼓泡流态化与喷动流态化也难界定区别。近年来对 C 类物料气固流态化的深入研究，将聚式流态化分为以下四种流化类型，即鼓泡流态化、细颗粒低速下的散式流态化、细粒高速下的颗粒凝并（快速）流态化、微粉的聚团流态化。各种粒径颗粒的气固流态化过程均可能出现鼓泡流态化，床层以气泡为非连续相和被流化的颗粒乳化相等两相组成；细颗粒在某一低速范围内，可以形成无气泡、床层结构均匀的散式流态化；细粒高速下，颗粒具有成群运动趋势而成非连续相，而气体由气泡转化为含稀薄颗粒的连续相；对于微粉（5～25μm），则会形成聚团流态化，粉体形成球形微粉团，床层下部微粉团尺寸较大，沿床层向上逐步减小，不过此时的最小流态化速度将是按粉体计算最小流态化速度的 10 倍以上。对于小于 5μm 的超细粉体，将是极难流化的，通常发生沟流，只有采取特殊措施的流化操作才能奏效。

1.1.2.3　两相流动特性

在如图 1-1 所示的装置里，当流体速度超过初始或最小流态化速度并进一步增加时，床层中颗粒可以自由运动，床层体积发生膨胀，床层的空隙率增大，但因床层中颗粒物料的重量基本不变，因而床层压降也保持不变，如图 1-2 所示的床层空隙率和床层压降与床层流体通过速度的关系。当流体速度进一步增大而达到某一值时，颗粒物料将从床中溢出，因而床内颗粒浓度将急剧减小，空隙度增大，床层压降也相应迅速下降，直至全部固体颗粒从床层中吹出，则床层空隙率接近 1，而床层压降减小至零。通常将这一速度称之为吹出速度，在数值上，这个速度接近于颗粒在该流体中的自由沉降速度 U_t。根据图 1-2 所示的床层压降与流体通过床层流速的关系，可用以下经验公式描述：

对固定床

$$\Delta P_p = L_0 (1 - \varepsilon_0)(\rho_s - \rho_f)\left(\frac{U_f}{U_{mf}}\right)^m \tag{1-55}$$

式中：U_f 为流体通过床层断面的速度，$U_f \leqslant U_{mf}$。

对流化床

$$\Delta P_f = (1 - \varepsilon_f)(\rho_s - \rho_f)g L_f \tag{1-56}$$

值得注意的是，对于实际流态化而言，在流体速度逐渐增大的过程中，由于流体速度径向不均匀分布，床层宏观平均密度也将由基本均匀分布过渡到不均匀分布，即中心区稀薄，边壁区浓密，同时还有可能出现上部床层稀薄、下部床层浓密的不均匀分布状态。对于气固体系和颗粒物料粒度不均匀的流动系统，这种现象将更加突出。不过，由于床层固体物料的不断被带出但又未能得到补充，流化状态将不能持续存在。传统上，将流体速度小于吹出速度所能呈现的持续稳定流态化归属于经典流态化。

如果在床层底部以从床层上部带出的颗粒物料相同的流率向床层下部不断补充固体物料，则上述的流化过程仍能得到延续，保持一种稳定的流化状态。此时系统进入一个输送状态，对于一个给定的流速，若补充的固体物料流率越高，从床中带出物料自然也就越多，当达到平衡时，则形成的流化床层的固体颗粒浓度或床层密度也越高，床层空隙度越小，床层压降随之增大。当补充的固体物料流率增加至某一值时，床层密度达到最大即达到了饱和，该固体流率就是对应于该气速的饱和夹带量。如在该气速下进一步增加固体流率，则床层由于固体物料过浓而阻塞，称之为噎塞现象。对于一个新的流速，在相同固体流率下，床层密度将随流速的增大而下降，或床层空隙率将随流速的增加而增大。显然，与经典流态化不同的，该流化床层密度或空隙率，不仅与流速有关，而且还有固体流率有关，不再是仅由流体流率所决定。尽管在此涉及的仅是颗粒—流体逆重力并流向上操作，但还存在颗粒—流体顺重力并流向下和逆流向下等多种操作状态，郭慕孙将它们统称为广义流态化。

应该强调的是，两相流动特性与物系特性有关。对于经典流态化，不同颗粒流体系统，其床层的流动特性如床层特征随流速的变化规律（或图 1-2 中曲线斜率）不尽相同，不仅液固散式体系与气固聚式体系之间存在明显差别，即使气固聚式体系，粗颗粒、细颗粒物料和粉体的流动特性也存在巨大的差别。例如，B 类粗颗粒用空气流化，随着气速的增加，床层经历着由固定床、临界流化、鼓泡流态化、直至单粒的气力输送状态；对于 FCC 催化裂化微球催化剂和 Al_2O_3 等 A 类细颗粒物料，如图 1-12 所示，随着气速的增加，床层将经过固定床、临界流态化、散式膨胀、最小鼓泡点、鼓泡流态化、湍流流态化、快速流态化（当向系统补充固体物料时），直到颗粒团的气力输送状态[20,21]；而对微米级的超细粉体，通常气体以沟流形式通过床层，床层很难形成正常的固定床和初始流化状态，只有当气速足够大时，床层的沟流被破坏而形成流态化，然而粉体在流化运动过程中逐渐聚集为有一定尺寸球形固体粉料团，成为一种新的聚团流态化，甚至聚团气力输送状态。

不同粒径颗粒物料流化时特性的巨大差异，主要来源于颗粒物料所受到外界作用力及其所占的相对比重不同而形成了不同的流变特性，通常最为重要的有颗粒自身的重力、颗粒间表面力和流体对颗粒的摩擦曳力。对于单位质量固体物料，单个粗颗粒的重力较大，表面力和曳力都较小，颗粒几乎以单个颗粒运动，当其所受的曳力达到颗粒重力时，颗粒处于近乎自由沉降状态，或将以其自由沉

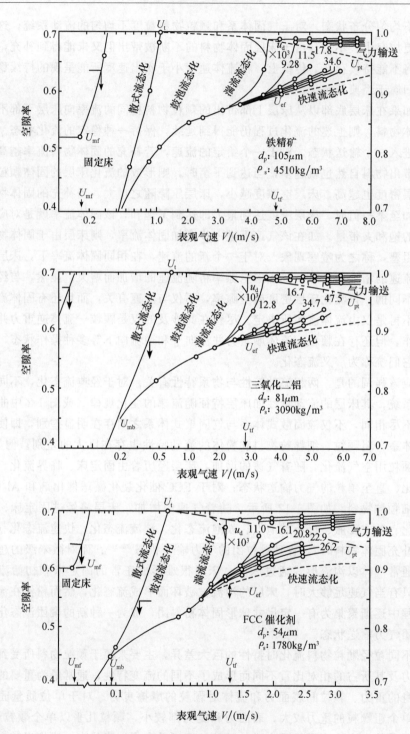

图 1-12　不同细粒物料流态化状态图[20,21]

降的速度被带出床层；对于细颗粒，颗粒间的表面力大为增加，由于内聚力的作用，细颗粒有成团运动的趋势，与单个细粒相比，聚团的所受重力较大，颗粒相互遮蔽，与流体接触的表面相对而言减小了，因而对于相同流速所产生的曳力也相应减小了。综合起来，细粒聚团所受重力大而表观曳力较小，因而，需要远高于单粒自由沉降速度操作以获得较大的表观曳力，才有可能与聚团重力相平衡。实验表明，细颗粒物料当其有足够固体浓度时，就可以在远高于其单粒自由沉降速度下进行正常的流化操作。不难看出，物系特性，特别是固体颗粒粒度和密度对其流动特性有重大影响。

1.1.3 流体与颗粒相互作用

颗粒床层的结构是由固体颗粒与颗粒间的空隙组成，床层中空隙占有床层的体积分数叫作床层空隙分数或空隙率。床层的空隙构成流体流动的通道，这些通道犹如形状各异的管道，流体通过固体颗粒床层的流动，在某种程度上与单相流体通过管道流动的情况类似，因而，可以借拟管道流动模型来处理流动实验结果。

1.1.3.1 流动模型

1. 拟管道模型

（1）模型分析

流体通过管道流动的一般方程为

$$\frac{\Delta P}{L} = \frac{k}{g}\frac{\mu_f^{2-n}}{\rho_f^{1-n}}D_t^{n-3}\cdot U_f^n \tag{1-57}$$

对于层流，$n=1$，实验测定 $k=32$，故

$$\Delta P = 32\frac{\mu_f L}{g D_t^2}U_f \tag{1-58}$$

或

$$\frac{1}{2}\cdot\frac{\Delta P g D_t}{L\rho_f U_f^2} = f = k\left(\frac{D_t U_f \rho_f}{\mu_f}\right)^{-1} = \frac{16}{Re} \tag{1-59}$$

故

$$f = \frac{16\mu_f}{D_t U_f \rho_f} \tag{1-60}$$

对于湍流，n 不为常数，随 Re 变化而变。

流体通过床层颗粒间空隙的流动，这些空隙连成的弯曲通道可比拟为空管，但此时不同的是，通过空隙孔道的流速应为

$$U_\varepsilon = \frac{U_f}{\varepsilon\cos\theta} \tag{1-61}$$

孔道的长度 L_ε 应为

$$L_\varepsilon = \frac{L}{\cos\theta} \tag{1-62}$$

$\cos\theta$ 与床层颗粒的形状和排列有关。而孔道截面的水力直径

$$D_h = \frac{2\varepsilon d_p}{3(1-\varepsilon)} \tag{1-63}$$

将 U_ε、L_ε、D_h 的值代替式（1-57）中相应的量，即可得到流体通过颗粒床层作层流流动压降公式

$$\Delta P = \frac{32\mu_f U_\varepsilon L_\varepsilon}{g_c D_h^2} = C \frac{U_f L \mu_f}{d_p^2 g_c} \cdot \frac{(1-\varepsilon)^2}{\varepsilon^3} \tag{1-64}$$

对于层流流动，实验发现 $\theta = 45° \sim 37°$，即 $C = 144 \sim 200$，保守的作法，取 $C = 200$，于是

$$\Delta P = 200 \frac{U_f L \mu_f}{d_p^2 g_c} \cdot \frac{(1-\varepsilon)^2}{\varepsilon^3} \tag{1-65}$$

或表示为准数形式

$$\frac{1}{2} \frac{\Delta P}{L} \frac{d_p^2 g_c}{\rho_f U_f^2} \frac{\varepsilon^3}{(1-\varepsilon)^2} = 100 \left(\frac{d_p U_f \rho_f}{\mu_f}\right)^{-1} \tag{1-66}$$

$$f_m = 100/Re_p \tag{1-67}$$

式中

$$f_m = \frac{1}{2} \frac{\Delta P}{L} \frac{d_p^2 g_c}{\rho_f U_f^2} \frac{\varepsilon^3}{(1-\varepsilon)^2} \tag{1-68}$$

$$Re_p = \frac{d_p U_f \rho_f}{\mu_f} = \frac{d_p G}{\mu_f} \tag{1-69}$$

对于湍流流动，G 为质量流率，流动方程可表示为

$$f_m = \frac{1}{2} \frac{\Delta P d_p g_c \rho_f \varepsilon^3}{L G^2 (1-\varepsilon)^{3-n}} = \varphi \left(\frac{d_p G}{\mu_f}\right)^{n-2} \tag{1-70}$$

对于非球形颗粒，引入与等当量球体积的表面积比 ϕ_s 作为形状因数，式中 d_p 应代之以 $d_p \phi_s$，因而适用于任意形状颗粒床层的流动方程可表示如下：

对层流

$$f_m = \frac{1}{2} \frac{\Delta P}{L} \frac{\rho_f g_c \phi_s^2 d_p}{G^2} \frac{\varepsilon^3}{(1-\varepsilon)^2} = 100 \left(\frac{d_p G}{\mu_f}\right)^{-1} \tag{1-71}$$

对湍流

$$f_m = \frac{1}{2} \frac{\Delta P}{L} \frac{\rho_f g_c \phi_s^{3-n} d_p}{G^2} \frac{\varepsilon^3}{(1-\varepsilon)^{3-n}} = \varphi \left(\frac{d_p G}{\mu_f}\right)^{n-2} \tag{1-72}$$

（2）流动实验结果

式（1-71）和式（1-72）表达了流体通过颗粒床层的各参数间的相互关系，据此，将修正的摩擦因素 f_m 与修正雷诺数 Re_p 的实验结果表示如图 1-13。流体通过颗粒床层在不同的流速下形成不同的流动状态，对于 $Re_p < 10$，f_m 与 Re_p 成线性关系，斜率 $n=1$，属层流流动状态；当 $10 < Re_p < 10^4$，流动属过渡流的状态，n 值随 Re_p 而变；当 $Re_p > 10^4$，此时，$n=2$，流动为湍流状态。

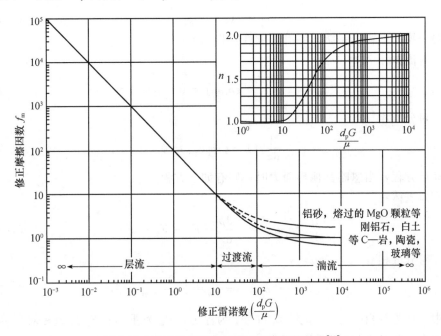

图 1-13 修正摩擦因素与修正雷诺数的关联[17]

（3）流动参数的经验关联

Ergun[22]对流体通过固定颗粒床层的流动进行了充分的研究，提出了床层压降与流速的经验关联式

$$\frac{\Delta P_p}{L} = 150 \frac{(1-\varepsilon)^2}{\varepsilon^3} \frac{\mu_f U}{d_p^2} + 1.75 \frac{(1-\varepsilon)}{\varepsilon^3} \frac{\rho_f U^2}{d_p} \tag{1-73}$$

该式可对固定床的流动压降进行预测，同时也可用于临界流化点附近的流化床压降的估计，但不适用于高膨胀流化床的情况。

2. 表观曳力模型

拟管道模型在一定条件下、一定的范围内可以描述颗粒层床的流动及床层的膨胀特性。然而，如上所述，对于有些流态化及快速的受阻沉降，拟管道模型已显得不再有效，于是表观曳力模型成为关联这类试验结果的有力工具。

　　表观曳力模型基于流体绕球运动理论，单颗粒曳力模型已有不少研究[2,23]，表明表观曳力模型能对均匀分布的流态化和受阻沉降现象以合理描述。对于流体-颗粒群两相流系统，则可用如下表观曳力模型分析[21,24]，令床层的空隙体积分数为 ε，流体和固体的质量流率分别为 G_f 和 G_s，它们的速度分别为 u_f 和 v_s，因而有

$$G_f = \varepsilon \rho_f u_f \tag{1-74}$$

$$G_s = (1-\varepsilon)\rho_s v_s \tag{1-75}$$

故对一维的颗粒群系统，则有连续性方程如下

　　对流体相

$$\frac{\mathrm{d}}{\mathrm{d}z}[\varepsilon \rho_f u_f] = 0 \tag{1-76}$$

　　对分散相

$$\frac{\mathrm{d}}{\mathrm{d}z}[(1-\varepsilon)\rho_s v_s] = 0 \tag{1-77}$$

而动量方程，当忽略其他界面力时，则有如下方程

　　对流体相

$$\frac{\mathrm{d}}{\mathrm{d}z}[\varepsilon \rho_f u_f^2] = -\frac{\mathrm{d}p}{\mathrm{d}z} - F_d - F_{gf} - F_{ff} \tag{1-78}$$

　　对分散相

$$\frac{\mathrm{d}}{\mathrm{d}z}[(1-\varepsilon)\rho_s v_s^2] = F_d + F_b - F_{gs} - F_{fs} \tag{1-79}$$

式中：P 为每相压力；F_d 为曳力；F_b 为浮力；F_g 为重力；F_f 为每相对器壁的摩擦力。并可表示为

$$F_d = \frac{3}{4}C_D(1-\varepsilon)\frac{\rho_g}{d_p}[\varepsilon(u_f - v_s)]^2 \tag{1-80}$$

$$F_b = (1-\varepsilon)\rho_f g \tag{1-81}$$

$$F_{gf} = \varepsilon \rho_f g \tag{1-82}$$

$$F_{gs} = (1-\varepsilon)\rho_s g \tag{1-83}$$

$$F_{ff} = 2f_{wf}\frac{\rho_f}{D_t}v_f^2 = \left(\frac{\mathrm{d}p_{ff}}{\mathrm{d}z}\right)_f \tag{1-84}$$

$$F_{fs} = 2f_{ws}\frac{\rho_s}{D_t}u_d^2 = \left(\frac{\mathrm{d}p_{fs}}{\mathrm{d}z}\right)_s \tag{1-85}$$

式中：C_D 为颗粒群的平均表观曳力系数；f_{wf} 和 f_{ws} 分别为流体相和分散相的壁摩擦系数，并可用以下方法估计：

　　对层流

$$f_{wf} = \frac{16}{Re} \tag{1-86}$$

对湍流

$$f_{wf} = \frac{0.046}{Re^{0.2}} \tag{1-87}$$

而 f_{ws}，一般可用下式估计为

$$f_{ws} = 0.0285/(v_s/\sqrt{gD}) \tag{1-88}$$

式中

$$v_s = u_f - U_t \tag{1-89}$$

由式（1-75），可得到

$$G_s = (1-\varepsilon)\rho_s v_s \tag{1-90}$$

$$\frac{dv_s}{dz} = \frac{G_s}{(1-\varepsilon)^2 \rho_s} \cdot \frac{d\varepsilon}{dz} \tag{1-91}$$

$$\frac{d}{dz}[(1-\varepsilon)\rho_s v_s^2] = G_s \frac{dv_s}{dz} \tag{1-92}$$

对于气固混合物，其动量方程可写为

$$G_f \frac{du_f}{dz} + G_s \frac{dv_s}{dz} = -\frac{dp}{dz} - (1-\varepsilon)\rho_s g - \varepsilon\rho_f g - F_{ff} - F_{fs} \tag{1-93}$$

气固之间的相互作用可表示为

$$G_s \frac{dv_s}{dz} = \frac{3}{4}(1-\varepsilon)(\rho_s - \rho_f)gC_D \frac{Re_s^2}{Ar} - (1-\varepsilon)(\rho_s - \rho_f)g \tag{1-94}$$

对于充分发展的流动，式（1-93）和式（1-94）联立，于是有

$$-\frac{1}{(1-\varepsilon)} \frac{1}{(\rho_s - \rho_f)g}\left(\frac{dp}{dz} + \frac{dp_{ff}}{dz} + \frac{dp_{fs}}{dz} + \varepsilon\rho_f g\right) = \frac{3}{4}C_D \frac{Re_s^2}{Ar} \tag{1-95}$$

或

$$-\frac{1}{(1-\varepsilon)} \frac{1}{(\rho_s - \rho_f)g}\frac{dP}{dz} = \frac{3}{4}C_D \frac{Re_s^2}{Ar} = \beta \tag{1-96}$$

式中

$$-\frac{dP}{dz} = -\frac{dp}{dz} - \varepsilon\rho_f g - \frac{dp_{ff}}{dz} - \frac{dp_{fs}}{dz} \tag{1-97}$$

表观曳力系数 C_D 可用单球曳力系数 C_{Ds} 和曳力系数空隙率修正函数 $f(\varepsilon)$ 表示，即

$$C_D = f(\varepsilon) \cdot C_{Ds} \tag{1-98}$$

曳力系数空隙率修正函数的含义是表明周围其他颗粒对沉降颗粒的影响程度，与床层中颗粒数目的多寡（即床层空隙率）有关。单球自由沉降时曳力系数

可用下式计算

$$C_{Ds} = \frac{24}{Re_s} + \frac{3.6}{Re_s^{0.313}} \quad 当\ Re_s < 800 \tag{1-99}$$

式（1-96）是一个颗粒流体两相充分发展的垂直稳态流动的广义化方程，它可适用固定床、流化床、快速流态化床、受阻沉降、输送等不同流动状态[25]。式中 Ar 表征重力，$C_D Re_s^2$ 表征流体对分散相的曳力，β 代表曳力与重力之比，称之为对比力。流动状态由对比力所决定，然而状态的不同，其表观曳力系数 C_D 有所不同，反过来影响曳力大小和对比力，导致状态的变化。

1.1.3.2　流动状态与曳力系数

如前所述，物系不同，流动状态不同，其曳力系数也不相同，因而必须通过实验以测定不同流动状态的曳力系数。

1. 自由沉降

自由沉降是指单个颗粒在无限大的介质范围里作恒速沉降。此时，没有器壁摩擦，也没有周围其他颗粒的干扰，因而

$$\beta = 1; \quad Ar = \frac{3}{4} C_{Ds} Re_s^2 \tag{1-100}$$

式中：C_{Ds} 为单粒自由沉降时的曳力系数。球形颗粒的曳力系数的实验研究颇多，表 1-2[26]列出代表性的关联式及误差范围。不难看出，表中克莱夫特和高文（Clift 和 Gauvin）的公式适应 Re 范围最宽，准确性较高。

当 $Re_t < 3 \times 10^5$

$$C_{Ds} = \frac{24}{Re_t}(1 + 0.15 Re_t^{0.687}) + \frac{0.42}{1 + 4.25 \times 10^4 Re_s^{-1.16}} \tag{1-101}$$

$$Re_t = \frac{d_p \rho_f U_t}{\mu_f} \tag{1-102}$$

式中：U_t 为自由沉降速度。对于通常的实用流态化过程，用表中的席勒和瑙曼（Schiller 和 Naumann）公式较方便、准确。

当 $Re_t < 800$

$$C_{Ds} = \frac{24}{Re_t}[1 + 0.15 Re_t^{0.687}] \tag{1-103}$$

因而

$$f(\varepsilon) = \frac{Ar}{18 Re_s + 2.7 Re_s^{1.687}} \tag{1-104}$$

当 $Re_t > 800$

$$C_{Ds} = 0.44 \tag{1-105}$$

有时也用三段拟合式方程，即当 $Re_t < 2.0$ 时

$$C_{Ds} = \frac{24}{Re_t} \tag{1-106}$$

$2.0 < Re_t < 500$ 时

$$C_{Ds} = 18.5 Re_t^{-0.6} \tag{1-107}$$

$Re_t > 500$ 时

$$C_{Ds} = 0.44 \tag{1-108}$$

表 1-2　刚性球的曳力系数关联式[26]

序号	作　者	Re 范围	曳力系数 C_{Ds} 的关联式	误差范围/%
1	Schiller & Naumann	$Re < 800$	$\frac{24}{Re}(1 + 0.15 Re^{0.687})$	$+5 \sim -4$
2	Lapple	$Re < 1000$	$\frac{24}{Re}(1 + 0.125 Re^{0.72})$	$+5 \sim -8$
3	Langmuir & Bodgett	$1 < Re < 100$	$\frac{24}{Re}(1 + 0.197 Re^{0.63} + 2.6 \times 10^{-4} Re^{1.88})$	$+6 \sim +1$
4	Allen	$2 < Re < 500$ $1 < Re < 1000$	$10 Re^{-0.5}$ $30 Re^{-0.625}$	$-8 \sim -52$
5	Gillbert et al.	$0.2 < Re < 2000$	$0.48 + 28 Re^{-0.85}$	$+70 \sim -15$
6	Kurten et al.	$0.1 < Re < 4000$	$0.28 + \frac{6}{\sqrt{Re}} + \frac{21}{Re}$	$+24 \sim -11$
7	Abraham	$Re < 6000$	$0.2924(1 + 9.06 Re^{-0.5})^2$	$+7 \sim -6$
8	Ihme et al.	$Re < 10^4$	$0.36 + \frac{5.48}{Re^{0.573}} + \frac{24}{Re}$	$+10 \sim -10$
9	Rumpf	$Re < 10$	$2 + \frac{24}{Re}$	$-3 \sim -5$
		$Re < 100$	$1 + \frac{24}{Re}$	$+14 \sim -20$
		$Re < 10^5$	$0.5 + \frac{24}{Re}$	$+30 \sim -39$
10	Clift & Gauvin	$Re < 3 \times 10^5$	$\frac{24}{Re}(1 + 0.15 Re^{0.687}) + \frac{0.42}{(1 + 4.2 \times 10^4 Re^{-1})}$	$+6 \sim -4$
11	Brauer	$Re < 3 \times 10^5$	$0.4 + \frac{4}{Re^{0.5}} + \frac{24}{Re}$	$+20 \sim -18$
12	Janaka & Iinsva	$Re < 7 \times 10^4$	$C_{Ds} = 10^{(a_1 w^2 + a_2 w) + a_3}$ 其中 $w = \lg Re$，a_1，a_2，a_3 分七个区给出	$+6 \sim -9$

2. 固定床流动

当 $u_f \le U_{mf}$ 时，曳力不足以克服重力，固体颗粒不发生运动而成固定床状态，式（1-96）中 $\beta < 1$。此时，床层空隙度 ε 最小，ε＝ε$_0$；床层高度为静止床层高

度，$L=L_0$；$u_d=0$。若令器壁摩擦压降可略，对比式（1-56），则动量方程式（1-96）变为

$$\Delta P_p = \frac{3}{4} C_{Dp} L_0 (1-\varepsilon_0)(\rho_s - \rho_f) \frac{Re^2}{Ar} \qquad (1\text{-}109)$$

式中

$$Re = \frac{d_p \rho_f u_f}{\mu_f} \qquad (1\text{-}110)$$

u_f 为流体通过床层断面的速度，$u_f \leqslant U_{mf}$；C_{Dp} 为流体通过固定床流动时曳力系数。

李佑楚[25]以被广泛认可的 Ergun 固定床的压降关联式[22]为依据，分析了流体通过固定床流动的曳力系数 C_{Dp}。据此求得球形颗粒的固定床曳力系数为

$$C_{Dp} = \frac{(1-\varepsilon_0)}{\varepsilon_0^3} \frac{200}{Re} + \frac{2.33}{\varepsilon_0^3} \qquad (1\text{-}111)$$

对于非球形颗粒，如颗粒的球形度为 ϕ_s，则

$$C_{Dp} = \left(\frac{1-\varepsilon_0}{\phi_s^2 \varepsilon_0^3}\right) \frac{200}{Re} + \frac{2.33}{\phi_s^2 \varepsilon_0^3} \qquad (1\text{-}112)$$

根据物系特性的取值[27]，有

$$\frac{1-\varepsilon_0}{\phi_s^2 \varepsilon_0^3} \approx 11 \qquad (1\text{-}113)$$

和

$$\frac{1}{\phi_s^2 \varepsilon_0^3} \approx 14 \qquad (1\text{-}114)$$

于是有

$$C_{Dp} = \frac{2200}{Re} + 32.6 \qquad (1\text{-}115)$$

3. 流化流动

当流体通过颗粒床层所造成对颗粒的曳力可与床层颗粒的重量相平衡时，即 $\beta=1$，此时，颗粒处于悬浮状态而运动，因而形成流态化。随着流体速度的增大，床层空隙度（即流体相体积分数）相应增大，床层亦随之膨胀而上升，分别记为 ε_f 和 L_f。对比式（1-55）和式（1-56），此时，动量方程式（1-96）变为

$$\Delta P = L_f (1-\varepsilon)(\rho_s - \rho_f) g \qquad (1\text{-}116)$$

及

$$\Delta P = \frac{3}{4} L_f (1-\varepsilon_f)(\rho_s - \rho_f) C_{Df} \frac{Re^2}{Ar} \qquad (1\text{-}117)$$

式中：C_{Df} 为流化流动下的曳力系数。

从 1.1.2 节可知，流态化状态类型有散式和聚式之分，而聚式流态化又因物

粒粒度不同而有鼓泡流态化、快速流态化、聚团流态化和输送流态化等不同流动状态，因而，其曳力系数也各不相同。但研究表明，受阻沉降与自由沉降的差别主要在于周围颗粒对沉降颗粒的影响，其影响程度与周围颗粒的浓度或床层空隙率大小有关。流态化与受阻沉降具有某种相似性，故可将流化床的表观曳力系数类似地表达为

$$C_{Df} = C_{Ds} \cdot f(\varepsilon) \tag{1-118}$$

对于快速流态化，根据李佑楚等[20,24]对多种物料的实验结果的关联，得到

$$C_{Df} = (0.0232\varepsilon_a^{-13.49}) \cdot C_{Ds} \tag{1-119}$$

式中

$$f(\varepsilon) = \frac{Ar}{18Re_s + 2.7Re_s^{1.687}} \tag{1-120}$$

$$Re_{sa} = \frac{d_p\rho_g}{\mu_g}\left[v_f - u_d\left(\frac{\varepsilon_a}{1-\varepsilon_a}\right)\right] \tag{1-121}$$

及气力输送

$$C_{Df} = \left[0.0633(\varepsilon^*)^{-35.01}\right] \cdot C_{Ds} \tag{1-122}$$

式中

$$Re_s^* = \frac{d_p\rho_g}{\mu_g}\left[v_f - u_d\left(\frac{\varepsilon^*}{1-\varepsilon^*}\right)\right] \tag{1-123}$$

1.1.4 流态化特征参数

1.1.4.1 最小流态化速度

1. 正常流态化

随着流体通过颗粒床层流速增加到某一流速时，床层的状态将由固定床转化为流态化，该流速叫最小流态化速度或临界流态化速度，它是流态化重要的特征参数之一，是流态化操作流速的下限值，低于该流速，床层将失去流态化。随着流速的增加，实际的颗粒-流体床层由固定床转化为流态化过程中，并非存在如理想流态化那样的突变，而是逐渐转变的。松散堆积的颗粒物料，由于粒度、密度稍微的不均一或填充程度的不均一，即使在流态化低于临界点的最小流态化时，局部床层的湍动就会发生，随着流速的增加，进一步发展为局部空穴流态化，乃至于扩展至大部分床层流态化，然而，即使在可使床层良好流态化的气速下，床层依然会存在未流化的个别部分。因此，在实际系统中，临界流化点则无绝对清晰的意义，而只是模糊渐变的过程，而且依条件不同而异。

最小流态化速度的确定以实验测定最为可靠。其方法是，在如图 1-14 的流化床上，流速逐渐变化时读取相应的床层压降（不含分布板压降），然后在双对

数坐标纸上，将床层压降对流速画图。值得注意的是，由颗粒床层初始填充紧密程度不同，致使固定床区域内的压降线的位置会上下移动。因而规定实验测定时，先将流速由小至大逐渐增大，使床层达到充分流化状态（图中实线表示），然后将流速由大至小逐渐减小至全部呈固定床（图中虚线表示），同时记录每个流速下的床层压降。将床层压降对流速作图，得到如图 1-14 的流化状态图[28]。鉴于实际流化过程的复杂性，只能对临界流化点的速度做出人为的定义，其依据是颗粒床层压降对流速关系的特性。当床层为固定床时，床层压降随流速增加而呈线性增加；而当完全流态化时，气速 U_{if} 为完全流化速度或最小悬浮速度，床层的压降应等于单位断面床层的颗粒有效净重量（扣除浮力之后），此后床层压降与流速无关，保持平行于横坐标的水平线。这两条线交点对应的流速 U_{mf} 称为临界流态化速度。实验结果表明，完全流态化速度或最小悬浮速度 U_{if} 比临界流态化速度大得多，有的可大于 50% 以上。对于均匀球或窄分布的颗粒物料，U_{bf}、U_{mf} 和 U_{if} 三者非常接近。

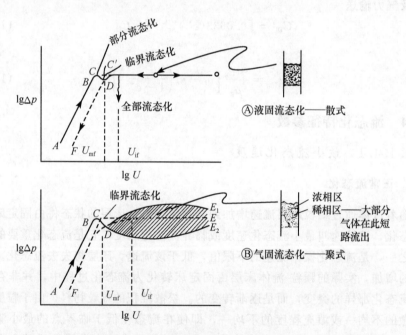

图 1-14　临界流态化速度的定义及实验测定[28]

最小流态化速度有过许多实验测定和分析研究，建立了许多经验或半经验关联式。只因每个作者的试验装备和采用的颗粒物料的形状、粒度及其分布千差万别，因而在预测的准确性上，也不相同。现将常用的、准确性较高的经验关联式如下。

对于细粒 A 类物料，Leva[17]关联式

当 $Re_{mf}<10$

$$U_{mf} = 0.005 \frac{d_p^2 \varphi_s^2 (\rho_s - \rho_f) g}{\mu_f} \cdot \frac{\varepsilon_{mf}^3}{(1 - \varepsilon_{mf})} \tag{1-124}$$

当 $Re_{mf}>10$，应乘以修正系数 $f_{Re} = 1.33 - 0.38 \lg Re_{mf}$。

Ergun[22]关联式

$$Ar = 150 \frac{(1 - \varepsilon_{mf})}{\varepsilon_{mf} \phi_s^2} Re_{mf} + 1.75 \frac{Re_{mf}^2}{\varepsilon_{mf}^3 \phi_s} \tag{1-125}$$

Wen 和 Yu[27]关联式

$$Re_{mf} = (33.7^2 + 0.0408 Ar)^{0.5} - 33.7 \tag{1-126}$$

对于粗粒 B 类物料，Leva[17]关联式

当 $Re_{mf}<10$

$$U_{mf} = 0.009\ 23 \frac{d_p^{1.82} [(\rho_s - \rho_f)]^{0.94}}{\mu_f^{0.88} \rho_f^{0.06}} \tag{1-127}$$

当 $Re_{mf}>10$，应乘以修正系数 $f_{Re} = 1.33 - 0.38 \lg Re_{mf}$。

Wen 和 Yu[27]关联式

$$Ar = (18 Re_{mf} + 2.70 \phi_s^{0.687} Re_{mf}^{1.687}) \varepsilon_{mf}^{-4.7} \phi_s^{-2} \tag{1-128}$$

一般情况，采用较简单关系做出估计较方便：

当 $Re_{mf}<20$

$$G_{mf} = 0.000\ 70 \frac{d_p^2 (\rho_s - \rho_f) \rho_s g}{\mu_f} \tag{1-129}$$

因此，在没有条件进行最小流态化速度实验测定时，可选用上述经验关联式进行计算确定。

2. 非正常流态化

混合粒级物料逐级流态化是较常遇到的非正常流态化之一[28]。在实用过程中，被流化的固体颗粒粒度不是均一的，而是有一定的粒度分布，甚至是很宽的粒度分布，同时床层固体物料并非单一物质，而是两种或几种不同物料的混合物，它们的密度不同，甚至有很大差别。对于这类物系，其流化过程与前面所述的流化过程将有所不同，如图 1-15（a）所示。流化压降曲线在流化时不再是一种水平直线，而是一种逐渐上升的曲线，这是不同粒度、不同密度的颗粒由小至大、由轻至重逐级流化的缘故。首先细而轻的颗粒先流化，形成密度较大的气固乳化相，从而使尺寸较大的仍处于固定床状态的颗粒达到流态化，同时，部分由分布板支承的大颗粒转化为被流体曳力作用而悬浮，故床层压降逐渐上升，直至所有颗粒全部被流态化，床层压降达到最高点。在流速增大与大颗粒逐级流化的

同时，小颗粒将因其自由沉降速度小而被带出床层，于是床层压降逐渐下降，且随流体流速的继续增加而相应减少。这两种效果的综合结果，导致流化床压降随流速的变化表现为多变特征。这种物系的流态化，没有一个鲜明的流化点，应根据物料配比和属性，结合工艺过程特点，比如是吸热还是放热，物料是否会黏结等，正确选择流化床型和操作速度。

　　沟流流态化是另一种非正常流态化。对于微米级（5μm）粉体物料，因颗粒之间范德华作用力增大而发生内聚黏附，通常很难实现正常流态化。当气体通过粉体料层时，料层形成数目不等、通径不一的沟道，沟道周围粉料以固定床型式存在，沟道内的细粉被流化或被带至床层表面，并在沟道上部出口处形成薄层流态化，床层压降上升导致沟道坍塌。床层流化曲线如图 1-15（b）所示。当沟道形成时，床层压降迅速下降，而在沟道内细粒流化导致床层压降逐渐上升。沟道的形成与坍塌交替发生，而且随流体流速增加而加快转换，直至沟道外围处于固定床状态的粉体也开始流化。通常，粉体流化点速度远远高于按其单位计及的最小流态化速度。但是，这种流态化并不一定能长久持续下去，对粉体的流态化技术和方法还有待改正，以防止非正常流态化的发生。

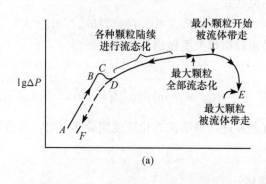

(a)

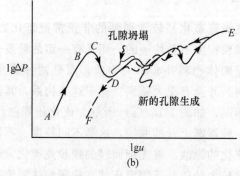

(b)

图 1-15　非正常流态化系统及现象[28]

（a）不均匀大小或不同密度固体颗粒流态化；（b）内聚性固体颗粒流态化

1.1.4.2　最小鼓泡点速度

对于气固流态化，颗粒特性不同，气体速度作用使其形成的流化状态不同。粗颗粒流化时，气速达到临界流化点后，若进一步增加气速，床层即出现气泡，而细颗粒流化时，达到临界流化点后，若进一步增加气速，床层先经过无气泡的散式膨胀，然后才出现气泡，对应该点的气速称之为最小鼓泡点速度 U_{mb}。对于粗颗粒而言，最小鼓泡点速度与临界流态化速度接近；对于细颗粒，最小鼓泡点速度高于临界流态化速度，其数值与物系特性有关，Abrahmsen 和 Geldart[29] 采用如下的关联式进行估计

$$U_{mb} = 2.07\exp(0.716F)\frac{\overline{d}_p\rho_g^{0.06}}{\mu^{0.347}}\tag{1-130}$$

$$\frac{U_{mb}}{U_{mf}} = \frac{2300\rho_g^{0.126}\mu^{0.523}}{\overline{d}_p^{0.8}g^{0.934}(\rho_s - \rho_g)^{0.934}}\cdot\exp(0.716F)\tag{1-131}$$

式中：$\overline{d}_p$ 为颗粒的调和平均粒径；F 为粒径小于 $45\mu m$ 的细颗粒的质量分数。

1.1.4.3　快速流化点特征参数

1. 快速流态化点

经典气固流态化的床层平均空隙率仅与气体流速有关，而快速流态化则不同，其床层平均空隙度不仅与气速有关，而且与固体循环速率有关[23]。图 1-16 表示了 $56\mu m$ FCC 催化剂在快速循环流化床中用空气进行流化的观测结果，其中床层平均空隙率是按床层浓、稀两相分别计算，床层以浓相为主的，用浓相平均空隙率标绘，以稀相为主的，则用稀相平均空隙率标绘[30]。当然也可将两相空隙率都标绘出，如图 1-12 的流化状态图中从鼓泡区至气力输送区域以前的所显示的浓、稀两个状态。图 1-16 告诉我们，随着气速的逐渐增大，床层的平均空隙率也相应地随之增大，但在气速小于 $1.25m/s$ 的情况下，床层平均空隙率与固体循环速率无关，仍然表明为经典流态化特征。当气速接近 $1.25m/s$ 时，床层湍动激烈，从床层夹带的固体物料明显增多，床层界面变得模糊不清，可以称之为进入湍流流态化。若气速略超过 $1.25m/s$，固体扬析量骤然增加。当固体循环量较低时，进一步增加气速，床层将由浓相床层转变为稀相输送状态（此时图中只标稀相平均空隙率）；此时，若逐渐增加固体循环量，则床层的下段将形成浓相的快速流化床，而且该床层的平均空隙率将随固体循环量的增加而略有下降，同时该浓相床层高度也会随固体循环量的增加而逐渐上升（此图无法表示这一现象，请见下节）。当气速高于 $1.25m/s$ 并逐渐增大时，床层两相的平均空隙率、浓相与稀相的床层高度等随固体循环量变化的关系也遵守上述相似的规律，

所不同的只是，气速高的，床层平均空隙率相对较高而已。当气速和固体循环速率都是足够高时，床层将变成上下均匀的单一浓密床层，床层平均空隙率低于通常气力输送空隙率下限值（0.95）。这是快速流化床所表现的快速流态化状态，也显示了快速流态化存在的参数范围。

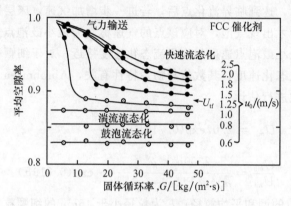

图 1-16　最小快速点速度[30]

2. 快速点特征参数

前面已提到一个由经典湍流流态化转变为快速流态化的气速，称之为快速点速度，它像最小流态化速度、最小鼓泡速度、终端吹出速度一样，是流态化体系中又一个特征速度或叫特征参数。这些特征参数的共同特点是，仅仅与物系的颗粒和流体的性质（颗粒粒度 d_p、颗粒密度 ρ_s；流体密度 ρ_f、流体黏度 μ_f 等）有关，即由物系的属性决定的。快速点速度目前尚无理论方法预测，通常用实验测定确定。该试验装置应采用没有进、出口效应的 A 型循环流化床（参见第十章）。将一定量的颗粒物料置于 A 型循环流化床的提升管中，从下部气室通入一定气量并穿过颗粒床层，同时记录颗粒床层的高度 L_f 和压降 ΔP，由此可计算床层的平均空隙率 $\varepsilon\left[\dfrac{\Delta P}{L_f}=(1-\varepsilon)(\rho_s-\rho_f)g\right]$。改变气速，由小至大地逐渐增加，床层不断膨胀，记录相应的床层高度和压降。当气速达到某一数值时，从不断膨胀的床层中，带出的物料量增加，床层由浓相转变为稀相。此时需通过储料斗以一定流率向提升管下端补充颗粒物料。由小至大地逐渐增加固体流率，当增至某一料率时，提升管下端又重新出现浓相区，表明一种新的快速流化状态形成。在此快速流化速度下的固体流率为形成快速流态化的最小料率，是快速流态化的又一特征参数。为准确起见，应将气速略微降低或升高一些，重复上述测量，记录相应参数，最后绘制成如图 1-16 的流动状态参数图。不同物料特性快速点的特征参数的实验结果列于表 1-3，从表中不难看出，细颗粒的快速点速度 U_{tf} 约为颗粒物料自身终端吹出速度 U_t 的 3.5～4 倍，显示出很大的适应高气速操作的能力。

表 1-3 不同物料快速点的特征参数

物　料	$d_p/\mu m$	Ar	$U_t/(m/s)$	$U_{tf}/(m/s)$	$G_{sm}/(kg/m^2 \cdot s)$	Re_c	Re_m	$U_{pt}/(m/s)$
FCC 催化剂	58	12.39	0.368	1.25	12	4.76	38.67	1.75
细粒 Al_2O_3	54	17.75	0.485	1.70	18	6.02	54.01	2.42
黄铁矿烟尘	56	18.11	0.509	1.80	24	6.611	74.67	2.52
粗粒 Al_2O_3	81	58.11	0.712	2.9	32	15.41	144.0	3.98
铁精矿	105	186.3	1.240	4.9	60	33.75	350.0	6.81

快速点速度与物料特性参数的关系可表示为如图 1-17。据此可将这一结果表示为快速点特征雷诺数 Re_c 与物料特性 Ar 数的无因次关联

$$Re_c = 0.785Ar^{0.73} \tag{1-132}$$

式中

$$Re_c = \frac{d_p \rho_g U_{tf}}{\mu_g} \tag{1-133}$$

当系统物性参数 Ar 已知时，通过式（1-133）可以计算出快速点雷诺数 Re_c 和快速点速度 U_{tf}。

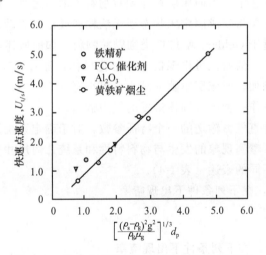

图 1-17 快速点速度与物系特性参数的关系[30]

与快速点速度对应的另一特征参数，即保证快速流态化形成的最小固体循环量 G_{sm}，根据实验结果得到如下关联式

$$Re_m = 6.08Ar^{0.78} \tag{1-134}$$

式中

$$Re_m = \frac{d_p \rho_s u_d}{\mu_g} = \frac{d_p G_{sm}}{\mu_g} \tag{1-135}$$

可见由物性参数 Ar 即可预测最小固体循环量 G_{sm}。

应该说明的是，对给定物料而言，快速流态化的形成应同时满足相适应的气速和最小固体循环量这两个条件。因此，所论床层状态转入快速流态化，必须同时具备这两个条件的确切参数。但不少研究者[31,32]在观测快速流态化建立的过程中注意了气速这一参数，而未能考虑或忽略最小固体循环量这一必要参数。还应提到的是，这里所说的特征速度，与临界流态化速度一样，只是单纯物系特性参数的函数，不应包含有操作气速、固体循环量等操作参数和设备几何参数。若包含有操作气速、固体循环量等操作参数和设备几何参数的过渡速度关联式[33]，其含义决不是通常所论的快速点的特征速度或特征参数，而是特定设备条件下的快速流态化存在的操作范围，或在不同固体循环量下（而不是最小循环量下）的快速流态化状态转变的具体操作气速，其意义是完全不同的，应注意具体含义的差别。

1.1.4.4　噎塞及噎塞速度

当气体流速达到颗粒的终端速度时，颗粒物料将被带出床层，气力输送状态发生了，如果不断向床层补充颗粒物料，气力输送操作将继续得以维持，而且床层的固体浓度随补充颗粒物料的增大而增加。应该指出，对于 Geldart-B 和 D 类物料，在给定的气速下，当向床层补充颗粒物料流率超过某一值时，床层固体浓度达到极限值，床层将变成固定床状态而无法输送或正常流动，即堵塞，称这一现象为噎塞。但对于 Geldart-A 和 C 类细颗粒物料，如前所述，当向床层补充颗粒物料流率超过某一值时，可出现快速流态化操作，随着补充物料流率的增加，床层的固体浓度增加，或床层空隙率减小（可小至 0.75 左右），床层一般不发生噎塞现象，可以看作一种中等固体浓度的气力输送。

噎塞速度是垂直气力输送的一个特征参数，对于确定系统操作条件具有重要意义。前已提到，噎塞现象的发生与物料特性和系统几何尺寸有关，但不同研究者对噎塞判据有不同的表述（表 1-4）。

Yang[34]认为，在下列条件下出现噎塞

$$\frac{U_t^2}{d_p g} > 140 \tag{1-136}$$

Smith[35]认为，在下列条件下出现噎塞

$$\frac{U_t^2}{D_t g} > 0.12 \tag{1-137}$$

Yousfi 和 Gau[36]认为，在下列条件下出现噎塞

$$\frac{U_t \cdot n\left[\left(\frac{n-1}{n}\right)^{n-1} - \left(\frac{n-1}{n}\right)^n\right]}{\sqrt{D_t g}} > 0.41 \tag{1-138}$$

式中：$n = 2.39 \sim 4.65$。

表 1-4　噎塞速度（choking velocity）关联式

作　者	条　件	关联式	备　注
Doig and Ropper[37]	$U_t < 3\text{m/s}$	$\lg \dfrac{U_{ch}}{\sqrt{d_p g}} = 0.03 U_t + 0.25 \lg m$	(1-139)
	$U_t > 3\text{m/s}$	$\lg \dfrac{U_{ch}}{\sqrt{d_p g}} = \dfrac{U_t - 2}{28} + 0.25 \lg m$	(1-140)
Leung et al. [38]		$U_{ch} = 32.3 u_d + 0.97 U_t$	(1-141)
Yang[39]		$\dfrac{2 D_t g(\varepsilon_{ch}^{-4.7} - 1)}{(U_{ch} - U_t)^2} = 0.01$	(1-142)
Yousfi and Gau[40]		$\dfrac{U_{ch}}{\sqrt{d_p g}} \cdot \left(\dfrac{d_p U_g \rho_g}{\mu_g} \right)^{0.06} = 32 m^{0.28}$	(1-143)
Punawani et al. [41]		$\dfrac{2 D_t g(\varepsilon_{ch}^{-4.7} - 1)}{(U_{ch} - U_t)^2} = 0.627 \rho_g^{0.77}$	(1-144)
Yang[42]		$\dfrac{2 D_t g(\varepsilon_{ch}^{-4.7} - 1)}{(U_{ch} - U_t)^2} = 6.81 \times 10^5 \left(\dfrac{\rho_g}{\rho_s} \right)^{2.2}$	(1-145)
Konrad[43]		$U_{ch} = \dfrac{\varepsilon_{ch} m}{(1 - \varepsilon_{ch}) A \rho_s} + \varepsilon_{ch}^n \cdot U_t$ $n = 2.39 \sim 4.65$	(1-146)

1.1.4.5　向气力输送的转变

观测快速流态化向气力输送状态转变应采用没有进、出口效应的 A 型循环流化床为宜。在由快速点速度与其相应的最小固体循环量条件下，提升管底部初始形成的床层空隙率 ε_a 的下部浓相和与之共存的、床层空隙率为 ε^* 的上部稀相的快速流态化状态；进一步增大气速，床层流动状态将过渡到气力输送。从概念上说，快速流态化向气力输送转变速度也是聚式流态化体系中的一个特征速度。其定义是，在快速点速度下，增加系统的存料量或增加固体循环量至整个快速管形成完全浓相的空隙率为 ε_a 的快速流化状态，然后慢慢地增加气体速度至该浓相的快速流化床层消失，整个提升管转变成为均匀全稀的空隙率为 ε^* 气力输送状态，此时的气体速度称为快速流态化向气力输送转变速度或最小气力输送速度。不同的颗粒物料，其最小气力输送速度各有不同。快速点速度与最小气力速度差也因颗粒物料特性不同而异[44,45]，但一般差别有限，因而增加了实测的难度。大量实验发现，向气力输送转化的气速都随固体循环量的增加而增大，因此快速流态化操作区得以扩大；相应于该转化条件的床层空隙率 $\varepsilon [= (\varepsilon_a + \varepsilon^*)/2]$ 通常在 $0.960 \sim 0.945$。根据气固两相流的表观曳力模型，当其处于快速流态时都应满足式（1-119），用快速流化床最低的空隙率 0.945 代入，并在最小固体循环量条件即 Re_m 下，则可求得相应条件下从快速流态化转为气力输送的速度，相当于下浓上稀两相共存区（图 1-12）的右端点处的速度，计算步骤如下：

$$18Re_{pt} + 2.7Re_{pt}^{1.687} - 20.23Ar = 0 \tag{1-147}$$

$$Re_{pt} = \frac{d_p \rho_g U_{pt}}{\mu_g} - 17\left(\frac{\rho_g}{\rho_s}\right)Re_m \tag{1-148}$$

通过上述公式依次求出 Re_{pt} 和 U_{pt}。

然而，在实验操作中，上述两相区的顶点是难以观测的，因为床层状态容易发生突变，床层空隙率由快速流化状态的 0.945 跃升为气力输送的 0.960。因而以实际观测的气力输送空隙率 0.96 代入式（1-119），以估计在 Re_m 条件下快速流态化向气力输送状态的跃迁转变速度，即有

$$18Re_{pt} + 2.7Re_{pt}^{1.687} - 13.32Ar = 0 \tag{1-149}$$

及

$$Re_{pt} = \frac{d_p \rho_g U_{pt}}{\mu_g} - 24\left(\frac{\rho_g}{\rho_s}\right)Re_m \tag{1-150}$$

由此可计算出实际状态转变速度 U_{pt}。该预测值列于表 1-3，对照流态化状态图 1-12，可见该预测值与实验观测值较吻合。

1.1.4.6　终端吹出速度

终端吹出速度是流态化系统又一重要特征参数，是经典流态化操作速度的上限值，高于此速度，颗粒物料将被带出流化床层，流态化操作将难以维持。

对于散式流态化或受阻沉降，终端吹出速度或泛滥速度接近于自由沉降速度；而对于聚式流态化，情况将较为复杂，主要与粒度有关。粗颗粒聚式流态化，颗粒间的表面力较小，颗粒基本上以单颗粒形式运动，因而当颗粒与流体的速度差即滑移速度达到颗粒的自由沉降速度时，颗粒受到流体作用的曳力将等于颗粒重量，颗粒就被带出流化床层。可见，此时的终端吹出速度也接近于自由沉降速度。对于细颗流化，因颗粒间的表面力大为增加而存在成团运动的趋势。显然颗粒团的重力远比单颗粒力的重力大得多，因而滑移速度达到单颗粒的自由沉降速度所产生的曳力不足以将颗粒团带出床层，可见，此时的终端吹出速度将高于单颗粒的自由沉降速度，其高出的程度取决颗粒的粒度和床层的流动状态，通常以快速流化点速度予以界定。在经典流态化范畴里，一般将其终端吹速度认定为颗粒的自由沉降速度，可根据 1.1.3.2（2）小节的关系进行计算。

对于球形颗粒的物系[26,46,47]，当 $Re < 0.05$ 时

$$U_t = \frac{d_p^2(\rho_s - \rho_f)g}{18\mu_f} \tag{1-151}$$

当 $2 < Re_t < 500$ 时

$$U_t = 0.153 \frac{d_p^{1.14}\left[(\rho_s - \rho_f)g\right]^{0.71}}{\mu_f^{0.43}\rho_f^{0.29}} \tag{1-152}$$

当 $500 < Re_t < 20\ 000$ 时

$$U_t = 1.74\left[\frac{d_p(\rho_s - \rho_f)g}{\rho_s}\right]^{0.5} \tag{1-153}$$

对于非球形颗粒的物系[48,49]，当 $Re_t < 0.05$ 时

$$U_t = K_1\frac{d_p^2(\rho_s - \rho_f)g}{18\mu_f} \tag{1-154}$$

当 $0.05 < Re_t < 2000$

$$U_t = \left[\frac{4}{3}\frac{d_p(\rho_s - \rho_f)}{C_D \cdot \rho_f}\right]^{0.5} \tag{1-155}$$

式中：C_D 为非球形颗粒作自由沉降时的曳力系数，它与颗粒特性等有关，见表 1-5。

或

$$U_t = \frac{V'd_p^2(\rho_s - \rho_f)g}{K_2 18\mu_f} \tag{1-156}$$

式中：$K_2 = 0.244 + 1.035\xi - 0.712\xi^2 + 0.441\xi^3$；$\xi=$颗粒表面/当量球表面积；$K_2 =$ 颗粒体积/当量球体积。

当 $2000 < Re_t < 200\ 000$

$$U_t = 1.74\left[\frac{d_p(\rho_s - \rho_f)}{K_3\rho_f}\right]^{0.5} \tag{1-157}$$

式中

$$K_3 = 5.31 - 488\phi_v \tag{1-158}$$

ϕ_v 为颗粒当量体积球的表面积与颗粒实际表面积之比。

表 1-5　非球形颗粒的曳力系数

ϕ_v	$Re_t = \dfrac{d_p\rho_f U_t}{\mu_f}$				
	1	10	100	400	1000
0.670	28	6	2.2	2.0	2.0
0.806	27	5	1.3	1.0	1.1
0.846	27	4.5	1.2	0.9	1.0
0.946	27.5	4.5	1.1	0.8	0.8
1.000	26.5	4.1	1.07	0.6	0.46

在实际应用中，一般已知颗粒粒径等特性，要求取流体速度，或者在某一操作速度下，系统中可能存在的颗粒粒径。这两个参数同时出现在方程中两个准数

Ar 和 Re 中，需试差求解，有许多不便。为方便起见，郭慕孙和庄一安[1]建立如下的综合关联式，用以直接计算流态化物系的特征速度，令

$$Ly^{1/3} = U\Big[\frac{\rho_{\mathrm{f}}^2}{(\rho_{\mathrm{s}} - \rho_{\mathrm{f}})\mu_{\mathrm{f}} g}\Big]^{1/3} = \frac{Re}{Ar^{1/3}} \tag{1-159}$$

而

$$Ar^{1/3} = d_{\mathrm{p}}\Big[\frac{(\rho_{\mathrm{s}} - \rho_{\mathrm{f}})\rho_{\mathrm{f}} g}{\mu_{\mathrm{f}}^2}\Big]^{1/3} \tag{1-160}$$

将 $Ly^{1/3}$ 对 $Ar^{1/3}$ 作图，如图 1-18。当物系特性即参数 Ar 确定时，从纵坐标上的相应 Ar 数值的点出发作一平行于横坐标的水平线与图中曲线 $\varepsilon = 0.40$ 和 $\varepsilon = 1.0$ 相交，分别得到对应的两个 $Ly^{1/3}$ 数值，并据此按式 (1-159) 计算出 Re_{mf} 及临界流态化速度 U_{mf} 和 Re_{t} 及终端吹出速度 U_{t}，相反，在某一状态下的 $Ly^{1/3}$ 值，也可求取两个 $Ar^{1/3}$ 值，进而计算 $(d_{\mathrm{p}})_{\max}/(d_{\mathrm{p}})_{\min}$，从而判断床层中的物料的粒度范围。

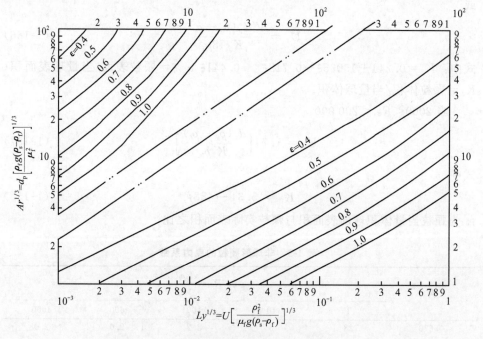

图 1-18　流态化李森科数与阿基米德数的关系[1]

1.1.4.7　对比特征速度关联

对比特征速度即终端吹出速度与最小流态化速度之比 $\Big(\dfrac{U_{\mathrm{t}}}{U_{\mathrm{mf}}} = \dfrac{Re_{\mathrm{t}}}{Re_{\mathrm{mf}}}\Big)$ 反映了流

化床中操作速度的范围，考察对比特征速度与系统物性的关系，对选取合适的物系特性和合适的操作参数是有重要参考价值的。

在临界流化点，注意到此时流化床层压降与固定床状态时压降相等，将式（1-55）和式（1-56）联立，同时对大多数物料存在如式（1-113）和式（1-114）的关系[27]，则有

$$Ar = 1650Re_{mf} + 24.5Re_{mf}^2 \tag{1-161}$$

对于终端吹出速度或自由沉降速度，可选用以下公式

当 $Ar < 3.6$ 时

$$Ar = 18Re_t \tag{1-162}$$

当 $3.6 < Ar < 10^5$ 时

$$Ar = 18Re_t + 2.7Re_t^{1.687} \tag{1-163}$$

当 $Ar > 10^5$ 时

$$Ar = \frac{1}{3}Re_t^2 \tag{1-164}$$

将式（1-161）分别与式（1-162）、式（1-163）、式（1-164）联立求得

$$\frac{U_t}{U_{mf}} = f(Ar) \tag{1-165}$$

将计算与实验值表示为图 1-19。不难看出，对于细颗粒物料（小 Ar 值），对比特征速度可达 67~92，而对于粗颗粒（$Ar > 10^6$），则对比特征速度仅为

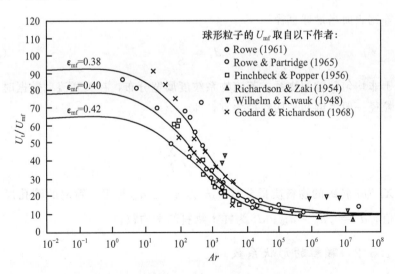

图 1-19　对比特征速度与物系特性的关系[50]

7～8。这意味着细颗粒物料比粗颗粒物料有较大的操作弹性。

1.1.5　物料特征参数

在求取特征参数时必须已知物系的属性，如颗粒粒径、颗粒的形状系数（或球形度）、床层初始空隙率等，应采用正确的物系特性特征值。

1.1.5.1　颗粒粒径

颗粒物料的粒度在流动特性的表述中，对非球形颗粒通常用等体积的当量球直径表示，而在 Ergun[22] 的通过固定床流动的关联式中，其特征直径却是用等比表面积的当量球直径。如令任意形状的颗粒体积为 V，表面积为 A，比表面积为 S，球形颗粒粒径和等体积当量球的直径分别为 d_p 和 d_v，因而

$$V = \frac{1}{6} \pi d_p^3 = \frac{1}{6} \pi d_v^3 \tag{1-166}$$

对球形颗粒直径

$$d_p = \frac{6V}{\pi d_p^2} = \frac{6V}{A_p} \tag{1-167}$$

对等体积当量球直径

$$d_v = \frac{6V}{\pi d_v^2} \tag{1-168}$$

对等比表面当量球直径

$$d_s = \frac{6}{S} \tag{1-169}$$

对于非均匀颗粒的物系，若该物系粒度属宽分布，在关联流动数据时，其特征平均粒径一般以调和平均粒径为宜，即

$$\overline{d}_p = \frac{1}{\sum\limits_1^n \dfrac{X_i}{d_{pi}}} \tag{1-170}$$

式中：X_i 为 i 粒级的物料质量分数；d_{pi} 为 d_{p1} 与 d_{p2} 两相邻筛网的筛孔尺寸的几何平均值，$d_{pi} = \sqrt{d_{p1} \cdot d_{p2}}$；$\overline{d}_p$ 为样本物料的平均粒径。

1.1.5.2　颗粒的形状系数

颗粒的形状系数常以等体积当量球的表面积 A_p 表示，令

$$\phi_a = \frac{A_p}{A} \tag{1-171}$$

显然，对球形颗粒

$$\phi_a = 1 \tag{1-172}$$

故称该形状系数为球形度。同体积的非球形颗的表面积总是大于球形颗粒的表面积，故 ϕ_a 总是小于 1。常用物料颗粒的形状系数列于表 1-6 中。

表 1-6　常用非球形颗粒的形状系数 ϕ_a

物　料	性　状	ϕ_a	物　料	性　状	ϕ_a
砂	平均	0.75	碎白云石	平均	0.8
砂	有棱角	0.73	FCC 催化剂	微球	0.88
砂	无棱角	0.83	微球催化剂	球形	1.0
砂	尖角状	0.65	钨粉		0.89
砂	尖片状	0.43	烟道灰尘	熔球状	0.89
碎玻璃屑	尖角状	0.65	渥太华砂	近似球	0.95
破碎煤粉		0.73	鞍型填料		0.3
天然煤粉	约 10mm	0.65	拉西环填料		0.3

1.1.5.3　床层的空隙度

床层的空隙度通常通过实际测定来确定。对于密度为 ρ_s、质量为 W 的颗粒物料，测定其所占有的体积或流动压力降，即可求得。

填充床层的空隙度 ε_0 的计算为

$$\varepsilon_0 = 1 - \frac{W}{\rho_s V} = 1 - \frac{W}{\rho_s A_t L_0} \tag{1-173}$$

式中：W、V 为床层中颗粒物料的质量和体积；A_t、L_0 为床层的断面积和高度。

临界流化床的床层空隙度 ε_{mf} 可通过测定床层的流动压降 ΔP 计算

$$\varepsilon_{mf} = 1 - \frac{\Delta P}{L_{mf} \rho_s g} \tag{1-174}$$

床层空隙度 ε_{mf} 可按式（1-174）计算，其结果将更为可靠。

填充床层的空隙度 ε_0 及最小流态化速度条件下的床层空隙度 ε_{mf} 的表述是一个相当复杂的问题，它们与颗粒的粒度及其分布、颗粒的形状、床层几何尺寸（d_p/D_t）以及装填方式等有关。有关这方面研究尚不仔细、系统和深入，仅有少量数据可供参考，如图 1-20 所示。

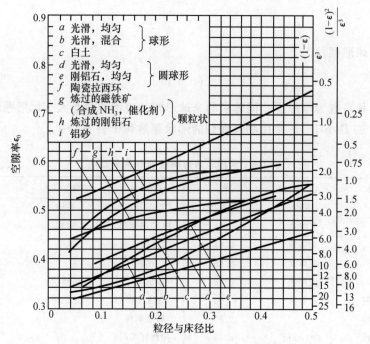

图 1-20　常用颗粒物料在不同床径中的填充空隙率[17]

1.2　流态化传递特性

流态化过程是通过流体与颗粒的相互作用而实现的。在流体与颗粒接触过程中，流体与颗粒之间一般都有热量交换或质量交换，也可能同时存在热量和质量的交换，即传递过程，如颗粒的冷却和加热；颗粒内可溶物浸出和气体被颗粒的吸附、吸收或者相反；湿物料加热干燥脱水等，这些都是颗粒与流体间热、质传递过程的典型例子。

固体颗粒粒度越小，比表面积越大，两相之间的接触越充分，热、质传递速率越快，但流化床中气泡和颗粒团聚体等非理想流动行为的存在，气固之间的接触却变得不如与单个颗粒的接触那样充分，热、质传递速率将因流态化的非理想流动而明显降低。因此，查明流态化的传递特性及其与流态化流动状态的关系，对流态化过程的完美实现具有重要意义。

1.2.1　流体与颗粒间的传递过程

流体与颗粒间的传递过程主要由以下两个步骤组成，即由流体相通过颗粒周围的流体膜向颗粒表面扩散传递和进一步通过颗粒内部向颗粒中心扩散传递，或者相反。整个传递的速率取决于两者之中的控制步骤，若果颗粒外部扩散传递为控制步骤，称该传递过程为"外部传递"问题，或"外部问题"；若颗粒的内部传递为控制步骤，则称之为"内部问题"。传递过程的性质，即属于何种控制，主要取决于颗粒的粒度、导数系数、扩散系数以及颗粒和流体的密度等物理性质，取决流体速度、温度、压力等操作条件。颗粒粒度小、导热系数和内扩散系数大的，其内部传递阻力较小，大多属于"外部问题"。对于小颗粒流态化中的颗粒与流体间的传递过程，一般属于"外部问题"。

1.2.1.1　单球与流体间的传递过程

单球与流体间的传递过程因流体的流动不同而区分为两种情况，一是流体为静止状态，一是流体为流动状态，绕球流动。

1. 单球在静止流体中的传递过程

（1）传热过程

假如，球体直径 d_1，球体外流体膜的直径 d_2，T 为温度，C_A 为浓度，r 为坐标。对于传热而言，其颗粒内的热传导过程的传热量可表示为

$$q = 4\pi r^2 \lambda \frac{\mathrm{d}T}{\mathrm{d}r} \tag{1-175}$$

积分后得到

$$q = 2\pi\lambda\Delta T \left/ \left(\frac{1}{d_1} - \frac{1}{d_2} \right) \right. \tag{1-176}$$

而颗粒外为颗粒对流体的给热，若给热系数为 α，则

$$q = \pi d_1^2 \alpha \Delta T \tag{1-177}$$

对于稳态时的传热过程，联合式（1-176）和式（1-177），得到

$$\frac{\alpha d_1}{\lambda} = \frac{2}{1 - \dfrac{d_1}{d_2}} \tag{1-178}$$

式中：λ 为球的导热系数；α 为给热系数。

（2）传质过程

对于传质而言，类似地有，颗粒内的传质过程的扩散量为

$$N_A = 4\pi r^2 D_A \frac{\mathrm{d}C_A}{\mathrm{d}r} \tag{1-179}$$

积分后

$$N_A = \pi D_A \Delta C_A \left/ \left(\frac{1}{d_1} - \frac{1}{d_2} \right) \right. \tag{1-180}$$

颗粒外的对流传质

$$N_A = \pi d_1^2 k \Delta C_A \tag{1-181}$$

联合式（1-180）和式（1-181），得到

$$\frac{kd_1}{D_A} = \frac{2}{1 - \dfrac{d_1}{d_2}} \tag{1-182}$$

式中：D_A 为扩散系数；k 为对流传质系数。

（3）传热与传质的相似

现令无因次 Nu（努塞尔）数和 Sh（舍伍德）数分别

$$\frac{\alpha d_1}{\lambda_s} = Nu = \frac{2}{1 - \dfrac{d_1}{d_2}} \tag{1-183}$$

$$\frac{kd_1}{D_A} = Sh = \frac{2}{1 - \dfrac{d_1}{d_2}} \tag{1-184}$$

从式（1-183）和式（1-184）可以看出，当 d_2 为无穷大，即单球在无限大的流体介质中时，则

$$Nu = 2 \tag{1-185}$$

和

$$Sh = 2 \tag{1-186}$$

这表明，单球通过无限厚静止流体的传热和传质的最小 Nu 数和 Sh 数均等于 2。

2. 单球在运动流体中的传递过程

在现实条件下，颗粒周围的流体是不断运动的，这可以是由于流场的温度差而造成的自然对流，也可以是由于外力作用而产生的强制对流，或其他原因。这时的传递过程，无论是传热，还是传质，将与上述静止流体的情况有所不同，其传热 Nu 数和传质 Sh 数不仅与物系特性有关，而且还与流动特性有关。它们的相关性通常通过实验得以建立。Ranz 和 Marshal[51] 根据其实验建立了如下关联式

$$Nu = 2.0 + 0.6 Pr^{1/3} Re_p^{1/2} \tag{1-187}$$

式中：Pr 为普兰德数，由物性参数决定

$$Pr = \frac{C_p \mu_f}{\lambda} \tag{1-188}$$

Re_p 为雷诺数，由流动参数决定

$$Re_p = \frac{d_p U \rho_f}{\mu_f} \tag{1-189}$$

实验结果表明，式（1-187）只适于 $Re > 100$ 的情况，对于小 Re 条件下，它们的预测值将出现巨大误差。应该说，由于系统的复杂性，实验表明，式

（1-187）中的系数并非为常数。Rowe 等[52]根据自身的实验结果，同时综合其他的实验发现，提出了修正关联式，如对空气系统，由 0.69 代替式（1-187）中的 0.6，对于水系统，则采用 0.79。

对于传质过程，Froessling 曾建立了如下关联式

$$Sh = 2.0 + 0.6Sc^{1/3}Re_p^{1/2} \qquad (1-190)$$

式中：Sc 为施密特数，与物性参数有关

$$Sc = \frac{\mu_f}{\rho_f D} \qquad (1-191)$$

实验表明，式（1-190）也只适于 $Re > 100$ 的情况，对于小 Re 条件下，它们的预测值将出现巨大误差，式（1-190）中的系数也并非为常数。

1.2.1.2 固定床中的传递过程

1. 固定床中传热

由固体颗粒组成的固定床，当流体通过固定床层时发生的传递过程，由于周围其他颗粒的影响，其表现出来的传递特点将与单球的情况有所不同。Ranz[53]根据部分实验结果，对固定床中传热，给出如下关联式

$$Nu = 2 + 1.8Pr^{1/3}Re_p^{1/2} \qquad (1-192)$$

但大量的传热实验数据表明[54]，式（1-192）只适于 $Re > 100$ 的情况，对于小 Re 条件下，它们的预测值将出现巨大误差，Kunii and Suzuki[55]将误差的原因归咎于床层生成的沟流所致，其关联结果如图 1-21 所示[56]。

鉴于上述情况，可采用无因次传递因子 J_H 来关联有关实验结果。无因次传热因子 J_H 的定义为

$$J_H = \left(\frac{h}{C_p \rho_f U}\right) \cdot \left(\frac{C_p \mu}{\lambda}\right)^{2/3} \qquad (1-193)$$

于是

$$J_H = Nu \cdot Pr^{-1/3} \cdot Re^{-1} \qquad (1-194)$$

根据 Gupta 等[57]的公式

$$\varepsilon_0 J_H = \frac{2.876}{Re_p} + \frac{0.3023}{Re_p^{0.35}} \qquad (1-195)$$

式中：ε_0 为固定床的空隙率。

根据 Yoshida 等[58]的公式，当 $0.01 < Re_p < 50$ 时

$$J_H = 0.904Re_p^{-0.51} \qquad (1-196)$$

当 $50 < Re_p < 1000$ 时

$$J_H = 0.613Re_p^{-0.41} \qquad (1-197)$$

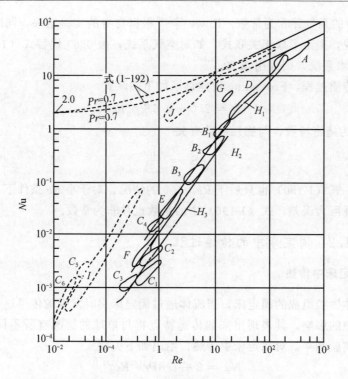

图 1-21　固定床中颗粒与流体间传热系数与 Re_p 的关系[56]

C_5、C_6、I、J 为水系统，其余为空气系统

A-Lof C O G, Hawley R W (1948)；B_1、B_2、B_3-Richhorn J, White R R (1952)；C_1、C_2、C_3、C_4、C_5、C_6-Kunii D and Smith J M (1961)；D-D Kunii and Ito K (1962)；E-Mimura T (1963)；F-Suzuki K (1964)；G-Tokufomi T (1966)；H_1、H_2、H_3-Donnadieu G (1961)；I-Harada H (1965)；J-Mitsumori T (1966)

Bhattacharyya 和 Pei[59]

$$J_H = 0.018\left[\frac{d_p g}{U^2} \cdot \frac{(\rho_s - \rho_f)(1-\varepsilon)}{\rho_f}\right]^{0.25} \cdot \varphi^{3.76} \tag{1-198}$$

2. 固定床中传质

Ranz[53] 对传质过程提出与传热相似的关联式

$$Sh = 2 + 1.8 Sc^{1/3} Re_p^{1/2} \tag{1-199}$$

与传热类似，该式也只适用于大 Re 情况。因此，Gamson[60] 建议采用无因次传递因子 J_D 来关联有关实验结果，J_D 的定义为

$$J_D = \left(\frac{k_m \rho_f y_f}{\rho_f U}\right) \cdot \left(\frac{\mu}{\rho_f D}\right)^{2/3} \tag{1-200}$$

式中：y_f 为关于反应前后分子数不同时对流动和传递所产生的影响的修正系数。

对于等分子相互扩散，$y_f = 1$，于是

$$J_D = Sh \cdot Sc^{-1/3} \cdot Re^{-1} \tag{1-201}$$

Gamson[60]得到如下关联式：

当 $Re < 40$ 时

$$J_D = 16.8Re^{-1} \tag{1-202}$$

当 $Re > 350$ 时

$$J_D = 0.989Re^{-0.41} \tag{1-203}$$

对于气体流过固定床的传质，Petrovic 和 Thodos[61]推荐用面积当量直径作为颗粒平均直径来计算 Re_p 数的关联式如下

当 $3 < Re_p < 1000$ 时

$$\varepsilon_0 J_D = 0.357Re_p^{-0.359} \tag{1-204}$$

对于床层空隙率在 $\varepsilon_0 = 0.35 \sim 0.75$ 的液体固定床，当 $0.0016 < Re < 55$ 时

$$\varepsilon_0 J_D = 1.09Re_p^{-0.667} \tag{1-205}$$

当 $55 < Re < 1500$ 时

$$\varepsilon_0 J_D = 0.25Re_p^{-0.31} \tag{1-206}$$

而 Yoshida 等[58]则建议，当 $0.05 < Re < 50$ 时

$$J_D = 0.84Re_p^{-0.51} \tag{1-207}$$

当 $50 < Re < 1000$ 时

$$J_D = 0.57Re_p^{-0.41} \tag{1-208}$$

Yoshida 等采用的 $Re_p = \dfrac{G}{S_p \varphi \mu}$。式中：$S_p$ 为单位床层中颗粒的外表面积；φ 为颗粒的形状系数；G 为流体的质量流率。

1.2.1.3 流化床中的传递过程

1. 传热过程

流化床中由于颗粒尺寸小，而且能随流体的流动而运动，加之床层结构的不均匀性，颗粒与流体之间的传递较为复杂。流化床中颗粒-流体间的传热有过许多研究[62~68]，所得的传热系数存在 $1 \sim 2$ 个量级的明显差别，如图 1-22 所示。究其原因是，测定传热系数的方法不同，有的采用稳态传热，而有的非稳态传热，此时的系统的热损失将产生重要影响；测量温度的方法不同，有的用裸装热电偶，有的用带套管热电偶，特别是对固体温度的测量更为困难，有的假定颗粒温度等于出口气体温度；此外，传热系数的计算也是产生分歧的重要原因，用流

化床的气体和固体的温度变化来计算传热系数是不妥的，因为流化床层温度除分
布板附近的区域存在温度差外，整个床层的温度是均匀的，这说明在超出分布板
附近的有限高度后，流体与颗粒已达到热平衡，超出分布板附近区域的床层已无
换热作用，用于有效传热的区域只是床层的很小一部分，流化床的有效传热高度
只是流化床层高度很少部分，它们所具有的传递表面积差别很大。另一方面，就
其测定的温度而言，当热负荷一定时，床层温度与床层中固体颗粒数量有关，固
体颗粒量大的，床层温度低，反之亦然，这样所形成的温度差就不同。仅由温度
计算传热系数，可导致不同的结果。因此，应该用不同传热系数的定义，以消除
这种混淆。若用有效传热高度颗粒物料表示的传热系数称之为有效传热系数
Nu_a，如按全床层高度的颗粒物料计算传热系数，称此传热系数为表观传热系
数，其数值将是大为偏低的。不难看出，在表征传热系数时，区别这两种传热系
数是非常重要的。

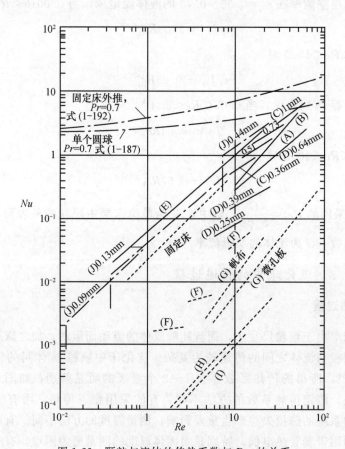

图 1-22　颗粒与流体的传热系数与 Re_p 的关系

　　现对流化床中颗粒-流体间的传热进行定量的分析。假定颗粒内的传递阻力可略，对于一个微元高度为 dh 的流化床层，令其颗粒为完全混合，即所有颗粒的温度为 θ，而流体为活塞流，流体温度 T_c，微元内相际间的接触面积为 dA_s，给热系数为 h^*，由气固两相间热平衡得到

$$UC_f\rho_f AdT_f = h^*(\theta - T_f)dA_s \tag{1-209}$$

或

$$\frac{dT_f}{\theta - T_{fi}} = \frac{6(1-\varepsilon)}{d_p} \cdot \frac{h^*}{UC_f\rho_f}dh \tag{1-210}$$

积分得到

$$\frac{\theta - T_f}{\theta - T_{fi}} = \exp\left[-\frac{6(1-\varepsilon)h^* H}{d_p UC_f\rho_f}\right] \tag{1-211}$$

$$= \exp\left[-\frac{6(1-\varepsilon)}{d_p} \cdot \frac{NuH}{Pr \cdot Re_p}\right] \tag{1-212}$$

　　假定流体温度沿床高成线性变化，即

$$T_f = ah, \quad dT_f = adh \tag{1-213}$$

则式（1-210）变为

$$Nu = \frac{d_p}{6(1-\varepsilon)}(Pr \cdot Re_p) \cdot \frac{a}{\theta - ah} = C \cdot \frac{d_p}{H_m} \cdot Re_p \tag{1-214}$$

式（1-214）表示了表观传热系数的关联式。

　　对于空气系统，$Pr = 0.72$，且令 $(Nu)_{min} = 2$，若令 $\frac{\theta - T_f}{\theta - T_{fi}} = \frac{1}{20}$ 可认为气固之间的传热达到平衡[64]，其相应床层高度为 H_a，得到

$$Nu = 0.224Re_p\frac{d_p}{H_m} \tag{1-215}$$

$$\frac{H_a}{d_p} \approx 0.18\frac{Re_p}{1-\varepsilon} \tag{1-216}$$

　　通常，流化床中 Re 值小，从传热作用活动区看，即有效传热高度 H_a 只有颗粒直径的几十倍，颗粒与流体的传热在几厘米范围内完成，由此，可以认为，固体温度与气体出口温度是接近的。实验结果表明

$$Nu_a = 0.25Re_p\frac{d_p}{H_m} \tag{1-217}$$

式中：H_m 为 $\varepsilon = 0$ 时流化床中颗粒层高度。实验观测得到不同条件下的有效传热系数的关联式是

$$Nu_a = 0.03Re_p^{1.3} \tag{1-218}$$

表观传热系数与有效传热系数的数据关联分别为图 1-23 和图 1-24。实际设计中采用表观传热系数较安全。

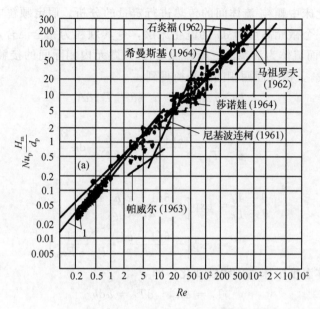

图 1-23 流化床中颗粒与流体间表观传热系数与 Re_p 的关系[64]

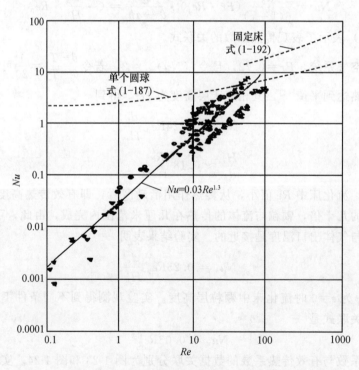

图 1-24 流化床中颗粒与流体间有效传热系数与 Re_p 的关系[56]

其他的经验关联式如下：

Rowe 等[65]关联式

$$Nu_p = 2 + 0.74 Pr^{1/3} Re_p^{1/2} \tag{1-219}$$

Gelperin[66]关联式，当 $Re_p < 200$ 时

$$Nu_p = 1.6 \times 10^{-2} Pr^{1/3} \left(\frac{Re_p}{\varepsilon} \right)^{1.3} \tag{1-220}$$

当 $Re_p > 200$ 时

$$Nu_p = 0.4 Pr^{1/3} \left(\frac{Re_p}{\varepsilon} \right)^{2/3} \tag{1-221}$$

Kunii and Levevspeil[67]关联式

$$Nu_p = \frac{1}{(1-\varepsilon)} \left[\gamma_b Nu_{p,t}^* + \frac{\varphi d_p^2}{6\lambda} (H_{bc})_b \right] \tag{1-222}$$

式中

$$Nu_{p,t} = 2 + 0.6 Pr^{1/3} Re_t^{1/2} \tag{1-223}$$

$$Re_t = \frac{d_p U_t \rho_f}{\mu} \tag{1-224}$$

$$(H_{bc})_b = 4.5 \left(\frac{C_{pg} U_{mf} \rho_f}{d_b} \right) + 5.85 \frac{(C_{pg} \lambda \rho_f)^{1/2} g^{1/4}}{d_b^{6/4}} \text{cal/(m}^3 \cdot \text{s} \cdot \text{℃)} \tag{1-225}$$

2. 传质过程

(1) 气固间的传质

对气固流化床中的气固间的传质，Kato 等[68]建议：

当 $0.5 \leqslant Re_p \left(\dfrac{d_p}{H_a} \right)^{0.6} \leqslant 80$ 时

$$Sh = 0.43 \left[Re_p \left(\frac{d_p}{H_a} \right)^{0.6} \right]^{0.97} Sc^{0.33} \tag{1-226}$$

当 $80 < Re_p \left(\dfrac{d_p}{H_a} \right)^{0.6} < 1000$ 时

$$Sh = 12.5 \left[Re_p \left(\frac{d_p}{H_a} \right)^{0.6} \right]^{0.2} Sc^{0.33} \tag{1-227}$$

Richardson 和 Szekely[69]给出关联式为

当 $Re_p = 0.1 \sim 0.5$ 时

$$Sh = 0.37 Re_p^{1.8} \tag{1-228}$$

当 $Re_p = 15 \sim 250$ 时

$$Sh = 2.9 Re_p^{0.5} \tag{1-229}$$

气固流化床中流体与颗粒间的传质实验结果如图 1-25 所示。图中的结果表

明，这种关联并不理想，Beek[70]建议如下的关联方法，并可将固定床和气固流化床中传质进行统一关联，如图 1-26 所示，即

$$J_D = Sh \cdot Sc^{-1/3} \cdot Re_p^{-1} = \frac{k}{U} \cdot Sc^{2/3} = f(\varepsilon_0, Re_p) \tag{1-230}$$

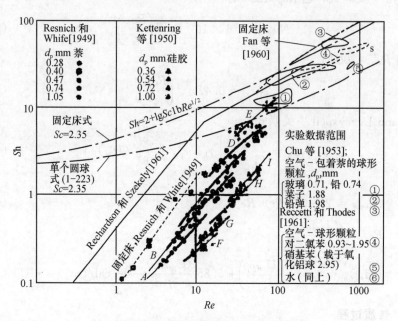

图 1-25　气固流态化系统传质实验结果[57]

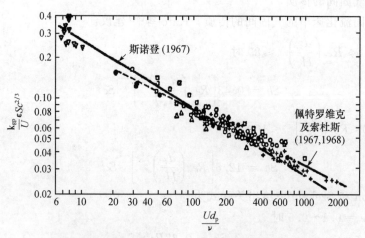

图 1-26　颗粒床层中颗粒与流体间传质系数与 Re 的关系[70]

（2）液固间的传质

对液固流化床中传质，文献中的关联式如下[70]

当 $5 < \dfrac{d_{\mathrm{p}}\rho U}{\mu} < 500$ 时

$$St \cdot Sc^{2/3} = (0.81 \pm 0.05)\left(\dfrac{d_{\mathrm{p}}\rho_{\mathrm{f}}U}{\mu_{\mathrm{f}}}\right)^{-0.5} \tag{1-231}$$

该式适用于 $100 < Sc < 1000$，$0.43 < \varepsilon < 0.63$。

当 $50 < \dfrac{d_{\mathrm{p}}\rho_{\mathrm{f}}U}{\mu_{\mathrm{f}}} < 2000$ 时

$$St \cdot Sc^{2/3} = (0.6 \pm 0.1)\left(\dfrac{d_{\mathrm{p}}\rho_{\mathrm{f}}U}{\mu_{\mathrm{f}}}\right)^{0.43} \tag{1-232}$$

该式适用于 $0.6 < Sc < 2000$ 的气固流态化和液固流态化系统，$0.43 < \varepsilon < 0.75$。

Fan 等[71]提出在 $5 < Re_{\mathrm{p}} < 120$，$\varepsilon \leqslant 0.84$ 条件下的关联式为

$$Sh = 2.0 + 1.5[(1-\varepsilon)Re_{\mathrm{p}}]^{0.5}Sc^{0.33} \tag{1-233}$$

Tournie 等[72]提出的关联式为

$$Sh = 0.245G_{\mathrm{a}}^{0.323}M_{\mathrm{r}}^{0.300}Sc^{0.40} \tag{1-234}$$

式中：$G_{\mathrm{a}} = \dfrac{d_{\mathrm{p}}^3\rho_{\mathrm{f}}^2 g}{\mu_{\mathrm{f}}^2}$；$M_{\mathrm{r}} = \dfrac{\rho_{\mathrm{s}} \cdot \rho_{\mathrm{f}}}{\rho_{\mathrm{f}}}$。

根据流化床、固定床中颗粒与流体间传递的相似性，同样采用类似方法对实验数据进行关联，液固流化床中传质关联如图 1-27 所示。

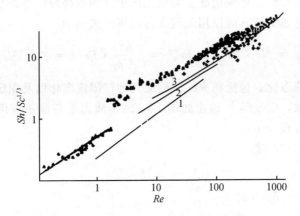

图 1-27　液固流态化系统传质实验结果

1-Evans 和 Gerald（1953）；2-Fan 等（1960）；3-Rowe 和 Claxton（1965）；

4-Laguerie 和 Angelin（1975）

■ Danronglerd 等（1975）；Vanadmroagvas 等（1976）；▲ Tournle 等（1977）；◇ Upadhyay 和

Tripath（1975）；△ Laguerie 等（1975）；◆ Mullin（1962）；● Rowe（1965）

　　流化床中数据处理是以颗粒为全混、流体为活塞流的模式来处理，其结果还是满意的，床中的传质当量也将随床高而变，即当经过一定床层高度后，流体与颗粒将达到平衡，如像传热过程存在一个有效活动高度一样，也存在有效活动高度。在这里研究一下传质单元高度 HTU 是有益的。

　　对活塞流型散式流化床，其传质单元高度定义为

$$HTU = \frac{U}{ak} = \frac{d_p U}{6(1-\varepsilon)k} \tag{1-235}$$

式中：k 为颗粒与流体间的传递系数。

　　传质单元高度内流体经历的颗粒数为

$$N = \frac{(1-\varepsilon) \cdot HTU}{d_p} \tag{1-236}$$

　　从图 1-27 可得到，$k\varepsilon Sc^{2/3}/U = 0.02\sim0.4$，则单位传质单元高度的颗粒数的范围是

$$0.4\varepsilon Sc^{2/3} < \frac{(1-\varepsilon) \cdot HTU}{d_p} < 8\varepsilon Sc^{2/3} \tag{1-237}$$

　　对于气固流化床，$Sc \approx 1$，则传质单元高度所经历的颗粒数 N 很小，这表明，流体经过很少的颗粒数，物质传递过程即可达到平衡。这对传质实验提出了很高的要求。

　　对于气固鼓泡流化床，由于气泡的出现，床层中流动结构不再均匀，即发生相的离析，此时流体与颗粒的传质就复杂多了，必须通过气泡相到气泡晕再至乳化相，最后到达颗粒。详细情况参阅流化床中气固混合特性等章节。

　　与固定床传热类似，可以用无因次传递因子来表示

$$J_H = Nu \cdot Pr^{-1/3} \cdot Re_p^{-1} = \frac{h}{C_f U \rho_f} \cdot Pr^{2/3} = f(\varepsilon_0, Re_p) \tag{1-238}$$

　　对于散式流态化，包括高 Re_p 下的无气泡气固流态化以及固定床中颗粒与流体间的传质系数，Chu 等[73]给出如图 1-28 的传质因素与修正雷诺数的统一关联图，并以如下方程表示：

　　当 $Re_p^* = 1\sim30$ 时

$$J_d = 5.7 Re_p^{*-0.78} \tag{1-239}$$

　　当 $Re_p^* = 30\sim5000$ 时

$$J_d = 1.77 Re_p^{*-0.44} \tag{1-240}$$

式中

$$Re_p^* = \frac{d_p \rho_f U}{(1-\varepsilon)\mu_f} \tag{1-241}$$

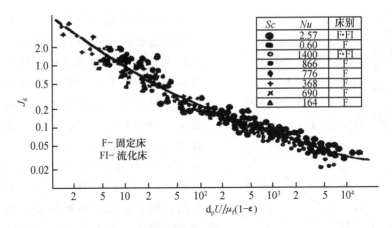

図 1-28　传质因数 J_d 与 Re^* 的关系

Dwivedi 和 Upadhyay[74]系统分析了气固和气固系统的固定床流化床中颗粒与流体间的传质实验数据，提出如下的关联式

$$\varepsilon J_d = \frac{0.765}{Re_p^{0.32}} + \frac{0.365}{Re_p^{0.386}} \tag{1-242}$$

当 $Re_p < 10$，用该式预测将出现较大偏差。

3. 传热与传质的相似

对于颗粒内部的传导和扩散均可忽略的外部传递过程，以上的研究结果表明，颗粒与流体间的传热和传质，在许多方面表现出相似的规律，Gunn[75]导出用于固定床和流化床中颗粒与流体间的传热和传质的统一关联式，即

$$N_T = (7 - 10\varepsilon + 5\varepsilon^2)(1 + 0.7 Re_p^{0.2} M_T^{1/3}) + (1.33 - 2.4\varepsilon + 1.2\varepsilon^2) Re_p^{0.7} \times M_T^{1/3} \tag{1-243}$$

式中：当传热时，N_T 为 Nu 数，M_T 为 Pr 数；当不传热时，N_T 为 Sh 数，M_T 为 Sc 数；ε 为床层空隙率，当 $\varepsilon = 1$ 时，则表示为单球与流体间的传递过程。

1.2.1.4　三相流态化的相际传递

1. 气液传质过程

现有大多数气液固三相流态化加工过程都是由气液间相际传递速率所控制，气液间的质量传递过程是实用中必须面对的问题。Østergaard 和 Suchozehr-shi[76]研究了三相流化床的容积传递系数 $k_1 a$，其结果如图 1-29 所示，结果表明，三相流化状态不同，其容积传质系数有明显差别，粒径为 6mm 颗粒的气泡分散流比 1mm 颗粒的气泡聚并流的容积传质系数高得多，同时比无颗粒的纯气液系

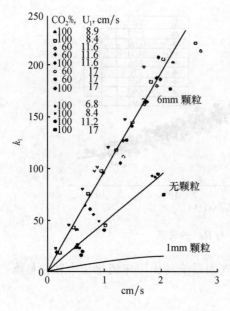

图 1-29　三相流化床的气液容积传质系数

统的容积传质系数也要高；三相流化床中气液容积传质系数随气速的增加而单调增大，而受液体速度的影响很小。气液容积传质系还有类似的研究报导[77~80]，但这些研究都尚未给出真实气液传质系数 k_1。Dhanuka 和 Stepanek[81] 采用新的技术可同时测定三相流化床的容积传质系数 k_1a、气液传质系数 k_1 和气液接触表面积 a，研究结果表明，对于粗颗粒气泡分散三相流态化，容积传质系数随气速增大而增大，与上述 Østergaard 等的结果相符，同时表明，气液传质系数与气速无关，而气液接触表面积随气速的增大而增大，这意味着三相流化床容积传质系数随气速的增大而增大的机理在于气液接触表面积随气速的增大而增大所致。更多的结果表明，颗粒粒径对容积传质系数有重要影响。张俊平等[82] 通过单气泡传质试验研究三相流化床气液传质系数，发现三相流化床的容积传质系数随气泡体积的增大而提高，这是因为大气泡有较大的上升速度，致使气液两相相对速度增加，界面湍动加强所致；同时也发现三相流化床中气液速度愈大，其提高的程度愈大。Lee 和 Worthington[78] 对颗粒粒度为 6mm，$U_g=1.5~3.5cm/s$，$U_1=5.75~16.4cm/s$ 的操作范围，得到如下经验关联式

$$k_1a = 1.53\varepsilon_g \tag{1-244}$$

Dakshinamurty 和 Rao[83] 对 d_p 为 $1.06~6.84mm$ 的系统，$U_g=0~10cm/s$，$U_1=5~17.2cm/s$，得到

$$\frac{k_1ad_p^2}{D_M} = k''\left(\frac{d_pU_t\rho_1}{\nu_1}\right)^{3.3}\left(\frac{\nu_1U_g}{\sigma}\right)^{0.7} \tag{1-245}$$

式中：当 $Re_t>2000$，$k''=3.946\times10^{-7}$；当 $Re_t<2000$，$k''=2.33\times10^{-5}$。

Østergaard[84] 得到三相流化床中不同操作条件下的液相容积传质系数为 $d_p=1.1\times10^{-3}m$；在 $4.3\times10^{-2}\leqslant U_g\leqslant12.4\times10^{-2}m/s$ 时，则

$$1.5\times10^{-2}\leqslant U_l\leqslant4.6\times10^{-2}m/s$$

$$k_1a = 4.32\times10^{-2}U_g^{0.76} \tag{1-246}$$

$$d_p = 3.6\times10^{-3}m$$

在 $4.3\times10^{-2}\leqslant U_g\leqslant12.8\times10^{-2}m/s$ 时，则

$$4.3\times10^{-2}\leqslant U_l\leqslant7.3\times10^{-2}m/s$$

$$k_l a = 0.615 U_g^{0.25} U_l \tag{1-247}$$

$$d_p = 6.0 \times 10^{-3} \, \text{m}$$

在 $4.7 \times 10^{-2} \leqslant U_g \leqslant 12.7 \times 10^{-2} \, \text{m/s}$ 时，则

$$6.8 \times 10^{-2} \leqslant U_l \leqslant 9.7 \times 10^{-2} \, \text{m/s}$$

$$k_l a = 0.425 U_g^{0.93} \tag{1-248}$$

Dhanuka 等[81]得到三相流化床中不同操作条件下的液相容积传质系数为

$$d_p = 1.98 \times 10^{-3} \, \text{m}$$

在 $1.5 \times 10^{-2} \leqslant U_g \leqslant 5.5 \times 10^{-2} \, \text{m/s}$ 时，则

$$6.2 \times 10^{-2} \leqslant U_l \leqslant 8.6 \times 10^{-2} \, \text{m/s}$$

$$k_l a = 4.09 U_g U_l^{0.55} \tag{1-249}$$

$$d_p = 4.08 \times 10^{-3} \, \text{m}$$

在 $2.5 \times 10^{-2} \leqslant U_g \leqslant 8 \times 10^{-2} \, \text{m/s}$ 时，则

$$7.9 \times 10^{-2} \leqslant U_l \leqslant 9.9 \times 10^{-2} \, \text{m/s}$$

$$k_l a = 0.439 U_g^{0.555} \tag{1-250}$$

$$d_p = 5.86 \times 10^{-3} \, \text{m}$$

在 $2.5 \times 10^{-2} \leqslant U_g \leqslant 7 \times 10^{-2} \, \text{m/s}$ 时，则

$$1.08 \times 10^{-2} \leqslant U_l \leqslant 13.9 \times 10^{-2} \, \text{m/s}$$

$$k_l a = 2.52 U_g \tag{1-251}$$

栾金义和彭成中[79]采用粒度自 0.75mm 至 $6 \times 3 \times 5$ 的河砂、树酯活性炭、玻璃珠、氧化铝球和瓷环等水-空气物系，测定了三相流化床的容积传质系数，得到如下的经验关联式

$$k_l a = 40.31 U_g^{0.5998} \tag{1-252}$$

Fan 等实验结果与此具有类似的规律。

容积传质系数与固体颗粒的大小有关，图 1-30 表示了不同作者所观测的结果，尽管存在某些差异，但其基本趋势是一致的，即随着颗粒粒度的增大而增大。因而没有包括粒径的容积传质系数经验关联式在应用时应慎重，注意其所适用的参数范围。

Fukushima[85]将 Lee 和 Worthington 的数据进行重新关联，得到

$$\frac{k_l a d_p^2}{D_M \varepsilon_g} = 1.4 \times 10^4 (Re_l/\varepsilon_l)^{0.38} (Re_g/\varepsilon_g)^{-0.2} Sc^{0.5} \left(\frac{d_p}{D_t}\right)^{2.1} \tag{1-253}$$

$$\frac{k_l d_p}{D_M} = 8.9 \times 10^2 (Re_l/\varepsilon_l)^{1/3} (Re_g/\varepsilon_g)^{0.2} Sc^{0.5} \left(\frac{d_p}{D_t}\right)^{2.1} \tag{1-254}$$

$$\frac{a d_p}{\varepsilon_g/\varepsilon} = 16 (Re_l/\varepsilon_l)^{0.05} (Re_g/\varepsilon_g)^{-0.4} \tag{1-255}$$

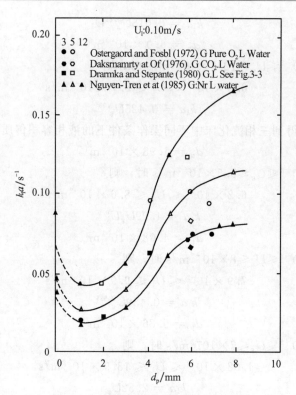

图 1-30　容积传质系数与粒度的关系

Nguyen-Tien 等[86]对粒径为 $0.05 \sim 8mm$ 在 $U_g = 0 \sim 16cm/s$，$U_1 = 4.6 \sim 11.6cm/s$ 下操作，得到如下关联式：

对 $d_p = 0.05 \sim 1mm$

$$k_1 a = 0.39 \left(1 - \frac{\psi_s}{0.58} \right) U_g^{0.67} \tag{1-256}$$

式中：$\psi_s = \dfrac{\varepsilon_s}{\varepsilon_1 + \varepsilon_s}$。

对 $d_p > 1mm$，$U_1 = 10cm/s$

$$k_1 a = 13.9 (d_p)^{0.709} U_g^{0.5} \tag{1-257}$$

Chang 等[87]将一些文献数据进行处理，得到

$$k_1 a = 1597 U_g^{0.68} U_1^{0.63} d_p^{1.21} \tag{1-258}$$

$$a = 2.08 \times 10^6 U_g^{0.35} U_1^{0.85} d_p^{0.88} \tag{1-259}$$

这些关联式适用范围是 $d_p = 1.7 \sim 6mm$，$U_g = 0.5 \sim 7cm/s$，$U_1 = 5.4 \sim 13cm/s$。

对于三相滴流床，Carpentier[88]建议了如下的液相容积传质系数关联式，在 $5 < E_1 < 100W/m^3$ 时

$$k_1 a = 0.0011 E_1 \frac{D}{2.4 \times 10^{-9}} \tag{1-260}$$

式中：D 为反应组份的扩散系数；E_1 为能量耗散密度，定义为

$$E_1 = \left(\frac{\Delta P}{\Delta Z}\right)_{gl} \cdot U_1 \tag{1-261}$$

气相容积传质系数关联式

$$k_g a = 2 + 0.1 E_g^{0.66} \tag{1-262}$$

式中

$$E_g = \left(\frac{\Delta P}{\Delta Z}\right)_{gl} \cdot U_g \tag{1-263}$$

容积传质系数与床层的流动状态有关，即聚并气泡流、分散气泡流或湍动流将影响系统的传递特性，而粒径对流动状态有决定性影响，从而将影响传质过程，如图 1-30 所示。容积传质系数随粒径的增大而减小，当 $d_p = 1 \sim 2mm$ 时，达到最小，然后随颗粒粒径的增大而增大。同时表明，气速比液速有更强的影响。

三相床液相传质系数和气液相界面积 a 与气速、液速的关系，分别表示在图 1-31 和图 1-32 中。

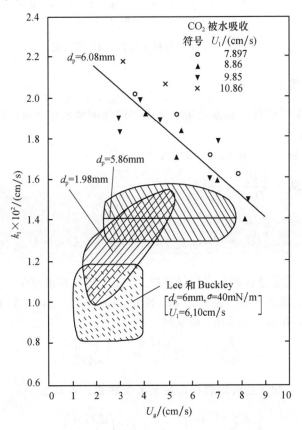

图 1-31　液相传质系数 k_1 与 U_g、U_1 的关系

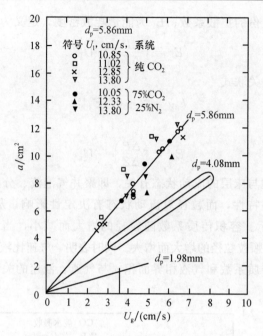

图 1-32　相界面积 a 与 U_g、U_t 的关系

2. 液固传质系数

Fukuma 等[89]根据三相流化床中液相与固体颗粒的传质过程的实验结果，提出如下关联式：

$$Sh = 2 + 0.52(e^{1/3} d_p^{4/3}/\nu)^{0.59} Sc^{1/3} \tag{1-264}$$

$$Sh = \frac{k_s d_p}{D_M} \tag{1-265}$$

$$Sc = \mu_1/\rho_1 D_M \tag{1-266}$$

$$e = \frac{[(U_g + U_1)(\varepsilon_s \rho_s + \varepsilon_1 \rho_1 + \varepsilon_g \rho_g) - U_1 \rho_1 - U_g \rho_g]g}{\varepsilon_1 \rho_1} \tag{1-267}$$

式中：e 为单位质量液体的能量耗散速度；D_M 为溶质在液相中的分子扩散系数。

对滴流床中液固传质过系数，Van Kreve Len 等[90]建议了如下的液固容积传质系数关联式，在 $G_g < 0.01 \text{g/cm}^2 \text{s}$ 时

$$\frac{k_s}{aD} = 1.8 \left(\frac{\rho_1 U_1}{a \mu_1} \right)^{0.5} \cdot \left(\frac{\mu_1}{\rho_1 D} \right)^{1/3} \tag{1-268}$$

Goto 等[91]建议了如下的液固容积传质系数关联式，在 $0.2 < \dfrac{d_p U_1 \rho_1}{\mu_1} < 2400$

$$k_s \left(\frac{1}{U_1} \right) \left(\frac{\mu_1}{\rho_1 D} \right)^{2/3} = 1.637 \left(\frac{d_p U_1 \rho_1}{\mu_1} \right)^{-0.331} \tag{1-269}$$

1.2.1.5 传热、传质同时发生的联合过程

传热、传质同时发生的联合过程，在实际生产中也是屡见不鲜的，如流态化干燥过程就是一种传热、传质同时发生的复杂过程。假定流化床中惰性粒子直径为 d_p，床层空隙度为 ϵ_{mf}，浆料加料率为 W，湿含量为 X_i，当将其喷入温度为 T_g 的流化床中，床层将对湿物料进行加热，湿物料受热时水分将发生蒸发，因而在向湿物料传热的同时伴随着传质。

实验表明[92]，流化床气固间传热过程是十分迅速的，在接近分布板的很短区域内即可达到平衡，高于这一床层高度，气体和颗粒的温度将是均一的，气相中湿含量将趋向均一。图 1-33 给出了在一定惰性粒子床层高度、进气温度和浆料给料率的条件下，干燥器床层温度沿床高的分布。首先，不难看出，除靠近分布板区的短距离外，整个床层温度均一，沿床高方向上不存在温度梯度，表明了床内粒子处于完全混合的状态。其次，不同条件下的床层温度尽管有所不同，但与进气温度 180℃相比，有 60～80℃的温度降，而且是在近分布板区内完成的，这说明此区域内气体与颗粒间的热质传递过程属颗粒外部传递控制，气体呈活塞流特性。在其他条件相同时，气速高的，床层温度高，这是因为气速高，气量大，进入床层的热量增加，同时还会使传递过程得到强化所致。最后，远离分布板区后，颗粒温度均一，意味着传递过程由颗粒外部传递控制转化为热平衡过程。

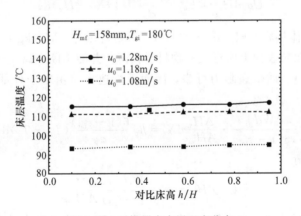

图 1-33 干燥器内床层温度分布

在流化床操作条件下，由于气体以气泡形式短路、横向不规则流动以及因床层的不均匀导致对导热系数的影响，要按其真实机理做出描述是困难的，而且并不十分有效。常用的方法是无因次分析或保守的外部控制的传递模型分析。根据流化床中同时发生的热、质过程的特点，李佑楚等[93]做了如下的分析：

单位床层体积的表面积

$$a = \frac{6(1-\varepsilon)}{d_p} \tag{1-270}$$

式中：a 为单位体积床层的表面积，m^2/m^3；d_p 为惰性粒子直径，m。

单位体积表面积上浆料量 $S[(kg(料)/m^2 \cdot h)]$ 为

$$S = \frac{W}{A \cdot H_{mf}} \cdot \frac{d_p}{6(1-\varepsilon_{mf})} \tag{1-271}$$

式中：A 为流化床断面积，m^2；H_{mf} 为临界流化床层高度，m；W 为浆料加料率，kg/h；ε_{mf} 为床空隙率，无因次。

相应的湿含量 $S_w[(kg(水)/m^2 h)]$ 为

$$S_w = \frac{W \cdot X_i}{A \cdot H_{mf}} \cdot \frac{d_p}{6(1-\varepsilon_{mf})} \tag{1-272}$$

为可靠起见，将这一热、质传递过程按颗粒-流体间外部控制的稳态传递过程处理，假设气体以活塞流通过床层，而颗粒为全混状态。现对 dz 微元床层高度建立起守恒方程，得到气固间热传递

$$UC_{pg}dT_g = h_p \frac{6(1-\varepsilon_{mf})}{d_p}(T_g - T_s)dz \tag{1-273}$$

气固间质量传递

$$U\rho_g dH_g = k_m \frac{6(1-\varepsilon_{mf})}{d_p}(H_w - H_g)dz \tag{1-274}$$

式中：C_{pg} 为气体热容，$kJ/(m^3 \cdot ℃)$；C_{ps} 为物料热容，$kJ/(kg \cdot ℃)$。

假定惰性颗粒表面上所形成的物料层较薄，并能不断剥离，相比而言，颗粒表面料层内的热、质传递阻力可略，因而干燥速率将由粒子外部传热速率所决定，即

$$-\frac{Wd_p}{6(1-\varepsilon_{mf})} \cdot \frac{\Delta H_v}{AH_{mf}}dX = h_p \frac{6(1-\varepsilon_{mf})}{d_p}(T_g - T_s)dz \tag{1-275}$$

两相间的水平衡

$$U\rho_g dH_g = -\frac{Wd_p}{6(1-\varepsilon_{mf})}\frac{dX}{AH_{mf}} \tag{1-276}$$

式中：h_p 为相际传热系数，$kJ/(m^2 \cdot h \cdot ℃)$；T_{gi} 为进口气体温度，℃；T_{go} 为出口气体温度，℃；T_s 为床层颗粒物料温度，℃；H_v 为水气化潜热，kJ/kg。

由积分式（1-273）得到

$$\ln \frac{T_{gi} - T_s}{T_{go} - T_s} = \frac{6(1-\varepsilon_{mf})H_{mf}}{d_p}\frac{Nu_p}{Re_p \cdot Pr} \tag{1-277}$$

$$Nu_p = \frac{h_p d_p}{k_g}; \quad Re_p = \frac{d_p U \rho_g}{\mu_g}; \quad Pr = \frac{C_{pg} \cdot \mu_g}{k_g} \tag{1-278}$$

式中：Nu_p 为以颗粒定义的努塞特数，无因次；Pr 为普朗特数，无因次；Re_p 为雷诺数，无因次；ρ_p 为气体密度，kg/m³；k_g 为气体导热系数，kJ/(m²·h·℃)；λ_s 为物料导热系数，kJ/(m·h·℃)；μ_g 为气体黏度，kg/(m·s)。

由积分式（1-274），类似地得到

$$\ln\left(\frac{H_w - H_{go}}{H_w - H_{gi}}\right) = \frac{6(1-\varepsilon_{mf})H_{mf}}{d_p}\frac{Sh_p}{Re_p \cdot Sc} = \frac{6(1-\varepsilon_{mf})H_{mf}}{d_p}St \quad (1\text{-}279)$$

$$Sh_p = \frac{k_m d_p}{\rho_g D_g}; \quad Sc = \frac{\mu_g}{\rho_g D_g}; \quad St = \frac{k_m}{\rho_g U} \quad (1\text{-}280)$$

式中：K_m 为相际传质系数，kg/(m²·h)；D_g 为气体扩散系数，m²/s；U 为操作气体速度，m/s；Sh_p 为舍伍德数，无因次；St 为斯坦顿数，无因次；Sc 为施密特数，无因次。

式（1-275）与式（1-276）联立，则有

$$dH_g = \frac{h_p}{U\rho_g \Delta H_v} \cdot \frac{6(1-\varepsilon_{mf})}{d_p}(T_{gi} - T_s)dz \quad (1\text{-}281)$$

对流化床，在超出分布板区以上距离（一般不大）后，传递过程将转变为热平衡过程，此时 $T_s = T_{go}$，因而对式（1-281）积分，则有

$$H_{go} - H_{gi} = \frac{6(1-\varepsilon_{mf})H_{mf}}{d_p}\frac{h_p(T_{gi} - T_{go})}{U\rho_g \Delta H_v} \quad (1\text{-}282)$$

由此得到

$$h_p = \frac{d_p U \rho_g}{6(1-\varepsilon_{mf})}\frac{\Delta H_v}{H_{mf}}\frac{H_{go} - H_{gi}}{T_{gi} - T_{go}} \quad (1\text{-}283)$$

式中：H_{gi} 为进口气体湿含量，kg 水/kg 干空气；H_{go} 为出口气体湿含量，kg 水/kg 干空气；H_w 为物料表面处理湿含量，kg 水/kg 干空气。

按式（1-283）对实验结果进行处理，传热系数与气速的关系如图 1-34 所示。

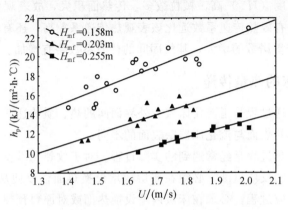

图 1-34　惰性粒子与流体间表观传热系数与气速的关系

同样，对传质，$H_g = H_{go}$，$T_s = T_{go}$，将式（1-272）、式（1-273）与式（1-282）联立求解，则有

$$k_m = \frac{h_p}{\Delta H_v} \frac{T_{gi} - T_{go}}{H_w - H_{go}}$$

（1-284）

将式（1-283）与式（1-284）联立，求得

$$k_m = \frac{d_p U \rho_g}{6(1 - \varepsilon_{mf}) H_{mf}} \frac{H_{go} - H_{gi}}{H_w - H_{go}}$$

（1-285）

根据式（1-285），可以计算浆料脱水干燥过程的相际间质量传递系数 k_m，用以对实验测定进行处理，其结果如图 1-35 所示。

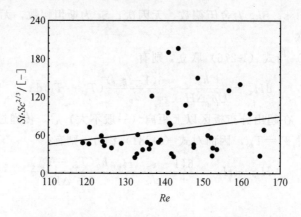

图 1-35　流化床干燥器中气固传质的准数关联

图 1-34 表明，随着气速的增大，其气固间的传热系数有所增加。这是因为流速的增大，增强了湍流，使相界面的传递阻力减小，传热系数增大。值得提到的是，图 1-34 表示的是表观传热系数，是按床层总表面定义的总表面传热系数，惰性粒子床层高度（H_{mf}）高，颗粒数多，传热面积大，故表观传热系数小。这意味着流化床的有效热传递系数远比该表观热传递系数高，还有较大的潜力。图 1-35 表明，随着雷诺数的增大，其气固间的传质系数略有增加。

1.2.2　流化床的热量传递

流化床的传递过程是指流化床层与外界面间的热、质传递，而外界面又有浸埋在床层内物体的表面与流化床器壁表面的不同。

流化床的传热过程是经常遇到的实际过程。对于放热化学反应过程，为了维持流化床的规定的反应温度，必须在床层内增设换热面，以便从床层移出热量；对于吸热化学反应过程，必须在床层内增设换热面或对原料预热，以便向床层补充热量，这些都是通过流化床层与流化床器壁表面间的传热过程来实现的；而将

工件放入流化床中进行加热或冷却，涉及的是流化床层与浸埋在床层内物体的表面间的传热过程。

流化床与外界面间的传质过程也是常用的实际过程，这种过程又分为表面过程和体积过程两类，属表面过程的有浸埋在床层内物体表面的润湿、喷涂等，属体积过程的有流化床的冷却结晶、电沉积、团聚、造粒等。

1.2.2.1　基本现象

流化床层与外界面间传热过程有过许多研究，由于流化床存在两种不同的流动结构，床层断面颗粒浓度或空隙率较均匀的传统流态化和具有环-核（边壁浓、中部稀）结构快速流态化，其传热过程有明显的差别，对此，应给予必要的注意。

1. 最大给热系数

这里仅就流化床层与外界面间传递过程中床层侧的传递系数作出分析研究。

实验研究表明[94~101]，床层侧的给热系数与流体速度有关，如图 1-36 所示。自临界流态化速度 U_{mf} 起，对壁面的给热系数 h_w 随流速的增加而迅速增大，直至达到最大值 h_{wmax}，而后随流速的增加而减小。影响给热系数的主要因素是颗粒运动速度和床层平均密度或固体颗粒浓度。在给热系数达到最大值之前的上升阶段，给热系数主要由颗粒运动速度所决定，因为接近临界流态化速度区，流速增加可

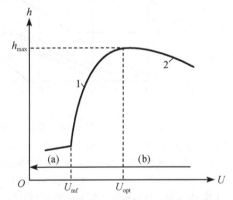

图 1-36　流体速度对颗粒床层给热系数的影响

极大激发颗粒运动更新传热界面，而床层的颗粒浓度随流速降低不多，从而导致给热系的快速增加。当达到最大给热系数之后的下降阶段，流速增加引起颗粒运动更新的作用相对减弱而使床层颗粒浓度减小较强，从而导致给热系数的逐渐减小。由于流化床固体颗粒的运动冲刷，壁面的给热系数比固定床的壁面给热系数大一个数量级；同时固体颗粒的热容比气体热容高得多，其壁面给热系数比空管气体壁面给热系数高 2 个数量级。在流态化床中，由固体颗粒的相互遮蔽，对壁面的辐射传热所占比重不大，特别是在温度低于 800℃时，辐射传热可以忽略不计。

流化床对壁面的传热速率依赖于流体的速度、导热系数、颗粒的粒度、密度、导数系数、装置的尺寸和结构形状等。由于影响因素较多而复杂，不同的研究者的实验条件又不尽相同，彼此的结果存在不同程度的差异。就以最大给热系数表示的最大 Nu_{max} 及其以相应的最适宜操作流速表示的最适宜 Re_{opt} 而论，它们

与物系特性因数 Ar 的关系如图 1-37，但是就 Nu_{max} 来看，在所考虑 Ar 数范围内，其偏差在 $\pm10\%\sim\pm20\%$，而 Re_{opt} 的偏差更大些，这可能是因为在 h_{max} 处附近，h 随 U 的变化较平坦，决定 U_{opt} 时，将难以准确。在工程设计中，估计 Nu_{max} 和 U_{opt} 或 Re_{opt} 是十分必要的。

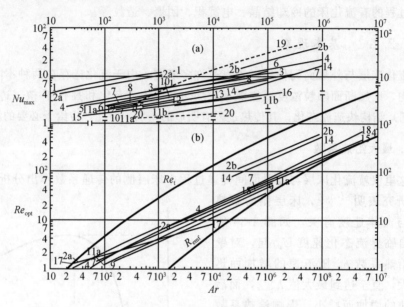

图 1-37 Nu_{max}、Re_{opt} 与 Ar 关联的比较

1-水平金属线；2，11b，14-蛇管；3，6，10，12，13-垂直管（10-管束中）；8，11a，12，13-水平管（8，12-平行和拐折管束中）；9，16-球；17-装置的外壁；19，20-同一外壁，用液体流化；18-强烈的流态化；4，5，7，14，15-一般传热数据

1-Jacob A 和 L Osberg.；2-Sarkits V B（1959）；3-Shrapkove J P（1967）；4-Todes O M（1965）；5-Zabrodsky S S（1963）；6-Baerg A 等（1950）；7-Mersmann A（1967）；8-Gelperin N I 等（1968）；9-Variggin N N 和 Martjushin I G（1959）；10-Gelperin N I 等（1963）；11-Khvasfukhin J I（1967）；12-Gelperin N I 等（1968）；13-Antonishin N V（1963）；14-Traber D G 等（1962）；15-Chechotkin A V（1962）；16-Kharehenko N V（1964）；17-Leva M（1959）；18-Fjodorov I M（1955）；19-Wasmund B W 和 Smith J W（1967）；20-Caldas I（1955）

2. 最佳操作速度

从图 1-37 中 Re_{opt} 关联数据看，对于小 Ar 的物系，即细小而比重轻的颗粒物系，出现最大给热系数 h_{max} 的 Re_{opt} 接近于 Re_t，即是说最佳速度接近于颗粒的终端速度 U_t；对于大 Ar 的物系，即大而重的颗粒物系，出现最大给热系数 h_{max} 的 Re_{opt} 接近于 Re_{mf}，或者说最佳气速接近于 U_{mf}。假如 $\varepsilon_{mf}=0.4$，则 Re_{mf} 和 Re_t 可分别表示为

$$Re_{mf} = \frac{Ar}{1400 + 5.22\sqrt{Ar}} \qquad (1-286)$$

和

$$Re_{t} = \frac{Ar}{18 + 0.61\sqrt{Ar}} \qquad (1-287)$$

式中，$Ar = \dfrac{d_p^3 \rho_f (\rho_s - \rho_f) g}{\mu_f^2}$。据此，Todes[94] 建议

$$Re_{opt} = \frac{Ar}{1.8 + 5.22\sqrt{Ar}} = \frac{d_p \rho_f U_{opt}}{\mu_f} \qquad (1-288)$$

对于无挡板的自由流化床，其传热最优的操作速度可按式（1-288）估计。

3. 最大给热系数的关联

根据流化床层的最大给热系数 h_a 是由颗粒团湍流所致，它与物系特性有关，由此建立预测最大给热系数的方法。

（1）经验关联

换热界面可以是外置式（即床层器壁），也可以是内置式，即浸埋于床层中。两种不同类型换热界面的换热，给热系数也有所差别[101]。

流化床与外壁面间最大给热系数，Varygin 和 Martyushin[95] 根据实验结果，提出的关联式为

$$Nu_{max} = 0.86 Ar^{0.18} \qquad (1-289)$$

Sarkits[96] 的关联为

$$Nu_{max} = 0.019 Ar^{0.5} Pr^{0.33} \left(\frac{C_s}{C_p}\right)^{0.1} \left(\frac{D_t}{d_p}\right)^{0.13} \left(\frac{H_0}{d_p}\right)^{0.16} \qquad (1-290)$$

相应的 $Re_{opt} = 0.66 Ar^{0.5}$。Maskaev 和 Baskakov[97] 对大颗粒系统（$1.4 \times 10^8 < Ar < 3 \times 10^8$）建议的关联式为

$$Nu_{max} = 0.21 Ar^{0.32} \qquad (1-291)$$

Zabrodsky 等[98] 对 $Ar = 100 \sim 1.4 \times 10^5$ 的物系，最大给热系数关联为

$$Nu_{max} = 0.88 Ar^{0.213} \qquad (1-292)$$

对于床层浸埋的内表面换热过程，Tsukuda and Horio[99] 提出的关联式为

$$Nu_{S,max} = \frac{h_{max} D_S}{\lambda_e} = \left(\frac{D_S}{d_p}\right)^{0.8} \qquad (1-293)$$

式中：D_S 为浸埋体的直径；λ_e 为有效导热系数，按 Yagi and Kunii 的关联式计算。

Varigin 和 Martjushin[95] 的关联式为

$$Nu_{max} = \frac{h_{max} d_{pe}}{k_{air}} = 0.86 Ar^{0.2} \qquad (1-294)$$

对非空气系统，式（1-294）的计算结果乘 $\left(\dfrac{\lambda_f}{\lambda_{air}}\right)^{0.6}$。

Zabrodsky[100]建议用以下公式

$$h_{max} = 33.7\rho_s^{0.2}\lambda_f^{0.6}d_{pe}^{-0.36} \tag{1-295}$$

Barbosa 等[101]建立了如下的公式，可适应更宽的操作条件，Ar：$50\sim2\times$ 10^4，D_S：$1.5\sim9.4$mm，d_p：$0.1\sim0.9$mm，T：$100\sim900℃$。

$$Nu_{max} = \frac{h_{max}D_S}{\lambda_g} = 5.33Ar^{0.09}\left(\frac{D_S}{d_p}\right)^{0.9} \tag{1-296}$$

（2）模型预测

Todes[94]根据机理模型建议以下的无因次传热系数

$$N^* = 0.54Ar^{-0.077} \tag{1-297}$$

式中

$$N^* = \frac{h}{\sqrt{\frac{\pi}{4}\cdot\lambda_{ea}C_s\rho_B\phi_b'}} \tag{1-298}$$

式中：$\phi_b'=5s^{-1}$，为气泡更新频率；λ_{ea}为固体颗粒团内的有效导热系数；ρ_B为固体颗粒团内堆密度。

盖尔佩林（Gelperin）和爱因斯坦（Einstein）[102]认为应采用更准确的λ_{ea}，则以下式更为可靠

$$N_{max}^* = 0.7Ar^{-0.077} \tag{1-299}$$

4. 影响给热系数的因素

影响给热系数的因素很多，如颗粒床层的状态、换热面形式、颗粒尺寸及形状、热物理性质、结构特性等。

（1）流动状态

流动状态对给热系数的影响是一种包括物系特性和操作条件的综合影响，图 1-38 表示了空管单相流和颗粒床层两相流时不同流动状态下外界面给热系数一般情况。

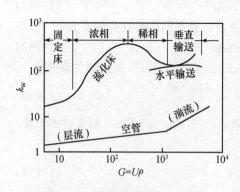

图 1-38　界面给热系数与床层
流动状态的关系

它表明颗粒床层较空管单相的界面给热系数高 1～2 个数量级；对于空管单相流，其界面给热系数将随流体流速的增加而增大，而对于颗粒床层，界面给热系数将随流体逐渐增加而形成的流动状态不同而不同，流化床时给热系数一般高于气力输送时的给热系数，气力输送时给系数一般高于固定床状态的给热系数。就流化床而言，界面给热系数与床层中固体浓度密切相关，同时还受流速的影响，表现为较复杂的特征。

（2）内外界面

换热界面可以是外置式（即床层器壁），也可以是内置式，即浸埋于床层中。两种不同类型的换热，给热系数也有所差别。Toomey 和 Johnstone[103]研究了这两类换热面的给热系数与质量流率的关系，结果表明，两者的给热系数在低质量流率时有很大差别，中心管给热系数为外围管给热系数的 4 倍，随着质量流率的增加而逐渐减小，直至两者彼此接近。这种差别是由于在低流率下，床层中流体流速径向分布不均匀造成的，中心内管附近的流速高于床层周壁的流速，中心颗粒运动激烈，而边壁处颗粒不够活动，因而中心内壁的给热系数明显高于周围边壁的给热系数；随着流率的增加，床层颗粒运动从中心向边壁扩展，因而两者的差别逐渐缩小，直至接近。可以预测，随着流率的进一步增加，中心区的颗粒减小至低于通常的空隙率而变成稀相，这时中心内壁的给热系数会低于周壁边的给热系数。另外，管束内壁的列管排列稀疏，也会影响颗粒的运动和颗粒的浓度，从而导致对给热系数的影响，这些是设计必须注意的。

（3）颗粒尺寸及形状

颗粒尺寸和形状用颗粒的当量直径 d_e 规范化，研究给热系数与 d_e 的关系，实验结果表明，不同粒度的催化剂颗粒用空气流化时的给热系数，粒度细的颗粒床层有较大的给热系数，随着 d_e 的增大，给热系数减小，当 d_e 超过 0.8 后，床层的给热系数趋于恒定，如图 1-39 所示。比较而言，球形和表面光滑的颗粒有较高的给热系数。

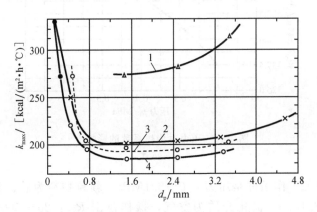

图 1-39　给热系数与颗粒粒度的关系

（4）热物理特性

床层对换热面的给热系数随颗粒的热容 C_s 的 $0.25 \sim 0.8$ 次方增加，颗粒的导热系数 λ_s 一般不影响给热系数，但颗粒团的导热系数 λ_e 的增大使给热系数增加。流体的热容 $C_f \rho_f$ 与颗体热容 $C_s \rho_s$ 相比，当为气体时，其值小得多，通常很难观测到它对给热系数的影响，然而当在高压和液体情况下，将会随 $C_f \rho_f$ 的增加而增大。流体的导热系数 λ_f 将使给热系数近似按 $0.5 \sim 0.33$ 次方增加。

（5）结构特性

一般观测表明，小直径管，特别金属丝的给热系数，随着管径的减小而增大，但当管径超过 10mm 后，管径对给热系数的影响将消失。管束或管排换热面，管排垂直中心距 S_v 和水平中心距 S_h 与管径 d_R 之比对给热系数有一定影响，S_h/d_R 由 5 减至 2，给热系数下降 $5\% \sim 7\%$；S_h/d_R 为 1.25，给热系数下降 $15\% \sim 20\%$，而且 S_h/d_R 的减小还会使 Re_{opt} 略有增加。S_v 对给热系数无明显影响，只有当管与管之间相互接近时，给热系数才略有减小。

（6）压力影响

随着流化床系统层压力的升高，流化气体的密度和导热系数增大，气体对流传热的作用增强，同时床内气泡数量多、尺寸小且分散，流化质量改善，使接触表面的颗粒团更新频率加快，从而强化了传热，而且颗粒的粒度越小，强化的作用越大。

东南大学热能工程研究所给出压力对传热影响的实验结果[104]，如图 1-40 所示，图中曲线表明，当压力由 0.2MPa 增大到 0.6MPa 时，传热系数由 337W/($m^2 \cdot K$) 增大到 384W/($m^2 \cdot K$)，即增大了 14% 左右。

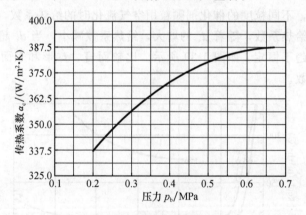

图 1-40　压力对传热系数的影响[104]

$t_b = 800℃$

对于床层的工作条件是压力 $0.6 \sim 8.1$MPa，颗粒物料为砂、玻璃珠，粒径 d_p：$0.126 \sim 3.1$mm，流化介质为空气，操作范围 Re_p：$20 \sim 5000$，Borodulya 等[105]测定了加压流化床中浸没界面的给热系数，得到的关联式为

$$Nu = 0.37 Pr^{0.31} Re_p^{0.71} \tag{1-300}$$

关联式计算误差不大于 25%。

英国 Grimethorpe 一座 $2m \times 2m$ PFBC 试验台传热研究结果表明，当压力由 1MPa 增大到 2MPa 时，传热系数由 284W/($m^2 \cdot K$) 增大到 341W/($m^2 \cdot K$)，增幅为 20%[106]。在颗粒平均直径为 1.58mm 的流化床中，当压力由常压升高到

0.4MPa 时，传热系数平均增大了 $60\%\sim70\%$，并将 $2m\times2m$ 流化床中鳍片管对流传热分量 h_c 加以回归，得到以下经验关联式[106]

$$h_c = 0.0123(71.2 + P_b)[(506 - 288\varepsilon) - 0.0911d_p] \tag{1-301}$$

式中：P_b 为悬浮段压力 $/10^5 Pa$；ε 为床层空隙率。

1.2.2.2　床层与外界面间的传热系数

流化床与其壁面间的传热过程通常就是在流化床的外壁上焊上夹套，通以换热介质，夹套界面与流化床层进行热交换，吸收或供给热量，以保证流化床层维持在所需要的反应温度。

夹套式换热的优点是结构简单，不占用床层空间，不影响床层的气固流动和流化质量，但换热面有限，热交换量有限，应用范围受到限制，在大型装置中将设有床层内置换热面。

1. 经验关联

流化床与壁面间给热系数在流态化技术的发展初期就颇受关注，许多研究者在不同的装置上，采用不同性质的物料进行了实验测定，并运用单相传热参数关联的方法，对实验结果进行了关联，提出了各自的经验关联式。主要有 Gamson[107] 利用 Mickley 和 Triuing[108] 的数据建立的关联式

$$\frac{Nu}{Re_p Pr} = 2.0\left(\frac{6U\rho_f}{A_s\mu_f}\right)^{0.69}(1 - \varepsilon_f)^{-0.30} \tag{1-302}$$

式中

$$Re_p = \frac{d_p\rho_f U}{\mu_f}$$

$$Pr = \frac{C_f\mu_f}{\lambda_f}$$

Toomey 和 Johnstone[103] 对空气-玻璃珠（$0.06\sim0.85mm$）系统进行实验测定，提出的关联式为

$$Nu = 3.75\left(\frac{d_p U_{mf}\rho_f}{\mu_f}\lg\frac{U}{U_{mf}}\right)^{0.47} \tag{1-303}$$

Levenspiel 和 Walton[109] 测定了空气与玻璃珠及煤粒（$0.15\sim4.34mm$）系统的床层与壁面的给热系数，建立的关联式为

$$Nu = 0.6Pr \cdot Re_p^{0.3} \tag{1-304}$$

Wender 和 Cooper[110] 对不同研究者的 429 个测试实验结果进行了综合处理，得到的经验关联式为

$$\psi = \frac{(h_w d_p/\lambda_f)/[(1 - \varepsilon)C_s\rho_s/C_f\rho_f]}{1 + 7.5\exp[-0.44(H/D_t)(C_f/C_s)]} = f(Re_p) \tag{1-305}$$

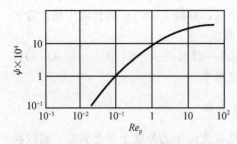

图 1-41　周壁与流化床间的传热关系

ψ 与 Re_p 的关系如图 1-41 所示，其平均误差±20％。

2. 对流传热机理模型

从流化床与外壁间传热的基本特征可知，其传递规律是十分复杂的，因而不同研究者的结果有 1～2 个数量级的偏差，有关的实验结果及统一方法的关联如图 1-42 所示。这固然有不同研究者所采用试验方法不同，测量技术不同，温度差的计算方法不同，但这不是全部，也不能令人信服地解释如此大的偏差。单相流中用 Nu 与 Pr 和 Re 的幂函数表示是有效的，而对于流化床，情况是大不相

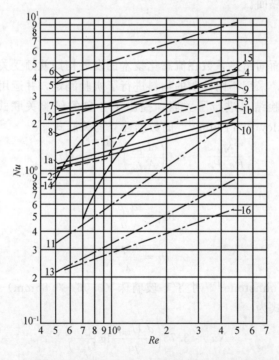

图 1-42　不同作者的床层与壁面间传热准感数与雷诺数关联的比较

——位于装置中心线上的垂直管；---水平管；—·—蛇管

1-符里登伯格（1952）；2、3-符里登伯格（1958）；4、5-盖尔佩林（Gelperin）等（1958）；6-萨基茨（Sarkits, 1959）；7-韦德（Wender）和柯柏（Gooper, 1958）；8-符里登伯格（Vreedenberg, 1960）；9-巴尔格（Baerg）等（1950）；10-米勒（Miller）和洛格威纳克（Logwinuk, 1951）；11-盖尔佩林（Gelperin）等（1967）——奥勃杰切柯夫（Obrjadchikov）和克罗列柯夫（Kruglikov）的数据；12-杰姆森（Gamson, 1951）；13-特拉伯（Traber）等（1962）；14-盖尔佩林（Gelperin）等（1963）；15-科根（Kagan）等（1961）；16-奥洛娃（Orlova）和鲍洛尼柯夫（Bolornikov, 1967）

同的，因为给热系数随流速而变，且为非线性，幂函数的指数不是常数，传统的数据处理方法在流化床的情况下将遇到了挑战。于是人们转向传热机理模型的研究。

流化床层与壁面间的传热机理有不同模型描述，早期的传热机理模型为修正的膜理论[109~112]，认为传热壁面存在一层厚度小于颗粒直径的流体膜，传热阻力主要取决于通过膜的阻力，流体膜的厚度 δ 不仅与流体的速度和性质有关，而且还受到颗粒运动冲刷的影响，该模型没有考虑颗粒的物理性质，特别是导热系数对传热的影响，因而误差较大。

Wicko 和 Fetting[113] 提出了流体膜-流化核心模型，认为靠近壁面为流体膜 δ_g，外接厚度为 δ_p 的颗粒边界层，边界层内颗粒的运动基本与壁面平行；边界层外为流化核心区；边界层与流化核心间存在固体颗粒的侧向流动。基于类似的机理，Van Heerden 等[114] 提出了他们的关联式为

$$\frac{Nu}{Pr^{0.5}}\left(\frac{\rho_{mf}}{\rho_f}\right)^{0.18}\left(\frac{C_f\rho_f}{C_s\rho_{mf}}\right)^{0.36} = 0.58(Re_p)^{0.45} \tag{1-306}$$

该模型虽然考虑了颗粒的运动及其物性参数的影响，但仅适用于散式流态化，对存在气泡的气固流化床又难以信任。

秦霁光和屠之龙[115] 认为流化床层与壁面的传热主要为气膜与颗粒间的传热所控制，在分布板附近的床层内混合区完成气固间换热，颗粒与壁面间的传热通过颗粒水平运动在贴近器壁形成一个颗粒直径厚的颗粒层而实现，它与操作气速成正比，从而导出如下的关联式

$$\frac{Nu_w}{1-\varepsilon} = 0.075\left(\frac{C_s\rho_s d_p U}{\lambda_f}\right)^{0.5} \tag{1-307}$$

Mickley 和 Fairbanks[116] 提出固体颗粒团不稳定传热模型，认为流化床中散式相由许多颗粒团组成，在气泡的作用下反复冲击换热界面，并不断更新，将热量传递至界面。流化床层与壁面间的传热速率取决于这些颗粒团的加热速率及其与界面的接触频率，如图 1-43 所示。假定颗粒团的起始温度 T_B，壁面温度 T_w，颗粒团与壁面的接触时间 τ，q_i 为表面的瞬时热流，则

$$q_i = \frac{T_w - T_B}{\sqrt{\pi\tau}}\sqrt{\lambda_{ea}C_s\rho_B} \tag{1-308}$$

式中：ρ_B 为颗粒团内的堆密度；C_s 为颗粒的热容；λ_{ea} 为颗粒团内的有效导热系数。

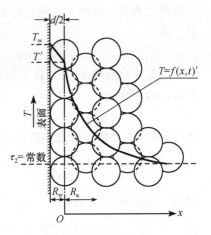

图 1-43　说明从表面到流化床的传热机理的图

由式（1-308），颗粒团的瞬时给热系数

$$h_i = \frac{q_i}{T_w - T_B} = \sqrt{\frac{\lambda_{ea} C_s \rho_B}{\pi \tau}} \tag{1-309}$$

而颗粒团的传热阻力

$$R_a = \frac{1}{h_i} \tag{1-310}$$

颗粒团与壁面接触时存在一个附加的接触热阻 R_w，令其与时间无关，而

$$R_w = \frac{\delta_w}{\lambda_{ew}} \tag{1-311}$$

式中：δ_w 为壁层厚度，通常限于 $\frac{1}{2} d_p$；λ_{ew} 为壁区层的有效导热系数；ε_w 为壁区颗粒团的空隙率。由壁区边界开始，温度由 T_w 变至 T' 时颗粒团被加热时的瞬时热阻 R_a 可表示为

$$R_a = \sqrt{\frac{\pi \tau}{\lambda_{ea} C_s \rho_B}} \tag{1-312}$$

流化床给热系数由瞬时给热系数 h_i 和颗粒团与壁面接触的平均接触时 τ_m 求得

$$h \approx \frac{1 - f_0}{\tau_m} \int_0^{\tau_m} h_i \, d\tau \tag{1-313}$$

该模型尽管也不十分满意，但可解释许多实验现象而受到关注并不断发展。

Gelperin 等[117,118]认为流化床层对外界面的给热由气泡的给热、颗粒团的湍流传递、流体的对流传递组成。随着气速的增加，颗粒湍流传递将由小至最大而后渐弱；对流传递也将逐渐增加。前已讨论了 h_b 气泡的给热系数，颗粒团湍流最大给热系数 h_a 和气体对流给热 h_g，而辐射给热尚未计入，进一步研究发现，只有将二者并入其中，才能更好地估计总的最大传热系数，取得更符合实际的结果，即

$$h_c = h_b f_0 + (1 - f_0)(h_a + h_g) \tag{1-314}$$

对流给热系数 h_c 可用以下近似计算。对流给热系数与床层空隙中流体速度有关，因而建议

$$Nu_c = f(Re_a) \tag{1-315}$$

式中：Re_a 为松填充时最小流化速度 U_{mf} 的雷诺数，即

$$Re_a = \frac{d_p \rho_f U_{mf}}{\mu} = \frac{Ar}{710 + 4\sqrt{Ar}} \tag{1-316}$$

因而，Baskakov[119]建议

$$Nu_c = f_z(Ar) = 0.0175 Ar_r^{0.46} Pr \tag{1-317}$$

根据不同的边界条件，其 h_i 和 h_c 的表达式也有不同[117,118]。对于流态化传热即第Ⅲ类边界条件的简化解为

$$h_c = \frac{1 - f_0}{R_w + 0.5 R_r} \qquad (1\text{-}318)$$

式中：R_r 为 τ_m 时间内的总热阻（R_a 数值的总和）

$$R_r = \sqrt{\frac{\pi \tau_m}{\lambda_{ea} C_s \rho_B}} \qquad (1\text{-}319)$$

对气固流化床、中等温度、颗粒＜2mm 的颗粒，式（1-319）计算 R_r 用于计算的 h 值与实验结果能很好符合。

通用方程式的建立便于工程设计计算，因而需对理论方程（1-309）中的参数作出估计。假定有一个气泡，其直径为 d_B，体积为 V_B，尾迹分数为 f_w，床层断面积为 A_t，气体流速为 U，连续相颗粒团中的气速为 U_a，气泡上升速度为 U_b，连续相的压缩系数为 B（＜1），则

$$\frac{H - H_p}{N_B} \cdot A_t = B V_B (1 - f_w) \qquad (1\text{-}320)$$

式中：N_B 为床高 H 内的气泡数目；H_p 为当气速为 U_a 时颗粒团形成的床层高度，于是经推导得到

$$\frac{U_b}{U - U_a} = B \frac{H_p}{H - H_p} \qquad (1\text{-}321)$$

借助气泡在流化床上升速度公式 $U_b = k(g d_B)^{1/2}$，则由式（1-321）得到

$$f_0 \approx 1 - \frac{H_p}{H} \qquad (1\text{-}322)$$

$$\tau_m = \frac{H_p}{H} \cdot \frac{B^2 (1 - f_w)}{1.5 g \lambda_f} (U - U_a) \left(\frac{H_p}{H - H_p} \right)^2 \qquad (1\text{-}323)$$

将式（1-319）～式（1-323）代入式（1-318），得到

$$h_c = \frac{H_p / H}{R_w + 0.5 \left\{ \dfrac{\pi}{\lambda_{ea} C_s \rho_B} \cdot \left[\dfrac{H_p}{H} \cdot \dfrac{B^2 (1 - f_w)}{1.5 g \lambda_f} (U - U_a) \right] \right\}^{1/2} \cdot \dfrac{H_p}{H - H_p}}$$

$$(1\text{-}324)$$

用 $(1 - \varepsilon_{mf}) / (1 - \varepsilon)$ 代替式中 $H / H_p \approx H / H_{mf}$，且令

$$M^2 = B^2 (1 - f_w) / (1.5 g k) \qquad (1\text{-}325)$$

由此式（1-325）变为更为方便可靠的计算通用方程

$$h_c = \frac{(1 - \varepsilon) / (1 - \varepsilon_{mf})}{R_w + 0.5 \left\{ \dfrac{\pi}{\lambda_{ea} C_s \rho_B} \cdot \left[\dfrac{(1 - \varepsilon)}{(1 - \varepsilon_{mf})} (U - U_{mf}) \right] \right\}^{1/2} \cdot \left[\dfrac{(1 - \varepsilon)}{(1 - \varepsilon_{mf})} M \right]}$$

$$(1\text{-}326)$$

R_w 由式（1-311）计算，利用最大传热系数与最佳流速的关系求取 M，即根据物系特性 Ar 值通过式（1-288）和式（1-289）计算出最佳流速和最大传热系数，

代入式（1-326）求得。M 随流速变化很小，可视为常数。λ_{ea} 由固定床有效导热系数计算，因而可利用式（1-326）计算任何情况下的传热系数。

3. 高温热传递过程

循环流化床燃煤锅炉通常在高于 850℃ 的温度下燃烧，其受热面为膜式水冷壁，属于流化床层对器壁的传热。床层对受热面的辐射传热已变得不能忽视；辐射传递也将随空隙率的增加而增加。多数研究者[120~126]认为，床层对受热面的换热包括对流和辐射两部分，因二者彼此相互影响而不具可加性，但在工程应用的范围内，按线性叠加近似处理是可以接受的[127]即

$$h = h_c + h_r \tag{1-327}$$

式中：h_c 包含气体对流和颗粒对流两项，如式（1-314）所述。

辐射换热系数与壁面黑度、颗粒黑度、床温、壁温等有关即

$$h_r = 1 \left/ \left(\frac{1}{\varepsilon_b} + \frac{1}{\varepsilon_w} - 1 \right) \right. \cdot \sigma (T_b^2 + T_w^2) \times (T_b + T_w) \tag{1-328}$$

式中：σ 为玻耳兹曼常量，$5.67 \times 10^{-8}\,\mathrm{W/(m^2 \cdot K^4)}$；$T_b$ 为床层温度，K；T_w 为壁面温度，K；ε_w 为壁面黑度，一般为 $0.5 \sim 0.8$；ε_b 为床黑度，与颗粒黑度 ε^p 和烟气黑度 ε^g 有关，可表示为

$$\varepsilon_b = \varepsilon^p + \varepsilon^g - \varepsilon^p \varepsilon^g \tag{1-329}$$

烟气黑度 ε^g 按下式计算

$$\varepsilon^g = 1 - e^{-ks} \tag{1-330}$$

式中：s 为辐射层厚度；k 为烟气辐射减弱系数，按下式计算

$$k = \left(\frac{0.55 + 2r_{\mathrm{H_2O}}}{\sqrt{s}} - 0.1 \right) \left(1 - \frac{T_b}{2000} \right) r_\Sigma \tag{1-331}$$

式中：$r_{\mathrm{H_2O}}$ 为烟气中水蒸气氛额；T_b 为床温；r_Σ 为烟气三原子气体份额。

颗粒黑度 ε^p 为

$$\varepsilon^p = \sqrt{\left[\frac{3\varepsilon_s^p}{2(1 - \varepsilon_s^p)} \cdot \left(\frac{3\varepsilon_s^p}{2(1 - \varepsilon_s^p)} + 2 \right) \right]} - \frac{3\varepsilon_s^p}{2(1 - \varepsilon_s^p)} \tag{1-332}$$

式中：ε_s^p 为物料表面平均黑度，与固体颗粒的浓度有关。

循环流化床为环-核的流动结构，近壁颗粒下降流区与壁面之间存在着一个较薄的气体边界层，近壁下降流区为高浓度的颗粒团，向内接活跃流化区。气体和高浓度的颗粒团与壁面之间不断进行对流热交换，近壁区物料得到冷却，同时中心区物料向壁区物料的热交换、物质交换使之维持较高温度。对流热交换发生在烟气侧全面积 H_t 上（曲面全面积），辐射换热几乎全部发生在近壁区内，辐射换热面积即可近似为受热面的外表全面积 H_t。对近壁区的物料高浓度换热过

程，可近似认为是稳态散式对流传热。物料表面平均黑度 ε_s^p 可表示为

$$\varepsilon_s^p = 1 - \exp(-C_\varepsilon C_p^{n_1})$$ （1-333）

式中：n_1、C_ε 为常数，分别为 0.1、0.15；C_p 为换热有效区内局部物料空间浓度，kg/m^3。

对流换热系数由烟气对流和颗粒对流两部分组成

$$h_c = h_g \cdot U_f^l + h_a \cdot [1 - \exp(C_c \cdot C_p^{n_2})]$$ （1-334）

式中：h_g 为烟气对流换热系数，$J/(m^3 \cdot K)$；U_f 为烟气速度，m/s；h_a 为颗粒对流换热系数，$W/(m^2 \cdot K)$；l、C_c、n_2 均为常数，分别为 $l=2/3$、$C_c=1/4$、$n_2=2/5$。

大量实验表明，床层换热系数主要取决于颗粒对流传热，即与颗粒物料浓度有关，随物料浓度的增大而增大，而烟气辐射换热仅约占 $10\%\sim20\%$。在 $800\sim900\,℃$ 温度范围内，辐射传热所占比例十分有限。因而床层对受热面的换热系数 h 可粗略地表示为床料浓度 ρ_b 的函数

$$h = a\rho_b$$ （1-335）

式中：ρ_b 为平均物料浓度，kg/m^3；a 为常数。

按上述模型计算得到循环流化床锅炉燃烧室床对壁面的换热系数如图 1-44 实线所示，图中的符号点为在不同温度下测定的传热系数值，模型预测值与文献发表的实测值比较符合，二者的误差在 $\pm8\%$ 之内。

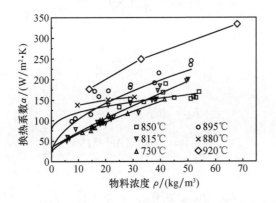

图 1-44　循环床床对壁面换热模型预测值与测量值的比较

1.2.2.3　流化床与浸埋面间的传热过程

1. 低温对流传热

反应热效应大、反应装置规模大的流化床反应器通常需布置床内换热面。床内换热面的结构形式、组件尺寸、布置方式各有不同，传热的效果也会有所差

别[128~133]。按结构形式，有单管、管排、管束和空心环隙的不同，且可并排或错排；按组件尺寸，有细管和粗管之分；按布置方法有垂直、水平和倾斜之别。显然，流化床内浸埋面的传热情况较外壁面的传热要复杂些，因而要求更仔细全面的考虑，为此，开展了传热模型的研究[134~136]。

Catipovic 等[137]在固体颗粒团不稳定传热模型的基础上提出如下模型，其总传热系数 h 由颗粒团对流项 h_{pc}、气体对流项 h_{gc}、气泡至器壁 h_b 组成，即

$$h = (1 - \beta_t)h_{pc} + (1 - \beta_t)h_{gc} + \beta_t h_b \tag{1-336}$$

式中：β_t 为接触时间，并由下式确定

$$1 - \beta_t = 0.45 + \frac{0.061}{(U - U_{mf}) + 0.125} \tag{1-337}$$

颗粒对流

$$h_{pc} = \frac{1}{R_C + R_E} \tag{1-338}$$

式中

$$R_E = 0.5 \sqrt{\frac{\pi \tau_E}{\lambda_E \rho_E C_{pE}}} \tag{1-339}$$

$$R_C = \frac{\delta}{\lambda_g} \tag{1-340}$$

$$h_{i,max} = \frac{\lambda_g}{\delta} + \alpha_{mf} \tag{1-341}$$

通常有

$$h_{pc} = \frac{1}{R_C} = \frac{\lambda_g}{d_p} \tag{1-342}$$

气体对流

$$h_{gc} = h_{mf} \tag{1-343}$$

$$\frac{h_{gc} d_p}{\lambda_g} = 0.0175 Ar^{0.46} Pr^{0.33} \tag{1-344}$$

气泡给热

$$h_b = h_{i,min} \neq 0 \tag{1-345}$$

$$\frac{h_b D_s}{\lambda_g} = [0.88 Re_{mf}^{0.5} + 0.0042 Re_{mf}] Pr^{0.33} \tag{1-346}$$

故有

$$\frac{h d_p}{\lambda_g} = 6(1 - \beta_t) + (1 - \beta_t)[0.0175 Ar^{0.46} Pr^{0.33}]$$
$$+ \beta_t \frac{d_p}{D_s}[0.88 Re_{mf} + 0.0042 Re_{mf}] Pr^{0.33} \tag{1-347}$$

换热管有单管与管束之分，现将有关的实验结果关联式给予分别介绍。

（1）垂直单管

Wender 和 Cooper[110] 对有关 323 个实验点进行了关联，建议了计算垂直单管面的给热系数公式

$$Nu = 0.01844C_R(1-\varepsilon)Pr^{0.43} \cdot Re_p^{0.23}\left(\frac{C_s}{C_f}\right)^{0.8}\left(\frac{\rho_s}{\rho_p}\right)^{0.66} \tag{1-348}$$

C_R 与换热管在流化床中布置的径向位置有关的修正系数，C_R 与 r/R 的关系如图 1-45 所示。预测的给热系数误差 ±20%。

秦霁光和屠之龙[138] 对有关文献的实验结果进行综合处理，得到如下关联式

$$Nu = 0.075(1-\varepsilon)\left(\frac{C_s\rho_s d_p U}{\lambda_f}\right)^{0.5} R_c^n \tag{1-349}$$

其中

$$R_c = \frac{7.8}{1-\varepsilon_{mf}}\left(\frac{d_p g}{U^2}\right)^{0.15}\left(\frac{\rho_f}{\rho_s}\right)^{0.2}\left(\frac{R_e}{R}\right)^{0.06} \tag{1-350}$$

式中：R_e 为流化床的当量半径（$=2\times1$ 流通截面积/整个床层浸润周边）；n 为径向布置位置的修正系数，由图 1-46 决定。

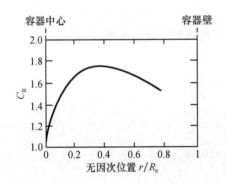

图 1-45　给热系数径向布置修正系数　　　图 1-46　给热系数指数 n 径向位置修正系数

（2）垂直管束

Genetti 和 Kundson[139] 研究了不同床层状态的垂直管束的给热系数，得到浓相流化床中给热关联式为

$$Nu = \frac{5.0(1-\varepsilon)^{0.48}}{\left[1+\dfrac{580}{Re_p}\left(\dfrac{\lambda_s}{d_p^{3/2} \cdot C_s\rho_s g^{1/2}}\right)\left(\dfrac{\rho_s}{\rho_f}\right)^{1.1}\left(\dfrac{G_{mf}}{G}\right)^{4/3}\right]^2} \tag{1-351}$$

而稀相流化中给热关联式为

$$Nu = 0.14Pr^{1/3}Re_p^{0.32} \tag{1-352}$$

Gelperin 和 Einstein[140] 的关系，在 $S_h/D_s=1.25\sim5$ 时

$$Nu = 0.75Ar^{0.22}\left(1-\frac{D_s}{S_h}\right)^{0.14} \tag{1-353}$$

$$N^*_{\max} = 0.89Ar^{-0.079}\left(1-\frac{D_s}{S_h}\right)^{0.14} \tag{1-354}$$

（3）水平单管

Vreedenberg[141] 用空气流化粒度为 $0.07\sim0.61$mm 的砂、铁矿粉，测定水平单管的给热系数，得到如下关联式：

当 $Re_p<2050$

$$Nu_T = 0.66\left[Re_p\left(\frac{\rho_s}{\rho_f}\right)\left(\frac{1-\varepsilon}{\varepsilon}\right)\right]^{0.44}Pr^{0.33} \tag{1-355}$$

当 $Re_p>2050$

$$Nu_T = 420\left[Re_p\left(\frac{\rho_s}{\rho_f}\right)\left(\frac{\mu_f^2}{d_p^3\rho_s^2 g}\right)\right]^{0.3} \tag{1-356}$$

式中

$$Nu_T = \frac{h_w D_s}{\lambda_f} \tag{1-357}$$

D_s 为管径。

（4）水平管束

Gelperin 和 Einstein[140] 关于水平管束的给热系数的经验关联式如下：

对于并列排列，在 $S_h/D_s=2\sim9$ 时

$$Nu = 0.79Ar^{0.22}\left(1-\frac{D_s}{S_h}\right)^{0.25} \tag{1-358}$$

$$N^*_{\max} = 0.67Ar^{-0.077}\left(1-\frac{D_s}{S_h}\right)^{0.25} \tag{1-359}$$

对于错列排列，在 $S_h/D_s=2\sim9$，$S_v/D_s=0\sim10$ 时（图 1-47）

$$Nu = 0.74Ar^{0.22}\left[1-\frac{D_s}{S_h}\left(1+\frac{D_s}{S_h+D_s}\right)\right]^{0.25} \tag{1-360}$$

$$N^*_{\max} = 0.7Ar^{-0.073}\left[1-\frac{D_s}{S_h}\left(1+\frac{D_s}{S_h+D_s}\right)\right]^{0.25} \tag{1-361}$$

Priebe[142] 对带翅片的水平管束给热进行了实验，系统为空气，固体颗粒粒径为 0.28mm、0.47mm、1.28mm，$G/G_{mf}=1.3\sim3.17$，翅片高 3.2mm 和 6.4mm，翅间距 S 为 1.8mm、2.4mm、3.5mm，其关联式为

$$Nu = \frac{(1.013d_p-3.805)\left(\dfrac{Q}{A_s}\right)^{0.2393}\left(\dfrac{d_p}{S}\right)^{(0.5467+5.916d_p)}}{\left[1+\dfrac{8.19+5.875S}{(G/G_{mf})^{0.164}}\right]^2} \tag{1-362}$$

式中：d_p 单位为英寸；Q/A_s 单位为 BTU/ft² · h。

（5）斜管

Genetti 等[143]研究了与水平方向倾斜角为 θ 的单斜管在流化床中的给热系数，试验发现，当 $\theta=45°$，其给热系数或 Nu 最小，当粒径 d_p 用英寸表示时，其关联式为

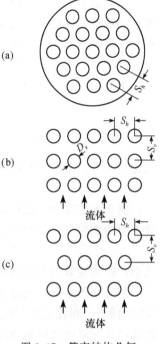

$$Nu = 11(1-\varepsilon)^{0.5} \left/ \left\{ \frac{0.44 - \left[\dfrac{0.20(\theta-45)^2}{(\theta+45)^2+120}\right]}{Re_p^{0.24}\left(\dfrac{d_p}{0.008}\right)^{1.23}} \right\} \right.$$

$$(1-363)$$

对带锯齿形翅片的斜管

$$Nu = 11(1-\varepsilon)^{0.5} \left/ \left[1 + \frac{C}{Re_p^{0.51}\left(\dfrac{d_p}{0.008}\right)^{0.35}} \right] \right.$$

$$(1-364)$$

式中：C 为翅管角度修正系数，由图 1-48 根据 θ 决定。

图 1-47 管束结构几何

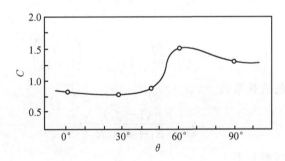

图 1-48 修正系数 C 值与翅片管角度的关系

（6）盘管

Einstein 和 Gelperin[144]对流化床中盘管的给热系数进行了测定，若盘管直径 D_s，盘管间距为 S，则有关联式为

$$Nu = 0.019\left(\frac{6(1-\varepsilon)}{\varepsilon}\right)\left[\frac{Re_p}{6(1-\varepsilon)}\right]^{0.6} Pr^{0.3}\left(\frac{C_s\rho_s}{C_p\rho_f}\right)^{0.4}\left(\frac{S-D_s}{d_p}\right)^{0.27} \quad (1-365)$$

2. 高温传热过程

沸腾（鼓泡流化）床锅炉燃煤温度与循环流化床锅炉的 850℃燃煤温度相

近，属高温下的传热过程，但不同的是，沸腾（鼓泡流化）床锅炉换热面通常浸埋在浓相流化区中。床层由烟气、颗粒团和乳化颗粒团构成，其密度、热容、导热系数分别为 ρ_g、C_g、k_g 和 ρ_p、C_p、λ_p。颗粒团在烟气的作用下形成乳化颗粒团，其密度、热容、导热系数分别为 ρ_{ep}、C_{ep}、λ_{ep}。由于颗粒的密度和导热系数远大于气体的密度和导热系数，因而取

$$C_{ep} \approx C_p, \quad \rho_{ep} = (1 - \varepsilon_{mf}) \cdot \rho_p$$

$$\lambda_p = \lambda_g \left[1 + \frac{(1 - \varepsilon_{mf})(1 - \lambda_g/\lambda_p)}{\lambda_g/\lambda_p + 0.28\varepsilon_{mf}^{0.63}(\lambda_g/\lambda_p)^{0.28}} \right] \tag{1-366}$$

乳化颗粒团的有效导热系数将由颗粒团和流化气引起对流的附加导热共同构成，即

$$\lambda_{ep} = \lambda_p + 0.1d_p U_{mf} \rho_g C_g \tag{1-367}$$

流化床层对埋管受热面的总传热系数 h 由乳化团对壁面传热系数 h_a 和料层对壁面的辐射放热系数 h_r 所组成[145]，即

$$h = \xi_0(h_a + h_r) \tag{1-368}$$

式中：ξ_0 为埋管的结构特性修正系数，考虑受热面布置形式对传热影响。

当乳化团贴壁，通过乳化颗粒团向壁面传递热量的给热系数受制于乳化团本身的热阻 R_2 和乳化团与壁面之间的接触热阻 R_1，即存在着两个热阻。当气泡和乳化团共同对壁面接触而传热时，其中气体的接触分数为

$$f_p = 0.08553 \left[\frac{U_{mf}^2(W-1)^2}{gd_p} \right]^{0.1948} \tag{1-369}$$

乳化团贴壁时间

$$\tau_{rh} = 8.932 \left[\frac{gd_p}{U_{mf}^2(W-1)^2} \right]^{0.0756} \left(\frac{d_p}{0.025} \right)^{0.5} \tag{1-370}$$

则颗粒团乳化相的放热系数

$$h_a = \frac{(1 - f_p)}{R_1 + 0.45R_2} \tag{1-371}$$

乳化团贴壁时的接触热阻

$$R_1 = \frac{\bar{d}_p}{3.75\lambda_{ep}} \tag{1-372}$$

乳化团本身的热阻

$$R_2 = R_{ep} = \sqrt{\frac{\pi\tau_{ep}}{\rho_{ep}\lambda_{ep}C_{ep}}} \tag{1-373}$$

将式 (1-372)、式 (1-373) 代入式 (1-371)，可计算乳化团对壁面传热系数 h_a。

在床层核心区处的乳化团颗粒温度为床层温度 T_b，则有效辐射温度

$$T_{yx} = 0.85T_b \tag{1-374}$$

但当乳化团颗粒一经贴壁后，由于不断地将热量传递给壁面，贴壁的第一排颗粒温度迅速下降，它的辐射热强度也很快地降低，所以在乳化团贴壁的整个时间内，与壁面之间的辐射热交换将小于具有床温的颗粒与壁面之间的辐射热强度。如果假设控制床层辐射换热的有效温度为 T_{yx}，则料层对壁面的辐射换热系数

$$h_r = 5.67 \times 10^{-8} \cdot \alpha_b \frac{(T_{yx} + 273)^4 - (t_s + 273)^4}{T_b - t_s} \tag{1-375}$$

式中：T_s 为密相区埋管受热面温度。当埋管受热面的结构系数 ξ_0 决定时，利用式（1-368）可以计算出流化床层内的传热系数 h。

1.2.3　流化床的质量传递

1.2.3.1　流化床传质特点

实验观测表明[146~149]，流化床层与外界面间的传质速率与流速或床层空隙率 ε 有关。流速的增加和床层颗粒浓度的增加，都可使传质系数增加。因而从低空隙率固定床开始，增加流体速度，床层将由固定床转变为流化床，传质系数先快速增加而达到最大值，但流速的进一步增加又将引起床层固体颗粒浓度的减小，从而导致传质系数的下降。因而存在一个使传质系数取最大值的最佳空隙率 ε_{opt} 或与其相关的一个最佳速度 U_{opt}。

1.2.3.2　最佳操作速度

Einstein 和 Gelperin[144] 在分析传热文献时发现，最大传递系数（k_{Gw} 或 h）时的最佳操作速度 Re_{opt} 和空隙率 ε_{opt} 与物系属性有关，即

$$\frac{d_p \rho_f U_{opt}}{\mu_f} = C' Ar^{0.5} \tag{1-376}$$

式中：$C' = 0.2 \sim 0.6$。

根据流化床的流体力学特性，床层的空隙率与流体速度和物系特性有关，取决于作用在颗粒上的曳力，若其曳力系数用 C_D 表示，则实验结果表明如下[150]：

当 $C_D < 10$ 时

$$\varepsilon_{opt} = (0.65 \pm 0.08) C_D^{1/6} \tag{1-377}$$

$$\frac{U_{opt}}{U_{mf}} = (5.6 \pm 0.5) C^{3/4} \tag{1-378}$$

当 $C_D > 10$ 时

$$\varepsilon_{opt} = 0.80 \pm 0.04 \tag{1-379}$$

$$\frac{U_{opt}}{U_{mf}} = 36 \tag{1-380}$$

1.2.3.3　最大传质系数

前已提到，流化床与外界面间的传递过程通常有两种情况，一是外界面，即流化床自身的器壁表面，另一是浸埋在流化床中物体的表面，下面将分别给予讨论。

流化床与壁面间的传质基于通常采用的模型进行研究，即流化床层是由一些不规则的通道所构成，通道一侧为壁面本身，其他面则为相邻诸颗粒共同组成的不规则的边界。壁面可看成一个外颗粒的一部分，因而借助固定床颗粒与流体间的传递关系，则床层与壁面间传质系数为表示为

$$\frac{k_{\text{gw}}}{U}\varepsilon Sc^{2/3} = C\Big[\frac{Ud_{\text{p}}\rho_{\text{f}}}{\mu_{\text{f}}(1-\varepsilon)}\Big]^{-m} \tag{1-381}$$

将不同研究者的实验结果系数 C 和 m 的实验值列于表 1-7。

表 1-7　传质过程中的系数 C 和 m 的实验值

作　者	C	m	Re	Sc	ε	注
Thoenes[146]	0.7	0.4	50～5000	0.9～218 450～3700	0.35～0.45	填充床
Jottrand[147]	0.6	0.375	200～2800	1440	0.47～0.9	液固流化床
Jaganadharaju[151]	0.43	0.38	200～24 000	1300	0.5～0.9	液固流化床
Coeuret[148]	1.2	0.52	6～200	1250	0.45～0.85	液固流化床
Ziegler[149]	0.7	0	300～12 000	2.57	0.5～0.95	气固流化床

从表 1-7 可以看出，这些作者的关联式有较大偏差，其理由是流化床中颗粒是运动的，与上述模型存在差别，特别是对传递过程有较大影响的颗粒大小和颗粒浓度（或空隙率）被忽视，这是造成上述偏差的重要原因。经重新对这些数据进行修正处理，按式（1-381）统一标绘，如图 1-49 所示。按热、质传递相似的

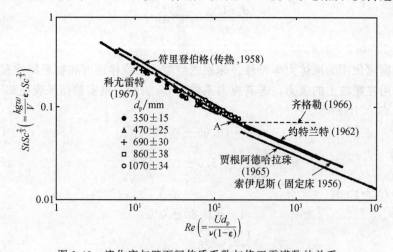

图 1-49　流化床与壁面间传质系数与修正雷诺数的关系

原理，Vreedenberg[141]（符里登伯格）用上述方法对其传热数据进行处理，得到的 $C=2$，$m=0.56$，关联结果也表示在图 1-49 中，可见传热、传质是十分一致的。

1.3　流态化应用及其发展

流态化技术应用广泛[151]，可以说是无处不在，涉及国民经济各工业部门和社会生活，特别是石油、化工、冶金、能源、材料、生物、环境等企业。流态化过程丰富多彩，其体系有气固、液固、气液固三相体系，其过程有吸热和放热之分，其反应有催化和非催化之别，物系特性有粗颗粒、细颗粒和粉体的不同，且其密度有大有小，从而构成了复杂多变或多态的状态，也为流态化基础理论发展提供了良好环境。

固体颗粒与流体构成流态化状态有气固流态化、液固流态化和气液固三相流态化。由于采用的颗粒和流体的特性（颗粒粒度、密度、形状，流体的密度和黏度）千差万别，过程的操作条件（如温度、压力、气速等）各不相同，因而流化床层的流动结构均匀性差别明显，Wilhelm 和 Kwauk[16]首次将其区分为床层密度均匀的散式流态化和不均匀的聚式流态化。对于聚式流态化，床层的流动结构存在两种相反的特征；在低气速条件下，表现为气体凝聚成泡，即气泡现象，而在高气速条件下，则表现为颗粒聚集成团，即颗粒团现象。通常，液固流态化倾向于散式流态化，气固流态化倾向于聚式流态化，三相流态化是液固流态化和气固流态化的复合体，因而具有一定程度的双重性。由颗粒流体系统的复杂性，尚无精确、完善的理论可对它们的行为做出预测，而更多的是，也是更重要的，通过实验，探明现象，寻求规律，发展理论，同时也就丰富和发展了流态化本身。

回顾近 67 年来流态化技术和过程的发展进程，可以清楚地了解到流态化过程在国民经济中的重要地位和巨大的应用潜力，同时还可感悟到流态化技术基础的发展历程和趋势。开发流态化新技术，应用流态化新过程，对改进我国工业技术水平有其重要意义。

1.3.1　标志性流态化过程

流态化过程的发展业绩可以从国民经济重要基础工业部门的几个有代表性工业过程的成效得到说明，如石油行业的石油催化裂化过程，煤行业的煤间接液化、煤的流态化燃烧等能源转换过程，有色金属行业的锌精矿焙烧、氢氧化铝煅烧等流态化过程，化工行业的丙烯氨氧化制丙烯腈过程等。

1.3.1.1　石油催化裂化

60多年前的石油流态化催化裂化（FCC）生产汽油、柴油新工艺的成功开发，开创了现代流态化技术工业应用的新时期。60多年来，石油流态化催化裂化技术本身也发生了巨大变化[152]。催化裂化工艺的初期，采用直径 $60\mu m$ 无定形硅铝微球催化剂和双器并联或同轴串联式鼓泡流态化催化裂解化和燃碳再生反应系统，催化剂装载量大，反应强度低，生产能力小；20世纪60年代开发了微球沸石催化剂，大大提高生产效率；随后将鼓泡流态化裂解反应器和再生反应器改造为载流式提升管裂解反应器和湍流流态化再生器，反应系统性能有明显提高。分子筛催化剂的成功开发将裂解工艺提高到新水平，其活性和选择性明显优于硅铝微球催化剂，但催化剂上的积炭失活加快，而要求催化剂上残炭含量更低（<0.2%），为此发展了快速流态化再生反应器，如图 1-50 所示，其再生催化剂的残炭含量<0.1%，甚至 0.05%，燃炭强度达 $350\sim650kg/(t\cdot h)$，比传统的 $100kg/(t\cdot h)$ 水平有了成倍的改善，生产能力大幅度提高。这类反应系统具有良好的操作灵活性，既可实现最大汽油产量的操作，也可实行最大烯烃气体产量的操作，还可按最大柴油产量为主操作，如图 1-51。我国 70% 以上的石油通过催化裂化工艺进行深加工，目前有 FCC 催化裂化装置 148 套，生产能力达 100Mt；

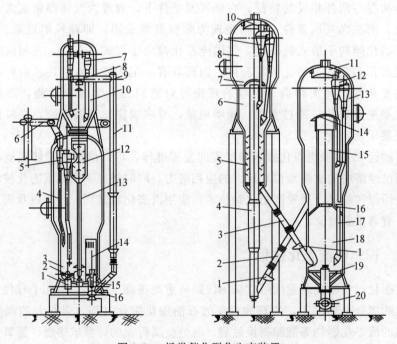

图 1-50　烃类催化裂化生产装置

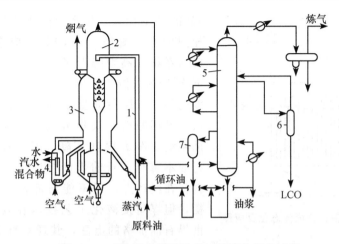

图 1-51　石油提升管裂解-快速流态化烧焦过程

1-提升管；2-沉降器；3-流化再生器；4-换热器；5-分馏塔；6-ICO 提馏塔；7-HCO 储槽

单台年处理能力可达 350 万 t，再生器直径 15.6m，世界上有 FCC 催化裂化装置 350 多套，生产的汽油量超过世界汽油量的 50% 以上。世界上单台年处理能力最大可达 600 万 t，反应器直径达 13.7m，再生器直径 19.5m。

1.3.1.2　煤间接液化

煤气制合成液体燃料即煤间接液化，对我国以煤为主的能源结构而言，有着长远的战略意义[153]。煤经气化制备出含一氧化碳（CO）和氢（H_2）的合成气，进一步合成液体燃料。20 世纪 20 年代初，德国利用铁或钴作催化剂，将含 CO 与 H_2 的合成气进行催化合成，制取了烃类液体燃料，这就是所谓 F-T 合成过程。1955 年南非 Sasol 公司建设并投产了世界上唯一的煤制液体燃料的工厂 Sasol-Ⅰ，该过程是个放热过程，原来采用德国带换热器的粗颗粒固定床反应器 Arge 5 台，但因生产能力小又难以放大，因而改循环流化床催化反应器 CFB，即美国 Kellogg 公司的 ϕ2.3m，总高 46m Synthol 反应器 3 台。1980 年又扩大并投产了 Sasol-Ⅱ工厂，采用更大的 CFB 催化反应器，直径 3.63m、高 46m，反应系统总高 75m，反应温度 320～350℃，压力 2～2.3MPa，H_2/CO＝2.8，每台年生产能力 250kt。南非 Sasol 公司的 Sasol-Ⅱ工厂有该类反应器 8 台，配 36 台德国 Lurgi 公司煤气化炉，气化炉子直径 5m，用于间接液化的原煤达 9200kt/a。然而，该反应系统存在以下不足，催化剂存料量大，有效利用低；流动压降大，动能消耗高；设备庞大，磨损严重，维修费用高；操作复杂，放大困难。面对这些问题，Sasol 公司自 1983 年起开展沸腾式流化床反应器 FFB 的开发，1995 年开始投产 F-T 合成 FFB 流化床反应器，如图 1-52 所示，反应器直径有 8m 和 10.7m 两种，年生产能力分别为

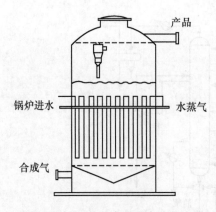

图 1-52　F-T 催化合成流态化反应器

550kt 和 1000kt。生产运行结果表明，对于相同的生产规模，与 CFB 反应系统相比，FFB 系统的高度降低了 50％，系统总压降下降 50％，催化剂用量只有 30％，床层温度均匀，床层可布置更多换热面，气速降低，磨损减轻，操作方便，放大容易，辅助系统负荷大幅度下降，因而投资省，运行成本降低。目前煤间接液化生产液体燃料，在经济上，还不能与低价天然油相抗衡，但煤间接液化工艺技术在发展，随着世界石油价格的上涨，其现实意义在扩大，在增加。

1.3.1.3　煤的流态化燃烧

　　煤的燃烧发电或热电联供是应用流态化技术量大面广的行业。传统的煤粉发电锅炉本质上是流态化燃烧技术，即载流式流态化燃烧。随着优质煤资源供应的不足，低热值难燃煤和高硫煤的利用是个重大课题。流态化燃烧技术既可用于低热值煤的燃烧，同时可实现炉内脱硫、控制氮氧化物排放，使过程变得简洁，投资大幅度下降[154,155]。20 世纪 50～60 年代，中国成功开发了煤矸石沸腾燃烧技术，研制了不同等级规格的工业沸腾锅炉，据报总数达 3500 多台，最大容量达 130t（蒸汽）/h。沸腾锅炉燃用矸石，因热值低，投资效益不佳，最大的问题还在于沸腾锅炉属鼓泡流态化，流化床层高度有限，难以布置足够的换热面，因而无法大型化。20 世纪 70 年代后期，开展了循环流态化燃烧技术的研究开发，1979 年世界上首台 66MW$_{th}$ 循环流化床锅炉投入运行，开创了清洁燃烧的新时代。循环流态化燃烧采用细粒煤粉和高气速（5～6m/s）操作，同时通过物料循环，实行反复循环燃烧并扩大了换热空间，因而可实现劣质燃料的清洁燃烧和装置的大型化。100MW$_e$ 级 465t/h 时循环流化床锅炉，如图 1-53 所示，流化床燃烧室分布板面积 55m^2，扩大段面积 100m^2，炉体高度 31m，当燃用热值为 20MJ/kg 的煤时，每小时燃煤量达 50t。250MW$_e$ 级循环流化床锅炉于 1995 年底开始投产，它为两个 125MW$_e$ 锅炉燃烧室的组合，断面积为约 190m^2，燃用 14.7MJ/kg 煤时，每小时燃用煤量达 150t，600MW$_e$ 级循环流化床锅炉在设计中。目前世界已有 600 多台循环流化床在运行，其中 220t/h 以上锅炉 500 多台；我国已独立开发了 410t/h 循环流化床发电锅炉，并引进国外 300MW$_e$ 的循环流化床锅炉技术，正在加速循环流化床锅炉的大型化进程。

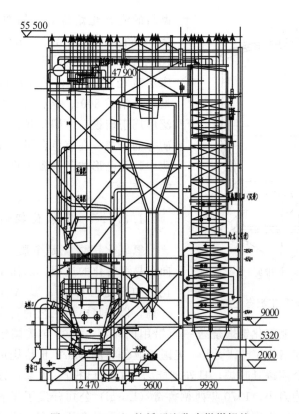

图 1-53 465t/h 的循环流化床燃煤锅炉

1.3.1.4 锌精矿焙烧

对于金属矿物的流态化焙烧而言，锌精矿的焙烧具有某种典型意义，通常为细粒物料的精矿，焙烧过程为硫化矿物氧化或硫酸化焙烧，放出反应热。我国自20 世纪 50 年代就开展锌精矿的沸腾焙烧即鼓泡流态化焙烧的技术研究[156]。锌精矿炼锌有湿法与火法之分，但它们都需要对原料预焙烧，以便将硫化锌最大限度地转化为氧化锌，同时通过焙烧除去有害杂质，如砷、锑、铅、镉和硫等。对于湿法炼锌，是将锌精矿焙烧脱除砷、锑等杂质，所得焙砂用稀硫酸浸出，再分离精制、提锌。焙烧应尽量脱除砷、锑等，而适当保留部分硫使之成可溶硫酸盐，以减少浸出的加酸量，因而其焙烧温度通常选定为 900℃左右。对于火法炼锌，是将焙砂进行制球和高温还原挥发而得到金属锌，这里需要尽量地脱除铅、镉、硫等杂质，因而采用 1000～1050℃或更高温度的高温焙烧，特别需要控制影响杂质的空气过剩系数。这两种工艺技术在我国都已得到大规模工业生产应用，所采用流态化焙烧炉有国产带前室流化加料的焙烧炉和鲁奇（Lurgi）机械

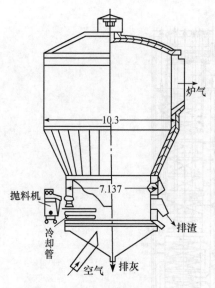

图 1-54　锌精矿鼓泡流态化焙烧炉

抛料的流态化焙烧炉，如图 1-54 所示，焙烧炉断面积有 $10m^2$、$25m^2$、$35m^2$、$45m^2$、$109m^2$ 等不同规格，最大床层断面积 $123m^2$，床层直径 12.55m，炉体高度 12.3m，每天处理锌精矿 800t。这种流态化焙烧技术还广泛应用于硫铁矿、锡精矿、镍钴精矿、金精矿等的焙烧。在有色金属工业和化工硫酸行业中，业已形成了金属矿物流态化焙烧技术的一统天下。

1.3.1.5　氢氧化铝煅烧

氢氧化铝煅烧是个脱水并发生由 ρ、γ 向 α 晶型转化的过程。以往工艺要求煅烧氧化铝中稳定性好的 α 型 Al_2O_3 转化率大于 60%，以满足电解工艺的要求，为此需要较长的煅烧时间。氢氧化铝煅烧曾一直沿用回转窑。1963 年美国铝业公司成功开发了流态化闪速焙烧工艺[157,158]，美国铝业公司的 Mark Ⅲ 焙烧炉采用的鼓泡流化床并附加一个闷罐延时炉，日处理能力 300t，已投产 34 套，该煅烧炉的生产强度低，处理能力小；1970 年西德鲁奇（Lurgi）公司开发了氢氧化铝循环流化床煅烧技术，生产强度提高了 5~7 倍，同时质量有所提高，能耗有所降低，投产了 500t/d 规模的循环流态化焙烧工艺，如图 1-55 所示，后又将装置生产能力扩大为 800t/d 和更大规模，已投产生产装置 27 套。随着电解铝工艺技术的进步，煅烧氧化铝中要求 α 型 Al_2O_3 的转化率可降至 20% 以下，因而煅烧时间大为缩短，为气体悬浮煅烧工艺创造了条件。据此，80 年代丹麦史密斯（Smith）公司开发了细粒氢氧化铝气态悬浮焙烧新工艺，气体悬浮煅烧炉实质上为载流式气流煅烧，因而生产能力进一步得到了提高。丹麦史密斯煅烧炉直径 5.8m，生产能力 1350t/d，最大达 1850t/d。现在全球有流态化氢氧化铝装置 80 多套，单台日生产能力 1350t、1550t、1850t 等，生产的氧化铝占世界氧化铝产量的 60% 以上。随着回转窑煅烧设备的折旧期限的临近，流态化煅烧氧化铝的比重还会进一步增

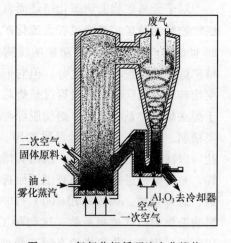

图 1-55　氢氧化铝循环流态化煅烧

加，直至完全取代回转窑煅烧工艺。

1.3.1.6　丙烯氨氧化制丙烯腈

　　丙烯腈是重要的化工原料。1960 年美国美孚石油公司成功地开发了氨氧化流态化催化合成法［Sohio 法］[159]，采用多元（P-Mo-Bi-O）催化剂，年产量 5000t，催化反应器为直径 3m。初期采用 250μm 的粗颗粒催化剂挡板流化床，后改用 20～80μm 细颗粒挡板流态化床，如图 1-56 所示，并提高了操作气速，使丙烯腈的产率由 60% 提高到 74% 以上；目前世界上 90% 的丙烯腈是由丙烯氨催化氧化工艺生产的。该流化床反应器采用高气速操作后，床层处于湍流流态化，加之采用新型内部构件和新型催化剂的作用，丙烯腈的选择性和转化率有明显提高。该工艺的流态化器也在逐步大型化，反应器直径已超过 10m 以上，年生产能力逾 10 万 t。

　　以上几例表明了流态化技术在国民经济基础工业部门的重要地位和作用，对经济建设的发展和人民生活的改善的突出贡献。

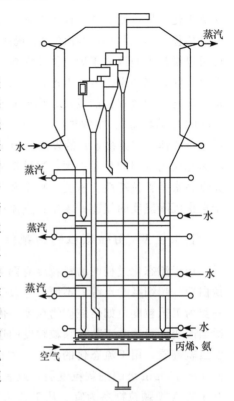

图 1-56　丙烯氨氧化制丙烯腈
流态化反应器

1.3.2　技术发展历程

　　自 1940 年以来，现代流态化技术的发展可以粗略地区分为以下三个相互联系而又各具特色的阶段。第一阶段为前 25 年，即 20 世纪 60 年代中期以前，这个时期主要研究液固流态化和气固鼓泡流态化及其应用，奠定了粗颗粒散式流态化的理论基础，深入研究了气固流化床中的气泡现象，探讨了气固催化反应器模拟放大的可能性。第二阶段为其后的 25 年，即 20 世纪 60 年代中至 80 年代末，主要研究快速流态化无气泡等气固接触技术，并探讨三相流态化及其应用，深入研究了细颗粒成团运动流态化的流体力学规律，丰富了流态化的基础理论，模拟放大设计有所突破。第三阶段为自 20 世纪 90 年代初至今的十多年，主要研究三相流态化和 Geldart 分类中 C 类物料的聚团流态化及其散式化，着重研究颗粒表面力突出甚至远超过其重力时流变特性，发展改善粉料流态化性能的措施和方法。在这期间，计算机技术的迅猛发展为多相流的模拟计算创造了条件，有关鼓泡流态化、快速流态化的模拟取得一定的进展。回顾现代流态化技术 60 多年的发展历程[160]，探讨其内在的发展规律，我们可以清楚地看到，流态化的发展历史可以说是人们致力于进行强化颗粒与流体间接触和传递科学实验的记录，其特点是由喷动移动床、散式流态化、聚式流态化到无气泡气固接触的快速流态化及聚式流态化的散式化的发展；由经典流态化到广义流态化的发展；小块（Geldart 的 D 类物系）、粗颗粒（Geldart 的 B 类物系）向细颗粒（A 类物系），甚至微米级粉体（C 类物系）的发展。由于无气泡气固散式化接触的良好效果和广义流态化应用范围的日益扩大，这种趋势仍将继续深入发展下去。决定技术发展的关键因素是颗粒特性：密度、粒度及其分布；操作气速：低于自由沉降速度和高于自由沉降速度的气速；床型：直流床或循环床的床型结构等。

1.3.2.1　由粗颗粒到细颗粒

用于流态化过程的物料粒度有两类，一类是产品规定的粒度，如谷物颗粒、钛白粉、超细高岭土等，不便任意改变，只能研究适应它们要求的工艺技术；另一类为工艺粒度，如焙烧矿物粒度、催化剂的粒度，它可根据工艺技术的发展而适当改变，对这类工艺，颗粒粒度的选择具有重要意义。从代表性流态化过程的发展轨迹看，用于流态化的颗粒尺寸由 1～10mm 级小块、0.1～1mm 级粗颗粒向 40～100μm 级的细颗粒发展，或者说，比较起来，流态化的颗粒尺寸以 Geldart 的 A 类颗粒物系为宜。从工艺角度看，减小颗粒尺寸，可以大大增加颗粒的比表面积，减少颗粒内部的热、质传递阻力，从而提高反应速率和反应器生产效率，保证原料的充分利用或焙烧产品的均匀质量；从流态化性能看，减小颗粒尺寸，可以减小流化床中的气泡尺寸，强化气固间的接触和传递，同样可提高原料的转化率和反应器的能力。在劣质煤燃烧方面，由毫米级粒煤鼓泡流化床燃烧发展为床层物料粒度约 0.2mm 级较细粒快速流态化燃烧，在高效清洁燃烧和大型化方面的成效突出；在气固催化反应过程中，自 20 世纪 60 年代开始，逐步将原有的 0.1～1mm 粗粒催化剂改变为 40～100μm 的细粒催化剂，如烯醛氧化制异戊二烯的催化剂由 0.6mm 改为 50～100μm、丙烯氨氧化制丙烯腈的催化剂由 260μm 改为 50～100μm 等，它们的转化率和选择性都有明显提高，而且工程放大效应大为减弱。

1.3.2.2　由低气速到高气速

流态化颗粒的物理特性是决定流态化特性的内在依据，操作气速则是决定流态化特性的外部条件。对于给定的固体颗粒，如前所述的常为工业采用的细粒颗粒，随着气速的逐渐增大，颗粒床层将由固定床状态、散式膨胀、鼓泡流态化、向湍流流态化状态过渡。由于气泡的存在和发展，鼓泡流化床中气固两相间的接触和传递较差，工程实践中通过提高气速、设置内部构件等措施，以破坏气泡、强化接触和传递，提高反应过程的转化率，如丙烯氨氧化制丙烯腈过程，通常将气体速度由原来的 0.5m/s 左右提高到 0.77m/s 左右，床层处于湍流流态化状态，气固接触和传递得到强化，其转化率由原来 60％左右提高到 75％以上，这是强化工艺过程的一种发展趋势。

气速进一步提高，远超过颗粒的自由沉降速度，从而开创了像煤粉锅炉燃烧粉煤（<100μm）那样的载流式流态化燃烧反应过程。由于气速的提高，床层中气泡不复存在，气固两相接触和传递强化，燃烧反应剧烈进行，生产能力大为提高，而且燃烧效率可达 99％以上；又如自 20 世纪 60 年代起，原有的石油催化裂解的低气速鼓泡流态化反应器逐渐为高气速提升管式反应器所代替；砂型氧化铝工艺允许采用低 α-Al_2O_3 含量（约 20％）作为电解铝原料，氢氧化铝煅烧过程可在数秒钟内达到 20％左右 α-Al_2O_3 的要求，因而从原有的美国铝业公司的鼓泡流态化煅烧向德国鲁奇公司的循环流化床煅烧和丹麦史密斯高气速的气体悬浮煅烧，即气流式流态化煅烧的发展。这就是快速、短停留时间流态化反应过程的发展趋势。

1.3.2.3　由直流鼓泡床到循环快速床

对于慢速、长时间的反应过程，显然，载流式流态化反应器难以胜任，就连高气速湍流流态化反应器要使颗粒物料长时间保持在流化床中而不被带出床层，这也并非一件易事。流态化技术发展初期，一般采用上部带扩大段的直流（一次通过）床。扩大段的直径为床层直径的 1.2～4 倍，其作用是降低气速，颗粒物料在扩大段沉降分离，使颗粒物料尽量少地被气流带出，这是消积的或者说是防御性的气固分离。应该说，在有限的操作气速（远小于自由沉降速度）下，这种消极气固分离效果是明显的，但是其问题也是不能忽视的，降低扩大段的气速，固然颗粒物料在此沉积，但随着时间的推移，沉积的物料不断增加，这就意味着允许流体通过的有效断面积不断减小，流体的真实速度在增大，当达到其自由沉降速度时，这些物料将被全部带出床层，形成脉冲式物流，然后又经过上述如沉积—带出—沉积的循环过程，形成周期性的不稳定操作，而且，低气速意味着低生产强度，将给大型化设计造成困难。

积极气固分离的循环流化床反应器是细颗粒物料慢速反应过程的合理选择。物料以高于颗粒自由沉降速度通过床层，然后经气固旋风分离强制分离，并将回收的颗粒物料从流化床的下部返回流化床。一者气速可突破传统流化床气速小于自由沉降速度的限制，同时，返回的物料可以形成无气泡的快速流态化，气固接触和传递将得到强化；床层固体浓度增加，存料量增加，设备单位容积的生产强度得以提高。自 20 世纪 70 年代起，循环流化床技术已经成为流态化发展的主流趋势，如氢氧化铝循环流化床煅烧、石油催化裂化过程的快速流态化烧焦再生等，快速流态化业已成为当前流态化技术的国际前沿领域。

1.3.2.4　由聚式流化到散式化

近年来，微米级超细粉体材料应用日益扩大，其流态化特性的研究受到关注。与 Geldart A 类物料不同，Geldart C 类物料因颗粒粒度的减小，表面积的增大，超细粉体间表面力（黏附内聚力）大大增加，粉体之间相互吸引而黏附在一起，在气流作用下，形成一定尺寸、相对稳定、近似球体的团块，即聚团，这是与气泡类似而性质不同的聚式流态化。它与气泡类似，恶化了气固两相的接触和传递，而不同的是，气泡内的气体是活塞流，而聚团内的气体是分子扩散。此外，超细粉体流化时，容易发生沟流，难以正常流化。因而，超细粉体聚团流态化的散式化，是一个现实的实际问题，通常是采用外力，如脉冲附加质量力、振动惯性力、旋转离心力，也有采用粒度设计，即不同粒度颗粒物料的适量组合配比，以改善其流化性能，同时，它也是一个理论问题，即在颗粒-流体作两相流时，除了通常考虑的压力、重力、曳力、壁摩擦力外，还必须考虑颗粒物料间黏附内聚力，因为在这种情况下，黏附内聚力可能已大大超过重力和曳力，而不再像粗颗粒那样可以忽略不计，因而已有的两相流动方程需重新建立。

1.3.2.5　由液固到气液固三相流态化

三相流态化技术是近年来颇受关注的领域。三相流态化在渣油加氢、合成气催化合成甲醇和液体燃料等方面，都取得了突出的成绩，如图 1-57 所示。在自然能源的转化中，煤的液化（直接液化和间接液化）已进行了大规模实验研究和工业化工程开发[161]，其中煤直接液化的 H-Coal 过程已完成处理能力 200～600t/d 煤的半工业试验，其三相流态化反应器内径 1.5m，高 9.3m，如图 1-58 所示，随后进行了 6000t/d 煤的示范厂的设计。一个工业规模的煤直接液化的 H-Coal 过程计划在中国建设实施，在当前石油价格居高不下的形势下，煤直接液化的工业化进程将会加快。应该特别注意的是，随着生物工程的崛起和生态环境意识的增强，流态化技术的应用领域由无生命体系向有生命即生物过程体系的发展。生物反应过程主要涉及微生物发酵、细胞悬浮培养、生物转化、生物污水处理和生物能源等领域。生物反应通常涉及活体微生物或动植物细胞（固相）、"营养液"（液相）和供活体生存的无菌氧气（气相）的物系，三个物相通过气体提升、喷射或液体循环形成三相流态化，完成热质传递和物质转化。由于三相流态化具有良好的相际间的热质传递，没有机械搅拌对活体组织的损害，而且可使生产装置大型化等优势，从而形成了对传统搅拌生物反应器的强烈挑战并取得快速发展，应用不断扩大。流态化技术不仅可用于无生命物系，而且可用于有生命物系。这是近代流态化技术的发展特征之一。

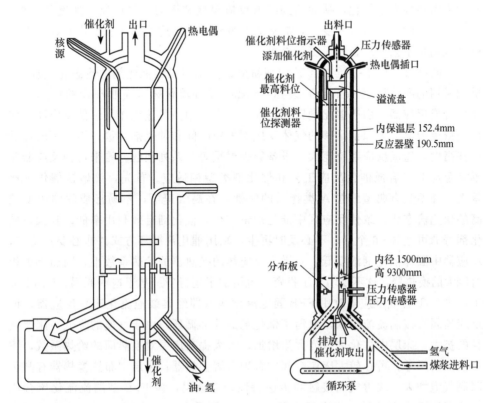

图 1-57 重油催化加氢的三相流态化反应器　　图 1-58 煤催化加氢的三相流态化反应器

1.3.3 经验与期待

流态化过程追求的目标是产品质量的优良、操纵运行的低耗、过程装备的高效和生产规模的大型化。第一节所列案例清楚表明，这些目标是能够通过流态化技术的不断完善和过程的优化设计而实现的，显示了流态化过程技术的辉煌昨天，但其曲折的发展历程留下宝贵的经验和丰富的知识，同时又给我们以启示，可作为今后发展的借鉴。

1.3.3.1 过程特性与反应器型式

反应工程的原则是反应器的形式应与反应过程动力学特征相适应，以期获得最佳效果[162]，因而应将过程的工艺与反应器的特性结合起来研究。对一个特定的过程，其工艺方法是可以不断改进和发展的，如对矿物的焙烧，可通过改变矿物粒度、增加添加剂，调整反应的温度和压力，改变操作速度和物料浓度，从而改变反应动力学特性。对于催化反应，还可通过改进催化剂及其物理性能，总之使动力学特性发生变化，从而达到降低反应温度和压力、加快反应速度的目的。当反应过程动力学特性改变时，应适时改变流态化反应器形式和操作参数，以便更好地满足工艺要求，取得更好效果。

煤间接液化的 F-T 合成工艺为细粉熔铁催化剂或镍催化剂的流态化反应器，早期采用的凯洛格（Kellogg）公司 Synthol 循环流化床（而非现今的快速流态化）合成反应器，由于催化剂密度较大，因而采用高气速操作，致使反应器中催化剂浓度较低，为保证足够的气体反应剂停留时间和催化剂存量，不得不增加反应器高度，造成反应系统庞大，设备磨损严重等一系列问题。看来这种反应器并不完全与 F-T 合成催化反应工艺和催化剂类型相适应。首先，该熔铁催化剂比重大，并不具有典型细粒 A 类物料的特性，在高气速下，不易形成固体浓度较高的快速流态化，致使反应区中催化剂量较少，催化剂有效利用率低；其次，催化剂寿命可达 3～6 个月，不必及时再生，采用催化剂循环方式并非必要；第三，反应器中固体催化剂浓度低，对撤去反应热的换热器的给热系数小，因而要求相对庞大的换热器，这不仅增加了投资，也增加了运行费。基于这些原因，Sasol-Ⅲ 工厂中 F-T 合成反应器改用 FFB 固定流化床（即经典鼓泡流化床）反应器，该反应器属直流湍流流化床，取消了催化剂的外部循环，由于气速的降低，床层直径的扩大，床层中催化剂浓度大为增加，大大提高床层对换热面的给热系数，缩小换热器尺寸，可在较大床层空间中合理布置换热器；床层中布置换热器有利于限制气泡增大，改善气固接触和传递特性，应该说，该 FFB 型湍流流化床合成反应器比凯洛格循环流化床反应器（CFB）更适合 F-T 合成工艺。试验运行表明，原来 CFB 循环流化床反应器那些问题，基本上得到了解决，经济技术指标明显改善。又如，丙烯氨氧化制丙烯腈过程，是个复杂催化反应，其催化剂各有不同，以钼酸铋盐 C-41 催化剂为例，在氨氧化过程中，催化剂寿命较长，不必随时全部再生更新，但在氨气的气氛下，催化剂可部分还原而使活性下降。根据该过程的工艺特点，将粗粒鼓泡流化床改为细粒带内置档板的湍流流化床，以减小气泡尺寸，强化气固间接触，改善气体停留时间分布，从而可获得较高的转化率和选择性。对催化剂被部分还原而使活性下降的问题，有两种解决方案，其一是，将空气与丙烯和氨气分别入炉，空气从氨气入口的下方进入，在床层下部形成局部催化剂氧化再生区，被还原的催化剂经鼓入的空气氧化而恢复活性，不必进行炉外循环再生；其二是将被还原的催化剂定期、间断地用空气通过管路吹出床层进行氧化再生，然后经旋风分离器回收后返回反应器。这类细颗粒湍流反应器较粗粒鼓泡流态化反应器更适合这一工艺过程，因而工艺技术指标有了大幅度提高。这些事实都有力地证明了，流态化反应器类型及其操作状态应与工艺过程和催化剂的特性相适应并进行优化集成的重要性。

1.3.3.2　先进的快速流态化反应器

快速流态化界于低速鼓泡流态化与高速载流流态化之间，属一种床层固体浓度较高的无气泡气固接触[163,164]，接触效率高，传递速度快，而且气体返混小；固体返混强烈，可形成均匀的床层温度。它具有鼓泡流态化和载流流态化两者的优点，同时又消除了它们各自的缺点，因而无论在催化反应、矿物焙烧还是化石燃料的燃烧、气化的应用中，均取得了突出成绩，如前所述的烃类催化裂化的快速流态化烧焦过程，远优于鼓泡流态化烧焦过程，也明显优于湍流流态化烧焦过程；氢氧化铝快速循环流化床煅烧，既可适用于低 $\alpha\text{-Al}_2\text{O}_3$ 的煅烧过程，也可适用于高 $\alpha\text{-Al}_2\text{O}_3$ 的煅烧过程；煤的循环流化床燃烧等，既可燃烧不同热值燃料，又可构造大型锅炉，充分说明了快速流态化反应器是一种先进、高效、易于大型化的反应工程设备。特别应该指出的是，快速流态化技术不仅可应用于细颗粒 A 类物系的加工过程，而且最近研究表明，它也能有效地用于平均粒径 $5\mu\text{m}$ 的超粉体颗粒和亚微米（平均粒径 $1\mu\text{m}$）的粉体的加工，具有广泛的适应性。该类反应器除上述特性外，物料在反应器的停留时间可随意调整，具有巨大的操作弹性。不难看出，快速流态化具有作为先进反应器各种特征，可以作为首选的流化过程反应器。同时也说明了流化过程反应器形式应随工艺过程的要求而变的必要性。

1.3.3.3　应当关注的领域

生物技术、粉体材料、环境治理是影响国民经济发展的新领域，如生物医药、生物化工等，具有深远的战略意义。三相流态化是生物工程中最具发展潜力的反应器形式，除了关注向其活体组织供氧的气液传递过程研究外，也必须关注营养液向活体组织间的液固传递和气固传递的研究及其对生化反应的影响。实验研究表明，固定化细胞的液固流态化或三相流态化生化反应器的产物浓度有大幅度提高；与传统悬浮生化反应器比，反应器生产能力可成倍（几倍到十几倍）提高。超细、超微甚至纳米粉体材料的应用日益广泛，作为制备这些粉体材料的干燥、焙烧、分散、分级等关键技术对粉体材料的发展具有重要作用。由于超细粉体材料较强的内聚力，其流化行为与其他颗粒物料有明显差别，除高气速循环流态化可供选择外，外力场流态化技术如搅拌流态化、振动流态化、脉动流态化、旋转流态化、磁场流态化、电场流态化也是值得研究和发展的技术领域。可以预期，三相流态化和超细粉体的特殊流态化将在新兴产业中发挥重要作用。

1.3.3.4　数学模拟与放大

颗粒流体系统中的流动、传递和化学反应是个多参数、强耦合的复杂的非线性体系，目前尚无解析解，只有特定条件下的数值解，它的多值性表现为多态性，其流态化行为变得扑朔迷离，难以掌握，而且在实验研究中不可能清楚观察到各种可能的状态和现象，数学模拟的方法将是一种有效的辅助手段。所谓模拟，"模"即模样、模型，就是实验观测到的客观现象，而"拟"即摹仿、照样描绘，就是对客观现象的描述。显然，没有"模"，难以"拟"。通常，数学模拟基于一定的实验基础，没有实验依据，模拟难以进行，但正确的模拟，具有普遍性，因而又能超出实验限制，取得更广泛的结果。当今，随着计算机及其应用技术迅猛发展，为流态化技术的应用和理论发展创造了有利的客观条件，事实也表明，近年来，流态化过程的数学模拟与放大已取得了巨大进步[165,166]，可以预期将会发挥更大作用。

1.3.3.5　流态化理论发展

随着流态化过程研究的广泛而深入的发展，流态化理论也不断得到丰富和完善，使流态化技术由"操作技艺"向"工程科学"转变，以流态化知识为基础并加以延伸的包括颗粒、气泡、液滴为特征的散料与流体同时运动的多相流体力学已具雏型，然而这个转变尚未完成，突出表现在，对散式流态化与聚式流态化之间存在的巨大差异，至今未能给出理论解释，也不能从理论上描述流态化体系如何由散式流态化向聚式流态化的过渡；对于超细粉体流态化，内聚力的作用和影响是不能忽视的，但尚不清楚其对流变性的影响规律等，这些有待深入研究。值得肯定的是，流态化基础理论的发展和完善，将会使工业生产中气固、液固、气液、液液及三相体系接触设备的设计更为有效、可靠而安全，同时也可能对自然界的某些现象，如下雪、下雨、风沙、泥石流等作出解释。

流态化过程在扩展，赖以支持其发展的基础理论在深化，流态化过程工艺技术必将不断推进国民经济产业技术的进步，开拓社会繁荣的未来，同时也将成为认识自然、利用自然、抗击灾害的有力武器。

1.4　小结与评述

颗粒与流体相互接触的过程自古就有，而且随处可见。颗粒物料的流态化接触是其近代技术的新成就。流态化是通过流体对颗粒作用所产生的曳力而形成的流动状态，颗粒物料的粒度、密度等特性不同，其内部作用力不同，与流体所构成的物系的流变性不同，从而形成各种不同的流态化状态，如散式流态化、鼓泡流态化、湍流流态化、快速流态化、气力输送、液固流态化、三相流态化等。改变物系特性和/或改变操作参数，以改变其流变性，从而改变其流动状态。

流化床中颗粒与流体间的热、质传递速率与流化状态密切相关，尽管小尺寸颗粒为它们的传递提供了充分的界面，但粗颗粒低气速下的气泡流、细颗粒高气速下的颗粒团流和超细颗粒聚团流态化等非理想流动特征，不同程度地抵消了因粒度减小给接触和传递带来的有利效果，特别是床层气泡等的存在大大恶化了相际间的接触和传递，流化床中非理想流动的抑制和消除是强化相际间接触和传递的根本之道。流化床对外界面的传递因其存在高浓度的固体颗粒而使传递过程得以量级（10^1 级）量的提高，设备投资的节省。

流态化技术的每一次创新都导致了生产技术的明显进步，生产效益的大幅提高，而这一切都无不与新型流态化技术，特别是发展无气泡流态化和聚团流的散式化、三相流态化技术等密切相关。流态化技术发展的历史就是由粗颗粒向细颗粒、由低速鼓泡流态化向高速无气泡快速流态化、由两相向三相流态化发展以强化颗粒与流体的接触和传递的科学记录，也是现代流态化技术的发展方向，现代计算机技术和数学模拟为流态化过程工程科学化的发展增加了新的手段。无气泡快速流态化和三相流态化技术已在国民经济的许多工业中创造辉煌的过去，还将有更灿烂的未来。

参 考 文 献

[1] Schugerl K, Zerz M, Fetting F. Rheologische eigenschaften von gasdurchstromten fleiessbettsystemen. Chem. Eng. Sci, 1961, 15 (2, 3)：1～38

[2] 郭慕孙，庄一安. 流态化-垂直系统中均匀球体和流体的运动. 北京：科学出版社，1963

[3] Mathesen G L, Herbst W A, Holt P H. Characteristic of fluid-solid system. Ind. Eng. Chem, 1949 (41)：1099～1104

[4] Hagyard T., Sacerdote A M. Viscosity of suspesions of gas-fluidized systems. Ind. Eng. Chem. Fundamenta, 1966 (5)：500～508

[5] Kramers H. On the "viscosity" of a bed of fluidized solids. Chem. Eng. Sci, 1951, 1 (1)：35～37

[6] Furukawa J, Ohmae T. Liquidlike properties of fluidized system. Ind. Eng. Chem, 1958 (50)：821～828

[7] Trawinski H. Entmischung gasdurchstromter partkelschichten und deren zusammenhang mit der wirbelschichtzahigkeit. Chem. Ing. Techn, 1953, 25 (4)：201～203

[8] Trawinski H. Effective zahigkeit und inhomogenitat von wirbelschchten. Chem. Ing. Techn, 1953, 25 (5)：229～238

[9] Diekman P, Forsythe W L. Laboratory prediction of flow properties of fluidized solids. Ind. Eng. Chem, 1953 (45)：1174

[10] Buysman P J, Peersman G A L. Stability of ceilings in a fluidized bed. Proceedings of the International Symposium on Fluidization (Drinkenburg A A H, ed.). Amsterdam: Netherlands University Press. 1967, 38~40

[11] Harrison D J, Davidson F, de Kock J W. On the nature of aggregative and particulate fluidization. Trans. Inst. Chem. Engrs, 1961, 39 (3): 202~211

[12] 刘得金. 超临界流体流态化. 中国科学院过程工程研究所博士学位论文. 北京, 1994

[13] Li Y, Kwauk M. The dynamics of fast fluidization. Fluidization (Grace J R, Matsen J M, eds.). New York: Plenum Press, 1980. 537~544

[14] 任金强, 李静海. 小波在分析流态化系统多尺度动态行为中的应用. 化工冶金, 1999, 20 (1): 38~43

[15] 蔡平, 金涌, 俞芷青等. 采用凝聚函数法对气固密相流化床流型转变过程的研究. 化工学报, 1989, 40 (2): 154~160

[16] Wilhelm R H, Kwauk M. Fluidization of solid particles. Chem. Eng. Progr, 1948 (44): 201~218

[17] Leva M. Fluidization. New york: McGraw Hill, 1959;
郭天民, 谢舜韶译. 北京: 科学出版社, 1963

[18] Romero J B, Johnson L N. Chem. Eng. Progr. Symp, Ser. No. 38. 1962 (58): 28

[19] Geldart D. Type of gas fluidization. Powder Technol, 1973, 7 (5): 285~292

[20] 李佑楚, 陈丙瑜, 王凤鸣等. 快速流态化的研究. 化工冶金, 1980 (4): 20

[21] Li Y. 3. Hydrodynamics. Advances in Chemical Engineering Vol. 20: Fast fluidization (Kwauk M, ed.). San Diego: Academic Press, 1994. 86~146

[22] Ergun S. Fluid flow through packed columns. Chem. Eng. Progr, 1952, 48 (2): 89~94

[23] Lapple C E, Shepherd C B. Calculation of particle trajectories. Ind. Eng. Chem, 1940 (32): 605~617

[24] Li Y, Chen B Y, Wang F M et al. Hydrodynamic correlations for fast fluidization. Fluidization (Kwauk M, Kunii D, eds.). Beijing: Academic Press, 1982. 124~134

[25] 李佑楚. 硫铁矿的流态化焙烧过程和焙烧炉的设计方法. 硫酸工业, 1979 (5): 40~61; 1979 (6): 34~48

[26] Clift R, Grace J R, Meber M E. Bubbles, Drops and Particles. New York: Academic Press. 1978

[27] Wen C Y, Yu Y H. Mechanics of fluidization. A. I. Ch. E. Symp. Ser. No. 62. 1966 (62): 100~111

[28] 郭慕孙. 流态化技术在冶金中之应用. 北京: 科学出版社, 1958

[29] Abrahmsen A R, Geldart D. Behaviour of gas-fluidized bed of fine powders Part II. Voidage of the dense phase in bubbling beds. Powder Technol, 1980, 26 (1): 35~46

[30] Li Y, Wang F. Flow behavior of fast fluidization. CREEM Seminar. Beijing: Institute of Chemical Metallurgy. 1985, 183

[31] Yerushalmi J, Cankurt N T, Geldart D et al. Flow regimes in vertical gas-solid contact systems. AIChE Symposium Series, 1978, 74 (176): 1~13

[32] Perales J F, Coll T, Llop M F et al. On the Transition from Bubbling to Fast Fluidization Regimes. Circulating Fluidized Bed Technology-Ⅲ (Basu P, Horio M, Hasatani M, eds.). Oxford: Pergamon Press, 1991. 73~78

[33] 白丁荣，金涌，俞芷青等. 循环流化床操作特性的研究. 化学反应过程与工艺，1987，3 (1): 24~32

[34] Yang W C. Proc. of Pneumotransport III, BHRA Fluid Engineering, Cranfield, Bedford, U. K. 1976, Paper E5, E5. 49~E5. 55

[35] Smith T N. Limiting volume fractions in vertical pneumatic transport. Chem. Eng. Sci, 1978 (33): 745~749

[36] Yousfi Y, Gau G. Aerodynamique de l'ecoulement vertical de suspensions concentrees gaz-dolides I: Regimes d'ecoulement et stabilite aerodynamique. Chem. Eng. Sci, 1974, 29 (9): 1939~1946

[37] Doig I D, Ropper G H. Energy requirement in pneumatic conveying. Austr. Chem. Eng, 1963, 4 (4): 9~19

[38] Leung L S. Vertical pneumatic conveying: A flow regime diagram and a review of choking versus non-choking systems. Powder Technol, 1980 (25): 185

[39] Yang W C. A mathematical definition of choking phenomenon and a mathematical model for predicting choking velocity and choking voidage. AIChE J, 1975, 21 (5): 1013

[40] Yousfi Y, Gau G. Aerodynamique de l'ecoulement vertical de suspensions concentrees gaz-dolides Ⅱ: Chute de pression et vitesse relative gaz-solide. Chem. Eng. Sci, 1974, 29 (9): 1939; 1947~1953

[41] Punawani D V, Modi M V, Trarman P B. Proc. Int. Powder and Bulk Solids Handling and Processing Conference, Chicago, Illinois. May, 1976

[42] Yang W C. Criteria for choking in vertical pneumatic conveying lines. Powder Technol, 1983, 35 (2): 143~150

[43] Konrad K. Dense-phase pneumatic conveying: A review. Powder Technol, 1986, 49 (1): 1~35

[44] Reddy Karri, S. B., Knowlton T M. A practical definition of the fast fluidization regime. Circulating Fluidized Bed Technology-Ⅲ (Basu P, Horio M, Hasatani M, eds.). Pergamon Press, 1991. 67~72

[45] Drahos J, Cermak J, Guardani R et al. Characterization of flow regime transitions in a circulating fluidized bed. Powder Technol, 1988, 56 (1): 41~48

[46] Zuber N. On the dispersed two-phase flow in laminary flow regime. Chem. Eng. Sci, 1964 (19): 897~917

[47] Ishii M, Zuber N. Drag coefficeient and relative velocity in bubble, droplet and particulate flow. AIChE, J, 1979, 25 (5): 843~855

［48］ Pettyjohn E S，Chistiansen E B． Effect of particle shape on free-settling rates of isometric particles. Chem. Eng. Progr, 1948 (44)：157～172

［49］ Zenz F A，Othmer D F. Fluidization and Fluid-particle system. Reinhold，1960. 209

［50］ Davidson J F，Harrison D，（eds.）. Fluidization. London：Academic Press，1971；流态化. 中国科学院化工冶金研究所，化学工业部化工机械研究院等译. 北京：科学出版社，1981. 1

［51］ Ranz W E，Marshall W R. Evaporation from drops. Chem. Eng. Progr, 1952，48 (3)：141～146

［52］ Rowe P N，Claxton K T. Heat and mass transfer from a single spheres to fluid flowing through an array. Trans, Instn. Chem. Engrs, 1965 (43)：T321

［53］ Ranz W E. Friction and transfer coefficients for single particles and packed beds Chem. Eng. Progr, 1952，48 (5)：247～253

［54］ Wakao N，Kaguei S，Funazkri T. Effect of fluid dispersion coefficients on particle to fluid heat transfer coefficient in parked bed：Correlation of Nusselt numbers. Chem. Eng. Sci, 1979，34 (3)：325～336

［55］ Kunii D，Suzuki M. Particle to fluid heat and mass transfer in packed beds of fine particles. Int. J. Heat Mass Trans. , 1967 (10)：845～852

［56］ Kunii D，Levenspiel O. Fluidization Engineering. N. Y.：John Willey & Sons Inc，1969；流态化工程. 北京：石油化学工业出版社，1977

［57］ Gupta S N，Chaube B，Upadhyay S N. Fluid-particle heat transfer in fixed and fluidized beds. Chem. Eng. Sci, 1974，29 (3)：839～843

［58］ Yoshida F，Ramaswami D，Hougen O A. Temperatures and partial pressures at surfaces of catalyst particles. AIChE. J, 1962，8 (1)：5

［59］ Balakrishnan A R，Pei D C T. Heat transfer in fixed bed. Ind. Eng. Chem. Process Des. Dev, 1974 (13)：441

［60］ Gamson B W，Thodos G，Hougen D A. Trans. Inst. Chem. Eng, 1953 (31)：1

［61］ Petrovie J J，Thodos G. Mass transfer in the flow of gases through packed beds. Ind. Eng. Chem, Fundam. 1968，7 (2)：274～280；Can. J. of Chem. Eng, 1968，46 (2)：114

［62］ Walton J S，Olson R L，Levenspiel O. Gas-solid fluidized coefficients of heat transfer in fluidized coal beds. Ind. Eng. Chem, 1952 (44)：1474

［63］ Kettenring K N，Manderfield E L，Smith J M. Heat and mass transfer in fluidized systems. Chem. Eng. Progr, 1950，46 (3)：139～145

［64］ Gelperin N I，Einstein V G. Heat transfer in fluidized beds. Fluidization (Davidson and Harrison D, eds.). London and New York：Academic Press，1971；中国科学院化工冶金研究所，化学工业部化工机械研究院等译. 北京：科学出版社，1981. 403～471，451

［65］ Rowe P N，Claxton K T，Lewis T B. Heat and mass transfer from a single sphere in an extensive flowing fluid. Trans. Inst. Chem. Engrs，1965 (43)：T14

[66] Geplperin N I, Einstein V G, Kwasha V B. Fluidization Technique Fundamentals. Moscow：Izd Khimia. 1967

[67] Kunii D, Levenspiel O. Bubbling bed model for kinetic processes in fluidized beds. Ind. Chem. Eng. Process. Des. Dev, 1968 (7)：481~492

[68] Kato K, Wen C Y. Chem. Eng. Progr. Symp. Ser, 1970, 66 (105)：100

[69] Richardson J F, Szekely J. Mass transfer in a fluidized bed. Trans. Inst. Chem. Engrs, 1961 (39)：212~221

[70] 比克. 流化床中传质. 中国科学院化工冶金研究所，化学工业部化工机械研究院等译. 北京：科学出版社，1981. 362~371；Beek W J. Mass transfer in Fluidization beds. Fluidization (Davidson J R, Harrison D. eds.). London and New York：Academic Press，1971

[71] Fan L T, Yang Y C, Wen C Y. Mass transfer in semifluidized beds for solid-liquid systems. AIChE J, 1960, 6 (3)：482~487

[72] Tournie P, Laguerie C, Couderc J P. Mass transfer in liquid fluidized bed at low Reynolds numbers. Chem. Eng. Sci, 1977 (32)：1259；1979 (34)：1247

[73] Chu J C, Kalil J, Wetteroth W A. Mass transfer in liquid fluidized bed at low Reynolds numbers. Chem. Eng. Progr, 1953, 49 (3)：141~149

[74] Dwivedi P N, Upadhyay S N. Particle-fluid mass transfer in fixed and fluidized beds. Ind. Eng. Chem. Proc. Des. Dev, 1977 (16)：157~165

[75] Gunn D J. Transfer of heat or mass to particles in fixed and fluidized beds. Int. J. Heat Mass Trans, 1978, 21 (4)：467~476

[76] Østergaard K, Suchozehrski W. in Proceedings of the 4th European symposium on chemical reaction engineering. Oxford：Pergamon Press，1971. 21

[77] Dakshinamurty P C. Chianveji, Subrahmanyam V and Rao P K. Fluidization and Its Application (Angelino H et al, eds.), Toulouse, France. 1974. 429

[78] Lee J C, Wirthington H. Instn. Chem. Engrs. Symp. Ser. No. 38. 1974, paper B2, London

[79] 栾金义，彭成中. 复合生物流化床流动特性研究. 第五届全国流态化会议论文集. 1990. 211~214

[80] 杨卫国，王金福，周黎明等. 气-液-固循环流化床中的气-液传质. 化工冶金. 第20卷 (增刊). 1999. 113~117

[81] Dhanuka V R, Stepanek J B. Gas-liquid mass transfer in a three-phase fluidized bed. Fluidization (Grace J R, Matsen J M, Eds.). Oxford：Plenum Press，1980. 261

[82] 张俊平，金涌，俞芷青等. 模拟三相流化床中单气泡传质系数的测定. 第五届全国流态化会议论文集. 1990. 272~275

[83] Dakshinamurty P, Rao K V. Gas-liquid mass transfer in gas-liquid fluidized beds：Part II Correlations to predict liquid-phase mass transfer coefficients. Indian J. Technol, 1976

(14)：9

[84] Østergaard K，AIChE. Symp. Ser，1978，74（176）：82

[85] Fukushima S J. Gas-liquid mass transfer in three phase fluidized beds. J. Chem. Eng. Japan，1979，12（6）：489～491

[86] Nguyen-Tien K，Patwari A N，Schumpe A et al. Gas-liquid mass transfer in fluidized particle beds. AIChE J，1985，31（2）：194～201

[87] Chang S K，Kang Y，Kim S D. Mass transfer in two-and three phase fluidized beds. J. Chem. Eng. Japan，1986（19）：524～530

[88] Charpentier J C. Recent progress in two-phase gas-liquid mass transfer in packed bed. Chem. Eng. J，1976，11（3）：161～181

[89] Fukuma，M.，M. Sato，Muroyama K，Yasunishi A. Particle-to-liquid mass transfer in gas-liquid-solid fluidization. J. Chem. Eng. Japan，1988（21）：231～237

[90] Van Kreve Len. Recueil Trans. Chem. Pays-Bas，1948（67）：512

[91] Goto，S，J. Levec，Smith J M. Mass transfer in packed beds with two-phase flow. Ind. Eng. Chem. Process Design Dev，1975（14）：473～478

[92] 李佑楚，韩铠，王凤鸣等. 超微粉体浆料惰性粒子流化床干燥器性能实验研究. 化工冶金（增刊），1999，474～478

[93] 李佑楚，韩铠，王凤鸣等. 超微粉体浆料惰性粒子流化床干燥过程传热、传质特性的研究. 化工冶金，2000（4）：407～411

[94] Todes O M. Applications of fluidized beds in the chemical Industry part-Ⅱ. Leningrad，Izd. "Znanie"，1965，4～27

[95] Varygein N N，Martyuushin I G，Khim. Mashinostr，1959（5）：6

[96] Sarkits，V B，Diss Tekhnol. Inst. Im. Leningrad：Lensovieta，1959

[97] Maskaev V K，Baskakov A P. Features of external heat transfer in a fluidized bed of coarse particles. Int. Chem. Eng，1974，14（1）：80～83

[98] Zabrodsky S S，Antonishin N V，Pamas A L. On fluidized bed to surface heat transfer. Can. J. Chem. Eng，1976（54）：52～58

[99] Tsukada M，Horio M. Maximum heat transfer coefficient for an immersed body in a bubbling fluidized bed. Ind. Eng. Chem. Res，1992（31）：1147

[100] Zabrodsky S S. Hydrodynamics and heat transfer in fluidization bed，Moscow：Gosenergoidat，1963

[101] Barbosa A L，Steinmetz D，Angelino H. Heat transfer about spherical probes at high temperature in a fluidized bed. Fluidization Ⅷ（Laguerie L，Large J F，eds.）1993（Preprint I）：145～152

[102] 流态化. 流化床中的热传递. 中国科学院化工冶金研究所，化学工业部化工机械研究院等译. 北京：科学出版社，1981，403～471，441；Gelperin N I，V. G. Einstein Fluidiization（Davidson J F，Harrison D，eds.）. 1971

[103] Toomey R D，Johnstone H F. Chem. Eng. Progr.，Symp. Ser，1953（49）：51

［104］章名耀等. 增压流化床联合循环发电技术. 南京：东南大学出版社，1998

［105］Borodulya V A，Gunzha V G，Podberezsky A I. Heat transfer in a fluidized bed at high pressure. Fluidization（Grace J R，Matsen J M，eds.）. New York：Plunem Press，1980. 201～207

［106］Grimethorpe PFBC project. Overall project review. N. C. B. （Grimethorpe I E A） Ltd. Grimethorpe. S727AB

［107］Gamson B W. Heat and mass transfer in fluid solid systems. Chem. Eng. Progr，1951，47（1）：19～28

［108］Mickley H S，Trilling C. Heat transfer characteristics of fluidized beds. Ind. Eng. Chem，1949，41（2）：1135～1147

［109］Richardson J F，Mitson A E. Sedimentation and fluidization part Ⅱ：Heat transfer from a tube wall to a liquid-fluidized system. Trans. Inst. Chem. Engrs，1958（36）：270～282

［110］Wender L，Cooper G T. Heat transfer between fluidized bed and boundary surfaces-Corrlation of data. AIChE，J，1958（4）：15～23

［111］Wen C W，Leva M. AIChE，J，1958（4）：482

［112］Levenspiel O，Walton J S. Chem. Eng. Progr. Symp. Series，1954，50（9）：1

［113］Wicho E，Fetling F. Warmeubertragung in gaswirbelschichten. Chem-Ing-Tech. 1954（26）：301～309

［114］Van Heerden C，Nobel A P P，van Krevelen D W. Mechanism of heat transfer in fluidized beds. Ind. Eng. Chem，1953（45）：1237～1421

［115］秦霁光、屠之龙等. 化工技术资料化工机械专业分册. 1966（1）：52

［116］Mickley H S，Fairbanks D F. Mechanism of heat transfer to fluidized beds. AIChE，J，1955，1（3）：374～384

［117］Geplperin N I，Einstein V G，Zaikovski A V，Khim. Prom，1966（6）：418

［118］Geplperin N I，Einstein V G，Korotjanskaja L A. Khim. Prom. 1968（6）：427

［119］Baskakov A P，High speed Non-oxidative heating and heat treatment in a fluidized bed，Moscow：Izd. Metallurgia，1968

［120］Basu P，Nag P K. An investigation into heat transfer in circulating fluidized bed. Int. J. Heat Transfer Mass Transfer，1987（30）：2399

［121］Basu P. Heat transfer in high temperature fast fluidized beds. Chem. Eng. Sci，1990（45）：3123

［122］Grace J R. Heat transfer in circulatingfluidized bed. Circulating Fluidized Bed Technology（Basu P，ed.）. Oxford：Pergamon Press，1986. 63

［123］Wu R L，Lim C J，Chaouki J et al. Heat Transfer from a circulating fluidized bed to membrane waterwall surface. AIChE J，1987（33）：1888

［124］Wu R L，Grace J R，Lim C J. Suspension to surface heat transfer in a circulating fluidized bed combustor. AIChE J，1989（35）：1685

[125] Anderson B A，Leckner B. Experimental methods of estimating heat transfer in circulating fluidzed bed boilers. Int. Heat Mass Transfer，1992 (35)：3353~3362

[126] Xavier A M，King D F，Davidson J F. Surface-bed heat transfer in a fluidized bed at high pressure. Fluidization (Grace J R，Matsen J M，eds.). New York：Plenum Press，1980. 209~216

[127] Lu J.，Zhang J.，Yue G. Heat Transfer coefficient calculation method of the heater in the circulating fluidized bed furnace. Heat Transfer-AsiaResearch，2002，31 (7)：540~550

[128] Prins W，Harmsen G J，de Jong P et al. Fluidization Ⅵ (Grace J R，ed.). New York：Eng. Foundation，1989. 677

[129] Donsi G，Ferrari G. Proc. 2ⁿᵈ World Congr. Particle Technol. Kyoto，1990 (4)：254

[130] Rios G，Gibert H. Fluidization Ⅳ (Kunii D，Toei，eds.). New York：Eng. Foundation，1983. 363

[131] Turton R，Colakyan M，Levenspiel O. Heat transfer from fluidized beds to immersed fine wires. Powder Technol，1987 (53)：195~203

[132] Botteril J. S. M.，Teoman Y.，Yuregir K R. Factors affecting heat transfer between gas-fluidized beds and immersed surfaces. Powder Technol，1984 (39)：177

[133] Dow W M，Jakob M. Heat transfer between tube and a fluidized air-solid mixture. Chem. Eng. Progr，1951 (47)：637

[134] Martin H. Chem. Eng. Proc，1984 (18)：157

[135] Kinii D，Levenspiel O. A general equation for the heat transfer coefficient at wall surfaces of gas/solid contactors. Ind. Eng. Chem. Res，1991 (30)：136~140

[136] Bock H J，Molerus O. Influence of hyrodynamics on heat transfer in fluidized beds. Fluidization (Grace J R，Matsen J M，eds.). New York：Plenum Press，1980. 217~224

[137] Catipovic N M，Jovanovic G N，Fitzgerald T J et al. A model for heat transfer to horizontal tuhes immersed in a fluidized bed of large particles. Fluidization (Grace J R，Matsen J M，eds.). New York：Plenum Press，1980. 225~234

[138] 秦霁光，屠之龙，刘书香等. 化工机械. 1978 (5)：31

[139] Genetti，Kundson.，Ind. Chem. Eng. Symp. Ser，1968 (30)：147

[140] 流态化. 流化床中的热传递. 中国科学院化工冶金研究所，化学工业部化工机械研究院等译. 北京：科学出版社，1981. 403~471，446；Gelperin N I，Einstein Fluidiization V G (Davidson J F，Harrison D，eds.). 1971

[141] Vreedenberg H A. Heat transfer between a fluidized bed and horizontal tube. Chem. Eng. Sci，1958，9 (1)：52~60

[142] Priebe. Ph. D. Thesis. Montana State University. 1975

[143] Genetti et al. AIChE. Symp. Ser，1971 (116)：90

[144] Einstein V G，Gelperin N I. Heat transfer between a fluidized bed and a surface. Int.

Chem. Eng，1966，6（1）：67～74

［145］张鹤声，黄国权，谢承龙. 沸腾燃烧锅炉中的埋管传热计算模型. 浙江大学学报.
1984：18（增刊）97～104

［146］Thoenes D，Kramers H. Mass transfer from spheres in varius regular packings to a
flowing fluid. Chem. Eng. Sci，1958，8（2，3）：271～283

［147］Jottrand R，Grunchard F. Third Congress of the Eur. Fed. of Chem. Engrs. 1962.
74～79

［148］Coeuret F，Le Goff P，Vergens F. Proceedings of the Intern. Symp. on Fluidization.
Eindhoven：Netherlands University Press. 1967. 6～9

［149］Ziegler E N，Holmes J T. Mass transfer from fixed surfaces to gas fluidized bed.
Chem. Eng. Sci，1966，21（2）：117～122

［150］比克. 流化床中的传质. 中国科学院化工冶金研究所，化学工业部化工机械研究院等
译. 北京：科学出版社，1981. 362～402，446；Gelperin N I，Einstein V G. Fluidiiza-
tion（Davidson J F，Harrison D，eds.）. 1971

［151］李佑楚. 流态化技术及其应用. 化学工程手册（第二版）. 北京：化学工业出版社，
1994

［152］Chen J W，Cao H C，Liu T J. 9. Catalyst regeneration in fluid catalytic cracking. Ad-
vances in Chemical Engineering：Fast Fluidization. Lodon and New York：Academic
Press，1994. 389～419

［153］张碧江. 煤基合成液体燃料. 太原：山西科技出版社，1993

［154］Basu P. Circulating fluidized bed boilers：Design and operation. Boston：Butter worth-
Heinnemann. 1991

［155］Reh L. Fluid dynamics of CFB-combustors. Circulating Fluidized Bed Technology V.
Beijing：Science Press，1997. 1～15

［156］《重有色金属冶炼设计手册》编辑部. 重有色金属冶炼设计手册·铅锌铋卷. 北京：冶
金工业出版社. 1996

［157］Reh L. Fluidized bed processing. Chem. Eng. Progr，1969，67（2）：58～63

［158］王文光. 氢氧化铝流态化焙烧技术的发展. 第五届全国流态化会议文集. 1990. 366～
370

［159］王文兴. 工业催化. 北京：化学工业出版社，1978；顾伯锷，吴震宵. 工业催化过程
导论. 北京：高等教育出版社，1990

［160］李佑楚. 流态化技术发展及其应用. 科学，1993，5（3）：30～34

［161］Fan L S. Gas-Liquid-Solid Fluidization Engineering. Boston：Butterworth-Heinemann，
1989

［162］Levenspiel O. Chemical Reaction Engineering. New York：John Wiley and Sons，1969

［163］Kwauk M. Fluidization：Idealized and Bubbleless，with Applications. Beijing：Science
Press，1992

［164］Kwauk M. Advances in Chemical Engineering：Fast Fluidization. Lodon and New

York：Academic Press. 1994；1992

[165] Li J, Kwauk M. Exploring complex systems in chemical engineering-the multiscale methodology. Chem. Eng. Sci, 2003（58）：521～535

[166] 王维. 两相流数值模拟及在循环流化床锅炉上的软件实现. 中国科学院化工冶金研究所博士学位论文. 2001

第二章 非金属矿流态化焙烧过程

地球上的矿产主要分为能源矿产、金属矿产和非金属矿产。非金属矿物加工是最古老而又最广泛应用的物理、化学过程。社会经济学家长期研究发现，世界上发达国家工业化的出现都是在国民经济产值中非金属矿产值超过金属矿产值的转变之时，这表明一个国家的工业化水平与非金属矿产的利用有密切关系，也表明非金属矿产的开发利用对国民经济的高效发展具有十分重要的作用。

我国非金属矿十分丰富，已探明的有 88 种，矿物的类型有碳酸盐型，如菱镁矿、石灰石等；有硫酸盐型，如石膏、重晶石等；有硫化物如硫铁矿、黄铁矿等；有硅酸盐型如高岭土、膨润土等黏土矿物；有含硼矿物如硼镁矿；有氯化物，如钾矿、盐矿等及其他如石墨、磷矿等。它们都是重要的工业原料，广泛用于国民经济各工业部门；它们的加工过程都直接或间接地与流态化技术有关。

2.1 碳酸盐热解

碳酸盐矿物，如石灰石、白云石、菱镁矿等，是应用十分广泛的非金属矿类型，是化工、冶金、建材、造纸、农业等生产部门的重要原料，加热分解是其主要的加工过程之一。

2.1.1 热解条件

2.1.1.1 热力学特性

石灰石、白云石、菱铁矿等碳酸盐热分解过程的热力学特性如图 2-1 所示。

$$CaCO_3(s) \longrightarrow CaO(s) + CO_2(g)$$
$$MgCO_3(s) \longrightarrow MgO(s) + CO_2(g)$$
$$FeCO_3(s) \longrightarrow FeO(s) + CO_2(g)$$

它们的 CO_2 平衡分压分别为

$$\lg p_{CO_2(CaCO_3)} = \frac{8920}{T} - 7.54 \tag{2-1}$$

$$\lg p_{CO_2(MgCO_3)} = \frac{5529}{T} - 5.80 \tag{2-2}$$

$$\lg p_{CO_2(FeCO_3)} = \frac{5018}{T} - 7.46 \tag{2-3}$$

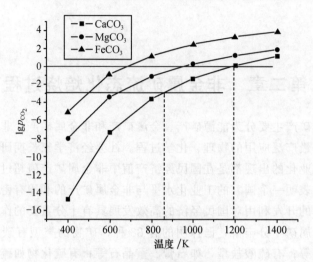

图 2-1　碳酸盐热分解温度

若空气中 CO_2 的浓度或分压为 0.03%，则碳酸盐在空气中的开始分解温度可将空气中 CO_2 的分压值代入上述各式，分别求出得

$$T_{开始(CaCO_3)} = 806.1K \tag{2-4}$$

$$T_{开始(MgCO_3)} = 593.1K \tag{2-5}$$

$$T_{开始(FeCO_3)} = 457.1K \tag{2-6}$$

当气相 CO_2 分压 p_{CO_2} 达到 1 大气压时，这些碳酸盐的化学沸腾温度分别为

$$T_{沸(CaCO_3)} = 1183K \tag{2-7}$$

$$T_{沸(MgCO_3)} = 953K \tag{2-8}$$

$$T_{沸(FeCO_3)} = 673K \tag{2-9}$$

通过煅烧温度和煅烧气氛的调节可控制煅烧或碳化过程。

2.1.1.2　动力学特性

从碳酸盐热解热力学看，在一定的 CO_2 分压下，只要达到其分解温度，热分解过程即可进行。碳酸盐物料欲取得可分解的温度和可观的反应速率，与向其供热的速率有关，即反应速率取决于供热速率，另一方面，当碳酸盐颗粒分解时，其表面将产生具有较高分压的 CO_2，这将会对热解反应起抑制作用，反应速率表现为颗粒内 CO_2 扩散控制。碳酸盐热解动力学特征将由向颗粒供热速率和反应产物 CO_2 扩散控制的反应速率二者中占优势者而定，或兼而有之。

1. 热解过程分析

对于球型颗粒，如碳酸盐矿物 B 以含量 ρ_B 均匀分布，热解转化率 X_B，则

$$X_B = \frac{\frac{4}{3}\pi R_p^3 - \frac{4}{3}\pi r_c^3}{\frac{4}{3}\pi R_p^3} = 1 - \left(\frac{r_c}{R_p}\right)^3 \tag{2-10}$$

$$N_{B0} = \frac{4}{3} \cdot \frac{\pi R_p^3 \rho_B}{b M_B} \tag{2-11}$$

$$N_B = \frac{4}{3} \cdot \frac{\pi r_c^3 \rho_B}{b M_B} \tag{2-12}$$

$$dN_B = \frac{4\pi r_c^2 \rho_B}{M_B} dr \tag{2-13}$$

式中：r_c 为未分解核的半径，m；R_p 为颗粒半径，m。

灰层扩散控制时，反应速率表达式[1]

$$-\frac{dN_A}{dt} = -b\frac{dN_B}{dt} = 4\pi r^2 D_e \frac{dC_A}{dt} \tag{2-14}$$

$$-\frac{dN_A}{dt} \cdot \int_{R_p}^{r_c} \frac{dr}{r^2} = 4\pi D_e \int_{C_{AS}}^{0} dC_A \tag{2-15}$$

$$-\rho_A\left(\frac{1}{r_c} - \frac{1}{R_p}\right)\frac{r_c^2 dr_c}{dt} = bD_e C_{A0} \tag{2-16}$$

$$-\rho_A \int_{R_p}^{r_c}\left(\frac{1}{r_c} - \frac{1}{R_p}\right)r_c^2 dr_c = bD_e C_{A0}\int_0^t dt \tag{2-17}$$

$$t = \frac{\rho_A R_p^2}{6bD_e C_{A0}}\left[1 - 3\left(\frac{r_c}{R_p}\right)^2 + 2\left(\frac{r_c}{R_p}\right)^3\right] \tag{2-18}$$

当 $t=\tau$ 完全反应时，即 $r_c=0$，则

$$\tau = \frac{\rho_A R_p^2}{6bD_e C_{A0}} \tag{2-19}$$

故

$$\frac{t}{\tau} = 1 - 3(1-X_A)^{2/3} + 2(1-X_A) \tag{2-20}$$

对颗粒内固体层传质

$$\frac{1}{r^2}\frac{dC_A}{dr}\left(r^2\lambda_e \frac{dC_A}{dr}\right) = 0 \tag{2-21}$$

一般解为

$$T = -\frac{A}{r} + B \tag{2-22}$$

边界条件：

$$r = r_c, \quad C_A = C_{Ac}; \tag{2-23}$$

$$r = R_p, \quad C_A = C_{As \circ} \tag{2-24}$$

方程式在上述边界条件下的解为

$$\frac{C_A - C_{As}}{C_{Ac} - C_{As}} = \frac{\dfrac{1}{R} - \dfrac{1}{r}}{\dfrac{1}{R} - \dfrac{1}{r_c}} \tag{2-25}$$

其微分为

$$\left(\frac{\mathrm{d}C_A}{\mathrm{d}r}\right)_{r=r_c} = \frac{C_{As} - C_{Ac}}{r_c\left(1 - \dfrac{R_c}{R}\right)} \tag{2-26}$$

稳态反应过程，颗粒外表和内部以及反应界面应保持质量守衡，即

$$\left(\frac{\mathrm{d}N_A}{\mathrm{d}r}\right)_{r=R} = 4\pi R^2 \cdot h_D(C_{A0} - C_{As}) \tag{2-27}$$

$$= 4\pi r_c^2 D_e\left(\frac{\mathrm{d}C_A}{\mathrm{d}r}\right)_{r=r_c} = 4\pi r_c D_e\left[\frac{C_{As} - C_{Ac}}{r_c\left(1 - \dfrac{r_c}{R}\right)}\right] \tag{2-28}$$

$$= 4\pi r_c^2 k_s C_{Ac} \tag{2-29}$$

从守衡关系中消去 C_{As}，得到

$$\frac{C_{Ac}}{C_{A0}} = \frac{1}{1 + \xi_c(1 - \xi_c)D_a + \dfrac{D_a}{Bi_m}\xi_c^2} \tag{2-30}$$

式（2-30）描述了在进行界面反应时，颗粒内浓度随界面径向位置的变化，其中

$$D_a = \frac{k_s R}{D_e} \tag{2-31}$$

$$Bi_m = \frac{h_D R}{D_e} \tag{2-32}$$

从颗粒内固体层传热来说，其传热过程与传质过程类似，可用下式表示：

$$\frac{1}{r^2}\frac{\mathrm{d}T}{\mathrm{d}r}\left(r^2\lambda_e\frac{\mathrm{d}T}{\mathrm{d}r}\right) = 0 \tag{2-33}$$

一般解为

$$T = -\frac{A}{r} + B \tag{2-34}$$

边界条件：

$$r = r_c, \quad T = T_c; \tag{2-35}$$

$$r = R_p, \quad T = T_s \text{。} \tag{2-36}$$

方程式在上述边界条件下的解为

$$\frac{T - T_s}{T_c - T_s} = \frac{\dfrac{1}{R} - \dfrac{1}{r}}{\dfrac{1}{R} - \dfrac{1}{r_c}} \tag{2-37}$$

其微分为

$$\left(\frac{\mathrm{d}T}{\mathrm{d}r}\right)_{r=r_c} = \frac{T_s - T_c}{r_c\left(1 - \frac{r_c}{R}\right)} \qquad (2\text{-}38)$$

稳态反应过程，颗粒外表和内部传热以及反应热应保持守衡，即

$$\left(\frac{\mathrm{d}T}{\mathrm{d}r}\right)_{r=R} = 4\pi R^2 \cdot h(T_g - T_s) \qquad (2\text{-}39)$$

$$= 4\pi r_c^2 \lambda_e \left(\frac{\mathrm{d}T}{\mathrm{d}r}\right)_{r=r_c} = 4\pi r_c \lambda_e\left[\frac{T_s - T_c}{r_c\left(1 - \frac{r_c}{R}\right)}\right] \qquad (2\text{-}40)$$

$$= 4\pi r_c^2(-\Delta H)k_s C_{Ac} \qquad (2\text{-}41)$$

从守衡关系中消去 T_s，得到

$$\frac{T_c}{T_g} = 1 + \beta D_a \frac{C_{Ac}}{C_{A0}}\left[\xi_c(1-\xi_c) + \frac{\xi_c^2}{Bi_h}\right] \qquad (2\text{-}42)$$

式 (2-42) 描述了在进行界面反应时，颗粒内温度随界面径向位置的变化，其中

$$\xi_c = \frac{r_c}{R} \qquad (2\text{-}43)$$

$$\beta = \frac{(-\Delta H)D_e C_{A0}}{\lambda_e T_g} \qquad (2\text{-}44)$$

$$Bi_h = \frac{hR}{\lambda_e} \qquad (2\text{-}45)$$

热解过程的反应速率将由颗粒内部传热与反应的热平衡所决定，即如该碳酸盐的离解焓为 ΔH，由反应得到

$$\left(\lambda_e \frac{\mathrm{d}T}{\mathrm{d}r}\right)_{r=r_c} = \rho_A \cdot (-\Delta H)\frac{\mathrm{d}r_c}{\mathrm{d}t} \qquad (2\text{-}46)$$

$$-\frac{\mathrm{d}r_c}{\mathrm{d}t} = \frac{bk_s C_{Ac}}{\rho_B} \qquad (2\text{-}47)$$

将式 (2-30) 代入，得到

$$-\frac{\mathrm{d}r_c}{\mathrm{d}t} = \frac{bk_s C_{A0}}{\rho_B\left[1 + \xi_c(1-\xi_c)D_a + \xi_c^2\frac{D_a}{Bi_m}\right]} \qquad (2\text{-}48)$$

对于流体与颗粒间的传热，传热的控制机制与颗粒的尺寸有关（见第一章中"传递特性"），对于 $Bi_h > 20$ 的大颗粒、高温过程，热解表现为颗粒内部热传导控制；对于 $Bi_h < 0.25$ 的小颗粒、低温过程，颗粒内部热传导不是主要控制因素，表现为界面化学反应的动力学控制。因此，碳酸盐的热分解反应过程也将表现为两种不同的反应机制，即高温下的大颗粒传热控制和低温下的小颗粒动力学控制的热解过程。

2. 传热控制过程

当该颗粒由外界加热，颗粒内传热为速率控制的表达式[2]为

$$\frac{1}{r^2}\frac{\mathrm{d}}{\mathrm{d}r}\left(r^2\frac{\mathrm{d}T}{\mathrm{d}r}\right)=0 \tag{2-49}$$

边界条件

$$r=r_c,\quad T=T_d; \tag{2-50}$$

$$r=R_p,\quad -\lambda_e\frac{\mathrm{d}T}{\mathrm{d}r}=h(T_b-T_d)。 \tag{2-51}$$

式中：T_b 为按体积计算的矿样温度，℃；T_d 为矿样分解温度，℃；h 为颗粒表面的给热系数，$kJ/(h\cdot m^2\cdot℃)$；λ_e 为产物层的有效导热系数，$kJ/(h\cdot m\cdot℃)$。整个反应过程的热量守恒，有

$$-\lambda_e\left(\frac{\mathrm{d}T}{\mathrm{d}r}\right)_{r=r_c}=\rho_B\Delta H\frac{\mathrm{d}r_c}{\mathrm{d}t} \tag{2-52}$$

式中：ΔH 为碳酸盐的分解热，kJ/mol；A_p 为颗粒的表面积，m^2；F_p 为颗粒的形状系数，$[-]$；V_p 为颗粒的体积，m^3。求解得到

$$\frac{t}{\tau}+\frac{2\lambda_e}{hR_p}\left[1-\left(\frac{r_c}{R_p}\right)^3\right]=\frac{6\lambda_e(T_b-T_d)}{\rho_A\Delta HR_p^2}\cdot t \tag{2-53}$$

令颗粒的形状系数为

$$F_p=\frac{R_pA_p}{V_p} \tag{2-54}$$

对于颗粒形状

$$\begin{aligned}&片状：\quad F_p=1\\&圆柱：\quad F_p=2\\&球形：\quad F_p=3\end{aligned}$$

$$Nu=\frac{h}{\lambda_e}\cdot\frac{3V_p}{A_p}=\frac{h}{\lambda_e}\cdot R_p \tag{2-55}$$

故有

$$\frac{t}{\tau}+\frac{2X_A}{Nu}=\frac{2F_p\lambda_e(T_b-T_d)}{\rho_A\Delta H}\cdot\left(\frac{A_p}{F_pV_p}\right)^2\cdot t \tag{2-56}$$

对于大颗粒，$h\gg\lambda_e$；$Nu\to\infty$，则有

$$\frac{t}{\tau}=\frac{\lambda_e(T_b-T_d)}{R_p^2}\cdot t \tag{2-57}$$

3. 动力学控制过程

对于小颗粒碳酸盐的热解，反应属动力学控制[1,2]，并假定反应为一级表面

反应，有

$$-\frac{\mathrm{d}N}{\mathrm{d}t} = k_1 A_{\mathrm{p}} = k_2 N^{2/3} \tag{2-58}$$

则

$$\frac{t}{\tau} = 1 - (1-X)^{1/3} = kt \tag{2-59}$$

2.1.2　碳酸盐热解过程

2.1.2.1　碳酸钙煅烧

自然界碳酸钙存在于石灰岩、白垩、大理石、贝壳石灰岩和凝灰岩等的沉积岩中，杂质含量有多有少，像冰洲石、方解石等纯碳酸钙在自然界里很少遇到。石灰石为多晶碳酸钙岩石，晶粒有粗有细，主要为两种变体：方解石和霞石，方解石为最稳定、最致密的六方堆体结构。

石灰石煅烧生成石灰，石灰是一种重要的化工原料，在钢铁、化学、建材、建筑等工业以及农业中均有广泛的用途[3]。工业石灰石化学成分质量要求：$CaCO_3 > 90\%$，$SiO_2 < 4\%$，$Al_2O_3 + Fe_2O_3 < 2\%$。石灰石的分解反应为

$$CaCO_3 \longrightarrow CaO + CO_2$$

石灰石的分解温度与其矿物成分和矿物结构复杂性有关，随 SiO_2、Al_2O_3、Fe_2O 含量的增加而升高，同时也随晶粒粒度的增大而升高。

石灰石热解速度既取决于 $CaCO_3$ 热解动力学速度，又取决于供热强度。在某一温度范围内，石灰石的热解速率与供热量成正比，同时还与石灰石粒径及形状有关。粒径小且为球形的石灰石颗粒可使石灰石热解时间大大缩短。石灰石完全热解所需的时间与热解过程总速度有关。

石灰石的煅烧温度及煅烧时间影响其产物石灰 CaO 的晶粒大小、密度、比表面积及气孔率，从而影响其活性。CaO 晶粒的尺寸随煅烧温度的升高而增大，随煅烧时间的延长而增大，如图 2-2 所示。石灰石在炉内停留时间过长，则易出现"过烧（或死烧）现象"，降低石灰的活性；如果停留时间过短，则出现石灰石"烧不透"的现象。采用小颗粒石灰石并选择最佳煅烧温度和与之相适应的停留时间是获得高活性石灰的重要条件。

石灰石煅烧生产石灰已有数千年的历史，最初采用块状石灰石在简易平窑中煅烧，之后逐渐出现立窑、轮窑的煅烧技术，发展到小颗粒石灰石的回转窑煅烧炉等，所用燃料逐步由煤发展到焦炭、煤气及油，操作方式由间歇式逐渐发展为连续式，由人工操作发展到机械化、自动化。20 世纪 40 年代末，成功开发了小颗粒石灰石流态化煅烧制取高活性石灰的新工艺[3,4]，煅烧工艺由单层或单段炉到多层、多段的煅烧，以改善质量、节约燃料、提高效率。

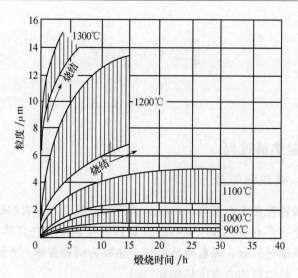

图 2-2　CaO 晶体大小与煅烧时间和温度的关系

1. 一般流化床煅烧

Dorr Oliver[3,4] 开发了采用流态化技术煅烧石灰石生产石灰的工业化生产过程：初期所用的煅烧设备为单层流态化煅烧炉。流态化煅烧石灰有如下的优点。

1）物料粒度较小（一般为 0～3mm），强烈混合，传热系数较高，可将热量较快的供应到颗粒内部，可缩短煅烧时间。

2）床层温度均匀，颗粒内外无温度差，不会出现"过烧"或"烧不透"现象，产品质量比较均匀，且活性较高。

3）流化床内颗粒流动性较好，可进行连续加料和卸料，这是连续操作所具备的必要条件。

4）流化床设备的结构比较简单，煅焙烧过程可以完全机械化、自动化。

2. 多层流化床煅烧

对于高温煅烧过程，单层或单段流态化煅烧的缺点有如下几点。

1）流化床层内无法建立温度梯度，高温烟气和高温产品的显热未能利用，单位产品的热耗高，操作成本高。

2）物料停留时间宽，对于相同的转化率，则要求较长的停留时间，因而床层压降高，鼓风能耗高。

为消除这些缺点，1949 年新英格兰石灰公司设计建造了五层流化床石灰石煅烧炉，其直径为 4m，高 14m，如图 2-3（a）所示[4,5]，它由进料预热段、煅烧段和产品冷却段三部分组成。在煅烧段床层周边安装 12 个燃料的喷嘴，燃料

油与床中流化空气混合并燃烧，流态化煅烧炉的煅烧温度一般为 950℃～
1050℃，日生产能力约为 200t 生石灰，热耗约为 1160kcal/kg 石灰。溢流出的
产物质量良好（转化率为 96.8%）。除了上述层床煅烧炉外，还有四层、三层焙
烧炉的设计，图 2-3（b）为一三层煅烧炉工艺流程和结构。多层流化床煅烧炉
虽在节省燃料消耗、改善产品质量等取得了比单层或单段流态化煅烧过程好的成
绩，但其设备复杂，造价高；多层分布板阻力高，鼓风能耗并未得到减少，而气
流夹带的粉尘会造成分布板堵塞，是危及正常操作的主要因素。

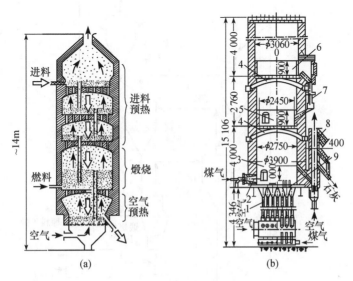

图 2-3　工业石灰石多层流态化煅烧炉

1-空气管道；2-点火烧嘴；3-烧成带；4-窑篦板；5-预热带Ⅱ；
6-预热带Ⅰ；7-溢流装置；8-料封；9-烧嘴

3. 多级悬浮煅烧

我国某公司引进国外石灰石 Polcal 多级悬浮煅烧技术以生产 350t/d 的活性
石灰，基本工艺流程如图 2-4[6]所示：原料破碎、水洗、干燥、细碎、预热、煅
烧器、冷却、储存。Polcal 悬浮流态化煅烧系统由三级旋风预热、煅烧器、热气
发生器、三级旋风冷却、空气冷却器等组成，每个旋风换热器的料腿下部都安有
机械式料封阀。破碎至小于 3mm 的石灰石原料经气力提升从第三级旋风预热器
出口加入，加料率约 30t/h，随气流预热至旋风分离器，回收的石灰石颗粒送第
二级旋风预热器出口，连同热气进入第三级旋风预热器，被预热的石灰石颗粒进
入第一级旋风预热器出口，连同热烟气进入第二级旋风预热器，收回被预热的石
灰石颗粒进入气流煅烧器，在煅烧器的进料口下有三个煤气烧嘴，喷入燃料（煤

气或燃油），与经预热的空气混合并燃烧，为煅烧过程提供热源。热气发生器为启动或停车过长时提供补充热量。煅烧所得的生石灰经三级旋风冷却与来自第三级吸入的冷空气进行三级气固逆流冷却，冷却后的生石灰经氮气气力提升至成品仓。从顶端旋风分离器排出的热烟气经空气冷却器后，用于原料的干燥。据称，这种煅烧炉可生产活性（反应性）极强的石灰，煅烧温度为 950～1050℃，热耗约为 1000kcal/kg 石灰。

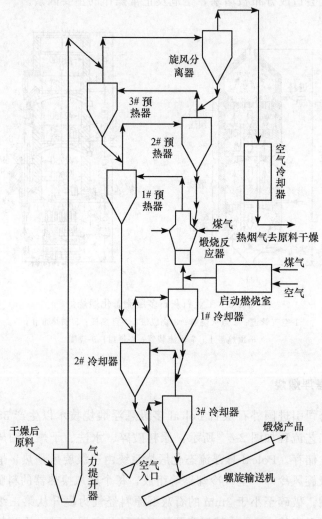

图 2-4　石灰石 POLCA 多级悬浮煅烧炉

　　该工艺技术采用焦炉煤气作燃料，含氢高，燃后烟气含湿高，煅烧石灰吸湿易在机械式料封阀等死料区结块，旋风料腿不畅，投产时遇到了很大困难，曾做了较大修改和调整。

2.1.2.2　菱镁矿焙烧热解

菱镁矿是一种重要的非金属矿物，可生产优质的耐火材料镁砂、水泥建材轻烧镁，还可提取金属镁。我国菱镁矿资源丰富，约占世界总储量的 1/3。目前我国生产镁砂约 250 万 t，轻烧镁 63 万 t，其中 50% 用于出口，高纯电熔镁有较大市场空间。我国菱镁矿品质优良，但加工艺技术落后，因而产品档次低，价格便宜，缺乏市场竞争力。

1. 热解工艺原理

将菱镁矿原矿或一般选矿后直接煅烧生产的轻烧镁、重烧镁砂或电熔镁砂，因其杂质含量多，难以达到高档产品的质量标准。碳化法两段煅烧是提高产品质量档次（MgO：$>98.5\%$）的有效方法，其原则工艺流程包括以下步骤：

原料煅烧（原料通常含有一定的 $CaCO_3$）

$$MgCO_3 \xrightarrow{800 \sim 900℃} MgO + CO_2 \uparrow$$

$$CaCO_3 \xrightarrow{800 \sim 900℃} CaO + CO_2 \uparrow$$

煅烧炉气经除尘、洗涤、过滤后供下一碳化工序用。

熟料消化

$$MgO + CaO + 2H_2O \longrightarrow Mg(OH)_2 \downarrow + Ca(OH)_2$$

消化浆料碳化

$$Ca(OH)_2 + CO_2 \longrightarrow CaCO_3 \downarrow + H_2O$$

$$Mg(OH)_2 \downarrow + 2CO_2 \longrightarrow Mg(HCO_3)_2$$

碳化气的 CO_2 浓度最好为 35%，碳化温度 30℃，碳化时间 30~40min，而浆料中 MgO 含量视碳化压力而定，常压时选定为 $10kg/m^3$，而加压至 0.5MPa时，选 $25kg/m^3$。碳化过滤、洗涤后，滤液进行热解，即

$$Mg(HCO_3)_2 + 2H_2O \xrightarrow{102℃} MgCO_3 \cdot 3H_2O + CO_2 \uparrow$$

$$5(MgCO_3 \cdot 3H_2O) \longrightarrow 4MgCO_3 \cdot Mg(OH)_2 \cdot 4H_2O \downarrow + CO_2 \uparrow + 10H_2O$$

生成的碱式碳酸镁沉淀经洗涤过滤后进行再煅烧，得到 MgO 含量高于 98.5% 的产品，即

$$4MgCO_3 \cdot Mg(OH)_2 \cdot 4H_2O \longrightarrow 5MgO + 4CO_2 + 5H_2O$$

回收 CO_2 作为副产物。

该工艺中碳化过程对产品的产量和质量有重要影响，而原料和中间产物的两次高温煅烧，对过程运行成本则有决定性意义，因而降低其运行成本是研究该工艺可行性的重要课题。

2. 热解动力学

菱镁矿煅烧热解是个高温吸热过程，既要完全、均匀地热解，又要尽可能低的热能消耗。传统工艺采用块矿竖炉煅烧，存在的问题是生产效率低，不能处理细粒矿粉、矿石内部"欠烧"，产品质量不均匀，而一般沸腾炉煅烧克服了块矿竖炉煅烧的不足，但过程显热未能利用，热耗太高。细粉菱镁矿煅烧试验研究表明，对于小于 60 目的东北等地的天然菱镁矿，在 950℃条件下，煅烧 3～5s，即可分解完全，其热解动力学公式[7]为

$$-\frac{\mathrm{d}x}{\mathrm{d}t} = K(1-x)^{0.9} \tag{2-60}$$

其中

$$K = 7.2 \times 10^5 \exp\left(-\frac{109.62 + 0.122d_{\mathrm{p}}}{RT}\right) \tag{2-61}$$

式中：d_{p} 为颗粒粒径，μm；R 为气体常数 8.314J/(mol·K)；T 为热力学温度，K。

2.1.2.3　碱式碳酸镁焙烧

就菱镁矿制备氧化镁过程而言，要提高产品质量，则需对原料和中间产物碱式碳酸镁进行两次高温煅烧，碱式碳酸镁焙烧煅烧发生如下反应，但反应进行的程度与反应温度和煅烧时间有关，产品也因此而有所不同，有如轻烧镁、重烧镁、电熔镁砂。

$$4MgCO_3 \cdot Mg(OH)_2 \cdot 4H_2O \longrightarrow 5MgO + 4CO_2 + 5H_2O$$

该煅烧过程的煅烧温度控制在 850～900℃，其中 CO_2 尚未完全释放，则得到轻质氧化镁或称轻烧镁；若采用 1400～1850℃温度煅烧，其中 CO_2 将被完全排出，则得到致密的方镁石或称重烧氧化镁，若在 2500～2800℃温度的电炉煅烧，则得到电熔镁砂。

上述碳化过程制得的碱式碳酸镁，一般含水为 70%～80%，可采用快速循环流化床进行热分解，得到轻烧氧化镁。快速流化床以 40μm 的氧化镁作床料，床层下部燃烧室提供床层所需的热烟气，将碱式碳酸镁浆料经压力雾化成小滴，直接从快速流化床中部处喷入床层，在 850～900℃温度条件下，雾滴迅速预热和分解，产品不断从循环料腿及旋风分离器料腿中排出，尾气净化后回收 CO_2。

菱镁矿制高档氧化镁产品过程有菱镁矿原料流态化焙烧和碱式碳酸镁流态化焙烧两个重要的过程，降低燃料消耗对过程运行成本有决定性意义。天然菱镁矿在 950℃条件下可迅速分解，是个快速过程，采用细物料多级气固逆流换热流态化煅烧技术[8]，矿粉快速充分焙烧分解，过程显热充分回收，是个可实现生产规模大型化、明显改进产品质量、提高经济指标的有效途径。

2.2　硫酸盐焙烧

2.2.1　概述

石膏（二水石膏 $CaSO_4 \cdot 2H_2O$）是在自然界中分布比较广泛的一种含硫矿物质，我国优质石膏资源丰富，储量大约 50 多亿吨。

在硫酸处理磷矿石以生产磷铵肥料过程中，每生产 1t 磷酸需消耗 2t 硫酸，同时产生 5t 左右磷石膏废渣，其主要成分是 $CaSO_4$。这不仅浪费了硫资源，而且污染了环境，磷石膏废渣的处理是发展磷肥工业生产中急待解决的资源和环境的问题。

实验研究发现，在一定的气氛和温度条件下，石膏可热解成石灰（CaO）和二氧化硫（SO_2），两者可分别作为制水泥和硫酸的主要原料。利用磷石膏煅烧产生 SO_2 和 CaO，进而联产硫酸和水泥，实现了资源循环使用的工艺过程，既能满足工业生产的需求，又能减少环境污染，因而受到国内外的广泛关注。

20 世纪中后期，曾建造过中空回转窑和带立筒预热器回转窑进行石膏分解煅烧的生产装置[9]，但由于生产工艺控制复杂，气体中 SO_2 含量不稳定，技术经济指标不理想，发展缓慢。近年来，国内外对石膏流化床煅烧新工艺进行开发研究，取得了重大进展[9~14]。

2.2.1.1　热解反应

1. 氧化热解

$$CaSO_4 \longrightarrow CaO + SO_2 + \frac{1}{2}O_2 \quad \Delta G^\circ = 562\,737 - 467.8T \quad (2\text{-}62)$$

在标准状态下，当温度高于 1202.9K，该反应才可发生，要有较快的反应速度，还需更高的温度。

2. 固碳还原热解

据早期研究，石膏与焦炭共存可促进分解[10,11]，其反应为
主反应

$$CaSO_4 + C \longrightarrow CaO + SO_2 + CO_2 \quad \Delta G^\circ = 170\,326 - 483.2T \quad (2\text{-}63)$$
$$CaSO_4 + C \longrightarrow CaO + SO_2 + CO \quad \Delta G^\circ = 439\,603 - 442.9T \quad (2\text{-}64)$$

在标准状态下，焦炭的存在有利于 $CaSO_4$ 的分解，反应式（2-63）和反应式（2-64）当温度分别高于 352.5K 和 992.5K 就可发生，但转化率低、反应速率慢。在这种条件下，还有副反应发生。

副反应

$$CaSO_4 + 2C \longrightarrow CaS + 2CO_2 \quad \Delta G^\circ = 203\,764 - 450.6T \quad (2\text{-}65)$$

当温度高于 1274.8K 时，下面的反应还可发生。

$$3CaSO_4 + CaS \longrightarrow 4CaO + 4SO_2 \quad \Delta G^\circ = 1\,200\,870 - 942.0T \quad (2\text{-}66)$$

用其他燃料燃烧控制恰当的 C/S、反应温度和炉内气氛即可获得 SO_2 气体。

3. 气体还原热解

60 年代 Wheelock T. D. 提出还原性气体 CO 或 H_2 同样能促进石膏的分解[11]，其后很多作者对此进行了研究[12~16]，其反应过程为

主反应

$$CaSO_4 + CO == CaO + SO_2 + CO_2 \quad \Delta G^\circ = 262\,714 - 253.4T \quad (2\text{-}67)$$

$$CaSO_4 + H_2 == CaO + SO_2 + H_2O \quad (2\text{-}68)$$

在标准状态下，反应式（2-67）和反应式（2-68）当温度分别高于 1036.8K 和 1053.0K 就可发生，还原气氛有利于 $CaSO_4$ 的分解。在这种条件下，还有如下的副反应：

$$CaSO_4 + 4CO == CaS + 4CO_2 \quad \Delta G^\circ = -150\,014 + 150.8T \quad (2\text{-}69)$$

$$CaSO_4 + 4H_2 == CaS + 4H_2O \quad \Delta G^\circ = 81\,790 - 173.2T \quad (2\text{-}70)$$

在高温氧化气氛中，还发生如下反应

$$CaS + \frac{3}{2}O_2 == CaO + SO_2 \quad (2\text{-}71)$$

为提高硫转化率同时控制副反应进行，高温、弱还原性气氛和高蒸气浓度将是有利的。

2.2.1.2　工艺条件

Kuusik[14] 研究了反应温度和气氛对 $CaSO_4$ 转化率的影响，其热分析结果如图 2-5 所示。从图 2-5 可见，从 740～750℃ 开始，CaS 的生成（反应式（2-69）），在 950～1000℃ 转化率达到最大，随后逐渐下降；而 SO_2 的生成与还原气浓度有关，反应转化率随着温度的增加明显上升。高温有利于 SO_2 的生成 [反应式（2-67）] 而不利于 CaS 的生成。气相中 CO 的浓度对反应也有明显的影响，低浓度（5%）CO 有利于生成 SO_2，而且起始生成温度降到

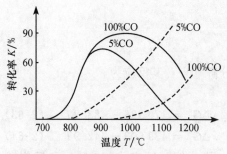

图 2-5　反应温度（T）和 CO 浓度（%）
对 $CaSO_4$ 转化率（K）的影响
实线——生成 CaS，虚线——生成 SO_2

800～810℃，当温度超过 1170～1180℃时，几乎只有生成 SO_2 的反应发生，固体中主要成分是 CaO；高浓度 CO 有利于生成 CaS，而不利于生成 SO_2，而且 SO_2 起始生成温度升高到 940℃。对于用 H_2 作还原剂的反应也有类似的结果。作者在一个流化床里进行了相似的实验，在反应温度 1130～1200℃，还原剂浓度 5％～15％，经过 5～7min 后，$CaSO_4$ 生成 CaO 的转化率达到 90％以上。

国内南京化工大学也进行了类似的实验[15]，结果也表明，反应温度是最主要因素，反应气氛影响显著。较为合适的反应条件与文献[14]相近。对于用焦炭还原分解 $CaSO_4$ 的反应也进行了探索，实验表明，少量的焦炭在反应初期促进 $CaSO_4$ 分解，但在后期焦炭影响并不明显，因此建议，石膏分解反应器可以用煤粉为燃料提供热源，用空气分段送入调节和控制气氛；在还原区保持少量固定碳作为分解反应的促进剂。

因此，在合适的还原气氛的条件下，将 $CaSO_4$ 颗粒加热控制在 1060℃～1100℃的高温，焙烧 3～5min，可使硫转化率达 95％以上[15]，可以获得 SO_2 和 CaO，然后冷却和净化气体，并用一般的接触法制酸工艺就可将 SO_2 转化成硫酸。

石膏直接还原分解生成 SO_2 和 CaO 反应过程表明，反应的温度和气氛条件需要仔细控制，温度过高超过 1232℃可能引起物料烧结，而温度低于优化范围造成分解不完全，形成 CaS。而气相还原度较高，也易形成 CaS，而还原度太低又使脱硫速率变慢。

2.2.2　热解制酸生产过程

2.2.2.1　双层流化床热解过程

通过天然气作燃料的 ϕ250mm 流化床石膏分解实验和在工业规模石灰石煅烧实践的基础上，Wheelock 提出了 300t/d 石膏双层流化床分解制硫酸的工艺[16]，如图 2-6 所示，流化床内径 7.9m，总高 10.7m，流态化速度是 0.61m/s，流化床密度是 480kg/m³。石膏原料粉碎至 0.23～3.36mm 经计量送入双层流化床反应器的上层，被下层上升的含 SO_2 的 1204℃热气体流化并预热到 852℃，然后通过溢流管流入下层流化床，天然气和 796℃预热空气送入下层流化床，进行不完全燃烧，含一定量 CO 的热烟气将床料加热到 1204℃，同时完成分解反应，生成石灰和 SO_2。反应产物 CaO 以控制的速率进入间接式水冷却器，冷却后输送到料仓；含 SO_2 的热气体从流化床上层流出，通过几个旋风分离器除去的尘粒，然后在一个串联空气冷却的热交换器中，冷却气体同时预热空气，烟气继续冷却、净化、除雾、干燥，最后送往催化转化生成 H_2SO_4。

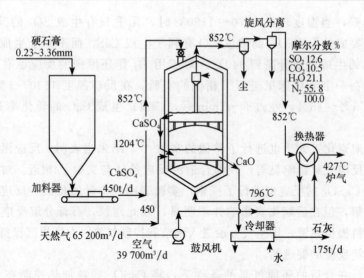

图 2-6　石膏煅烧分解工艺流程（300t/d 硫酸）

对于工厂的经济性、成本和规模的关系都进行了计算分析和比较。初步分析表明，用石膏生产硫酸的固定投资成本高于燃烧硫黄制酸成本，但制酸的工艺成本前者明显低于后者，且随着生产能力的扩大和副产品石灰价值的提升，用石膏制硫酸工艺的经济性是非常有吸引力的。

2.2.2.2　氧化-还原两区流化床热解过程

为了克服这些直接还原分解过程对反应条件严格控制的限制，William 在小型流化床实验的基础上提出了氧化-还原两区流化床的概念[16]，即通过控制在床层上、下两个不同部分的燃料和空气比例，造成还原气氛的下区和氧化气氛的上区。固体颗粒的混合使之在还原区和氧化区之间进行交替运动。基于这个设想，在一个内径 120mm，总高 1.07m 的耐火材料衬里流化床反应器里进行了成功的运转，由于上层氧化区的作用，在床层溢流管中流出的固体物料几乎完全分解，出气中 SO_2 浓度最高达到了 10%。据此，作者提出了一个两区工业流化床反应器结构，如图 2-7 所示，作者认为，在这个装置中，操作条件的变化对分解反应将不太敏感，即使在较低的反应温度下分解，也不会生成过量的

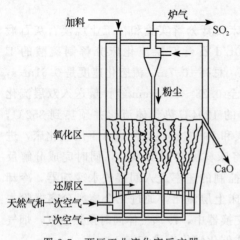

图 2-7　两区工业流化床反应器

CaS，因此也比较适合于处理硫酸钙类的废物、副产品以及天然矿物。

2.2.2.3 锥形流态化热解过程

1973年，我国在湖北应城磷肥厂开展了1000t/a流化床石膏制硫酸联产石灰的全流程试验[17]，石膏流化分解炉结构如图2-8所示，它是一个圆锥形流化床，半锥角5°，分布板直径 ϕ500mm，锥帽型风帽同心圆排列，开孔率2.5%。浓相流化床高度约1m，扩大段分离空间直径1000mm，高11m，其中包括高3m的辐射换热器。原料（二水石膏）经立窑脱水后与焦炭粉按一定比例混合，经球磨成细粉后再加少量水制成0.5~5mm的生料球。以柴油和重油作为燃料，加压和计量后经蒸气雾化喷入流化床底部；空气作为流化介质和助燃剂，经鼓风机送入石膏流化分解炉上部的辐射换热器，与炉内扩大段900~1000℃的炉气换热后进入布风室。生料球提升到炉顶的储料斗后，经皮带送料机定量送入炉内，与热炉气成气固逆流换热，然后落入底部的锥形反应区，被喷入

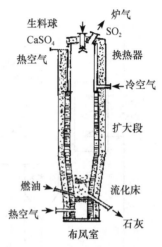

图 2-8 石膏流化分解炉示意图

的燃油与预热空气燃烧，使锥形反应区料层保持在1080±20℃和弱氧化性气氛下，固相平均反应时间约30min，石膏被分解成固相熟料和SO₂，CaO是熟料的主要成分，经溢流管排出，送到石灰堆场。SO₂浓度达7%以上的炉气经除尘、净化、干燥、转化、吸收制成93%的成品硫酸，日产硫酸2.7t，石灰1.5t，以干球为原料产硫酸的热耗为7.95MJ/kg硫酸。该工艺采用0.5~5mm的生料球进行煅烧，其内热阻较大，对传热和反应都会有所影响。

2.2.3 热解制酸联产水泥过程

1985年，鲁奇公司Knosel等人提出循环流态化热解制酸联产水过程，该工艺由磷石膏循环流化床（CFB）分解炉和水泥烧成回转窑以及一些辅助设备组成，其特点是煤粉为燃料，分解炉的炉气与回转窑的窑气分流，以保持较高SO₂浓度的炉气，有利于制酸。磷石膏经破碎、干燥脱水送入循环流态化床（CFB）分解炉上部的多级旋风预热器的炉气预热后，与经水泥烧成回转窑上部多级旋风预热器的窑气预热后的生料混合后加入循环流化床（CFB）分解炉。来自熟料空气冷却器的热空气从循环流化床（CFB）分解炉下部的气室通入，与加入的煤粉进行燃烧并使石膏热分解。磷石膏中CaSO₄接近完全分解后，与生料一起进入水泥回转窑进行烧成，以生产水泥熟料，经空气冷却机冷却送储存仓，原则工艺流程见图2-9。在Knosel等人

的工作基础上,该过程做了分析评价[18]表明,在 1060℃分解温度下,磷石膏分解率约 99%,预计 SO_2 浓度可达到 15%,含 SO_2 的炉气经净化后送去制硫酸(图 2-9)。

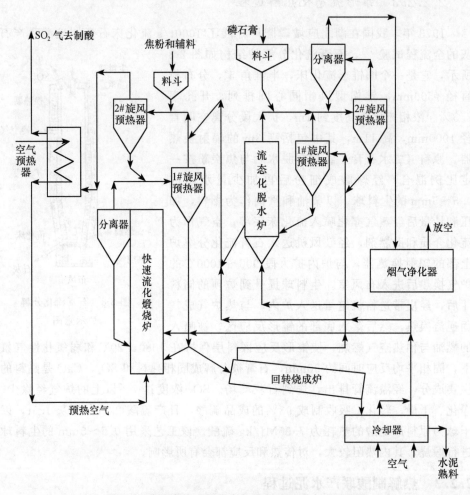

图 2-9　磷石膏快速流化床煅烧制硫酸联产水泥过程

20 世纪 90 年代,我国山东化工股份有限公司也曾进行过日产 150t 硫酸的循环流态化磷石膏热解制酸联产水泥过程的工业试验,但未见有进一步工业投产的报道。

2.3　硅酸盐煅烧

2.3.1　煅烧高岭土概述

高岭土与石英、石灰石、云母并称为四大非金属矿产,是一种工业价值很高的重要无机非金属矿原料，广泛用作陶瓷、搪瓷、耐火材料、吸附剂、高效催化剂的原料；它还作为添加剂用于橡胶、塑料、造纸、油漆等 60 多个工业部门，推动了相关工业部门产品的升级换代，一般可增加附加产值 5～30 倍，对国家整体工业化水平和国民经济的协调发展有着广泛而深远的影响。

我国高岭土资源丰富，居世界第 4 位。高岭土分为与煤共生的煤系高岭土和非煤系的自然高岭土两类，我国自然高岭土的储量约 14.6 亿 t，大多只能作为陶瓷和耐火材料的原料。我国煤系高岭土资源丰富，储量达 180 亿 t，矿物纯净，品质优良，可用于生产高档白色颜料，应用广泛，利用价值很高，是一种被称为"白色金子"的宝贵资源。

我国高岭土按矿床类型可分为三类，即风化型、沉积型和热液蚀变型。高岭土主要由小于 2μm 的微小高岭石族矿物晶体组成，高岭土族矿物有高岭石、迪开石、珍珠石、7Å 埃洛石、10Å 埃洛石，属 1∶1 型层状硅酸盐、单斜晶系。高岭石为片状晶体，埃洛石为管状结构的晶体。

高岭土深加工成高档煅烧高岭土产品主要应用在造纸、陶瓷、油漆和塑料等四大领域，高岭土通常涉及原料破碎、除杂纯化、超细粉磨、脱水干燥、粉料煅烧、表面改性等工序。除吸油率、遮盖力、磨耗率、黏浓度等指标外，高档高岭土的重要技术指标是产品白度高于 90%，产品的粒度小于 2μm 的占 90% 以上，即"双 90"。超细粉料煅烧过程是其核心技术。

2.3.1.1 高岭石理化性质

高岭石密度为 2000～2600kg/m³，莫氏硬度 2～4，矿物的自然白度与矿石的种类及其杂质含量有关，自然高岭土的白度较高，煤系高岭土的白度较低。煅烧后，其白度有所提高，称煅烧白度。一般物理化学特性列于表 2-1。

表 2-1 高岭石族矿物性质

矿物名称	化 学 式	化学组成 %			莫氏硬度	密度 /(g/cm³)	颜色
		Al_2O_3	SiO_2	H_2O			
高岭石	$Al_4[Si_4O_{10}](OH)_8$	39.50	46.54	13.96	2～2.5	2.609	白、灰白带黄、带红
珍珠石	$Al_4[Si_4O_{10}](OH)_8$	39.50	46.54	13.96	2.5～3	2.581	蓝白、黄白
迪开石	$Al_4[Si_4O_{10}](OH)_8$	39.50	46.54	13.80	2.5～3	2.589	白
7Å 埃洛石	$Al_4[Si_4O_{10}](OH)_8 4H_2O$	34.66	40.9	24.44	1～2	2.0	白、灰绿、黄、蓝、红

高岭石化学组成因矿石的类型不同而异，现将不同地区的煤系高岭石化学成分列于表 2-2。

表 2-2　沉积型煤系高岭土的化学组成（单位：%）

产地	Al_2O_3	SiO_2	Fe_2O_3	TiO_2	CaO	MgO	K_2O	Na_2O	烧失	SiO_2/Al_2O_3
淮北	39.79	44.06	0.48	0.51	0.71	0.55	0.02	0.11	13.77	1.8788
东北	38.06	42.85	0.58	1.10	0.54	0.29	0.23	0.14	16.86	1.9103
山西大同	38.73	44.93	0.27	0.30	0.14	0.51	0.15	0.05	15.90	1.9684
江苏徐州	38.80	45.21	0.61	0.54	0.06	0.06	0.04	0.05	14.63	1.9781
内蒙古准格尔	38.50	45.06	0.46	0.68	0.20	0.17	0.04	0.04	14.58	1.9869
陕西铜川	37.43	44.75	0.99	1.43	0.07	0.15	0.56	0.08	13.62	2.0750
甘肃张掖	36.73	48.12	0.57	0.94	0.17	0.02	0.17	0.05	13.35	2.2241

2.3.1.2　煅烧过程

1. 煅烧反应

高岭石煅烧将发生热解反应而产生新的物相，且与温度有关，其煅烧相变过程的反应式可表示如下[19]：

$$Al_4(Si_4O_{10})(OH)_8 \xrightarrow{550\sim700℃} 4H_2O + 2(Al_2O_3 \cdot 2SiO_2)（偏高岭石）$$

$$2(Al_2O_3 \cdot 2SiO_2) \xrightarrow{925℃} SiO_2 + 2Al_2O_3 \cdot 3SiO_2（硅尖晶石）$$

$$2Al_2O_3 \cdot 3SiO_2 \xrightarrow{1100℃} SiO_2 + 2(Al_2O_3 \cdot SiO_2)（似莫来石）$$

$$3(Al_2O_3 \cdot SiO_2) \xrightarrow{1400℃} SiO_2 + 3Al_2O_3 \cdot 2SiO_2（莫来石）$$

煤系高岭石在煅烧时除发生脱羟基和相变反应外，在高于 650℃ 的氧化性气氛条件下，其中的碳和有机质将发生燃烧反应，即

$$C + \theta O_2 \longrightarrow 2(1-\theta)CO_2 + (2\theta-1)CO$$

$$(CH)_n + \frac{5}{4}nO_2 \longrightarrow nCO_2 + \frac{1}{2}nH_2O$$

同时黄铁矿相继燃烧

$$4FeS_2 + 5\frac{1}{2}O_2 \longrightarrow Fe_2O_3 + 4SO_2$$

实验研究表明，高岭土在 700~900℃ 时煅烧，相变反应生成无定型的偏高岭石，但依然保持薄片结构，适合用作造纸的涂料、橡胶、塑料和电缆的填料；在 925~1000℃ 条件下煅烧，有硅铝尖晶石新相生成，可得到高白度和高亮度的产品，适合用作造纸等的填料；在高于 1200℃ 条件下煅烧，则会生成高硬度的莫来石，可用作碾磨抛光的磨料和精密铸造的型料。

2. 动力学控制机构

高岭土煅烧基本为固相反应，对比高岭土矿物煅烧前后的 X 射线衍射分析，

如图 2-10 和图 2-11，可以发现，高岭土矿物煅烧过程是个晶型转变的过程，即由晶型结构转变为无定形粉体的固体反应。固体反应在具备了反应条件后，通常需经历一个诱导期，在这期间，固体晶格中的某些特殊点上形成新的固相，新、旧两相之间产生应力，因而形成新相所需的自由能，除它本身的化学变化的自由能外，还需增加克服该应力的自由能，导致反应的迟缓，同时，新生固相因具有较高的能级而可到达较远的地方。固相反应的速率取决于固体内部的原子或离子的迁移。因而，高岭土煅烧过程是个反应速率较慢的过程[19]。

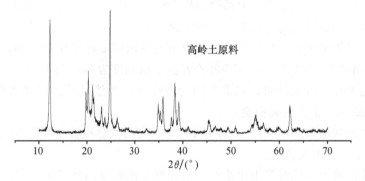

图 2-10　煤系高岭土矿物的 X 射线衍射分析探测到的矿物组成

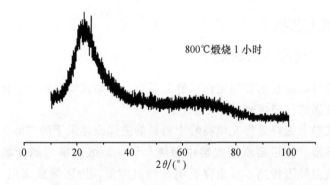

图 2-11　某地煤系高岭土在不同温度下煅烧后矿物的 X 射线衍射图

用 DuPont 2100 型热重分析仪对煤系高岭土矿样进行了失重分析，它说明在升温至 200℃的过程中，矿样的表面物理水被脱除，也可能还包括少量低分子碳氢化合物，其失重率约占 1.9%；当升温至 450℃左右时，高岭土的羟基开始脱除，升温约 8min，温度约 730℃，其失重率约为 14.41%，因而，在这种条件下，其低温煅烧的总失重率为 16.33%；当经过约 26min 继续升温至 960℃，高岭土中碳及其化合物被燃烧，放出二氧化碳和水，其失重率约为 1.22%，余下的为白色的煅烧高岭土产品。可见，高岭土晶型转化需要较长的时间，后期脱碳需要较高的煅烧温度和较长的煅烧时间。高岭土表面上的羟基脱除将大大改善与油漆、塑料、橡胶等有机分子的结合。

3. 工艺特点

高岭土深加工成高档煅烧，高岭土的煅烧特别是煤系高岭土粉料的煅烧，是制约我国高岭土产业发展的瓶颈，高岭土的煅烧技术则是我国高岭土产业发展的决定性核心技术。

上述实验结果表明，煅烧条件不同，所得产物的性能不同，其用途也不相同。当目的产品为涂料和填料级高档煅烧高岭土时，煅烧工艺显示出如下的特点。

1）高岭石原料为超细粉料，其粒度为小于 $2\mu m$ 的占 90％以上。

2）高温煅烧过程，要求均匀的煅烧温度场以保证产品质量性能，涂料级产品的煅烧温度为 900℃左右，填料级产品的煅烧温度为 900～1000℃。

3）足够长的煅烧时间，并需采用合成煤气、天然气或燃料油的优质能源，以保证产品 90％以上的高白度。

4）生产规模大，年产量 10 万 t 级以上，高效供热和快速转化以保证生产装置的高效率，实现大型化。

5）生产成本中燃料费用比重大，设计充分回收显热的工艺过程以实现生产低成本。

2.3.2　煅烧工艺技术

2.3.2.1　现有工艺技术

现有的粉料煅烧技术有固定床式静态煅烧、移动式滚动煅烧、搅拌式翻动煅烧、沸腾和旋涡式气流煅烧等。

固定床式静态煅烧是将充填高岭土粉料的匣钵或经风干的高岭土粉料泥坯置于高温的倒焰窑、隧道窑或梭式窑中煅烧[20,21]，该煅烧窑内温度场不均匀，同时料层或坯块内外因传热不良也存在明显的温度差，因而导致高温"过烧"、低温"欠烧"，产品质量不均匀，难以得到稳定、合格的产品，生产周期长达数天或更长，生产效率低，间歇操作，劳动强度大，不能满足煅烧高岭土作为大吨位规模精细化工产品的生产工艺要求。

滚动煅烧是将高岭土粉料置于以一定速度转动的直燃式、内热式或隔焰式的高温回转窑内进行煅烧[22~24]，机械搅拌式翻动煅烧是将高岭土粉料置于以一定速度转动的搅拌桨或耙犁的高温卧式单膛和立式多膛炉内煅烧[25,26]，与固定床式煅烧相比，回转窑滚动煅烧和搅拌式机械翻动煅烧的传热有所改善，产品质量明显提高，但依然存在因气固接触差、传热不良而导致产品质量不均匀，生产调控难，质量不稳定，热能利用不充分，燃料消耗高，生产成本高，隔焰式回转窑需用特殊钢材，单位投资大，维修难，特别是回转窑生产能力小，单台年生产能力不足万吨，而且难以放大，不能满足大规模工业化生产的要求。

粉料沸腾炉煅烧因其难以实现正常的流化，无异于固定床式静态煅烧，因而未能获得满意结果。气流旋涡煅烧，也称波斯琼斯气流式旋涡炉以及悬浮煅烧，在流动、传热方面相对于上述技术有很大的改进，但在用于煤系高岭土的煅烧时，现有的气流旋涡和悬浮煅烧装置很难获得足够长的煅烧时间以保证充分煅烧和产品的白度，因而至今还未见有成功实例。

造粒流态化煅烧工艺[27]是将经干燥脱水的 $0.1\sim50\mu m$ 的干粉添加 15％～20％水制成 $0.1\sim3mm$ 的颗粒后，再进行沸腾床煅烧。但是此方法需喷水造粒，工艺复杂，也增加了额外的燃料消耗；粗粒（约 3mm）煅烧，传热速率大为降低，生产效率下降；粗颗粒内外温度差大，导致煅烧不均，限制产品质量的提高；虽然设有部分显热回收装置，但回收不充分，利用程度有限。

国家和地方有关企业已付巨资对我国煤系高岭土煅烧进行过应用技术开发，但受采用的工艺技术路线的限制，尚未取得满意结果，至今还没有形成一条有效的、可大规模工业化煅烧脱杂生产高档高岭土的工艺技术。

2.3.2.2　快速流态化煅烧过程

高岭土煅烧过程中的关键技术设备是煅烧炉。煤系高岭土超细粉料的快速流态化煅烧实验研究[18]表明，在 900℃的温度下煅烧，可获得白度 92％的高档煅烧高岭土产品，其突出特点是气固接触好，热、质传递快，煅烧反应迅速，大幅度地提高了反应器的生产效率和热效率；整个煅烧炉内温度均一，物料转化均匀，反应完全，消除传统煅烧工艺出现的"欠烧"和"过烧"现象，煅烧产品质量均匀；该煅烧系统操作弹性大，可在较宽的温度和气速下操作，同时又可根据矿物粉料不同的煅烧特性任意调节煅烧时间和煅烧气氛，生产不同质量规格的产品。新工艺采用可适用于超细粉体物料的煅烧快速循环流态化煅烧炉，使煅烧高岭土生产的核心技术取得了革命性突破。

选用级内气固并流、级间气固逆流连接的多级旋风分离器换热将可克服上述两种换热器方案的不足，其特点是粉料与气流直接接触并以高速运动，气固间热阻低，换热器尺寸小，同时粉料颗粒内的热阻几乎可以忽略，在短时间内气体和粉料的温度可彼此接近而达到一个平衡温度，换热效率高。旋风分离换热器具有气固换热和气固分离的双重作用，使工艺简化，而且流动阻力小，动能消耗低，在粉料气固换热中显示出突出的优势。

粉料的多级旋风预热和冷却的级数，可以是一级、二级、三级或四级，流程分析表明[27]，随着换热级数的增加，煅烧过程的热耗或燃料消耗将减少，如图2-12 所示，意味着生产成本的下降。对于煅烧温度为 1000℃左右的粉料煅烧的

特定条件，以选用图 2-13 流程，即粉料二级旋风预热—煅烧—三级旋风冷却流

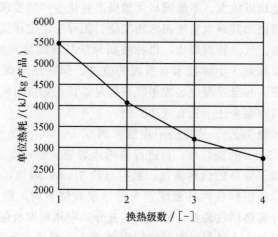

图 2-12　热耗与换热级数的关系

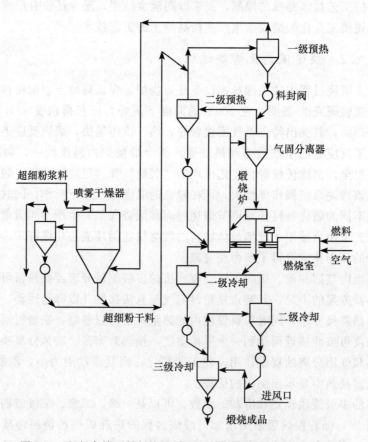

图 2-13　超细高岭石粉料快速循环流态化煅烧新工艺的原则流程

程较为合适，该工艺的原则流程如图 2-13 所示。

如上所述，煤系高岭土煅烧过程应采用快速循环流态化煅烧和多级旋风气固逆流换热组成的工艺方案，其的原则流程为超细高岭土粉料直接入炉，首先进入多级旋风换热器与煅烧热烟气进行气固逆流预热，继而被预热的粉料送入快速循环流态化煅烧炉中进行煅烧，然后煅烧合格的高岭土从快速循环流态化煅烧炉中排出并送入多级旋风冷却器与燃烧空气进行气固逆流冷却，而被预热的空气进入快速循环流态化煅烧炉的下部与喷入的气体或液体燃料进行燃烧，为煅烧过程提供热源，最后被冷却的煅烧高岭土经混磨打散后包装[27,28]。

2.3.2.3　经济技术评价

快速循环流态化煅烧工艺设备高效率，与国外引进隔烟式耐高温不锈纲回转窑煅烧工艺相比，单位投资大幅度减少。1000t/a 中间工厂实验表明，本工艺过程的产品质量和能耗可以获得更为满意的结果。煅烧高岭土成品的白度＞90％、粒度＜2μm 占 90％以上的涂料级产品的主要技术指标，达到了设计目标产品的质量要求；该工艺也可生产粒径要求如＜45μm、＜15μm、＜8μm 不同规格填料级煅烧高岭土产品，显示出该工艺良好的灵活性。业内一般工艺评价如下：

工艺类型	设备投资 /[—]	热能消耗 /(kJ/kg)	动能消耗 /(kW·h/t)	可运转率 /%	维修成本 /[—]
隔烟回转窑	100	5800	58	85	高
快速循环床	＜50	3200	90	95	低

超细高岭土的快速循环流态化煅烧过程及设备与现有高岭石（土）煅烧技术相比，具有如下优点。

1）超细粉体高岭石直接入炉、不需造粒的快速循环流化床煅烧炉煅烧，工艺简单，气固接触好，热、质传递快，煅烧反应迅速，大幅度地提高了反应器的生产效率和热效率，使单台煅烧炉的年生产能力可达到 10 万 t 级规模，实现大规模工业化生产。

2）整个煅烧炉内温度均一，煅烧时间和煅烧气氛可调，物料转化均匀，反应完全，消除传统煅烧工艺出现的"欠烧"和"过烧"现象，煅烧产品质量均匀，可生产白度高、磨耗低的质地优良的填料和涂料。

3）快速循环流化床煅烧可对不同产品的粒径要求如＜45μm，特别是＜15μm、＜8μm 以及 90％以上＜2μm 的粉料进行有效的煅烧，获得高白度产品。

4）该煅烧系统操作弹性大，可在较宽的温度和气速下操作，同时又可根据矿物粉料不同的煅烧特性任意调节煅烧时间，因而有广泛的应用前景，除高岭石外，还可用于硼镁矿、菱镁矿等其他非金属矿的煅烧。

5) 采用多级气-固逆流废热回收技术，充分利用高温煅烧料和高温烟气的显热，单位煅烧产品的热能消耗比现行的回转窑煅烧工艺可节省 30%～50%，大大降低了煅烧生产成本。

6) 热回收技术采用粉料气-固直接接触旋风式换热，热交换速率快，热效率高，而且流动阻力小，动能消耗低。

7) 煅烧系统的工艺装置采用性能好的耐火材料内衬，不用昂贵的耐高温金属材料，维修容易，寿命长，单位基建投资和维修费用大幅度降低。

综上所述，本发明的超细高岭土的煅烧过程优点在于：不需要造粒，可直接入炉，工艺简单；燃气或燃油供热，油/气比调控煅烧气氛，操作方便灵活；气固逆流直接接触换热，传热速率快，生产效率高，燃料消耗少；流化床层温度均一，产品质量均匀；物料循环煅烧，煅烧时间可调，操作弹性大，适应能力强。

我国煤系高岭土资源丰富，高档煅烧高岭土产品市场紧缺，煅烧工艺技术是制约我国高岭土产业发展的技术瓶颈。关键技术的开发、过程设计的分析表明，三级旋风气固逆流换热的快速循环流态化煅烧系统能充分满足超细粉煤系高岭土煅烧的工艺要求，并能取得优越技术经济指标，具有中国自主知识产权的创新工艺技术；中间试验系统配置突出了超细粉煤系高岭土煅烧的工艺特点，其试验结果可以作为该过程产业化发展的基础，也将推动我国高岭土行业的技术进步及其产业的现代化。

2.4　硼镁矿物煅烧热解

2.4.1　工艺原理

2.4.1.1　硼镁矿煅烧

硼酸主要从硼酸盐类矿物中提取。我国硼矿储量约占世界储量 15%，列世界第 5 位。我国硼矿品位较低，B_2O_3 含量大多低于 12%，开发利用较为困难，业已开发利用的是硼镁矿，占我国硼矿加工量的 95%，而硼镁矿资源仅为我国硼资源的 6.6%。这表明，一方面我们应该利用好有限硼镁矿，另一方面还应扩大对其他硼矿物的开发利用。

硼酸制备方法取决于原料种类及性质，当以天然硼砂或工业硼砂为原料，广泛采用硫酸法较为简单有效；对于硼镁矿 $[Mg_2(B_2O_4OH)OH]$，采用活化碳铵法；对于海水或卤水，可采用萃取法等。从硼镁矿制取硼酸，首先将硼镁矿煅烧活化，然后碳铵浸溶、过滤除渣、蒸氨水解、冷却结晶、分离干燥得到硼酸，主要反应如下，

煅烧

$$2MgO \cdot B_2O_3 \cdot H_2O \xrightarrow{620 \sim 680℃} 2MgO \cdot B_2O_3 + H_2O \uparrow$$

浸溶

$$2MgO \cdot B_2O_3 + 2NH_4HCO_3 + H_2O \xrightarrow{140℃\ 2MPa} 2(NH_4)H_2BO_3 + 3MgCO_3$$

蒸氨水解

$$4(NH_4)H_2BO_3 \xrightarrow{\triangle} (NH_4)_2B_4O_7 + 2NH_3 \uparrow + 5H_2O$$

$$(NH_4)H_2BO_3 \xrightarrow{\triangle} NH_4HB_4O_7 + NH_3 \uparrow$$

$$5NH_4HB_4O_7 \xrightarrow{\triangle} 4NH_4B_5O_8 + NH_3 \uparrow + 3H_2O$$

$$NH_4B_5O_8 + 7H_2O \xrightarrow{\triangle} 5H_3BO_3 + NH_3 \uparrow$$

直至溶液中 NH_3 与硼的分子比<0.04，溶液送去冷却、结晶、分离、干燥，得到硼酸结晶产品。蒸氨逸出的 NH_3 用 CO_2 气碳化，生成 NH_4HCO_3 返回系统，循环使用。

在碳氨法制取硼酸的过程中，硼镁矿的煅烧活化是个关键步骤，若果煅烧不充分，即"欠烧"，很难为碳铵浸溶；高于700℃煅烧，也使浸溶率下降，这属"过烧"。对于块矿竖炉煅烧，除炉膛温度不均匀外，矿石内外也存在较大的温度梯度，很难避免上述的"欠烧"和"过烧"，往往会明显地降低浸溶率，采用流态化床煅烧，不仅可彻底消除"欠烧"和"过烧"现象，而且可大大提高生产效率。流态化煅烧还可利用竖炉不能使用的粉矿，提高原料利用率，改善工业环境。

2.4.1.2　水氯镁石热解

水氯镁石 $MgCl_2 \cdot 6H_2O$ 热解脱水生产 MgO 是个逐渐脱水分解的过程，最终的两个反应如下

$$MgCl_2 \cdot 6H_2O \Longleftrightarrow Mg(OH)Cl \cdot 0.3H_2O + HCl + 4.7H_2O$$

$$Mg(OH)Cl \cdot 0.3H_2O \Longleftrightarrow MgO + HCl + 0.3H_2O$$

对第二个反应的分解动力学[29]为

$$t = \exp\left(\frac{21\,319}{T} - 25.59\right) \tag{2-72}$$

式中：t 为完全分解所需的时间，min；T 为反应温度，K。

当在973K下热解时，完全分解所需的时间为1.514s，可见该热解反应是个极快的过程。

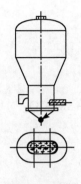

图 2-14 硼镁矿沸腾焙烧炉的结构

2.4.2 工艺过程

2.4.2.1 沸腾床煅烧过程

20 世纪 80 年代初，辽宁宽甸五九一矿、天津红旗化工厂、天津化工研究院等单位进行了硼镁矿沸腾焙烧的中间和工业试验研究[30]。工业试验炉为截面椭圆形的上粗、下细的筒体，如图 2-14 所示，床层截面积 2.49m²，炉膛总容积 73m³，年处理硼镁矿 18 000t。硼镁矿的化学组成如表 2-3 所示。硼镁矿经破碎为粒度 <4mm 宽筛分物料，平均粒度在 20～60 目之间；真密度 2550kg/m³，堆密度 1250kg/m³；含吸附水约 4%。试验所用燃料为粒度 <10mm 的烟煤，真密度 1515kg/m³，堆密度 877kg/m³；含碳 55.6%，氢 3.58%，挥发分 28.4%，灰分 21.44%，水分 10.67%，热值 22 450kJ/kg。

表 2-3　硼镁矿的化学组成

批次 \ 成分	B_2O_3/%	MgO/%	CaO/%	F_2O_3/%	酸不溶物/%	烧失率/%
第一批	8.52	30.38	2.25	3.95	40.75	12.70
第二批	8.82	30.61	2.98	4.19	40.38	12.23
第三批	8.82	31.08	3.14	4.10	39.58	12.35

工业试验流程如图 2-15 所示，硼镁矿和煤分别计量后经螺旋加料机加入沸腾床，加料率为 3t/h，燃烧空气由罗茨风机供给，风量为 2500m³/h，从沸腾床下部的风室通过分布板进入床层，在 650～800℃ 条件下进行燃烧和煅烧，焙烧矿从床层排料口排出，送去浸取。烟气经旋风除尘、热回收和湿法洗涤后放空。主要试验结果列于表 2-4。

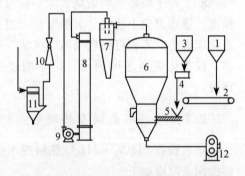

图 2-15　硼镁矿沸腾焙烧过程的原则流程

表 2-4　硼镁矿的煅烧-浸取结果

序号	焙烧条件				焙砂常压浸取率				工艺技术指标	
	风量/(Nm³/h)	煅烧温度/℃	加矿量/(kg/h)	加煤量/(kg/h)	粗焙砂/%	旋风尘/%	锅炉尘/%	水洗尘/%	焙烧强度/[kg/(m³·d)]	单位煤耗/(kg/kg)矿
1	2450	700	3138	468	96.67	96.98	96.25	97.30	30.24	149
2	2450	750	2936	491	97.94	96.30	96.25	97.06	28.30	167
3	2450	800	2814	480	96.32	95.77	95.93	97.47	27.12	170
4	3137	700	3365	503	95.98	—	96.03	96.95	32.24	149
5	3137	750	3190	493	95.20	94.55	96.64	—	30.74	154
6	3137	800	2888	514	94.96	93.35	95.01	97.45	27.82	178

从表 2-4 可以看到，硼镁矿沸腾焙烧的转浸率在 96％以上，容积生产强度约为 30t/m³·d，煤耗为 103kg 标准煤/t 矿，合 3018kJ/kg 矿。但工艺设计上对热能的利用并不合理。

2.4.2.2 快速流化床煅烧过程

水氯镁石热解制镁氧是个快速过程，因而采用固体热载体快速流化床反应器进行热解是最合适的。以一定粒度（如 0.2mm）的煅烧 MgO 为床料，这样可增加床层的热容量，提高操作热稳定性。将饱和的 $MgCl_2$ 水溶液喷入快速流化床料中，反应温度控制在 600～700℃，尾气通过逆流吸收，得到浓度 18％的盐酸，若经过恒沸蒸馏得到 35％的工业盐酸；所得的 MgO 还可进一步水洗除去钙、钠、钾、铁等的氯化物，其 MgO 纯度可提高至 99.9％以上，用以生产高纯重烧镁和电熔镁砂，作为高档耐火材料[29]。

含镁矿物（菱镁矿、硼镁矿）热分解过程的特性表明，也可采用类似高岭土多段气固逆流换热的快速流态化煅烧技术可提高工艺过程的经济技术指标，是先进而有效的，技术细节可参考 2.3 节高岭土煅烧等有关内容。

2.5 硫铁矿焙烧

含金的砷黄铁矿的流态化氧化焙烧是流态化技术在冶金领域中最早和最有成效的应用[31,32]。约半个世纪之前，世界硫酸工业用流化床焙烧炉取代机械炉进行硫铁矿焙烧，1956 年以后，在我国也得到迅速的发展，为硫酸工业的现代化和大型化创造了条件。

硫化铁矿有单一硫铁矿和复杂硫铁矿之分，前者主要含铁、硫或微量的金、银等贵金属；后者为硫铁矿与金属硫化矿的共生矿，除含铁、硫外，还有铜、锌、钴等有色金属和贵金属。这里论及的是单一硫化铁矿的氧化焙烧，其主要目的是使金属硫化物转变为氧化物，并获得可提供利用的含 SO_2 气体（供制造硫酸或造纸工业之用）和获得可供炼铁的铁精矿或回收贵金属。复杂硫铁矿的焙烧目的应综合回收其中有价元素，采用适当的选择性硫酸化焙烧，然后进行分离提取，将其置于金属矿物焙烧中进行讨论。

我国生产硫酸以硫铁矿为主要原料。建国以来，硫酸产量能够持续高速发展，很大程度得益于流态化技术在硫铁矿焙烧中的应用。

2.5.1 焙烧过程原理

2.5.1.1 主要化学反应

硫铁矿是黄铁矿（FeS_2）和磁黄铁矿（代表式 Fe_7S_8）的统称。硫铁矿焙烧的化学反应主要分两步进行，即 FeS_2 的热分解和分解产物的氧化。

$$2FeS_2 = 2FeS + S_2(g), \quad \Delta H_{298K} = +294kJ \qquad (2\text{-}73)$$

在流化床焙烧条件下，分解出的硫蒸气燃烧生成 SO_2，

$$S_2(g) + 2O_2 = 2SO_2, \quad \Delta H_{298K} = -722kJ \qquad (2\text{-}74)$$

热分解产物 FeS 可氧化成 Fe_3O_4（磁性氧化铁）或氧化成 Fe_2O_3（非磁性），

$$4FeS + 7O_2 = 2Fe_2O_3 + 4SO_2 \qquad (2\text{-}75)$$

$$3FeS + 5O_2 = Fe_3O_4 + 3SO_2 \qquad (2\text{-}76)$$

硫铁矿焙烧总的反应可表示为

$$2FeS_2 + 5\frac{1}{2}O_2 = Fe_2O_3 + 4SO_2 \qquad \Delta H_{298K} = -1656kJ \qquad (2\text{-}77)$$

$$2FeS_2 + 5\frac{1}{3}O_2 = \frac{2}{3}Fe_3O_4 + 4SO_2 \qquad \Delta H_{298K} = -1577kJ \qquad (2\text{-}78)$$

硫铁矿焙烧是自热氧化反应过程[33,34]。根据焙烧工艺及其焙烧目的，控制焙烧条件以使焙烧反应按所希望的反应进行。例如，对于含砷的硫化合物，为了防止形成挥发性 As_2O_3 的污染，需将砷完全氧化成不挥发的 As_2O_5 固定于矿渣中，则采用全氧化焙烧过程，控制工艺条件是：炉气中 O_2 分压 $\geqslant 3kPa$，反应过程完全按式（2-77）进行，矿渣中 Fe_2O_3（未与 FeO 结合的）/ Fe_3O_4 摩尔比为 ∞，即只存在 Fe_2O_3；在硫酸生产中，为了充分燃烧硫蒸气而又不致生成过多 SO_3，则采用氧化焙烧过程，炉气中 O_2 分压约为 $2kPa$，反应过程按式（2-77）和按式（2-78）的比例为 $(0.895 : 0.105) \sim (0.826 : 0.174)$，矿渣中 Fe_2O_3 / Fe_3O_4 摩尔比为 $8.5 \sim 4.75$；为了能获得磁性 Fe_3O_4 继而进行磁选出铁精矿，则采用磁化焙烧过程，炉气中 O_2 分压控制为负（微缺氧），补充二次空气后为 $0.4 \sim 0.5kPa$，反应过程按式（2-76）和按式（2-77）的比例为 $(0.43 \sim 0.57) \sim (0.3 : 0.7)$，矿渣中 Fe_2O_3 / Fe_3O_4 摩尔比为 $0.75 \sim 0.43$。

2.5.1.2　焙烧动力学特点

从反应动力学方面考察，硫铁矿焙烧过程中，第一步热分解属化学反应动力学控制，随后的 FeS 氧化属扩散控制。

实验表明，在流化床焙烧条件下，外扩散已基本消除，控制步骤主要是内扩散。对大颗粒黄铁矿焙烧，焙烧化学反应过程主要为氧的内扩散控制，对浮选矿等小颗粒矿，则为化学反应与内扩散同时控制，随着矿石粒径的加大或硫烧出率的提高，内扩散控制的相对比率增加。磁黄铁矿焙烧不同于普通黄铁矿焙烧，其热分解脱硫反应速率较慢，所占比率较小，同时不会出现矿粒崩裂现象。磁黄铁矿可看作是由 FeS_2 不同程度热分解得到如 Fe_mS_n 的中间产物，但它的结构致密，

所以内扩散阻力较大。

2.5.2　流态化焙烧过程

根据硫铁矿焙烧的上述特点，选用细颗粒流态化反应器是有利的。在工业过程设计中还应注意如下几点。

1）应消除流化床中气泡，强化气固接触，减少空气过剩系数，以获得高 SO_2 浓度（13%～13.5%）的炉气。

2）充分回收过程废热，生产中压蒸气进行发电，以节约能源。

3）充分脱除硫分，矿渣残硫（硫化物硫）达到<0.5%，便于矿渣的进一步利用。

4）脱硫制酸时，同时考虑铁、有色金属和贵金属的回收，以消除废渣，防止污染，增加收益。

2.5.2.1　原则流程

硫铁矿焙烧过程主要由焙烧炉、废热锅炉和电除尘器和一些辅助设备组成。焙烧装置的典型工艺流程图见图 2-16。

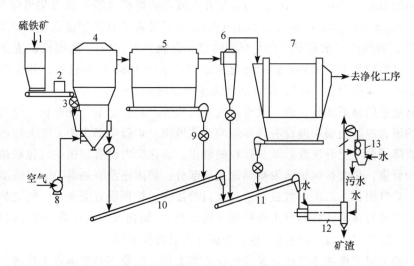

图 2-16　硫铁矿焙烧工艺流程图

1-储矿斗；2-皮带秤；3-星形给料器；4-焙烧炉；5-废热锅炉；6-旋风除尘器；7-电除尘器；8-空气鼓风机；9-星形排烟阀；10、11-埋刮板输送机；12-增湿冷却滚筒；13-蒸气洗涤器

硫铁矿经星形给料阀、计量连续送入焙烧炉中。焙烧用空气从焙烧炉底部风室送进，使床层物料（矿渣）流态化，由鼓风机提供。床层的冷却采用浸没于床层的冷却管束，管内是来自废热锅炉汽包的炉水，不断从床层中移去余热。硫铁

矿焙烧温度维持在 900～950℃，焙烧炉气经废热锅炉降温至约 350℃，并沉降炉气中约 30%～40% 的飞灰，继而经旋风除尘和电除尘，使离开焙烧工序的炉体含尘≤0.2g/m³（标）。

焙烧矿渣（灰）由焙烧炉和各个收尘器中排出，经过埋刮板输送机等输送和间接冷却设备，最终通过一台增湿冷却滚筒进行喷水增湿、降温到 80℃ 以下，以便运输。烧渣若为磁性铁氧化物，送去细磨和磁选，回收其中的铁和有色金属。

从增湿冷却滚筒排出夹带少量矿灰的空气-蒸汽混合物，用一台蒸汽洗涤器使蒸汽冷凝，并除去其中的矿灰，空气排入大气。为了防止空气被吸入系统，主流程上所有设备的排灰点装有星形排灰阀（或插板阀）。

高温炉气的废热锅炉生产中压蒸气进行发电。

2.5.2.2　技术设备

1. 流化床焙烧炉

硫铁矿流化床焙烧炉，按行业习惯称沸腾焙烧炉，简称沸腾炉。1950 年联邦德国的 BASF 公司与 Lurgi 公司合作开发成功的带扩大段的流态化焙烧炉[33]，如图 2-17 所示；1952 年美国的 Dorr-Oliver 公司开发了直筒型流态化焙烧炉[35]。1956 年，我国南京永利宁厂自主开发的第一台能力为 135t/d 的硫铁矿流化床焙烧炉。目前世界上最大的硫铁矿流化床焙烧炉系于 1982 年建成的，其床层面积为 123m³，容积为 2800m³，设计能力为生产硫酸 910～1000t/d。

焙烧炉的最下部是风室，设有空气进口接管，其上是空气分布板。空气分布板上的耐火混凝土层中埋设有许多向上开孔风帽。炉膛中部为向上扩大的截头锥体，以降低炉气上升速度，减少颗粒的带出。流化床内设有与锅炉气包联接的余热冷却管束，是废热锅炉蒸发受热面的一部分。炉体还设有加料口、矿渣溢流管（口）、炉气出口、二次空气进口、点火口等接管。炉顶设有安全口。焙烧炉的炉体为钢壳内衬保温砖再衬耐火砖构成（图 2-17），钢壳温度高于含 SO_3 湿炉气露点 216～245℃[34]，以防腐蚀；钢壳炉体外再设有保温层。

原则上对于极细浮选矿，设计气速不宜太低，以免不必要地增大设备；对于破碎的块矿，设计气速不宜太高，以免增加对冷却元件的磨蚀和避免床层布置不下冷却元件。床层高度的范围为 1.0～1.5m，对于焙烧很细的浮选矿，宜用较高的床层。扩大段直径 D_1 与流化床直径 D_2 之比取等于 1.225～1.414，即 U_{fb}/U_b ＝0.67～0.5。炉上部自由空域气速 U_{fb} 一般为 0.67～1.25m/s。如炉气夹带的焙烧产物，80%（质量）以上<60μm，它们能在<7s 内脱硫达到 98% 以上。故设计采用的炉气停留时间为 8～12s。焙烧炉的结构设计已较为成熟[34,36]，

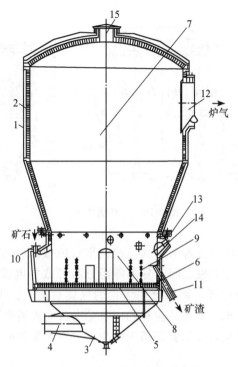

图 2-17　硫铁矿流态化焙烧炉图

1-保温砖内衬；2-耐火砖内衬；3-风室；4-空气进口管；5-空气分布板；6-风帽；7-上部自由空域；8-流化
床；9-冷却管束；10-加料口；11-矿渣溢流管；12-炉气出口；13-二次空气；14-点火孔；15-安全罩

根据炉气停留时间来确定炉内容积。当炉膛直径 D_1 和炉床直径 D_2 确定后，就很容易确定炉内容积和炉的总高度。

2. 重要辅助设备

（1）废热锅炉

废热锅炉为水平通道式水管锅炉，典型结构如图 2-18[37]。本体为钢壳内衬耐火砖和保温块，外设保温层。锅炉进口部是烟尘沉降室，然后依次是布置有受热面的蒸发区Ⅰ、高温蒸汽过热器、低温蒸汽过热器、蒸发区Ⅱ、蒸发区Ⅲ，下设收尘斗，各尘斗之间有隔墙分隔，以避免炉气短路。锅炉受热面元件为蛇形管管排，管排与炉气流向平行布置。锅炉受热面设有震打除灰装置，受热面管束连同进出口联箱、顶盖构成整体组件，便于从锅炉顶部整组装入、吊出。出口联箱与汽包的汽-水进口管连接。进口联箱与热水循环泵出口连接。粉尘由拖链输送机（图中未表示）运走。

（2）除尘器

电除尘器壳体为钢制，外部保温，内部具有三个独立供电的串联的电场（见

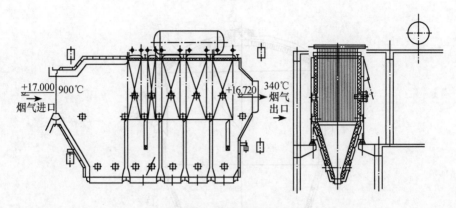

图 2-18　废热锅炉图[36]

图 2-19)[38]。每个电场中有若干与气流流向平行的板式收尘电极（正极）。板间距 300～400mm。收尘电极之间，悬吊等距分布的放电电极（负极）。正负极之间施以数万伏的直流电压，因而产生大量的气体负离子。带尘的气体通过极间时，负离子使尘粒荷电，荷电后尘粒趋向收尘电极而被捕集。收尘电极和放电电极都设有机械振打机构，经振打而落入除尘器下方尘斗的矿灰，通过拖链输送机和星形排灰阀排走。

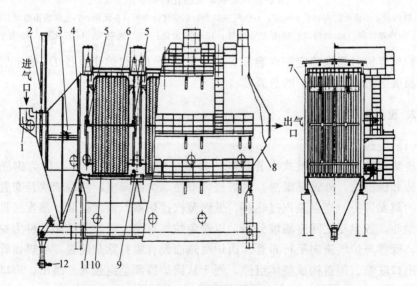

图 2-19　电除尘器图

1-导向板；2-闸板装置；3-气体分布振打机构；4-气体分布板；5-放电
电极振打机构；6-放电电极；7-壳体；8-保温层；9-收尘极板振打
机构；10-收尘极板；11-拖链输送机；12-星形排灰阀

3. 操作控制

（1）矿物成分

矿物成分指矿物含硫量％与含水量％，对浮选矿，含水量以 8％ 为宜，适量水分使矿粒能够团聚并深入床层。如果矿中水分含量偏少，则会有过多矿粉被带到炉子上部燃烧，造成床层温度降低而炉顶温度升高。但如矿中水分偏高，则床层温度也会下降，就会发生炉温、SO_2 浓度过高或过低现象。

（2）物料流率

焙烧炉的操作过程的重要参数是入炉的硫分流率和空气流率，控制原则是保持空气流率恒定，自动调节入炉矿硫分的流率，使空气过剩系数恒定。对于含硫一定的矿物，如焙烧反应过程确定，其单位耗氧量或耗氧系数就被确定，炉气中氧含量将由空气过剩系数和矿石耗氧系数所确定，通过在线测控炉气中 O_2 含量并自动调节焙烧炉加矿速率就可保持合适的空气过剩系数。

（3）焙烧炉的操作指标

对于氧化焙烧[34,38,39]，浓相床层温度 800～850℃，上部稀相温度 900～950℃；分布板下压力 10～16kPa，炉气出口压力 −0.1～0.05kPa；空气过剩系数为 1.1 左右；炉气成分％（干基）：O_2 1.5％～2.0％，SO_2 13％～13.5％，SO_3 <0.16％。当炉气中含 O_2 1％～1.25％，在焙烧工序中约有 1％ 的 SO_2 转化为 SO_3，矿灰呈深棕色。炉气中 O_2 浓度 <1％，能将 SO_3 含量控制在 0.1％ 以内。

对于磁性焙烧[34,40]，浓相床层温度 900～950℃，上部稀相温度 900～950℃；分布板下压力 10～16kPa，炉气出口压力 −0.1～0.05kPa；空气过剩系数 1.02；矿渣中 67％～78％（质量）的铁为 Fe_3O_4。

2.6 小结与评述

非金属矿物是其他工业生产的重要原材料，非金属矿物经物理加工后可直接使用，如大理石地板等，大多经化学加工，如石灰石、高岭土高温煅烧得到初级产品，然后作为其他工业生产过程的原料，或经提纯精加工得到高品质产品，作为生产其他产品的添加剂，还有可作为特定元素工业产品的原料生产产品，如硫铁矿、石膏作为硫资源经煅烧后的烟气制硫酸，渣可生产铁精矿和水泥等。非金属矿资源丰富，应用广泛，加工温度高，产品吨位大，年产量达几十甚至上百万吨。因此非金属矿物的化学加工特点是大规模工业化生产，碳酸盐类矿物热分解反应较快，硫酸盐焙烧次之，硅酸盐焙烧多为固相扩散控制，反应速度较慢。工艺的优越性主要表现在生产装置产能大，热能消耗低，动力消耗少。生产过程以采用多段气固逆流为宜，矿物原料先经多级预热，焙烧产物应经多级冷却，以充分回收利用过程显热。矿物原料以细粒较好，可强化传热与反应。反应换热系统可采用淋雨式稀相换热、多段浅流化床或多级旋风式换热，淋雨式稀相换热和多级旋风式换热的传热系数高，流动阻力少，动力消耗省。多段浅流化床适用于颗粒粗、内热阻大、需较长的热交换时间的过程，但其设备投资贵，动力消耗高。

参 考 文 献

[1] Levenspeil O. Chemical Engineering Reaction (2nd edition). New York: John Wiley and Sons Inc, 1972

[2] Sohn H Y, Wadswerth M E. 提取冶金速率过程. 北京: 冶金工业出版社, 1984

[3] 席勒 E, 贝伦丝 L W. 石灰. 陆华, 武洞明译. 北京: 中国建筑工业出版社, 1981

[4] 塔邦希科夫 H Ⅱ. 石灰的生产. 甄文彬译. 北京: 中国建筑工业出版社, 1982

[5] 国井大藏, 列文斯比尔 O. Fluidization Engineering. 1969. 北京: 石油化工工业出版社, 1977. 48

[6] 李佑楚. POCAL 石灰石悬浮煅烧过程问题的研究. 北京: 中国科学院化工冶金研究所, 1994. 8

[7] 罗建强, 郭铨, 夏麟培. 菱镁矿轻烧动力学研究. 化工冶金, 1985 (1): 7~15

[8] 李佑楚, 王凤鸣, 孙奎元. 菱镁矿快速流态化参数实验测定. 北京: 中国科学院化工冶金研究所, 1983. 7

[9] 冯久田. 绿色化的磷复肥生产集成工艺. www.chinacp.com.

[10] Hull W Q, Schon F, Zirgibl H. Sulfuric acid from anhydrite. Ind. Eng. Chem, 1957, 49 (8): 1204~1214

[11] Wheelock T D. Reductive decomposition of gypsum by carbon monoxide. Ind. Eng. Chem, 1960, 52 (3): 215

[12] Mandelik B G, Pierson C U. New source for sulfur. Chem. Eng. Progr, 1968, 64 (11): 75~81

[13] Wheelock T D, Boylan D R. Sulfuric acid from calcium sulfate. Chem. Eng. Progr, 1968, 64 (11): 872~892

[14] Kuusik R, Veiderma M. Proceedings of the Third International Symposium on Phosphogypsum. December Florida: 1990 (I): 267~279

[15] 周松林, 胡道和, 张薇等. 磷石膏分解工业反应动力学的研究. 化肥工业, 1994 (2): 16~22, 40

[16] Willium M S, Wheelock T D. Decomposition of calcium sulfate in a two-zone reactor. Ind. Eng. Chem., Process Des. Dev, 1975, 14 (3): 323~327

[17] 湖北省应城县磷肥厂. 沸腾炉石膏制硫酸联产石灰试验总结. 1977 年 12 月

[18] 宋海武, 侯兴远. 磷石膏 CFB 预分解系统热力学分析. 硫酸工业, 2000 (3): 5~9

[19] 李佑楚, 黄长雄, 卢旭晨等. 煤系高岭土及其快速悬浮煅烧新工艺. 非金属矿, 2000,

　　　23（3）：25～27

[20] 高峰. 高岭土粒化煅烧炉. CN2261427. 1995. 7

[21] 高峰，黄存善. 一种煅烧高岭土的生产方法和设备. CN 1186045A. 1998，7，1

[22] 米建国，王瑜，王秀等. 一种用回转煅烧窑煅烧高岭土方法及其回转煅烧窑. CN 1417114A. 2003. 5，14

[23] 秦春生等. 湿法超细煅烧高岭土的生产方法. CN 1341549A. 2002，3，27

[24] 潘德富，刘德贵，李方纯等. 煅烧高岭土新工艺. CN 1059745. 1992，3，25

[25] Baird D P. Energy conserving process for calcining clay. US 4948362. 1988，11，14

[26] Bareuther E，Kauper J，Stockhausen W et al. Process for preparing a metakaolin white pigment from kaolinite. US 5674315. 1997，10，7

[27] 李佑楚. 煤系高岭土快速流态化煅烧过程设计. 北京：中国科学院过程工程研究所，2004，04

[28] 李佑楚，卢旭晨. 超细高岭土煅烧用的快速循环流态化焙烧炉. ZL 200320100035X

[29] 王永安，白孟田，张均荣等. 一种盐类水溶液热解制备氧化物的流化床装置. 中华人民共和国专利专利号 ZL 92 2 24073. 6. 1993

[30] 孙人和. 硼镁矿沸腾焙烧炉的设计改进. 第五届全国流态化会议文集. 1990. 332

[31] Kite R P，Roberts E J. Fluidization in non-catalytic operations. Chem. Eng，1947，54 (12)：112～115

[32] Mathews O. Fluo-solids roasting of arsenopyrite concentrates at Cochenour Willans. Can. Min. Met. Bull，1949，42 (444)：178

[33] Thompson R B. A new application of fluidization. Chem. Eng. Progr，1953 (49)：253

[34] 汤桂华. 硫酸. 北京：化学工业出版社，1999. 84

[35] Hester A S，Johannsen A，Danz W. Fluidized bed roasting ovens. Ind. Eng. Chem，1958，50 (10)：1500～1506

[36] 李佑楚. 硫铁矿的流态化焙烧过程及焙烧炉的设计方法. 硫酸工业，1979 (6)：46～47

[37] 徐胜生. 年产20万吨硫酸装置余热锅炉引进技术剖析. 硫酸工业，1988 (6)：18

[38] 夏定豪. 硫酸工业，1978 (6)：36

[39] 南化公司研究院. 硫酸工业，1978 (2，3)：7

[40] 夏定豪等. 硫铁矿焙烧制取磁性烧渣. 1981年国际硫酸专业会议论文译文集. 《硫酸工业》编辑部. 1984. 378～390

第三章　金属矿物流态化焙烧过程

金属矿物习惯上将其分为黑色金属、有色金属、贵金属和稀有金属。黑色金属如铁、锰、钒、铬等；有色金属又分为重有色金属如铜、锌、铅、镍、锡、锑、钴、镉、汞、铋等和轻有色金属如铝、镁、钛等；贵金属如金、银、铂、钌、铑、钯等；稀有金属如钨、钼、铌、钽、铍、锆、锶等，共 64 种。这些金属元素通常与氧、硫、碳、硅、磷、氯等非金属元素形成一定形式的化合物，赋存于地壳之中。在常规的化工冶金领域里，曾被研究利用的元素有 70 种之多。

金属矿物加工过程，狭义地说，是指地矿、盐湖的金属矿物资源的物理化学加工及分离提取，以制备金属产品，涉及从古代的冶金术到现代的化工冶金过程。金属矿物的分离提取冶金方法依矿物原料和各金属本身的特性不同而异，常用的方法有火法冶金、电化冶金、湿法冶金等。火法冶金的必要条件是富矿、高温和合适的炉型。因而，低品位难处理复杂矿的利用就成了传统火法冶金的一大难题，而高温条件又使反应过程远离化学动力学控制，并要求与此相适应又能强化传递的炉型，因此，火法冶金技术发展表现为以下特征：第一，对难选矿用化工冶金的方法进行化学转化富集，或采用联合过程是其重要特征；其次，高温熔炼属传递控制为主的过程，新的冶金工艺大多通过强化传递工艺技术和设备而实现，这些都为流态化技术的应用开辟了新领域。

黑色金属矿物多为氧化矿物，炭热还原和电热还原火法冶金是其主要手段。重有色金属的原生或伴生硫化精矿，通常采用沉淀熔炼或还原熔炼的火法冶金，而其难选氧化矿和低品位硫化矿，则采用湿法冶金也许会更为有效[1]。轻有色金属矿物原料多为氧化矿或氯化物，一般经分离提取后，采用熔盐电解，或采用炭或金属还原剂进行真空高温还原，以制取金属。稀、贵金属的分离提取有赖于湿法冶金技术。

3.1　氧　化　焙　烧

火法冶金因其生产效率高、规模大型化而得到广泛应用，是当前金属生产的主要方法，而氧化焙烧是金属矿冶炼中广泛采用的技术手段。

在炼锌过程中，硫化锌矿的氧化焙烧生成氧化锌，同时脱除铅、镉等杂质，然后将氧化锌进行碳还原，再提取金属锌。

在硫化铜矿进行反射炉熔炼时，先将铜矿物进行氧化焙烧脱除部分硫，以便在冶炼时得到所需的铜锍。

黄铜矿的氧化在400℃以上即比较显著，在400~600℃范围内发生如下反应

$$2(Cu_2S \cdot Fe_2S_3) + 15O_2 \Longrightarrow 4CuSO_4 + 2Fe_2O_3 + 4SO_2$$

辉铜矿和由铜蓝分解产生的硫化亚铜，在350~450℃范围内发生氧化

$$2Cu_2S + 5O_2 \Longrightarrow 2CuSO_4 + 2CuO$$

锡矿物冶炼通常是通过氧化焙烧预处理除去硫和砷，得到高品位的锡焙砂，然后进行锡、铁分离提取。锡矿物的矿物组成是：锡石（SnO_2）63%、毒砂（$FeAsS_3$）3%、磁黄铁矿（FeS）14%、方解石（$CaCO_3$）4%、硫锑铅矿（$Pb_2Sb_2S_5$）0.5%、硅酸盐5%。氧化焙烧的主要反应有

$$4FeAsS + 3O_2 \Longrightarrow 4FeS + As_4O_6$$
$$3FeS + 5O_2 \Longrightarrow Fe_3O_4 + 3SO_2$$
$$FeS + 2O_2 \Longrightarrow FeSO_4$$

含碳和砷的金精矿的氧化焙烧，在于燃烧脱碳和砷，同时破坏原有的矿物结构，便于金的提取。

氧化焙烧因冶炼工艺要求不同而分为全氧化焙烧、半氧化焙烧、硫酸化焙烧和氧化还原焙烧。氧化焙烧过程都属不可逆的放热反应，是可以进行完全转化的，同时可能伴有一定程度可逆的副反应，但可通过控制反应条件加以约束。

3.1.1　全氧化焙烧

3.1.1.1　锌精矿焙烧

锌主要以硫化物形态存在于自然界，最常见的是铅锌硫化矿，氧化锌矿物资源比较少。锌的主要矿物是闪锌矿，除含锌、铅外，一般还含有铜、镉、贵金属和稀有金属。

硫化锌精矿冶炼方法可分为火法和湿法两大类，火法炼锌通常先经高温沸腾（鼓泡流态化）氧化焙烧或烧结，将硫化物氧化成氧化物，再与一定量的碳还原剂混合后压团，然后在高于锌沸点（906℃）的温度条件下进行还原挥发，从而与脉石及其他杂质分开，锌蒸汽冷凝得到粗锌，粗锌经蒸馏得到精锌。目前火法炼锌有平罐、竖罐、电热法和鼓风炉法等，沸腾（鼓泡流态化）氧化焙烧是其重要工艺步骤之一。

1. 工艺原理

锌精矿用空气进行流态化氧化预焙烧的目的是将硫化锌转化成氧化锌，将铅、镉等金属元素挥发分离。高温焙烧可以最大限度地提高蒸馏锌的质量和铅、

镉等的综合回收。焙烧产物的质量很大程度上取决于焙烧温度。

在锌精矿氧化焙烧的温度条件下，硫化锌焙烧发生的重要反应[2,3]与一般硫化物的焙烧反应相类似，主要反应如下

硫化锌氧化生成氧化锌

$$2ZnS + 3O_2 \longrightarrow 2ZnO + 2SO_2$$

硫酸锌 $ZnSO_4$ 和 SO_3 的生成与分解

$$2ZnO + 2SO_2 + O_2 \longleftrightarrow 2ZnSO_4$$

$$2SO_2 + O_2 \longleftrightarrow 2SO_3$$

铁酸锌 $ZnFe_2O_4$ 的形成与分解

$$ZnO + Fe_2O_3 \longleftrightarrow ZnFe_2O_4$$

锌精矿流态化焙烧温度一般达到 1080～1100℃，有时达到 1170～1200℃，空气过剩系数通常为 1.2～1.3，以尽可能地使铅、镉等杂质进入烟尘，同时减少锌的硫酸盐和铁酸盐的生成，这样可以获得较高的锌回收率。

2. 工艺流程

硫化锌精矿先经园筒干燥后水分在 6％～8％，用螺旋加料机加入焙烧炉，操作气速 0.8～1.1m/s。在火法炼锌中对锌精矿进行高温氧化焙烧时，由于焙烧温度接近混合精矿的烧结点温度，因此焙烧产物中焙砂的粒度往往比精矿粒度大两倍以上，随着操作时间的延长，沉积层逐渐加厚，3～4 个月要停风清理一次炉床。烟尘率约为 18％～25％，其粒度一般较细，但烟尘中挥发物多。流化床处理能力 6.5～7.5t/(m²·d)，脱硫率达到 95％～98％，烟气 SO_2 浓度 10.5％，脱铅率 60％～75％，脱镉率 90％～95％，焙砂电耗 36(kW·h)/t。

高温流态化焙烧-竖罐火法炼锌工艺流程如图 3-1 所示[4,5]。

3.1.1.2 汞矿石焙烧

在已知的含汞矿物中，有工业价值的有辰砂（HgS）、β-辰砂、硫汞锑矿（HgS·2Sb₂S₃）及汞黝铜矿（2Cu₂S·HgS·Sb₂S₃），而以辰砂最常见。一般情况下，辰砂多呈细脉或浸染分散于岩石内，原矿品位大都在 1％以下，大多为 0.5％左右，含汞在 0.01％～0.1％以上的矿石即可直接作为冶炼原料。

汞的生产主要采用火法，很少采用湿法[6~7]。硫化汞焙烧过程的机理，一般认为分两个步骤：第一步是硫化汞的升华，第二步是硫化汞的分解及硫蒸汽的氧化，即 HgS 分解成 Hg 和 S，硫又氧化生成 SO_2，火法炼汞包括两个主要过程：即汞矿石的焙烧及汞蒸气的冷凝。汞矿石在氧化气氛及 650～750℃ 的温度下焙烧时，汞蒸汽随炉气逸出，在冷凝系统内冷凝成液态金属汞，同时产出一部分汞矞。

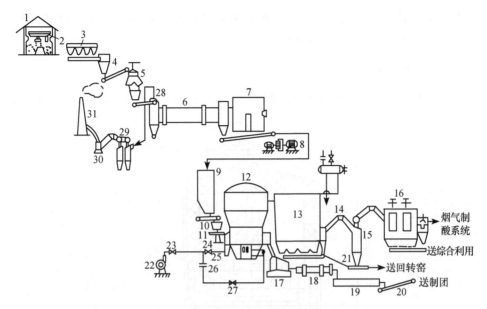

图 3-1　高温流态化焙烧-竖罐火法炼锌工艺流程图

1-矿仓；2-抓斗起重机；3-矿斗；4-带式运输机；5-磅秤室；6-干燥窑；7-燃烧室；8-鼠笼式破碎机和筛子；9-储矿斗；10-圆盘矿斗；11-圆盘给料机；12-流态化焙烧炉；13-废热锅炉；14-人字烟气管道；15-旋风收尘器；16-电收尘器；17-焙砂流态化冷却箱；18-焙砂冷却筒；19-螺旋运输机；20-带式运输机；21-绞笼；22-鼓风机；23-风斗总闸门；24-前室风斗闸门；25，26-风斗流量计；27-大风斗闸门；28-干燥室抽风罩；29-旋风收尘器；30-排风机；31-烟囱

1. 工艺过程

　　汞矿流态化焙烧工艺流程主要组成部分是：炉料准备、炉料焙烧、两段旋风收尘器、高温卧式电除尘器、汞蒸汽冷凝系统。焙烧炉气经冷却得到汞和汞丸，进一步处理提纯得到商品汞。

　　汞矿焙烧过程是在双层单稀相流态化焙烧炉内进行[5,6]。某地含汞 0.145% 的原矿从炉顶加料管加入，通过下料管下端的布料器（有弹溅式、塔式和斗篷式三种形式），可使入炉矿石均匀分布在焙烧炉上部稀相换热器的断面上，与热气流进行逆流换热，被预热到 350℃ 再进入流态化床；焙烧过程以粒度＜13mm 煤为燃料，采用螺旋给煤机配入加矿量的 7%～8%，通过高压空气喷嘴将煤送入上层流态化床内，与从底部分布板进入的空气进行流化燃烧，床层温度维持在 700～720℃，矿石受热，HgS 升华、分解，含汞炉气送入冷却器使汞蒸气冷凝，得到汞和汞丸；经焙烧的矿渣通过分布板上的排料管排入下部以空气为流化介质的冷却流态化床进行再焙烧和冷却，床温温度控制在 595～610℃ 范围内，热空气（炉气）通过分布板进入上层流化床，并得到了预热，回收了焙砂的部分显热以节省燃料消耗，经冷却的焙砂通过排料管排出。矿石在炉内停留时间为8～10min，汞的挥发率在98％以上。

2. 流态化焙烧炉

流态化焙烧炉为双层单稀相焙烧炉，其结构如图 3-2 所示[7]，底断面积为

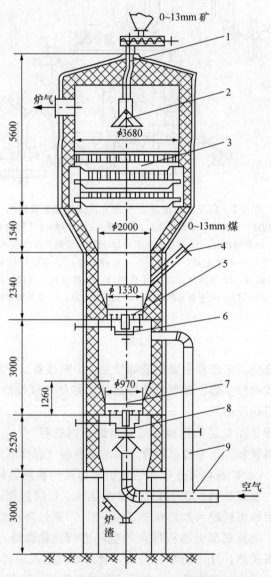

图 3-2　双层单稀相流态化焙烧炉的结构图

1-加料装置；2-布料器；3-上部稀相换热装置；4-加煤装置；5-上部流态化床风帽；
6-扇形闸门排料装置；7-下部流态化床；8-扇形闸门排料装置；9-进风管

$1.39m^2$ 的上层流态化床为汞矿石焙烧床，底断面积为 $1.07m^2$ 的下流态化床为残煤燃烧和炉渣冷却床。上部锥形流态化床，锥角 49°，锥形床扩大部分直径 2m，风帽个数 112 个，风帽孔径 15mm，风帽孔率 5.7%，加煤口高度 900mm，外部溢流口高度 100~130mm，床底内部排料管直径 190mm、长度 560mm；下部流态化床，锥形床角度 48°，锥形床扩大部分直径 1.79m，风帽个数 109 个，风帽孔径 18mm，风帽孔率 10.4%，床底内部排料管直径 195mm、长度 568mm；上部稀相换热器炉膛直径 3.68m，换热器高度 2.88m，挡板层数 7 层。焙烧炉处理能力 $220t/(m^2 \cdot d)$。

3.1.2　半氧化焙烧

3.1.2.1　硫化铜精矿焙烧

传统的火法炼铜是铜精矿沸腾焙烧—反射炉熔炼—转炉吹炼三段生产流程，得到冰铜，再经转炉吹炼得粗铜，再经火法精炼得阳极铜，而后经电解精炼得电解铜。硫化铜矿半氧化预焙烧的目的是硫化铜精矿通过沸腾炉预焙烧脱除部分硫，以提高反射炉熔炼产出的铜硫品位，或将焙烧矿与生精矿的混合矿进行熔炼，以提高熔炼速度[1,8,~10]。

1. 工艺原理

黄铜矿的氧化焙烧在 400℃ 以上即可进行，在 400~600℃ 范围内发生如下反应：

$$2(Cu_2S \cdot Fe_2S_3) + 15O_2 === 4CuSO_4 + 2Fe_2O_3 + 4SO_2$$

辉铜矿和由铜蓝分解产生的硫化亚铜，在 350~450℃ 范围内发生氧化

$$2Cu_2S + 5O_2 === 2CuSO_4 + 2CuO$$

在 SO_3 作用下，中间产物 CuO 也可以继续发生反应

$$2CuO + SO_3 === CuO \cdot CuSO_4$$

铜的硫化物也可以直接氧化成碱式硫酸盐

$$2Cu_2S + 5O_2 === 2(CuO \cdot CuSO_4)$$

$$Cu_2S \cdot Fe_2S_3 + 7O_2 === CuO \cdot CuSO_4 + Fe_2O_3 + 3SO_2$$

硫酸铜和碱式硫酸铜在继续加热的条件下，会发生热分解反应

$$2CuSO_4 === CuO \cdot CuSO_4 + SO_2 + \frac{1}{2}O_2$$

氧化焙烧温度控制在 600~650℃，温度高于 700℃ 会使炉料烧结；温度低于 500℃ 会形成硫酸盐。焙烧空气量由沸腾焙烧的脱硫率来确定，主要取决于反射

炉熔炼的工艺要求，一般为 50% 左右，通过沸腾炉精矿投料量和空气消耗量进行控制。焙烧炉的操作温度采用直接向沸腾炉内喷水降温，依靠温度自动控制系统进行调节。

2. 工艺过程

图 3-3 表示的是前南斯拉夫谢尔比亚地区博尔炼铜厂的生产流程[9,10]，铜精矿储矿仓标高 36m，铜精矿沸腾炉直接设在反射炉上面。湿铜精矿通过液压变速中间仓（φ1.6m）卸入沸腾炉的高压加料器，然后与反射炉熔炼所需熔剂（石灰石不配入）通过中间料仓，经称重后一起加入沸腾炉。沸腾焙烧合格的焙砂（约占总料率的 20%）可从下料管以自流的方式加入反射炉进行熔炼。焙烧烟气经冷却、除尘和静电除尘，收回的烟尘（约占总料的 80%）返回至反射炉。沸腾炉烟气经电收尘器净化后其含 SO_2 12%～14%，反射炉烟气含 SO_2 1%～1.5%。两种烟气混合后得到含 SO_2 3%～6% 的烟气，送往硫酸车间用接触法和塔式法两种设备制取硫酸。

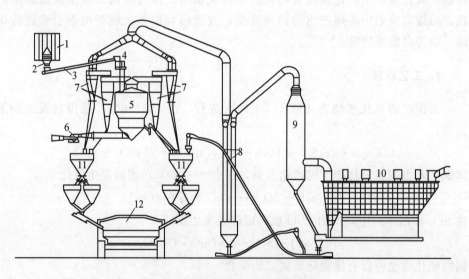

图 3-3　博尔炼铜厂设备配置简图

博尔炼铜厂的沸腾流化床直径 4.8m，生产能力为 836t/d。1980 年产电解铜 19 万 t，硫酸 50 万 t。

3.1.2.2　铜镍硫化精矿焙烧

世界约 60% 的镍产量产自镍的硫化矿。硫化镍矿一般含镍 1%，选矿后的精矿品位含镍可达 6%～12%，还含有一定数量的铜、钴和少量的贵金属，含硫比较高，一般称之为硫化铜镍精矿。传统火法冶炼过程是先将硫化铜镍精矿进行半氧化流态化焙烧，然后再进行电炉或反射炉熔炼，产出低镍锍，进而转炉吹炼得高冰镍，然后再进一步用火法及湿法处理，得到电镍及综合回收铜、钴、贵金属等[1,8,9]。我国金川有色金属公司与加拿大汤普森冶炼厂都曾采用硫化铜镍精矿半氧化流态化焙烧工艺，工艺流程如图 3-4 所示[10]。加拿大鹰桥公司的铜镍精矿焙烧的特点是：采用 72% 固体浓度的矿浆加料，稀相半氧化焙烧脱硫率 60%，从流态化床和收尘器产出的 700℃ 热焙砂直接加入电炉。一般将热焙砂用密封矿车、耐热埋刮板机等运输机运往熔炼炉炉顶，以热料加入熔炼炉。为了使焙烧炉与电炉两者的料量配合，焙烧炉可以停开 2～2.5d，当长时间停开时，可在焙烧炉床中加煤保温，再开时仅需燃油升温至 450℃ 即可。

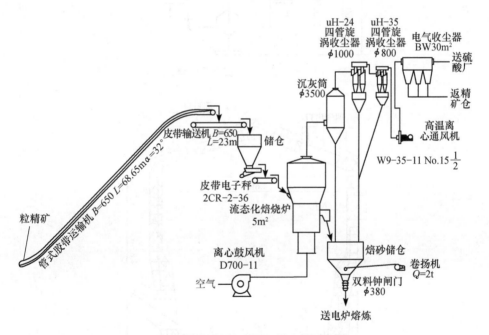

图 3-4 硫化铜镍矿制粒半氧化流态化焙烧工艺过程

用于铜镍精矿制粒半氧化流态化焙烧的焙烧炉一般为圆形，无前室，扩散型炉膛，床层底部安装有排料装置。金川有色金属公司与加拿大汤普森冶炼厂的流态化焙烧炉床层面积分别为 5m² 和 10.5m²，床层高度上部的炉膛适当扩大，炉膛高度为 5～9m，其示意图分别如图 3-5 和图 3-6 所示。

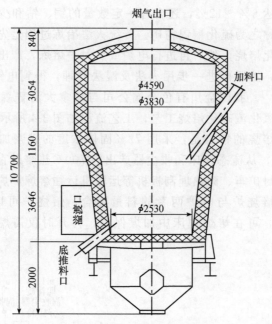

图 3-5　金川 5m² 流态化焙烧炉

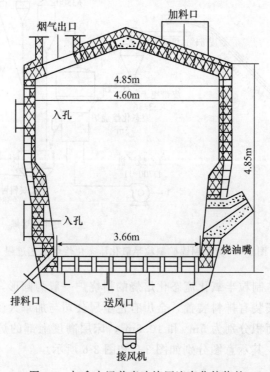

图 3-6　加拿大汤普森冶炼厂流态化焙烧炉

3.1.2.3　铅锑复合精矿焙烧

某地复杂锡矿经浮选得到锡精矿、锌精矿，此外还产出铅锑共生的复合精矿，代表性复合铅锑精矿的主要成分为：Pb 26.41％、Sb 18.70％、As 1.27％、Sn 0.72％、S 21.88％、Zn 6.02％、Cu 0.36％、SiO_2 4.80％、CaO 1.10％、Al_2O_3 1.23％、H_2O 8.49％，常称此为脆硫铅锑精矿。这种铅锑复合精矿难以用选矿方法分离，也难以用传统的火法流程处理，但硫化钠浸出-隔膜电积湿法流程可有效提炼，该工艺原理是，首先对精矿进行流态化半氧化焙烧，脱去大部分硫，然后进行反射炉还原熔炼得到铅锑合金，再对合金进行吹炼分离，并经熔析、电解、吹炼渣及烟尘再熔炼、精炼等一系列工艺处理后得到电铅、铅锑金属产品及综合回收锌等[11~13]，生产流程比较复杂，但能较好地回收铅、锑等有价金属。

流态化半氧化焙烧温度为 700~740℃，炉顶温度 650~700℃，流态化床层压力约 8.5Kpa，分布板开孔率 1.0％，操作气速 0.96~1.2m/s。脆硫铅锑精矿含硫高、熔点低，入炉精矿含水 5％~7％，必须严格控制流态化焙烧床层温度和操作速度，才能实现流态化焙烧的稳定生产。

3.1.3　氧化-还原焙烧

3.1.3.1　锡精矿焙烧

我国某地的锡精矿粒度细、有害杂质（S 与 As）含量高，S 与 As 总含量达 7％~8％、含 Pb 低。化学成分为：Sn 52.16％、S 6.37％、As 1.72％、Sb 0.22％、Pb 0.05％、Fe 12.52％、SiO_2 3.31％、Zn 1.02％；矿物组成是：锡石（SnO_2）63％、毒砂（$FeAsS_3$）3％、磁黄铁矿（FeS）14％、方解石（$CaCO_3$）4％、硫锑铅矿（$Pb_2Sb_2S_5$）0.5％、硅酸盐 5％。

在熔炼该类矿石时，因硫易与锡生成 SnS 而挥发，使锡的收率降低，而约 50％~60％的砷进入粗锡，使精炼过程复杂化，因此对于含硫、砷分别超过 0.3％的锡精矿，在锡精矿进行还原熔炼前，通常采用焙烧法除去锡精矿中的硫和砷，提高锡精矿的纯度，然后再进行还原熔炼[1,14~16]。

1. 工艺原理

锡精矿中硫主要以 FeS 形式存在，而砷主要以 FeAsS 存在。焙烧过程的主要反应有

$$4FeAsS = 4FeS + As_4$$
$$As_4 + 3O_2 = As_4O_6$$

$$2As_4 + 6SO_2 \!\!=\!\!\!= 3S_2 + 4As_2O_3$$

$$2FeAsS + 2FeS_2 \!\!=\!\!\!= 4FeS + As_2S_2$$

$$3FeS + 5O_2 \!\!=\!\!\!= Fe_3O_4 + 3SO_2$$

$$FeS + 2O_2 \!\!=\!\!\!= FeSO_4$$

精矿中的铅可发生如下反应

$$PbCO_3 + SiO_2 \!\!=\!\!\!= PbSiO_3 + CO_2$$

$$PbO + SiO_2 \!\!=\!\!\!= PbSiO_3$$

铅的反应生成物可使系统物料的软化点降低。

从 As-S-O 三元系氧位硫位图可见，在 950℃以上时，铁不与硫形成硫酸盐，而生成氧化物，硫可从焙砂中脱除，高温（低于软化温度）和强氧化气氛的焙烧，有利于脱硫。但对脱砷来说，温度高于 700℃的强氧化气氛时，可生成 As_2O_5，且易与精矿中的 CaO、FeO 等碱性氧化物生成不挥发的 $n MeO \cdot As_2O_5$ 形式的砷酸盐而残留于焙砂中，从而降低脱砷率。尽管当温度低于 700℃的氧化气氛条件下，可生成挥发性很强的 As_2O_3，有利脱砷，但不利于脱硫，因此，高温度和弱氧化气氛的焙烧，有利于脱硫、砷。研究还发现，当温度升至 220℃时，As_2O_5 开始分解，600℃时蒸气压达 5750Pa，热分解能除去部分砷。当配入少量煤粉作还原剂而形成还原气氛时，可使 $n MeO \cdot As_2O_5$ 还原成 As_2O_3 而挥发，能提高脱砷率。当对锡精矿焙烧要求同时脱除硫和砷时，则应对焙烧气氛严格控制，配入一定的煤作为还原剂，既可补充部分热量，又可以得到合适的气氛，或可在流态化焙烧炉内建立氧化和还原两个反应区，以同时实现高脱硫率和高脱砷率[15,16]。

2. 工艺过程

锡精矿的焙烧按工艺方法分为氧化焙烧、氯化焙烧、氧化还原焙烧；按工艺设备则可分为回转窑焙烧、多膛炉焙烧及流态化焙烧。

云锡公司锡冶炼厂、个旧冶炼厂、来宾冶炼厂等都曾采用锡精矿沸腾焙烧过程以提纯含锡的原料，其原则流程由原料准备、配料、焙烧、气固分离、电收尘器、骤冷器、布袋收尘器等组成[17~19]。加料率 2.5～3t/h，操作气速 0.5～0.8m/s，配煤率 2%～7%，焙烧温度 940℃，焙烧停留时间 2h，含锡、砷烟气在 400℃左右进入高温电收尘器，能收下 97%～98%的含锡较高的固体烟尘，气态的 As_2O_3 由电收尘器进入骤冷器，烟气迅速冷至 120～140℃后，进入布袋收尘器，得到 As_2O_3 烟尘，从而使大部分砷与锡分离。烟气 SO_2 浓度 0.3%～5%，可用于制酸。

焙烧炉处理能力 11t（焙砂）/(m² · d)，脱硫率 91.7%～96.5%，脱砷率 83.2%～92%，锡收率 99.5%～99.7%。

3.1.3.2　含钴矿物焙烧

钴是一种白色金属，在地壳中，钴的矿物形态主要有硫化物、氧化物和砷化物三种，钴矿床多为伴生金属矿，很少单独存在的。矿物中钴的含量通常很低，或是因需同时综合利用其他元素，因而其分离提取流程比较复杂。一般要经火法焙烧-湿法浸取流程或用全湿法流程处理含钴精矿得到钴产品[20~21]。

电炉熔炼砷钴矿得到砷冰钴（或称黄渣，钴镍铜铁砷化合物合金），脱除约60%的砷，而脉石和部分铁、锰造渣除去，黄渣成分一般是：Co 24%～26%、Ni 3%～12%、Fe 15%～20%、As 45%～50%。然后将冰钴进行破碎加入沸腾炉进行自热氧化焙烧脱砷，得到以氧化物为主的冰钴焙砂。黄渣在 800℃～850℃的中性或弱还原性气氛下焙烧时，发生如下反应

$$2(Co_3As_2 \cdot Fe_3As_2) + 13\frac{1}{2}O_2 \longrightarrow 6CoO + 3Fe_2O_3 + 4As_2O_3 \uparrow$$

当空气过剩时，发生以下反应

$$4CoO + O_2 \longrightarrow 2Co_2O_3$$

$$As_2O_3 + O_2 \longrightarrow As_2O_5$$

其中钴、镍转化成易溶于酸的氧化物，砷变成易挥发的 As_2O_3 而进入烟气。对冰钴焙砂采用稀、浓两段硫酸溶解，以制取硫酸钴盐溶液，经净化除杂及过滤得氢氧化钴，再经煅烧等工序得到氧化钴产品，或将氢氧化钴电炉熔炼得粗钴阳极板，经制液净化电解精炼得电钴产品。其他金属砷化物也有类似的反应。在高温下，生成的金属氧化物与 As_2O_5（不升华）结合生成砷酸盐。要控制空气量，通常空气过剩系数控制在 0.9～1 之间，以减少 Co_2O_3（难溶于酸）和 As_2O_5 的生成。含砷烟气经过冷却降温，沉降室收尘和水膜收尘净化过程，将砷呈三氧化二砷副产品回收，以消除砷害，保护环境。

3.2　硫酸化焙烧

3.2.1　理论基础

3.2.1.1　热力学条件

选择性硫酸化焙烧是处理共生复杂矿的有效方法之一。不同硫酸盐的热稳定性是不同的，它们各自具有自己的离解温度和离解分压。选择性硫酸化就是通过选择合适的温度和气相组分 SO_3 的分压，使一部分金属氧化物与 SO_3 形成稳定的但可溶于水或酸的硫酸盐，而其他的金属氧化物仍保持其氧化物形式。当焙砂用溶液浸出后，可溶性金属硫酸盐溶于溶液中，而其他的仍留在固体渣中，实现

金属元素分离富集的目的。因而，该类过程实质上是硫酸化焙烧[22]。焙烧过程中的硫酸化反应

$$CoO(s) + SO_2(g) + \frac{1}{2}O_2(g) \Longrightarrow CaSO_4(s)$$

$$NiO(s) + SO_2(g) + \frac{1}{2}O_2(g) \Longrightarrow NiSO_4(s)$$

$$2CuO(s) + SO_2(g) + \frac{1}{2}O_2(g) \Longrightarrow CuO \cdot CuSO_4(s)$$

$$CuO \cdot CuSO_4(s) + SO_2(g) + \frac{1}{2}O_2(g) \Longrightarrow 2CuSO_4(s)$$

$$\frac{1}{3}Fe_2O_3(s) + SO_2(g) + \frac{1}{2}O_2(g) \Longrightarrow \frac{1}{3}Fe_2(SO_4)_3(s)$$

选择性硫酸化的条件可以从热力学分析中获得。用 Me 代表金属元素，硫酸化焙烧过程的主要化学反应可概括如下：金属硫化矿的氧化焙烧有时在于生成可溶性硫酸盐，通过水浸，将有色金属硫酸盐浸出，使它们金属铁氧化物和脉石分离。将这些反应简要表示如下

$$MeS(s) + \frac{3}{2}O_2(g) \Longrightarrow MeO(s) + SO_2(g)$$

$$SO_2(g) + \frac{1}{2}O_2(g) \Longrightarrow SO_3(g)$$

$$MeO(s) + SO_3(g) \Longrightarrow MeSO_4(s)$$

$$Me(s) + SO_2(g) + O_2(g) \Longrightarrow MeSO_4(s)$$

从热力学手册可查得不同硫酸盐离解压与温度的关系，并表示在图 3-7 中。从以上反应可知，其离解平衡常数取决于离解温度和气相中 SO_2 和 O_2 分压的乘积，即 $p_{SO_2} \cdot p_{O_2}^{1/2}$，其平衡常数 $K_p = 1/(p_{SO_2} \cdot p_{O_2}^{1/2})$，均可由它们各自的标准自由焓 $\Delta G_i/(J/mol)$ 求得，即

$$\lg p_{SO_2} = \lg K_p - \frac{1}{2}\lg p_{O_2} = -0.0525\Delta G/T - \frac{1}{2}\lg p_{O_2}$$

这些硫酸化反应在 948K 下的平衡常数与 SO_2 分压 p_{SO_2} 和氧分压 p_{O_2} 的关系如图 3-8 所示。通过 p_{SO_2} 和 p_{O_2} 以及反应温度的调节，可以进行选择性的硫酸化。当欲将 Fe 与其他金属元素分离时，根据图 3-7 可知，其硫酸化焙烧温度以选定在 $950 \pm 20K$ 范围内为宜，因此，把温度定为 950K 平衡时，按上式求得 $\log p_{SO_2}$ 与 $\log p_{O_2}$ 之间相互关系，并可表示为如图 3-8 所示。由图 3-8 可选定使 Fe 能硫酸化的 SO_2 和 O_2 分压，即它们应在图 3-8 中曲线 a 与曲线 b 之间的区域，则 Fe 可与其他元素分离。用这样方法，也可确定欲使其他元素进行选择性硫酸化焙烧分离的条件。硫化剂可用 SO_2 气体，或添加黄铁矿进行混合焙烧，也可用硫酸浸泡。

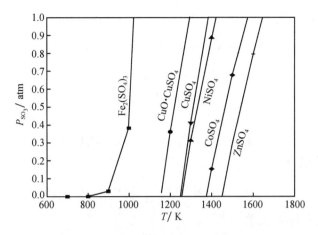

图 3-7　硫酸盐离解压与温度的关系

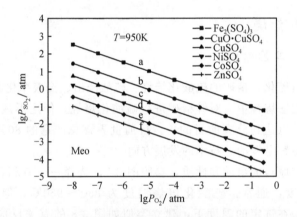

图 3-8　硫酸化焙烧平衡状态图

3.2.1.2　焙烧动力学

矿物硫酸化时，O^{2-} 将从晶格经附近空穴向表面迁移，然后与气体 SO_3 反应形成 SO_4^{2-}，O^{2-} 迁移的通道被阻塞，硫酸化反应将变慢，O^{2-} 的迁移往往是反应过程的控制步骤[23]。假定空穴数为 N，且与转化率 X 有关，即有

$$-\,\mathrm{d}N = \alpha r N \,\mathrm{d}X \tag{3-1}$$

$$\frac{N}{N_0} = \mathrm{e}^{-\alpha r X} \tag{3-2}$$

若令离子达到空穴的速率为

$$\omega = \omega_0 \left(\frac{N}{N_0}\right)^{\beta}(1-X) \tag{3-3}$$

则硫酸盐生成的总速率有

$$\frac{dX}{dt} = \omega r N$$

$$= \omega_0 r N_0 (1-X) \exp[-(1+\beta)\alpha r X]$$

$$= k_1 (1-X) e^{-k_2 X} \tag{3-4}$$

积分得到

$$k_1 t = e^{k_2} [E_1 k_2 (1-X) - E_1 k_2] \tag{3-5}$$

其中 E 为指数积分，即

$$E = \int \left(\frac{e^{-1}}{S}\right) dS \tag{3-6}$$

若硫酸化率与 X 无关

$$\frac{dX}{dt} = k_1 N = k_1 N_0 e^{-k_2 X} \tag{3-7}$$

3.2.2 锌精矿焙烧

3.2.2.1 工艺原理

湿法炼锌由硫化锌精矿的硫酸化焙烧、硫酸浸出、浸液净化和电积四个主要的工序组成。湿法炼锌中，对锌精矿进行硫酸化焙烧，使之形成可溶性硫酸锌，而铁成氧化物，以达到分离的目的[3]。目前世界锌总产量的 80％以上是来自湿法炼锌，湿法炼锌是锌冶金技术的发展方向[24~26]。

根据锌精矿原料的组成和性质，参照图 3-7，选择一个有利各元素分离的温度作为焙烧温度，通常，硫酸化焙烧温度为 850～950℃，但也有采用高达1020℃高温的。在选定的温度下，建立类似如图 3-8 的有关反应的热力学参数图，从而选择需要控制的 SO_2 和 O_2 分压，或空气过剩系数，通常过剩空气系数为 1.20～1.30。锌精矿焙烧停留时间为 5～7h，焙砂中残硫可降低至 0.22％。焙烧矿中可溶于稀硫酸的锌量与总锌量之比即为锌的可溶率，其一般为 88％～94％。SiO_2 的可溶率＜2.5％，Fe 的可溶率＜3％～5％。

3.2.2.2 工艺流程

湿法炼锌中的流态化酸化焙烧工艺流程如图 3-9。对入炉硫化锌精矿的要求是含锌品位高，砷、锑和氯、汞等杂质含量低，含硫稳定；精矿粒度均匀，含低熔点物质（如铅的化合物）要少。入炉锌精矿的主要化学成分为：Zn 47％～50％、S 47％～50％、Fe 29％～31％、SiO_2 ＜12％、Pb ＜5％、As＜1.5％、Sb＜0.5％。硫化锌精矿先经园筒干燥后水分在 6％～8％，用螺旋加料机加入焙烧炉。使用皮带抛料机时，入炉精矿水分可以达到 10％，采用浆式加料时，入炉精矿含水可更高些。对于大断面流化床，国产焙烧炉常用流化床前室溢流加料，如图 3-10～图 3-12，而鲁奇公司焙烧炉则采用抛料机抛料，如图 3-14，以达到均匀布料。

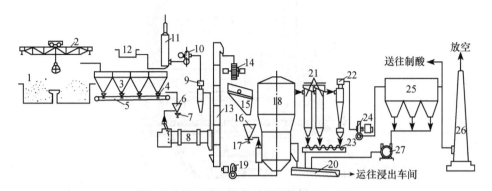

图 3-9　流态化酸化焙烧-湿法炼锌工艺流程图

1-精矿仓；2-抓斗起重机；3-配料仓；4-配料圆盘；5-带式输送机；6-料仓；7-加料圆盘；8-圆筒干燥机；9-旋风收尘器；10-风机；11-水膜除尘器；12-沉淀池；13-斗式提升机；14-鼠笼破碎机；15-振动筛；16-料仓；17-加料圆盘；18-流态化焙烧炉；19-风机；20-冲矿溜槽；21-废热锅炉；22-旋风收尘器；23-螺旋输送机；24-排风机；25-电收尘器；26-烟囱；27-真空泵

流态化床操作制度[3,28,29]是：气速为 0.68～0.77m/s；单位面积鼓风量约为 300～650m³/(m²·h)；每吨料耗用空气为 1800～2000m³；沸腾炉加料前室气速一般为 0.42～0.65m/s。湿法炼锌流态化焙烧时，直筒形或上部稍有扩大的流态化焙烧炉的床能力一般为 5～6t/(m²·d)。国外有采用富氧鼓风的流态化焙烧炉，鼓风中含氧 28%～32%，床能力可提高到 8～10t/(m²·d)。流态化床层高度约 1.05～1.15m，炉底压力一般为 9～15kPa，或更高些；炉顶压力 0～20Pa。

锌精矿焙烧属放热反应，为维持合适的反应温度，必须将流化床中多余的热排出。排热方式分为直接排热与间接排热，前者是向炉内喷水，其优点是调节炉温灵敏，操作方便，炉子生产能力大些，缺点是废热未得到利用。此法一般只用于紧急降低炉温。间接排热是通过设在炉壁的箱式或管式水套，或炉床内的冷却水管的间接冷却，排出过剩热量，并利用高温烟气废热锅炉产生蒸汽，用于发电或向外供热[30～32]。

焙烧脱硫率一般为 90%～95%，流态化焙烧炉出口烟气的 SO₂ 浓度一般为 8.5%～9.5%。流态化焙烧时锌的回收率大于 99%。

3.2.2.3　锌精矿焙烧炉

现有的锌精矿焙烧炉均为鼓泡流态化式，不同公司或厂家的流态化焙烧炉的结构形式略有不同[3,30,33～35]，如图 3-10～图 3-15 所示。在主体结构上，有上下

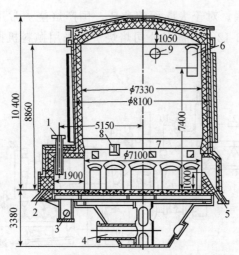

图 3-10　国产前室加料直筒形流态化焙烧炉

1-加料孔；2-事故排出口；3-前室进风口；4-炉底进风口；5-排料口；
6-排烟口；7-点火孔；8-操作门；9-开炉用排烟口

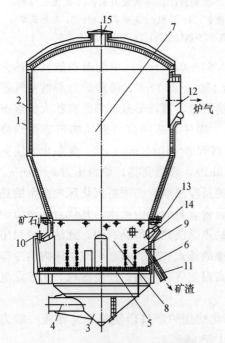

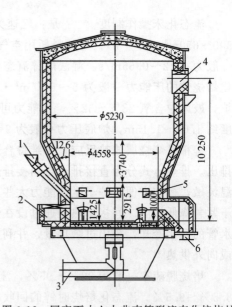

图 3-11　国产下小上大非直筒形流态化焙烧炉

1-焙烧炉壳；2-保温层；3-风室；4-进风管；5-分
布板；6-风帽；7-炉膛；8-流化床；9-冷却管束；
10-加矿口；11-排渣管；12-炉气出口；13-二次空
气；14-油烧嘴；15-安全罩

图 3-12　国产下小上大非直筒形流态化焙烧炉

1-加料孔；2-操作门；3-进风管；
4-排烟口；5-油嘴孔；6-排料口

均一直筒形如图 3-10 和下小上大非均一直筒形如
图 3-11～图 3-15，其上部炉膛直径与下部床径之
比可选 1.3～1.6，但上部炉膛面积与下部床面积
之比多为 1.7～2.0；扩散角一般为 20°～30°，而
高温焙烧时，扩散角宜取 7°～13°，以减少高温烟
尘在炉壁的粘结。炉膛空间体积与炉床面积的比
值一般为 8～18，国外最高的为 26。

　　流化床气体分布板开孔率（即风帽孔眼总面
积与炉床面积之比值）一般为 0.7%～1.1%。风
帽有多种类型，有菌形、伞形、锥形等；风帽上
的孔眼有侧孔式、直通式、密孔式等。锌精矿流
态化焙烧炉一般采用侧孔式菌形风帽。从侧孔喷
出的气体紧贴分布板面进入流态化床，搅动作用

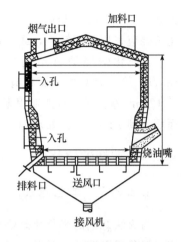

图 3-13　汤普森非直筒形
流态化焙烧炉

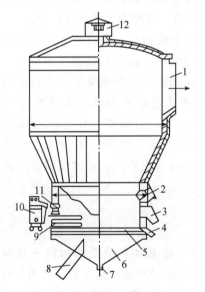

图 3-14　鲁奇下小上大非直筒形
流态化焙烧炉

1-排气道；2-烧油嘴；3-焙砂溢流口；
4-底卸料口；5-空气分布板；6-风箱；
7-风箱排放口；8-进风管；9-冷却管；
10-抛料机；11-加料孔；12-安全罩

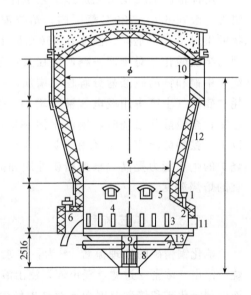

图 3-15　国产下小上大非直筒形
流态化焙烧炉

1-下料管；2-前室；3-水套；4-流态化床；
5-操作门；6-排料管；7-进风管；8-风箱；
9-风分布主管；10-炉气出口；11-清理门；
12-隔热层；13-前室风箱

良好，孔眼不易堵塞，不易漏料等。风帽的孔眼数一般为 4、6、8，孔眼直径
3～10mm。风帽排列方式有同心圆式、等边三角形和正方形式，风帽排列密度

为 35~70 个/m^2，风帽中心距 100~180mm。风帽材料一般用普通铸铁，高温氧化焙烧应采用耐用铸铁，或采用 Ni-Cr 合金钢制成。

流态化焙烧炉有不同规格，如小型炉的炉床面积有 $1m^2$、$3m^2$、$10m^2$、$18.7m^2$ 等，大型炉床面积有 $42m^2$、$55m^2$、$69m^2$、$72m^2$、$84m^2$、$92m^2$、$108m^2$ 及 $123m^2$ 等。澳大利亚亚里斯敦炼锌厂于 1975 年投产所用的流态化焙烧炉炉床面积达到 $123m^2$，日处理 800t 锌精矿。

3.2.3　铜精矿焙烧

3.2.3.1　工艺原理

与火法炼铜的半氧化焙烧部分脱硫不同，湿法炼铜是将铜精矿进行硫酸化焙烧，转化成可溶性硫酸盐，然后经焙砂浸取、浸液置换和还原分离，得到金属铜[1,2]。

用锌精矿硫酸化焙烧选择工艺条件相似的方法，铜精矿硫酸化采用的焙烧温度一般在 620~720℃ 范围内，焙烧温度不同，硫酸化程度不同，其焙烧产物的组成将有所不同。温度在 650℃ 以下，可全硫酸化；温度在 650~720℃，则为半硫酸化。对于同一精矿，在其他条件相同时，随着焙烧温度的提高，焙烧矿中铜和铁的硫酸盐分解程度增加，因此铜和铁的水溶率降低，而浸出时消耗的硫酸（生产中用废电解液）增加。半硫酸化焙烧要求铜的水溶率为 50% 左右；全硫酸化焙烧时，铜的水溶率则高达 90%，酸溶率一般要求达到 97% 以上。铁的酸溶率越低越好，以 1%~2% 为宜，但焙烧温度的提高，可使焙烧炉的生产能力提高。根据精矿性质和提取铜的方法不同，通过试验确定其适宜的焙烧温度。

3.2.3.2　工艺流程

硫化铜精矿的处理流程[7,8]为：矿浆→湿式喷雾加料或干法加料→沸腾焙烧→浸出→浓密→过滤→浸出液，浸出液与氧化矿槽浸液一起电解。利用电解废液处理氧化矿和焙砂，因而不存在电解废液的处理问题。含铜 16%~31% 的硫化铜精矿浆化后制成含固体 68% 的矿浆，再泵至焙烧炉加料槽中。加料槽中的矿浆经电磁流量计后，用加料喷枪喷入沸腾炉内，精矿加入量 9.1t/h，矿浆加入量 13.3t/h，焙烧温度 680℃，流态化焙烧气速 0.476m/s。沸腾炉用空气由一台两级式 Babcock Sterk 型鼓风机供给，鼓风量 19 320Nm^3/h，过剩空气系数 1.31，风压 0.28MPa，电机功率 294 000W。

赞比亚查姆比希（Chambishi）湿法炼铜厂干式加料的硫化铜精矿硫酸化焙烧的设备连接如图 3-16 所示。

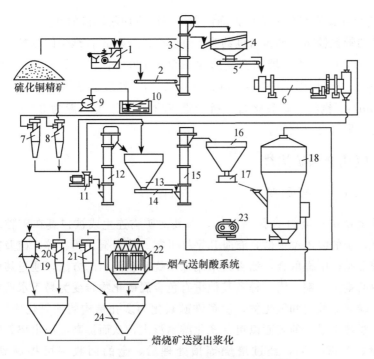

图 3-16　硫化铜精矿硫酸化焙烧设备连接图

1-反击式破碎机；2-胶带输送机；3-斗式提升机；4-振动筛；5-胶带给料机；6-干燥窑；7-第一旋风收尘器；8-第二旋风收尘器；9-风机；10-鼓泡器；11-圆盘细碎机；12-斗式提升机；13-干精矿仓；14-螺旋给料机；15-斗式提升机；16-炉前料仓；17-圆盘给料机；18-流态化炉；19-集尘半响；20-第一旋风收尘器；21-第二旋风收尘器；22-电收尘器；23-罗茨鼓风机；24-焙烧矿仓

沸腾炉内径 6.88m，炉底向上至扩大部分高 4.57m。炉底上有 2588 个风帽，每个风帽上有四个 φ3.18mm 风孔。炉子外壳为 12.7mm 厚的钢板，内衬约 200mm 耐火砖，耐火砖外面为 150mm 的隔热砖。炉壳外面包有一层厚 150～230mm 的矿渣棉保温，用 16 条镀铅钢板条围住。

3.2.3.3　工艺参数

为了获得较高的铜与铁的分离，硫酸化焙烧的工艺条件应有较严的控制[7]。首先焙烧温度控制在 630～660℃，焙烧气氛为氧化性，空气过剩系数为 1.1～1.3；随着铜精矿在焙烧炉内的平均停留时间的延长，焙烧矿中铜的硫酸化程度越高，铜的溶出率也越高，例如，当焙烧温度为 650℃ 左右，流态化床高度为 1.1～1.35m 时，铜的水溶率超过 90%，铜的酸溶率可达 96%～97%。当流态化床高度为 0.6m 左右，水溶率降低到 40%～50%，铜的酸溶率为 90%～94%，为了提高焙烧矿中铜的浸出率，有的工厂将硫酸化流态化床高度提高到 1.5～

1.8m，这会导致流态化床的压力降增大，将以增加鼓风机的动力消耗为代价。

　　焙砂的颗粒较粗，堆积密度约为 $1500\sim1600kg/m^3$；烟尘的颗粒较细，几乎全部在 0.074mm 以下，堆积密度约为 $1000\sim1200kg/m^3$。鼓风量一般为 $1.9\sim2.5m^3/kg$ 矿。流化床操作气速为 $0.3\sim0.4m/s$，处理易粘结的精矿时可提高至 $0.4\sim0.5m/s$。铜精矿硫酸化焙烧所产烟气含 SO_2 浓度一般为 3%～5%，含氧 6%～7%，烟气可以制酸。

3.2.4　硫化金精矿焙烧

3.2.4.1　工艺原理

　　浮选金精矿含金约 15%～20%，与其他矿物连生或被包裹在矿粒之中，直接氰化时，金的浸出率很低，有时几乎接近零。从含铜、铅、锌、硫及其他杂质的难处理金精矿中提取金，通常先采用预焙烧和预浸出的方法，通过焙烧使硫化金精矿中的重金属铜、铅、锌及其他重有色金属硫化物转变为易于水溶或酸溶的硫酸盐、碱式硫酸盐和氧化物，使黄铁矿氧化为多孔结构的铁氧化物，增加金、银在氰化浸液中暴露的表面以更易氰化游离浸出，从而提高金浸出率，降低氰化物消耗量。实践证明，经过焙烧等预处理后，金的回收率可提高到 95%～97.5%。

　　各种硫化金精矿都有各自适宜的焙烧温度[38~40]，应通过试验确定，一般以 $600\sim650℃$ 为宜。温度过低，氧化速率慢，杂质金属硫酸化不彻底。温度过高易使精矿熔结，降低空隙度，导致氧化速率慢，硫酸化反应也不彻底，焙烧后酸浸杂质除去不完全，金的氰化浸出率低。焙砂经酸浸脱铜、锌，盐浸脱铅，可脱除掉这些有害于氰化浸出物质的大部分。处理酸浸液可从中回收铜，处理盐浸液可回收铅和部分银。经过洗涤后的盐浸渣即可进行氰化浸出金，浸出液经锌置换得金泥，再经金泥提炼获得金锭、银锭。铜的浸出率可达到 80% 以上，酸浸渣含铜<0.5%，金氰化浸出率>98.5%，同时产出较高 SO_2 浓度的烟气用于制酸。这样，可以达到降低氰化物消耗量和提高金、银回收率及资源综合利用的目的。

　　一般硫化金精矿流态化焙烧后，焙烧矿中铜的可溶率为 90%～95%，锌的可溶率为 65%～85%。铜、锌的可溶率主要受精矿性质、焙烧温度、操作速度、炉子结构等因素的影响。

3.2.4.2　金精矿沸腾焙烧过程

　　流态化焙烧金精矿入炉物料的粒度<0.542mm（30 目），化学组成中 Pb<2.5%。当精矿含 Pb 高于 2.5% 时，因精矿在焙烧时颗粒表面熔化而影响金的的氰

化浸出率。硫化金精矿沸腾床焙烧可分为干式加料和湿式加料[41~44]。当精矿含水量 10% 以下，可采用圆盘给矿机、皮带秤量给矿机给料实行干式加料，中型以上的流态化焙烧炉采用抛料机加料。精矿含水大于 10%~11%，采用湿式加料，其含硫量能满足加料的自热焙烧时，可制成含水量 20%~35% 的矿浆。当选矿厂距焙烧厂较近而允许矿浆输送的情况下，采用湿式加料更为适宜。精矿含硫量一定时，湿式加料的矿浆浓度是保证焙烧自热运行的关键。

　　硫化金精矿流态化焙烧的设备连接如图 3-17。硫金精矿焙烧是放热反应，可往流态化床内直接喷水或安装流态化床冷却器需要移走流态化床内多余的热量，以保持稳定的焙烧温度。硫金精矿流态化焙烧炉床能力一般为 3.5~6t/(m²·d)，生产实践中沸腾床气流速度一般为 0.25~0.65m/s，流态化床层高度一般为 1.0~2.0m，一般硫金精矿烟尘在炉内停留时间不低于 15s，一般炉底压力为 15~18kPa，炉顶压力通常为 0~-50Pa，炉顶维持适当的负压操作。焙烧矿的总产出率为 90%~92%；烟尘率一般为 45%~80%，脱硫率一般为84%~89%。

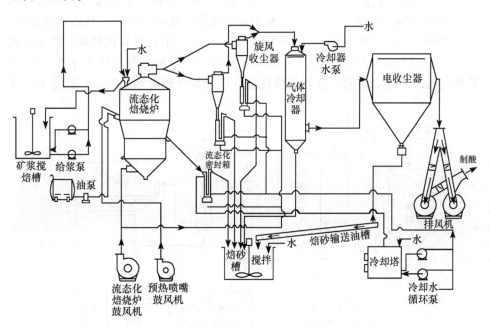

图 3-17　硫化金精矿流态化焙烧设备连接图

　　硫化金精矿沸腾焙烧炉的结构尺寸尽管大同小异，但也各有不同，如我国中原冶炼厂焙烧炉，如图 3-18 所示，床层直径 7.17m，炉床面积 40m²，分布板开孔率 0.39%；扩大段直径 9.04m，扩散角 17.4°；炉膛高度 9.2m，床层高度 1~1.5m，处理能力。招远黄金冶炼厂焙烧炉床层直径 4.3m，扩散角 7.6°，炉床面

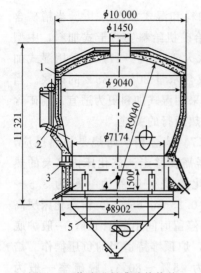

图 3-18　浆式进料沸腾焙烧炉
结构示意图

1-炉体；2-烧嘴；3-矿浆喷嘴；

4-床层热电偶；5-炉底热电偶

积 14.5m²，分布板开孔率 1.14%；炉膛高度 9.6m，床层高度 1m。澳大利亚北卡尔古里矿业公司焙烧炉床层直径 5.8m，炉床面积 26.4m²；扩大段直径 6.89m，扩散角 17.4°；炉膛高度 8.4m，床层高度 1.5m。

3.2.4.3　金精矿循环流化床焙烧

1989 年，澳大利亚北卡尔古里矿业公司（North Kalgurli Mines Ltd）建成并投产了由联邦德国鲁奇公司设计的金精矿循环流化床焙烧的工厂，处理能力为 575t/d[45]，工艺流程如图 3-19 所示。金精矿含硫 33.3%～35%，粒度为小于 38μm 占 50%～62%，制成固含率 68%～72% 的矿浆，湿式加料，浆料喷入循环流化床床料中，与从床层底部鼓入的空气形成流态化，在温度 640～750℃ 下进行氧化焙烧。焙烧时间约 0.5h；焙砂排入喷水冷却式流化床冷却器，然后加水制成固含率约 45% 的浆料，输送至浸取车间，进行浸取提金；焙烧烟气经喷水蒸发冷却器降温，然

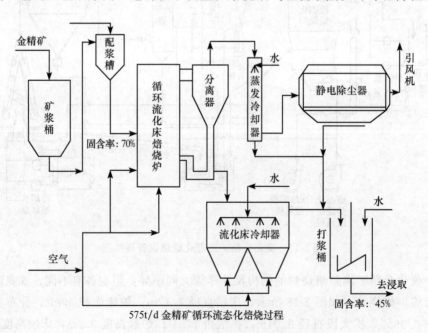

575t/d 金精矿循环流态化焙烧过程

图 3-19　硫化金精矿的循环流态化焙烧过程

后用静电除尘回收烟尘，并用于制浆。焙烧脱硫率大于 98.5%，焙砂残硫为 0.05%～0.1%，金的回收率达 95%，焙烧炉有较大的操作弹性，负荷率 62%～100%。由于该厂投产较顺利，而且技术经济指标较好，随后进行了同等规模的扩建。

3.2.5　含钴矿物焙烧

3.2.5.1　钴硫精矿焙烧

钴在金属矿中除了以单纯化合物，还常以固态溶体状态存在，一般为 CoS、Co_2CuSO_4 及 CoO 等。钴化合物的硫酸化焙烧，一般认为是通过下列反应进行的：

$$CoS + 2O_2 == CoSO_4$$

$$CoO + SO_2 + \frac{1}{2}O_2 == CoSO_4$$

$$Co_2CuSO_4 + 2SO_2 + 2O_2 == 2CoSO_4 + CuSO_4$$

钴硫精矿采用硫酸化沸腾焙烧，焙砂用水浸出钴、镍等有色金属，焙烧烟气经净化制硫酸。钴硫精矿组成：Co 0.3%～0.4%，Cu 0.4%～1.3%，Ni 0.1%～0.3%，Fe 34%～32%，S 26%～36%，先在回转窑中脱水，使精矿含水从 12% 降至 6%～8%。窑头温度 576～675℃，窑尾温度 200℃，干燥后物料经鼠笼破碎机松散，由皮带送至大料仓，经圆盘给料机给入沸腾炉。沸腾层温度 580～610℃，沸腾层高度 1.1m，床能力 2.5t/(m^2·d)，烟尘率 45%～50%，焙砂（包括烟尘）产出率 90%～92%，脱硫率 91%～92%，金属变为硫酸盐的转化率为：Co：70%～80%、Ni：30%～40%、Cu：85%～90%、Fe：3%～4%。烟气中 SO_2 浓度 5%～6%。当焙烧温度超过 620℃，钴的可溶率降低到 50% 以下。当焙烧温度达到 650～675℃时，钴、镍、铜的可溶率进一步提高，而铁、砷的可溶率有较大幅度下降。

3.2.5.2　含钴烧渣混合精矿焙烧

硫酸化焙烧是处理含钴黄铁矿烧渣和含钴硫化精矿的常用方法，焙烧时使精矿脱除大部分硫，精矿中的钴、镍、铜等硫化物转变为相应的硫酸盐或碱式硫酸盐，铁氧化成 Fe_2O_3[46~48]。焙砂用水或稀酸浸出，经多段逆流浸出洗涤的结果，使原料中 90% 以上的钴、铜和锌转入溶液，可回收钴和其他有价金属，浸出渣作为炼铁原料使用。焙烧时加入少量催化剂 Na_2SO_4 能提高钴、镍的硫酸化率和浸出率。

　　工业实践上，含钴硫化精矿硫酸化焙烧有两种流程：即钴硫精矿直接硫酸化焙烧的所谓一段法和钴硫精矿先经氧化焙烧产出焙砂再掺入钴硫精矿进行硫酸化焙烧的二段法。

　　芬兰科科拉钴厂是世界上最大的处理钴硫精矿的工厂，1968 年建成投产，以含钴黄铁矿烧渣与含钴硫精矿混合料作为原料进行沸腾炉硫酸化焙烧，科科拉钴厂焙烧工艺流程如图 3-20。钴硫精矿的化学组成为：Co 0.7%、Ni 0.4%、Cu 0.3%、Fe 48.4%、S 40%、SiO_2 6%；含钴黄铁矿烧渣的化学成分为：Co 0.8%、Ni 0.5%、Cu 0.3%、Fe 59.1%、Zn 0.5%、S 2.5%。试验确定钴硫精矿与黄铁矿烧渣间的配料比例为 1:(3~4)，这样大部分含钴黄铁矿实际上都经过二段焙烧，第一段为高温（高于 800℃）氧化焙烧，最大限度的回收硫的同时脱去砷、锑及部分铅；第二段为硫酸化焙烧，总脱硫率高达 95% 以上，床能力提高到的 7t/(m^2·d)。

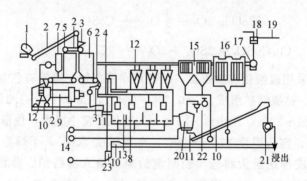

图 3-20　科科拉钴厂焙烧工艺流程图

1-车皮；2-皮带运输机；3-振动筛；4-活动皮带运输机；5-焙砂仓；6-精矿仓；7-硫酸铜仓；8-圆盘给料机；9-回转窑；10-运输机；11-螺旋给矿机；12-旋风收尘器；13-沸腾焙烧炉；14-旋转活塞空压机；15-余热锅炉；16-电收尘器；17-排风机；18-转换阀；19-尾气管；20-沸腾冷却器；21-浆化槽；22-洗涤器；23-风力运输机

　　科科拉钴厂的硫酸化沸腾焙烧炉是长方形的，见图 3-21，有三道防止炉料结块而略向下倾的隔墙把炉内分成四个焙烧室，每室分布板面积 $16m^2$，高 7.5m。黄铁矿烧渣用皮带运输机加入第一室，而钴硫精矿则分别加入每个室，固体物料通过隔墙下的孔洞依次流经各室，约经 25h 后从第四室的溢流口排出，有利于减少焙砂返混。由于每个室配有一台旋转式活塞空压机供风和专用加料设备，故每个室的温度和气氛均可单独控制。各室的沸腾层高度为 2.5~2m，以便焙砂在各间壁下部开口处自流，而且减少粗粒焙砂在炉内积聚。焙烧温度通过改变生精矿的给料速度和向沸腾层喷水来调节和控制，通常维持在 680℃ 左右。焙烧烟气经收尘系统所得的烟尘全部返回沸腾炉而不送去浸出，烟尘的循环量占沸腾炉总给料量的 50%~

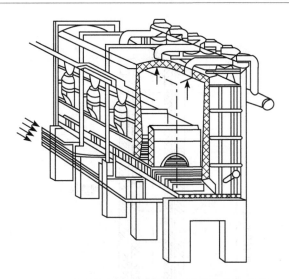

图 3-21 科科拉钴厂的硫酸化沸腾焙烧炉示意图

60%。这样有利于降低硫酸高铁的产率和降低铁的浸出率。

3.2.5.3 含铜、钴铁矿焙烧

中国科学院过程工程研究所针对大冶含铜、钴"难选"氧化铁矿，进行了采用选择性硫酸化焙烧方法从中提取铜、钴的研究[49]，以解决铁矿进高炉炼铁时铜进入铁水降低生铁质量的问题。

铁矿石中的 CuS 氧化和硫酸化过程中，反应初期生成黑色多孔的 CuO，其结构疏松，极易用刀切开，因此，CuS 的初始氧化速率迅速，但随着硫酸化反应的进行，CuO 表面上生成坚硬、致密、少孔的 $CuSO_4$，使氧化速率逐渐降低，同时与铁反应生成大量的 $Fe_2(SO_4)_3$，随着温度的升高，$Fe_2(SO_4)_3$ 强烈分解。

在 20 世纪 60 年代，在实验室研究的基础上，建立了日处理 15t 铁矿的硫酸化焙烧中间工厂。硫酸化反应器为两相流态化焙烧炉，如图 3-22 所示，即其上部为稀相换热段，下部为浓相反应段，稀相换热段的下部为燃烧室，用空气燃烧水煤气，为硫酸化反应过程提供热源。

铁矿石经磨碎至 2mm 以下，送至焙烧炉预热段顶部，与自下而上的热烟气进行逆向换热，预热的矿粉通过下料管排入焙烧炉下部的反应焙烧段，床层温度控制在 500～600℃ 的范围内以进行硫酸化反应，操作气速 0.3～0.5m/s，焙烧时间 30～60min。焙烧后的矿粉送至浸取，提取铜、钴。含 SO_2 焙烧烟气，经除尘后送入硫酸车间，供制取硫酸用。焙砂浸取液经液固分离、净化，渣可作为

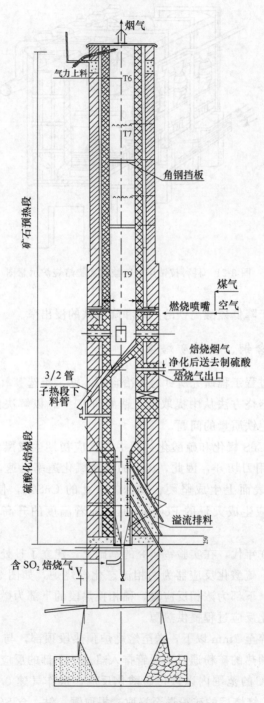

图 3-22　两相流态化硫酸化焙烧炉

炼铁原料，从净化液提取铜、钴。

3.3　还原焙烧

3.3.1　概述

铁是一种十分重要的金属，在自然界多以氧化物形式的铁矿物存在，金属铁的提取常采用高品位铁氧化矿物的还原熔炼，有高炉熔炼、电炉熔炼、直接还原、融态还原。

我国铁矿资源比较丰富，铁金属储量 73.29 亿 t，居世界第 5 位，我国铁矿石保有储量中贫铁矿石占 97.5%，非磁性铁矿占 30% 以上。我国的非磁性铁矿石大多含铁低（28%～32%），铁矿物嵌布粒度细微，选别性能差。经过长期的"先富后贫，先磁后赤"的开采，我国铁矿资源有别于国外大多数铁矿资源状况的"贫"、"赤"、"细"特点更加突显出来，这些贫赤铁矿很难用单一物理选矿方法如重选、浮选、强磁选等进行有效分离，而磁化焙烧继以磁选的化学物理的富集工艺则更为有效，是适合我国铁矿资源特点的一种选择，对占总储量约 30% 的非磁性铁矿有着重要的意义[50]。

3.3.1.1　热力学基础

还原焙烧通常用于对铁氧化物的还原，还原剂有 CO、H_2 或固定碳，还原过程的主要反应

$$3Fe_2O_3(s) + CO(g) = 2Fe_3O_4(s) + CO_2(g)$$

$$Fe_3O_4(s) + CO(g) = 3FeO(s) + CO_2(g)$$

$$FeO(s) + CO(g) = Fe(s) + CO_2(g)$$

$$\frac{1}{4}Fe_3O_4(s) + CO(g) = \frac{3}{4}Fe(s) + CO_2(g)$$

$$3Fe_2O_3(s) + H_2(g) = 2Fe_3O_4(s) + H_2O(g)$$

$$Fe_3O_4(s) + H_2(g) = 3FeO(s) + H_2O(g)$$

$$FeO(s) + H_2(g) = Fe(s) + H_2O(g)$$

$$\frac{1}{4}Fe_3O_4(s) + H_2(g) = \frac{3}{4}Fe(s) + H_2O(g)$$

对 CO 还原过程，反应平衡常数

$$k_p = \frac{p_{CO}}{p_{CO_2}} \tag{3-8}$$

故 CO 平衡浓度

$$CO\% = \frac{100}{1 + k_p} \tag{3-9}$$

而 CO$_2$ 平衡浓度

$$CO_2\% = \frac{100k_p}{1 + k_p} \tag{3-10}$$

对于 H$_2$ 还原过程

$$k_p = \frac{p_{H_2}}{p_{H_2O}} \tag{3-11}$$

故 H$_2$ 和 H$_2$O 的平衡浓度，类似地有

$$H_2\% = \frac{100}{1 + k_p} \tag{3-12}$$

$$H_2O\% = \frac{100k_p}{1 + k_p} \tag{3-13}$$

计算平衡常数 K_P，可用标准自由能法，化学自由能变化 $\Delta G°$ 和平衡常数的关系[51]：

$$\Delta G° = RT\ln k = -RT\ln(p_{CO_2}/p_{CO}) \tag{3-14}$$

$$\Delta G° = -RT\ln k = -RT\ln(p_{H_2O}/p_{H_2}) \tag{3-15}$$

CO、H$_2$ 还原，p_{CO_2}/p_{CO} 和 p_{H_2O}/p_{H_2} 平衡比与温度关系如图 3-23，图 3-24[52]。

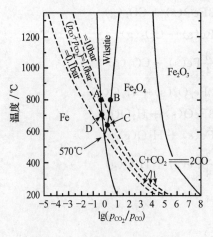

图 3-23　FeO-H-O 系平衡图

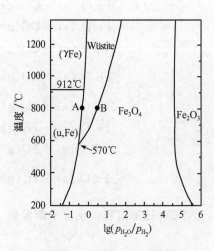

图 3-24　Fe-C-O 系平衡图

3.3.1.2 动力学特征

实验研究表面，金属矿的还原过程有与金属矿的硫酸化焙烧类似的反应机理。

1. 反应过程

金属矿的还原是一个多相反应过程，与金属矿硫酸化焙烧类似的反应机理。对致密矿石，Edstron[53]提出，$Fe_2O_3 \longrightarrow Fe$ 的过程有明显界面，如图 3-25 所示，气固反应 $FeO+H_2 \Longrightarrow Fe+H_2O$ 仅在 $FeO \longrightarrow Fe$ 界面进行，而固相中的转化是亚铁离子和电子的扩散；Mekewan[54]则认为，对多孔矿石无明显界面，从外层铁到中心的赤铁矿为典型的气固扩散。

铁矿还原过程一般经过以下几个步骤。

1）还原剂（CO、H_2）从气流向矿粒表面扩散。

2）气体还原剂在表面进行化学反应生成新相，表面处氧离子和固相中的离子（如亚铁离子）向产物层中扩散，新相向核心生长，反应界面向固体内不断推进。

3）生成的气体产物 CO_2、H_2O，经过产物层向外扩散至表面。

4）气体产物 CO_2、H_2O 再由表面向主气流中扩散。

反应速度取决于上述步骤中最慢的环节，称速度控制步骤（图 3-25）。

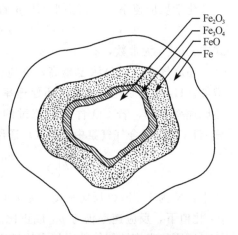

图 3-25 局部化学反应型还原颗粒

对用 H_2 流态化还原赤铁矿，有人认为，常压时，400～500℃为化学反应控制，600～800℃为扩散控制。

2. 影响还原速率的诸因素

还原过程中影响还原的主要因素有：矿物特性、粒度、温度、气氛、压力、流速及反应器类型等，各因素之间并有相互的内在联系。

矿石结构、致密度、孔率、表面状况等是影响还原的重要因素。赤铁矿孔率多，还原快；菱铁矿受热分解出 H_2O、CO_2 而产生微气孔，还原较快；磁铁矿致密，还原慢。

粒度小，比表面积越大，分散性越好，气固接触面积大，促进气固间的传递，还原反应快。

反应温度愈高，反应速率越快。但是在 650～750℃ 之间存在反应速度的最低值。一般认为是由于铁的再结晶，FeO 的生成及致密铁层的包围，防碍了还原气或还原产物的扩散。

铁矿还原速率随压力而增加。McKewan 等人[54]，在 0.1～4Mpa 压力下，用 H_2 还原 Fe_3O_4，还原速率随 H_2 分压升高而增大，趋于某一限度，超过 1MPa 时，压力效应基本消失。流态化 H_2 加压还原不同铁精矿的试验表明[55,56]，在 1.1MPa 压力内，反应速率随压力而增加，约升至 0.3MPa 时效应最明显，增加压力有提高最终金属化率的作用，如在 750℃ 下，H_2 还原 A 铁精矿，15min，压力 0.4～0.6MPa、金属化率为 92%，比常压反应快 1/3[57]；500℃ 下，0.5MPa H_2 还原张压矿金属化率 92%、枣庄矿 90% 时，与常压相比，反应时间缩短～50%。

化学反应速率 r、还原剂分压 p 的关系可近似表达为[58]

$$r \propto kp^n$$

式中：k，n 为常数，$n < 1$。

还原气 H_2、CO 浓度越高，反应速率将随还原组分的浓度或分压成正比的增加。H_2 的还原速率比 CO 还原速率快。H_2 和 CO 混合气，随 CO 含量增加，还原速率下降，若 CO 含量不超过约 30%，对反应速率的影响不显著[59]。在 H_2-H_2O-N_2 混合气气氛中，Fe_2O_3 还原速率方程可表示如下[54]：

$$\frac{\mathrm{d}R}{\mathrm{d}t} = k\left(p_{H_2} - \frac{p_{H_2O}}{K}\right) = p_{H_2}\left(1 - \frac{p_{H_2O}}{p_{H_2}K}\right)$$

式中：K 为 Fe/FeO 反应平衡常数；k 为速率常数，上式表明，在一定的 p_{H_2O}/p_{H_2} 比值下，反应速率仍与 p_{H_2} 成正比。

还原气中惰性气体的增加会使反应速率明显降低；水蒸气含量有控制还原进程的重要作用，特别是对最终还原度。水蒸气影响与还原温度有关，低温（约 550℃）比高温（约 850℃）时更明显[55,59]。流态化 H_2 还原铁精矿，500～550℃ 时，要获得金属化率 90% 以上的产品，进气水蒸气含量需控制在 1.5% 以下，850℃ 还原时，进气中蒸气含量可升至 5%。

提高流态化的操作气速，可强化气固接触，减少气膜阻力，同时，相应降低了还原气体中的水蒸气分压，有利于提高还原反应速率。在 500～550℃ H_2～N_2 混合气流态化床还原铁精矿时，操作气速从 0.4m/s 增至 0.7m/s，其反应速率增加近一倍[55]。

增大气固比，有利还原反应过程的进行。采用从稀相载流反应器（流速 8m/s），快速流化床（6m/s）到经典的浓相流化床（0.8m/s）多种不同气固比的流态化反应器对某精矿进行还原，还原速率随气固比的增大而加快，其变化可达 3 个数量级，见图 3-26[59]；载流还原极快，一般累计时间 15s 内，还原率可达

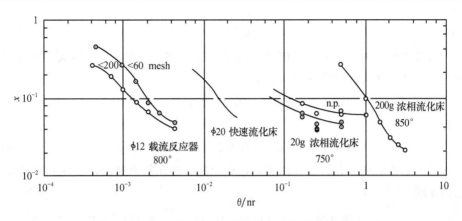

图 3-26　还原反应器类型对反应速率的影响

93%，说明高气速、高空隙度是加快反应的重要因素。

3. 还原反应动力学

就氧化铁还原反应而言，如前所述，它由 $Fe_2O_3 \longrightarrow Fe_3O_4 \longrightarrow FeO \longrightarrow Fe$ 等反应阶段组成，各阶段反应速率不同，通常 $FeO \longrightarrow Fe$ 是其中的慢反应阶段。

铁矿还原可看成一个脱氧过程，氧化铁氢还原脱氧转化为金属铁，氢夺取氧转化为水，因而该还原过程可用氧化铁所含的余氧量和还原气中水含量 y_x 来表示。为反应器设计使用[56]，将还原度转变为矿中氧化铁所含的尚未还原的氧量，称为余氧分数 x；将还原气中含水换算至出口气中的水含量 y_x。实验研究表明，在给定的温度和压力下，某铁矿石样品的还原速率与还原时间和还原气中水含量 y_x 有关。在研究 $FeO \longrightarrow Fe$ 还原过程时，当金属铁刚出现，还原率或金属化率 $R=0$，铁矿含氧已从初始 Fe_2O_3 或 Fe_3O_4 降至 FeO，X_0 为初始含氧量，此时初始剩氧分数为 x_0（公斤原子/kg），经过 θ 时间的还原，其余氧分数 x 与金属化率 R 的关系为

$$x = x_0(1-R) \tag{3-16}$$

对于气固全混的流态化反应器，加入的矿样量 S/kg，原始含氧量为 X_0，进、出口气体量 $G/(kmol/h)$ 和进、出口气体成分分别为 y_i 和 y_x，由反应器瞬时的物料平衡得到

$$-SX_0 dx = G(y_x - y_i) d\theta \tag{3-17}$$

或

$$y_x = y_i - \frac{SX_0}{G} \cdot \frac{\Delta x}{\Delta \theta} \tag{3-18}$$

对于普通铁矿石，有

$$\frac{\mathrm{d}x}{\mathrm{d}\theta} = -kx \tag{3-19}$$

通过实验测定了矿石氢还原过程的剩氧分数为 x（或金属化率 R）与时间 θ 的对应关系，并得到反应速率常数为

$$k = 1.305 - 20.17y_x \tag{3-20}$$

故有

$$x = x_0 \exp[-(1.305 - 20.17y_x) \cdot \theta] \tag{3-21}$$

对于钛铁矿和氧化铁基体的还原过程，反应情况较为复杂，按以下并行反应机理处理[58~60]，即

$$\text{氧化铁基体} \quad r\text{Fe}_2\text{O}_3 \longrightarrow \text{Fe}_3\text{O}_4 \longrightarrow \text{FeO} \xrightarrow{k} \text{Fe}^0$$

$$\text{钛铁矿} \quad \text{FeTiO}_2 \xrightarrow{k_2} \text{Fe}^0 + \text{TiO}_2$$

基于上述类似的考虑，经过简化，提出下述还原反应动力学模型，即

$$x = \alpha e^{-k\theta} + \beta e^{-k_2\theta} \tag{3-22}$$

边界条件，$\theta=0$ 时，$x=x_0$，可得 $\alpha = x_0 - \beta$ 于是

$$x = (x_0 - \beta)e^{-k\theta} + \beta e^{-k_2\theta} \tag{3-23}$$

k、k_2 和 β 为实验经验值，850℃时

$$k = 3.8; \qquad k_2 = e^{-0.764 - 15.20y_x}; \qquad \beta = e^{-2.768 + 12.33y_x}$$

3.3.2 贫赤铁矿磁化焙烧

高炉炼铁时，入炉铁矿石品位的提高，可大大提高高炉的利用系数，即高炉产量的增加，同时，可节约焦炭、熔剂的用量，降低生产成本，产生巨大的经济效益。高品位铁精矿和高的铁收率是当前国内外铁矿石准备过程的发展趋势。与其他选别方法比较而言，贫铁矿的磁化焙烧-磁选可在高铁收率下获得较高的铁精矿品位，这是它具有发展的生命力之所在。

3.3.2.1 磁化焙烧原理

磁化焙烧是在一定温度条件下，用氢、一氧化碳等还原性气体或煤粉、菱铁矿等固体还原剂，将非磁性贫铁矿石如 Fe_2O_3、FeCO_3 等矿物，转化为具有磁性的铁矿物 Fe_3O_4，然后用磁选机对细磨的焙砂进行磁选，使铁矿物与脉石分离，从而得到高品位的铁精矿。气体还原的磁化焙烧过程的主要反应如下：

对于赤铁矿 Fe_2O_3

$$3\text{Fe}_2\text{O}_3 + \text{H}_2 =\!=\!= 2\text{Fe}_3\text{O}_4 + \text{H}_2\text{O}$$

$$3\text{Fe}_2\text{O}_3 + \text{CO} =\!=\!= 2\text{Fe}_3\text{O}_4 + \text{CO}_2$$

对于菱铁矿 $FeCO_3$

$$FeCO_3 \mathrel{=\!\!=\!\!=} FeO + CO_2$$

$$3FeCO_3 \mathrel{=\!\!=\!\!=} Fe_3O_4 + CO + 2CO_2$$

$$3FeCO_3 + H_2O \mathrel{=\!\!=\!\!=} Fe_3O_4 + H_2 + 2CO_2$$

试验研究表明，采用贫煤气（即 $CO + H_2$ 的体积百分浓度很低（如 10%）的煤气），就能将铁氧化物转化为磁性的 Fe_3O_4，这也可从热力学数据分析得到证明，同时在 $550℃$ 左右的温度条件下，这些磁化反应均可达到满意的反应速率。因而，磁化焙烧过程有着易于工业化生产的有利条件。

固体还原的磁化焙烧过程的主要反应如下

$$3Fe_2O_3 + \frac{1}{2}C \mathrel{=\!\!=\!\!=} 2Fe_3O_4 + \frac{1}{2}CO_2$$

但纯碳的还原作用是十分有限的，而更多的是煤先部分氧化成还原气，然后与铁矿石反应，即

$$\text{+CH}_2\text{+}_n + \frac{1}{2}O_2 \mathrel{=\!\!=\!\!=} CO + H_2$$

$$3Fe_2O_3 + CO \mathrel{=\!\!=\!\!=} 2Fe_3O_4 + CO_2$$

$$3Fe_2O_3 + H_2 \mathrel{=\!\!=\!\!=} 2Fe_3O_4 + H_2O$$

而菱铁矿作还原剂时

$$Fe_2O_3 + FeCO_3 \mathrel{=\!\!=\!\!=} Fe_3O_4 + CO_2$$

菱铁矿的煅烧机理要复杂些[61]，在隔绝空气条件下，其磁化过程一般分为两个阶段，即首先 $FeCO_3$ 分解，生成非磁性的 FeO_x，然后 FeO_x 被 CO_2 氧化成磁性的 Fe_3O_4。在改变气氛条件下，特别是有水蒸气存在时，将产生特殊效果，其热分解和氧化还原过程可表示如下

$$
\begin{array}{ccc}
& Fe_2O_3 & \\
{}_{+O_2}\nearrow & & \searrow{}_{+H_2,\,CO} \\
FeCO_3 \longrightarrow FeO_x + CO_2 & & \!\!\!\!\!\!\!\!\!\!\!\to Fe_3O_4 + CO
\end{array}
$$

据此，可将菱铁矿的磁化焙烧设计为如下四种工艺过程。

1）中性焙烧：由 $FeCO_3$ 热解和中间产物 FeO_x 的自氧化转化两步反应组成。

2）氧化还原焙烧：由 $FeCO_3$ 氧化预焙烧和其产物 Fe_2O_3 还原焙烧两步反应组成。

3）氧化-蒸气催化还原焙烧：由 $FeCO_3$ 氧化预焙烧及其产物 Fe_2O_3 的蒸汽催化还原两步焙烧组成。

4）蒸气催化还原焙烧：$FeCO_3$ 水蒸气催化还原一步煅烧。

四种焙烧方案的试验结果列于表 3-1。

表 3-1　菱铁矿石不同焙烧工艺对选别指标的影响

工艺方案	预焙烧条件			还原焙烧条件				磁选结果		
	温度/℃	时间/min	气氛	温度/℃	时间/min	CO+H$_2$/%	煤气中H$_2$O%	精矿铁/%	尾矿铁/%	铁收率/%
方案（a）	500	40	N$_2$	500	10	32	0	63.50	14.50	82.2
方案（b）	500	30	Air	500	10	32	0	63.91	12.26	86.2
方案（c）	620	30	Air	500	10	32	10	63.40	11.04	89.2
方案（d）	—	—	—	500	10	32	10	62.43	10.44	92.7

由表 3-1 的结果可以发现，方案（a）～方案（c）的两步煅烧过程，在其第一步反应中总会有非磁性的 FeO$_x$ 产生，而在后续的还原焙烧中无法将其完全转化为磁性的 Fe$_3$O$_4$，因而铁收回率较低。方案（d）的水蒸气催化还原焙烧有可能抑制中间产物非磁性的 FeO$_x$ 产生，FeCO$_3$ 直接转化为磁性的 Fe$_3$O$_4$，从而可获得比其他方案更高的铁收率，已为实验反复证明。方案（d）为一步焙烧，工艺简单，条件温和，投资更低，优势明显。

铁矿石的还原焙烧过程的最终产物，并非是磁性 Fe$_3$O$_4$，因为 Fe$_3$O$_4$ 还会进一步还原成非磁性的 FeO，这是磁化焙烧过程所不希望的，必须加以控制，其质量控制参数是还原度，它用焙烧矿中氧化亚铁与全铁之比（FeO/TFe）表示。在实际磁化焙烧过程中，既要尽量将 Fe$_2$O$_3$ 最大限度的转化为磁性 Fe$_3$O$_4$，同时又尽量少出现非磁性的 FeO，但由于磁化焙烧过程的工艺条件，如矿石粒度大小，煅烧炉温度场均匀性，物料流型偏离活塞流的程度等不同，都会不同程度地存在 Fe$_2$O$_3$ 转化不完全，俗称"欠烧"，或过量转化为 FeO，俗称"过烧"，两者均能导致磁选分离效率的下降，铁损失的增加。因此，探索不同工艺条件以及开发与此相适应工艺设备，就成为优化磁化焙烧过程、提高焙砂选别效果和铁回收率的重要课题，并由此产生各种各样的磁化焙烧过程。

磁化焙烧是个化学过程，与重选、浮选、磁选等物理选别过程相比，其最突出优点是对矿石适应性强，不同类型的矿石在合适条件下，经磁化焙烧后都可取得较好的选别指标[62]，而铁矿石的结构性质及其表面特性所产生的影响并不重要。

3.3.2.2　磁化焙烧过程

鉴于各地铁矿石性质的差异和可能获得还原剂的不同，通常采用不同铁矿石粒度、不同磁化焙烧工艺条件和不同焙烧炉型以期获得最好的选别指标（最高的精矿品位和最高的铁回收率）和最低的热能消耗，从而形成各种不同的磁化焙烧过程，例如煤粉固体还原剂的块矿竖炉焙烧、粗粒回转窑焙烧和细粒沸腾焙烧等；气体还原的块矿（25～75mm）竖炉焙烧、粗粒（0～25mm）回转窑焙烧，以及细粒（0～3mm）沸腾炉焙烧、粉料（<0.08mm）载流焙烧等[50]。以及 20

世纪 40 年代末，首先开发的矿物流态化焙烧和煅烧过程便移植至铁矿石还原，至 50 年代，流态化磁化焙烧过程得到广泛应用和发展。

流态化磁化焙烧过程是还原气体与矿石中铁矿物接触而发生的气固表面反应，矿石粒度的减小可大大增加气固接触表面，从而大幅度提高反应速率；其次，矿石粒度的减小，强化了气固间的传热，减小了颗粒内的温度差，形成了均匀的焙烧温度；第三，充分的气固接触和均匀的焙烧温度，创造均匀的磁化焙烧条件，从而消除大颗粒内部焙烧不足的"欠还原"，而颗粒外部长时间焙烧的"过还原"的不均匀现象，改善了焙烧矿的质量，从而提高磁选的铁回收率[50]。

磁化焙烧过程是个吸热过程，热能消耗支出占焙烧矿的加工成本的 52%～68%，减少磁化焙烧过程热能消耗是磁化焙烧过程设计的重要指标，从而发展了有不同节能形式的磁化焙烧过程。

1. 多层式流态化磁化焙烧过程

流态化磁化焙烧过程发展初期，为减少热耗，开展过二层和四层流态化磁化焙烧炉的实验研究[63~65]，用于工业生产的例子是将当时的石灰石五层流态化煅烧炉移植到赤铁矿的磁化焙烧过程[66,67]，如图 3-27 所示。五层流态化磁化焙烧炉由两层流化床、一层燃烧床、一层还原床和一层焙砂冷却（或煤气预热）垂直叠加而成，中间有溢流管相连，供矿物输送。上两层流化床供矿石加热，其加热的气体是来自下层还原矿石的残余煤气与供给的空气在燃烧室燃烧产生的热烟气，通过上层流化床的分布板进入床层，对矿石进行加热。经加热的矿石通过溢

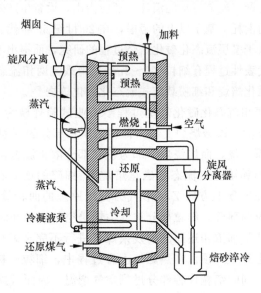

图 3-27　五层流态化磁化焙烧过程[68]

流管，由上层流化床进入下层流化床，与通过分布板进入的煤气相接触形成流态化，并进行矿石的还原磁化反应，使非磁性的铁氧化物转化为磁性的 Fe_3O_4。焙烧合格的焙砂送去细磨和磁选，使磁性铁氧化物与脉石分离，得到铁精矿。

多层流态化磁化焙烧过程明显地减少了热能消耗，但多层浓相料层和多层分布板构成的流动阻力，要求较高的煤气和空气压头，从而导致动力电能消耗的增加，抵消了部分节省热能所得的收益。对比研究发现，三层流化磁化焙烧过程，即自上而下的第一层矿石加热、残余煤气燃烧、第二层矿石还原焙烧、第三层焙砂冷却，则具有相对合理而典型的意义。

2. 低流阻式流态化磁化焙烧过程

磁化焙烧选用的矿石粒度对铁矿石的选别指标、生产效率、热能和动能消耗都有决定性影响。例如，对于鞍山式石英类铁矿石，由于在 600℃ 左右，石英将发生由 α 向 β 的物相转变而产生裂缝，这有利于还原剂向颗粒扩散而强化焙烧，同时有利于铁矿物与脉石的分离；对于包头式独居石含稀土的铁矿，石英含量较低，焙烧时不会产生裂缝，则需要采用更小的颗粒，以便铁矿物与稀土矿物分离，得到两个回收率较高的精矿，即铁精矿和稀土精矿；对于酒泉式重晶石-石英类复杂铁矿，其中 2/3 为镜铁矿、1/3 为菱铁矿，其关键在于菱铁矿的磁性化，相对小的颗粒尺寸较为有利。还有一种特殊结构的鲕状铁矿，如宣龙庞家堡式铁矿，只有细磨才能解离。就传热而言，颗粒尺寸的减小，可大幅度减小起控制作用的颗粒内热阻，缩短加热时间，提高效率，从而减小加热或冷却床层阻力，甚至可采用无分布板旋风器热交换设备，无疑将能节省动能消耗。还应指出，设备生产效率的提高，也将节省焙烧过程热能的消耗。基于以上的考虑，在 20 世纪 60 年代，中国科学院化工冶金研究所并不致力于多层流态化磁化焙烧过程的研究，而提出不同形式的流态化磁化焙烧过程，其代表性过程有细粒（0～3mm）半载流两相流态化磁化焙烧、细粉顺流两相流态化磁化焙烧和细粉载流式流态化磁化焙烧[68]。

细粒半载流两相流态化磁化焙烧过程半工业试验规模为 100t/d 矿石，采用 0～3mm 的矿石粒度，该焙烧炉上部为稀相粗颗粒部分的气固逆流预热和细粒部分的气固顺流还原焙烧，而焙烧炉下部为粗颗部分浓相流态化磁化焙烧，因而称之为"两相（稀相和浓相）流态化磁化焙烧"。细碎的铁矿石（0～3mm）用空气气力输送至焙烧炉顶上方的 Z 字形气力分级原理的曲析管分级器，将矿石原料分为粗粒和细粒两部分，细粒部分被气力输送空气夹带并向下返回至焙烧炉中间的燃烧区，与从下部浓相还原区的残余煤气进行不完全燃烧得到高温、低 CO 含量的烟气并流上升至炉顶。在热烟气上升过程中，细粒矿被快速加热并被 CO 还原成磁性焙砂，同时细粒代替部分过剩空气调温，因而可提高焙烧炉的处理能力。粗粒部分从炉顶加入，由炉顶向下沉降，与上升的热烟气细粒乳化相进行逆流接触换热，热烟气和已焙烧的细粒部分把热量传给粗粒而得到冷却，最后进入旋风分离器，将细粒焙砂回收，从系统中排出作为产品，也可将其部分从燃烧区上部返回焙烧炉，进行循环焙烧。被预热的粗粒部分通过焙烧炉的燃烧区落入下部还原区，与从床层底部给入的煤气接触，形成浓相流态化，并进行磁化反应，合格焙砂排出送去细磨磁选，得到铁精矿。应该提到，浓相粗粒焙烧矿量仅是原料的一部分，两相焙烧有增加处理能力的效果或可减少床层存料量，降低床层压降，节约压缩动能消耗的作用。当然也可取消曲析管分级器，将铁矿石原料直接加入焙烧炉上部，用炉内上升气速进行自然分级，这就是所谓的内部分级方案。前面提到三种不同类型的矿石已在 100t/d 中间试验焙烧上进行了两种分级方案的焙烧试验，均取得满意结果，如表 3-2 所示，它表明，除复杂的酒泉矿外，石英型鞍山矿和庞家堡鲕状矿，粗细混合焙烧的磁选结果，精矿品位为 60.4%～63.5%，铁收率为 92% 以上，比现行磁选—反浮流程的铁收率约高出 10 个百分点，该过程的适应性和优越性是显而易见的。同时也看到，细粒载流焙烧的还原度不足，致使这部分铁收率不高，应该加以改进。

表 3-2　100t/d 磁化焙烧炉试验结果

矿石类型	酒泉矿		鞍山矿		庞家堡矿
原料粒度/mm	0～3		0～2		0～3
分级方案	外部	内部	外部	内部	内部
加料率/t/d	90.2	73	77.7	63	79.2
温度/℃					
下部还原区	541	556	621	525	545
中部燃烧区	818	873	898	871	902
焙烧炉顶	332	433	313	580	229
煤气流率/(nm³/h)					
还原值	593	323	422	318	345
总煤气	932	871	900	914	1029
空气流率/(nm³/h)	342	592	486	604	568
烟气中 CO+H₂/%	3.46	3.06	5.31	3.39	4.00
铁精炉					
浓相粗粒，含铁/%	58.64	58.59	63.29	62.26	60.30
收率/%	90.27	90.45	97.70	97.37	92.86
载流细粒，含铁/%	55.53	57.51	65.22	64.36	—
收率/%	69.83	68.15	61.85	85.80	
粗粒+细粒，含铁/%	57.72	58.81	63.53	63.54	60.38
收率/%	83.39	80.09	86.00	92.12	92.56
湿式除尘，含铁/%	56.25	—	—	—	57.20
收率/%	64.14	—	—	—	61.30
吹损率/%	0.31		0.11	0.14	0.80
总铁收率/%	81.55	—	—	—	83.67
燃烧消耗/(×10⁻³·kJ/t 矿)	238	277	264	346	306

　　图 3-28 为一个改进的半载流态化磁化焙烧过程，与 100t/d 中间试验炉不同点在于：取消炉外曲折管分级器的矿石分级，而采用无介质磨矿自然分级产生的粗、细两种矿粒，简化了过程；在下部增加一层浅流化床冷却焙砂，以回收热量而动能消耗增加有限；中部燃烧区内增加一多孔耐火隔离墙，改善烟气燃烧和上部的温度分布[62]。

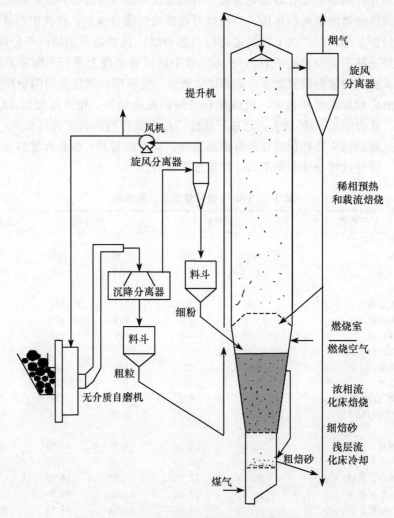

图 3-28　改进的半载流两相流态化磁化焙烧[62]

　　图 3-29 表示了一个细粉顺流两相流态化磁化焙烧过程，它由旋风除尘器、顺流旋风预热器、燃烧室、流态化还原焙烧床和一次燃烧室组成，旋风预热器可以置于炉外即为外置式，也可以置于炉内为内置式[62]。煤气和空气以一定比例

进入一次燃烧室进行部分燃烧，产生一定还原性气氛的热煤气，经还原流化床分布板进入预热的矿粉床层，使细粉颗粒进行流态化还原磁化，残余煤气在二次燃烧室与补充的二次空气进行完全燃烧，热烟气依次进入旋风预热器和旋风除尘器后排出炉外，然后进入冲击式湿式降尘器净化后放空。所用原料矿石为萤石型包头铁矿和酒泉铁矿。铁矿石经细磨至小于 0.08mm 占 50%，细粉通过气力输送至炉顶料斗，借重力向下流动进入二级旋风预热器的入口与燃烧烟气混合并进行气固直接接触换热，同时完成了气固分离，被预热的矿粉通过旋风预热器下端的料腿落下还原流化床，被气流带出的细粉尘进入旋风除尘器回收矿粉后排出炉外。矿粉经还原焙烧合格后通过焙烧炉侧面的排料管排出送湿磨磁选，得到铁精矿和尾矿。该装置的处理能力为 1.2t/d，焙烧温度 550℃，气速 0.35m/s，平均停留时间 35 分钟，经连续 58 个小时稳定运行，其选别结果如表 3-3。

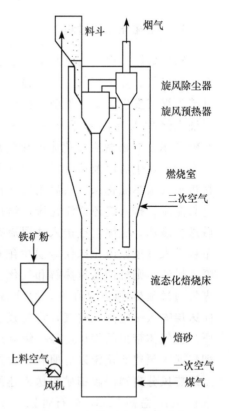

图 3-29 细粉顺流两相流态化磁化焙烧过程[62]

表 3-3 细粉顺流两相流态化磁化焙烧试验结果

矿石名	品 位									回收率/%		
	原矿石品位/%			精矿品位/%			尾矿品位/%			精矿中		尾矿中
	Fe	R_xO_y	F	Fe	R_xO_y	F	Fe	R_xO_y	F	Fe	R_xO_y	F
包头矿	36.99	3.29	7.83	62.21	0.62	1.95	6.62	7.36	17.0	94.46	>80%	—
酒泉矿	—			58.0			8.66			94.0		

注：表中 R_xO_y 为稀土氧化物。

表 3-3 表明，包头矿细粉磁化焙烧可同时得到一个铁精矿和富高于稀土尾矿，铁精矿含铁为 62% 以上，铁收率高于 94%，富稀土尾矿的稀土品位 7.36%，其收率高于 80%。含菱铁矿的复杂酒泉矿可得含铁 58% 的铁精矿，铁收率为 94%。这表明细粉流态化磁化焙烧处理复杂铁矿方面是有效而有利的。

3. 喷油磁化焙烧过程

磁化焙烧过程的还原剂供应是过程设计时应考虑的问题，如果选矿厂附近有高炉煤气、焦炉煤气，则不另外设计煤气发生站，这样系统比较简单，同时可节省煤气发生装置的投资和操作成本。当附近没有煤气供应时，还可以考虑用油直接喷入流化床部分燃烧造气的磁化焙烧过程，即 DFI 过程[69]，如图 3-30 所示，它由两层流化床磁化焙烧炉、一级旋风除尘器、矿石预热流化床、二级旋风除尘器以及焙砂冷却器等构成。细磨的赤铁矿（4～325 目）通过加料机加入预热流化床，然后用料率伐控制预热的矿料送入预还原流化床，再通过其溢流管排入终还原流化床，焙烧合格后排出送至焙砂冷却流化床，经冷却后送去磁选。压缩空气送入两层流态化磁化焙烧炉底部的风室，通过流化床分布板进入终还原流化床使床层中细矿粉流化，当按一定油/空气流率比向床层喷入燃油，则燃油迅速热解和气化生成煤气，并使铁矿粉还原磁化，而残余的煤气通过预热-预还原流化床的分布板进入其床层，使床层中铁矿粉流化，当向床层喷入一定高压空气，可将残余煤气燃烧，放出热量供矿粉预热和初步还原。被气体带出的细矿尘经一级旋风除尘器回收送入冷却流化床，而净化的热烟气通入预热流化床以对原料矿粉进行干燥预热，从预热流化床排出烟气通过二级旋风分离器回收细矿粉送入还原流化床，净化的烟气放空。该装置焙烧炉直径 6m，总高 30m，矿石含铁 40%，处理能力 2000t/d，还原流化床的温度

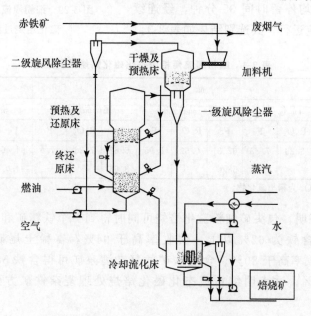

图 3-30　DFI 流态化磁化焙烧过程[69]

维持在 650～900℃。

3.3.3　直接还原炼铁

电炉炼铁和铁矿石直接还原金属化是非高炉炼铁的两个基本过程。1898 年电炉还原铁矿石和随后兴起的电炉炼钢，开创了非高炉炼铁新工艺的先河。但由于电价的昂贵，长期以来，电炉冶炼的应用被限制在合金冶炼方面。直到50～60 年代，由于废钢短缺和直接还原海绵铁可替代废钢作炼钢原料，同时世界焦煤资源日趋贫乏，难于满足传统炼铁法的需求，不用冶金焦的铁矿石直接还原法才得以迅速发展，并形成一种全新的非高炉炼铁工艺路线。

3.3.3.1　铁精矿直接还原金属化

铁矿石直接还原金属化出现于 20 世纪初，它是在合适的温度条件下将铁矿石以固态形式与还原剂反应，得到海绵状的金属铁。直接还原法所得的产品，若金属化率在 92％～95％可作为电炉炼钢原料，而高于 95％～98％，则可作为粉末冶金的原料。按使用还原剂的不同，直接还原法可分为气体直接还原和固体直接还原两类。根据还原炉型不同，又可分为固定床式、移动床式、流态化式和回转窑四种。

采用以煤为还原剂的回转窑固体直接还原法的工业开发应用不多，而以气体还原法占主导地位，其产量约占世界直接还原铁的 92％，其中又以移动床式竖炉气体还原和以流态化式流化床气体还原的开发研究较多，进展较大。国外代表性的气体还原工艺流程有美国 HYL 闷罐法、Midrex 竖炉法、Armco 竖炉法、德国的 Purofer 竖炉法和美国的 H-Iron 流态化法、HIB 流态化法以及 FIOR 流态化法，技术发展水平达到单炉生产能力 1000t/d 以上，年产金属化产品 100～300 万 t、金属化率在 90％以上，达到了具有商业运营价值的程度。目前，气体直接还原铁法，按其占世界铁产量的比例，仍以竖炉为主。据统计，1997 年，Midrex 占 63.4％；HyL1 和 HyL111 占 26.42％，现阶段流态化法相对比较小，但由于其可适应细粉直接还原的固有和潜在优势，近年来发展迅速。据报道，几种气体直接还原法的技术经济比较表明[70]：生成成本因地区而异，以特立尼达和美国最低；流态化气体还原法生产成本低于竖炉气体还原法；流态化气体还原法以 lron Carbide 最低，其后为 FINMET 法；竖炉还原 HyL111 和 Midrex 法，两者在各地区类同。

流态化气体还原法以其独特的优势而在直接还原金属化中占有重要地位。流态化气体还原法的特点：不用焦炭炼铁；直接利用粉矿、省去烧结或球团工序，减少了该处理工序的环境污染；产品铁粉也可直接输送至电炉熔化或炼钢；对于处理如钒钛铁共生的复杂矿，当还原金属化后通过熔化进行铁与钒、钛的分离，实现资源综合利用；粉矿有较大的比表面积，床层有良好的混合，强化颗粒与气体之间的传热、传质和还原过程，生产效率高。

3.3.3.2　铁精矿流态化还原过程

1. 氢气还原法

（1）H-铁法

H-铁法[71,72]采用焦炉气部分氧化法制得含 H_2 96％气体为还原剂，将铁精矿在低温 540℃、高压 34 大气压（3.4MPa）、直径 ϕ1.67m，高 28.9m 三层流化床中间歇式还原操作，还原至 98％，然后在 N_2 中加热到 800～860℃钝化，用于电炉炼钢。1959 年，美国碳氢研究公司建立了第一座日产 50t 粉末冶金用铁粉的 H-铁厂。

（2）ICM 过程

20 世纪 50 年代后期，国内开始流态化炼铁的研究，1960 年中科院化冶所（ICM）等进行天然气炼铁的试验。1976 年和 1978 年在河北沧州和山东枣庄建成日处理吨级的流态化气体炼铁中间试验装置。原料铁鳞或铁精矿，用来自化肥厂含 H_2～73％的氮氢混合气经预热至 625℃入还原炉在温度约 570℃，压力 0.3MPa 下还原至金属化率达 98％，可用作粉末冶金和电焊条制品[73,74]。

（3）HIB 过程

20 世纪 50 年代初，美国钢铁公司进行了 Nu 铁法的开发，用 H_2 作为还原剂，将铁精矿在温度 700℃下进行两层流化床的连续操作，总还原度 90％～95％，铁粉不需纯化[75]。经改进后，由 Orinico 公司在委内瑞拉建成年产 100 万 t 铁粉的工厂，分三个系列，每系列 33 万 t/a。二段流化床干燥预热，二层流化床还原。<2mm 矿粉经一段去结晶水（315～350℃），二段预热至 870℃，进入还原流化床的上层还原成 FeO，经溢流管至下层床，在温度 700～750℃、压力 0.2MPa 还原至金属化率达 75％。700℃的还原料通惰气将送去热压成块，称 HIB 法（High Iron Briquette）。1972 年第一系列运转产品用于转炉和电炉如图 3-31 所示。

（4）Circored 法

Circored 法是德国 Lurgi 公司开发的新的流态化还原工艺，其特点是采用快速流化床（CFB）和鼓泡流化床（FB）二级 H_2 还原。1999 年建成 50 万 t/a 的工业规模厂，工艺流程见图 3-32[76]。铁精矿含铁＞67％，平均粒度 350μm，由天然气转化造含氢还原气。细矿粉经预处理、快速床干燥、预热至 850～900℃后加入 CFB 快速流化床预还原，温度 630～650℃以防止黏结，然后进入鼓泡

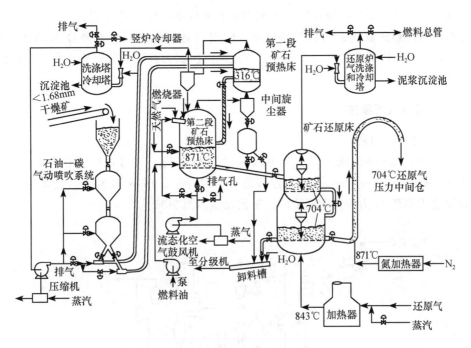

图 3-31　HIB 流态化气体还原法流程图

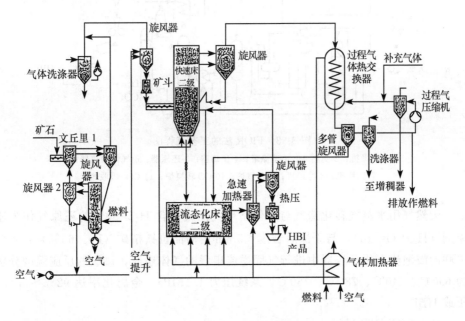

图 3-32　Circored 法流程图[76]

流化床，在约 680℃，操作压力 0.4MPa 下进行终还原，还原度为 93%～95%。还原铁粉经热压成块或粉料直接炼钢。CFB 快速流化床反应器外径 ϕ5.2m，高 29.6m，其循环旋风器外径 ϕ5.5m，终还原反应器为被隔墙分隔成 4 室的鼓泡流化床。

2. 混合气还原法

（1）FIOR 过程

20 世纪 50 年代末期，美国 Exxon 公司与 Arthur D. Little 合作，对 FIOR 法（Fluid Iron Ore Reduction）过程进行研究开发。1976 年 Mckee 公司在委内瑞拉建成年产 40 万 t 的 FIOR 厂。工艺流程如图 3-33[77,78]。

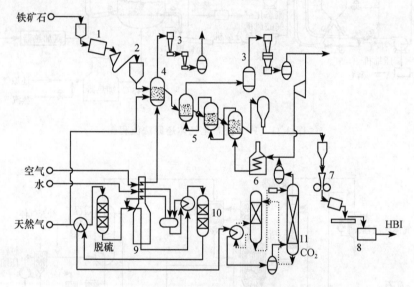

图 3-33　FIOR 法的工艺流程图

1-干燥机；2-受料斗；3-洗涤塔；4-预热器；5-还原器；6-气体加热器；

7-压块机；8-冷却机；9-重整炉；10-CO 转换炉；11-CO$_2$ 吸收塔

天然气用水蒸气转化造气与净化循环气混成合含 H$_2$＞90% 的还原气作为还原剂（H$_2$/CO=10），与干燥后粒度＜5mm 的高品位铁精矿（Fe：65%）在 4 个串联的鼓泡流态化反应器中进行气固逆流串联的气体还原，每级的反应温度分别为 690℃、740℃、780℃、760℃，系统压力 1.1MPa。金属化率达 92%～93%，压成 HBI。

（2）FINMET 过程

澳钢联（VAI）和 FIOR 委内瑞拉公司为降低能耗和成本，对 FIOR 法进行了改进，联合开发成 FINMET 过程。原料为粒度<12mm 粉料，经干燥、加热至 100℃，进锁料斗，依次通过 4 个串联的流态化反应器，与还原气逆向流动；由天然气经水蒸气转化的新鲜气和循环气构成还原气（H_2，CO），加热至 850℃后进入反应器。反应器的反应温度，位置由上而下依次为 550℃，780℃，最后为 800℃，器内压力 1.1～1.3MPa，金属化率达 93%，含 C 0.5%～3% 的还原铁粉送至压块机，采用热压成 HBI，块铁密度大于 5g/cm³，坚固致密，减少产品氧化。该厂 4 个系列，每系列生产能力 50 万 t/a。FINMET 过程已分别在澳大利亚和委内瑞拉建厂，两家厂总的生产能力超过 400 万 t/a，工艺流程见图 3-34[79]。

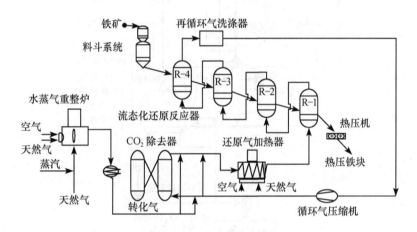

图 3-34 FINMET 法流程图

3. 天然气混合还原法

瑞典 Otto Stelling 提出天然气混合还原法或 Stelling 还原法[80]，即先在 980℃以下将 Fe_3O_4 氧化成 Fe_2O_3，再在 750～800℃下，用还原剂将 Fe_2O_3 还原至 FeO，最后在 500～650℃将 FeO 还原成 Fe_3C 碳化物（Carbide）产品，故又称为 Carbide 法。Fe_3C 具有高温不易粘结的特性，可防止铁精矿还原过程中因铁需生成而造成流化床失流。

粒度为 0.1～1mm 的铁矿粉经悬浮旋风器预热加入流化床反应器，还原气由天然气和合成气混合而成，其组成为：CH_4 60%、H_2 34%、CO 2%、H_2O 1%，预热后进入反应器，在 550～600℃、0.18MPa 下与铁精矿粉进行如下还原反应

$$3Fe_2O_3 + 5H_2 + 2CH_4 \rule{1cm}{1pt} 2Fe_3C + 9H_2O$$

得到含 90%Fe 为 Fe₃C、8%Fe 为 FeO，含 C 6.2% 的产品。试验流化床内径 ϕ35.5cm、高 2.5m，常压，Fe₃C 生成速率慢，此法作到日处理 100kg 规模。1998 年在美国 Qualitech 钢公司建成 60 万 t/a 厂，如图 3-35 所示。

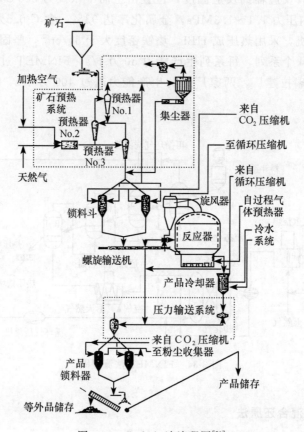

图 3-35　Carbide 法流程图[80]

4. 煤还原法

Circofer 法

鲁齐公司开发中的 Circofer 法和 Circored 相似，不同的是其以煤为主要能源。该过程采用快速流化床和鼓泡流态化床的二段还原，快速床配有煤部分氧化的一个外加热器，在提供热量的同时，产生的碳可防止反应过程中的粘结。在温度 950℃ 下进行快速流化床预还原，金属化率达 80%；在 850℃ 下进行鼓泡流化床终还原，金属化率 93% 以上。焙砂冷却至低于居里点（769℃）后排料，再进行热磁分离，工艺流程如图 3-36[76]。Circofer 过程已进行 5t/d 的中试装置，是

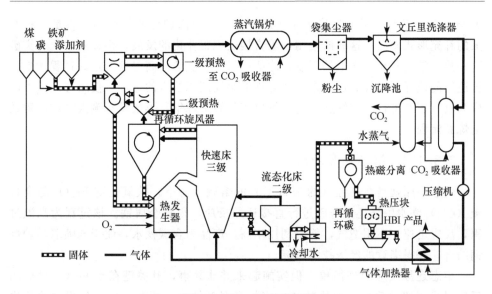

图 3-36 Circofer 法流程图

发展中的新工艺。

3.3.4 熔态还原炼铁

3.3.4.1 直接还原的限制

铁矿石直接还原法在金属化矿代替废钢的非高炉炼铁-电炉炼钢方面走过一段闪光的历程，发挥了积极作用，但其热力学和动力学上的不利条件使其表现出较大局限性。热力学计算表明，用 H_2 还原 Fe_2O_3 或 Fe_3O_4 时，随着温度升高，H_2 还原反应平衡浓度是逐渐降低的，因而在高温条件下，还原气中的氢浓度可适当降低，而在低温条件下，则要求高浓度氢的还原气或采用高压操作，同时，在这种条件下，蒸汽平衡分压也降低了，必须控制气相中水蒸气含量，尽可能清除掉。用 CO 还原，情况相反，还原反应的 CO 平衡分压是随温度逐渐升高，因而在低温下还原时，对还原气中 CO 浓度要求可以降低些，但当低到 700℃ 以下，CO 将分解为 CO_2 和 C 而不具有还原能力。当用 CO 和 H_2 混合气作还原剂时，这会发生甲烷化反应，生成 CH_4，消耗了 H_2 和 CO。甲烷化反应在高温（高于 800℃）条件下将是可以忽略的。因此，在铁矿石直接还原法的工艺条件下，首先对造气有较苛刻的要求，氧化性组分（$CO_2 + H_2O$）应尽量低，这将使过程变得较为复杂，而且只适合于富产天然气的地区，其次，在直接还原温度条件下，高金属化率的后期反应速率很慢，反应器效率很低，其设备投资和生产成本将大大增加。因此，在某种条件下，直接还原法-电炉炼钢流程的能耗高于高炉-转炉炼钢流程，因而直接还原法还不能与大型高炉炼铁相抗衡，只是一种有限的补充形式而已。这些缺陷制约着直接还原工业化的发展。很显然，只有突破这种热力学上和动力学上的限制，才能取得竞争优势，高温熔态还原过程才是合符逻辑的选择和发展。近年来，随着铁浴熔池还原技术的进步，使熔态还原可能成为具有现实可行的炼铁新工艺，继以氧气转炉炼钢，形成没有庞大高炉的钢铁冶炼新流程。

3.3.4.2　熔态还原原理

熔态还原就是在高温（约 1500℃）的熔融状态下，铁氧化物 Fe_2O_3 与高含碳（4%）铁水中强还原势碳进行直接还原反应，得到金属铁。该过程为高温过程，反应迅速，不用造气，能量利用率高，产品为含碳铁水，便于与喷氧转炉炼钢结合，获得满意的经济技术指标。

熔态还原反应原理简单，但实施起来并非易事，其关键在于 Fe_2O_3 与 C 的反应是个强吸热反应，要维持该反应的高温条件，必须有一个与其相当的氧化放热反应在同一反应区进行，而且该氧化气氛不能影响碳还原 Fe_2O_3 反应的进行；其次是高温炉衬材质烧蚀及对铁水质量的影响；此外，矿渣组成及高温物化状态如泡沫渣等也会影响到还原过程的正常操作。自 20 世纪 60 年代起，曾先后提出近 20 种熔态还原方案进行研究和开发，大致可分为两类，即二步法和一步法。二步法是先将铁精矿用气体中温预还原至一定还原度（或金属化率），然后进行熔态终还原。这样将还原量分为预还原和终还原两部分，一者熔池终还原将因还原量的减少所需反应热也相应减小，再者比室温原矿温度高得多的预还原热矿将一定量的热量带入熔池，这样可减轻由氧化反应或外界向熔池供热的强度。矿石预还原可采用前已论及的流态化或竖炉还原工艺，但值得提到的是，这里的预还原与直接还原有所不同，这里的矿石预还原度较低，一般在 30%～60% 不等，处于反应前期，因而铁氧化物的还原反应速率依然较快，反应器效率还是较高的。一步法就是矿石无需预还原，而是冷矿直接进入熔池进行熔态还原，因而要求高强供热，技术难度更大些。熔池供热较成熟的方法有以下几种：竖炉型氧气喷吹煤粉、转炉型铁浴喷氧和燃料、电弧炉供热、高频等离子体加热等。

3.3.4.3　熔态还原过程

熔态还原是不以焦碳为能源、生产液态铁的非高炉炼铁法，是发展中的炼铁新工艺。20 世纪 70 年代末，研究开发基本为两步法，即在第一个反应器内进行矿石预还原，第二个反应器（铁浴、竖炉、电炉）内完成造气终还原。预还原反应器采用竖炉和流化床（鼓泡床、快速床）。竖炉还原需要使用块矿或粉矿球团烧结矿，难以直接利用粉矿。基于流态化可还原粉矿的技术优势，熔态还原法多趋于发展流态化预还原。两步法熔态还原炼铁法中进行中间工厂规模以上试验的有：竖炉预还原-竖炉熔态终还原 Corex 炼铁法、快速流化床预还原-电弧炉熔态终还原 Elred 炼铁法、快速流化床预还原-竖炉熔态终还原 Kawasaki XR 炼铁法、两段鼓泡流化床预还原-竖炉熔态终还原 Plasmasmelt 炼铁法、快速流化床预还原-SRV 熔池熔态终还原 HIsmelt 炼铁法、两段鼓泡流化床预还原-熔池熔态终还原 DIOS 炼铁法、三段鼓泡流化床预还原-熔池熔态终还原 FINEX 炼铁法等，国内也进行了大量的研究开发[81~83]。

1. 快速流化床预还原-电弧炉熔态终还原

1971 年，瑞典 Stora Kopparberg 公司开发了 7t/d 的快速流态化预还原-电弧炉终还原为特征的熔态还原炼铁法[82]，即 Elred 熔态还原法。煤粉和预热空气进入快速流态化床预还原炉中部，不完全燃烧的还原气和焦碳还原矿粉，循环煤气从底部进入，操作温度 900~1000℃，气速 2m/s，压力 0.5MPa，金属化率 50%~70%，然后进入电弧炉进行终还原。1976 年建设了高 25m 的快速流化床，规模 500kg/h 级的预还原试验装置。

2. 两段鼓泡流化床预还原-竖炉熔态终还原

20 世纪 80 年代，瑞典 SKF 公司开发了 8t/d 的双层鼓泡流化床预还原-等离子竖炉熔态终还原过程，称为 Plasmasmelt 熔态还原法[81,82]，处理精矿 0.7~1.2t/h，预还原温度 730℃，还原度 50%~60%（金属化率 25%~40%）。

3. 快速流化床预还原-竖炉熔态终还原

1987 年，日本川崎公司建成的 10t/d 生铁的快速流态化预还原-竖炉熔态终还原装置[82]，即所谓 Kawasaki XR 熔态还原法。快速流态化床内径 $\phi0.73m$，高 7.3m。预还原粉矿由流化床壁的上风口喷入，小粒煤由流化床顶部进入，小粒煤在上部形成床层，大块焦煤在床层下部形成填充床，粉矿进行预还原，快速床预还原度 40%~80%。

4. 两段鼓泡流化床预还原-熔池熔态终还原

日本的 DIOS 熔态还原法[83]，采用粒度小于 8mm 的粉矿，用熔融还原炉的煤气在一级 $\phi2.5m$、高 5m 的鼓泡流化床预热、二级 $\phi2.7m$、高 8m 的鼓泡流化床预还原，预还原温度 800℃，还原度 30%；预还原矿、煤粉和熔剂喷入熔融还原炉，从熔融还原炉顶喷吹氧气，在高温还原性气氛下进行终还原，铁水送去炼钢。20 世纪 80 年代完成 500t/d 规模工业试验，装置如图 3-37。

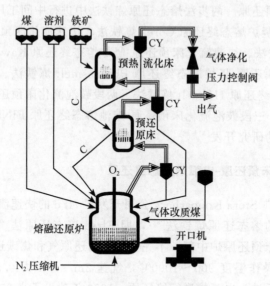

图 3-37　DIOS 熔态还原法流程图

CY-旋风器；f-细铁矿；c-粗铁矿

5. 三段鼓泡流化床预还原-熔池熔态终还原

• FINEX 熔态还原法

1996 年韩国浦项（POSCO）钢厂块矿或 8～35mm 球团矿竖炉预还原-熔融终还原的 COREX C-2000 法投产，但无法处理约占 70% 的 −8mm 细矿原料，因而开发了 −8mm 细矿粉三级串连的鼓泡流化床预还原过程，称之为 FINEX 过程[84]，该过程直接与 COREX 相连。三级流化床预还原系统如图 3-38，R3 预

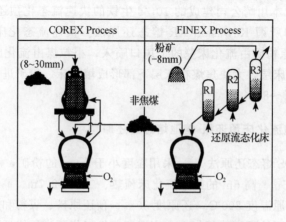

图 3-38　COREX-FINEX 熔态还原法流程图

热，R2 和 R1 预还原，还原度约 30%～50%，熔融终还原度约 90%，生铁水送去炼钢。20 世纪 80 年代已完成 150t/d 的中间试验厂。

6. 快速流化床预还原-SRV 熔池熔态终还原

20 世纪 90 年代，澳大利亚 CRA 公司与美国 Midrex 公司合作，共同开发了 HIsmelt 法熔态还原过程，将铁粉矿、石灰石加热到 800℃，采用快速流化床预还原，预还原度 20%～30%，预还原到 FeO 的铁矿粉和石灰石分解生成的 CaO，经旋风器收集，然后加入喷吹煤粉和热空气的熔态还原炉进行熔态终还原，富余的煤气从熔态还原炉顶排出供给快速流化床预还原。建成 150t/d 的中试厂，其工艺流程如图 3-39[85]。

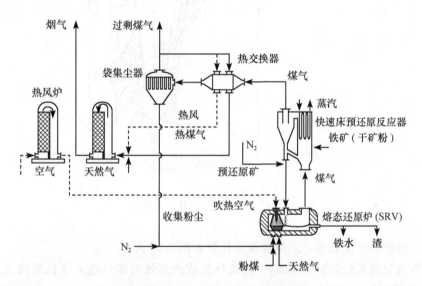

图 3-39　HIsmelt 熔态还原法流程图

中国科学院化工冶金研究所，针对高温还原气量波动大、含尘高的特点，开发了快速流化床和低压载流床预还原反应器，1988 年进行了扩大热试装置[86]，载流反应器内径为 φ73，高 11m，在 800～850℃、2～3m/s 条件下还原铁精矿试验表明，预还原装置的性能令人满意。

3.3.5　氧化镍矿还原焙烧

红土矿是一种含镍钴铁矿，一般含铁 40%～50%，含镍 1% 左右，氧化镍矿很难用选矿方法加以富集。镍铁矿提镍有火法和湿法两种流程，湿法提镍钴流程包括原矿的流态化还原焙烧、焙砂的二氧化碳-氨浸、浆化氢还原、磁选分离等

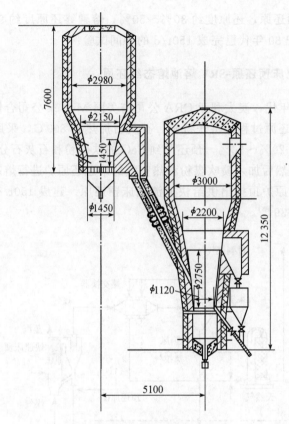

图 3-40　氧化镍矿预热及还原流

过程，氧化镍矿预热及还原焙烧流态化炉如图 3-40 所示[87]。

流态化还原焙烧炉采用重油-纯氧气化成油煤气与部分返回净化后的还原炉尾气作为还原气，控制 CO_2/CO 在 $1.0 \sim 1.5$ 之间，$(CO+H_2)/CO_2$ 为 $4.2 \sim 5.0$。混合煤气送入列管炉预热至 $750 \sim 800 ℃$ 供给还原炉，提供还原炉所供热量的 40%。干燥后粒径 $< 3mm$ 的含镍钴铁矿原料在喷油燃烧的流态化预热炉预热至 $780 \sim 800 ℃$，通过倾斜溢流管进入下段的流态化还原炉，金属氧化物在流态化还原炉中被还原，床层焙烧温度为 $710 \sim 730 ℃$，焙烧停留时间为 2.5h，出炉焙砂约 $700 ℃$。焙砂通过微正压的保护气氛（如氮气）下的圆筒冷却器从 $680 \sim 700 ℃$ 冷却至 $85 \sim 95 ℃$，然后送去浸取。焙砂中的 Ni、Co 主要分布在合金相及 FeO 中，在这两相中的镍占总镍量的 90%，钴占总钴量 80%。

流态化预热炉和流态化还原炉的两炉均采用风帽式分布板，风帽为侧流型风帽。加热炉开孔率为 1%，还原炉开孔率为 1.02%，锥形床处的线速度约为 $1.1 \sim 1.2m/s$，炉顶处线速度 $0.3 \sim 0.45m/s$，床层压力降 $15 \sim 18kPa$。流态化床预热炉床能力 50t/(m²·d)，油耗 33～42kg/t，烟尘率 7%～8%。流态化还原炉床能力 75～80t/(m²·d)，热耗（油煤气）140～170m³/t 矿，烟尘率 8%～10%。

3.4　氯　化　焙　烧

3.4.1　概述

　　有色金属矿一般含有多种金属的硫化物、氧化物及其他盐类。从金属氧化物提取金属，方法有湿法浸取、硫酸化焙烧浸取和氯化焙烧分离。氯化焙烧是对多金属矿进行分离提取的有效方法之一。氯化焙烧过程采用氯气、氯化氢或固体氯化物作为氯化剂，掺入金属矿石中，在一定温度下进行焙烧以形成相应的氯化物，利用所生成氯化物的熔点、沸点和蒸气压等物理性质上的差异选择适当的温度和气氛，使矿石中所含金属化合物按顺序地进行选择性氯化以达到分离提取的目的，氯化冶金业已成为富有生命力的工艺技术之一。

　　氯化冶金有着广泛的应用前景，不仅在活泼金属如 Li、Na、Cs、Mg 等的制备，而且在难熔金属如 Ti、Zr、Hf、Nb 等的提炼中，经常被采用，特别是冶金工业经过长期发展的今天，高品位的矿石资源逐渐枯竭，低品位和难处理的复杂氧化矿将成为主要原料，同时迫于环境保护和可持续发展的要求，冶金废渣的综合利用已凸现出来，氯化冶金在清洁工艺和循环经济的新型过程构建中将发挥重要作用。

3.4.1.1　氯化热力学

　　在通常的氯化温度下，有些金属氧化物可以氯化为氯化物，而有些金属物则不能，这就是说，不同的金属氧化物被氯化的能力是不同的。通常用标准状态下进行的氯化反应自由焓 $\Delta G°$ 表示，如图 3-41 和图 3-42[88]。比较图 3-41 和图 3-42 可以发现，与氯气反应的标准自由焓 $\Delta G°$ 比与氯化氢反应的 $\Delta G°$ 更小或负值更大，这就是说氯气的氯化能力比氯化氢强。当氯化物与氧化气氛如 O_2、H_2O 等接触时，可被氧化成氧化物，氯化反应标准自由 $\Delta G°$ 越大，即图中位置靠上的氯化物越不稳定，就是说越易被氧化分解，放出氯气或氯化氢，在这个意义上说，它也是一种氯化剂。对比而言，图中位置靠上的氯化物可以作为位置靠下的氧化物的氯化剂，进行氯化置换反应，即位置靠上的氯化物易被氧化。氯化物氧化由难到易的顺序是 $AgCl_2$、Hg_2Cl_2、$PbCl_2$、$CdCl_2$、$LiCl_2$、$MnCl_2$、Cu_2Cl_2、$ZnCl_2$、$SnCl_2$、$NiCl_2$、$FeCl_2$、$MgCl_2$、$CrCl_3$、$SnCl_4$、$TiCl_4$、$ZrCl_4$、$AlCl_3$、$SiCl_4$。理论上说，后一种金属氯化物可以作为前一种金属氧化物的氯化剂，反

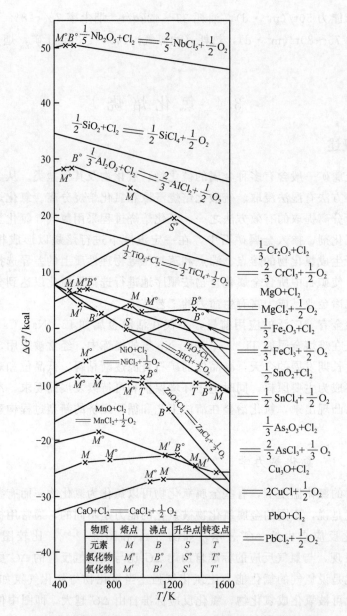

图 3-41 金属氧化物与 Cl_2 反应标准自由焓与温度的关系

应将持续下去，但具有生产实际意义的氯化剂是 Cl_2、HCl、NaCl、$CaCl_2$、$FeCl_3$。

在通常氯化条件下，某些氧化物如 Nb_2O_5、SiO_2、Al_2O_3、Cr_2O_3、TiO_2、MgO、Fe_2O_3 及 SnO_2 的氯化反应的标准自由焓为正值，那么，这些氧化物是不

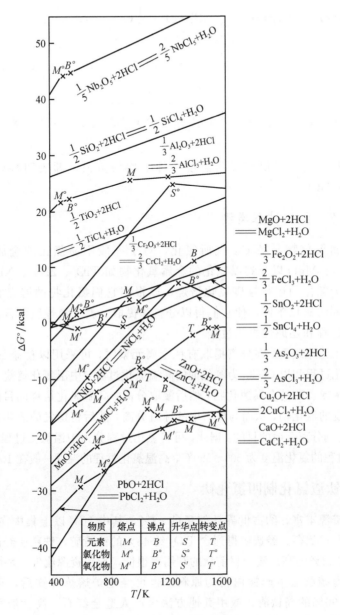

图 3-42　金属氧化物与 HCl 反应标准自由焓与温度的关系

能形成相应的氯化物的。在这种情况下，加入添加剂如碳 C 或酸性氧化物 SO₂、SO₃、SiO₂，可使这些氯化反应的标准自由焓由正值转变为负值，氯化反应得以进行，例如 TiO₂ 的掺碳氯化过程的自由焓变化如下：

$$\frac{1}{2}TiO_2(s) + Cl_2(g) = \frac{1}{2}TiCl_4(g) + \frac{1}{2}O_2, \quad \Delta G° = 92\,257 - 28.8T$$
(3-24)

$$+) \qquad C(s) + \frac{1}{2}O_2(g) = CO(g), \quad \Delta G° = -116\,315 - 83.89T$$
(3-25)

$$\frac{1}{2}TiO_2(s) + Cl_2(g) + C(s) = \frac{1}{2}TiCl_4(g) + CO(g), \quad \Delta G° = -24\,058 - 112.76T$$
(3-26)

方程式（3-26）的 $\Delta G°$ 值在任何温度条件下均为负值，即表明掺碳氯化可使 TiO_2 转化为 $TiCl_4$。

3.4.1.2　氯化过程类型

一般金属氧化物易被 Cl_2 气所氯化，对于一般不易氯化的金属氧化物如 SnO_2、Fe_2O_3、MgO 以及难以氯化的金属氧化物如 TiO_2、ZrO_2、Nb_2O_5 等，通常采用氯气为氯化剂进行掺碳氯化焙烧，以根据它们氯化物的熔点和沸点的不同，选择不同的氯化条件，使它们得以分离和提取。就气氛性质而言，又可分为氧化性氯化过程和还原性氯化过程。

从氯化工艺原理看，在分离提取有色金属元素时，可采用以食盐 $NaCl$ 为氯化剂的中温氯化过程和以 $CaCl_2$ 为氯化剂的高温氯化过程。中温氯化焙烧的目的在于得到易溶于水或弱酸的金属氯化物，然后浸取分离；高温氯化焙烧的目的在于使金属得到可挥发的氯化物，从而与矿石中的脉石分离，然后将挥发的氯化物在不同条件下冷凝，达到分离金属的目的。据此，可将氯化过程分为中温氯化过程和高温氯化过程，中温过程的氯化温度为 500~550℃，高温氯化过程的温度一般在 1000℃ 以上。

3.4.2　高钛渣氯化制四氯化钛

我国钛资源丰富，约占世界钛储量的 43%，其中 90% 以上集中在四川地区，以钒钛铁矿形式赋存。经选矿得到含 TiO_2 约 48% 的钛精矿，铁精矿经高炉冶炼得到含 TiO_2 约 23% 的高炉渣。目前钛的利用率很低，导致资源流失、环境污染。

钛精矿是硫酸法生产钛白粉的原料，也可经电炉熔炼除铁后，可以得到含 TiO_2 80%~90% 的高钛渣，或用其他方法生产人造金红石。高钛渣和人造金红石经氯化焙烧、除杂，得到高纯的 $TiCl_4$，直接用作有机化工合成的催化剂，若继而高温氧化成 TiO_2，得到性能优良的钛白粉；或者 $TiCl_4$ 经镁或钠还原，生产海绵钛和金属钛及其合金[89,90]，是重要的国防战备物资。

3.4.2.1　工艺原理

人造金红石或高钛渣的主要成分是 TiO_2，还有其他金属氧化物。TiO_2 是稳

定的，不易被氯气氯化的，但由前可知，可以采掺碳氯化，使 TiO_2 转化为所需的 $TiCl_4$，主要化学反应为

$$\frac{1}{2}TiO_2(s)+Cl_2(g)=\!=\!=\frac{1}{2}TiCl_4(g)+\frac{1}{2}O_2 , \Delta G^\circ=92\,257-28.8T$$

$$+)\qquad \frac{1}{2}C(s)+\frac{1}{2}O_2(g)=\!=\!=\frac{1}{2}CO_2(g) , \Delta G^\circ=-393\,944-0.84T$$

$$\frac{1}{2}TiO_2(s)+\frac{1}{2}C(s)+Cl_2(g)=\!=\!=\frac{1}{2}TiCl_4(g)+\frac{1}{2}CO_2(g) , \Delta G^\circ=-301\,687-29.64T$$

这是个氧化性氯化焙烧过程，由于碳的参与，原本 TiO_2 不能氯化的过程已成为可能，即掺碳氯化反应的标准自由焓为负值，而且在任何温度下，该氯化反应都可以进行。

碳在氯化过程中的作用[91]，一是作为氯的载体，将氯气吸附在其表面，并使之成为新生态氯原子；二是作为催化剂，促进 TiO_2 与新生态氯原子的反应；三是作为还原剂，与氯化反应放出的原子氧结合，生成 CO_2 或 CO，用化学式表示如下

$$C(s)+2Cl_2(g)=\!=\!=C+4Cl$$

$$TiO_2(s)+C(s)+4Cl=\!=\!=TiCl_4+2O+C$$

$$2O+C=\!=\!=CO_2$$

实验表明，碳的选择要兼顾上述三种作用，而不宜过分强调作为还原剂的化学活性，通常选用杂质少的石油焦较为有利。

3.4.2.2　影响因素

1. 氯化温度

高钛渣中除 TiO_2 外，还有 Fe_2O_3、CaO、MnO_2、CuO、V_2O_5、K_2O、Na_2O 等，它们都能被氯化，还有 MgO、Al_2O_3、SiO_2 等有可能部分被氯化，这与系统的状态和反应温度有关，温度的升高，氯化反应速度加速，而温度的升高，又可使 MgO、Al_2O_3 和 SiO_2 的氯化反应得以进行，这不仅多消耗了氯气，增加生产成本，也增加 $TiCl_4$ 产物中的杂质，而且对氯化炉炉衬的腐蚀更为严重。因此，氯化反应温度应顾及它的正效应和负效应，通常以 750～800℃为宜。

2. 氯气浓度

氯化过程的氯气可以是液氯，含氯高但价格高，也可以是阳极氯，含氯 70%左右，其余为空气。在氯化法钛白生产过程中，氯化过程使用的是 $TiCl_4$ 氧化所得的尾气，其含氯量为 60%～80%，通常与工艺过程有关。

氯气中氧含量对氯化过程的危害是很大的，首先，它会增加焦炭的燃烧消耗，不仅增加生产成本，而且增加反应炉的反应热，使反应温度调控变得困难；

其次,氯气浓度的降低,将大大增加烟气量,$TiCl_4$ 含量大幅度下降,冷凝系统复杂,生产能力下降;第三,在上述氯化温度条件下,氧的存在,下列反应有相当的转化率,产生的 TiO_2 粉尘将随烟气带走而损失,降低了 TiO_2 的利用率

$$TiCl_4(g) + O_2(g) \longrightarrow TiO_2(s) + 2Cl_2(g)$$

3. 杂质影响

高钛渣,特别是用一般电炉熔炼所得的高钛渣,其杂质含量较高,它们的氯化行为对氯化工艺的选择有重要甚至是决定性的影响。表 3-4 列出了某钒钛磁铁矿选矿所得钛精矿,经电炉熔炼所得的高钛渣以及氯化后的氯化渣的化学组成。

表 3-4　高钛渣及其氯化渣的化学组成/%

矿样名称	TiO_2	ΣFe	MgO	$MgCl_2$	CaO	$CaCl_2$	SiO_2	Al_2O_3	Mn	C
高钛渣	84.86	3.19	5.38	—	1.33	—	2.33	1.54	0.3	—
氯化渣	8.36	0.41	1.91	9.27	0.24	8.76	4.77	0.37	0.27	61.43

应该说,高钛渣的组成是复杂的,除上述化合物外,还有少量的 K_2O、Na_2O 等,含量较多的有 MgO、CaO、SiO_2、Al_2O_3、Fe_2O_3 等,而对氯化过程影响较大的有 MgO、CaO。在工业生产的氯化条件下,高钛渣所含的氧化物包括添加的碳,均可不同程度地受到氯化,其氯化产物的熔点和沸点差别很大,可将它们分为高沸点的"固体"氯化物,如 $CaCl_2$、$MgCl_2$、$MnCl_2$、$FeCl_2$、KCl、NaCl 等;低沸点的"固体"氯化物,如 $AlCl_3$、$FeCl_3$、C_6Cl_6 以及它们的络合物,如 $KFeCl_4$、$KAlCl_4$、$NaFeCl_4$、$NaAlCl_4$ 等;低沸点的"液体"氯化物,如 $TiCl_4$、$SiCl_4$、CCl_4、$VOCl_3$、Si_2OCl_2、$COCl_2$ 等;此外还有不被冷凝的气体,如 CO、CO_2、HCl、O_2、N_2、SO_2 等。在工业氯化过程的温度条件下,低沸点的"液体"和"固体"氯化物,都将转入气相,而当氯化炉气冷却时,有些转化为液体,有的冷凝为固体,如 $FeCl_3$、$AlCl_3$ 等,这些固体氯化物易在管壁上沉积,造成管道的堵塞。高沸点的"固体"氯化物,除少部分转入气相外,绝大部分依然保留在反应物中,都将会处于熔融状态,这对氯化过程及设备的选择提出特殊要求,否则氯化过程难以实现。因此,对我国钛资源利用的特殊性,开发高效、防粘结氯化反应器,抑或降低高钛渣中杂质含量,制备更纯的人造金红石作为生产四氯化钛的原料都有着重要的意义。

3.4.2.3　流态化氯化过程

金红石类原料因杂质少,采用流态化氯化工艺是十分有效的。国外采用沸腾(鼓泡流态化)氯化金红石富钛料过程已在工业上应用,操作压力 100kPa,单台生产能力可满足 10 万 t(钛白粉)/a 的要求。20 世纪 80 年代初期,我国将沸腾

氯化工艺用于高钛渣的氯化，如图 3-43，其困难在于高钛渣中的 $\sum$（MgO＋CaO）高达 5%～9%。在氯化条件下，床层中高沸点"固体"氯化物 $MgCl_2$、$CaCl_2$ 和 $FeCl_2$ 等处于熔融状态，并随着氯化过程的进行而不断累积，导致流态化床层的失流，氯化过程的破坏和中止，因而传统工艺过程多为块矿或球团电热

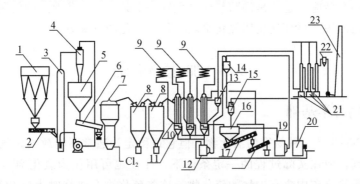

图 3-43　高钛渣沸腾氯化过程

1-原料仓；2-带式输送机；3-风干机；4-气固分离器；5-干料仓；6-螺旋加料机；7-沸腾焙烧炉；
8-除尘冷却塔；9-冷却器；10-冷凝塔；11-液固分离器；12-泵槽；13-气液分离器；14-$TiCl_4$ 高位槽；
15-管式过滤器；16-沉降槽；17-螺旋输送机；18-滤浆蒸发器；19-料液槽；20-$TiCl_4$ 计量槽；
21-石灰乳喷淋塔；22-气液分离器；23-烟囱

竖炉或粉料融盐炉氯气氯化[89,90]。为了适应我国高钛渣中高钙镁的资源特点，开发了无筛板（即没有分布板）的沸腾氯化工艺[92]，如图 3-43 所示。原料为如表 3-4 所组成的高钛渣，其中 $\sum$（MgO＋CaO）占 6.71%，配以石油焦，焦渣比为 45：100，加料率为 910kg/h 的混合料，通入氯气 1276kg/h，其中部分为含氯 60% 的阳极氯，沸腾床氯化温度为 950～1100℃，氯化后氯化渣组成如表 3-4 所列。氯化渣中 $\sum$（MgO＋$CaCl_2$）占 18% 左右，石油焦占 61% 左右，还有 8% 左右 TiO_2。这些结果表明，在一定的钙镁含量和一定操作条件下，沸腾氯化工艺是可行的，并有四座沸腾氯化炉用于工业生产。该类沸腾氯化炉可以是无筛板，也可以是有筛板的沸腾炉。氯化炉内由气室、沸腾流化床和扩大沉降段组成。无筛板沸腾炉的气室为锥角为 52° 的锥体，沸腾流化床内径有 1m 和 1.2m 之分，扩大沉降段与沸腾流化床的直径比为 3.8：1，总高为 11.3m，示意图如图 3-44 所示。上述沸腾氯化运行结果表明，该

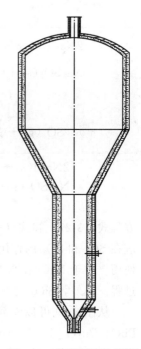

图 3-44　沸腾氯化炉简图

炉型生产强度较低，仅为 22t（TiCl$_4$）/(m^2·d)，加之床层与扩大段的直径比较大，放大设计有困难，难以大型化；氯气和石油焦的消耗量较高，生产成本高；钛利用率约 85%，残渣中含碳高达 60% 以上，浪费资源，污染环境。此外，沸腾氯化炉对含钙、镁高的高钛渣原料的适应性，特别是当炉型放大后的可靠适应性，一直存在疑虑，这些是沸腾氯化过程发展中必须进一步改进的问题。可以相信，高钛渣的快速循环流化床氯化焙烧将是大型化的发展方向。

3.5　加盐焙烧

3.5.1　热力学基础

食盐 NaCl 是一种易得的氯化物，但它很稳定，通常不能放出氯气而成为有效的氯化剂，但在实际过程的一定条件下，往往也可用作为氯化剂[88]，其原因是这些金属氧化矿中含有少量的硫化物，这些硫化物在焙烧时生成 SO$_2$ 或 SO$_3$，并参与 NaCl 的氯化反应，放出氯气，具体反应如下

$$2NaCl(s)+\frac{1}{2}O_2(g)\!\!=\!\!=\!\!Na_2O(s)+Cl_2(g), \quad \Delta G° = 399\,172-38.47T$$

$$+ \quad Na_2O(s)+SO_3(g)\!\!=\!\!=\!\!Na_2SO_4(s), \quad \Delta G° = -575\,587-62.38TlgT$$
$$+350.7T$$

$$2NaCl(s)+SO_3(g)+\frac{1}{2}O_2(g)\!\!=\!\!= \quad \Delta G° = -175\,967-62.38TlgT$$
$$Na_2SO_4(s)+Cl_2(g), \quad\quad\quad\quad -312.2T$$

$$\text{(3-27)}$$

$$+) \quad SO_2(g)+\frac{1}{2}O_2(g)\!\!=\!\!=\!\!SO_3(g), \quad \Delta G° = -93\,782+90.01T$$

$$2NaCl(s)+SO_2(g)+O_2(g)\!\!=\!\!= \quad \Delta G° = -269\,749-62.38TlgT$$
$$Na_2SO_4(s)+Cl_2(g), \quad\quad\quad +402.2T$$

$$\text{(3-28)}$$

方程式（3-27）和式（3-28）的 $\Delta G°$ 均为负值，说明氯化钠分解放出 Cl$_2$ 气的反应在 SO$_3$ 和 SO$_2$ 的作用下，是可以进行的，NaCl 在特定条件下可以作为氯化剂使用。由于 NaCl 在高温下挥发损失很大，通常用于 500℃ 左右的中温氯化焙烧过程。另外，SiO$_2$ 也有类似于 SO$_2$ 和 SO$_3$ 的作用。

从图 3-39 可以看到，在高温（>1200K）条件下，CaCl$_2$ 的标准自由焓与 PbO、Cu$_2$O、ZnO、MnO 等氧化物的氯化反应标准自由焓值略低或相近，但生产状态并非为标准状态，甚至可人为地改变操作的物系状态，使原本不能进行的

氯化反应过程自由焓 ΔG 变为负值，氯化过程将得以进行，即是有可能使用 $CaCl_2$ 将这些氧化物氯化的。以 Cu_2O 为例[88]，在高温条件下，氯化反应出现三个液相，即

$$CaCl_2(l) + Cu_2O(l) =\!\!=\!\!= 2CuCl(l) + CaO(s), \quad \Delta G^\circ = 16\,310 - 6.9T$$

$$(3\text{-}29)$$

$$K = \frac{\alpha_{CuCl}^2}{\alpha_{CaCl_2} \cdot \alpha_{Cu_2O}}$$

由于 CuCl 的蒸气压很高，可达 400mmHg，因而可用 p_{CuCl} 代替 α_{CuCl}，于是

$$\alpha_{CuCl} = \frac{p_{CuCl}}{p_{CuCl}^0}, \quad \text{在特定温度下，} \quad p_{CuCl}^0 \text{ 为常数}$$

因而

$$K' = \frac{p_{CuCl}^2}{\alpha_{CaCl_2} \cdot \alpha_{Cu_2O}}$$

氯化反应方程式（3-29）似乎不能进行，但由生产实际过程的氯化烟气中 p_{CuCl} 很小，反应物中 CuCl 不断快速向气相扩散，则反应式（3-29）反应平衡被破坏，使反应不断向右进行，Cu_2O 的氯化反应将持续下去。

对于 MnO 的高温氯化，反应式和自由焓的表达式如下

$$CaCl_2(l) + MnO(s) =\!\!=\!\!= MnCl_2(g) + CaO(s), \quad \Delta G^\circ = 182\,126 - 73.99T$$

$$\Delta G = \Delta G^\circ + RT\ln P_{MnCl_2} = 182\,126 - 73.99T + 19.14T\lg p_{MnCl_2}$$

当 $T = 1600K$ 时，欲使氯化反应的自由焓 ΔG 为负值，则

$$P_{MnCl_2} < 0.008 \text{ 大气压}$$

计算结果表明，只要氯化反应的烟气中 $MnCl_2$ 的体积浓度小于 0.8%，$CaCl_2$ 就能使 MnO 氯化。通常工业上的氯化条件是能满足这一要求的。

对于 PbO 的高温氯化，反应标准自由焓如下

$$CaCl_2(l) + PbO(l) = PbCl_2(g) + CaO(s)$$

$$\Delta G^\circ = 124\,833 - 86.15T$$

欲使该氯化反应能够进行，则满足以下条件即可实现

$$T > 1149K$$

因此，铜、铅等重金属氧化物可以用 $CaCl_2$ 作氯化剂，进行高温氯化挥发，实现金属元素的分离提取。

金属矿可以添加常用的氯化物（盐）进行焙烧以分离提取金属，这是一种特殊的方法，有的为生成可溶性钠化物而添加钠盐如氯化钠、硫酸钠、碳酸钠等，有的为生成可挥发性氯化物而添加氯盐如氯化钠、氯化钙等。就其反应的目的而言，前者可称之为钠化焙烧，如含钒石煤钠化焙烧提钒；后者则可称为特殊的氯

化焙烧，如黄铁矿烧渣加盐离析焙烧提取有色金属和贵金属。

3.5.2　石煤钠化焙烧提钒

钒和它的化合物可用于生产高强钒合金钢，制备石油化工过程的催化剂，特别是含钒 42% 的专用钒铁 Ferovan 和氮钒 Nitrovan 是生产屏蔽合金和耐高温合金的原料而成为重要的国防战略物资。世界上主要钒矿资源有钒钛磁铁矿、钒铅矿、钒铀矿、含钒石煤以及石油灰渣中钒资源。我国钒资源主要为钒钛铁矿和含钒石煤。我国含钒金属矿的钒储量占世界钒储量的 40% 以上；我国石煤资源丰富，其中含钒 1% 左右，广泛分布在长江中下游各省[93]。我国石煤中的钒储量占我国钒总储量的 87%，是重要的钒资源；石煤含碳 12%～15%，热值 5000～6000kJ/kg，又可作燃料，因而具有重要的开发利用价值。

金属矿中钒可在其冶炼过程中分离提取加以回收；石煤提钒则在石煤燃烧发电后从石煤灰中提取，其提钒工艺有钠化焙烧火法过程和溶剂浸溶湿法过程。我国早期的提钒工艺较多采用火法钠化焙烧—水浸—酸沉粗钒—碱溶铵沉精钒工艺过程，可生产 V_2O_5 含量大于 98.5% 的产品。

3.5.2.1　工艺原理

石煤中钒的价态测定表明，绝大部分为 3 价钒 V（Ⅲ），占 98%，少量为 4 价钒 V（Ⅳ），占 2%，没有共存的 2 价钒 V（Ⅱ）和 5 价钒 V（Ⅴ）[94]。由于钒是结合在其他矿物晶格骨架之中，欲想将石煤中钒分离出来，首先要破坏原有矿物结构，就火法过程而言，通过氧化焙烧将 V（Ⅲ）和 V（Ⅳ）氧化为 5 价钒 V（Ⅴ）的氧化物，然后与纳盐反应，生成可溶于水的钒酸钠（$xNa_2O \cdot yV_2O_5$），继而水浸提取钒，这就是通常的氧化钠化焙烧提钒工艺路线。

1. 钠化反应

含钒石煤钠化焙烧的主要反应[94]为
氧化反应

$$(V_2O_3) + \frac{1}{2}O_2 = (V_2O_4)_c$$

$$(V_2O_4)_c + \frac{1}{2}O_2 = (V_2O_5)_c$$

钠化反应如前式（3-27）和（3-28）所述，食盐在 SO_2、SO_3、SiO_2 存在条件下分解放出氯气 Cl_2，并使钒氧氯化。热力学分析表明，当有 SO_2、SO_3 存在时，在 371～1073K 温度范围内，NaCl 均有可能分解放出氯气而成为氯化剂，继而发生如下的氯化、钠化反应

$$2NaCl(s) + \frac{1}{2}O_2 \!\!=\!\!=\!\!= Na_2O(s) + Cl_2(g)$$

$$3H_2O(g) + 3Cl_2(g) \!\!=\!\!=\!\!= 6HCl(g) + \frac{3}{2}O_2(g)$$

$$3Cl_2(g) + V_2O_5(s) \!\!=\!\!=\!\!= 2VOCl_3(g) + \frac{3}{2}O_2(g)$$

$$6HCl(g) + V_2O_5(s) \!\!=\!\!=\!\!= 2VOCl_3(g) + 3H_2O(g)$$

$$Na_2O(s) + 2VOCl_3(g) + \frac{3}{2}O_2(g) \!\!=\!\!=\!\!= Na_2O \cdot V_2O_5(s) + 3Cl_2(g)$$

不难看出，原本 NaCl 与 V_2O_5 之间的固-固反应现已转变为气固反应了，不仅在热力学上可行，而且在动力学上变得有利。因而在石煤纳化焙烧过程中，石煤中共生或添加少量的黄铁矿（FeS_2）以提供 SO_2、SO_3 的来源，有利于提高钒的转化浸取率。

2. 影响因素

（1）钠化添加剂

石煤焙烧钠化添加剂的作用在于破坏石煤中二氧化硅的晶型结构，使约束在其中的钒能释放出来，以得到较高转浸率。可供选择的添加剂有食盐（NaCl）、碳酸钠（Na_2CO_3）、碳酸氢钠（$NaHCO_3$）、硫酸钠（Na_2SO_4）、硝酸钠（$NaNO_3$）和氯酸钠等。实验比较发现，食盐使石煤中钒转化为可溶性钒的效果最好，硫酸钠次之，而碳酸钠和碳酸氢钠的效果不佳。

应该指出，不同类型的含钒矿物有各自的适宜钠化添加剂，如含钒的钒钛磁铁金属矿，上述几种钠化添加剂或它们的混合物均能进行有效的钠化转化；石煤中含钒粘土矿物，强酸钠盐（NaCl、Na_2SO_4）较弱酸钠盐（Na_2CO_3）更能促进其分解和进行钠化转化；高硅（$SiO_2 > 50\%$）含钒石煤，以 NaCl 最为有效，而高钙含钒石煤，采用硫酸钠作纳化添加剂，则又有某些有利之处。除此之外，还需根据当时当地的条件合理选用，其原则是有效、易行、价廉、无污染。

（2）焙烧温度

欲将石煤中含钒矿物转化为可溶性偏钒酸钠，首先必须将含钒矿物中的 3 价钒和 4 价钒氧化转化为 5 价钒，进而进行钠化反应。实验研究表明，焙烧温度是上述氧化钠化过程的关键影响因素。某地石煤氧化焙烧时钒的价态变化与温度的关系如图 3-45 所示[94]。在温度低于 300℃，低价钒氧化缓慢，90% 以上仍为 3 价钒，在温度 300~500℃ 范围内，3 价钒氧化转化为 4 价钒的速度随温度升高而加快，但还不能使足够多的 3 价钒和 4 价钒转化为 5 价钒；在500~800℃ 温度范围内，4 价钒可较容易地氧化转化为 5 价钒，且其速率随温度上升而增大，温度高于 800℃，转化率可达到 90％，此后，由于 4 价钒与 5 价钒处热力学平衡状态，残存低价钒的进一步氧化转化十分困难，最终转化率很难提高。由此可见，价态的氧化转化温度应高于 800℃，但钒的氧化转化尚不能完全。

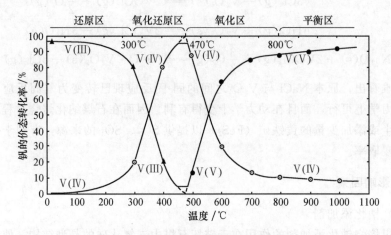

图 3-45　石煤中钒的价态与氧化焙烧温度的关系

对于钠化反应，一般而言，焙烧温度以接近或略高于所选钠化添加剂的分解温度时钠化效果最佳。因而钠化温度又与添加剂的种类有关，例如，食盐作为添加剂，焙烧温度以 800℃左右为宜，而硫酸钠、碳酸钠的钠化焙烧温度一般为 950℃，有时需在 1100℃时较为有效。因此，最佳焙烧温度的选取应根据特定的工艺条件，综合氧化与钠化的最佳温度，适当选择。某地石煤以食盐为钠化添加剂时，不同条件下钒的焙烧转浸率与焙烧温度的关系如图 3-46 所示[92]。当焙烧温度达到 800℃时，价态氧化反应的最佳温度与钠化反应的最佳温度相近，其钒的转浸率最高达 81.5％，但当焙烧温度升至 850℃时，钒的焙烧转浸率不但没有增加，反而会明显下降，这是因为在较高温度下，参与反应的矿物组份将增多，彼此间的反应变得错综复杂，并形成硅氧玻璃质新相而将钒裹络，妨碍其进一步氯化、钠化，产生了所谓"硅氧裹络"现象，这不仅使钠化焙烧操作难以有效进行，而且钒的转浸率大幅度降低。

（3）焙烧时间

焙烧时间与焙烧温度有关。焙烧温度升高，反应速率加快，焙烧时间可缩短。总反应速率取决于氧化反应速率和钠化反应速率。一般情况下，氧化反应速率高于钠化反应速率。因而，在最佳焙烧温度下，确定合适的焙烧时间。图 3-47 表示了某地石煤流态化钠化焙烧过程中焙烧转浸率与焙烧时间间的关系，在 800℃焙烧温度条件下，焙烧 1～1.5h，其钒的焙烧转浸率可达 82％～

84%[92]。

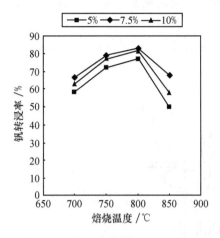 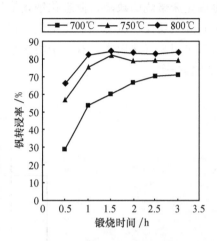

图 3-46　不同条件下钒焙烧转浸率
　　　　　与焙烧温度的关系

图 3-47　不同焙烧条件下，钒转浸率
　　　　　与焙烧时间的关系

（4）残碳含量

一般而言，石煤中的碳和硫铁矿对低价钒的氧化有抑制作用，这些物质含量愈高，共抑制作用愈强，钒的转浸率也愈低。因而，通常先将石煤进行氧化脱碳，一方面减少还原性物质对钒的氧化、钠化的影响，另一方面，使石煤中的钒得到富集，其含量由 1% 左右提高到 1.5% 左右。不过，炭的氧化速率通常远高于钠化速率，在一个反应器中同时完成这两个过程，也是可能的。

3.5.2.2　工艺过程

石煤钠化提钒过程有种种，但以流态化钠化焙烧—水浸—萃取沉钒过程为宜。

1. 流态化钠化焙烧

前已提到，在食盐钠化焙烧时，当温度为 800℃ 左右时可取得钒的最佳焙烧转浸率，而偏离这个温度特别是较高的温度，其焙烧转浸率将大幅度下降，显示出突出的温度敏感性。这是制约提高钒收率的关键。对于这一点，传统的球团平窑固定床式焙烧是很不适应的，首先，球团固定床式料层存在温度不均匀分布，床层上下、左右存在明显的温度差，其次，球团颗粒内外及颗粒内部存在着温度差，使钠化焙烧不均匀，钒的转浸率降低，同时球团热阻大，升温慢，反应过程进行缓慢，生产效率低。经验告诉我们，颗粒流化床具有床层温度均匀的特性，因而采用细粒料直接流态化钠化焙烧工艺将是一个合理的选择，充分消除团球平窑固定床焙烧的缺陷，流态化钠化焙烧可取得预料的满意结果[95]。图 3-48 显示了石煤快速循环流态化钠化焙烧的扩大试验，它与沸腾床（鼓泡流化床）相比，因其采用高气速操作，有利于防止焙烧时因熔融而发生粘结失流，保持良好的流态化操作[96]。

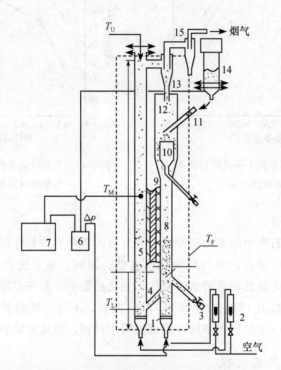

图 3-48　石煤快速流态化钠化焙烧扩大试验[97]

1-分布板；2-流量计；3-排料口；4-锥斗；5-快速床；6-压差变送器；7-X-Y 记录仪；
8-循环床；9-虚线内为高温保温材料-电加热丝；10-钠化斗；11-加料口；
12-扩大段；13-一旋分离器；14-加料斗；15-二旋分离器

2. 三相流态化浸取

焙砂浸取液 V_2O_5 浓度越高，后继的分离和沉钒的效率越高，反应得越完全。对于焙砂浸取过程应尽量采低液固比，降低传递阻力，快速浸取颗粒内的可溶钒，并力求减少浸渣夹带所造成钒的损失。王永安等[97]研究了钠化焙砂的流态化浸取过程，并开发了液固逆流的气液固多级三相流态化浸取塔[98]，在一个装置中完成浸取和洗涤，浸液钒浓度高，是一个很好的解决方案。

3. 萃取分离

浸取液中含钒阴离子与含萃取剂 N263（R_4NCl）的有机相接触，则与 R_4NCl 中氯离子交换从水相（A）进入有机相（O），发生如下萃取反应：

$$V_{10}O_{28}^{6-} + 6R_4NCl \Longrightarrow (R_4N)_6V_{10}O_{28} + 6Cl^-$$

$$HV_{10}O_{28}^{5-} + 5R_4NCl \Longrightarrow (R_4N)_5V_{10}O_{28} + 5Cl^-$$

$$H_2V_{10}O_{28}^{4-} + 4R_4HCl \Longrightarrow (R_4N)_4H_2V_{10}O_{18} + 4Cl^-$$

有机相
水相

可以通过控制含钒水溶液的钒浓度和 pH，使之得到最高的萃取率和最大的分配系数。实验研究表明[99]，在钒浓度为 7g/L，当有机相与水相比（O/A）=1/2 时，萃取液钒浓度可降至 0.002g/L 以下，萃取效果是非常好的。

当含钒有机相与浓度为 4mol/L 的 NH_4Cl 和 1mol/L 的 NH_4OH 组成的反萃液接触时，立即会发生如下反萃反应：

$$4NH_4Cl + (R_4N)_4H_2V_{10}O_{28} \Longrightarrow 4R_4NCl + (NH_4)_4H_2V_{10}O_{28} \downarrow$$

$$5NH_4Cl + (R_4N)_5HV_{10}O_{28} \Longrightarrow 5R_4NCl + (NH_4)_5HV_{10}O_{28} \downarrow$$

$$4NH_4Cl + (R_4N)_4H_2V_{10}O_{28} \Longrightarrow 4R_4NCl + (NH_4)_4H_2V_{10}O_{28} \downarrow$$

有机相
水相

水相中反萃钒最终转化为偏钒酸铵 NH_4VO_3 沉淀，钒几乎可完全进入沉淀，反萃液中 V_2O_5 浓度仅为 0.24g/L。这里表明，在反萃取时，同时完成沉钒过程，两者合二为一。

基于以上的实验研究结果，通过过程设计，建立了一个石煤快速流态化钠化焙烧—多级三相流态化浸取—萃取分离—反萃沉钒的高效提钒新过程[100]，年产 500t V_2O_5 示范厂的原则流程如图 3-49 所示。

该工艺过程的主要特点有以下几点。

1）粉料直接入料，不用配料制粒、烘干储运、焙烧再破碎，简化了工艺、节省了相应的投资和操作费用。

2）粉料快速流态化钠化焙烧，床层温度均匀，可在最佳温度下充分钠化转化，反应速率快，生产效率高，易于大型化。

3）气液固多层三相流态化逆流浸取，可降低液固比，提高浸液浓度，集加热、浸出、洗涤于一体，连续操作，效率高，劳动条件好。

4）高效萃取提钒，反萃一步沉钒，缩短了工艺流程，产品纯度高，工艺钒收率高。

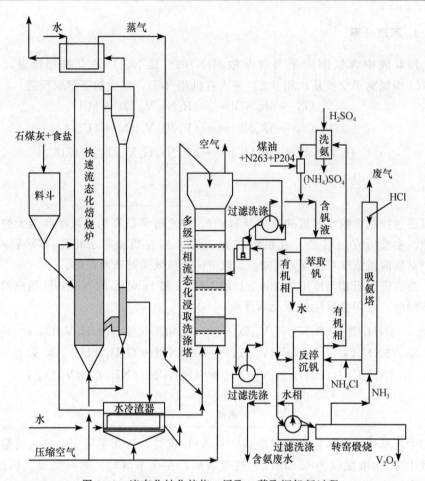

图 3-49　流态化钠化焙烧—浸取—萃取沉钒新过程

5）工艺技术指标先进，与现行同类工艺相比，大大降低了原料，特别是食盐消耗，从而降低了生产成本，同时大幅度提高了钒收率，增加了收益。

综合利用了过程的废热，较高的能源自给率；副废气 NH_3、HCl 的回收利用，以降低原料、能源消耗，提高技术经济指标。

废气、废水、废渣都经精心处理，防止"三废"污染，改善工业卫生环境，保护周边地区生态环境。

3.5.3　离析法焙烧

3.5.3.1　离析法焙烧概述

离析法焙烧是从难选氧化铜矿，特别是结合性的氧化铜矿，提取铜的一种很有效的方法，发明于 1923 年英国的矿物分选公司。该法是将粉状的氧化铜矿与工业食盐、无烟煤粉（或焦炭粉）混合，在常压和适宜的温度的条件下，使铜氯化挥发、还原成金属铜，金属铜和贵金属被吸附在炭粒上而富集成为可选矿物，然后用浮选方法将附着铜（和贵金属）的炭粒与脉石分离，浮选获得含铜达12%～40%的铜精砂及富集了贵金属。自 1956 年起，我国开始这项工艺的研究，并扩展到金属硫化矿物焙烧烧渣的综合利用[101]。

氧化铜离析法焙烧工艺过程有一段法和两段法之分，一段法是将矿石预热和离析反应在回转窑中进行[102]；两段法是先将矿石进行流态化[103]预热至高于离析反应温度，然后混入所需要的还原剂焦炭粉和氯化剂食盐，加入竖炉式或短的锥形回转窑式离析反应炉进行离析还原反应。

一段法和二段法工艺的工业化实践表明：一段法的优点是工艺过程简单，可用粒度较粗（约 5mm）的原料，烟尘率低，热效率较高，缺点是氯化剂和还原剂用量太大，铜的挥发损失大，烟气处理系统的设备腐蚀较为严重。两段法可采用固体燃料（煤粉或焦炭粉）预热和还原矿石；氯化剂和还原剂的消耗量较少，仅为一段法用量的 1/3，烟气量很小，铜的挥发损失很少；设备比较简单，反应气氛条件的控制容易。

3.5.3.2　基本原理

氧化铜矿配入 0.5%～3% 盐 NaCl，1%～4% 的无烟煤粉（或焦炭粉），在温度通常为 750～850℃可进行离析反应，离析过程的主要反应式[103]为

NaCl 的分解

$$2NaCl + H_2O + SiO_2 \Longrightarrow Na_2SiO_3 + 2HCl \uparrow$$

氧化物铜的氯化和挥发

$$2CuO + 2HCl \Longrightarrow \frac{2}{3}Cu_3Cl_3 \uparrow + H_2O \uparrow + \frac{1}{2}O_2 \uparrow$$

$$Cu_2O + 2HCl \Longrightarrow \frac{2}{3}Cu_3Cl_3 \uparrow + H_2O \uparrow$$

还原过程

$$C + H_2O \Longrightarrow CO \uparrow + H_2 \uparrow$$

$$Cu_3Cl_3 + \frac{3}{2}H_2 \Longrightarrow 3Cu + 3HCl \uparrow$$

$$3Fe_2O_3 + CO \Longrightarrow 2Fe_3O_4 + CO_2$$

$$6Fe_2O_3 + C \Longrightarrow 4Fe_3O_4 + CO_2$$

实验研究结果表明，经过 40～120min 的离析反应，即可达到较理想的离析效果。

3.5.3.3 离析焙烧工艺过程

由于一段离析焙烧法的明显不足，通常都采用原矿预热与离析焙烧分离的两段离析焙烧法。

1. 氧化铜矿的离析焙烧

我国铜陵有色金属公司设计研究院 1966 年底在安徽铜陵铜官山矿建成为 250t/d[104] 两个系列两相沸腾炉预热-竖炉离析焙烧两段工艺工业试验装置。其特点是采用粉煤（烟煤）为燃料，氧化铜矿为原料，多层稀相流态化气固逆流换热和浓相流态化加热（沸腾炉）的矿石预热工艺技术。

（1）沸腾加热炉

工业试验矿石沸腾预热炉如图 3-50 所示，锥形炉锥底直径为 1.8m，全锥角为 20°，锥底直形段为 0.3m，锥形床床高 1.2m，工业试验采用的氧化矿粒度为 -3.0mm，冷态测得流化速度为 0.56m/s，热态（900℃）流化速度 0.96～1.6m/s。实践表明，在工业试验中采用锥底操作流速为 1.57～1.78m/s，锥形床压降为 9.2kPa，加热效果较好，烟煤耗量 5%～6%，烟尘率为 12%～17%。沸腾预热炉上叠加已扩大的稀相多层气固逆流稀相换热段以回收烟气中显热焓。稀相段内装有挡板，每一块挡板，可使烟气温度下降 50℃（如出口处由 250℃降至 200℃），加料速率可提高了 15.2%。但烟尘量大。

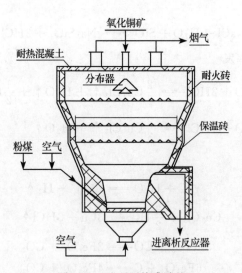

图 3-50　矿石预热沸腾炉

浓相-稀相分离式流态化加热工艺配置，如图 3-51。上部稀相换热段与下部锥形浓相流态化加热炉彼此隔开，稀相换热后的物料经下料管进入下部锥形浓相流态化加热炉，从加热锥形浓相床出来的高温烟气，先经过高温旋风收尘以后进入上部稀相换热段，以减少烟尘量，稀相换热之后收下低温尘返回浓相床。

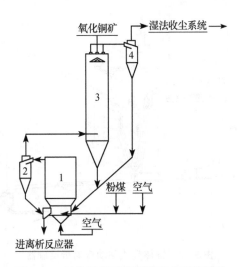

图 3-51　氧化铜矿两段预热离析工业试验

1-加热沸腾炉；2-高温收尘器；3-稀相换热炉；4-一般旋风收尘器

氧化铜矿两段离析法的工业试验的分选结果表 3-5。

表 3-5　离析焙烧分选结果

名　称	金属含量/%		金属含量/(g/t)		金属回收率/%			
	Cu	Fe	Au	Ag	Cu	Fe	Au	Ag
焙烧矿	0.44	55.26	0.98	23.66	100	100	100	100
铜精矿	11.79	19.38	24.61	491.9	75.83	1.0	71.07	58.83
铁精矿	0.11	63.95	0.20	9.0	18.96	88.58	15.62	29.88
尾矿	0.11	27.92	0.63	12.94	5.21	10.42	13.31	11.29

（2）离析反应器

工业上应用的离析反应器有回转窑式离析反应器和锥体竖式移动床式离析反应器两类，可满足离析焙烧的工艺要求。

1）短头锥体回转窑式离析反应器。工业试验设计的离析焙烧反应器直径为 $\phi 2.2m$，端头锥体角为 77.32°，尾端锥体角为 47°，总长 8500mm，窑头设有保温的进料箱，尾部设有水封的下料斗，处理量为 4560～6300kg/h，反应时间 180～130min。

2）锥体竖式移动床离析反应器。锥体竖式移动床式离析反应器如图 3-52 所示。

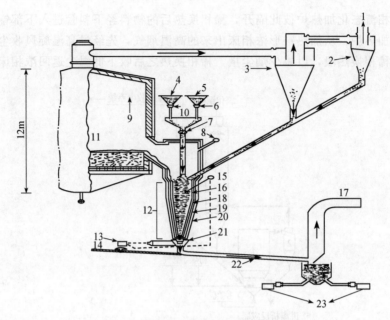

图 3-52　锥体竖式移动床离析反应器

1-通大气；2-二次旋风除尘器；3-一次旋风除尘器；4-反应剂食盐；5-反应剂煤；6-贝利
给料器；7-通用星形阀；8-气体取样点；9-气体；10-星形阀；11-流化床；12-离析反应
区；13-套管阀控制器；14-急冷水；15-压力探头；16-不锈钢套；17-水蒸气排出道；
18-耐火材料内衬；19-绝热砖；20-不锈钢壳；21-套管阀；22-急冷溜槽；23-往浮选

2. 硫酸烧渣离析焙烧

（1）概述

硫铁矿或硫精砂沸腾炉焙烧的烟气制硫酸是一种传统的生产工艺，1t 硫酸通常产出～1t 含 Fe 为 48％～55％的烧渣，铁的形态主要是 Fe_2O_3，少量的 Fe_3O_4（或少量的 FeO），SiO_2 在 12％上，此外还含有少量的 Cu、Zn 等杂质而不能直接作为炼铁的原料，因此我国大量的硫酸烧渣未能得到利用，既浪费了资源，又污染了环境。对硫铁矿烧渣采用加盐离析焙烧（氯化还原挥发)-选矿工艺，可获得高品位的铁精矿和富含贵金属的铜精矿，综合回收有价元素，是一种有效而清洁的绿色工艺。1982 我国铜陵有色金属公司设计研究院 1.5t/d 铜精砂、硫精砂全流程的扩大试验的基础上[105,106]，设计了处理 120t/d 硫铁矿烧渣量的工业试验厂。

（2）工艺流程

硫精砂烧渣离析焙烧是将硫精砂（通常含有有色和贵金属）在 850℃左右的高温下进行氧化脱硫焙烧，铜矿浮选硫精砂因其粒度细（－200 目占 75％以上），焙烧生成的烟尘率高（达 70％以上），在沸腾焙烧炉出口处，通过高温旋风收尘器回收被烟气带出焙烧炉的高温烟尘与生成的高温沸腾焙烧炉烧渣一同作为离析焙烧的原料，与一定量的工业食盐、焦粉直接混合后进入离析反应器，在750～800℃下进行自热式离析焙烧反应，离析焙砂经磨矿、浮选、磁选得到富集了贵金属的铜精砂及合格的铁精砂；除去烟尘的高温烟气经余热锅炉冷却、二级旋风收尘器和电收尘净化，净化后的烟气送去制酸；收下的低温烟尘（低于300℃）与湿的硫精砂混合返回焙烧炉再焙烧。

废弃的冷的硫铁矿烧渣或硫精砂烧渣可配比一定量的硫精砂进行混合氧化脱硫焙烧，利用硫精砂放热焙烧为离析焙烧提供所需的反应热，使其能在750～800℃下进行自热式离析焙烧反应。在处理含贵金属较高而不含铜的烧渣时，添加少量的铜矿物（高品位铜矿或铜精砂），以铜作为离析和浮选贵金属的捕集载体，使贵金属得到回收。这为利用现有废弃的硫酸烧渣开辟了新的技术途径。

硫酸烧渣与氧化铜矿离析法工艺有相似点，但因物化性能不同，必须注意加工工艺上的差别。对于离析焙烧，其氯化还原反应属于气固接触与扩散反应，大颗粒矿氧化铜矿离析焙烧预热，矿粒内的热阻大，颗粒内外存在温度差，氧化铜矿比较致密，氯化还原气难以在颗粒中扩散，其离析焙烧反应的均匀性差，反应速度也低；而高温硫精砂焙烧的矿粒粒度小，而且是自燃体，无需供热，矿粒中温度均匀性好，同时烧渣疏松多孔，有利于氯化还原反应的扩散，其离析焙烧反应的均匀性也好，反应速度高。此外，硫精砂焙烧的焙砂及收集的高温烟尘矿粒之间夹有小量 SO_2 和微量的 SO_3 气体，在氯化还原反应过程中，SO_3 气体能促使 $NaCl$ 的分解，在有还原剂的参与下，SO_2 有可能被还原，并会硫化已被还原的金属（如 Cu）而得到可以浮选的硫化物，但硫精砂烧渣的离析反应速度快，容易导致矿粒产生烧结，因而必须控制脱硫焙烧的条件，否则烧结的矿粒将会不利离析反应气体在矿粒中进行扩散；离析反应产出的烟气含有约 0.4％～0.7％ HCl，这种烟气不仅严重腐蚀设备，而且有害于制酸工艺的正常生产，必须要严防离析反应的烟气窜入脱硫焙烧炉。

（3）工艺参数和工艺设备

工业试验厂规模：脱硫沸腾焙烧炉处理硫精矿 85t/d，冷烧渣量（加入脱硫焙烧炉流化床）70t/d，进入离析焙烧短窑的烧渣量为120t/d。

原料为浮选硫精砂，其主要成分为：S 34.55％、Fe 35.23％、Cu 0.37％、Au 0.34g/t、Ag 6.46g/t，粒级为−200 目占 75％以上，先经过干燥，硫精砂进沸腾焙烧炉含水 5％～7％。进窑烧渣成分为：S 1.36％、Fe 46.21％、Cu 0.49％、Au 0.52g/t、Ag 8.47g/t。

脱硫沸腾焙烧炉烧渣配入焦粉3％，工业盐1％，加入高温空气溜槽尾部，与高温焙烧砂自流进入离析反应短窑。离析焙烧温度800℃，焙烧时间为1～2h。

为了补热能保证离析温度在 800℃ 以上，除利用 V 形阀和空气溜槽送入空气之外，另在进离析反应器的端头设一空气管，送入补充空气以燃烧小量焦粉来提高和保证离析的反应温度。离析焙烧料用水淬冷，再经磨矿、浮选、磁选，获得铜精砂（含 Cu 11%～14%）和铁精砂（含 Fe 62%～64%），回收率分别为：Cu 70%、Au 60%、Ag 71%、Fe 83%。

脱硫沸腾焙烧炉的设计参数与常规硫酸厂脱硫沸腾炉参数基本一致，焙烧温度为 920℃，沸腾焙烧炉的流化速度为 0.7m/s，沸腾炉的直径为 $\phi2766$mm，床面积为 7.35m²，上部扩大段直径为 $\phi4200$mm，流化层的高度为 1200mm，焙烧炉的高度为 9.61m（炉底至烟气出口中心线的距离）。沸腾焙烧炉烧渣通过溢流箱排入高温浓相流态化 V 形阀；高温烟尘通过旋风分离器料腿排入高温浓相流态化 V 形阀。

为确保在温度 780～800℃ 下进行自热离析焙烧，在焙烧炉烟气出口对接上高温收尘器，高温收尘器为 $\phi1460$mm 高效的扩散收尘器，内壳为耐热耐磨的合金铸钢，外为钢制壳，中间衬保温耐火材料。

离析反应器与沸腾焙烧炉之间通过高温浓相流态化 V 形阀互相连接，高温焙烧砂和高温烟尘通过高温浓相流态化 V 形阀进入离析反应器，同时防止离析反应器中含腐蚀性离析反应气体窜入沸腾焙烧制酸烟气中。

3.6　小结与评述

金属矿是冶金工业的基础资源，通过分离提取以获得金属。金属矿冶炼分为火法冶金和湿法冶金，目前以火法为主。

传统的火法冶金的必要条件是富矿、高温和合适的炉型。矿石一般需经选矿获得精矿，继而烧结或高温流态化氧化预焙烧，然后高温还原冶炼，然而，低品位难处理复杂矿的富集利用就成了传统火法冶金的一大难题，也是新世纪冶金工业面临的现实问题。业已开发的贫铁矿流态化磁化焙烧磁选、低品位复杂矿的硫酸化焙烧等化学转化富集方法就具有特殊的意义。铁矿石冶炼因焦煤资源限制而发展直接还原，但因该还原过程属固相离子扩散的反应速率控制，生产效率较低，缺乏竞争力；高温熔融还原冶金使还原反应过程远离化学动力学控制，强化了反应过程，在新的高温熔炼条件下，开发以强化传递的熔态喷吹冶炼为特征工艺技术和设备，形成了当前的技术发展趋势，其突出代表是直接流态化预还原-熔融终还原法的非高炉炼铁和金属硫化矿的闪速熔炼，他们已经或将对钢铁和有色冶金工业的发展产生重要而深远的影响。

湿法冶金是低品位的氧化矿和处理复杂矿的有效方法。铜、镍、钴矿以及贵、稀金属矿，通常需经氧化焙烧、硫酸化焙烧、加盐焙烧或氯化焙烧预处理，继而进行常压或加压浸取-溶剂萃取分离，可取得满意结果，实现资源的综合回收利用，减少废弃物的排放。

金属矿物分离提取的加工过程是采用流态化技术最早的行业之一，在矿物的预焙烧、气体还原、特殊焙烧、浸取分离、污染的排放控制等方面都显示出不可替代的重要作用，形成了许多效果卓著的生产过程。然而，目前的技术状态依然停留在当初的第一代鼓泡流态化技术水平，尽管生产实践中都在不断进行技术改进，但都是非根本性的。因此，用新一代无气泡气固接触的快速流态化技术改造传统的流态化工艺过程将会提高资源和能源的利用水平，不仅是可持续发展的客观要求，十分必要，而且工艺技术更加先进，必将创造更加辉煌的业绩。

参 考 文 献

[1] 赵天从. 重金属冶金学（上下册）. 北京：冶金工业出版社，1981

[2] 徐采栋等. 锌冶金物理化学. 上海：上海科学技术出版社，1979

[3] 李炬. 锌精矿沸腾焙烧冶金计算程序的开发及应用. 重有色冶炼，1997（4）：30～32，24

[4] 鲍超，唐三川，张寿年等. 铅锌混合精矿的沸腾焙烧研究. 矿冶工程，1991，11（1）：55～57

[5] 《重有色金属冶炼设计手册》编辑部. 重有色金属冶炼设计手册·铅锌铋卷. 北京：冶金工业出版社，1996

[6] 黄正中. 国外汞冶金评述. 有色金属（冶炼），1979（4）：44～47

[7] 彭养廉. 两相双层沸腾焙烧炉炼汞. 有色冶炼，1985，14（9）：1～6

[8] 《重有色金属冶炼设计手册》编辑部. 重有色金属冶炼设计手册·铜镍卷. 北京：冶金工业出版社，1996

[9] 陈维东. 国外有色冶金工厂·铜. 北京：冶金工业出版社，1985

[10] 蒋继穆，曹异生. 中国铜镍工业进展及前景展望. 有色冶炼，2000，29（1）：1～5，31

[11] 《当代中国有色金属工业》编委会. 新中国有色金属铅锑工业. 北京：冶金工业出版社，1986

[12] 韦红毅，李世彬. 技术改革是提高铅锑熔炼指标的有效途径. 有色金属（冶炼），1993（2）：4，5

[13] 凌云汉. 脆硫铅锑矿沸腾焙烧实践. 有色金属（冶炼），1996（3）：19～21

[14] 田恕. 大厂脉锡精矿冶炼工艺流程探讨. 1981（10）：1～28

[15] 柳州冶炼厂. 沸腾炉焙烧锡精矿的生产实践. 1981（10）：1～13

[16] 李忻. 技术改革是提高铅锑熔炼指标的有效途径. 锡精矿炼前处理工艺改造实践. 有色冶炼，2003（2）：29～31

[17] 王学洪. 5m² 锡精矿沸腾焙烧炉生产实践. 重有色冶炼，1993（4）：1～5

[18] 吴继梅，黄书泽. 云锡公司锡精矿还原熔炼系统技术改造方向探讨. 云锡科技，1997，

24（4）：32～37

[19]《重有色金属冶炼设计手册》编辑部．重有色金属冶炼设计手册·锡锑汞贵金属卷．北京：冶金工业出版社，1995

[20] 乐颂光，夏忠让，余邦林等．钴冶金．北京：冶金工业出版社，1987

[21] 钴冶炼专集．重有色冶炼．1975（5）：1～83

[22] 李佑楚．硫酸化热力学条件．中国科学院化工冶金研究所．1996

[23] Sohn H Y, Wadsworth M E. 提取冶金速率过程．北京：冶金工业出版社，1984

[24] 王忠实，蒋继穆．中国锌冶炼现状．有色冶炼，1996（6）：1～5

[25] 王忠实．我国锌精矿沸腾焙烧技术的进展．有色冶炼，1995（6）：1～9

[26] 刘杰峰．我国湿法炼锌技术的发展．湖南有色金属，2001，17（3）：16～18

[27] 潘子勤．锌精矿的高温沸腾焙烧．有色金属（冶炼），1995（1）：4

[28] 韩照炎．锌精矿沸腾焙烧操作制度与效果比较．重有色冶炼，1996（4）：2～5

[29] 李正兴．锌精矿粒料沸腾炉焙烧与氧化锌生产新工艺．有色冶炼，1997（6）：5～6，16

[30] 白汝孝．浅谈硫化锌矿制粒沸腾焙烧．有色金属（冶炼），1991（1）：12～14

[31] 吴仲．锌精矿的高低过剩空气系数交替高温氧化焙烧．有色金属（冶炼），2002（6）：14～15，40

[32] 赵树壮．小型锌精矿沸腾焙烧炉．有色金属（冶炼），1988（1）：18～20，24

[33] 罗贞宽．42m² 锌沸腾焙烧炉的余热利用．重有色冶炼，1996（2）：28～32

[34] 周建光，邵凯旋．株冶 109m² 沸腾炉及硫酸系统生产述评．有色冶炼，1998，27（5）：6～10，5

[35] 湿法炼铜专集．重有色冶炼．1976（6）：1～20，26～31

[36] 段守安．硫化铜精矿湿法冶金的生产和经济效益．有色冶炼，1985，14（5）：12～13，43

[37] 张国栋，范铭泽，王忠等．白冰铜氧化沸腾焙烧．有色金属（冶炼），1996（3）：11～12，32

[38] 刘忠良．招远黄金冶炼厂概况．重有色冶炼，1987（4）：1～2（-招远厂）

[39] 刘忠良．招远黄金冶炼厂工艺技术特点．有色金属（冶炼），1989（5）：9～12

[40] 郑少欣，李瑞胜．多金属含铅金精矿提金除铅新工艺．有色金属（冶炼），1989（1）：8～9

[41] Maycock A R, Nahas W, Watson T C. 难处理金矿焙烧工艺的设计和实践评述．王忠实译．李宏校．重有色冶炼，1994（1）：17～23

[42] Robet M R, Cocman B. 难处理金矿石和精矿的焙烧．王忠实译．李宏校．重有色冶炼，1994（2）：21～29

[43] 安绍勤．氧化镍沸腾焙烧炉．有色冶炼，1995（4）：32～35

[44] 安绍勤．浆式进料沸腾炉的设计及生产实践．有色冶炼，1993（3）：1～5

[45] 格林姆西 E J，艾莫尔 M G．砷黄铁矿的焙烧．重有色冶炼，1994（3）：20

[46] 崔乃梁．我国钴生产概述．有色冶炼，1996，25（6）：6～10

[47] 刘勇，梁慧珠．海南钴硫精矿综合利用研究．有色金属（冶炼部分），1993（1）：30～

32、38

[48] 刘大星. 国内外钴的生产消费与技术进展. 有色冶炼，2000，29（5）：4～9，20

[49] 刘淑娟，王永安，戴殿卫等. 科学技术研究报告. 中华人民共和国科学技术委员会出版，1963

[50] 李佑楚. 磁化焙烧在处理我国红矿中的地位——解决我国细粒嵌布贫赤铁矿和鲕状赤铁矿选矿问题的一个有希望的途径. 北京：中国科学院化工冶金研究所，1973，10

[51] 郭铨，刘淑娟. 流程计算. 化学平衡. 热量和热量平衡. 北京：科学出版社，1985

[52] Pelton A D，Bale C W. Thermodynamics，in Direct Reduction Iron. Technology and Economics of production and use（Feinman J，MacRac D R. eds.）. The Iron & Steel Society. 1999，25～52

[53] Edstrom J O. The mechanism of reduction of iron oxides. J. Iron & Steel Institute. 1953（175）：289～304

[54] Mckewan W M. Trans. AIME，1962（224）：12

[55] 中国科学院化工冶金研究所. 流态化气体炼铁－100 公斤/日级加压联动试验. 化工冶金，1976（3）：1～18

[56] 郭慕孙. 铁精矿加压流态化氢还原. 北京：中国科学院化工冶金研究所，1977

[57] 郭慕孙. 攀枝花铁精矿钢铁冶炼新流程—流态化还原法（综合报告之二）. 北京：中国科学院化工冶金研究所，1977

[58] 中国科学院化工冶金研究所，山东枣庄市化学冶金研究所. 攀枝花铁精矿钢铁冶炼新流程—流态化还原法. 北京：中国科学院化工冶金研究所，1980

[59] 郭慕孙. 攀枝花铁精矿钢铁冶金新流程—流态化还原法. 中国金属学会 1978 年年会学术论文. 1978

[60] 郭慕孙. 钒钛铁矿综合利用—流态化还原法. 钢铁，1979，14（6）：11

[61] 李佑楚. 镜铁山含菱铁矿铁矿石的流态化磁化焙烧实验. 北京：中国科学院化工冶金研究所，1965，12

[62] 李佑楚，郭慕孙. 贫铁矿流态化磁化焙烧的实践与展望. 北京：中国科学院化工冶金研究所，1980，03

[63] Кармазин В И. Сталь. 1969（4）：289

[64] Кармазин В И. Сталь. 1969（4）：494

[65] Roberts A. Mineral Processing. 1965，425

[66] Priestley R J. Magnetic conversion of iron ores. Ind. Eng. Chem. 1957，49（1）：62～64

[67] Priestley R J. Upgrading iron ore by fluidized magnetic conversion. Blast Furnace and Steel Plant. 1958，46（3）：303～307

[68] Kwauk M. Fluidized roasting of oxidic Chinese iron ore. International Chemical Engineering. 1981，21（1）：95～115

[69] Tomasicchio G. Magnetic reduction of iron ore by the fluosolids system. Proceedings of the International Symposium on Fluidization（Drinkenburg A A H. ed.）. 1967，725～

738

[70] Whipp R H. Economics of Production and use of DRI. Direct Reduction Iron. Technology and Economics of production and use (Feinman J, MacRac D R. eds.). The Iron & Steel Society. 1999, 207~223

[71] Squires A M, Johnson C A. The H-iron process. J. Metals. 1957, 9 (4): 586~590

[72] 尤斯芬，IOC 等. 铁矿原料金属化工艺理论. 侯希伦译. 北京：冶金工业出版社，1991. 127

[73] 中国科学院化工冶金研究所，河北沧州化工冶金试验厂. 流态化气体还原铁鳞生产粉末冶金及点焊条铁粉. 1978

[74] 河北沧州化工冶金试验厂. 中国科学院化工冶金研究所. 沧州吨级/天流态化气体炼铁. 1976~9

[75] Othmer K. Encyclopedia of Chemical Technology, Fouth edition. Vol. 14, 1995. 860~872

[76] Bitter R. W. Von et al. Experience with two new fine ore reduction process-circored and circofer. Direct Reduction Iron: Technology and Economics of Production and Use (Feinman J, MacRac D R. eds.). The Iron & Steel Society. 1999, 9~16

[77] Panigrahi R. Direct reduction processes. Direct Reduction Iron. : Technology and Economics of Production and Use (Feinman J, MacRac D R. eds.). The Iron & Steel Society. 1999. 99~117

[78] 日本金属学会. 钢铁冶金. 冶炼篇 1. 王魁汉等译. 北京：冶金工业出版社，1985. 215~216

[79] Hassan A et al. Current status of FINMET processes & technology development. Proceeding of International Conference on New Developments in Metallurgical Process Technology. Dusseldorf, 1999, 1~8

[80] Stelling O. Carbon monoxide reduction of iron ore. J. Metals, 1985, 10 (4): 290~295

[81] 杜挺，邓开文等. 钢铁冶炼新工艺. 北京：北京大学出版社，1993. 16~19

[82] Elvers B et al. Ulmanns Encyclopedia of Industrial Chemistry. Fifth. Vol. A14, 515~573

[83] Kitagawa T et al. The DIOS process-the advanced smelting technology for the 21st Century. Proceeding of International Conference on New Developments in Metallurgical Process Technology. Düsseldorf. 1999. 42~49

[84] Lee H K et al. The COREX process for hot metal production without coke. Proceeding of International Conference on New Developments in Metallurgical Process Technology. 1999. 36~41

[85] Fruehan R J. Reduction Smelting Process-Technology and Economics. Direct Reduction Iron. Technology and Economics of Production and Use (Feinman J, MacRac D R. eds.). The Iron & Steel Society. 1999. 163~165

[86] Yao J Z et al. Pre-reduction of iron ore concentrates in a new-type of transport reactor. Seventh International Conference on Fluidization. Queensland. Australia. 1992

[87] 三室援阿焙烧组. 阿尔巴尼亚红土矿选择性还原焙烧试验. 中国科学院化工冶金研究所援阿报告专集. 北京. 1976

[88] 魏寿昆. 冶金过程热力学. 上海：上海科学技术出版社，1980

[89] 马慧娟. 钛冶金学. 北京：冶金工业出版社，1979

[90] 莫畏，邓国珠，陆德祯等. 钛冶金. 北京：冶金工业出版社，1979

[91] Байбеков М К，Попов В Д，Чепрасов И М. 四氯化钛生产. 刘茂盛，戴朝佳，李光鳌译. 国外钒钛. 1983.（4）

[92] 钟法宝，黄权英，刘雪均. 攀矿钛渣无筛板沸腾氯化炉（直径 1200 毫米）制取 TiCl₄ 的工业试验. 论文选集. 广州有色金属研究院. 1991.9

[93] 顾坚. 石煤提钒调查报告. 1986.9

[94] 李佑楚，王凤鸣. 江西玉山石煤钠化焙烧试验. 北京：中国科学院化工冶金研究所. 1988a.8

[95] 许国镇，戈西锷，李吉贵. 江西玉山石煤炭渣中钒的价态的研究. 武汉：武汉地质学院北京研究生部. 1985.10

[96] 李佑楚，王凤鸣. 江西玉山石煤钠化焙烧工艺方案. 北京：中国科学院化工冶金研究所. 1988.8

[97] 李佑楚，王凤鸣，闫长明. 江西玉山石煤快速循环流态化钠化焙烧扩大试验研究. 北京：中国科学院化工冶金研究所. 1991.7

[98] 王永安，贾永玉，白孟田等. 江西玉山石煤钠焙砂流态化浸取实验. 北京：中国科学院化工冶金研究所. 1988.10

[99] 王永安. 江西玉山石煤钠化焙砂流态化浸取工艺方案. 北京：中国科学院化工冶金研究所. 1988.8

[100] 黄淑兰，朱屯. 石煤灰钠化焙砂浸取液的萃取提钒研究. 北京：中国科学院化工冶金研究所. 1988.5

[101] 李佑楚，王永安. 采用高效多功能工艺设备的石煤钠化提钒技术. 北京：中国科学院化工冶金研究所. 1989.5

[102] 安徽铜陵科学研究所. 安徽铜陵铜官山氧化铜矿离析两段法小型试验研究报告. 1960

[103] 广东石录铜矿. 广东省冶金研究所. 石录铜矿工程技术总结

[104] Mackay K E, Gibson N. Development of the pilot commercial Torco plant at Rhokana Covporation ITD. Trans. Instn. Min. Metall，11 March，1968

[105] 铜陵有色金属公司设计研究院. 北京矿冶研究总院. 北京有色金属研究院. 安徽铜陵有色金属公司铜官山选厂氧化铜矿离析两段法工业试验报告. 1983

[106] 江苏省冶金研究所. 南京栖霞山铅锌银矿硫精砂烧渣离析-浮选回收银金初步扩大试验报告. 1983 年 9 月

第四章　煤能源转换流态化过程

4.1　煤加工利用概述

我国是世界能源生产大国，产量居世界第二位，也是能源消费大国，基本能源消费仅次于美国，居世界第二位。我国能源资源状况是富煤、少气、缺油，煤储量占世界煤储量的11％，居世界第三位；我国能源消耗中，煤的贡献率约占70％，是我国主要的动力能源和化工原料。根据我国能源资源构成，可以肯定，在今后相当长的时间内，我国的能源消费依然是以煤为主，煤在我国国民经济发展中占有重要的地位。

煤加工利用方式有燃烧发电和供热，热解焦化、气化、间接液化，直接液化等，如图4-1所示[1,2]。煤的燃烧取热、发电与人民社会生活和工业动力密切

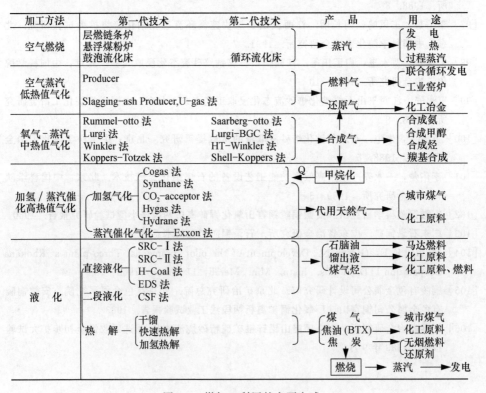

图 4-1　煤加工利用的主要方式

相关,是我国当前煤能源转化的主要方式;煤的气化是利用煤的清洁工艺,分为低热值气化、中热值气化和高热值气化,分别用于生产过程还原或燃料气、合成气、代用天然气,合成气进一步用于制备液体燃料、无机和有机化工原料;煤的直接液化是在高温、高压条件下对煤进行催化加氢,提高煤中的氢碳比,获得马达燃料、化工原料、固体无烟燃料,以弥补天然石油的不足。

煤能源为主的消费结构给我国的生态环境造成了巨大压力,我国大气污染物 SO_2 的 87%、CO 的 71% 和粉尘烟雾的 67% 来自于煤的燃烧,发展清洁煤技术,特别是高效、清洁的燃烧技术,在我国能源工业发展中占有特别重要的地位,也是实现可持续发展的战略任务。

4.2　煤　燃　烧

在我国,煤资源的 60% 用于燃烧发电或取热,直接燃煤是实现其能量转化的主要方式,发展清洁燃煤发电技术,提高发电效率是国内外共同关注的技术方向。目前,具有实用前景的清洁燃煤发电技术有带脱硫和脱硝装置的常规煤粉载流燃烧-烟气净化发电过程（PC＋FGD＋de-NO_x）、循环流化床燃煤锅炉发电过程（CFBB）、增压流化床燃煤联合循环发电过程（PFBC-CC）、整体煤气化联合循环发电过程（IGCC）。

4.2.1　流化床燃烧特点

流化床燃烧过程是一个低温稳定燃烧过程,为防止运行过程发生结渣事故,其燃烧温度要求低于煤灰渣变形温度 100～200℃,所以通常都在 1000℃ 以下。流化床燃烧过程因其具有热容量大的高温床料,新加入的燃料颗粒将以约 1000℃/s 的速率被迅速加热,而床层温度可维持稳定不变,形成稳定的燃烧过程,这个特点使得流化床燃烧过程对燃料的适应性很强,不仅能燃用优质燃料,同时可以燃烧各种劣质燃料,如灰分含量在 80% 以上的石煤和水分高达 60% 的煤泥等。

4.2.1.1　煤粒燃烧过程

1. 基本现象

煤粒被加入高温的流化床后,将经历如下两个主要过程,即煤粒干燥、加热、挥发分析出及燃烧的快速过程和残留焦炭燃烧的慢速过程。期间伴随着颗粒的膨胀、一次爆裂、二次爆裂及颗粒磨损等过程。

煤粒脱挥发分是当其被加入到流化床后迅速被加热而发生的,同时煤粒中水分也被蒸发。当煤粒被加热到一定的温度后（通常是 300℃左右）开始出现热解，释放出挥发分并着火燃烧。在热解过程中，由于挥发分逸出在颗粒内产生了压力，孔隙网络中挥发分压力的增加导致煤粒的爆裂破碎，从而形成许多小颗粒，称之为"一级爆裂破碎"过程。

焦炭燃烧主要是碳与氧之间进行的非均相气固反应，即煤粒周围的氧传递到焦炭颗粒的表面或孔隙表面，在焦炭表面上与碳反应，生成 CO_2 和 CO。对于大颗粒的化学反应控制的焦炭颗粒燃烧过程，焦炭内部的孔隙空间加大，从而削弱了焦炭内部的连接力，当连接力小于外加的力时，焦炭就会破碎产生碎片，即"二级爆裂破碎"。"二级爆裂破碎"产生的颗粒要比"一级爆裂破碎"产生的颗粒要细很多。

煤粒在燃烧过程中除经历一级爆裂破碎、二级爆裂破碎外，同时还有颗粒间的磨损等。二级爆裂破碎和磨损是流化床燃烧过程中产生细颗粒的主要过程，对流化床燃烧产生多方面的影响，一方面二级爆裂破碎降低颗粒燃烬时间，磨损则可以磨去或减薄焦炭燃烧生成的灰层或脱硫剂颗粒产物层，从而有助于燃烧和脱硫。但另一方面，二级爆裂破碎和低灰分焦炭颗粒的灰层因磨损很容易脱落，从而产生许多细小的焦炭颗粒，这些细小的焦炭颗粒一次通过炉膛后不能被完全燃烬导致飞灰含碳量增加。煤粒的二级爆裂破碎和颗粒磨损正是飞灰含碳量的主要来源。

2. 粒煤燃烧动力学

描述单粒煤燃烧的机理模型[3]有二：其一是单气膜模型（single-film model）如图 4-2a 所示，其二是双气膜模型（double-film model），如图 4-2b 所示。单气膜模型认为，氧通过颗粒表面周围静止边界层气膜扩散而到达颗粒表面，与碳反应生成 CO 或 CO_2，并与 CO 发生燃烧反应，生成的 CO_2 和未反应的 CO 通过边界层气膜向外扩散。双气膜模型认为，颗粒表面周围静止边界层由被一薄层火焰区隔开的内外两个气膜构成，氧通过颗粒表面周围静止边界层外气膜扩散，与由内气膜向外扩散的 CO 进行燃烧而形成一薄层火焰区，在该薄层火焰区内 CO 和 O_2 均被耗尽；生成的 CO_2 通过内外两个气膜扩散，当到达颗粒表面时，与碳发生反应，生成 CO。实验研究表明，单气膜模型较好地适应于颗粒粒度小于 $100\mu m$ 的小颗粒的燃烧情况，而双气膜模型较好地适应于颗粒粒度大于 2mm 的大颗粒的燃烧情况。这是两个极端的情况，但实际的燃烧情况因煤的粒度、反应活性、煤粒的空隙率、反应温度的不同而复杂得多。对此，Essenhigh[4]建议了第三种模型，如图 4-2（c）所示，煤粒的燃烧发生在煤粒表面的厚度为 δ_R 的多孔渗透层及与其毗邻的厚度为 δ 气膜层流扩散区内。O_2 通过气膜层和多孔渗透层扩散至颗粒表面，由化学吸收，O_2 和碳在固体表面上形成络合氧化物层，其

厚度为 δ_R。当温度升高时，该碳氧络合物层将离解为原子氧或分子氧，在颗粒的所有内、外表面上都可与碳发生燃烧反应，生成 CO 和 CO_2，CO/CO_2 的比例取决于双气膜中供氧的浓度梯度。

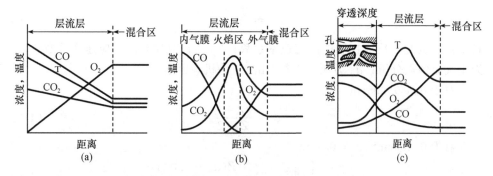

图 4-2　煤粒燃烧机理模型

(a) 单气膜模型；(b) 双气膜模型；(c) 气-灰双膜模型

炭粒燃烧的表面速率可近似地表达为

$$R_s = k_{eff} P_s^n \tag{4-1}$$

式中：k_{eff} 和 n 分别代表有效反应速率常数和有效反应级数。对于包含所有内部和外部反应的以单位外表面积计的总速率，Walker 等[5]给出如下表达式

$$R_T = f \cdot k_{eff} P_s^n + \left(\frac{2}{S}\right)\sqrt{k_{eff} A_i D_i} \cdot P_s^{(1+n)/2} \tag{4-2}$$

式中：f 为颗粒表面粗糙度；S 为简单形状因数，对于平面为 1，对于圆柱体为 2，对于球体为 3；A_i 为单位体积的内表面积；D_i 为颗粒的内扩散系数。该模型可关联更多的试验结果，解释更多的试验现象，但这些模型参数还有赖于实验测定。

　　煤粒燃烧实验研究表明，焦炭颗粒的特性不同，燃烧的动力学行为有所不同。对于无孔的大颗粒和细颗粒焦炭，氧向焦炭颗粒表面或孔隙表面的传质速率高于表面化学反应速率，焦炭颗粒的燃烧主要受化学反应速率的控制；对于中等粒度的焦炭颗粒，颗粒内的氧扩散速率小于颗粒表面氧传递速率，焦炭颗粒的燃烧表现为表面化学反应与内部氧扩散联合控制的特征；对于大的多孔的焦炭颗粒，较大的比表面积导致较高化学反应速率，氧一般传递到焦炭外表面就被化学反应消耗，根本到达不了颗粒内部，属氧气膜扩散控制。对于高灰分颗粒，由于焦炭颗粒包覆着一层燃烧所产生的灰层，从而大大降低了氧传质速率。在这种情况下，焦炭颗粒的燃烧属灰层氧扩散控制。另一方面，燃烧温度也对燃烧动力学行为产生重要影响，对于粒度为 $90\mu m$ 的颗粒，在低于 750K 的温度下燃烧，燃烧表现为化学反应控制；在通常的燃烧温度下，燃烧表现为气膜扩散或灰层扩散控制。Field 等[6]建议如下单颗粒煤燃烧反应速率表达式。

$$\frac{\mathrm{d}x}{\mathrm{d}t} = \frac{1}{\dfrac{1}{k_{\mathrm{diff}}} + \dfrac{1}{k_{\mathrm{s}}}} p_{\mathrm{O}_2} \tag{4-3}$$

$$T_{\mathrm{m}} = \frac{T_{\mathrm{s}} + T}{2} \tag{4-4}$$

式中：k_{s} 为化学反应控制的反应速率系数；k_{diff} 为扩散控制的反应速率系数；p_{O_2} 为主气流中氧分压；d_{p} 为颗粒直径/cm；ψ 为机理因素。

对于 $d_{\mathrm{p}} \leqslant 0.005\mathrm{cm}$

$$\psi = \frac{2Z + 2}{Z + 2} \tag{4-5}$$

对于 $0.005\mathrm{cm} \leqslant d_{\mathrm{p}} \leqslant 0.1\mathrm{cm}$

$$\psi = \frac{1}{Z + 2}\left[(2Z + 2) - \frac{Z(d_{\mathrm{p}} - 0.005)}{0.095}\right] \cdot d_{\mathrm{p}} \tag{4-6}$$

对于 $d_{\mathrm{p}} > 0.1\mathrm{cm}$

$$\psi = 1 \tag{4-7}$$

式中：Z 为颗粒表面处所生成 CO 与 CO_2 的比值，且与反应温度有关，按式 (4-8) 估计

$$Z = 2500\mathrm{e}^{-6249/T_{\mathrm{m}}} \tag{4-8}$$

扩散控制的反应速率系数，k_{diff}

$$k_{\mathrm{diff}} = \frac{0.292\psi D_{\mathrm{O}_2}}{d_{\mathrm{p}} T_{\mathrm{m}}} \tag{4-9}$$

化学反应控制的反应速率系数，k_{s}

$$k_{\mathrm{s}} = k_{\mathrm{s}0}\mathrm{e}^{-17\,967/T_{\mathrm{s}}} \tag{4-10}$$

$$k_{\mathrm{s}0} = 8710\mathrm{g}/(\mathrm{cm}^2 \cdot \mathrm{s} \cdot \mathrm{atm}) = 8.71 \times 10^5\,\mathrm{kg}/[\mathrm{m}^2 \cdot \mathrm{s} \cdot (\mathrm{MN}/\mathrm{m}^2)] \tag{4-11}$$

氧扩散系数，$D_{\mathrm{O}_2}/(\mathrm{cm}^2/\mathrm{s})$

$$D_{\mathrm{O}_2} = 4.26\left(\frac{T}{1800}\right)^{1.75}\frac{1}{P} \tag{4-12}$$

式中：T 为气体温度，K；T_{s} 为颗粒表面温度，K；P 为系统总压力，atm。

对一个球形颗粒的高含灰份劣质煤的燃烧，如属恒粒径非均相反应，则随着反应的逐步进行，灰层厚度在增加，通过灰层的扩散阻力因而也在增大；随着反应的逐步进行，未反应核在缩小，其表面积也在缩小，因而界面反应速率在减小，即化学反应阻力增大。为了能做出综合的评价，采用对反应完全所需时间的平均速率方程会更方便些或更容易些[7,8]。

$$-\frac{1}{\mathrm{Sex}}\frac{\mathrm{d}\overline{N}_A}{\mathrm{d}t} = K_{\mathrm{s}}C_A \tag{4-13}$$

其中

$$K_s = \frac{1}{\dfrac{1}{k_g} + \dfrac{1}{k_d} + \dfrac{3}{k_s}} \qquad (4\text{-}14)$$

$$k_d = \frac{2D}{R} \qquad (4\text{-}15)$$

此外，Dutta 和 Wen[9]建议了如下的经验反应速率表达式。

$$\frac{\mathrm{d}x}{\mathrm{d}t} = \alpha_v k_v P_{O_2}(1-x) \qquad (4\text{-}16)$$

式中：x 为碳转化率分数，[-]；α_v 为反应活性因子，$d_v = 1 \pm 100 x^{v\beta} e^{-\beta x}$，$0 \leqslant v \leqslant 1$，$v$，$\beta$ 与煤种有关的实验常数。

3. 流化床燃烧二相模型

流化床燃烧较单颗粒燃烧要复杂些，床层中存在乳化相和气泡相。流化床燃烧的二相模型认为，进入流化床空气中的氧，一部分存在于乳化相，另一部分存在于气泡相。当煤粒与空气中氧发生燃烧反应时，首先气泡相中的氧从气泡相传递至乳化相，再通过乳化相扩散并渗透到粒子的内孔，然后扩散至煤粒的表面。整个燃烧速率取决与氧通过气泡相与乳化相间的扩散阻力、乳化相内氧向煤粒扩散的阻力、煤粒孔内氧的扩散阻力以及煤粒的综合化学活性。单位碳粒表面积燃烧速率取决于乳化相浓度与表面间的氧浓度差的 $(C_{0E} - C_s)$，或为煤粒表面氧浓度的 n 级反应，若用每秒消耗掉的碳的质量 W_t 表示，即

$$W_t = \beta k_d (C_{0E} - C_s) = k_c C_s^n \qquad (4\text{-}17)$$

式中：C_{0E} 为乳化相氧浓度，$kmol/m^3$；C_s 为碳粒表面的氧浓度，$kmol/m^3$，通常是未知值；β 为化学当量比，[-]；k_d 为氧对燃烧颗粒的外部质交换系数，m/s；k_c 为碳和氧化学反应速度常数，m/s。

令 W_d 为化学反应快到 $C_s \to 0$ 时的碳的燃烧速率/$[kmol/(m^2 \cdot s)]$，此时燃烧速率只受氧气至颗粒表面的质量交换速度的控制，即

$$W_d = \beta k_d C_{0E} \qquad (4\text{-}18)$$

故

$$W_t = \beta k_d \left[C_{0E} - \left(\frac{W_t}{k_c} \right)^{\frac{1}{n}} \right] \qquad (4\text{-}19)$$

$$W_t = k_c \left[\frac{1}{\beta k_d} (W_d - W_t) \right]^n = k_c \left[\frac{1}{\beta k_d} \left(1 - \frac{W_t}{W_d} \right) \right]^n \cdot W_d^n \qquad (4\text{-}20)$$

$$x = W_t / W_d \qquad (4\text{-}21)$$

得到

$$W_t = k_c (1-x)^n C_{0E}^n \qquad (4\text{-}22)$$

进一步可得

$$\frac{x}{(1-x)^n} = \frac{k_c C_{0E}^n}{W_d} = \frac{k_c C_{0E}^{n-1}}{\beta k_d} \tag{4-23}$$

式（4-23）表示传质交换分量 x 和反应级 n 之间的关系

$$n = 0 \quad (W_t - \beta k_d C_{0E})(W_t - k_c) = 0 \tag{4-24}$$

$$n = 1/2 \quad W_t = -\frac{k_c^2}{2\beta k_d} + \frac{1}{2}\left(\frac{k_c^4}{\beta^2 k_d^2} + 4k_c^2 C_{0E}\right)^{1/2} \tag{4-25}$$

$$n = 1 \quad W_t = \frac{C_{0E}}{1/(\beta k_d) + 1/k_c} \tag{4-26}$$

4.2.1.2　燃烧污染物的控制

1. SO_2 排放控制

煤或多或少含有一定量的硫，包括无机硫如黄铁矿 FeS_2 和有机硫 COS，燃烧时，硫将被氧化生成 SO_2，若不控制，随烟气排入大气，将对环境产生严重污染。

SO_2 排放控制方法有三，即燃烧前脱硫、燃烧中脱硫和燃烧后脱硫，就投资和成本比较而言，燃烧中脱硫的特点是简单，设备投资和运行费用均较低。

燃烧中脱硫是在流化床燃烧时向炉内添加脱硫剂如石灰石（$CaCO_3$）或白云石（$CaCO_3 \cdot MgCO_3$），通过化学吸附，使 SO_2 与 CaO 结合成硫酸盐，以脱除烟气中排放的绝大部分 SO_2，这种脱硫称之为炉内脱硫，其主要反应过程如下[10~12]

在氧化性气氛下，发生如下反应

$$CaCO_3 \xrightarrow{750℃\ 以上} CaO + CO_2$$

$$CaCO_3 \cdot MgCO_3 \xrightarrow{750℃\ 以上} CaO + MgO + 2CO_2$$

$$CaO + SO_2 + \frac{1}{2}O_2 \longrightarrow CaSO_4$$

为控制氮氧化物的生成，循环流化床燃烧通常为两段燃烧，即在下部浓相区实行还原燃烧，上部稀相区实行氧化燃烧。在还原性气氛下，当床温高于 $850℃$ 时，$CaSO_4$ 可发生分解（可参考第二章有关部分）

$$CaSO_4 + CO \longrightarrow CaO + SO_2 + CO_2$$

$$CaSO_4 + 4CO \longrightarrow CaS + 4CO_2$$

实际上，这时脱硫反应为

$$CaO + 3CO + SO_2 \longrightarrow CaS + 3CO_2$$

当密相区生成的 CaS 在进入稀相区，又会被氧化而分解，即

$$CaS + 1.5O_2 \longrightarrow CaO + SO_2$$

这些都会导致对脱硫效率的下降。为减少这些不利影响，采用的燃烧温度应低于850℃，同时还原气氛要弱。

流化床石灰石脱硫速率过程可用如下的关系描述[13]，即

$$\frac{X_{SO_2}}{X_{SO_2}^0} = e^{-(UA_t/M_{CaO}^0)}$$

式中：U 为流化床表观气速；M_{CaO}^0 为 CaO 的质量。

值得注意的是，反应中生成的 $CaSO_4$ 的摩尔体积较 CaO 增大 180％ 左右，$CaSO_4$ 会使石灰颗粒外表面孔隙入口变小或堵塞，并逐渐向颗粒内孔隙扩展，这会阻碍 SO_2 和 O_2 在颗粒的内层 CaO 中扩散和进行固硫反应，颗粒内部的 CaO 难以得到充分利用，导致氧化钙的利用率非常低，一般低于 15％～20％。为改善这一状况，应选用高活性脱硫剂[14]，即石灰石的孔径尺寸在 2×10^{-8}～5×10^{-7}m 的范围，最好在 3×10^{-8}～1×10^{-7}m 的范围，而以孔径大于 75×10^{-7} m 的孔隙最为有利，同时所用的脱硫剂的粒径应小于 $1000\mu m$，其中大部分的颗粒粒径在 150 ～$300\mu m$ 左右。

2. NO_x 的排放控制

煤燃烧过程中产生的氮氧化物主要是一氧化氮（NO）和二氧化氮（NO_2），这二种氮氧化物统称为 NO_x，此外，还会有少量的氧化亚氮（N_2O）产生[15,16]。在通常的燃烧温度下，煤燃烧生成的 NO 占总 NO_x 的 90％ 以上。NO_2 占 5％～10％、N_2O 占 1％ 左右。高温煤燃烧，N_2O 很少，一般不予考虑，但是，在循环流化床燃烧温度范围，N_2O 生成量较大，不可忽略。

在燃烧过程中，生成 NO_x 的途径有三个：空气中的氮气在高温下氧化而生成，称"热力型"NO_x；燃料中含有的氮化合物即燃料 N，在燃烧过程中热分解挥发析出的，称之为挥发分 N；残留在焦炭中的氮化物 CN，称为焦炭 N，它们接着被氧化生成的 NO_x，称"燃料型"NO_x；前者生成 NO_x 占燃料 N 的 60％～80％，后者生成的 NO_x 占 20％～40％，燃烧时空气中的氮和燃料中的碳氢离子团如 CH 等反应生成 HCN 和 NH，再进一步与氧作用，以极快的反应速率生成的 NO_x，称"快速型"NO_x。

燃料 N 转化为挥发分 N 和焦炭 N 的比例与煤种、热解温度及加热速度等有关。对于高挥发分煤种，随着热解温度和加热速率的提高，挥发分 N 增加，而焦炭 N 相应地减少，但不受过量空气系数 α 的影响。挥发分 N 的主要成分是 HCN 和 NH_3，HCN 和 NH_3 各自所占比例不仅取决于煤种及其挥发分的性质，而且还与燃烧温度等有关。对烟煤来说，挥发分 N 中则以 HCN 为主；劣质煤的挥发分 N 中则以 NH_3 为主；无烟煤的挥发分 N 中 HCN 和 NH_3 都较小。HCN

和 NH_3 的含量随温度的增加而增加，燃料 N 转化为 HCN 的比例大于转化成 NH_3 的比例，在温度超过 $1000\sim1100℃$ 时，NH_3 的含量达到饱和。在通常燃烧温度下，煤的燃料型 NO_x 主要来自挥发分 N。氧化气氛中生成的 NO_x 遇到还原性气氛（富燃料燃烧或还原状态）时，会还原成氮分子而得到控制。煤燃烧时，煤中氮生成氮氧化物的主要途径如图 4-3 所示。

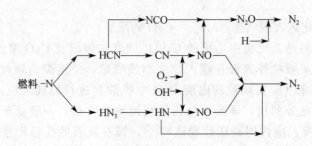

图 4-3　煤燃烧时生 NO_x 的主要途径

　　流化床燃煤锅炉对 NO_x 的控制措施是，控制燃烧温度在 $850\sim900℃$，同时通过改变一、二次风的比例实现还原-氧化两段燃烧，一、二次风的比例从6/4到4/6，可以控制 NO_x 在 $200\sim300mg/Nm^3$。另外，还可以采用向高温分离器内喷氨，使 NO_x 高温非催化降解，NO_x 的最终排放浓度可降到 $100mg/Nm^3$ 以下。

4.2.2　流化床燃烧类型

　　流化床燃烧因采用不同的流态化技术而分为常压鼓泡流化床燃烧、加压鼓泡流化床燃烧、循环流化床燃烧等，应该说，传统的煤粉炉燃烧也是流化床燃烧的一种，只是属高气速的气流式流化床燃烧而已。

4.2.2.1　鼓泡流化床燃烧

　　20 世纪 60 年代以后，英国、美国和中国等国家都进行了煤的流化床燃烧技术的研究开发，煤的鼓泡流化床燃烧技术得到了快速发展和应用[17~20]，结构形式有各种立式、卧式火管流化床锅炉和内循环流化床锅炉。1986 年，明尼苏达州的黑狗电厂 125MW 的燃煤鼓泡流化床锅炉[21]和 1988 年 TVA 所属的 160MW 的带有飞灰回送的鼓泡流化床锅炉[22]先后投入运行，其燃烧效率达 97％，锅炉效率为 88.4％。

　　1965 年，由于燃用劣质煤的需求，我国建成第一台燃烧油页岩的工业鼓泡流化床锅炉[17]，随后开发了一大批容量为 $4\sim35t/h$ 的鼓泡流化床燃煤锅炉，主要应用于劣质燃料的燃烧利用，如劣质烟煤、煤矸石、石煤、造气炉渣、煤泥、油页岩等，现在全国已有 3500 余台鼓泡流化床锅炉在运行，数量位居世界之首，最大容量为分别建在黑龙江鸡西和广东韶关的130t/h鼓泡床炉。

典型的鼓泡流化床燃烧装置由流态化燃烧室、带风帽的布风板、旋风分离器、埋管式或水冷壁式冷却受热面等组成，如图4-4所示。0~10mm的燃料颗粒通过给料装置被加入鼓泡流化床内，燃烧所需的空气通过布置在布风板上面的风帽进入流化床；煤粒被床内高温床料快速加热并着火燃烧；燃烧放出的热量通过埋管式或水冷壁式冷却受热面传给工作介质，使之蒸发汽化和过热，得到高压蒸汽用作供热和发电。

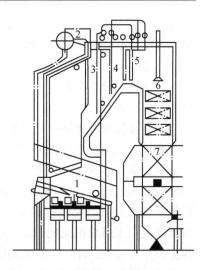

图 4-4　典型粒煤鼓泡流化床锅炉
1-埋管蒸发受热石；2-汽色；3-高温过热器；4-中温过热器；5-低温过热器；6-省煤器；7-空气预热器

鼓泡流化床燃烧技术的主要特点：燃烧稳定，可以燃烧各种劣质燃料，其燃料适应性很强；可以实现炉内直接脱硫，抑制 NO_x 的生成；主要浓相流化床燃烧和受热面吸热；一般飞灰含碳量较高。

鼓泡流化床燃烧由于其稀相区的温度低、固体浓度小，导致稀相区床层的传热系数低，而浓相区空间有限，不能布置足够的传热面，埋管受热面磨损，因而其大型化发展将受到限制。

4.2.2.2　循环流化床燃烧

1. 技术发展

20世纪70年代后期，基于循环流化床煅烧氢氧化铝工业化的成功，欧美一些公司就进行了循环流化床的煤燃烧实验，1981年芬兰 Alhstrom 公司在 Kauttua 电厂建成 65MW_th 循环流化床锅炉[23]；1982年，德国 Lurgi 公司在 Lunen 铝厂建成 87MW_th 循环流化床锅炉[24]，至 2003年，在国际市场上售出的循环流化床锅炉（不包括中国的国产循环流化床锅炉）已超过 1000 台，其中容量超过 200MWe 的循环流化床锅炉为 12 台以上。中国燃煤循环流化床的发展开始于 20世纪80年代，中国一些大型的锅炉厂先后投运了近 100 台 75t/h 以下容量的循环流化床锅炉，大部分用于供热或热电联产，蒸汽参数一般在 9.8MPa，540℃以下；90年代，循环流化床锅炉工艺技术水平有了很大提高，达到了国际先进水平，锅炉容量发展到 220t/h，如图4-6所示。21世纪初，中国自主研发了 135MWe 再热循环流化床锅炉，目前，一批 200~300MWe 的循环流化床锅炉正在研究开发中；同时分别引进了 ALSTOM 公司、Foster Wheeler 公司、原 ABB-CE 公司和德国 EVT 的 50～150MWe 循环流化床燃烧技术，投运了多台 420t/h 循环流化床锅炉（100MWe）以及 ALSTOM 公司的 300MWe 循环流化床锅炉技术，分别在四川白马等 7 个电厂进行建设，预计首台 300MWe 循环流化床锅炉不久将投入运行。

循环流化床燃煤锅炉除民用和工业锅炉外，更重要的是发电用锅炉，其特点是大容量和高蒸汽参数以提高热电转换效率和发电经济性，因此循环流化床锅炉的容量和蒸汽参数不断提高[25～28]。21 世纪初，美国佛罗里达州 JEA 公司所属的 Northside 发电厂[29]，单炉蒸发量为 887t/h，主蒸汽压力 13.8MPa，温度 527℃，再热蒸汽压力 3.78MPa，温度 527℃，属亚临界范围，单机发电容量为 300MWe 的循环流化床燃煤机组问世；2002 年 12 月，美国 Fost Wheeler（FW）公司签约为波兰 Lagisza 的电厂提供超临界循环流化床锅炉，该炉设计容量 460MWe，为当时世界上最大的，主蒸汽蒸发量 1300t/h，压力 28.1MPa，温度 563℃，再热蒸汽压力 50.3MPa，温度 582℃。大型超临界循环流化床锅炉将成为今后一个时期的发展趋势[30]。

2. 燃烧特点

循环流化床由带有布风板的流态化燃烧室、分离器和飞灰回送装置构成。20 世纪 80 年代，中国科学院化工冶金研究所建造了国内第一台循环流化床燃煤装置，进行了燃烧工作特性和污染物控制的系列实验研究[31,32]。燃料煤粒度大多为小于 6mm，随着燃料煤进入循环流化床后燃烧、破碎而成灰，细物料所占比例逐渐增加，并在床中累积，最后床料粒度下降至 180～200μm 的平衡粒度。对于设计的气体速度，通常为 4.5～5.5m/s，气体夹带的固体流率超过快速流态化的最小夹带量，即最小固体循环量，则循环流化床进入快速流态化状态，颗粒以团聚状态运动，床层的空隙率通常在 0.80～0.95 之间；快速流态化不存在气泡，气固接触良好，热、质传递迅速，可在 1.1 左右低空气过剩系数下高效燃烧，灰渣残碳小至 0.5%；快速流态化床层高膨胀比，可采用两段燃烧，抑制 NO_x 的生成，添加石灰石以实现炉内脱硫，烟气中 SO_2 和 NO_x 的含量可达到环保排放标准；大的循环倍率的固体循环，把下部浓相区燃料释放出的热量带至上部稀相区，并形成全系统温度均匀的燃烧区，上部高温稀相区为受热面的布置提供了足够的高效传热空间，为其大型化创造了条件；快速流态化的操作气速范围可从临界流态化速度附近到数倍的终端速度之宽，操作弹性大，变负荷能力强，可在 30%～110%负荷范围内操作。这些是快速流化床与鼓泡流化床燃烧的本质差别。当快速流化床系统的存料量增加时，下部浓相区的床层高度将增加，煤粒燃烧的时间将相应延长，碳燃尽率将提高。与鼓泡流化床燃烧不同，通常下部农相区的燃烧份额不足 50%

（鼓泡流化床燃烧占 80％以上），而上部稀相区的燃烧份额占 50％以上，图 4-5 表示了累计燃烧份额沿床高分布的实测结果[33]。工业规模循环流化床锅炉的热态测试表明，不但整个燃烧室内沿床高都有燃烧反应发生，而且在气固分离器中还有相当量的燃烧反应继续进行。循环流化床燃烧份额沿燃烧室高度呈指数型分布。图 4-6 表示一种循环流化床锅炉的典型结构，下一代循环流化床锅炉在策划中[34,35]。

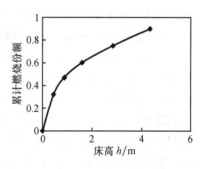

图 4-5 累计燃烧份额沿床高的分布

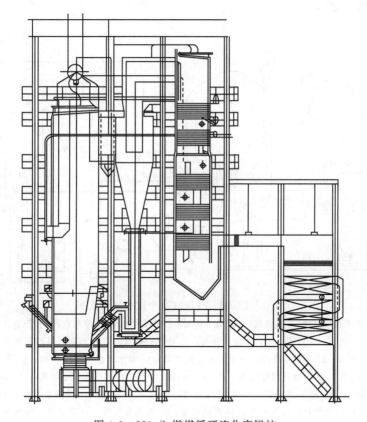

图 4-6 220t/h 燃煤循环流化床锅炉

4.2.2.3 增压流化床燃烧

1. 增压燃烧过程

增压流化床燃烧（PFBC）技术概念是 1969 年首先由瑞蒙德·阿依（Raymond Hoy）在煤的常压鼓泡流化床燃烧（AFBC）技术的基础上提出的，并且在英国的 Leatherhead 英国煤碳利用研究实验室（CURL）建立了热功率为 $2MW_{th}$ 试验装置，进行了实验研究[36]。1975 年国际能源机构（IEA）的三个成员国英、美、德决定共同资助在英国南约克郡 Gremethorpe 建造一个 $60MW_{th}$ 的 PFBC 工业试验装置[37]，1980～1984 年进行了工业试验，基本得到成功；据此，美国能源部支持瑞典 ABB 公司组建 ABB Carbon 子公司，在瑞典 Malmo 建立的 $15MW_{th}$ 的 PFBC 工业试验装置，如图 4-7[38]，进行工业试验及商业规模 PFBC-CC 电站的开发工作。至 1986 年，进行了累计近 4000h 的试验；此间，德国的亚琛技术大学和 LLB 公司分别建成热输入功率为 $40MW_{th}$[39] 和 $15MW_{th}$[40] 的工业装置并进行了试验。

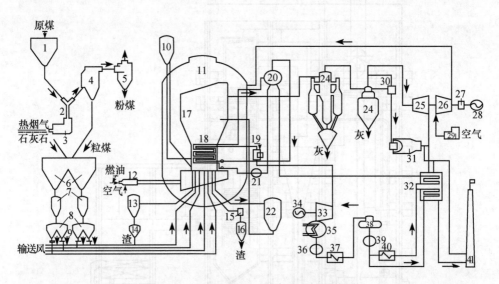

图 4-7　$15MW_e$ PFBC-CC 中试电站系统图

1-原煤斗；2-干燥风选管；3-破碎机；4-粒煤分离器；5-粉煤分离器；6-常压仓；7-变压仓；8-压力仓；9-给料机；10-快加、排料斗；11-PFB 锅炉外壳；12-启动燃烧室；13-冷渣器；14-变压渣斗；15-调节器；16-变压渣斗；17-膜式水冷壁；18-蒸发及过热埋管；19-喷水调温器；20-气包；21-强制循环泵；22-加、排料装置；23-一级高温除尘器；24-二级高温除尘器；25-燃气轮机（烟机）；26-轴流式压气机；27-齿轮箱；28-电动/发电机；29-空气过滤器；30-喷水降温器；31-降压装置；32-余热锅炉；33-蒸汽轮机；34-发电机；35-凝气器；36-凝结水泵；37-低压加热器；38-除氧器；39-给水泵；40-高压加热器；41-烟囱

　　1981 年，中国开始 PFBC 技术的研究[41]，1984 年在东南大学建成热输入功率为 $1MW_{th}$ 的实验室规模的 PFBC 试验装置；1997 年，在徐州贾汪发电厂建成了 $15MW_e$ 的一套燃气轮机和蒸气轮机发电的全增压流化床联合循环（PFBC-CC）中试电站，至 2000 年底，成功地实现了 1000h 的累计试验运行，取得了各

项主要设计技术参数。

增压流化床燃烧技术的特征是在增压的流化床中，煤与氧化剂空气进行燃烧，并产生增压燃气。经破碎成直径＜6mm 的煤粒和粒径＜3mm 的脱硫剂（石灰石或白云石）加入增压流化床内，加压空气通过布风板进入燃烧室，从而使床层内的颗粒床料处于悬浮和旋转状态，进行着激烈的混合和燃烧反应，反应热通过布置在床层中的受热面移出，使床层反应温度控制在 850℃～900℃范围以内。

900℃左右燃烧温度和加石灰石脱硫，可很好地控制 NO_x 和 SO_2 的排放量。

增压流化床的临界流态化速度随系统压力的升高而降低[42]，实验结果如图 4-8 所示，得出压力与 U_c 的定量关系为 $U_c \propto P^{0.54}$，这有利于提高增压流化床锅炉的单位断面的热功能力。

增压流化床的操作压力对煤燃烧有积极影响[41]，以一级反应为例来说明，单位表面碳粒的一级燃烧反应速率

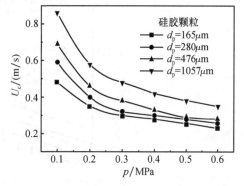

图 4-8　操作压力对 U_c 的影响

$$R_C = \frac{C}{\beta/k_d + 1/k_c} \tag{4-27}$$

式中

$$k_d = Sh(D_g/d_p) \tag{4-28}$$

$$Sh = 2 + A\sqrt{Re}Sc^{1/3} \tag{4-29}$$

$$D_g = 8.34 \times 10^{-10}(T^{1.75}/P) \tag{4-30}$$

$$Sc = \mu/(\rho_g D_g) \tag{4-31}$$

$$Re = U_s d_p \rho_g/\mu_f \tag{4-32}$$

压力 p 使 D_g 减小，而使 ρ_g 增大，因而压力不对 Sc 数产生影响，而 Re 数则增大，因此，在相同的气-固的相对速度 U_s 之下，$Re \propto p$。

故有

$$(Sh - 2) \propto \sqrt{p} \tag{4-33}$$

$$(Sh - 2)D_g \propto 1/\sqrt{p} \tag{4-34}$$

由于 $C \propto p$，将以上的关系式代入式（4-27），可得到 R_C 和压力的关系为

$$R_C \approx \frac{p}{a\sqrt{p} + b} \tag{4-35}$$

式中：a，b 均为常数。当燃烧过程为化学动力控制时，$a\sqrt{p} \ll b$，即 $R_C \propto p$；当燃烧过程为扩散控制时，$a\sqrt{p} \gg b$，此时 $R_C \propto \sqrt{p}$。因此，无论对于何种情况，

　　包括联合控制过程在内，随着压力的提高，燃烧速率都将提高。只是处于化学动力控制时，压力对燃烧速率的影响更为显著。

　　用焦炭和粒径为 0.15～1.7mm 的小颗粒碳，在压力为 1.7MPa，床温为 1023K 和 1173K 的砂子流化床内进行了燃烬试验，其结果如图 4-9 所示。这充分说明随着压力的升高，燃烬时间显著减少。

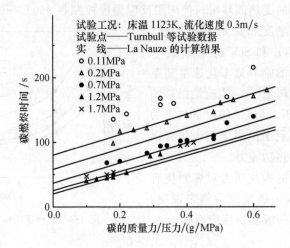

图 4-9　　1.0～1.4mm 焦炭粒燃烬时间

　　压力还可以强化流化床中的传热[43,44]，其原因在于：升高压力，流化气体的密度和导热系数增大，气体对流传热的作用增强，特别是对大颗粒床，其效果将更为显著；其次，高压力下床内流化质量有明显改善，床内气泡尺寸小、数量多，加快了受热表面上颗粒团更新，从而强化了传热，特别是对小颗粒流化床，这将是具有决定意义的。实验结果表明，对于颗粒平均直径为 1.58mm 的流化床，当压力由常压升高到 0.4MPa 时，传热系数平均可增大了 60%～70%。

　　增压燃烧与常压燃烧的主要区别是：颗粒的临界速度有所下降，可低气速（一般取 1m/s 左右）、高流化床层（3.5～4.5m）操作，减少细碳粒的扬析；气固接触改善，强化了传质、传热，加快了燃烧过程，碳粒燃尽时间显著减少，可达 99% 以上燃烧效率；流化气体的密度和导热系数增大，高传热系数［300W/（m²·K）以上］，截面热负荷高（达约 15MW/m²），较常压锅炉提高 2～3 倍，使其结构比常压锅炉要紧凑得多；特殊加料或排渣装置和控制系统。

2. 传统蒸气/燃气联合循环过程

　　增压流化床燃烧蒸气/燃气联合循环发电过程（PFBC-CC）如图 4-7 所示，将煤和石灰石（脱硫剂）加入到带埋管和水冷壁的增压流化床，燃烧产生的热量通过受热面产生蒸汽，送蒸汽透平膨胀作功发电，即蒸气循环发电；离开燃烧室的加压高温燃气，经过高温除尘以后，进入燃气轮机膨胀作功，驱动空气透平压缩机以压缩燃烧过程所需的空气，多余的功发电向外输出电力，即燃气循环发电。因此该发电过程，称之为增压流化床燃气-蒸汽联合循环（PFBC-CC）发电。燃气轮机出力占总输出的 20%～25%，其余为蒸汽轮机出力。PFBC-CC 发电的效率比相同参数的常规粉煤电站的发电效率可高出 2～4 个百分点。

至 1990 年，欧美的增压流化床燃煤联合循环发电（PFBC-CC）技术先后在瑞典[45]、美国[46] 和西班牙建成三座 PFBC-CC 商业验证电站，共四套发电装置，每套装置的功率 75MWe。1993～1998 年又分别在日本[47] 和德国[48] 先后建成两座 75MWe 的 PFBC-CC 电站。1999 年，日本建成一座 360MWe 的 PFBC-CC 电站，2001 年 7 月投入商业运行，标志着大型化 PFBC-CC 商业电站取得成功[49]。日本的三菱重工和日立公司建立了发电量分别为 85MWth 和 250MWth 的 PFBC-CC 电站[50]。此外，德国的 LLB 公司和美国的 Foster Wheeler 公司也合作开发增压循环流化床燃烧方式的联合循环发电过程。2000 年，日本 Karita 投运世界上最大的燃煤增压鼓泡流化床（PFBC）机组，由 ABB 公司开发的 P800 超临界参数 360MWe 发电机组，其燃烧系统压力为 1.6MPa，机组发电效率达到 42%。至今，世界上已经建成八座 PFBC-CC 电站，除掉美国和日本各有一座 PFBC-CC 电站完成商业验证以后停止运行以外，其他六座都在进行商业运行。

3. 现代蒸气/燃气联合循环过程

传统（第一代）增压流化床联合循环发电系统的最大弱点是流化床燃烧温度较低，通常控制在 900℃ 左右，因而这就是燃气透平的进口烟气温度，从而导致发电净效率被限制在 42% 左右。

提高发电效率，必须突破燃气透平的烟气入口温度的限制，这就是现代（第二代）增压流化床联合循环发电（Advanced PFBC-CC）的立足点，称之为 APFBC-CC。原煤首先在碳化炉中进行干馏或部分气化（气化率可达 50%～70%）成为半焦，同时释放煤的挥发分或煤气；产生的挥发分或低热值煤气经过高温过滤式除尘器除尘后，进入燃气透平前的前置燃烧室进行燃烧，产生 1300～1400℃ 高温燃气；半焦送入增压流化床燃烧室燃烧 900℃ 的燃气，经过过滤式除尘器除尘以后，和前置燃烧室产生的高温燃气混合成为 1150℃ 以上的燃气，进入燃气透平，提高了布雷登循环部分的效率，使燃气-蒸气联合循环的净发电效率有可能达到 45%～47%。

APFBC-CC 主要技术在美国、英国和日本进行小型工业试验并取得一定的成功。美国 CCT 示范项中计划在佛罗里达州勒克兰德市（Lakeland）Mclntosh 电厂建造 240MWe 的 APFBC-CC 电站[51]，但因为技术原因，至今尚未能实现商业化。我国目前正在进行实验室规模的研究开发，已经建成热输入功率为 2MWth

的增压部分气化试验装置和热输入功率为 $1MW_{th}$ 的增压半焦燃烧试验装置。

4.2.3　流化床锅炉的设计

4.2.3.1　技术方案和参数选择

1. 燃烧方式

从以上的实验研究可知，加压燃烧优于常压燃烧，快速循环流化床燃烧优于鼓泡流化床燃烧，但燃烧方式的选择还取决于燃料的特性、应用的对象和燃烧技术成熟度。就燃料特性而论，高挥发分、低硫动力煤，气流式煤粉炉燃烧是最为合适的，也可采用循环流化床燃烧；一般的劣质（灰份和含硫偏高、热值偏低）动力煤，应选用可炉内脱硫的循环流化床清洁燃烧技术；高灰、低热值的含煤燃料如煤矸石、石煤，因其质硬、难磨，破碎费用高，较多的采用鼓泡流化床燃烧（习惯上称为沸腾炉）。就发电而言，当前主流的燃煤锅炉技术为大容量、超高压蒸气的循环流化床锅炉，同时正在开发超临界的循环流化床锅炉和增压流化床燃烧联合循环发电；就热电联供而言，大多属中小容量的发电过程，循环流化床锅炉因其有较宽（30%～110%）的变负荷特性而受到青睐；就供热而言，中小容量的鼓泡流化床燃煤锅炉因经济上的优势而有一定的市场。必要时，通过技术经济评估，使燃烧技术方案的选择更科学。特定燃烧的实现有赖于合适的工艺条件，如燃煤粒度、燃烧温度、操作气速、床层高度等。

2. 燃煤粒度

被燃煤的粒度，特别是煤在流化床燃烧过程中形成床料（包括脱硫剂石灰石）的粒度是决定流态化燃烧方式的主要依据。根据流态化的基本原理，对某一物料而言，不同尺寸（粒度）的颗粒，在不同的操作条件下将形成不同的流化状态，造成不同的燃烧方式。毫米级的粗颗粒，将形成鼓泡流态化（即沸腾床）燃烧，而且气泡尺寸较大；$100\mu m$ 级的细颗粒，在低气速下，可形成鼓泡流态化（即沸腾床）燃烧，但气泡尺寸较小，气泡个数较多，而在高气速条件下，可形成无气泡的快速流态化燃烧。这里要强调的是，粒度是指床料的粒度，它与煤种有关，或与煤燃烧成灰特性有关。好烟煤燃烧后，可形成粒度较均匀的细粒灰渣；次的烟煤燃烧后，形成灰渣的粒度不均匀，有的粗，有的细；无烟煤含灰小，难燃烧，易爆裂；煤矸石、石煤，含灰高，而可燃物少，煤燃烧后，形成灰渣的粒度基本不变。快速循环流态化燃烧的特殊性，对被燃煤的粒度有较严格的要求，应使形成的床料（包括脱硫剂石灰石）平均粒度在 $200\mu m$ 左右，这样就能保证有足够的细粒物料来满足稳定燃烧和高效传热的要求。过粗的煤粒，会导致燃烧强度下降，锅炉出力不足，床层超温结渣，不能正常运行。燃烧时容易形成细粒灰的煤，其入炉粒度可适当大一点，而燃烧时形成粗粒灰的煤，其入炉粒度应控制小一点。现在商业循环流态化燃煤锅炉所用燃煤的粒度，在国外，通常为小于 6mm，平均粒度 1mm，在国内，有的采用 0～8mm 的煤粒，有的采用 0～13mm 的煤粒。

3. 燃烧温度

流化床运行温度的确定应根据稳定燃烧、对流传热、污染控制、运行安全和经济性等方面综合考虑。流化床运行温度应比煤灰的变形温度低 100～200℃，以防止床内结焦的故障，影响安全运行；石灰石脱硫的最佳温度为 850℃ 左右；高温有利于燃烧和传热，低温度可以降低 NO_x 的排放，但 N_2O 的排放却会增加。所以，一般来说，对于易燃尽的烟煤、褐煤并加石灰石脱硫的情况，运行温度应确定在 850℃ 左右，而对于无烟煤、煤矸石、石煤等难燃燃料，同时需要燃烧过程脱硫的情况，运行温度可以适当提高，在 900℃ 左右。

4. 流化操作速度

流化床锅炉操作气速与煤粒的粒度尺寸及其分布有关，可根据本书第二章中相关的理论计算或由运行经验决定。快速循环流化床锅炉的操作气速应高于床层颗粒物料的快速流化点速度 U_c，一般为其终端速度的 3～4 倍，实际生产中通常为 5～6m/s，下部浓相区和上部稀相区采用不同的操作气速，确定原则是保证下部浓相区颗粒及焦炭颗粒可良好流化并有足够的带出的循环灰量以进行有效的循环，使整个炉膛达到温度均一的燃烧环境，同时又能使上部稀相区有足够高的颗粒浓度，以有利于对受热面的传热。鼓泡流化床操作气速在下部浓相区的流化数（操作速度与临界流化速度的比值）一般在 2～3 之间，上部稀相区烟气速度为 1～1.5m/s，以减少被烟气带出炉膛的飞灰量。对于鼓泡流化床常燃用的 0～8mm 之间的各种煤颗粒，流化速度一般在 3～4m/s，对于密度较高的石煤流化速度应适当提高流化速度，在 3.5～4.5m/s 之间，而对于褐煤，则可以适当降低，一般在 2.5～3.3m/s 之间。确定原则是一方面保证大粒径灰颗粒及焦炭颗粒可良好流化和足够的截面热负荷，另一方面应尽量减少被烟气携带出炉膛的飞灰量和未燃烬的碳。增压流化床的操作速度根据系统的压力，选择相应的操作气速，参考增压流化床燃烧一节的数据。

5. 流化床层高度

流化床层高度是床层存料量多少的标志，必须保持足够的流化床层高度，代表了颗粒在床内的平均停留时间长短，关系到燃料颗粒的燃烬率和脱硫剂的利用率，也关系到床层埋管受热面的布置和传热。高的流化床层有利燃烧、传热、脱硫，但也造成高床层阻力，也就要求具有高的压头，从而导致较高压力流化风风机的耗电增加。快速循环流化床锅炉的下部浓相区的静止床层高度一般在 800～1000mm 之间，由于高气速操作，床层膨胀比较大，流化床床层高度为 2000～3000mm 之间，采用分布板下底流排渣和尾部烟道飞灰排尘；对鼓泡流化床，流化床料层的静止高度一般在 500～700mm 之间，流化床床层高度为 1000～1400mm 之间，以此安排溢流排渣口。炉膛高度则主要依据可燃气体燃烧、飞灰可燃物燃烧、SO_2 脱硫、受热面布置要求以及技术经济的比较来确定。一般来说，小容量锅炉的炉膛高度主要依据烟气和飞灰颗粒的停留时间和锅炉制造成本来综合考虑，而大容量锅炉则依据受热面布置要求和锅炉制造成本来综合考虑。

4.2.3.2　结构设计

1. 总体结构

流化床锅炉由给煤装置、风室、布风装置、流化床燃烧室（炉膛）、埋管受热面、布置有过热器（或蒸发受热面）的水平烟道以及布置有过热器、省煤器和空气预热器的尾部烟道等构成。

循环流化床锅炉结构设计更多依赖经验[52]，特别是当循环流化床锅炉的容量增加，炉膛截面积扩大，宽深比也将会增加，这将导致截面上二次风混合、给煤和回灰均匀性的恶化，这是循环流化床锅炉的容量大型化时的关键问题。解决的技术方案有将燃烧室下部分成两部分，即"裤衩腿"炉膛截面结构，见图4-10a，以强化截面上二次风混合；也可采用共同尾部烟道的多个炉膛拼接扩大的炉膛截面结构，见图 4-10c。在固体循环回路中布置一换热床，除了在其中布置过热器、再热器外，还布置一部分蒸发受热面以解决在炉膛内布置不下蒸发受热面的问题。

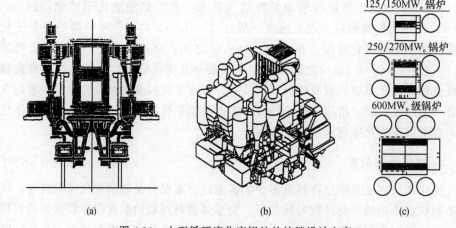

图 4-10　大型循环流化床锅炉的炉膛设计方案

（a）裤衩腿单炉膛；（b）立体配置；（c）大型化锅炉平面配置方案

循环流化床锅炉膛尺寸与锅炉的容量有关，炉体高度还需考虑水冷壁受热面布置的数量和燃烧效率的要求，并兼顾尾部烟道的高度要求，一般根据经验选取。

2. 受热面布置

流化床锅炉炉膛内通常布置蒸发受热面，也可布置一些过热器，以维持流化床层正常的燃烧温度。锅炉工质侧的预热、蒸发、过热及再热的热负荷比例是随锅炉工质参数变化而变化的。对于给定的工质参数和流化床燃烧温度，以炉膛烟气出口或分离器出口为界，燃烧室和尾部烟道受热面吸热比例将是确定的。

循环流化床锅炉炉膛四周垂直布置为膜式壁蒸发受热面，炉膛内布置高温过热器，尾部烟道布置低温过热器、省煤器、空气预热器等吸热受热面。如果锅炉容量增大，锅炉高度有限的条件下，炉膛四周面积不足布置，可以采用翼墙或分隔屏，或在灰循环流路中设置外置换热流化床以布置适当的蒸发受热面，或布置过热器及再热器等受热面。外置式鼓泡流化的换热床中布置过热器或再热器是高参数锅炉的好选择，一方面外置床中的传热系数远大于燃烧室，可以节约受热面；另外，利用分流阀可以调节通过外置床的灰流率以调节吸热量，从而达到启动期间保护过热器和再热器及减少喷水量提高汽机效率的目的。

鼓泡流化床锅炉炉膛下部的浓相流化床层燃烧份额占 75％ 以上，主要的受热面只能以埋管形式布置在下部的浓相流化床层内，有的也以水冷壁受热面的形式在上部低给热系数的稀相空间周围布置小部分受热面。少数燃用低挥发分煤种的锅炉还布置有燃烬室或在尾部烟道后布置有分离器，把分离下来的飞灰重新送回炉膛再燃烧。下部的浓相流化床层埋管受热面的重要作用是防止床层超温而结渣，但浓相流化床层空间有限，而且埋管磨损严重，其大型化困难是显而易见的，这也是阻碍鼓泡流化床燃煤锅炉技术发展的重要原因。

4.3　煤　气　化

煤气化制取燃料煤气或合成气，都是煤利用的清洁工艺，可大大减轻烟尘和硫等有害成分对环境的污染。

4.3.1　碳气化热力学

碳气化过程的气化剂可以是氧、空气、水蒸气、氢或它们的混合物，因而将气化过程分成氧（空气）气化过程、蒸汽气化过程、加氢气化过程。由于过程的条件不同，过程所表现的行为和所获得的结果也将不同。下面从热力学上作一比较。

4.3.1.1　氧（空气）气化过程

氧气化过程的主要反应有

$$C(c) + \frac{1}{2}O_2(g) \rightrightarrows CO(g)$$

$$\Delta H^\circ_{f,CO} = -110.46 \text{kJ/mol CO} \qquad G^\circ_{f,CO} = -111\,713 - 87.65T \text{ kJ/mol}$$

$$(4\text{-}36)$$

$$C(c) + O_2(g) \rightrightarrows CO_2(g)$$

$$\Delta H^\circ_{f,CO_2} = -393.51 \text{kJ/mol CO}_2 \qquad G^\circ_{f,CO_2} = -394\,132 - 0.84T \text{ J/mol}$$

$$(4\text{-}37)$$

$$C(c) + CO_2(g) \rightrightarrows 2CO(g)$$

$$\Delta H^\circ_R = 172.59 \text{kJ/mol} \qquad \Delta G^\circ_R = 172\,590 - 174.46T \text{ J/mol}$$

$$(4\text{-}38)$$

从以上反应的热力学数据看，反应式（4-36）和式（4-37）是强放热反应，反应的自由焓均为负，因而这些过程是可以自发进行的。反应式（4-38）是吸热反应，而且在通常条件下，反应的自由焓为正，该反应不可能自发进行；只有在反应温度高于 1000K 以后，该反应自由焓才会变负，反应才可进行。从该反应的化学平衡看，反应温度越高，反应进行得越完全，CO 浓度越高，CO_2 的浓度越低，煤气的热值越高。

在煤的氧气化过程中，反应式（4-36）和式（4-37）为反应式（4-38）提供了热源，系统的操作温度将由热平衡决定。对于采用固态排渣的过程，反应温度将受煤的灰份熔点的限制；对于液态排渣的过程，反应温度将不受此限制。在氧化气化过程中，富余热量的移出和回收利用是个重要问题，关系到生产的正常运行和经济效益。

4.3.1.2　水蒸气气化过程

碳用水蒸气进行气化时，其主要的化学反应有

$$C(c) + H_2O(g) \rightrightarrows CO(g) + H_2(g)$$

$$\Delta H^\circ_R = 131.38 \text{kJ/mol} \qquad \Delta G^\circ_R = 130\,122 - 142.46T \text{ J/mol} \qquad (4\text{-}39)$$

$$C(c) + 2H_2O(g) \rightrightarrows CO_2(g) + 2H_2(g)$$

$$\Delta H^\circ_R = 90.16 \text{kJ/mol} \qquad \Delta G^\circ_R = 98\,742 - 110.46T \text{ J/mol} \qquad (4\text{-}40)$$

$$CO(g) + H_2O(g) \rightrightarrows CO_2(g) + H_2(g)$$

$$\Delta H^\circ_R = -41.21 \text{kJ/mol} \qquad \Delta G^\circ_R = -31\,380 + 32.0T \text{ J/mol} \qquad (4\text{-}41)$$

碳的水蒸气气化反应的热力学数据表明，反应式（4-39）和式（4-40）是强吸热反应，而且，在通常条件下，它们的反应自由焓为正，即过程不能自发进行；只有在温度高于 900K 以后，反应自由焓转为负，气化反应才会发生。反应（4-41）属水煤气变换反应，尽管是个放热反应，但与反应式（4-39）和式（4-40）相比，其热量远不能满足气化反应所需的热量要求。总的看来，碳的水

蒸气气化过程是个强吸热过程，向反应体系供热是这一过程的突出问题。

4.3.1.3　加氢气化过程

为了提高煤气的热值，加氢气化过程是实现这一目标的有效途径。加氢气化过程的主要反应

$$C(c) + 2H_2(g) \Longrightarrow CH_4(g)$$

$$\Delta H_f^\circ = -74.850 \text{kJ/mol} \qquad G_f^\circ = -69\,120 + 51.25T\lg T - 65.35T \text{ J/mol}$$

$$(4\text{-}42)$$

$$CO(g) + 3H_2(g) \Longrightarrow CH_4(g) + H_2O(g)$$

$$\Delta H_R^\circ = -206.23 \text{kJ/mol} \qquad \Delta G_R^\circ = -199\,240 + 51.25T\lg T + 77.11T \text{ J/mol}$$

$$(4\text{-}43)$$

反应式（4-42）和式（4-43）都是减体积、强放热反应，低温、高压是其所希望的条件。这一气化过程的突出问题是氢的供应和反应热的移出利用。

在上述气化过程中，还需考虑如下反应，即

$$H_2(g) + \frac{1}{2}O_2(g) \Longrightarrow H_2O(g)$$

$$\Delta H_f^\circ = -242.01 \text{kJ/mol} \qquad G_f^\circ = -246\,440 + 54.81T \text{ J/mol} \qquad (4\text{-}44)$$

4.3.1.4　碳气化过程的平衡常数

根据上述主要气化反应，其平衡常数可表示如下

$$\Delta G^\circ = -RT\ln K_p; \qquad \lg K_p = -\frac{\Delta G^\circ}{19.15T} \qquad (4\text{-}45)$$

因而，对上述反应，分别有

$$\lg K_{P_1} = \frac{5834}{T} + 4.107 \qquad (4\text{-}46)$$

$$\lg K_{P_2} = \frac{20\,581}{T} + 0.0439 \qquad (4\text{-}47)$$

$$\lg K_{P_3} = \frac{9013}{T} + 9.110 \qquad (4\text{-}48)$$

$$\lg K_{P_4} = \frac{6795}{T} + 7.439 \qquad (4\text{-}49)$$

$$\lg K_{P_5} = \frac{5156}{T} + 5.768 \qquad (4\text{-}50)$$

$$\lg K_{P_6} = \frac{1639}{T} + 1.671 \qquad (4\text{-}51)$$

$$\lg K_{P_7} = \frac{3609}{T} - 2.676 \lg T + 3.413 \tag{4-52}$$

$$\lg K_{P_8} = \frac{10\ 404}{T} - 2.676 \lg T + 4.027 \tag{4-53}$$

$$\lg K_{P_9} = \frac{12\ 869}{T} - 2.862 \tag{4-54}$$

　　碳气化过程主要化学反应的平衡常数与温度的关系[53]如图 4-11。由此不难看出，对于碳、一氧化碳和氢与氧的燃烧反应，即反应式（4-36）、式（4-37）和式（4-44），它们有很大的平衡常数，说明这些反应是可以进行完全的；发生炉煤气反应［即反应式（4-38）］和水煤气反应［即反应式（4-39）和式（4-40）］大约在 1000℃的高温条件下才能进行，随着温度的升高，这些反应的平衡常数增大，即煤气产物 CO 和 H_2 的含量增加，煤气的热值增加，煤气化反应需在高温下进行；加氢甲烷化反应［即反应式（4-42）］和合成甲烷化反应［即式（4-43）］只有在低温下才可发生，但在这种条件下，反应速度是很低的，应采用催化以提高反应速度，同时，这两个反应是减体积反应，提高反应系统的压力，有利于提高产率，高压、催化是加速甲烷化反应的重要措施。

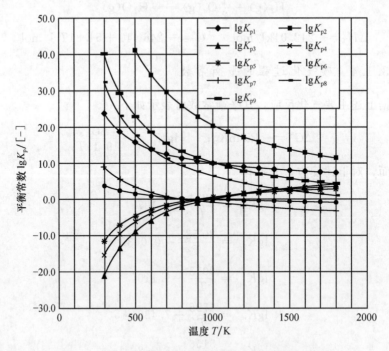

图 4-11　碳气化过程化学反应平衡常数与温度的关系

4.3.2　煤气化动力学

4.3.2.1　煤与氧反应

根据煤与 O_2 的反应既可生成 CO_2，也可生成 CO 的情况，该反应可能是气体扩散控制，也可能是碳燃烧化学反应控制，Field 等[54]建议如下粒煤与氧的反应速率表达式

$$\frac{\mathrm{d}x}{\mathrm{d}t} = \frac{1}{\dfrac{1}{k_{\mathrm{diff}}} + \dfrac{1}{k_{\mathrm{s}}}} p_{O_2} \tag{4-55}$$

$$T_{\mathrm{m}} = \frac{T_{\mathrm{s}} + T}{2} \tag{4-56}$$

式中：k_{s} 为化学反应控制的反应速率系数；k_{diff} 为扩散控制的反应速率系数；p_{O_2} 为主气流中氧分压；d_{p} 为颗粒直径；ψ 为机理因素。

Dutta 和 Wen[55]建议了如下的经验反应速率表达式

$$\frac{\mathrm{d}x}{\mathrm{d}t} = \alpha_{\mathrm{v}} k_{\mathrm{v}} p_{O_2} (1-x) \tag{4-57}$$

式中：x 为碳转化率分数，[-]；α_{v} 为反应活性因子，$\alpha_{\mathrm{v}} = 1 \pm 100 x^{\nu\beta} \mathrm{e}^{-\beta x}$，$0 \leqslant \nu \leqslant 1$，$\nu$ 和 β 为与煤种有关的实验常数。

4.3.2.2　煤与二氧化碳反应

对于小于 $300\mu\mathrm{m}$ 和低于 $1000℃$ 的条件，煤与 CO_2 的反应通常属于化学反应控制，Walker 等[56]的 Langmuir-Hinshelwood 型吸附-解吸反应机理模是气-固反应在反应界面上处处均衡进行

$$\mathrm{C_f + CO_2(g)} \underset{k_2}{\overset{k_1}{\rightleftharpoons}} \mathrm{C(O) + CO(g)}$$

$$\mathrm{C(O)} \xrightarrow{k_3} \mathrm{CO(g)}$$

$$R = \frac{k_1(CO_2)}{1 + \dfrac{k_1}{k_3}(CO_2) + \dfrac{k_2}{k_3}(CO)} \tag{4-58}$$

Dutta 等[57]建议了如下的经验动力学公式

$$\frac{\mathrm{d}x}{\mathrm{d}t} = \alpha_{\mathrm{v}} k_{\mathrm{v}} C_{\mathrm{A}}^{n} (1-x) \tag{4-59}$$

4.3.2.3　煤与水蒸气的反应

Walker 等的 Langmuir-Hinshelwood 型吸附-解吸反应机理模型是气-固反应在反应界面上处处均衡进行，并考虑了 H_2 的抑制影响

$$C_f + H_2O(g) \underset{k_2}{\overset{k_1}{\rightleftharpoons}} C(O) + H_2(g)$$

$$C(O) \xrightarrow{k_3} CO(g)$$

$$R = \frac{k_1(H_2O)}{1 + \dfrac{k_1}{k_3}(H_2O) + \dfrac{k_2}{k_3}(H_2)} \tag{4-60}$$

Ergun 和 Mentser[58] 的 Langmuir-Hinshelwood 型吸附-解吸反应机理模型，并考虑了 H_2 和 CO 的抑制影响

$$C_f + H_2O(g) \underset{k_2}{\overset{k_1}{\rightleftharpoons}} C(O) + H_2(g)$$

$$C(O) \xrightarrow{k_3} CO(g)$$

$$C(O) + CO(g) \underset{k_5}{\overset{k_4}{\rightleftharpoons}} C_f + CO_2(g)$$

$$R = \frac{k_1(H_2O) + k_3(CO_2)}{1 + \dfrac{k_1}{k_3}(H_2O) + \dfrac{k_2}{k_3}(H_2) + \dfrac{k_4}{k_5}(CO)} \tag{4-61}$$

Wen[59] 建议了如下的经验动力学公式

$$\frac{\mathrm{d}x}{\mathrm{d}t} = k_v\left(C_{H_2O} - \frac{C_{H_2}C_{CO}RT}{K}\right)(1-x) \tag{4-62}$$

式中：K 为平衡常数，平均活化能大多为 146kJ/mol。

4.3.2.4　煤与氢的反应

尽管碳与氢可直接反应生成甲烷，但实验表明，甲烷不是气化产物的重要成分，特别是在热解和气化同时发生的第一阶段。对于这一阶段，挥发分和碳都会进行加氢反应，Zielke 和 Gorin[60] 认为甲烷按如下三步机理生成：第一步煤中假想的环烃结构物质 A 进行加氢而达到饱和，该反应为可逆反应，正、反反应速率常数分别为 k_1 和 k_2；被氢饱和的环烃断裂成链烷烃，反应速率常数为 k_3；然后生成的链烷烃脱烷基而生成甲烷，反应速率常数为 k_4，而脱烷基的速率远远快于其他反应步骤，并据此建议了如下加氢气化反应的动力学公式

$$R = \frac{k_1 k_3(A)(H_2)^n}{k_2 + k_3(H_2)} \tag{4-63}$$

式中：A 代表假想的环烃结构物质。n 为反应级数，在低氢分压时，n 等于 2；在高氢分压时，n 等于 1。

Wen 和 Huebler[61,62] 建议了如下加氢气化反应的经验动力学公式

第一阶段

$$\frac{\mathrm{d}X}{\mathrm{d}t} = k'_v(C_{H_2} - C^*_{H_2})(f - X) \tag{4-64}$$

第二阶段

$$\frac{\mathrm{d}x}{\mathrm{d}t} = k_v (C_{H_2} - C_{H_2}^*)(1-x) \tag{4-65}$$

其中

$$x = \frac{X-f}{1-f} \tag{4-66}$$

$C_{H_2}^*$ 平衡氢浓度，由碳与氢反应的平衡常数计算。

对于原煤

$$k_v' \approx 0.95 \times 10^{-3} \, \mathrm{m}^3/(\mathrm{mol} \cdot \mathrm{s}) \tag{4-67}$$

对于预热焦

$$k_v' \approx 0.90 \times 10^{-5} \, \mathrm{m}^3/(\mathrm{mol} \cdot \mathrm{s}) \tag{4-68}$$

Johnson[63,64]根据加热速率为 $15 \sim 100℃/\mathrm{s}$ 气化更精确的热天平实验结果，假定在温度高于 815℃时，碳的转化率与温度无关，建立如下的动力学经验公式：

气化第一阶段

$$\int_0^x \frac{\mathrm{e}\gamma X^2 \mathrm{d}X}{(1-X)^{2/3}} = 0.0092 f_R P_{H_2} \tag{4-69}$$

式中：X 为气化第一阶段的碳转化率；f_R 为气化第一阶段的煤/碳相对反应系数。

对于 H_2 或 H_2-CH_4 混合物，$\gamma = 0.97$

对于 H_2-蒸汽混合物，$\gamma \approx 1.7$

气化第二阶段

$$\frac{\mathrm{d}x}{\mathrm{d}t} = f_L k_L (1-x)^{2/3} \mathrm{e}^{-\gamma' x^2} \tag{4-70}$$

$$f_L = f_0 \mathrm{e}^{8467/T_0} \tag{4-71}$$

$$k_L = \frac{(1 - p_{CH_4}/p_{H_2}^2 K_E) \cdot \mathrm{e}^{2.6741 - 33\,076/T} \cdot p_{H_2}^2}{1 + \mathrm{e}^{-10.452 + 19\,976/T} \cdot p_{H_2}} \tag{4-72}$$

$$\gamma' = \frac{52.7 p_{H_2}}{1 + 54.3 p_{H_2}} \tag{4-73}$$

式中：x 为仅限气化第二阶段的碳转化率；f_0 为气化第二阶段的煤/碳相对反应系数；T 为气化温度，℃；T_0 为气化前时碳的最高温度，℃；K_E 为 C-H_2-CH_4 间的平衡常数；P_{H_2}、P_{CH_4} 分别为主气流中氢、甲烷的分压，atm。

对于快速加热的气化情况，温度的升高，挥发分中的液体比率减少，有实验表明，在温度高于 900℃后，挥发分中几乎不含液体。氢分压的增加，气化产物中的 CH_4 和 C_2H_6 增多，而 CO_x 减少，在温度高于 1000℃的条件下，气化产物中几乎完全是 CH_4。加热速率的提高，有利于提高碳的转化率。

4.3.2.5　煤与气体混合物的反应

在实际反应系统中，气化剂是 H_2、CO_2、H_2O 的混合物，甚至其中有氧的存在，则气化反应过程将发生某些变化。实验测定表明，碳与氧的反应速率比碳与 H_2、CO_2、H_2O 反应剂的反应速率要快得多，通常高 10^5 倍，这意味着，碳与氧反应时，O_2 在颗粒外表面就被耗尽，用收缩的未反应核模型描述更为合适；而碳与 H_2、CO_2、H_2O 反应将是不充分的，它们将通过毛细孔渗透到颗粒内部，因而表现为体积反应（连续反应）模型的情况。因此，在混合气化剂的实际反应系统中，碳与氧反应发生在收缩的未反应核的界面上，而碳与 H_2、CO_2、H_2O 反应发生在颗粒内孔里。可以想像，只要有足够的 O_2 存在，碳与 H_2、CO_2、H_2O 在未反应核的界面上发生的反应可以忽略；在 O_2 浓度低而 H_2、CO_2、H_2O 浓度高的情况，它们与碳反应的程度将变得较接近，那么系统中的绝大部分 O_2 在到达颗粒表面以前，将与从颗粒内部扩散出来的产物气（CO、H_2、CH_4）反应。因而，这种情况可简化为，碳与 H_2、CO_2、H_2O 的反应同时进行，而后进行唯一的碳与 O_2 气固反应，其物理模型如图 4-12 所示[64]。

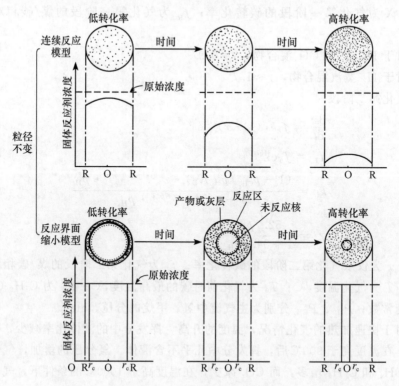

图 4-12　煤气化过程的收缩核反应模型与体积反应模型

因此，根据上述不同煤气化反应的动力学模型，分别研究这些反应过程的物料平衡。

1. 碳与氧的气固反应

无产物灰渣层的收缩未反应核模型：

氧平衡，在 $r=r_c$ 处

$$k_{mA}(C_{A0} - C_A) = ak_sC_A \tag{4-74}$$

碳平衡

$$C_{S0}\left(\frac{dr_c}{dt}\right) = k_sC_A \tag{4-75}$$

初始条件是在 $t=0$ 时

$$r = r_0$$

反应速率方程

$$\frac{dx}{dt} = \frac{1}{\dfrac{1}{k_{diff}} + \dfrac{1}{k_s'}}P_{O_2} \tag{4-76}$$

式中

$$P_{O_2} = C_{O_2}RT; \quad k_s' = k_s/RT; \quad k_{diff} = k_{mA}/aRT \tag{4-77}$$

2. 碳与混合反应剂反应

对于煤与混合反应剂 A（H_2、CO_2、H_2O）的气化过程，无产物灰渣层的体积反应模型：

H_2 平衡

$$D_{eA}\left(\frac{d^2C_A}{dr^2} + \frac{2}{r}\cdot\frac{dC_A}{dr}\right) - ak_{vA}C_A^nC_S^m = 0 \tag{4-78}$$

式中：a 为化学计量系数，与煤中氢含量有关。对于半焦与 H_2 的反应，碳转化率为 0 时，其值为 1.2，而碳转化率为 1 时，其值为 2；对于半焦与 H_2O 和 CO_2 的反应，其值约为 1；对于半焦与 O_2 的反应，$a=\dfrac{1}{\psi}$。

反应速率，如 $\alpha_v \approx 1$，C_H^* 可略，则

$$\frac{dx}{dt} = \alpha_v k_v C_A(1-x) \tag{4-79}$$

边界条件是在 $r=r_c$

$$D_{eA}\cdot\frac{dC_A}{dr} = k_{mA}(C_{A0} - C_A) \tag{4-80}$$

在 $r=0$

$$\frac{dC_A}{dr} = 0 \tag{4-81}$$

碳平衡

$$\frac{dC_S}{dt} = -C_S(k_{vH}C_H + k_{vD}C_W + k_{vD}C_D) \tag{4-82}$$

初始条件是在 $t=0$ 时

$$C_S = C_{S0} \tag{4-83}$$

式中：下标 H、W 和 D 分别代表 H_2、H_2O 和 CO_2。

4.3.3　煤气化过程

为了提高煤的利用效率、减轻环境污染、增加经济效益，煤的气化过程已在工业上广泛应用。煤气化过程的主要用途有三（参见图 4-1）：一是低热值气化，生产动力煤气，提供清洁的燃料气；二是中热值气化，生产合成原料气，主要作为合成氨、合成甲醇、合成油等石油化工产品的原料或冶金还原气；三是高热值气化，制备代用天然气（SNG），作为优质的清洁能源。

4.3.3.1　生产合成原料气过程

如前所述，煤气化过程是煤与气化剂进行的化学反应过程，气化工艺过程也因采用的气化剂和供热方式的不同而形成不同特点的工艺过程。

合成原料气的气化过程是以生产合成原料气为主要目的的，中热值气化通常以氧（空气）和水蒸气为气化剂，进行气化反应，得到 $CO+H_2$ 的粗煤气。根据气化热力学分析，该过程属部分氧化自热式的气化过程。主要化学反应有

$$[CH]_n(coal) + n\frac{1}{2}O_2(g) \Longrightarrow CO(g) + n\frac{1}{2}H_2(g)$$

$$\Delta H_R = -122.59 kJ/mol$$

$$[CH]_n(coal) + H_2O(g) \Longrightarrow CO(g) + \frac{3}{2}H_2(g)$$

$$\Delta H_R = 142.3 kJ/mol$$

$$CO(g) + H_2O(g) \Longrightarrow CO_2(g) + H_2(g)$$

$$\Delta H_R = -41.21 kJ/mol$$

部分氧化反应是放热反应，从反应区移出部分反应热量以保证正常的操作温度是个关键技术问题，同时过程的热效率将不会太高，也是不言而喻的。该类第一代代表性过程有高温、固态排渣气化技术的 Lurgi 固定床气化和 Winkler 流化床气化、Ugas 流化床气化、灰熔聚流化床气化以及 1400℃液态排渣的 Koppers-Totzek 气流床气化和 Otto-Rummel 熔渣炉气化[1]，见图 4-13。固态排渣气化技术受气化温度的限制（通常小于 1000℃），煤气中甲烷和焦油的含量较高，生产强度较低。

针对第一代气化技术的不足，自 20 世纪 70 年代起，相继开发了第二代气化技术，主要是 Lurgi-BGC 的 1000～1600℃、3～10MPa 高温高压固定床液态排

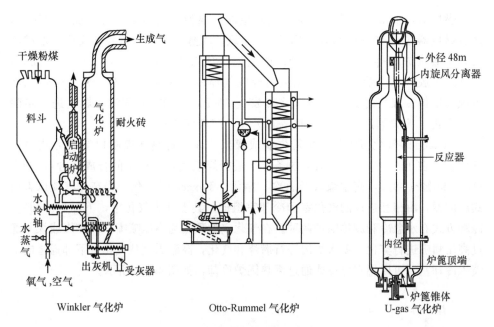

干燥粉煤

料斗

气化炉　耐火砖

启动炉

水冷轴

水蒸气

出灰机　受灰器

氧气,空气

Winkler 气化炉

生成气

Otto-Rummel 气化炉

外径 48m

内旋风分离器

反应器

内径

炉篦顶端

U-gas 气化炉

炉篦锥体

图 4-13　合成原料气流态化气化过程

渣气化，而流态化气化过程则有 Winkler 的 1100℃、1.1MPa 高温流化床气化，Shell-Koppers 的 1400～1600℃、3MPa 高压气流床气化和 Texaco 的 1450℃、4～8MPa 水煤浆气化更具发展潜力。像气化过程热力学分析的那样，温度的升高，气化反应进行得更完全，改善了煤气的质量，降低或消除了焦油和有害成分，提高了生产强度，实现装置生产能力的大型化。

　　合成化工产品不同，所需的合成原料气组成是不同的，如合成氨时，要求 H_2/N_2 为 3，煤气中含 H_2 应尽可能高，而 CO、CH_4 含量应尽可能低，然后进行 CO 催化变换反应；合成甲醇时，要求 H_2/CO 为 1～2 左右；合成油时为 1～2，取决于 F-T 合成工艺技术，如浆态床合成反应的 $H_2/CO=0.5～1$；固定床合成反应的 $H_2/CO=1～2$；流化床合成反应的 $H_2/CO≥2$。煤炭气化的煤气组成与气化工艺有关，常压间歇气化炉和加压鲁奇炉过程，煤气中 H_2/CO 约为 1.5，温克勒气化过程为 0.9～1.3，德士古（Texaco）气化过程、壳牌（Shell）气化过程为 1。煤制合成气（包括净化）的投资占整个 F-T 合成工艺过程中的比例分别为 60％～65％，不同产品的合成原料气应选用煤气成分接近的气化工艺技术，以免进行煤气组成重整而增加投资和成本，这对提高合成工艺过程的竞争能力具有非常重要意义。因而，气化工艺的煤气组成备受关注。

　　Shell 煤气化过程适用于含水<6％的各种粉煤。Shell-Koppers 高压气流床直筒式反应器，如图 4-14a 所示，下部为煤燃烧-气化室，外侧装有一对或几对

对吹燃烧器，上部为膜式水冷壁蒸汽发生器，煤粉用高压氮气交变加入和输送，通过燃烧器在 1400～1600℃、3MPa 下与氧、水蒸气一起进行气化反应，形成的液态炉渣从炉底排出，用水淬冷；产生的合成气含（CO＋H_2）：93%～98%，在其进入膜式水冷壁之前，用无尘的合成气淬冷至 800～900℃，使夹带熔融烟尘成为固体。煤气经膜式水冷壁冷却发生 5MPa、500℃的蒸汽，煤气进一步除尘、净化。该炉单台能力：处理煤 100t/h，产煤气 $5×10^6 m^3/d$。

Texaco 煤气化过程是将煤粉先制成煤浆，在通过高压喷嘴以雾状方式喷入气化炉，在 1450℃、4～8MPa 的条件下进行煤浆气化，产生的合成气含（CO＋H_2）：93%～98%，高温煤气经急冷、净化。Texaco 煤气化炉为高压气流床直筒式反应器，由相互连通的气化室和冷却室组成，其上部为气化室，下部为冷却室，冷却方式有水急冷和废热锅炉两种。在气化室的顶端为高压喷嘴，氧和煤或煤浆通过高压喷嘴进行雾化、喷入炉内进行燃烧和气化，高温煤气从气化室下部通道向下喷入冷却室，可以用水急冷或通过废热锅炉冷却，如图 4-14b 所示。

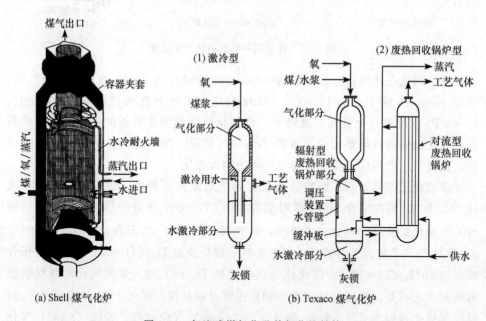

图 4-14　气流式煤气化及其气化炉结构

4.3.3.2　生产燃料气的气化过程

燃料气有一般的工业用燃料气和城市煤气的不同，前者热值可高、可低，高温过程需用热值高的煤气；后者一般要求高热值，特别需经远距离输送的气源，同时对煤气成分，特别是对 CO、H_2S 等有害成分有严格限制，以代用天然气

SNG 为好。一般燃料气通常利用中、低热值煤气化工艺技术，代用天然气 SNG 则用高热值煤气化技术。

1. 中、低热值气化过程

中低热值的燃料气的生产分为部分氧化气化法和蒸汽气化-加氢甲烷化法。部分氧化气化法以空气或氧-蒸汽进行煤的气化，与生产合成原料气的方法类似，得到含 H_2、CO、CH_4 可燃气体，只是不必进行 CO 的变换，脱硫后作为清洁的燃料气。蒸汽气化-加氢甲烷化法与部分氧化气化法略有不同。

根据气化热力学分析，蒸汽气化-加氢甲烷化法将高温蒸汽气化的吸热反应与加氢甲烷化的放热反应相耦合，以减轻供热难度和提高过程的热效率，主要反应如下：

蒸汽气化反应

$$[CH]_n(coal) + H_2O(g) = CO(g) + \frac{3}{2}H_2(g) \qquad \Delta H_R = 142.3 kJ/mol$$

$$C(c) + H_2O(g) = CO(g) + H_2(g) \qquad \Delta H_R = 129.7 kJ/mol$$

$$CO(g) + H_2O(g) = CO_2(g) + H_2(g) \qquad \Delta H_R = -41.21 kJ/mol$$

甲烷化反应

$$CO(g) + 3H_2(g) = CH_4(g) + H_2O(g) \qquad \Delta H_R = -206.23 kJ/mol$$

该气化过程的主要特征是通过高温气体媒介将吸热的气化反应与放热的甲烷化反应相耦合。该工艺的代表性流程有 Lurgi 固定床气化过程，U. S. DOE Pittsburgh Energy Research center 的 Synthane 流态化气化过程，Bituminous Coal Research 的 Bigas 流态化气化过程等[1]，如图 4-15。Synthane 流态化气化过程是将<20目煤经400℃预氧化以得到非黏结性煤并喷入压力为 4～6MPa 的气化

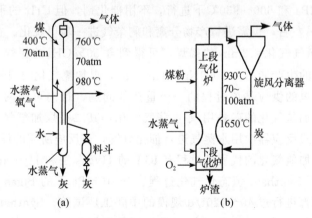

图 4-15　中、低热值燃料气流态化气化过程

(a) Synthane 法[13,14]；(b) BI-gas 法[13]

器，氧和蒸汽作为气化剂通过流态化气化床的锥形分布板进入气化器，将热处理过的煤进行流态化气化并进行部分甲烷化，煤气从气化器顶部排出。Bigas 气化过程是将粉煤先进行气化挥发，并与来自第二段灰熔聚气化煤气中 H_2 反应，生成甲烷，以提高煤气的热值；余下的半焦送入第二段流化床在 1650℃下进行灰熔聚流态化气化，将炭充分转化为煤气。

2. 高热值气化过程

（1）加氢气化

燃料气低热值气化过程需要向系统供给大量的气化热，使工艺复杂，技术难度增加，而且，半焦的气化速率很低。为此，人们又开发了两条新的工艺路线，即水蒸气催化气化和加氢气化。催化气化有利于提高反应速率，降低反应温度，增加甲烷产率。

加氢气化（也可以说是加氢热解）的主要反应是：

煤中富氧基团加氢或脱水反应

$$R-COOH \longrightarrow R-H+CO_2 \xrightarrow{+H_2} R-H+CO$$

煤中富氢基团加氢反应生成甲烷的快速反应

$$R-CH_3 \xrightarrow{+H_2} R-H+CH_4$$

$$[CH]_n(coal) \xrightarrow{干馏} \frac{1}{4}CH_4(g)+\frac{3}{4}C(s)，\quad \Delta H_R=-4.2kJ/mol$$

碳骨架构成的稠环化合物的加氢慢速反应

$$C(s)+2H_2(g) \Longrightarrow CH_4(g)，\quad \Delta H_R=-74.85kJ/mol$$

从这些反应的热力学特征看，高压、低温有利于提高甲烷平衡浓度。该过程通常在 7～8MPa 和 600～950℃下进行，不用催化剂，但 CH_4 的平衡产率不高，仅 40%～50% 左右，仍需进行产物分离和剩余气进一步甲烷化。在 8MPa 压力、850℃下，用氢气气化<2mm 的褐煤，可得到含 50%CH_4 的粗煤气，气化率达 82%，反应器的生产能力为 2000Nm³/(m³·h)，煤加氢气化的残焦为低硫燃料，可用于发电。氢的供应是该过程的一个重要的问题，目前可用两种制氢方法提供，其一是煤加氢气化的残焦用氧-水蒸气气化，其二是煤加氢气化所得的甲烷在镍催化剂管式反应器中用水蒸气进行催化分解，该反应所需的反应热由高温核反应堆提供。加氢气化的代表性过程有 IGT 的 Hygas 法和 Hydrane 法，以及高压 4～7MPa 下 Synthane 流态化气化过程、7～10MPa 下的 Bigas 气化过程，这些气化过程都曾进行过 40～120t/d 规模的中间工厂试验。Synthane 气化过程得到 H_2 30%、CO 20%、CH_4 20%、CO_2 30%的干煤气；Hygas 气化过程由淤浆状煤流态化干燥、一段气流床加氢、二段流化床加氢和三段流化床部分氧化造气

组成，为一个 7.7MPa 高压多级气固逆流的气化过程。与 Synthane 气化过程相似，即先将＜20 目预氧化得到非黏结性煤粉，与过程中得到的轻质油混合呈淤浆状，经在 300℃下流态化干燥；干燥的非黏结煤经溢流管进入一段气流床加氢气化器，在 650～760℃下与上升的含 H_2 煤气进行气化和甲烷化反应，将约 20％的煤转化成甲烷；残焦与煤气分离后经溢流管进入二段流化床加氢气化器，在 900℃下与上升的含 H_2 煤气进行气化和甲烷化反应，将约 20％的煤转化成甲烷；残焦经溢流管从二段流化床加氢气化器流入三段流化床气化反应床，通入水蒸气和氧气，进行部分氧化造气，为气化系统提供热源和含氢气源，也可单独通入部分氢气，如图 4-16 所示。实验比较发现，Hydrane 法不易被接受，Hygas 法是一个较先进的过程。

　　CO_2 接受法流态化气化过程是用循环白云石作热载体进行供热的高热值气化法，如图 4-17 所示。在气化炉中 CaO 与气化中产生的 CO_2 结合生成 MgO-$CaCO_3$ 并放热，为气化过程提供热量，也减少了煤气中 CO_2 含量，提高了煤气的热值，而生成 MgO-$CaCO_3$ 连同半焦输送至再生炉，$CaCO_3$ 吸收半焦燃烧时放出的热量而分解，生成 MgO-CaO 而得到再生，然后再进入反应器，使气化过程持续进行。煤气化所需热源除可利用热载体供热外，如煤气化过程还可与原子能反应堆发电的高温换热器连接，以获得气化过程所需的反应热。

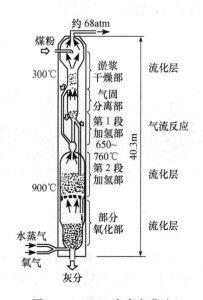

图 4-16　Hygas 加氢气化法

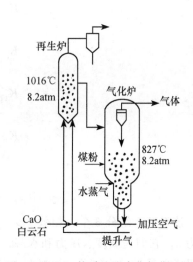

图 4-17　CO_2 接受法流态化气化过程

（2）催化气化

第二种气化过程即水蒸气催化气化的主要反应是

$$[CH]_n(coal) + H_2O(g) \xrightarrow{\text{催化}} \frac{5}{8}CH_4(g) + \frac{3}{8}CO_2(g), \quad \Delta H_R = 0$$

该过程通常在 7MPa、$400 \sim 500℃$ 下催化气化以加速反应。煤气中除甲烷外，还有少量的 CO 和 H_2 等，将粗煤气分离 CH_4 后用于再循环，并进行甲烷化合成，其主要特点是反应热几乎为 0，即不必向反应系统供热，目前，用于实验的催化剂有碱金属盐、碱土金属氧化物或盐、煤灰矿物质和过渡金属及其氧化物或盐，但催化剂的高效、抗毒性仍然是一个重要的研究课题。它的代表性过程 EXXON 公司开发的催化气化过程。

4.3.3.3　煤气化产物平衡组成计算

设气化过程为半焦水蒸气气化，其产物组成可用以下四个反应来预测，即

发生炉煤气反应　　　　$C + CO_2 \rightleftharpoons 2CO$　　　　　平衡常数：K_{P_1}

水煤气反应　　　　　　$C + H_2O(g) \rightleftharpoons CO + H_2$　　平衡常数：K_{P_2}

CO 变换反应　　　　　$CO + H_2O(g) \rightleftharpoons CO_2 + H_2$　平衡常数：K_{P_3}

加氢甲烷化反应　　　　$C + 2H_2 \rightleftharpoons CH_4$　　　　　平衡常数：K_{P_4}

如固定炭的活度为 1，气体的逸度等于压力，CO_2、CO、H_2O、CH_4、H_2 的分子分数分别为 y_1、y_2、y_3、y_4、y_5，则以下各式成立

$$K_{P_1} = \frac{y_2^2}{y_1}p_0; \tag{4-84}$$

$$K_{P_2} = \frac{y_2 y_5}{y_3}p_0; \tag{4-85}$$

$$K_{P_3} = \frac{y_1 y_5}{y_2 y_3}; \tag{4-86}$$

$$K_{P_4} = \frac{y_4}{y_5^2 p_0}; \tag{4-87}$$

及

$$y_1 + y_2 + y_3 + y_4 + y_5 = 1 \tag{4-88}$$

该系统有组分 6 个、相数 1 个、反应式 4 个，根据相律计算，该系统的自由度为 3；它们是温度、压力和水/碳（$r = H_2O/C$）比。当它们被指定后，则系统的组成也就唯一确定了。如温度为 T、压力为 P，则各平衡常数 $K_{P_i}(T, p)$ 就有确定值，当给定水-炭比 r，由水平衡得到

$$y_3 + 2y_4 + y_5 = r(y_1 + y_2 + y_4) \tag{4-89}$$

联立求解方程式（4-92）～式（4-97），在 $r = 2$ 时，不同温度和压力下煤气

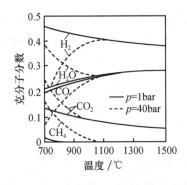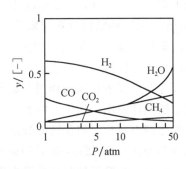

图 4-18 不同温度、压力条件下煤气化产物平衡组成预测

化产物平衡组成结果表示在图 4-18 中。

4.4 煤直接液化

煤的液化分为两大类，即直接液化和间接液化。煤直接液化是指煤通过催化加氢、快速热解或加氢快速热解以制取液体燃料或化工原料；间接液化是指煤经过气化得到合成气，进而催化合成液体燃料或化工原料，间接液化实质上是个化学制备过程，更确切地说，是个催化合成过程，将在第六章中讨论。

煤直接液化分为溶剂供氢直接液化、二段液化、快速热解及加氢烃化等。快速热解法又分为固体热载体法、气体热载体法和混合热载体法等。直接加氢烃化法又有催化和非催化之别。

4.4.1 煤加氢液化

煤溶剂加氢直接液化法代表性有 H-Coal 过程、SRC 过程、EDS 过程等；二段液化有 CSF 过程等。

4.4.1.1 溶剂加氢液化概述

SRC 过程以生产低硫无灰电厂锅炉燃料为目的，SRC 有 SRC-Ⅰ 和 SRC-Ⅱ 的不同。SRC-Ⅰ 工艺为浅加氢（加氢量为 1%～2%），以生产低硫无灰电厂锅炉燃料，以自产的高沸点馏分为溶剂，与煤粉（74μm 占 95%）混合成浆，在 10～15MPa、450℃下的塔式反应器中进行加氢，使煤热溶并裂解，经加压过滤和真空蒸馏进行固液分离，得到气态、液态和固态三种洁净产品。SRC-Ⅱ 为适应液体燃料需求在 SRC-Ⅰ 工艺基础上而发展的深度加氢工艺，其加氢量为 3%～5%，采用旋流器和真空蒸馏进行固液分离，其产品以燃料油为主。

美 EXXON 公司 EDS 过程以生产轻质油和燃料油为目的，该工艺将煤粉（＜0.5mm）用循环供氢溶剂制浆后，在 10～15MPa、425～430℃下裂解反应器中进行加氢裂解液化，反应物经真空蒸馏，馏出液为液体产品，其残液进行闪蒸，回收其中的液体产品并生产燃料气，残渣供灵活焦化制氢。供氢后的溶剂送入加氢反应器中在催化剂的作用下进行加氢再生，其加氢约为 3％，然后富氢溶剂返回系统循环使用。该工艺的突出特点：裂解反应器为管式活塞流，轻质油产率高，催化剂寿命长，避免液固分离。

德国 Bottrop 工厂的过程采用硫化铁为催化剂，先浸渍在煤粉上，然后在 30MPa、450～480℃下裂解反应器中进行加氢裂解液化，催化剂价廉，通过废渣排出；日本针对重质渣油日增的情况，采用 540℃以上馏分的循环油作为溶剂，以熔铁浴气化炉硫化铁飞尘作为催化剂，在 10～15MPa、350℃下加氢，在 15～20MPa、430～460℃下裂解液化的两段液化过程。

Conoco 公司的二段液化的 CSF 过程是将煤在 390℃，2～3.5MPa 温和条件下采用溶剂供氢萃取，至 85％的萃取浓度，使煤粒保持其完整性，经过滤后，其滤液进行钴-钼液化流化床加氢蒸馏得液体油品，残液经碳化回收其中的液体，而所得半焦用以气化制氢。

4.4.1.2　氢-煤流态化法

氢-煤（H-Coal）开发研究开始于 20 世纪 60 年代，以生产合成原油或燃料油为目的。该过程以煤液化过程中的一种馏分作为溶剂，利用催化剂，促使煤在高压、高温条件下进行加氢裂解。煤经破碎、干燥、细磨至＜150μm，用循环溶剂制成煤浆，经升压、加氢后送入预热器加热，然后加入三相流化床反应器，在 17MPa、450℃的条件下进行催化加氢反应，生成的气态产物经冷凝成为煤气和液体油产品。煤气用吸收法将气态烃、氨、硫化氢分出，余下富氢气体循环使用；液体油品送入闪蒸器使油与残液（含炭和灰）分离，生成的闪蒸物送入常压蒸馏塔，残液经旋流器分离，顶流液作为溶剂返回煤浆制备系统循环使用，底流经减压蒸馏得到重质油，含炭和灰的油泥用 Shell 或 Texaco 法气化以制氢。

1980 年，在美国 Catflettsburg 建设一个大型试验厂，生产合成油时，日处理煤 220t，产油 550 桶；生产燃料油时，日处理煤 550t，产油 1380 桶。该工艺的加氢反应器为颗粒催化剂用煤浆流化并通入氢气的三相流化床，如图 4-19 所示，所用钴钼系催化剂为直径 1.65mm、平均长 4.69mm 的圆柱形颗粒，含 MoO_3 16.0％、CoO 3.2.％。工艺运行结果，C_1～C_3 7.5％～8％，轻油 45％，渣油 21％～23％，转化率 94％～95％，耗氢量为煤重的 4.3％～4.7％。

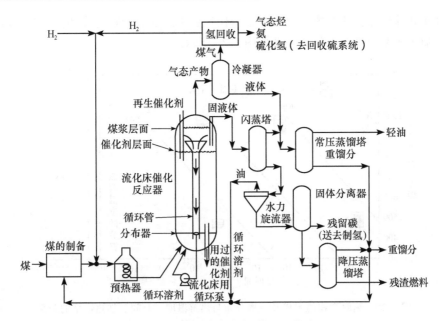

图 4-19 催化加氢液化氢-煤法工艺流程

4.4.2 煤快速热解制油

4.4.2.1 热解工艺原理

煤在受热时将发生膨胀、分解，煤分子的侧链和活泼基团首先解离成自由基，生成以 H_2O、CO_2、CO、O_2、CH_4、C_2H_6 和焦油为特征的一次挥发产物，即液体产物和煤气，析出挥发分后的残余部分为多孔的固定碳，即半焦；随着温度的升高和时间的延长，一次产物的自由基团容易发生缩聚反应，解离和缩聚两过程互相竞争地进行；解离过程继续进行的同时，进行半焦分解的二次挥发，生成以 H_2、C_2H_2 以及气体饱和和非饱和碳氢化合物和焦炭。为了保留一次产物，多产液体产品，在达到平衡之前应立即快速冷却以终止反应，防止二次聚合。

煤的热解工艺方法和条件不同，其热解产物将有很大的不同[65]。热解产物的组成及产率分布与煤种性质、颗粒粒径、热解温度、加热速率、停留时间、热解气氛、压力和反应器类型等有关。按热解气氛分，煤热解过程可分为一般热解和加氢热解；按温度可分为低温热解（约 500℃）、中温热解（约 750℃）、高温热解（约 1000℃）和超高温热解（>1200℃）；按加热速率分，可分为慢速热解、中速热解、快速热解和闪速热解，升温速率分别是小于 1℃/s、$0.5×10^1～1×10^2$℃/s、$5×10^2～10^5$℃/s 和大于 10^6℃/s；煤热解过程可在无催化剂和有催化剂（钼、锡、$ZnCl_2$ 等）存在的条件下进行，从而将煤热解分为非催化加氢热解或气化和催化加氢热解或气化。煤在惰性气氛中热解的产物组成和分布与热解温度、加热速率和热解时间的关系如图 4-20 所示。

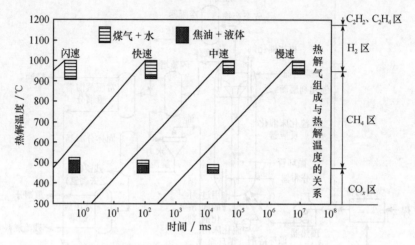

图 4-20　热解产物的组成及产率分布与热解温度、时间、加热速率的关系

煤热解直接液化主要目的在于通过快速热解生产液体产品，即油品或三苯（苯、甲苯、二甲苯）等为主的化学品。煤的热解是个吸热反应过程，快速热解要求快速向系统供热，即在非常短的时间内将煤粉加热分解并尽可能多地生成化学活泼的基团（活性化学中间体、轻质初级有机液体、特种化学品）。因此，快速热解反应生产液体产品的系统必须满足下列要求。

1）加热速率在 500℃/s 以上的快速加热和反应。

2）2s 以内的短气体停留时间，以在达到一次反应平衡前结束。

3）热解产物立即骤冷，以免二次反应的发生。

流化床反应器可完满的实现上述工艺要求，并由于其处理能力大而易于工业化。典型的生产过程有制取液体燃料为目的的快速热解过程，有制取三苯等化学品为目的的加氢快速热解过程。快速热解和加氢快速热解是近代煤炭利用技术的新领域。

近几十年来，国内外对煤制油的快速热解过程进行了广泛研究，开发了许多流化床热解工艺，如前苏联 ЭTX－175[66]、美国 Toscoal[67] 和德国 Lurgi-Ruhr-gas 工艺等。自 20 世纪 50 年代始，中国科学院山西煤炭化学研究所、中国科学院化工冶金研究所、煤炭科学院北京煤炭化学研究所、大连理工大学、清华大学、浙江大学等先后开展了快速热解技术的研究与开发，取得了重要进展。德国 LR 技术最大能力达 1600t/d；中科院山西煤化所建立日处理原料煤 370t 与电站 75t 粉煤锅炉相配合的粉煤固体热载体炉前快速干馏工业试验装置；大连理工大学褐煤干馏技术装置能力为处理原煤 150t/d[68]。煤的流态化技术热解转化，不仅适用煤种广（包括泥煤、褐煤和烟煤），而且有利于污染物的控制，在能源转化过程中占有重要地位。

4.4.2.2　煤粉热解动力学

煤粉热解动力学的研究有很多，其代表的结果是：对于在 N_2 中慢速或中等加热速率、反应温度 1000℃ 以下的热解，Juntgen 和 van Heek[69] 通过对实验结果的分析，建议了如下的动力学表达式

$$\frac{dV_i}{dT} = \frac{K_0 V_0}{\beta} \exp\left[\frac{E}{RT} - \frac{K_0 R T^2}{\beta E} \cdot e^{-(E/RT)}\right] \tag{4-90}$$

式中：E 为活化能，kJ/mol；K_0 为任意热解气体组份逸出速率常数，s^{-1}；R 为气体常数，kJ/(mol·K)；T 为温度，K；t 为时间，s；V_0 为在 $t=\infty$ 时，任意热解气体组分逸出的体积，m^3；V_i 为任意热解气体组分逸出的体积，m^3；$\beta = \frac{dT}{dt}$ 为加热速率，K/s。

Campbell 和 Stephens[70] 通过一种次烟煤的实验结果，给出了动力学公式中的实验常数值，见表 4-1。

表 4-1　煤热解动力学常数

气体	k_0/s^{-1}	$E/(kJ/mol)$
H_2	20	93.37
CH_4	1.67×10^5	129.80
CO_2	550	81.65
CO	55	75.40
C_2H_6	1.67×10^6	139.85
C_3H_8	7.3×10^6	146.55
C_2H_4	2.3×10^6	139.85

对于在 N_2 气中快速加热速率、反应温度 1000℃ 以下的热解，Badzioch 和 Hawksley[71] 分析了 10 种烟煤和 1 种半无烟煤的大量实验结果，建议了如下的动力学表达式：

$$V = Q \cdot VM(1-D) \cdot [1 - \exp(-A e^{-B/T} t)] \tag{4-91}$$

式中：A 为常数，s^{-1}；C 为煤的无水无灰基（maf）碳含量，%；B 为常数，K；D 为常数，[-]；Q 为常数，[-]；T 为温度，K；t 为时间，s；V 为煤的无水无灰基（maf）挥发分产率分数，[-]；VM 为煤工业分析的无水无灰基（maf）挥发分含量，%。

这些动力学实验常数列于表 4-2。

表 4-2　煤粉快速热解的动力学的实验值

常数	半无烟煤	弱膨胀煤	强膨胀煤
Q	1.41	1.41	$1.24+(C-0.78)\times0.0364$
			$e^{k_1(C-k_2)}$ 当 $T>k_2$; $D=1.0$, 当 $T\leqslant k_2$
D	0.65	0.14	$k_1=-0.2670+0.6189\times10^2C-0.3533\times10^4C^2$
			$k_2=-121.100+2526C-14.14C^2$
A/s^{-1}	1.79×10^7	1.34×10^5	$-0.3885\times10^8+0.90\times10^6C-0.515\times10^4C^2$
B/K	14 100	8900	8900

4.4.2.3　煤快速热解过程

从供热来分，煤快速热解工艺技术有固体热载体快速加热、气体热载体快速加热和混合供热的不同。

1. 固体热载体热解过程

煤的固体热载体热解过程的工艺技术，其特征是煤热解过程主要由热解反应器和固体热载体（通常为过程自生的半焦）燃烧自热加热器及其他辅助设备组成，半焦热载体在燃烧自热加热器中部分燃烧而升温，高温热载体与预热的煤粉（粒）混合后或分别送入热解反应器进行热解，析出的挥发分（油、煤气、水水分）快速冷凝后回收油和煤气，残留的半焦部分排出作为固体燃料产品，而大部分半焦作为热载体循环至燃烧自热加热器进行燃烧再加热，使煤热解过程得以持续进行。代表性过程有大连理工大学褐煤热解工艺、前苏联ЭТХ—175 粉煤热解工艺、美国 ORC、Toscoal 和德国 Lurgi-Ruhr 等粒煤热解工艺过程[66,67,68]。它们的工艺原理和技术方案是类似的，但在个别具体的细节上各有不同。

大连理工大学[67]的褐煤热解新技术工艺由备煤、煤干燥、煤移动床热解、流化提升加热粉焦、煤焦混合流化燃烧和煤气冷却、输送及净化等部分组成，工艺流程如图 4-21 所示。原料煤粉碎到＜6mm，由给料机送入 550℃左右热烟气作热源的流化床-提升管气流干燥器 2 进行加热干燥；煤或半焦粉通过流化燃烧炉 8 燃烧生成 800～900℃烟气以加热热载体焦粉到 800～850℃存于半焦储槽 7。经旋风分离器分离回收的热的干煤粉，经给料机送去混合器 4，与热载体焦粉混合成混合温度为 550～650℃的热料进入热解反应器 5 进行热解，析出热解气态产物；产生的半焦，部分由移动床热解反应器下部排出并进入流化燃烧炉，作为热载体循环使用，部分排出经过冷却作为半焦产品出厂。

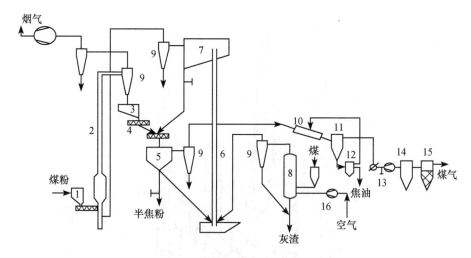

图 4-21　大连理工大学褐煤热解工艺流程

1-原煤储槽；2-干燥提升管；3-干煤储槽；4-混合器；5-反应器；6-加热提升管；7-热半焦储槽；

8-流化燃烧炉；9-旋风分离器；10-洗气管；11-气液分离器；12-焦渣分离器；13-煤气间冷器；

14-机除焦油器；15- 脱硫箱；16- 空气鼓风

来自反应器的热解产物——粗煤气经过热旋风除尘后送去洗气管 10，用 80℃的水喷淋冷却并洗涤。降温后的煤气和洗涤水在气液分离器 11 中分离。液体水和重焦油输入焦渣分离槽 12，在焦渣分离槽中进行油水分离。来自气液分离器的煤气经间接冷却器 13 用水间接冷却，分出轻焦油。煤气经煤气鼓风机 18 加压，经机除焦油器 14 去脱硫箱 15，采用干法脱硫，脱硫后的煤气送去煤气柜。

工业试验处理能力为干原料煤 3~6t/h，燃料煤消耗量 0.2~0.33t/h，每吨干煤产半焦 0.3~0.4t、产焦油 0.02~0.03t，煤气 200m³，煤气发热量高、CO 含量较低。

中国科学院化工冶金研究所曾设计了一种快速循环流态化固体热载体式热解炉，如图 4-22 所示，并用节杆、木屑、稻壳等进行过热解实验，取得了满意的结果。该炉由快速流态化燃烧室和低速流态化热解室组成，二者之间下部通过回料溢流管和上部气固分离器的料腿相连通，构成固体热载体循环的流态化部分热解产油、（煤）气和半焦燃烧产热和蒸气。

固体热载体供热热解的另一个例子是 ORC（the occidental research corporation）西方研究公司开发的气流床热解法[73]，又称 Garret 热解法。依据煤热解液体产率取决与快速加热和热解以及短的油汽停留时间的原理，采用半焦固体热载体供热、惰性气体流态化热解，以生产液体、气体燃料以及适宜用作动力锅炉的固体燃料，工艺流程如图 4-23 所示。

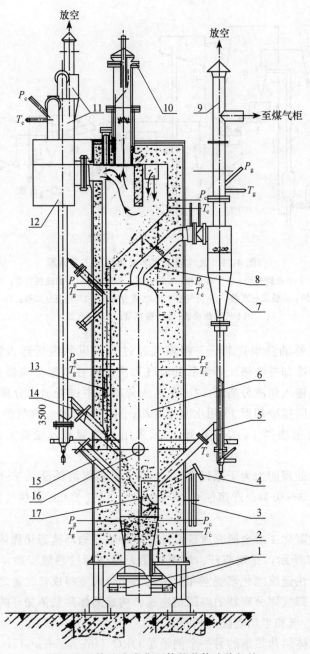

图 4-22　快速流态化固体热载体式热解炉

1-气化炉与燃烧炉进气管；2-气化炉分布板；3-手孔（拆装 V 阀用）；4-燃烧炉点火孔；5-气化炉—旋返尘器；6-气化炉；7-气化炉一旋；8-燃烧炉；9-煤气放散管；10-放散阀；11-燃烧炉一、二旋；12-换热器（蒸汽发生器）；13-循环管；14-燃烧炉一旋返尘器；15-气化炉点火孔；16-生物质加料口；17-V 型阀；P_g-燃烧炉测压点；T_g-燃烧炉测温点；P_c-气化炉测压点；T_c-气化炉测温点

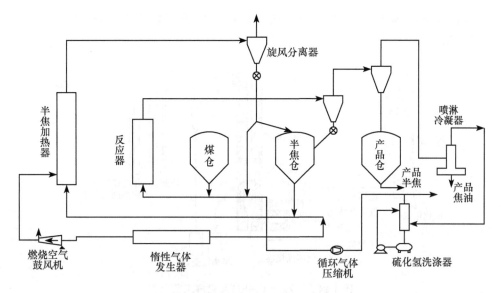

图 4-23　ORC 煤热解工艺流程

1972 年在加利福尼亚州建立了处理能力为 3.8t/d 的中试装置。小于 0.076mm 的粉煤加入到上行式循环气载流床热解反应器，在热的半焦流中以 280℃/s 以上的速率进行快速的升温和热解，煤粉的热解反应压力最高达 344kPa，热解时间不到 2s。热解生成的半焦通过反应器下游的旋风分离器收集，大部分半焦被输送到半焦燃烧自热加热器与空气进行部分燃烧自热至 650～870℃，作为循环热焦送至气流床热解反应器，为热解过程提供反应所需的热。反应器出口的热解油气经气固分离和喷淋冷却得到产品焦油，而不凝性气体经进一步净化、压缩作为循环用的载气。

510℃下的实验结果（daf 基）是：干煤气、热解水、焦油和半焦的产率分别是 7.1%、9.0%、13.5%、70.7%；593℃下的实验结果：干煤气、热解水、焦油和半焦的产率分别是 11.8%、11.9%、16.3%、60%。

Garret 热解法的特点是：煤粉快速加热；半焦快速分离；二次热解少；焦油产率高。部分半焦作热载体，并在气流床下进行循环。该工艺的顺行取决于煤的种类，有时生成的焦油和粉尘会附着在旋风器和管路的内壁，造成堵塞，破坏热解过程正常运行。

2. 气体热载体流化床热解过程

20 世纪 70 年代，澳大利亚联邦科学与工业研究院（CSIRO）开始研究开发煤粉、短停留时间的气体热载体供热流化床快速热解工艺[72]，以减少二次反应，提高煤热解液体产率。该装置由外置燃气加热器、加煤器、砂子流化床反应器、产品回收系统等组成，如图 4-24 所示。该装置处理能力为 20kg/h，最大为 0.55t/d。

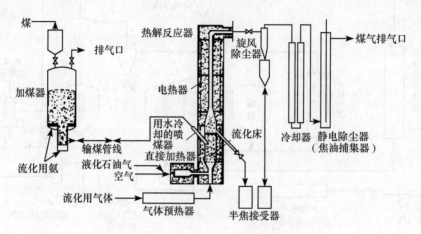

图 4-24　20kg/h CSIRO 煤热解工艺流程

反应器分为三区，下部为 0.3～1mm 大小砂子流化床热解反应器的浓相区，内径 0.15m，高 1.22m；其上为稀相区和高速载流区。干煤用氮气携带、通过两条交替处于自动开启或关闭的管线进入流化床热解反应器，与经过计量从流化床热解反应器底部进入的预热氮气流相互作用而流化，气体在下部流化床热解反应器中停留 0.4～1.0s，在上部稀相段和高速载流段共停留 0.2～0.4s。离开反应器的约 350℃的热解产物气经高效旋风分离器将半焦分离，含油气体经冷却后，进入约 80℃的焦油电捕器，分离回收焦油。该工艺加热速率快，热解时间短，焦油产率高。该装置对多种烟煤、褐煤进行热解研究，并着重对热解焦油的组成、性质、再加工特性进行实验考察。实验结果表明，澳大利亚雷阳褐煤的焦油质量产率可达 23%，是该煤传统干馏实验的 150%。

此外，比较典型的煤热解工艺还有美国的 LFC 移动床热解工艺[73]，日本的两段气流床热解工艺[74]，用于高温热解（＞850℃）的循环流化床工艺[75]以及循环振动床热解工艺[76]。

4.4.3　煤直接加氢烃化

4.4.3.1　加氢烃化原理

煤的加氢气化的目的是制取富含 CH_4 的高热值煤气，而直接加氢和快速加氢则是为了生产液体产品，特别是生产苯、甲苯、二甲苯（即三苯）等化工原料，即加氢烃化。氢的作用是有利于增加挥发分的逸出，防止焦油中自由基的聚合，使焦油加氢转变为苯及其衍生物。实验研究表明[77]，细煤粉在快速加热条件下（通常＞650℃/s）进行快速热解（停留时间 1～2s），可以得到较高的液体产率（约为煤重量的 40%）。三苯（BTX）的产率可达 16%，其中94% 为苯，同时与半焦反应生成 CH_4、C_2H_6 等气体产物。催化剂有提高液体产率和三苯的作用，但催化剂对生产成本的影响有待比较，回收利用的工艺技术仍有待研究。

美国矿物局、纽约大学、犹他大学、Brookhaven 国家实验室、Institute of Gas Technology、英国国家煤炭局煤炭研究所等进行过煤加氢快速热解的实验研究。开发的过程有 Rockwell 国际公司 Rocketdyne 过程、Coalcon 过程和 Ruhrkohle 过程，都是煤在氢气流中进行的快速加热烃化，可得到高于一般快速热解的液体产率。

煤的加氢烃化是在高压氢气存在的条件下，进行煤的热分解以生成烃，该过程的化学反应是十分复杂的，而且影响因素也很多，主要有煤的粒度及其活性、加热速率、最终温度、压力、气氛及挥发物的排出速率等。煤含有三种反应性的碳，侧键碳反应性最强。实验研究发现，煤热解的液体产品产率与煤热解初期产物有关，氢与自由基形成稳定分子，从而增加热解初期产物的产率，而且还随氢压的增大按 $\sqrt{p}$ 而增大。在快速加热条件下，反应初期产物产率的提高，为增加液体产品创造了条件，同时，氢可使自由基彼此隔离，对焦油蒸气起保护作用，防止聚合，使初始逸出的挥发物稳定，同时，氢可促进焦油转化为苯和甲烷，而且，随压力的增加而增加，高压氢热解有利于增加油的收率，过长停留时间的热解将导致成聚合成碳。随后进行固定碳氢化反应，一般该反应速率较低，但在高温下，该反应过程仍不可忽视。快速加氢热解并实行短停留时间（＜3s）接触，将可提高焦油和苯的产率。实验表明，在高于 7MPa 的压力下，煤在氢中快速加热裂解，可得到煤质量的 40% 的油产品；在高压氢条件下，采用温度 1100K，加热速率 10 000K/s 和蒸气停留时间约 1s 工艺制度，可使部分挥发物转变为三苯，其收率可达煤质量的 16%，其中 94% 是苯。煤的初始挥发物热解和残炭的加氢将导致甲烷的形成。

4.4.3.2　加氢热解过程

煤加氢快速热解可在一般的流态化快速热解的装置实现，与通常的常压快速热解不同的是，加氢快速热解需采用 5～10MPa 的高压氢。例如，煤在 700℃～800℃、高于 650℃/s 加热速率、10MPa 压力的氢气流中、停留时间小于 3s 的条件下热解，可得到约 40% 焦油产率、3%～15% 的三苯产率。高压氢的使用将使该工艺过程的建设投资和生产成本增加，在当前，过程的经济性是其商业化的主要问题。

4.5　煤综合能源过程

目前在经济上，单一产品的热解工艺还不能与天然原油相抗衡，技术上也存在结焦等困难，特别是快速热解所产生的半焦的存储、销售、运输存在实际问题，竞争中仍处于劣势，大多已经停止运转。但是，近年来，基于能源、化工产品目的的低温固体热载体制取油、（煤）气、电为目的的综合能源快速热解过程，因其综合效益的竞争力而受到广泛关注，有宽敞的发展空间，特别是随着石油价格的不断攀升，日益显示出重要的战略意义。

4.5.1　煤热解油、焦、能联产过程

COED（the char oil energy development process）工艺[69]，如图 4-25 所示，采用气体热载体和固体热载体联合供热的热解技术，进行煤的多级流态化热解，联产焦、油、能。

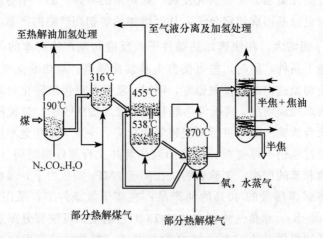

图 4-25　COED 煤热解工艺流程

该过程是将粉碎至 2mm 以下的经干燥原料煤用温度约 480℃、不含氧的废烟气在第一级流化床中进行初级流化热解，温度维持在 190℃左右，析出部分煤气、约 10% 的焦油和水分；用来自第三级流化床的热煤气在第二级流化床中对初步热解后的煤粒和部分循环焦，在约 316℃左右的温度下进一步热解，析出大部分焦油和部分煤气；残留的半焦和部分循环焦用来自第四级流化床的热煤气在温度约 455～538℃的第三级双层流化床热解器中进行深度热解，析出大部分煤气和存余的焦油汽；生成的半焦进入第四级流化床气化反应器，在 870℃左右的温度下用空气或水蒸气进行流化气化，产生整个工艺所需热量的流化热煤气，燃

烧约 5% 半焦，其余约 60% 的半焦从第四级流化床排出，剩余的半焦除部分返回第二级流化床外，经冷却或加氢脱硫后得到各种规格的半焦产品。各级的热解挥发产物经冷却、洗涤、过滤后得到焦油和煤气。

实验结果表明，液体产品（Tar＋Liquid）的产率高，约为 20%～25%（质量分数），这比其他的常压热解工艺要高，主要原因是，采用分段快速加热，无氧、含有 40%～50% 的 H_2 气氛下低温快速热解，较好地减少了二次热解。气体产品含氢高，可用于焦油的加氢处理。与其他流化床热解工艺相比，该工艺分段热解，适合处理粘结性煤。典型实验结果如表 4-3 中所列。

表 4-3 COED 热解工艺典型结果

产　物	怀俄明州煤	伊利诺斯煤	犹他州煤
炭	50	60.7	59.0
焦油	11.2	18.7	21.9
液体	11.6	5.8	无数据
气体	27.2	14.6	21.5

4.5.2　煤热解-燃烧多联产过程

煤是一种带侧链和支链分子大小不等的杂环、稠环混合物，受热时，逸出小分子碳氢化合物即轻油部分和煤气，大分子聚合而结焦。快速热解的轻油部分可占加煤量（燃料基）的 20%～30%，而且是工艺条件温和的吸热过程，技术难度不大；残焦要完全气化，反应速率低，而直接燃烧，反应速率快且是容易实现的放热过程，将这两个过程进行耦合的联合过程，建立油、（煤）气、热、电联产的综合能源体系[2,78]显然具有突出的经济技术优势。"煤拔头"工艺[78]旨在常压、中低温、无催化剂和氢气的条件下，用温和热解的方式从高挥发分的煤中提取煤中的气体、液体燃料和精细化学品，残留的半焦送入循环流化床锅炉燃烧发生蒸气，实现供热和发电，可望实现油、（煤）气、热、电的多联产，同时大大降低了 SO_2、NO_x 等有害物的排放量，实现煤炭高效转化而又能减轻环境污染，是一项符合中国资源特点的工艺技术。该热解-燃烧联产综合能源过程工艺思路已进行了试验验证，试验炉如图 4-26。该炉由快速流态化燃烧室和下行流态化热解室组成，二者之间下部通过回料溢流管相连通，上部通过热焦气固分离器和加煤机相连，将热焦与煤混合，并输入至下行流态化热解室顶部，然后顺流下行并热解，热解气通过快速分离器与残焦分离，残焦进入快速流态化燃烧室底部，被通入的空气流化并沿快速流态化燃烧室上升、部分燃烧而升温，进入顶部热焦气固分离器，构成固体热载体循环；下行流态化热解室的热解气液产物经急冷，得到热解油和煤气；半焦燃烧的反应热经蒸发、过热得到过热蒸气，可进一步转化为电，煤气可供燃气发电或民用，为生产多品种、高品质的清洁能源产品提供了新途径。

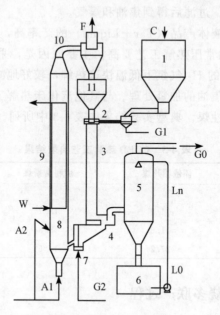

图 4-26　煤热载体快速热解-半焦燃烧多联产工艺

1-煤仓；2-混合器；3-流化热解器；4-快速分离器；5-冷凝器；6-油罐；

7-料封阀；8-燃烧室；9-水气化器；10-旋风分离器；11-半焦热载体

　　煤的热解实验结果表明[79]，当反应温度为 660℃，煤粉粒径小于 0.28mm，加料率为 4.7kg/h 时，焦油和轻质焦油（正己烷可溶物）的产率分别为 14.5%（干煤基，质量比）和 7.5%。其中轻质焦油中酸性分占 57.1%，粗汽油占 12.9%，芳香烃占 21.4%，极性组分和其他组分占 8.6%。液体产品中含有高附加值的酚类。酚类中以甲酚的产率为最高，在实验温度范围内，最高产率可达 2.9%（干煤基，质量比）。通过联产高附加值的酚类，煤拔头工艺在经济上将更有吸引力。

　　该工艺可将烟煤、褐煤等年轻煤高效地转化为高附加值的富氢液体产品，特别是酚及碳数在 7~20 左右的中烃。随着石油供应的紧张和资源的短缺，煤热解联产油、气、电、热工艺将变得很有现实意义。

　　浙江大学进行了循环流化床热、电、气多联产技术开发。1995 年投运一台 75t/h 循环流化床锅炉为热、电、气多联产过程；随后，把一台以蒸气或循环煤气为流化气化介质的常压流化床气化炉和一台 75t 循环流化床燃烧炉有机结合在一起。烟煤经给煤机进入流化床气化炉后，首先与来自循环流化床燃烧炉的约 900℃的高温循环灰混合，在 800℃左右热裂解或气化。气化后的煤半焦随循环物料一起被送入循环流化床燃烧室进一步燃烬，运行温度为 900～950℃，所产生的蒸气用来发电和供热。

济南锅炉集团公司 1995 年承担辽源市热力能源公司了"三联产"工业工程任务。以 35t/h 循环流化床锅炉的循环热灰为热载体对煤进行干馏，生产煤气和半焦，半焦作为循环流化床锅炉的燃料，燃烧产生蒸气用来发电和供热。

4.5.3　部分热解联合循环发电

部分热解联合循环发电（PP-CC 过程-Partial Pyrolysis-Combined Cycle），将动力烟煤进行部分热解得到油煤气供燃气透平发电，余下半焦燃烧产生蒸汽供蒸汽透平发电，可望有高于蒸汽发电的效率。与整体气化联合循环发电（IG-CC 过程）和改进型增压流化床联合循环发电（APFC-CC 过程）不同的是，部分热解比整体气化的工艺技术简单易行，最重要的是其反应速度快，生产效率高，而改进型增压流化床联合循环发电需在高压下燃烧。

4.6　小结与评述

世界能源资源结构是煤多、气少、缺油，在我国，这一特点尤为突出，我国能源生产和消费构成中，煤能源为主，约占 75%，估计今后相当长的时期内，这种状况不会有根本变化。

我国煤生产量的一半以上用于燃烧发电，煤能源消费过程中排放了大量的 CO_2、SO_2、NO_x 以及粉尘烟雾，对大气环境产生前所未有的冲击，为此，一方面应提高煤能源的转化效率，以减少用量，减少排放；另一方面，采用高新技术的清洁工艺，以减少 SO_2、NO_x 等有害烟雾的产生。高效、清洁的快速循环流化床燃烧、超临界快速循环流化床燃煤发电、整体气化联合循环发电过程（IGCC 过程）都会在我国煤能源的转化过程中发挥日益重要的作用。

在目前石油价格不断攀升的今天，煤的直接液化如 H-Coal 过程和供氢热解提取等过程，重新引起了人们的关注，目前，煤的直接液化不仅技术可行，而且在经济上也比以前变得有利；以快速热解煤为特征的综合能源系统过程，工艺条件温和，工艺技术成熟，油、气、电、热联产，适应性强，综合效益好，为产业化发展展现出乐观的前景。

煤多、气少、缺油的资源特点，化工原料路线将不得不从当前与长远相结合的现实而决策，以煤为主的化工原料路线比石油化工原料路线更具可持续性。煤的气化是发展煤化工所必需，也是减少 SO_2、NO_x 等有害成分对环境污染的清洁工艺，粉煤的高温、高压流态化气化和气流床气化是今后的技术发展方向。合成气催化制液体燃料是个行之有效的工艺方法，煤的流态化快速热解和加氢快速热解也都是由煤制油和提取化工原料值得开发的新领域。

参 考 文 献

[1] 李佑楚. 煤炭能源转换课题开工报告. 北京：中国科学院化工冶金研究所，1980

[2] 李佑楚，郭慕孙. 煤的快速流态化燃烧. 化工冶金，1981，(4)：87～94

[3] Caram H S, Amundson N R. Diffusion and reaction in a stagnent boundary layer. Ind. Eng. Chem. Fund. 1977 (16)：171

[4] Essenhigh R H. Dominant mechanisms in the combustion of coal. ASME Paper 70-WA/Fu-2. 1970

[5] Walker P L, Rusinko F, Austin L G. Advances in Catalysis. Vol. II. New York：Academic Press，1959. 134

[6] Field M A, Gill D W, Morgan B B et al. Combustion of Pulverized coal，1967，BCURA

[7] 米文生，李佑楚，王凤鸣等. 煤在快速流化床中的燃烧特性. 第六届全国流态化会议文集. 1993. 411～417

[8] Dutta S, Wen C Y. Ind. Eng. Chem. Process Des. Dev. 1977 (16)：31

[9] Dutta S, Wen C Y, Belt R J. Ind. Eng. Chem. Process Des. Dev. 1977 (16)：20

[10] Tobias M. Sulfur capture during combustion of coal in circulating fluidized bed boilers. Ph. D. dissertation. Goteborg University. 1998

[11] Lyngfelt A, Leckner B. Sulfur capture in fluidised-bed combustors：Decomposition of $CaSO_4$ under local reducing conditions. Journal of the Institute of Energy, 1998, 69：71

[12] Tobias M, Anders L. A Sulfur capture model for circulating fluidized bed boilers. Chemical Engineering Science, 1998, 153 (6)：1175～1205

[13] Dam-Johason K, Φ stergaard K. Kinetics of the reacton between sulohur deoxide and limestone particles in fluidized bed. Fluidization. New York：Engineering Foundation. United Engineering Trustees Inc, 1986. 571

[14] 张洪. 燃煤流化床高效脱硫剂的开发研究（学位论文）. 清华大学，1992
Knobig T, Werther J, Amand L E et al. Comparison of large- and small- scale circulating fluidized bed combustors with respect to pollutant formation and reduction for different fuels. *Fuel*, 1998, 77 (14)

[15] Edvardson C M, Alliston M G. Control of NO_X and N_2O emissions from Circulating fluidized bed boilers. Preprint of Circulating Fluidized bed Technology IV（Avidan A A. ed）. New York：American Instiute of ChemicalI Engineering. 1994. 754～759

[16] Naruse I, Imanari M, Kozumi K et al. Formation Characteristics of N_2O in Bubbling Fluidized Bed Coal Combustion. Proceedings of 2nd Internal. Symp. On Coal Combustion：Science and Technology（Xu X, Zhou L, Zhang X, Fu W, eds）. Beijing：China Machine Press. 1990. 523～530

[17] 清华大学热能工程系. 沸腾燃烧锅炉. 北京：科学出版社，1972

[18] 刘德昌. 流化床燃烧技术的工业应用. 北京：中国电力出版社，1999

[19] 岑可法，倪明江，骆仲泱等. 循环流化床锅炉理论设计与运行. 北京. 中国电力出版社，1998

[20] Goblirsh G M, Weisbecker T L, Rosendahl S M. AFBC retrofit at Black Dog: A project overview. Proceedings of International Conference on Fluidized Bed Combustion （Mustonen J P, ed.）. New York: The ASME. 1987, 185～190

[21] Taylor E S. Development, Design, and Operational Aspects of a 150Mwe Circulating Fluidized Bed Boiler Plant For the Nova Scotia Power Company. Circulating Fluidized Bed Technology （Basu P, eds.）. Toronto: Pergamon Press, 1986. 363～376

[22] Yerushalmi J. An Overview of Circulating Fluidised Bed Boilers. Circulating fluidized bed technology （Basu P, eds.）. Toronto: Pergamon Press, 1986. 71～104

[23] Engstrom F, Yip H H. Operating erperience of commercial scale Pyroflow circulating fluidized bed combustion. Proc of the 7th International Conference on Fluidized Bed Combustion. 1982. 1136

[24] Beisswenger H, Daring L, Plass A. Wechsler. Proc of the 7th International Conference on Fluidized Bed Combustion. Boston: ASME. 1985. 20, 4

[25] Friedman M A, Melvin R H, Dove D L. The first one and one-half operation at Colorado Ute electric associations 110 MWe circulating fluidized bed boiler. Proc of the 7th International Conference on Fluidized Bed Combustion. 1987. 739

[26] Lucat P, Semedard J C, Rollin J P et al. Status of the Stein Industrie 125Mwe Eimil Huchet CFB boiler. Circulating Fluidized Bed Technology III （Basu P, Horio M, Hasatani M, eds.）. New York : Pergamon Press, 1990. 329～334

[27] Nandjee F, Jacquet L. The Retrofitting of EDF 250Mwe Oil Fired Unite With Circulating Fluidized Bed Boilers. Circulating Fluidized Bed Technology III （Basu P, Horio M, Hasatani M, eds.）. New York : Pergamon Press, 1991. 321～328

[28] Nowak W, Bis Z, Laskawiec J et al. Design and operation experience of 230Mwe CFB boiler at Turow power plant in Poland. Proc of the 15th International Conference on Fluidized Bed Combustion. Savannah: ASME. 1999. No. 0122

[29] 吕俊复，岳光溪，张建胜. 超临界循环流化床锅炉的可行性. 锅炉制造，2002 （4）：23～26

[30] Bursi JM, Lafanechere L, Jestin L. Basic desigh studies for 600Mwe CFB boiler. Circulating Fluidized Bed Technology VI （Werther J , ed.）. Wurzhning. DECHEMA Press, 1999. 923～916

[31] Li Y, Wang F, Kwauk M, An Improved Circulating Fluidized Bed Combustor. Circulating Fluidized Bed Technology-III （Basu P, Horio M, Hasatani M, eds.）. Oxford: Pergamon Press, 1991. 359～364

[32] L Y, Zhang X. 8. Circulating Fluidized Bed Combustion, in Advances in Chemical Engi-

neering Volume 20：Fast fluidization（Kwauk M，ed.）. San Diego：Academic Press，
1994. 331～388

[33] 金晓钟，吕俊复，乔锐. 循环床锅炉燃烧份额分布的实验研究与理论分析. 洁净煤技
术，1999，5（1）：26～29

[34] Wietzke D L，Ganesh A. Design Aspects of Supercritical Steam Conditions in a Iarge CFB
Boiler. Circulang Fluidized Bed Technology V（Kwauk M，Li J，eds）. Beijing：Academ-
ic Press，1996. 289～294

[35] Semedard J C，Morin J X，Guilleux E. GEC Alsthom Stein Industrie Approach to the De-
veloment of Very Iarge CFB Boilers. Circulang Fluidized Bed Technology V（M. Kwauk
and J. Li，eds）. Beijing：Academic Press，1996. 266～271

[36] Hoy H R，Roberts A C. Proc of the 6th International Conference on Fluidized Bed Com-
bustion. 1980. 241～253

[37] Caris E L et al. Proc of the 6th International Conference on Fluidized Bed Combustion.
1980. 225～239

[38] Jansson S A. Proc of the 9th International Conference on Fluidized Bed Combustion.
1987，242～249

[39] Wedel G V et al. Proc of the 9th International Conference on Fluidized Bed Combustion.
1980. 250～255

[40] Wedel G V et al. Proc of the 12th International Conference on Fluidized Bed Combustion.
1993. 403～422

[41] 章名耀 等. 增压流化床联合循环发电技术. 南京：东南大学出版社，1998

[42] 简庆杭. 增压流化床燃烧锅炉——设计、运行和床层流动的研究（学位论文）. 东南大
学（原南京工学院）. 1984

[43] 胡小伟 等. 中国工程热物理学会第四届年会. 1983

[44] Grimethorpe PFBC project. Overall project review. N. C. B.（IEA Grimethorpe）Ltd.
Grimethorpe S727AB

[45] Hedar E. Proc of Int. Clean Coal Technology（CCT）Symposium on PFBC，1994.
77～89

[46] Hafer D R et al. Proc of the 12th International Conference on Fluidized Bed Combustion.
1993. 921～929

[47] Ohno M. Proc of Int. Clean Coal Technology（CCT）Symposium on Pressure Fluidized
Bed Combustion. Boston：ASME 1994. 132

[48] Rogoll A et al. Proc of the 16th International Conference on Fluidized Bed Combustion.
2001. FBC01-0089

[49] Koike J et al. Proc of the 17th International Conference on Fluidized Bed Combustion.
2003. FBC2003-039

[50] Maresgige S，Osaki H. Development and operation results of Osaki 250Mwe commercial
PFBC plant. Proc of the 16th International Conference on Fluidized Bed Combustion（Geil-

ing D V，ed.）. Nevada，USA. 2001，No. 024

[51] Adams D，Dodd A，Geiling D et al. Status of the Lakeland McIntosh unit 4 advanced circulating fluidized bed combined cycle. Tokyo：Proc of the Advanced Clean Coal Technology Symposium. 1999. 227~235

[52] Ehrlich S. How We Got Here From There：Steps and Missteps on the Path to Utility Scale CFBs. Circulang Fluidized Bed Technology V （Kwauk M，Li J，eds）. Beijing：Academic Press，1996. 317~320

[53] Hougen O A，Watson K M，Ragatz R A. Chemical process principles Part II：Thermodynamics （2nd ed.）. New York：John Wiley & Sons，1964

[54] Field M A.，Gill D W，Morgan B B et al. Combustion of pulverized coal. BCURA. 1967

[55] Duitta S，Wen C Y. Reactivity of coal and char 2. in oxygen-nitrogen atmosphere. Ind. Eng. Chem. Process Des. Dev. 1977，16 （1）：31~37

[56] Walker P L，Rusinko F，Austin L G. Advances in Catalysis. Vol. 11. New York：Academic Press，1959. 133

[57] Duitta S，Wen C Y，Belt R J. Reactivity of coal and char 1. in carbon dioxide atmosphere. Ind. Eng. Chem. Process Des. Dev. 1977，16 （1）：20~30

[58] Ergun S，Mentser M. Chem. Phys. Carbon. 1965 （1）：203

[59] Wen C Y. Optimization of coal gasification Processes. R. & D Res. Rep. 66 Vol. 1. 1972 （4）：74

[60] Zielke C W，Gorin E. Kinetics of carbon gasification. Ind. Eng. Chem. 1955 （47）：820

[61] Wen C Y，Huebler J. Kinetic study of coal char hydrogasification-rapid initial reaction. Ind. Eng. Chem. Process Des. Dev. 1965，4 （1）：142~147

[62] Wen C Y，Huebler J. Kinetic study of coal char hydrogasification-second-phase reaction. Ind. Eng. Chem. Process Des. Dev. 1965，4 （1）：147~154

[63] Johnson J L，Coal Gasification，Advances in Chemistry Series 131，Washington，D. C.：American Chemstry Society. 1974. 145

[64] Wen C Y，Dutta S. Rates of Coal Pyrolysis and Gasification Reactions. Coal Conversion Technology （Wen C Y，Lee E S，eds.）. London ：Addison-Wesley Publishing Company. 1979. 57~145

[65] Wen C Y，Lee E S. London. Coal Conversion Technology. Reading Mass：Addison-Wesley Publishing Co. 1979

[66] 戴和武，谢可玉. 褐煤利用技术. 北京：煤炭工业出版社，1999. 302~324

[67] 郭树才. 煤化学工程. 北京：冶金工业出版社，1991. 28~118

[68] 吴永宽. 国外煤低温干馏技术的开发状况与面临的课题. 煤质技术与科学管理，1995，（1）：39~45

[69] Juntgen H，Van Heek K H. Gas release from coal as a function the rate of heating. Fuel. 1968 （47）：103

[70] Campbell J H, Stephens D R. Preprins Am. Chem. Soc. Div. Fuel Chem. 1976, 21 (7): 94

[71] Badzioch S, Hawksley P B W. Ind. Eng. Chem. Process Des. Dev., 1970 (9): 52

[72] 李师伦. 煤炭综合利用译丛. 1982 (1): 1~14

[73] 于涌年. LFC 煤炭热解工艺现状与评估. 世界煤炭技术, 1994 (9): 16~20

[74] 徐振刚. 日本的煤炭快速热解技术. 洁净煤技术, 2001, 7 (1): 48~51

[75] Sciazko M, Zielinski H. Circulating Fluid-bed Reactor For Coal Pyrolysis. Chem. Eng. Technol, 1995 (18): 343~348

[76] Fraas A P, Squires A M, Thomas B. PAI Process for Flash Mild Gasification of Coal. Final Report of phase1, DOE. 1989

[77] Schrader L. Chemie Ingenieur Technik. 1980 (52): 10

[78] 郭慕孙. 煤拔头工艺. 中国科学院第九次院士大会报告汇编. 北京: 科学出版社, 1998. 202~204

[79] 王杰广. 下行循环流化床煤拔头工艺研究 (博士学位论文). 北京: 中国科学院过程工程研究所, 2004

第五章 石油加工流态化过程

5.1 石油加工概述

石油是液体燃料的主要来源和重要的化工原料，对经济发展、国家安全和人民生活具有重要意义。石油是成分复杂的混合物，按主要成分结构分，可分为烷烃基或石蜡基石油、环烷基或沥青基石油、芳烃基石油和混合基石油，通过不同的加工技术得到轻质油品和化工原料。

流态化催化裂化、催化裂解、加氢裂化是石油加工的重要技术手段，在世界、特别是我国的石油加工中占有重要地位，世界 20％的石油、美国 40％以上的石油、我国约 80％的石油需经过热裂解、催化裂化、加氢裂化、异构化、烷基化、加氢处理及重整等，可以得到汽油、煤油、柴油等各种油品，也可通过热裂解、催化裂解以生产乙烯、丙烯以及苯、甲苯、二甲苯等各种化工原料。

人们从石油提取轻质汽油，最早采用加热蒸馏的方法，可得到～20％的汽油，其辛烷值（RON）～50；19 世纪末，发展了热裂化和催化裂化的方法[1,2]，并采用添加四乙基铅和石脑油热重整等技术，以提高汽油产率和辛烷值（RON：71～79），20 世纪初建设了工业化的装置并投入生产。20 世纪 20 年代，法国 Houdry 发明了酸性白土作催化剂的石油催化裂化工艺（HPC）和固定床裂化反应器，但石油催化裂化时因析炭而使催化剂失去活性，因而生产过程只能是采用间断式石油裂化和催化剂再生进行生产，随后研发了熔盐供热的两器固定床裂化反应器，使裂化与再生可交替进行，实现了由间歇操作变成连续操作的生产过程；20 世纪 40 年代，Thermofer Catalytic Cracking 工艺过程问世，以小球（$\phi 3$～6mm）为催化剂的移动床催化裂化过程（TCC）投入工业生产；与此同时，粉粒催化剂的流态化催化裂化过程（FCC）也逐步由实验室进入了工业化，以催化裂化过程（FCC）将馏出油裂化为裂化汽油、裂化柴油和燃料油，副产裂解气，石油工业进入蓬勃发展的新时期。20 世纪 70 年代起，石油炼制工艺进入新阶段，重质原油和渣油的加工技术突显出来，重质渣油的热裂化得到了发展，渣油预先经水蒸气低温热解、中度热解或深度热解，将所得裂解油加工成减压馏分油或脱沥青油；渣油加氢裂化或加氢处理技术的成功开发，将渣油经加氢裂化或加氢处理得到直馏油。20 世纪 80 年代，通过催化剂的改性以适应这些减压馏分油或脱沥青油等重质油的催化裂化和催化热解，发展了不同特色的重质油的加工新

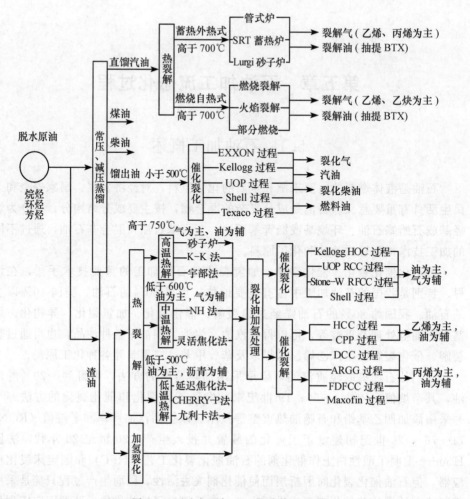

图 5-1　石油主要加工工艺路线及过程

过程，多产轻质油、低碳烃等新工艺，主要加工工艺及过程如图 5-1 所示。

　　石油是有机化工的原料宝库。石油化工企业可以从石油获得丰富的原料，比从煤和天然气获得的价格更便宜。开始，人们通过石脑油的热裂解生产气态烯烃为主，联产轻油并从中抽提三苯（BTX）芳烃等基本有机化工原料；近年来，不断发展以重质油为原料的催化裂解生产烯烃的新工艺和新过程，以扩大化工原料的来源。

5.2　石油裂化

　　石油受热将发生裂化，产生大小不等的组分或基团，其过程的反应是复杂的。

5.2.1　裂化反应

石油裂化反应与裂化条件有关，除石油自身的品性、裂化温度、裂化时间外，催化剂的影响格外重要，它将影响反应的进程，从而影响产物的组成及其分布。

5.2.1.1　裂化一次反应

1. 催化裂化反应

油品通常包含烷烃、烯烃、环烷烃和芳烃。催化裂化是石油馏分或其他成品油在催化剂存在条件下通过热裂化的过程，通常以得到以 $C_5 \sim C_{20}$ 中级烃的轻质油品为目的，可发生的主要反应[3]有 C—C 键的断裂和异构化反应。

C—C 键的断裂：

（1）烷烃裂化

烷烃裂化过程主要发生 C—C 键的断裂，烷烃裂化为烯烃和较小分子烷烃。

$$C_n H_{2n+2} \longrightarrow C_m H_{2m} + C_p H_{2p+2}$$

（2）烯烃裂化

烯烃裂化为两个较小分子的烯烃。

$$C_n H_{2n} \longrightarrow C_m H_{2m} + C_p H_{2p}$$

（3）烷基芳烃脱烷基

烷基芳烃脱烷基成为芳烃和烯烃。

$$ArC_n H_{2n+1} \longrightarrow ArH + C_n H_{2n}$$

（4）环烷烃裂化

环烷烃裂化为烯烃。

$$C_n H_{2n} \longrightarrow C_m H_{2m} + C_p H_{2p}$$

（5）异构化

这些烃类还会发生烷基转移、歧化、异构化、环化、开环、缩合、叠合、氢转移、烷基化等反应。

2. 非催化裂解反应

非催化裂解是石油馏分或其他成品油在没有催化剂条件下通过热裂解的过程，通常以得到乙烯、丙烯、丁烯等低级烯烃为目的。非催化裂解可发生的主要反应有 C—C 键的断裂和 C—H 键的脱氢反应。

烷烃裂解过程主要发生 C—C 键的断裂，同时还伴有 C—H 键的断裂而发生脱氢反应。烷烃一次裂解反应中，以断链反应为主，烷烃断链成较小分子烯烃，而以脱氢反应为辅，烷烃的脱氢生成烯烃；含碳数越多，断链反应所占比重越大，烯烃易于生成，而且，相对分子质量越小的烯烃产率越高。

C—C 键断链的裂解反应

$$C_n H_{2n+2} \longrightarrow C_m H_{2m} + C_p H_{2p} \qquad \Delta G = 79\,968 - 140.68T$$

断链反应为吸热过程，其反应热在 66.41～90.10kJ/mol。

C—H 键断裂的脱氢反应

$$C_n H_{2n+2} \longrightarrow C_n H_{2n} + H_2 \qquad \Delta G = 132\,300 - 140.68T$$

脱氢反应为吸热过程，其反应热在 129.50～144.41kJ/mol。

$$C_n H_m + nCO_2 \longrightarrow 2nCO + \frac{m}{2}H_2 \qquad \Delta H_r > 0，吸热$$

一次裂解反应中，断链反应的标准自由焓在 −42～−71kJ/mol 范围内，断链反应的起始温度为 568K（295℃），而除乙烷外，其他烷烃的脱氢反应的标准自由焓为 −6～−8kJ/mol 之间，脱氢反应的起始温度为 942K（669℃），因而以断链反应为主，而以脱氢反应为辅；含碳数越多，断链反应所占比重越大，烯烃易于生成，而且，相对分子质量越小的烯烃产率越高。

（1）烷烃裂解

烷烃裂解脱氢成烯烃，也可脱氢环化成环烃或芳烃。

（2）环烃裂解

环烷烃热解时可发生断链反应，也能发生脱氢反应，但断链反应为吸热或弱放热反应，而脱氢为强放热反应，即是说，环烷烃热解有利于不饱和环烃和芳烃（苯）生成，而不利于乙烯、丙烯和丁二烯烃的生成。

（3）芳烃裂解

芳烃不易于裂解为烯烃，相反，在高温下，它易于加氢缩合成多环芳烃，从而生成焦。

（4）烯烃脱氢或加氢

烯烃一次反应可裂解为较小的烯烃，在高温下，还可裂解脱氢为炔；烯烃加氢形成烷烃。

（5）裂解生焦

烃类还会裂解生成焦炭和氢、甲烷等气体产物。

5.2.1.2　裂解二次反应

烃热解热力学表明，高温下，一次反应生成的这些烃类都是不稳定的，极易发生二次反应。烯烃可缩合成环烃，进而生成芳烃，在 500～600℃下，芳烃开始缩聚成焦；在 900～1100℃以上，它们都可能发生分解反应，生成氢和炭。

烯烃缩聚生炭反应

$$CH_2 = CH = CH = CH_2 + CH_2 = CH_2 \xrightarrow{-H_2} C$$

烃的脱氢生炭反应

$$C_n H_m \longrightarrow nC + \frac{m}{2}H_2 \quad \Delta G = 132\,300 - 140.68T$$

温度越高、接触时间越长，生焦反应进行得越快，生成焦炭的量就越多。生成焦炭容易沉积在工艺设备里造成堵塞，影响生产；生成焦炭容易沉积在催化剂的表面上，则可使催化剂失去活性，降低反应速度和生产效率，必须尽力防止。

5.2.2　产物组成

石油裂化的产物有干气、液化气（LPG）、汽油、轻循环油（LCO-轻柴油）、回炼油（重循环油-HCO）、澄清油（DO）等，其产率与原料性质和加工工艺有关。干气产率约为 $0.1\% \sim 0.5\%$，富含乙烷、乙烯、甲烷和氢，还有一定量的丙烷、丙烯及少量较重的烃；液化气的重要组分是产率为 $30\% \sim 40\%$ 的 C_3 和 $55\% \sim 65\%$ 的 C_4，还有少量 C_5；汽油主要为含量占 $30\% \sim 40\%$ 的 $C_3 \sim C_9$ 烷烃和环烷烃、$30\% \sim 40\%$ 的 $C_4 \sim C_8$ 烯烃和环烯烃、$10\% \sim 20\%$ 的 $C_7 \sim C_9$ 的芳烃；轻循环油主要为含量占 $50\% \sim 85\%$ 的芳烃、$5\% \sim 10\%$ 的烯烃、$15\% \sim 30\%$ 的饱和烃或石蜡-环烷烃，十六烷值很低（$15 \sim 35$）；回炼油（轻循环油）为 $345 \sim 500℃$ 的馏分油，进行回炼以提高轻柴油的产率，或用作调对重柴油。

催化裂化和非催化裂解由于它们的反应机理不同，所得的产物组成也是有差别的，以正十六烷裂化为例说明，如表 5-1 所列[3]。

表 5-1　500℃ 100mol 十六烷热裂化与催化裂化产物的碳数分布/mol

工艺	C_1	C_2	C_3	C_4	C_5	C_6	C_7	C_8	C_9	C_{10}	C_{11}	C_{12}	C_{13}	C_{14}
热裂化	53	130	60	23	9	24	16	13	10	11	9	7	8	5
催化裂化	5	12	97	102	64	50	8	8	3	2	2	2	1

馏分原料油中的正烷烃部分、非芳烃部分和加氢馏分油的裂化产物的组分与正十六烷裂化产物的组分一致或相近；异构烷部分和环烷部分的裂化产物与正十六烷裂化产物相比，其中 $C_3 \sim C_4$ 含量明显的高，而 $C_7 \sim C_{10}$ 含量明显的低。从表 5-1 可以看出，热裂化产气多，而催化裂化产油多。

5.2.3　催化剂

催化裂化所产汽油和柴油是原料重油的一次裂化产物，因其辛烷值不高，还不能作为车用油。为了提高油品产率，必须防止汽油的二次裂化反应，因而在催化裂化过程中要求催化剂有高的活性，同时有较好的选择性，可抑制氢的转移，减少烯烃的生成，多产多支链的烷烃，能发生异构化和芳构化反应，产生高辛烷值的支链烯烃和芳烃。当催化裂化用于生产低碳烯烃时，则希望一次裂化产物汽油中的 $C_6 \sim C_{12}$ 的烯烃经正碳离子的 β 键继续断裂生成小分子的 C_3 和 C_4 烯烃。这些可以通过催化剂的设计得以实现。

5.2.3.1　催化剂类型及结构

早期所用的催化剂为天然白土，随后采用无定形硅铝化合物微球催化剂，到 20 世纪 60 年代，研制成功沸石催化剂。

沸石有天然沸石和人工合成沸石，沸石有八面体结构的 A 型沸石，有超笼球状八面沸石、二维管状结构的丝光沸石和具有直孔与锯齿孔相交的球状结构 ZSM-5 沸石。按孔径大小，沸石分为大孔径沸石、中孔径沸石、小孔径沸石，表现出不同的扩散控制和择形催化的性能，几种沸石的结构如图 5-2 所示沸石结构模型如图 5-3 所示[4]。

简单硅铝酸盐沸石（SAO）的分子式可表示为

$$M_{x/n}[(AlO_2)_x(SiO_2)_y]zH_2O$$

通常用的 ZSM-5 分子筛催化剂的分子式为 $Na_n[(AlO_2)_n(SiO_2)_{192-n}]16H_2O$，$n$ 值为 $20 \sim 100$。此外，还有合成的磷铝酸盐型（APO）、硅铝磷酸盐型（SAPO）的沸石催化剂。

沸　　石	孔结构[1]	空腔直径 /nm
大孔沸石		
泡沸石 X、Y	(12)0.74,3D	0.66,1.14
丝光沸石	(8)0.29×0.57,1D	
	(12)0.67×0.70,1D	
L 沸石	(12)0.71,1D	
中孔沸石		
ZSM-5	(10)0.54×0.56,2D	
	(10)0.51×0.56,2D	
合成镁碱沸石	(8)0.34×0.48,1D	
	(10)0.43×0.55,1D	
小孔沸石		
毛沸石	(8)0.36×0.52,2D	0.63×1.3

1) 括号中数字为组成孔道的氧元环数，决定孔的大小。孔直径单位为 nm，D 前数字代表孔道空间维数。

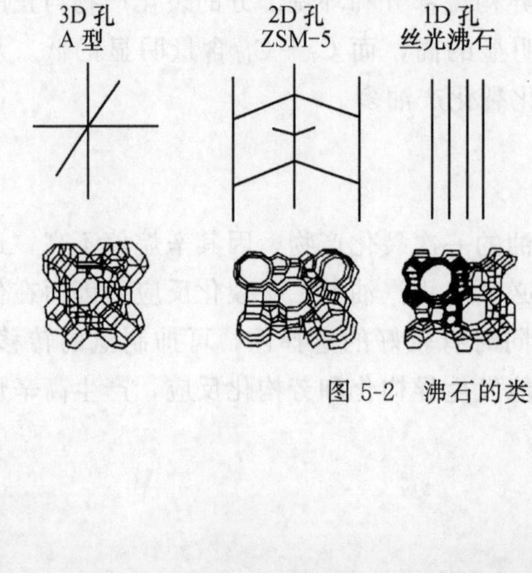

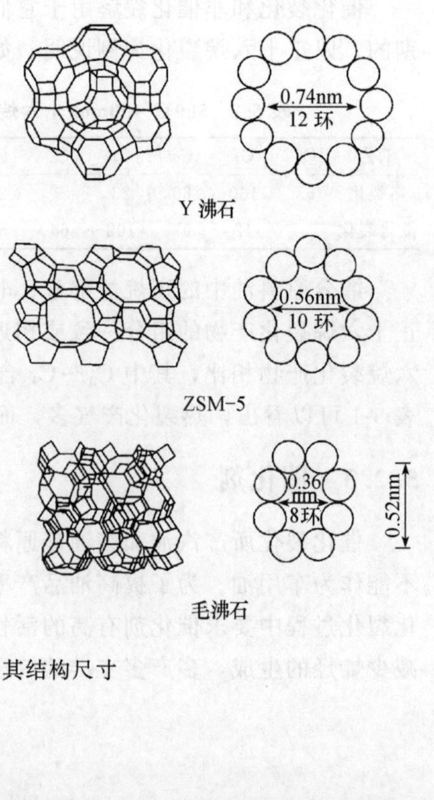

图 5-2　沸石的类型及其结构尺寸

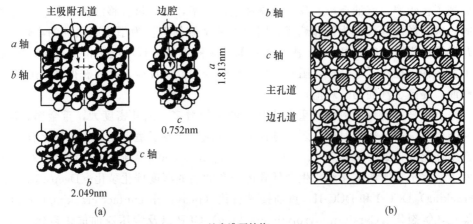

丝光沸石结构

（a）丝光沸石的晶体结构，只表示出氧原子，阴影表明氧原子位置；

（b）丝光沸石的宽孔道截面，白圆圈表示氧原子，阴影部分表示氧原子在平截面上，黑圆圈表示

钠原子（有些未示出），位于氧原子四面体中心的铝和硅原子未示出

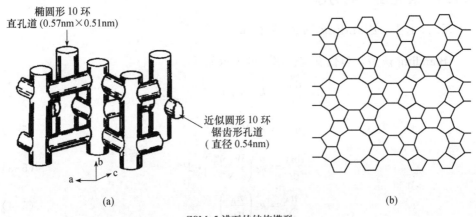

ZSM-5 沸石的结构模型

图 5-3　沸石结构模型

5.2.3.2　催化裂化催化剂

石油催化裂化所用催化剂通常为八面沸石[4]，当其 Si/Al＜1.5 时，称为 X型，而当其 Si/Al＜3，称为 Y 型，八面沸石有孔径约为 0.75nm 的结构细孔。Y型又有 HY 型、MeY 型、MeHY 型和超稳 USY 沸石，MeY 型和 MeHY 型中Me 可为碱土金属、过渡金属和稀土金属（RE）所取代，从而形成 NaX、CaX、REY、REHY 等催化剂。石油催化裂化生产上较多地采用 REY 型和 REHY 型催化剂，这些沸石微球催化剂的活性较无定形硅铝催化剂提高了 200 多倍，大大

提高了转化率、汽油产率、反应速率和生产效率，同时氢转移活性也高，使裂解的一次烯烃继续转化为饱和烷烃，因而汽油辛烷值低。为了提高汽油的辛烷值，开发了抽铝富硅的超稳 USY 沸石催化剂。该催化剂沸石晶型结构被压缩，限制了氢转移，提高了选择性，阻止一次裂解烯烃的二次反应，从而获得高含烯烃的汽油，提高了汽油的辛烷值。

　　近年来，随着原料油的重质化和渣油量的增多，因其密度大，重金属、硫、氮杂质含量高，裂解时析炭多，毒性大等特点，开发了适宜于重质油催化裂化的新型催化剂，如中国的 Y-7、LB-1、LV-23、MLC-500 等新型催化剂。另外，开发了适宜于重质油催化裂化生产低碳烯烃和油品的深度催化裂化（Deep catalytic cracking）DCC-I 和 DCC-II、重油接触裂化（heavy oil contact cracking）HCC、催化热解裂化（Catalytic pyrolytic cracking）CPP 以及常压渣油催化裂化（Atmospheric residuum gas plus gasolline）ARGG 等新工艺和相应的 CRP、CIP、LCM、CEP、RAG 等新型催化剂。

5.2.4　裂化反应动力学

5.2.4.1　Blanding 动力学方程

Blanding 认为，裂化反应速率[5]可表示如下

$$-\frac{\mathrm{d}n_\mathrm{a}}{\mathrm{d}t} = k_1(n_{\mathrm{AC}}) \tag{5-1}$$

$$n_{\mathrm{AC}} = k_2 W_\mathrm{C}\left(\frac{Pn_\mathrm{A}}{N}\right)^m \tag{5-2}$$

$$-\frac{\mathrm{d}n_\mathrm{A}}{\mathrm{d}t} = k_3\left(\frac{W_\mathrm{C}n_\mathrm{A}^m}{N^m}\right)\cdot P^m \tag{5-3}$$

$$\frac{n_\mathrm{A}}{N} = k_4\left(\frac{n_\mathrm{A}}{n_{\mathrm{A0}}}\right)^2 \tag{5-4}$$

$$-\frac{\mathrm{d}n_\mathrm{A}}{\mathrm{d}t} = k_5 W_\mathrm{C}\left(\frac{n_\mathrm{A}}{n_{\mathrm{A0}}}\right)^{2m}\cdot P^m \tag{5-5}$$

对于馏分油

$$-\frac{\mathrm{d}n_\mathrm{A}}{\mathrm{d}t} = k_6\left(\frac{n_\mathrm{A}}{n_{\mathrm{A0}}}\right)^2 \tag{5-6}$$

故 $m=1$。

$$-\frac{\mathrm{d}n_\mathrm{A}}{\mathrm{d}t} = k_5 W_\mathrm{C}\left(\frac{n_\mathrm{A}}{n_{\mathrm{A0}}}\right)^2\cdot P \tag{5-7}$$

　　令 $n=1-f$，f 为转化率，以分数表示，则

$$\frac{f}{1-f} = k_5 W_\mathrm{C}P\left(\frac{t}{n_{\mathrm{A0}}}\right) \tag{5-8}$$

或

$$\frac{C}{100-C} = \frac{kP}{S_W} = X \tag{5-9}$$

$$t = \frac{k_6 n_{A0}}{W_H} \tag{5-10}$$

5.2.4.2 烧焦反应动力学

微球多孔催化剂的烧炭反应的速率通常用如下经验方程[6]表示

$$-\frac{dC_C}{dt} = k_C p_{O_2} C_C \tag{5-11}$$

积分得到

$$C_C = C_{C0} e^{-k_C p_{O_2} t} \tag{5-12}$$

微球催化剂的烧焦过程属动力学控制的表面反应，烧炭反应动力学可表示如下[6]

$$-\frac{dC_C}{dt} = k_C p_{O_2} C_C \tag{5-13}$$

$$k_C = 1.65 \times 10^8 \exp\left(-\frac{1.612 \times 10^5}{RT}\right) \tag{5-14}$$

烧焦过程的脱氢反应动力学[7]

$$-\frac{dC_H}{dt} = k_H p_{O_2} C_H \tag{5-15}$$

其中当 T< 973K

$$k_H = 2.47 \times 10^{10} \exp\left(-\frac{3.766 \times 10^4}{RT}\right) \tag{5-16}$$

当 T>973K

$$k_H = (1 - ae^{-b})\left[2.47 \times 10^{10} \exp\left(-\frac{3.766 \times 10^4}{RT}\right)\right] \tag{5-17}$$

式中：$a = 2.67 \times 10^3$；$b = 7.34 \times 10^4$。

若反应剂 A 的进口处浓度为 C_{Ai}，出口处浓度为 C_{Ae}，对于通过反应器的流速维持恒定的稳定流动，以反应物体积和浓度表示的速率方程速率常数 $k_v = \varepsilon k_C H/U$，则有

对活塞流流动

$$\frac{C_{Ae}}{C_{Ai}} = e^{-k_v} \tag{5-18}$$

对完全混合流动

$$\frac{C_{Ae}}{C_{Ai}} = \frac{1}{1 + k_v} \tag{5-19}$$

对有一定程度轴向返混流动的快速流态化，由 Danckwerts 的分析[8]

$$\frac{d^2 C_A}{dh^2} - \frac{U}{D_a} \frac{dC_A}{dh} - \frac{k_A C_A}{D_a} = 0 \tag{5-20}$$

边界条件为

当 $h = 0$ 　　　　　　$U_{Ai} = U_A - D_a \frac{dC_A}{dh}$ 　　　　　$(5-21)$

$h = H$ 　　　　　　　$\frac{dC_A}{dy} = 0$ 　　　　　　　　$(5-22)$

而催化剂燃碳速率方程可表示为

$$-\frac{dC_C}{dt} = k_c p_{O_2} C_C \tag{5-23}$$

积分　　　　　　　　　$C_C = C_{C0} e^{-k_c p_{O_2} t}$ 　　　　　　　$(5-24)$

$$\frac{C_{Ae}}{C_{Ai}} = 1 - \frac{4a}{(1+a)^2 \left[\exp \frac{UH}{2D_a}(1-a) \right] - (1-a)^2 \exp \left[\frac{UH}{2D_a}(1+a) \right]}$$

$$\tag{5-25}$$

$$a = \sqrt{1 + \frac{4k_c D_a}{U^2}} \tag{5-26}$$

对快速流态化，轴相分散系数可按下式计算[9]

$$D_a = 0.1953 \varepsilon^{-4.1197} \tag{5-27}$$

5.3　催化裂化过程

5.3.1　工艺条件

从石油加工过程看，要取得高的轻油或烯烃的收率，减少炭的生成，应选择烷烃基石油为原料最为理想。催化裂化的原料油有常、减压馏分油（VGO）、减压渣油的脱沥青油（DAO）、焦化馏分油（CGO）和回炼油抽芳烃后的抽余重质油，或它们的混合物。原料油的性质不同，采用的催化裂化工艺及技术也将有所不同。裂解过程的原料含氢量越高，裂解深度越大，气体产率越高，乙烯收率越高，而且裂解过程不易生焦。当采用液体原料时，其含氢量最好控制在 7%以上。

催化裂化的反应温度通常在 500℃左右。在热力学上，随着温度的升高，裂解反应比裂化反应有利，而在动力学上，裂解反应比裂化反应的速率要慢得多，因而，裂解过程应采用 600～750℃ 的更高温度；若要得到气体产品，则要采用更高的温度。

二者的反应时间都采用快接触的短停留时间，以防止二次反应和生焦。

5.3.2　常、减压馏分油催化裂化

催化裂化是馏分油或其他成品油通过催化裂化以得到汽油、柴油等液体产品为主的轻质化过程。从 20 世纪 40 年代至今，国内外对催化裂化过程进行了不断的研究和开发，形成各具特色的工艺技术，使油品的选择性明显改善，油品的产率大幅度提高。

石油在裂化时产生分子较小的气体和液体产物，同时析出固体炭并沉积在催化剂表面上而使催化剂活性降低，必须随即对失活催化剂进行烧焦再生、恢复活性，催化裂化过程才能持续。流态化催化裂化过程可将催化裂化反应和积炭催化剂烧焦再生两个相互依存的单元过程，完美地结合起来，形成大规模、高效率的生产装置。

5.3.2.1　鼓泡流态化催化裂化

1940 年，Standard oil、Kellogg 等公司共组建催化研究协会（CRA），联合设计投产了世界上第一个工业化流态化催化裂化 FCC（Fluid Catalytic Cracking）装置[10,11]，如图 5-4 所示，装置能力 630kt/a，裂化反应器直径 4.6m，再生反应器直径 6m，装置高度约 72m，内装催化剂 87t，反应器工作温度 488℃，再生器工作温度 566℃。经预热和汽化的原料油连同稀释剂蒸气送入反应器进行催化裂化，产物气与催化剂经气固分离后，油气产品送分馏塔分馏，待生催化剂经储斗提升送入再生器与空气进行烧焦的再生反应，再生烟气经冷却、旋风分离、静电除尘回收催化剂后放空，已再生的催化剂随原料器返回裂化反应器。20 世纪 40～50 年代，因当时采用的硅铝催化剂的活性低，剂油比（单位油所需催化剂量）高，催化裂化系统中催化剂存料量大，裂化反应器和再生反应器均采用经典的鼓泡流化床反应器，裂化反应器与再生反应器之间通过溢流管将待生的催化剂由裂化反应器气力提升输送至再生反应器进行燃烧再生，恢复活性的再生催化剂再送回至裂化反应器，完成催化剂的连续循环操作，其总轻烃率约 60%，再生催化剂的残炭含量 0.5%～0.7%，烧焦强度 40～80kg/(t·h)。这是催化裂化工艺过程的原则流程。在过去的 60 年间，以此为基础，在系统单元设备的配置上发展了各种各具特色的新过程。

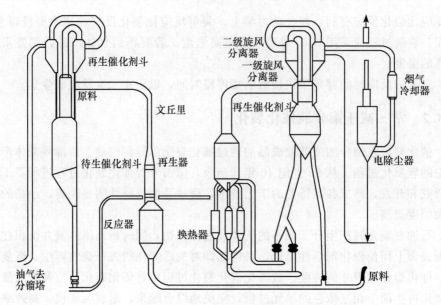

图 5-4　第一个工业化 FCC 流态化催化裂化装置

1944 年，美国 Standard oil 公司根据麻省理工学院（MIT）W. K. Lewis 教授的建议，投产了裂化反应器在上、再生反应器在下、催化剂重力自流、滑阀控制催化剂输送的纵向配置，即 FCC-I[12]，如图 5-5（a）所示；与此相反，1947 年，美国 UOP 公司采用裂化反应器在下、再生反应器在上的同轴叠置式配置，催化剂是通过外部溢流管和外部提升管来实现循环的，如图 5-6（a）所示[13]；1951 年，美国 Kellogg 公司采用与 UOP 公司类似的同轴叠置式配置，但不同的是，催化剂是通过内部溢流管和内部提升管来实现循环的，如图 5-7（a）所示[14]；而荷兰 Shell 公司自 20 世纪 40 年代始，都采用并列式配置，如图 5-8（a）所示，[14,15]。在大型化的技术发展过程中，为了降低催化裂化装置的高度，Standard oil 公司、EXXON 公司、UOP 公司分别在 20 世纪 40 年代末、50 年代中和 70 年代初先后推出了并列式配置的技术构型，FCC-II 如图 5-5（b）[16]所示、FCC-IV 如图 5-5（d）[17]所示、如图 5-6（b）[18]所示；1967 年 Texaco 公司、1981 年 Stone & Webster 也投产了并列式配置的催化裂化技术构型，如图 5-9[19]所示、如图 5-12（a）所示[20]。这表明，并列式配置的催化裂化技术在降低装置高度方面显示出某种发展优势。

5.3.2.2　提升管裂化-湍动流化再生

石油裂化反应是个快速复杂的反应系统，裂化反应的转化率受到催化剂性能和裂解反应器类型的影响。早期采用的为无定型的硅铝微球催化剂和鼓泡流态化反应器，属气-固完全混合的反应器，反应气体通过裂解反应器的停留时间十分不同，即停留时间分布较宽，不能完全实现短接触反应，不希望的二次反应所占比重较大，降低了油品产率。就催化裂化反应过程而言，气体成活塞流通过裂化反应器，将可减少不希望的二次反应，提高油品产率。高气速的提升管反应器是一种合理的选择。20 世纪 50 年代 UOP 公司曾采用了提升管反应器[13]。

　　20 世纪 60～70 年代，成功开发了沸石催化剂，其活性比无定型的硅铝微球催化剂高了上百倍，因而催化裂化过程的剂油比（催化剂质量/原料油质量）大为下降，系统中催化剂的存量可大为减少，使高气速的提升管裂化反应器具有现实的可能。由此，催化裂化过程进入了新的发展期，其主要特征是：普遍采用载流提升管裂化反应器取代浓相鼓泡床反应器如图 5-6（c）[18]、图 5-7（b）[14]、图 5-8（b）[15]。再生分子筛催化剂的活性对催化剂的残炭含量十分敏感，提升管裂化反应要求催化剂残炭含量小于 0.2%，最好在 0.1% 左右，原有的催化剂的鼓泡流态化烧焦再生因其气固接触差，造成燃烧空气的短路和氧扩散慢，烧焦再生已不能适应，因而开发了催化剂湍流流态化再生反应器和两段再生新工艺，以提高烧焦强度，降低再生催化剂的残炭含量。20 世纪 70 年代初，EXXON 公司开发了提升管裂化反应器和提升管-浓相鼓泡床组合式再生反应器的技术构型，FCC-Ⅲ如图 5-5（c）[14,21]。在 480～500℃ 下进行裂化反应，在 680～700℃ 左右下再生，系统压力 0.25MPa 左右，其总轻烃收率约 70%，再生催化剂的残炭含量低于 0.2%，最好达 0.05%，烧焦强度 150～200kg/(t·h)。不难看出，该工艺技术指标已较原鼓泡流态化的 FCC 过程有明显提高。

5.3.2.3　提升管裂化-快速流化再生

　　裂化反应的强化，催化剂表面上的析炭也相应的增加，湍流流态化再生反应器已不能满足这一要求，催生了快速流化床烧焦再生技术的发展。1974 年，UOP 公司投产了由提升管裂化反应器和快速流化床烧焦再生反应器并列配置的技术构型，同时开发了气固快速分离技术，如图 5-6（c）[18]；1976 年，Kellogg 公司投产了多喷咀、外提升管裂化反应器，与其出口采用气固快速分离技术的两段催化剂快速流化床烧焦再生反应器并列配置的技术装置，如图 5-7（b）[14]；Shell 公司和 Texaco 公司先后采用提升管裂化反应器和高温流化床烧焦再生，如图 5-8（b）[15]；Texaco 与 Lummus 公司还在湍流流态化再生和高效气提方面做出了新的发展，如图 5-9[14,19]。在 500℃ 左右下进行裂解反应，在 680～700℃ 左右下再生，系统压力 0.25MPa 左右，其总轻烃收率约 75%～80%，辛烷值（RON）达 93，再生催化剂的残炭含量 0.05%～0.1%，烧焦强度 200～360kg/(t·h)。

5.3.2.4　中国的催化裂化

中国流态化催化裂化工艺技术起步于 20 世纪 60 年代初，较国外晚了近 30 年，但发展迅速，并有所创新[22,23]。1965 年，在抚顺石油二厂投产第一套 0.6Mt/a 的同高并列式鼓泡流化床催化裂化装置；1974 年，在玉门炼油厂投产 120kt/a 外提升管裂化-鼓泡流化床再生并列式构型装置，如图 5-10（a）所示；1977 年在洛阳投产 50kt/a 外提升管裂化两段同轴叠式再生构型装置，如图 5-10（b）所示；1978 年乌鲁木齐石油化工总厂投产了 0.6Mt/a 提升管裂化内溢流循环快速流化床再生构型装置，如图 5-10（c）所示，并发展了附加后置烧焦罐两段再生，如图 5-11（a）所示；1989 年，成功投产了提升管裂化与烟气串联快速流化床再生的新过程，如图 5-11（b）所示。经历了与国外类似的技术发展历程。

5.3.3　重质油催化裂化

随着原料油重质化的增加和渣油的日益增多，催化裂化工艺技术面临新的挑战，也迎来了新的发展阶段。早在 1961 年，Phillips 公司曾利用 Kellogg 公司的专利技术投产了第一套重油催化裂化装置，如图 5-7（c）[14]所示，而 20 世纪 80 年代，重质油的催化裂化就成为其突出的发展特点。针对重质杂质多的特点，研制了抗污染的新型超稳催化剂，同时针对催化剂积炭多、再生热过剩，开发了带外置或/和内置冷却换热器的再生反应器等新技术。1981 年，Kellogg 公司推出了由提升管裂化反应器和带外置和内置冷却换热器的再生反应器组成的催化裂化装置，如图 5-7（d）[24]所示，与此同时，Stone & Webster 公司技术方案[20]则是在原有提升管裂化反应器和浓相流化床再生器组成的基本构型上，增加外置冷却换热器和并列的第二个再生器，进行两段再生，如图 5-12（a）所示，而图 5-12（b）表示的是将第一再生器与第二个再生器同轴叠置的构型；1983 年，UOP 公司和 Ashland 公司合作开发了出口带弹射式快速分离器的提升管催化反应器和带重力自流式两段逆流外置冷却换热器的再生器，减少了二次反应，提高了产品的收率，强化了烧焦，催化剂的残炭小于 0.05%，如图 5-6（d）[25]所示；1988 年，Shell 公司投产了短接触时间的提升管裂化反应器、分段汽提和带外置冷却换热器的再生反应器组成的催化裂化装置[15]，用于重油的加工如图 5-8（c）所示和渣油的加工如图 5-8（d）所示。

中国在减压渣油催化裂化方面，开发了两段催化裂化工艺技术，第一段为惰性热载体热裂化脱杂（脱除渣油中 90% 的重金属和 80% 的残炭），第二段将第一段所得脱杂的原料油进行常规的催化裂化，其轻质油收率可达 70%，如图 5-14 所示。目前，中国流态化催化裂化工艺技术已达到国际先进水平。

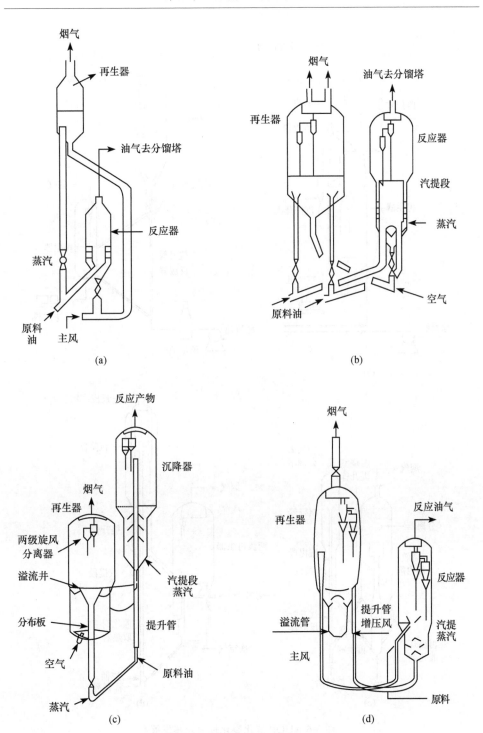

图 5-5　Standard Oil/EXXON 催化裂化过程及其发展

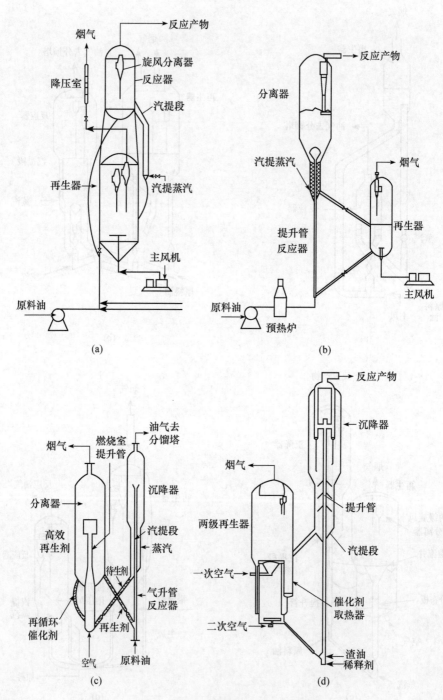

图 5-6　UOP 催化裂化过程及其发展

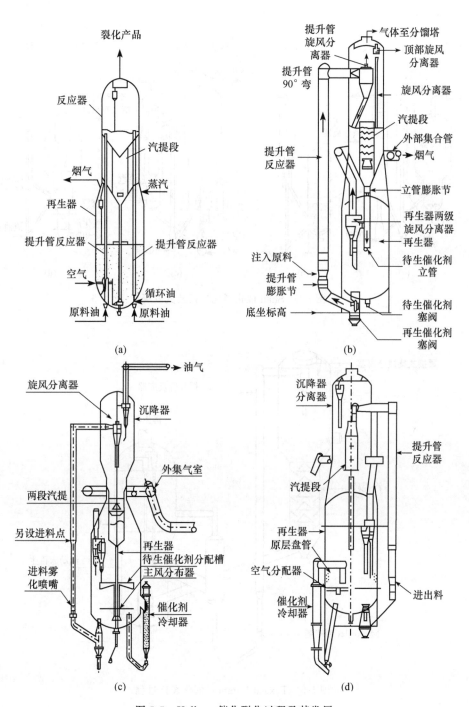

图 5-7　Kellogg 催化裂化过程及其发展

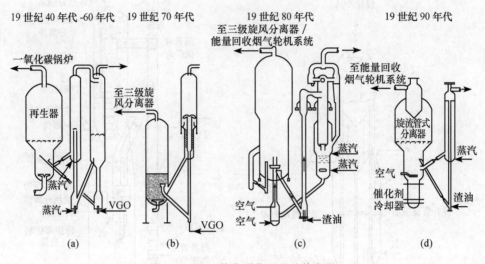

图 5-8 Shell 催化裂化过程及其发展

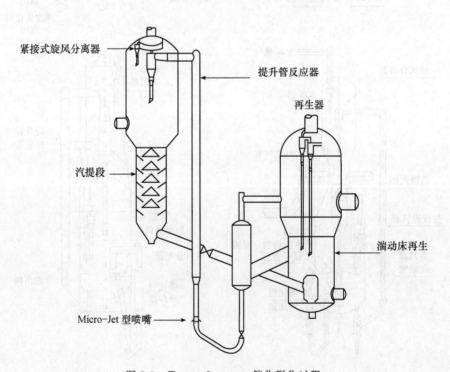

图 5-9 Texaco-Lummus 催化裂化过程

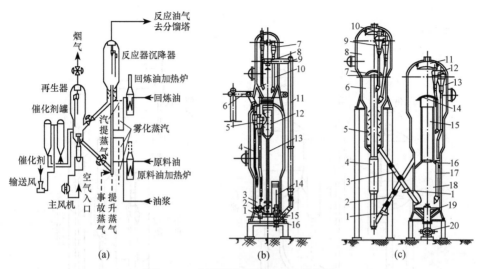

图 5-10　中国催化裂化过程及其发展

（b）1-空气分布管；2-待生塞阀；3-一段密相床；4-稀相段；5-旋风分离系统；6-外部烟气集合管；
7-旋风分离系统；8-快速分离设施；9-耐磨弯头；10-沉降段；11-提升管；12-汽提段；13-待生立管；
14-二段密相床；15-再生立管；16-再生塞阀

（c）1-单动滑阀；2-再生斜管；3-待生斜管；4-提升管；5-汽提段；6-沉降器密相段；7-快速分离器；
8-沉降器稀相段；9-旋风分离系统；10-沉降器集气室；11-再生器集气室；12-旋风分离系统；13-再生
器稀相段；14-快速分离器；15-稀相输送管；16-再生器第二密相床；17-催化剂内循环管；18-再生器
第一密相床（烧焦罐）；19-空气分布管；20-辅助燃烧室

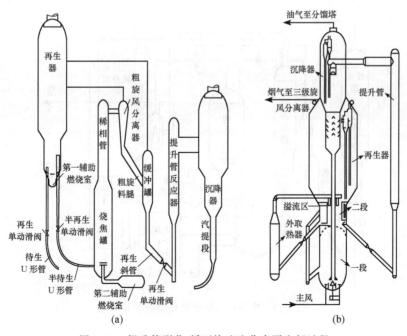

图 5-11　提升管裂化-循环快速流化床再生新过程

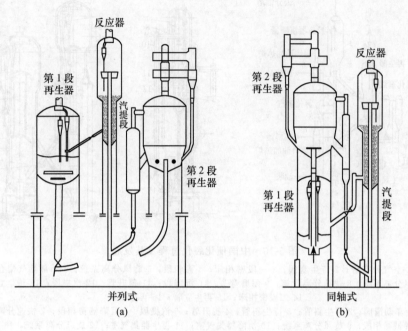

图 5-12　Stone-Webster 催化裂化过程及其发展

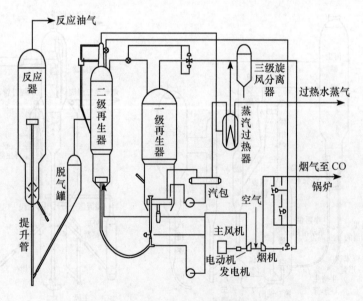

图 5-13　中国减压渣油两段催化裂化工艺

5.4　石油裂解

5.4.1　催化裂解

5.4.1.1　催化裂解过程

在 20 世纪 90 年代中后期，在催化剂的制备技术和性能方面可以达到"量体裁衣"的水平，同时由于市场对以乙烯、丙烯为代表的低碳烯烃需要量不断增加，原来从常规催化裂化或重油催化裂化所产液化气中分离生产丙烯的工艺已经不能满足市场的要求，近年来，利用常规的催化裂化技术，开发研究了常压渣油等重质油的催化裂化多产低碳烯烃或同时联产高辛烷值汽油的新过程和专用催化剂，为石油化工开辟了催化裂解制低碳烯烃原料的新途径，其代表性的工艺过程有重油接触裂解多产乙烯为主的 HCC（heavy-oil contact cracking）、催化热解过程 CPP（catalytic pyrolytic process）；有多产丙烯为主的 DCC（deep catalytic cracking）、ARGG（atmospheric residuum gas plus gasoline）、FDFCC（flexible dual-riser fluid catalytic cracking）、Maxofin 工艺。这些工艺技术显示了现代催化裂解过程发展的新特点，开创了石油化工新的原料路线。

不同催化裂解工艺过程的产物分布列于表 5-2。

表 5-2　不同催化裂解工艺过程的产物分布

工艺	催化剂	原料油	裂化温度/℃	剂油比/[—]	水油比/[—]	裂化产物含量/%						
						乙烯	丙烯	C_4	C_5	汽油	柴油	重油
FCC	Y-7	VGO	490~530	5.5~8	0.01~0.03	1.62	4.88	6.10		54.81	9.30	4.3
RFCC	LV-23	HO	490~530	5.5~8	0.01~0.03	2.22	3.31	4.55		43.30	32.60	0
HCC	LCM-5	ARO	670~690	18	0.3	21.98	15.80	9.39				
CPP	CEP	VRO	576	14~21	0.3~0.5	20.37	18.23	7.52				
DCC-I	CRP	VGO+DAO	545	10~15	0.06~0.1		21.03	14.30		26.60	6.60	6.07
DCC-II	CIP	VGO+DAO	510	10~15	0.06~0.1		14.65	4.75		39.00	9.77	5.84
ARGG	RAG	ARO	525~600	8~10	0.06~0.1	3.47	8.69	10.39		46.10	13.78	0
FDFCC	LCM-5	HO	550~600	10~15	0.3~0.5		12.12	14.05		18.28	38.38	

5.4.1.2　多产丙烯的催化裂解

1. 工艺原理

对于催化裂化反应生产汽油和柴油的工艺，它们是原料重油的一次裂化产物，同时需要控制一次裂化产物（汽油）的二次裂化反应。因此要求催化剂要有裂化活性好、氢转移能力低的载体外，还要求催化剂中有适应原料重油一次裂化反应的具有高酸性和多活性组分的大孔沸石，如 US-Y 八面沸石，其孔径一般为 0.75nm，原料油中的大分子在大孔分子筛上进行一次裂化反应，不可能进入到中孔分子筛中的自由空间，从而避免了二次裂化反应。

对于催化裂解生产低碳烯烃的工艺，需要将一次裂化产物汽油中的 $C_6^=\sim C_{12}^=$ 烯烃，继续经由正碳离子的 β 位键发生断裂，进一步裂解生成小分子的 $C_3^=$ 和 $C_4^=$ 烯烃。因而要求催化剂中有适应原料重油一次裂化反应的具有高酸性和多活性组分的大孔沸石外，还要求催化剂中有择型催化能力强的中孔沸石，其孔径一般为 0.5～0.6nm，使催化裂化汽油中截面尺寸恰好小于 0.6nm 的 $C_6^=\sim C_{12}^=$ 烯烃分子能够进入到中孔沸石自由空间的酸性中心上继续进行正碳离子反应，生成所需要的丙烯和丁烯。

根据上述反应机理和催化剂的特性要求，多产丙烯催化裂解工艺的反应器应选择提升管加床层的反应器形式，或设计为双提升管的结构形式，或设计为提升管多层进料的结构。工艺条件则依据目的产品的要求有所不同。

2. 生产过程

(1) DCC 工艺过程

DCC 工艺（deep catalytic cracking）是中国石油化工科学研究院开发的用重质油生产低碳烯烃和油品的技术，分为 DCC-Ⅰ 和 DCC-Ⅱ 型两种目的产品不同的工艺[26]。DCC-Ⅰ 工艺与 CRP 型催化剂配套使用，反应温度一般 550℃，比 FCC 催化裂化过程高 50～100℃，以最大量生产丙烯为特征。DCC-Ⅱ 工艺与 CIP 型催化剂配套使用，以多产异构烯烃，同时兼顾生产汽油，其反应苛刻度低于 DCC-Ⅰ，高于常规 FCC 工艺，反应温度一般比 DCC-Ⅰ 低 20～30℃。

DCC 工艺在反应-再生过程方面的设计特点有下面几点。

1）反应器为提升管＋流化床床层，以备有比 FCC 催化裂化过程更长的反应时间。

2）原料油良好的雾化喷嘴，更多稀释蒸气量，生成直径＜60μm 的雾滴。

3）大剂油比操作，为 FCC 催化裂化过程的 1.5～2 倍，增加正碳离子活性中心与原料油及裂化汽油的接触概率。

4）高效的汽提段设计，以减少生成油气和生成焦炭的前身物在催化剂上滞留。

5）再生剂进行专门的汽提，减少油气中所夹带的烟气杂质量。

6）反应器采用比 FCC 催化裂化过程更低（＜0.1MPa）的操作压力，有利于低碳烯烃的生成，而再生器采用高温（700℃）、高压（0.17MPa）操作，强化再生烧焦，使再生催化剂达到低含碳量。

对于 DCC-Ⅱ 工艺，则可以仅采用提升管反应而不使用床层反应器，采用沉降器零料位的操作方式。

工艺操作结果：气体产率高；且产物分布以丙烯为主；与 FCC 催化裂化过程相比，丙烯高 3～5 倍，异丁烯约高 3 倍，石脑油约高 50%～70%，轻柴油基本相同。

（2）ARGG 工艺过程

ARGG（atmospheric residuum gas plus gasoline）工艺[27] 是以常压渣油为原料，采用 RAG 专用催化剂，生产质量远高于 DCC-Ⅰ工艺的汽油（优于或相当于 RFCC 工艺的汽油），而液化气的产率则远远高于常规催化裂化的新工艺。该工艺的总轻质油（LPG＋汽油＋柴油）收率可以达到 85% 左右，（LPG＋汽油）的收率可达 70% 左右。操作方式灵活，反应深度低于 DCC-Ⅰ，但高于常规 FCC 工艺。ARGG 工艺是中国石油化工科学研究院在 MGG 工艺（Maximum Gas & Gasoline）工艺基础上开发成功的。

RAG 催化剂中分子筛有良好的整体孔分布梯度，可以使原料油中大小不同的各类分子选择性地与活性中心进行接触和反应，催化剂的活性高、选择性好、抗重金属的能力强。

ARGG 工艺采用提升管式反应器，反应温度在 520℃～540℃之间；停留时间较短（3.5～4.0s）；反应压力较低（0.13Mpa）；注入稀释蒸汽量比 FCC 高，一般为进料的 6%～10%；剂油比高于 FCC 工艺，一般为 8～10；催化剂循环量比 FCC 高约 50%。ARGG 工艺以大庆常压渣油为原料，反应温度 525℃时，液化气质量收率一般为 26%～27%，丙烯收率一般为 10%～11%，汽油收率一般为 38%～40%，柴油收率一般为 20%～21%[28]

（3）FDFCC 工艺过程

灵活双效催化裂化 FDFCC 工艺（flexible dual-riser fluid catalytic crack-ing）[29] 是采用复合有改性 ZSM 中孔分子筛的催化剂增产低碳烯烃或采用常规催化裂化催化剂对汽油进行改质相结合的重油催化裂化工艺，由洛阳石化工程公司炼制研究所研究开发。FDFCC 工艺过程的反应体系为一个再生器和两个提升管反应器，其中一个为常规的重油裂化的提升管反应器，另一个为汽油二次裂化或汽油改质的提升管反应器。这两个反应器既可以设计为如图 5-14 所示串联结构，也可以设计为并联结构。串联操作是再生催化剂首先进

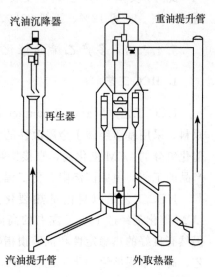

汽油沉降器　　　　　重油提升管

再生器

汽油提升管　　　　外取热器

图 5-14　FDFCC 工艺反应器结构示意图

入汽油提升管，在规定的温度下对汽油进行改质，反应后催化剂上的碳含量仅仅增加 0.1%～0.2%，活性下降很少，而后进入重油裂化提升管并维持需要的反应温度。串联操作的缺点是两根提升管的循环量相同，而两根提升管的原料性质差异很大，不能以各自最佳的催化剂循环量相匹配，灵活性不好；并联结构的并联操作的灵活性高，缺点是再生器内的催化剂循环量增加很多。

工业应用表明，重油提升管反应仍然按照常规催化裂化操作，而当以多产液化气和汽油改质为目的产物时，不管是自身的催化裂化汽油或外来汽油，汽油提升管反应在高温（550～600℃）、大剂油比（10～15）下操作，FDFCC 工艺可以使柴汽比提高 0.2～0.7，汽油的烯烃降低 20 个百分点以上，辛烷值提高 1～2 个单位，硫含量降低 15%～25%，丙烯产率提高 4～6 个百分点。

（4）Maxofin 工艺过程

Maxofin 工艺是增产烯烃的催化裂化工艺[30]，由 Mobil 公司与 Kellogg 公司合作开发。该工艺采用的催化剂为 RE-USY 主催化剂和改性的浓度超过 25% 的 ZSM-5 增产丙烯中孔分子筛助剂，活性比常规的 ZSM-5 分子筛高约 4 个单位，能够使 $C_6^=$～$C_{12}^=$ 烯烃在其活性中心上进行正碳离子反应生成最大量的丙烯和丁烯。

该工艺的生产装置是采用减压蜡油提升管和循环回炼的汽油提升管分别进行各自的裂化反应，两根提升管共用一组旋风分离器和沉降器，采用新开发的液滴雾化程度比常规喷嘴要高 6 倍的 Atomax 进料喷嘴。Maxofin 过程的工艺条件基本上与常规 FCC 相同，蜡油提升管出口温度为 538℃，汽油提升管出口温度为 593℃，丙烯的收率可达 18.37%。

此外，美国 UOP 公司也发展了多产丙烯的 PetroFCC 过程，产物气组成为：丙烯 35%、乙烯 12%、丁烯 20%、苯和对二甲苯 20%。

5.4.1.3　多产乙烯的催化裂解

1. HCC 工艺

HCC 工艺（heavy-oil contact cracking）[31] 是以重质油（例如常压渣油）为原料，采用基质经碱土金属改性的无定型 $SiO_2 \cdot Al_2O_3$，并添加了一定量的活性催化组分的 LCM 催化剂，直接接触裂解制乙烯、丙烯等低碳烯烃和高芳烃液体产品的工艺，由中国洛阳石化工程公司开发。

HCC 工艺是以自由基热裂化反应为主，催化正碳离子反应为辅的工艺。LCM 催化剂经过 1000℃ 左右的高温焙烧，使其在近 800℃ 的再生温度下催化剂仍然有良好的热稳定性和抗磨损指数，其反应苛刻度远低于管式炉水蒸气裂解工艺，高于常规催化裂化工艺和 CPP 裂解工艺。

HCC 工艺采用高温短接触反应提升管反应器-再生循环操作方式。HCC 工艺具有反应温度高（一般为 670～690℃）、再生温度高（一般为 780～800℃）、短接触时间（一般为 1～1.5s）、剂油比大（一般为 20～25）、水油比大（一般为 0.3～0.5）、再生器烧焦所生成的热量满足不了反应热的需要、对急冷系统要求高、对再生剂所夹带烟气脱杂质要求高等特点。因此在工程上采取了一些不同于常规催化裂化的措施。主要有以下几种。

1）采用多层进料系统，PLY 型旋风分离器的快速、高效分离技术，提升管出口及旋风分离器中立即急冷，以保短接触时间。

2）沉降器顶部设置具备急冷、催化剂粉尘洗涤、能量回收功能的急冷塔，可以将油气温度降低到 300～350℃，终止热反应，防止油气管线结焦，避免催化剂粉尘带入油气分馏系统。

3）燃用自身生成的重油向再生器烧焦罐或再生剂输送管路补充不足的反应热。

以大庆常压渣油为原料，在反应温度为 670℃，水油比为 0.30，剂油比为 18 的条件下，单程转化的乙烯收率为 21.98%，丙烯收率为 15.80%，丁烯收率为 9.39%。

2. CPP 工艺

CPP 工艺（catalytic pyrolytic process）[32] 是采用以 L 酸为主的酸性中心的专用 CEP 催化剂，以多产乙烯为目的的催化裂解新工艺，由中国石油化工研究院在 DCC 工艺的基础上开发的。催化剂的 L 酸中心数除进行正碳离子反应外，还进行相当数量的自由基反应。CPP 工艺专用 CEP 催化剂中还添加了一定量的有利于多产乙烯的小孔沸石，使其兼顾了正碳离子反应和自由基反应的双重催化活性，从而可以既多产乙烯，又可以多产丙烯[33,34]。

CPP 工艺反应器为多产乙烯提升管反应器或多产丙烯提升管＋流化床层的反应器-再生循环系统。根据中试研究结果，以大庆蜡油掺 30%减压渣油为原料时，提升管反应器的乙烯收率可以达 21.64%；提升管＋床层反应器时，丙烯收率可达 18.63%，乙烯收率则降低为 15.03%。在进行工业化试验时，用 45%大庆蜡油掺 55%减压渣油为原料，采用多产乙烯的操作方式时，在反应温度为 640℃，水油比为 0.51，剂油比为 21.1 的条件下，乙烯收率可提高到 20.37%，丙烯收率为 18.23%，丁烯收率为 7.52%；采用多产丙烯的操作方式时，在反应温度为 576℃，水油比为 0.30，剂油比为 14.5 的条件下，乙烯收率为 9.77%，丙烯收率为 24.60%，丁烯收率为 13.19%。

5.4.2　石油热裂解

石油热裂解制烯烃和轻质芳烃是石油化工的主要原料路线。热裂解反应表明[35]，制取低碳烯烃的原料类型不同，其裂解产物及其分布不同，原料含氢量越高，生产乙烯的潜在能力就越大；裂解深度增加，裂解产品中 C_6 及更重馏分的含氢量将会减少，并生成沥青、多环芳烃及其他类似物质。原料所含烷烃高，转化为乙烯的产率高，正构烷烃的乙烯产率高；异构烷烃的乙烯产率低于正构烷烃，而甲烷、丙烯和丁烯的收率较高；异戊烷也有类似的情况。原料所含环烷烃只有中等程度的转化，乙烯极限收率低于烷烃，但能得较高的丁二烯和芳烃收率。原料所含芳烃热裂解反应时基本保持不变。加氢脱烷基反应只是很少量，故对总收率的影响很小。热裂解反应还表明，热解条件不同，其产物的产率及其分布也不同，高温（～900℃）、短停留时间（0.2～0.1s）热解技术是其发展趋势。

5.4.2.1　轻质油热裂解

传统的热裂解技术大多采用直馏汽油为原料，其热解工艺有两类，一类是燃烧自热热解，如燃烧热解、火焰热解、部分氧化等，另一类是外热热解，外热热解通常采用非流化床的管式炉、熔盐炉、过热蒸气炉、蓄热炉和固体热载体流化床式砂子炉。这类过程，除砂子炉外，都为非流态化热裂解过程；砂子炉式固体热载体裂解技术也用于煤和重质油的热解等过程，故不在此单独讨论。

5.4.2.2　重质油热裂解

1. 过程类型

重质油通常指原油蒸馏所得的常压渣油（沸点350℃以上）、减压渣油（沸点566℃以上）、页岩油、煤焦油等，重质度（API度）<30。重质油利用时的问题是，含硫高，通常为3%～6%，直接燃烧，其烟气 SO_2 含量将高达 $2000×10^{-6}$，采用烟气脱硫使其达到 $50×10^{-6}$ 以下也很难，同时导致脱流催化剂中毒的重金属含量高，因而不宜直接用作燃料或原料，而应当将其轻质化或气化脱硫、脱重金属。因而，重质油裂解或加氢处理就是具有适应今后原料路线发展的战略性技术。

重质油裂解的实质就是利用热效应将重质油转化成其他形式的燃料，将重质油的化学能转化为其他燃料形式的化学能。原料油的质量不同、热解条件不同，其热解产物的分布将有所不同，热解过程的反应热也将有所不同，通常的产物分布如表5-3所示。

表 5-3　重质油裂解的产物分布范围/%

生成物	低温裂解	中温裂解	高温裂解
气体	5～10	15～25	40～90
油品	55～60	80～60	40～10
沥青	15～20	—	—
焦碳	25～10	5～15	20～0

　　热解过程的反应热可按如下方法计算，例如重油在蓄热炉 800～850℃条件下进行热解，其产物具有如下的分布

$$C_{20}H_{42} = 2.87C_2H_4 + 0.69C_2H_6 + 1.35C_3H_6 + 0.14C_3H_8 + 0.35C_4H_8$$
$$+ 0.025C_4H_{10} + 2.7CH_4 + 1.5H_2 + 4.16C$$

那么，可从各组成的生成焓求得反应热，因而有

$$-\Delta H° = H°_{f,C_{20}H_{42}} - [2.87H°_{f,C_2H_6} + 0.69H°_{f,C_2H_6} + 1.35H°_{f,C_3H_6} + 0.14H°_{f,C_3H_8}$$
$$+ 0.35H°_{f,C_4H_8} + 0.025H°_{f,C_4H_{10}} + 2.7H°_{f,CH_4} + 1.5H°_{f,H_2} + 4.16H°_{f,C}]$$

由此求得热解过程所需的反应热。

　　重质油裂解按裂解温度和目的产物不同分为低温（<500℃）裂解，中温（500～600℃）裂解和高温（750℃以上）裂解。一般而言，低温裂解以生产焦炭、沥青为主；中温裂解以生产轻质油为主；高温裂解以生产燃料气为目的。裂解油经进一步加工处理，如脱沥青、加氢等，可作为催化裂化的原料。

　　低温裂解主要有延迟焦化法工艺过程、尤利卡法工艺过程和 Cherry-P 法工艺过程，中温热解主要有灵活焦化法工艺过程和 NH 法工艺过程，高温热解工艺过程有宇部法工艺过程和 K-K 法工艺过程等。

2. 低温热解过程

　　低温热解也因目的产物不同而形成不同的工艺过程，如图 5-15 所示。延迟

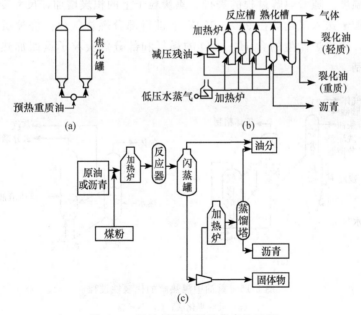

图 5-15　重油低温热解的代表性过程

（a）延迟焦化法；（b）尤利卡法；（c）CHERRY-p 法

焦化过程是预热的重质油依次通过多个并列的焦化罐，在长时间（24h）热解作用下，重质油分解除产生一定量的轻油外，主要使其聚合成焦炭，待焦炭满罐时，切换出焦[36]。石油焦用作炭电极等。尤利卡法工艺过程的沥青产率较高，以用作粘接材料。尤利卡法[37]工艺过程的热解反应器由多个反应室串联而成，每个反应室都通入700℃左右的高温过热蒸气，重质渣油经加热后输入反应器，与高温过热蒸气直接接触，在～450℃下进行～4h的热解，并依次通过串联的各反应室，重质渣油中芳烃聚合、缩合成沥青，然后进行熟化和蒸馏分离。Cherry-P法工艺过程[38]，可适应于重质渣油或沥青，重质渣油拌入部分煤粉，经加热后输入反应器，在～450℃下进行～5h的热解，热解产物经闪蒸和蒸馏，分别得到裂解油、沥青和焦炭，拌入部分煤粉可促进焦化。

3. 中温热解过程

中温热解的代表性过程有灵活焦化[39]和NH催化热解[40]如图5-16所示。灵活焦化是在流态化焦粒反应器中完成的，故又称流态化焦化法，它由热解反应炉和加热炉的两段焦化过程和半焦气化过程组成。水蒸气从热解反应器底部加入，与来自加热炉的550～560℃焦炭颗粒形成流态化，经预热的重质渣油喷入反应器的颗粒床层，在约500～520℃下进行热解，热解产物从反应器顶部排出并进行分馏，得到油、气产品；焦炭粒子在热解反应炉和加热炉之间循环，以维持所需的反应温度。随着热解过程的进行，焦炭粒子上的积炭增加，尺寸变大，需将部分焦炭粒子送入气化炉在920～930℃下进行部分燃烧气化，烧掉沉积炭后返回加热炉，气化炉产生的含H_2、CO的煤气和部分焦炭粒子返回加热炉，产物气送去精制。

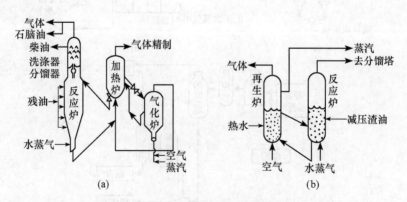

图 5-16　重油中温热解的代表性过程
（a）灵活焦化法；（b）NH法

NH过程是减压渣油的水蒸气的催化热解工艺方法，将减压渣油喷入装有含镍催化剂反应炉并从底部通入蒸汽，使其在 550～600℃下进行催化裂解，生产多轻油的裂解气，催化剂表面因热解被部分还原和积炭，因而通过溢流管送入燃烧炉，与从底部通入的空气在 850℃下进行完全燃烧，烧去表面积炭、恢复活性而再生，多余的燃烧反应热用于发生过程蒸汽。

4. 高温热解过程

高温热解在于提高热解深度，多产油、气，少产焦炭。高温热解的主要过程有宇部法、K-K 法等。宇部法过程的原理是渣油的加氢热解和半焦的氧和水蒸气的部分氧化气化，该过程的热解反应器由上部的急冷器、中部的热解炉和下部的气化炉等三段流化床组成[41]，如图 5-17 所示。原料油从中部的热解炉的下部通入，来自下部的含氢的气化煤气将热解流化床中无机惰性粒子流化并在 850℃左右下将渣油进行热解；热解气进入上部的无机惰性粒子流化床急冷器，重质油和炭被吸附在无机惰性粒子上，不凝热解气经旋风分离器除去半焦后，送入蒸馏塔进行蒸馏分离，半焦通过溢流管流入下部的流态化气化炉，与通入的氧和水蒸气在 1100℃下进行部分氧化气化，得到气化产物气。

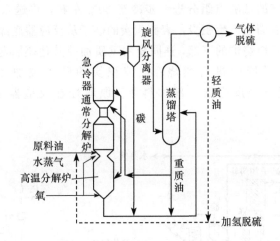

图 5-17　宇部法重油高温热解过程

5.4.2.3　热裂解制低碳烯烃

1. 裂解技术及其发展

传统的裂解技术大多采用直馏汽油为原料的外热热解，随着轻质油价的大幅度上涨和原油的重质化，石油化工未来的原料路线必将转向重质油或合成气。因而，今后重质油裂解就是具有战略性发展的技术。对于最重的高含碳的原油，普通管式裂解炉将会因积炭而发生极严重的困难，开发新的热解工艺技术一直是石油行业普遍关注的课题。20 世纪 50 年代，国外开发的石油热裂解制取烯烃的工业化工艺技术包括焦炭流化床法、砂子或催化剂为热载体热循环的热解技术。例如，西德 BASF "流化床法"、"流化移动床法"，鲁奇公司与拜尔公司共同开发的砂子炉裂解法，日本的原油流化床裂解法，即 UBE 法与K-K 法。

2. 鲁奇热解过程

鲁奇公司裂解法是以液化石油气、石脑油、石油原油、残渣油为原料，用高温细砂循环热裂解和烧焦自热以制取烯烃，所以又称砂子炉方法[43]，其流程有如图 5-18 所示。原料油先在预热炉加热至 300～400℃，与过热的水蒸气共同通过分配器吹入反应器的底部；700～850℃的砂子由反应器上部的加料斗流入与进入的水蒸气和原料气接触而被流化并发生裂解反应。裂解（裂化）气由反应器上部排出，经旋风器以除去伴随的砂子，然后经过废热锅炉利用其显热以发生水蒸气；裂解气经喷雾冷却器用水冷却至 150℃左右，使高沸点裂解油凝缩，以电沉降器除去；裂解气的低沸点组分进一步冷至 30℃左右，再送入分离装置。裂解析炭反应使砂子表面上产生积炭，表面积炭的砂子从反应器底部排出，通过下料管进入空气提升管燃烧炉的下部，连同凝缩重质油或其他燃料与预热至 450℃的空气沿提升管上升同时进行燃烧，烧掉积炭的砂子被加热到所需的温度（900℃），并被提升至反应器上部加料斗。原料烃在反应器中的停留时间为0.3～0.6s。

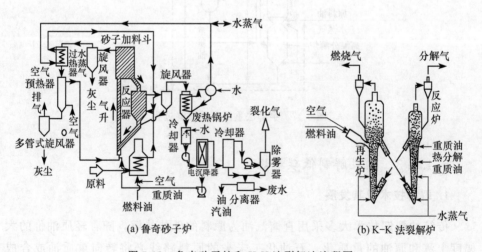

图 5-18　鲁奇砂子炉和 K-K 法裂解法流程图

　　流化床裂解反应器合理设计在于获得较高的烯烃收率和合理的产品分布[44]。流化床反应器内设挡板式内部构件，在反应器周边斜上方安装 12 个单孔喷嘴，反应器直径为 $\phi1.35m$，采用高床层 $L_0/D_t=7.0$，如图 5-19 所示。砂子炉原油裂解所用砂粒 $d_p=0.4\sim1.2mm$，密度 $\rho_s=2.64g/cm^3$，$U_f=1.5m/s$。防止反应器内部及导出管结焦，应选用结构型式合适的喷油嘴和配置，注意导出管的保温。原油进料量 1040kg/h，水蒸气量 948kg/h，反应温度 732℃，裂解气产量 550m³/t，裂解气密度 1.114kg/m³，氢气 0.6%、甲烷 8.5%、乙烷3.1%、丙烷 0.4%、乙烯 25.2%、丙烯 14.0%、C_4 合计 8.4%、气体总计60.2%、裂解油 36.8%、残炭 3.0%。经实测，在裂解原油 1100kg/h 时，消耗定额为燃料油 160~170kg/h，水 10t/h，水蒸气 2t/h，砂 150kg/h，电194kW·h。原油裂解制乙烯工艺成本较高，规模又小，无法与先进的管式炉工艺竞争[45]。

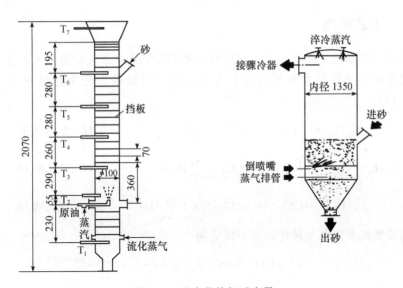

图 5-19　流态化热解反应器

　　砂子炉原油裂解适用于 60% 的闪蒸油，则原料利用很不合理；用于原油全馏分的原料，反应系统结焦严重，回收系统被迫采用水洗流程，且排放废砂无法处理，造成含砂油无法利用并污染环境。

3. K-K 热解法

　　K-K 热解法的过程原理[46]是以半焦作为热载体的水蒸气直接接触热解，该过程由流态化反应炉和流态化再生炉组成。原料油从半焦粒子流化床热解炉的中部通入并与下部通入的高温水蒸气接触进行热解，热解的积炭使半焦粒子增大，半焦粒子靠自重流入流态化再生炉，与通入的空气和燃料油燃烧，烧掉半焦粒子上多余的积炭，使其得到再生，维持循环半焦粒子的粒度在 0.1～1.5mm。产生烯烃的热解温度为 750℃，停留时间为 1～1.5s。该过程生产热解油和热解烯烃气。

5.5 石油气化

已有的石油化工过程大多以石脑油、液化天然气、烷烃、炼厂气、柴油等轻组分为原料，随着轻质油价的大幅度上涨和原油的重质化，未来的石油化工的原料路线必将转向重质油或合成气，因而，重质油气化造气就是具有导向性发展的技术。

5.5.1 工艺原理

石油气化制气主要有水蒸气催化转化和部分氧化水蒸气转化两大工艺路线。

重质油部分氧化水蒸气转化的主要反应，供氧量为完全燃烧理论氧量的 $30\%～40\%$。

氧化 $\qquad C_n H_m + \dfrac{n}{2} O_2 \longrightarrow nCO + \dfrac{m}{2} H_2 \qquad\qquad \Delta H_r < 0,$放热

$$C_n H_m + \left(n + \dfrac{m}{4}\right) O_2 \longrightarrow nCO_2 + \dfrac{m}{2} H_2 O \qquad \Delta H_r < 0,$$放热

气化 $\qquad C_n H_m + n H_2 O \longrightarrow nCO + \left(n + \dfrac{m}{2}\right) H_2 \qquad \Delta H_r > 0,$吸热

重质油水蒸气催化转化，主要反应为

$$C_n H_m + (n - n') H_2 O \longrightarrow C_{n'} H_{m'} + (n - n')CO + \dfrac{m - m'}{2} H_2$$

催化剂将促进水蒸气催化反应，提高产物中的氢的含量。

5.5.2 气化产物组成预测

现以水蒸气转化生产城市煤气为例，介绍重油热解产物组成的预测。重油水蒸气转化热解制城市煤气的主要反应如下

蒸气转化 $\qquad C_n H_m + n H_2 O \longrightarrow nCO + \left(n + \dfrac{m}{2}\right) H_2$

反应完成率：α_1；平衡常数：K_{p_1}

合成甲烷化反应 $\qquad CO + 3 H_2 \Longleftrightarrow CH_4 + H_2 O$

反应完成率：α_2；平衡常数：K_{P_2}

　　CO 变换反应　　　　　　$CO + H_2O(g) \Longrightarrow CO_2 + H_2$

反应完成率：α_3；平衡常数：K_{P_3}

　　假定析炭反应和其他加氢反应可略而不计，蒸气转化反应可进行完全。若令 x_1，x_2，x_3，x_4 和 x_5 分别代表 CO、H_2、H_2O、CH_4 和 CO_2 的分子数；它们的初始值用下标 0 表示。原料系统为负；产物系统为正，对各组成作物料平衡，则有

$$对 CO \qquad x_1 = x_{1,0} + n\alpha_1 - \alpha_2 - \alpha_3 \qquad (5-28)$$

$$对 H_2 \qquad x_2 = x_{2,0} + \left(n + \frac{m}{2}\right)\alpha_1 - 3\alpha_2 + \alpha_3 \qquad (5-29)$$

$$对 H_2O \qquad x_3 = x_{3,0} - n\alpha_1 + \alpha_2 - \alpha_3 \qquad (5-30)$$

$$对 CH_4 \qquad x_4 = x_{4,0} + \alpha_2 \qquad (5-31)$$

$$对 CO_2 \qquad x_5 = x_{5,0} + \alpha_3 \qquad (5-32)$$

系统的分子总数为

$$\sum x_i = x_1 + x_2 + x_3 + x_4 + x_5 = x_{3,0} + \left(n + \frac{m}{3}\right)\alpha - 2\alpha_2 \qquad (5-33)$$

初始条件

$$x_{1,0} = 0; \quad x_{2,0} = 0; \quad x_{4,0} = 0; \quad x_{5,0} = 0; \quad H_2O/C = r$$

当原料油 y_0 为 1mol 时，则

$$x_{3,0} = nr$$

那么，各组成的分子分数分别是

$$y_1 = \frac{n - \alpha_1 - \alpha_3}{\sum x_i} \qquad (5-34)$$

$$y_2 = \frac{\left(n + \frac{m}{2}\right)\alpha_1 - 3\alpha_2 + \alpha_3}{\sum x_i} \qquad (5-35)$$

$$y_3 = \frac{nr - n + \alpha_2 - \alpha_3}{\sum x_i} \qquad (5-36)$$

$$y_4 = \frac{\alpha_2}{\sum x_i} \qquad (5-37)$$

$$y_5 = \frac{\alpha_3}{\sum x_i} \qquad (5-38)$$

$$K_{P_1} = \frac{y_1^n y_2^{\left(n + \frac{m}{2}\right)}}{y_0 y_3^n p^{\left(n + \frac{m}{2}\right) - 1}} = \alpha_1 = 1 \qquad (5-39)$$

$$K_{P_2} = \frac{y_3 y_4}{y_1 y_2^3 p^{-2}} \tag{5-40}$$

$$K_{P_3} = \frac{y_2 y_5}{y_1 y_3} \tag{5-41}$$

该系统有三个自由度，我们可选定温度、压力和水/炭比，即可解出相应的产物气成分。具体令

$$\frac{\alpha_2}{n} = \beta_2 ; \qquad \frac{\alpha_3}{n} = \beta_3$$

将式（5-41）重整，得到

$$(K_{P_3} - 1)\beta_3^2 + \left[3\beta_2 - \left(\frac{m}{2n} + 1 \right) - r K_{P_3} \right] \beta_3$$
$$+ \left[(1-r) + (2-r)\beta_2 - \beta_2^2 \right] K_{P_3} = 0 \tag{5-42}$$

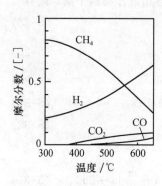

图 5-20　石脑油水蒸气转化产物气组成与温度

设定 T、p、r、m、n 的初值，计算 K_{P_2}、K_{P_3}，然后，将上述方程联立求解，得到在一定条件下，例如 $p = 1\text{MPa}$，$r = 1.7$ 时的平衡组成随温度的变化，如图 5-20 所示。

5.5.3　石油气化过程

石油烃造气在于生产合成气、燃料气和氢，合成气主要用于制合成氨、合成甲醇和二甲醚，燃料气主要作为城市煤气（SNG）[47~50]。石油烃制合成气的组成因原料的性质和工艺技术不同而异，不同的工业生产对煤气的组成也有不同要求。适合制合成氨的烃造气技术一般为蒸气催化转化，蒸气温度有高有低，1000~2000℃，常用的管式裂解炉技术有德国 BASF 法、英国 ICI 法、美国 Chemico 套管转化炉、Kellogg，Foster Wheeler 梯台转化炉、Selas 侧壁燃烧转化炉等；适合制甲醇和二甲醚大多采用部分氧化法，如美国 Texaco 气化技术、荷兰 Shell 气化技术、德国 Koppers-Totzek 气化技术。用于生产城市煤气（SNG）将因原料不同而采用工艺过程，对于轻石脑油（naphtha）一般采用 BASF 公司的低温蒸气催化转化＋甲烷化过程，对于重石脑油常采用英国 ICI 公司高温蒸气催化转化，进行 CO 变换然后继以煤气循环加氢（GRH）过程，对于原油通常采用部分氧化法造气，净化后进行 CO 变换然后继以煤气循环加氢（GRH）或流化床加氢气化过程（FBH）。

非催化部分氧化造气法是高温、高压下进行的。美国 Texaco 气化炉，如图 5-21（a）所示，是将氧和水蒸气分别预热混合后与雾化的热油一起从气化炉顶的喷嘴喷入，在气化炉内燃烧形成 1600~1700℃ 的高温，在 6.5~8MPa 高压

下，油料吸热而发生热解、气化，1300～1350℃的高温煤气携带残炭和灰分，从气化室的底部排烟孔喷入下部的急冷室得到冷却和净化（1mg/kg），炭黑水萃取回收、返回再气化，急冷水快速蒸发生成饱和蒸汽供 CO 变换之用，该工艺流程简单、设备结构紧凑、操作方便、热效率高，但要求原料油含硫低于1％。荷兰 Shell 气化，如图 5-21（b）所示，是将预热氧和高压过热蒸汽与预热至 260℃、6.9MPa 的高压重质油混合成 310℃的混合气，从气化炉顶的喷嘴喷入，在气化炉内燃烧形成 1600～1700℃的高温，油料吸热而发生热解、气化，生成 CO＋H₂ 达 90％～92％的煤气，1300℃～1350℃的高温煤气携带残炭和灰分，从气化室的底部排烟孔排出并进入管式废热锅炉被冷却至 350℃，然后经净化（1mg/kg），水萃取回收炭黑并返回再气化。

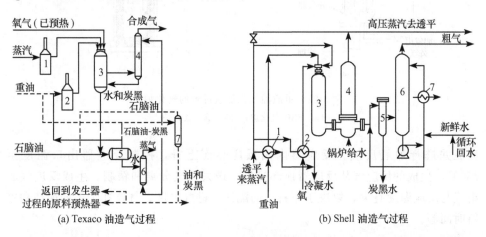

图 5-21　重质油的气化过程

（a）1-蒸汽预热器；2-重油预热器；3-气化炉；4-水洗塔；5-石脑油分离器；6-气提塔；7-油分离器

（b）1-重油预热器；2-氧预热器；3-气化炉；4-废热锅炉；5-炭黑捕集器；6-冷凝洗涤塔；7-水冷却器

　　FBH（fluidized bed hydrogenation）是流化床加氢气化过程，以生产含 CH₄ 40％～45％、H₂ 30％、C₂H₆ 10％～15％的富甲烷高热值煤气为主要目的[42]。重质油加氢气化炉，如图 5-22（a）所示，为夹套式结构，反应器底部为油气分布器，加氢用贫气和雾化渣油从底部经分布器进入内筒，夹带部分焦粉上升并进行加氢气化，筒体顶部安设有挡板使焦炭粉分离，进入筒体外的环隙而下降，返回至反应器底部而循环；气化气从反应器顶部排出，送去油气分离和精制。

　　GRH（gas recycle hydrogenation）是个对低热值煤气进行循环加氢的过程，以生产富含甲烷、氢的高热值煤气为主要目的。重质油循环加氢气化炉，如图 5-22（b）所示，为耐压的夹套式绝热结构，反应器顶部为进气喷嘴，原料气和富氢气体混合而成的 400～500℃混合气经喷嘴进入反应器的内筒体，向下流动至底部，然后经外环隙向上返回至顶部进气口，又随喷气流向下运动，形成循

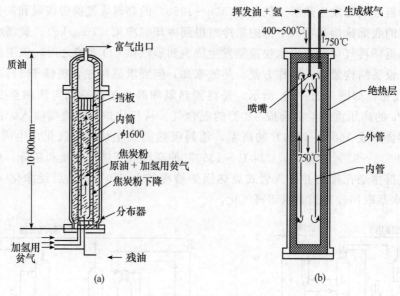

图 5-22　重质油气化加氢过程的气化炉
(a) FBH 气化炉；(b) GRH 气化炉

环流并进行加氢反应。反应器内因反应热而上升，控制反应器出口温度至750℃，生成的反应气从反应器顶部排出，送去油气分离和精制。生成反应气的组成与反应温度有关，取决于原料气的配比、进气温度、气体在炉内的循环和停留时间等。

5.6　小结与评述

石油燃料化工流态化过程主要涉及石油催化裂化和催化裂解、石油的热裂化和裂解和石油催化裂解造气等。石油裂化以生产轻质油为目的，石油的裂解以生产低炭烯烃为目的，石油造气则是为了生产合成原料气和城市煤气。

石油流态化催化裂化（FCC）过程发端于 20 世纪 40 年代初，开创了流态化技术大规模工业应用的新时期，在这 60 多年的进程中，随着催化裂化催化剂从硅-铝颗粒、硅-铝微球到沸石分子筛工艺技术的进步，流态化催化裂化技术也由粗颗粒向细颗粒、由鼓泡流态化-湍流流态化向快速流态化、从小规模全混流到大规模低返混-活塞流工业生产的技术发展历程，从某种意义上说，它反映了流态化技术不断发展的轨迹。流态化催化裂化技术的发展使石油炼制过程的经济技术指标得到了显著的提高。原料油的重质化趋势促使热裂化、加氢裂化、加氢脱硫、加氢脱氮等技术的发展，扩大了石油的热裂化过程的原料油来源。

　　传统轻质油热裂解制低碳烯烃工艺在向高温、短停留时间方向发展，同时开发了各种重质油热解的新过程，以克服重质油沸点高、含氢低、杂质（S、N、重金属）多而难以炼制的困难。近年来，新型催化剂的出现，使重质油的催化热解得到了快速发展，出现了各种以多产乙烯、多产丙烯或轻质油和烯烃联产的流态化催化裂解新技术、新工艺和新过程，显示出良好的发展前景。

　　石油气化制合成气过程在 20 世纪 50～60 年代廉价石油时期曾得到了快速发展，但经历 20 世纪 70 年代的"石油危机"，石油造气受到了很大冲击，又从油造气转向到煤造气，这将成为未来的发展趋势。

参 考 文 献

[1] Avidan A A, Edwards M, Owen H. Fluid catalytic cracking report. Oil & gas J. 1990, 88 (2): 33～58

[2] 陈俊武. 催化裂化工艺与工程. 北京：中国石化出版社，2005. 1～24

[3] 李再婷. 催化裂化的化学. 陈俊武主编. 催化裂化工艺与工程. 北京：中国石化出版社，2005. 126

[4] 陈祖庇. 催化剂的研究与开发. 陈俊武主编. 催化裂化工艺与工程. 北京：中国石化出版社，2005. 182～225

[5] 沙颖逊. 裂化反应工程. 陈俊武主编. 催化裂化工艺与工程. 北京：中国石化出版社，2005. 913-925

[6] 莫伟坚，林世雄，杨光华. 裂化催化剂高温再生时焦碳中炭燃烧动力学. 石油学报，1986，2 (2)：13～19

[7] 彭春生，王光埙，杨光华. 裂化催化剂高温再生时焦碳中氢的燃烧动力学. 石油学报，1987，3 (1)：17～26

[8] Danckwerts P V, Jenkins J W, Place G. The distribution of residence time in an industrial fluidized reactor. Chem. Eng. Sci. 1954, 3 (1)：26～35

[9] Li Y, Wu P. A Study on Axial Gas Mixing in a Fast Fluidized Bed. Circulating Fluidized Bed Technology-III (Basu P, Horio M, Hasatani M, eds.). Oxford：Pergamon Press. 1991, 581～586

[10] Reichle A D. Fluid catalytic cracking hits 50 year mark on the run.

[11] 陈俊武. 催化裂化工艺与工程. 北京：中国石化出版社，2005. 1246

[12] Avidan A A, Edwards M, Owen H. Fluid catalytic cracking report. Oil & gas J. 1990, 88 (2)：33～58

[13] Strother C W, Vermillion W L, Conner A J. FCC getting boostfrom all-riser cracking. Oil and Gas J. 1972, 70 (20)：102～110

[14] Refining Processes 2002. Hydrocarbon Processing. 2002 (11)：110～112

[15] Khouw F H H. AM-90-42, NPRA Ann Mtg (1990)

[16] Murcia A A. Numerous changes mark FCC technology advance. Oil & Gas J. 1992，90 (20)：68～71

[17] Cantrell A. Oil and Gas J. 1981，79 (13)：110

[18] Refining Processes 1994. Hydrocarbon Processing. 1994，73 (11)：111～117

[19] Jones H B. Modern cat cracking for smaller plants. Oil and Gas J. 1969，67 (51)：50～53

[20] Dean R R，Mauleon J L et al. AM-83-42，NPRA Ann Meeting (1983)

[21] Refining Handbook 1992. Hydrocarbon Processing. 1992，71 (11)：135

[22] 陈俊武. 催化裂化工艺与工程. 北京：中国石化出版社，2005. 1

[23] Chen J，Cao H，Liu T. Catalyst Regeneration in Fluid Catalytic Cracking. Advances in Chemical Engneering Vol. 20：Fast Fluidization (Kwauk M，ed.). San Diego：Academic Press. 1994. 389～419

[24] Avidan A A. FCC is far from being a mature technology. Oil and Gas J. 1992，90 (20)：59～67

[25] Kauff D A，Bartholic D B et al. AM-96-27，NPRA Ann Mtg (1996)

[26] 谢朝纲，范雨润等. Ⅱ型催化裂解制取异丁烯和异戊烯的研究和工艺应用. 石油炼制与化工，1995，26 (5)：1

[27] 钟乐、王均花等. 常压渣油多产液化气和汽油 (ARGG) 工艺技术. 石油炼制与化工，1995，26 (6)：15

[28] 钟孝湘，张执纲等. 催化裂化多产液化气和柴油工艺技术的开发和应用. 石油炼制与化工，2001，32 (11)：1

[29] 汤海涛、王龙延等. 灵活多效催化裂化工艺技术的工业试验. 炼油技术与工程，2003，33 (3)：15～18

[30] Phillip K N. Maxofin：A novel FCC process for maximizing light olefins using a new generation ZSM-5 Additive. AM-98-18，NPRA Ann Meeting (1998)

[31] 沙颖逊等. 重油直接接触裂解制乙烯的 HCC 工艺. 石油炼制与化工，1995，26 (6)：10

[32] 谢朝纲等. 重油催化裂解制取乙烯和丙烯的研究. 石油炼制与化工，1994，25 (6)：30～31

[33] 谢朝纲等. 催化热裂解生产乙烯技术的研究及反应机理的探讨. 石油炼制与化工，2000，31 (7)：41～42

[34] 谢朝纲等. 催化热裂解 (CPP) 制取烯烃技术的开发及工业试验. 石油炼制与化工，2001，32 (12)：7～10

[35] 山东石油化工总厂设计院，山西省化工设计院等译. 国外石油化工概况. 北京：石油化学工业出版社，1978

[36] 砂越竹夫. 重質油の処理について. 石油学会志，1967，10 (1)：9～16

[37] 五味真平. 铃木 昭. 热分解法. 化学工学，1974，38 (10)：705～709

[38] 上田耕造，佐佐木象二郎. Cherry P. プロセス. 石油学会志，1976，19 (5)：417～

420

[39] Blaser D E，Edelman A M．Proceeding-refiniry Dept．43rd Midyear Meeting 1978（37）：216；山中，1979

[40] 平户瑞穗，古崗　進，小粟敬堯．燃料资源としての重質油の処理技術．化学工学，1977（41）：345

[41] 河野尚志．部分酸化法（日）．化学工学，1974，38（10）：710～713

[42] 北川　捻．水素化分解法（日）．化学工学，1974，38（10）：714～720

[43] Lurgi 公司．煤炭综合利用译丛．1985（2）：40

[44] 山西燃科化学研究所．辽源石油化工厂"砂子炉原油裂解中试报告"，1972

[45] 燃料化学研究所．砂子炉原油裂解双器循环系统的若干技术问题．石油化工，1975，4（1）：18～27

[46] 国井大藏．コークス热煤體法．化学工学，1976（40）：358～362

[47] 野岛肖五，若林幹雄，真岗　宏．テキサコ法（Texaco gasification process.）石油学会志，1972（15）：42

[48] 野岛肖五，若林幹雄，真岗　宏．ミェル式部分酸化法（Shell gasification process.）石油学会志，1972（15）：47；Chem．Eng．Progr，1961，57（7）：68

[49] McMahon J F．Fluidized bed hydrogenation process for SNG．Chem．Eng．Progr，1972，68（12）：51～55（FBH）

[50] Dutkiewics B，Spitz P H．Producing SNG from crude oil and naphtha．Chem．Eng．Progr，1972，68（12）：39～50

第六章　化学制备流态化过程

除了前面讨论的非金属矿物、金属矿物、能源矿物的流态化加工过程外，在化学制备过程方面，还有不胜枚举的流态化工艺过程，如无机制备方面的化学品的特殊热解脱水、磁记录材料和复印机用磁粉的热处理晶型重整、纳米碳管的气相合成等；在合成气的化学合成方面，如合成燃料、合成甲醇、合成二甲醚；在一碳化学方面，如甲醇制甲醛、烯烃、汽油等；在石油化工方面，制备有机合成的单体或中间体如丙烯腈、异戊二烯、氯乙烯等，有机单体的气相聚合如聚乙烯、聚丙烯、乙丙共聚等。

6.1　非催化制备过程

无机非催化制备过程热解脱水时遇到的问题是，化学品的水解，共熔体的生成，使热、质传递受阻，操作困难；热处理晶型重整和气相合成时，晶型异常，有针状、立方体、管状等非球形颗粒，甚至要求有一定的磁性，或颗粒粒度细微，制备过程的温度、气氛、停留时间及其分布等对其产率和性能产生重要影响。有关实验研究表明，特殊的流态化技术对改进这些过程的经济技术指标和改善产品的质量都有重要的作用。

6.1.1　硼酸热解制硼酐

6.1.1.1　硼酸制备原理

硼酸制备方法取决于原料种类及性质，天然硼砂或工业硼砂为原料，广泛采用硫酸法较为简单有效；对于硼镁矿（$2MgO \cdot B_2O_3 \cdot H_2O$），采用活化碳铵法；对于海水或卤水，可采用萃取法等。从硼镁矿制取硼酸，首先将硼镁矿煅烧活化，然后碳铵浸溶、过滤除渣、蒸氨水解、冷却结晶、分离干燥得到硼酸，主要反应如下：

煅烧

$$2MgO \cdot B_2O_3 \cdot H_2O \xrightarrow{620 \sim 680℃} 2MgO \cdot B_2O_3 + H_2O \uparrow$$

浸溶

$$2MgO \cdot B_2O_3 + 2NH_4HCO_3 + H_2O \xrightarrow{140℃,2MPa} 2(NH_4)H_2BO_3 + 3MgCO_3$$

蒸氨水解

$$4(NH_4)H_2BO_3 \xrightarrow{\triangle} (NH_4)_2B_4O_7 + 2NH_3\uparrow + 5H_2O$$

$$(NH_4)H_2BO_3 \xrightarrow{\triangle} NH_4HB_4O_7 + NH_3\uparrow$$

$$5NH_4HB_4O_7 \xrightarrow{\triangle} 4NH_4B_5O_8 + NH_3\uparrow + 3H_2O$$

$$NH_4B_5O_8 + 7H_2O \xrightarrow{\triangle} 5H_3BO_3 + NH_3\uparrow$$

直至溶液中 NH_3 与硼的分子比小于 0.04，溶液送去冷却、结晶、分离、干燥，得到硼酸结晶产品。蒸氨逸出的 NH_3 用 CO_2 气碳化，生成 NH_4HCO_3 返回系统，循环使用。

在碳铵法制取硼酸的过程中，硼镁矿的煅烧活化是个关键步骤，若果煅烧不充分，即"欠烧"，很难为碳铵浸溶，而高于 700℃ 的煅烧，属"过烧"，也将使浸溶率下降，因而均匀的煅烧温度是保证高的煅烧活性和高的浸取率的重要条件。对于块矿竖炉煅烧，除炉膛温度不均匀外，矿石内外也存在较大的温度梯度，很难避免上述的"欠烧"和"过烧"，往往会明显地降低浸溶率。采用流态化，特别是循环流态化床煅烧，不仅可彻底消除"欠烧"和"过烧"现象，而且可大大提高生产效率。流态化煅烧还可利用竖炉不能使用的粉矿，提高原料利用率，改善工业环境。

6.1.1.2　硼酸热解

硼酸酐是制备元素硼和各种硼化合物如硼氢化合物、氟化硼、氮化硼、碳化硼等的原料，以生产高能燃料、有机合成中高活性催化剂、耐高温材料、高硬度耐磨材料，亦用作硅酸盐分解的助熔剂、半导体材料的掺杂剂、油漆耐火添加剂和不锈钢等，在许多工业部门都有应用。

硼酸热分解制硼酸酐的突出困难是，在 160～235℃ 温度范围内会出现黏稠性液相中间产物偏硼酸及其共熔物，导致物料的黏结、"发泡"，使过程难以连续操作，而且黏稠性液相中间产物会阻止脱水进行，不易达到高脱水率。传统制硼酸酐的方法有熔融脱水法和真空热解脱水法[1]，它们共同的问题是，间歇操作，工序复杂，能耗高，效率低，很难适应大规模生产。无机化工中有许多过程都涉及物料的脱水或脱水热分解或化学转化问题，如硼砂脱水、水氯镁石（$MgCl_2 \cdot 6H_2O$）脱水热分解制镁氧、高钛渣氯化等，也都存在出现类似的黏稠性液相产物问题，因而该过程具有典型而普遍的意义。

1. 热解物理化学

硼酸受热时发生的物理化学变化较复杂，在大气条件下，会生成硼酸和成分不稳定的两种中间化合物，当温度升至 80～100℃，硼酸开始分解脱水，生成偏

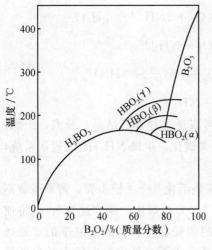

图 6-1　B_2O_3-H_2O 体系相图

硼酸 HBO_2；当升至 130℃时，除继续脱水外，偏硼酸发生晶型转变，生成 α 型正菱形片状结晶；当达到 150℃时，进一步转化为 β 型粗大单斜晶体，若温度维持在 150℃，脱水过程将会中止；当温度继续升高并超过 150℃，脱水又重新进行，而且生成正六面体的 γ 型偏硼酸 HBO_2。问题的复杂性还表现在，α 型、β 型和 γ 型偏硼酸可分别与硼酸 H_3BO_3 形成共熔体，它们的共熔点温度为 159～170℃，而且还可与 B_2O_3 形成熔点为 176～235℃的共熔体，脱水过程的相图如图 6-1 所示。硼酸热解反应可简单表示如下：

$$H_3BO_3 \xrightarrow{80 \sim 96℃} HBO_2 + H_2O$$

$$HBO_2 \xrightarrow{118 \sim 143℃} xB_2O_3 \cdot yH_2O$$

$$xB_2O_3 \cdot yH_2O \xrightarrow{145 \sim 150℃} xB_2O_3 + yH_2O$$

硼酸热解时生成这些共熔体液相中间产物，将导致物料的相互熔结和黏壁，是直接制备粉状的硼酸酐的巨大障碍，因而需要采用合适的脱水方法。硼酸在低于最低共熔点温度下进行热解脱水，有可能不发生黏结，但最终脱水率较低，脱水速率很慢，很难如愿；在高于其最低共熔点温度下进行脱水，可以实现快速脱水并可达到高脱水率，但必须防止这些共熔体液相中间产物的生成，其方法在高真空 1.3Pa 或低湿热气流的高速传热、传质的非平衡态条件下快速通过共熔温度区而实现正常的高温脱水。根据脱水方式的不同，硼酸脱水过程可分为常压加热脱水、真空加热脱水、热空气气流床脱水和热气流沸腾床脱水。目前比较成熟的工业生产方法是常压加热脱水。

硼酸常压加热脱水是将硼酸以一定的料率加入到脱水炉内，脱水炉维持 700～1000℃，炉料处于熔融状态，完全脱水的熔融物料从排料口排出，自然冷却后成玻璃状固体，经破碎、筛分、包装即成产品。该过程能耗高、硼酸酐损失大，工作环境差。

硼酸热分解过程的转化率可通过产品的 B_2O_3 的含量来计算，但高温热解时既有水分蒸发和其他杂质的挥发，也有硼酸酐的挥发而流失，使热解转化率的计算变得复杂。设定原料中 H_3BO_3 的质量分数为 α_1，杂质质量分数为 α_2，产物 B_2O_3 质量分数为 β_1，B_2O_3 的挥发损失随其含量的增加而增加，令其为 $\eta_L\beta_1$，其中 η_L 为损失率，则热解转化率 η_d[2]有

$$\eta_d = 1 - 2.289\,629 \left\{ \frac{(1-\beta_1)\left[(1+0.436\,752\beta_1)+\alpha_2/\alpha_1\right]}{(1+\beta_1)(1+0.775\,417\eta_L\beta_1)} - \frac{\alpha_2}{\alpha_1} \right\} \quad (6\text{-}1)$$

2. 热解动力学

粉料硼酸的热分解过程是一个包括气-固界面和颗粒内部的传热、传质以及化学反应在内的复杂过程。为方便起见，将这一过程的宏观反应速率方程表示如下[2]

$$r = -\rho \frac{dX_a}{dt} = kX_a^n \cdot f(x) \quad (6\text{-}2)$$

及

$$f(x) = \left[\lambda_0 + \lambda(X_{ai} - X_a)\right]^{\pm 1} \quad (6\text{-}3)$$

式中：t 为时间；X_{ai} 为反应物的初始质量分数；X_a 为反应物的质量分数；$f(x)$ 为与传递过程有关的修正因素；n 为宏观的反应级数，将通过实验结果求得；λ_0，λ 为实验常数；ρ 为样品中反应物含量密度。

实验所用的硼酸样品中 H_3BO_3 的含量 99.1%，平均粒度 $162\mu m$，真密度 $1435kg/m^3$，堆密度 $744kg/m^3$，在 130℃ 和 220℃ 下热分解的实验结果如图 6-2 所示。对此结果进行拟合的硼酸热分解宏观动力学方程分别为

对于温度为 130℃ 预脱水过程

$$(1+X_{ai})\left(\frac{1}{X_a} - \frac{1}{X_{ai}}\right) - \ln\frac{X_{ai}}{X_a} = 0.0410\tau \quad (6\text{-}4)$$

对于温度为 220℃ 终脱水过程

$$(1+X_{ai})\left(\frac{1}{X_a} - \frac{1}{X_{ai}}\right) - \ln\frac{X_{ai}}{X_a} = 0.6595\tau \quad (6\text{-}5)$$

式中：τ 为硼酸热解反应时间，min。

图 6-2 中实线为按式 (6-4) 和式 (6-5) 分别求得的预测值，不难看出，预测值与实验结果相当吻合。在过程设计时，可以用它们计算在规定反应程度下的热解反应时间，并进行热解反应器的设计。

3. 两段流态化热解工艺

根据硼酸热解的物理化学特性，热解脱水过程设计为由一段流态化预脱水和一段快速流态化终脱水组成的两段气固逆流的新流程[2]，如图 6-3 所示。空气经干燥预热后，送

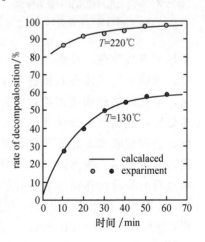

图 6-2 硼酸热解动力学特性[2]

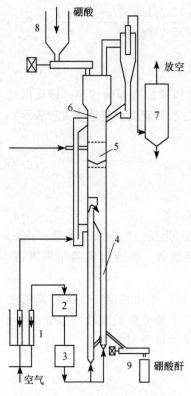

图 6-3　硼酸快速流态化
热解脱水过程[2]

1-转子流量计；2-空气干燥器；3-空气
预热器；4-快速流态化热解器；5-气固
分离器；6-流化床预脱水；7-布袋除尘
器；8-加料机；9-排料机

入快速流态化终脱水段，使物料的湿含量达到所要求的水平；其尾气经气固分离后进入上一段流态化预脱水，作为脱水介质，经过预脱水的硼酸-硼酸酐进入下一段的快速流态化终脱水段，直至达到最终脱水率的要求。

预脱水过程为经典气-固流态化热解，预脱水温度设定为低于共熔体出现前的 130℃，将其 60% 左右的水脱除；终脱水过程为快速流态化热解，终脱水段温度设定为高于不出现共熔体的 220℃，在强烈的非平衡态条件下对低含水的预脱水料进行终脱水，以防止液相中间共熔体的形成，并避免物料熔结危及流化操作，其最终脱水率可达 99% 以上。改变空气流量及其入炉温度，可改变热解的速率和能力，并改变过程的热效率。

根据硼酸热解的物理化学特性，在硼酸受热发生共熔体温度区的两端以外，即低于130℃ 和高于 220℃ 的温度范围里进行热解动力学特性的测定。两段流态化脱水工艺过程的原则流程如图 6-3 所示。硼酸以一定的流率通过加料器加入第一段预脱水流化床；经预脱水至所要求的脱水率时，通过溢流管进入第二段快速流态化终脱水流化床；当达到最终脱水率要求时，通过排料机排出作为产品。干燥热解的介质为空气，经干燥脱水的空气送至空气预热器进行预热，预热至约 260℃ 的空气作为干燥介质进入反应器下端的气室，然后通过气体分布板进入床层，与预脱水过的物料相互作用形成快速流态化，空气的热量快速传给颗粒物料，床层温度维持在 220℃ 左右，颗粒物料受热分解，放出的水分快速蒸发传入气相；该热烟气经气固分离、除去颗粒物料后，通过预脱水流化床的分布板进入床层，与加入的硼酸粉料相互作用而流化，进行预热、脱水，经气固分离后，烟气放空。硼酸两段气固逆流流态化脱水过程的实验操作结果表示在图 6-4 中，实验结果表明，经 130℃ 下一段 40～60min 脱水，脱水率约 58%，得到 B_2O_3 含量约 80%；然后进行 220℃ 终脱水过程，平均停留时间 140min，可达到最终脱水率 99% 以上，产品 B_2O_3 含量为 99.2%～99.66% 的合格粉末产品。

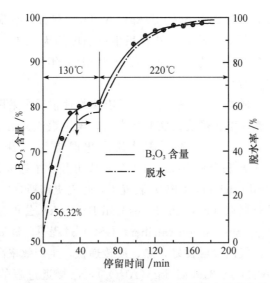

图 6-4 硼酸两段气固逆流流态化脱水过程的实验操作结果[2]

4. 推广应用

硼酸热解脱水采用常压、低温两段气固逆流流态化的强势非平衡态过程，成功地解决了热解过程中低熔点共熔体熔结导致抑制脱水、危及操作的难题，从而开创了直接从硼酸连续制备粉粒体硼酸酐的新工艺。与传统热解脱水工艺相比，该过程的特点煅烧温度均匀，热、质传递快速，脱水率高，可连续化大规模生产，效率高，投资小，能耗省，成本低，不仅可适用于一般物料快速脱水的工艺要求，而且还可适用于热敏性物料、高脱水率的干燥脱水过程，特别对热解时出现液相或共熔体的物料，如硼砂、水氯镁石等的热解脱水，提供一条行之有效的新途径。

6.1.2 氢氧化铝煅烧制铝氧

6.1.2.1 发展概述

氢氧化铝煅烧是在高温条件下通过加热脱水将其转化为符合冶炼要求的氧化铝的工艺过程，传统的工业生产过程是在回转窑中完成的，煅烧温度通常为 1000～1200℃，包括附着水蒸发热在内的理论热耗为 2430kJ/kg（Al_2O_3）～ 2640kJ/kg（Al_2O_3）。对于高温煅烧过程而言，高温烟气和高温焙砂显热的利用则是影响过程效率和过程经济性的重要因素。由于回转窑中气固接触不良，传热效率不高，炉体散热较大，致使单位产品的热耗高达 8400kJ/kg（Al_2O_3），经过长期不断改进的最好指标也在 5000kJ/kg（Al_2O_3）左右，不难看出，回转窑煅烧过程的热效率是很低的，同时，其容积生产强度约为 $0.7t/(m^3 \cdot d)$，煅烧炉的生产效率是不能令人满意的。因而，自 20 世纪 40 年代起，人们就开始进行新型高效工艺技术的探索[3]。

　　氢氧化铝的粒度通常为 $40 \sim 80\mu m$，其有关物性很适合采用流态化煅烧。在经过长久的氢氧化铝流态化煅烧的实验研究后，美国铝业公司 ALCOA（Aluminum Company of America）开发了闪速流态化煅烧[3,4]（fluid flash calciner，FFC）装置，西德鲁奇-联合铝业 Lurgi-VAW 公司开发了循环流态化煅烧（circulating fluidized-bed calciner，CFC）装置[5]，丹麦史密斯（F. L. Smidth）公司和法国费夫卡尔巴布柯克（F. C. B. -Fives-Cail-Babcock）公司分别开发了氢氧化铝气体悬浮煅烧（gas suspension calciner，GSC）过程[6]。氢氧化铝流态化煅烧过程的突出特点是：气固接触良好，热、质传递快，生产效率高。因而，其热耗低，2930kJ/kg（Al_2O_3）～3190kJ/kg（Al_2O_3），已接近过程的理论热耗值；产品活性高，质量好；生产强度高，占地少，投资小；煅烧炉结构简单，建造容易，寿命长，维修费用低；工艺清洁，环境污染轻，因而受到了广泛的欢迎。20世纪 80 年代后兴建的氢氧化铝煅烧装置全都采用流态化煅烧工艺过程，逐渐淘汰现有的回转窑煅烧装置，目前，世界 Al_2O_3 产量的 2/3 是由流态化煅烧工艺生产的，这一比例还将不断上升。

6.1.2.2　氢氧化铝热解过程

1. 热解反应

　　氢氧化铝受热时将发生一系列物理化学变化，首先脱去表面物理水，随着温度的升高，逐渐脱去结晶水而转变成氧化铝，同时伴随着晶形转化[7,8]，其脱水过程可简单表示如下：

$$130 \sim 190℃ \qquad\qquad 200 \sim 410℃ \qquad\qquad 420 \sim 580℃$$

$$2Al(OH)_3 \xrightarrow{-0.5H_2O} Al_2O_3 \cdot 2.5H_2O \xrightarrow{-2H_2O} Al_2O_3 \cdot 0.5H_2O \xrightarrow{-0.4H_2O}$$

$$1050℃$$

$$Al_2O_3 \cdot 0.1H_2O \xrightarrow{-0.05H_2O} Al_2O_3 \cdot 0.05H_2O$$

实验测定表明，在温度高达 1050℃ 的条件下，氢氧化铝的脱水也是不完全的，依然尚存有 0.05～0.1 个分子的结晶水。

　　氢氧化铝脱水转变成氧化铝时伴随着晶形转化，晶形类型转化视氢氧化铝的粒度、系统压力和湿度、加热速率等情况的不同而异。对于细粒（<10μm）三

水铝石或拜耳石，在系统压力＜100kPa 的干空气中以＜1℃/s 的速率缓慢加热，将经历如下的晶型转变过程：

$$三水铝石 \longrightarrow x\text{-}Al_2O_3 \xrightarrow{1000℃} k\text{-}Al_2O_3 \xrightarrow{1100℃} \alpha\text{-}Al_2O_3$$

$$拜耳石 \longrightarrow \eta\text{-}Al_2O_3 \xrightarrow{1000℃} \theta\text{-}Al_2O_3 \xrightarrow{1100℃} \alpha\text{-}Al_2O_3$$

对于粗粒（＞100μm）三水铝石或拜耳石，在系统压力＞100kPa 的湿空气中以高于 1℃/s 的速率快速加热，将经历如下的晶型转变过程：

$$三水铝石 \longrightarrow 一水铝石 \longrightarrow \gamma \xrightarrow{750\sim800℃} \delta \xrightarrow{1000℃} \theta \xrightarrow{1100℃} \alpha\text{-}Al_2O_3$$

在 1200℃时，不同晶形的 Al_2O_3 都将转化成 $\alpha\text{-}Al_2O_3$。

在升温速率大于 1000℃/s 的流态化和悬浮焙烧的条件下，三水铝石（$\alpha\text{-}Al(OH)_3$）或拜耳石（$\gamma\text{-}Al(OH)_3$）的煅烧晶型变化一般可表示如下：

$$三水铝石 \alpha 或 \gamma\text{-}Al(OH)_3 \longrightarrow \gamma \longrightarrow \eta \longrightarrow \theta \longrightarrow \kappa \xrightarrow{1100℃} \alpha\text{-}Al_2O_3$$

氢氧化铝煅烧产物的烧失率、比表面积、$\alpha\text{-}Al_2O_3$ 晶形转化率与煅烧温度有关。通常，在氢氧化铝进行煅烧时，除含有一定量 $\alpha\text{-}Al_2O_3$ 外，总伴有各种热力学不稳定的晶形变体；煅烧温度愈均匀，晶形变体的范围愈小，晶形也就愈单一，因而，流态化煅烧有其优越性。晶形变体种类和份量的不同，其物理特性各有所异。在弱煅烧条件下，煅烧产物的休止角＜34°，比表面积大，流动性好，称为砂型氧化铝；在强煅烧条件下，其休止角＞40°，比表面积小，流动性较差，称为粉型氧化铝；休止角在两者之间，称为中间型氧化铝。对于电解冶炼用氧化铝，在任何情况下，都希望烧失率最小，以防止在电解槽中产生水蒸气，但为减少废气氟的污染而选用干法除氟，人们宁愿采用弱或中等强度的煅烧，以生产比表面积大、流动性好的砂型或中间型氧化铝。因而，不同的氢氧化铝煅烧工艺，选用的煅烧温度有所不同，通常在 950～1200℃之间。对于生产同质的氧化铝而言，煅烧温度高，反应速率快，煅烧时间可短，生产效率较高，但回收过程显热的换热级数增加，会导致投资的增加。

氢氧化铝分解脱水的热化学可用下式表示：

$$2Al_2O_3 \longrightarrow \gamma\text{-}Al_2O_3 + 3H_2O(g) \qquad +2085kJ/kgAl_2O_3$$
$$\gamma\text{-}Al_2O_3 \longrightarrow \alpha\text{-}Al_2O_3 \qquad -325kJ/kgAl_2O_3$$
$$2Al_2O_3 \longrightarrow \alpha\text{-}Al_2O_3 + 3H_2O \qquad +1760kJ/kgAl_2O_3$$

这表明，氢氧化铝在 600℃前热分解成 $\gamma\text{-}Al_2O_3$ 时是个强吸热反应，而在生成 $\alpha\text{-}Al_2O_3$ 时，则是个弱放热反应，过程的总的反应热为 1760kJ/kg（Al_2O_3），向反应系统不断供给充分的热量是实现上述过程的基本条件。

对于氢氧化铝的高温煅烧过程，为了使该过程具有良好的经济性，这一过程通常包括有原料的脱水、干燥，干料的预热和高温烟气的显热回收，高温煅烧和燃料燃烧，高温焙砂冷却和燃烧空气的预热，烟气除尘净化等主要工序。

2. 流态化煅烧过程

（1）流化煅烧过程发展

就生产规模而论，氢氧化铝煅烧是个单台年产量达 50 万 t 的大吨位的吸热过程，因而，节约燃料和动力消耗是该过程设计中的核心问题。在 20 世纪 40 年代技术背景条件下，国内外不约而同地将氢氧化铝流态化煅烧技术方案选定为气-固逆流换热多层流化床，这对节约燃料消耗无疑是正确的。1953 年，加拿大铝业公司进行了氢氧化铝多层流化煅烧工艺实验，煅烧炉直径 1.524m，高 14.5m，煅烧温度 900～925℃，日产量为 10.8t，单位热耗 3600kJ/kg Al_2O_3。1952 年，美国铝业公司开始 300t/d Al_2O_3 的氢氧化铝流态化煅烧实验[3,4]，直径 3.658m 两层流化床煅烧-四层流化床冷却，但因结构复杂，难以操作而未果；1962 年，对原技术方案进行了改造，将原两层流化床煅烧炉改为无分布板的单层倒锥形流化床煅烧炉并附加一个延时保温炉，以调节产品中 α-Al_2O_3 的含量和比表面积。在国内，20 世纪 50 年代也有不少单位开展了氢氧化铝多层流化煅烧工艺实验。1959 年，山东铝厂投产了一台直径 7m、高 14m 的八层多孔筛板式流化床煅烧炉，设计产能 240t/d，试验产能 144t/d[9]；1968 年，厦门氧化铝厂进行了直径 1.5m 外溢流式四层流化床煅烧氢氧化铝的试验[10]，煅烧温度 980～1000℃，试验产能 7.89t/d，单位热耗 3944kJ/kg Al_2O_3。这些试验结果都充分表明，与回转窑煅烧工艺相比，多层流化煅烧工艺的热耗有了大幅度减少，但这些多层流化煅烧炉都采用经典鼓泡流态化技术，操作气速小，因而煅烧设备的生产强度很低；其次，多层流化床的分布板容易堵塞，威胁生产装置的正常运行，而且流动阻力较大，动能消耗高，这些缺陷大大限制了氢氧化铝多层流态化煅烧过程的应用。

在氢氧化铝多层流态化煅烧技术应用受挫的情况下，液态化燃烧转向多级流态化燃烧技术。1963 年，美国铝业公司对原多层流态化实验装置进行改造，于 1963 年成功地投产了日产 300t Al_2O_3 的闪速流态化煅烧生产装置[11,12]，定名为 Mark-Ⅰ，随后研制了 840t/d 的 Mark-Ⅱ，1440t/d 的 Mark-Ⅲ，以及 1824t/d 的 Mark-Ⅳ。至上世纪 90 年代世界各地建造该类装置 50 多套，最大单台生产能力达 2000t/d Al_2O_3。与此同时，西德鲁奇-联合铝业公司（Lurgi-VAW）转向循环流态化煅烧技术的开发研究，1970 年，第一台日产 500t Al_2O_3 循环流态化煅烧装置投产成功[13-15]，然后相继推出不同规格的系列产品，有 800t/d，1300t/d 和 1800t/d 等。随后在该类装置 30 多套，最大单台生产能力达 1700t/d Al_2O_3。20 世纪 60 年代开发的水泥窑外分解技术,到 80 年代已较成熟,丹麦史密斯(F. L. Smidth)公司和法国费夫卡尔巴布柯克〔Fives-Cail-Babcock(F. C. B.)〕公司分别将其应用于氢氧化铝煅烧,形成了氢氧化铝气体悬浮煅烧新过程[16-19]。上世纪 80 年代开始工业化,发展迅速,先后推出 800t/d,1300t/d 和 1800t/d 等不同规格的产品。20 世纪 80 年代,我国沈阳铝镁设计研究院与山东铝厂合作,开展了时产 200kg 氧化铝的旋风换热、载流流态化煅烧试验[20],经 1200℃的高温煅烧,其产品的 α-Al_2O_3 高于 20%,单位热耗 3940kJ/kg Al_2O_3。

从有关的资料看,不管是闪速流态化煅烧、循环流态化煅烧,还是气体悬浮煅烧,共同的特点是,利用细颗粒成团运动的特性,突破了经典流态化气速的限制而采用高气速操作,改善了流化质量,提高了煅烧炉的生产强度;采用级间气固逆流、级内气固顺流多级旋风换热,强化了气固接触,提高了换热效率,大幅度降低了燃料消耗;消除了气体预分布阻力,减少了动能消耗;实现高温均匀煅烧,加快了煅烧进程,提高了产品质量。

(2)闪速流态化煅烧过程

图 6-5 表示了美国铝业公司开发的的氢氧化铝闪速流态化煅烧 Mark-III 型的原则工艺流程[46],它由气流与流态化干燥、旋风器预热、闪速流态化煅烧、三级气固逆流旋风器冷却和水冷流化床冷却器、烟气静电除尘等组成。氢氧化铝浆料经真空过滤脱水,滤饼用螺旋加料机加入气流干燥器被来自 2 号旋风预热分离器的煅烧热烟气流化加热而脱水,通过气固分离器收集其固体物料并落入流化

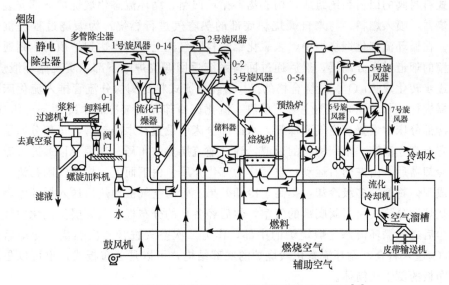

图 6-5 闪速流态化煅烧 Mark-III 型的原则工艺流程[19]

床干燥器进一步干燥；经干燥的粉料用气力输送器送入 2 号旋风预热分离器进行加热和气固分离，被加热的固体物料通过输送管送入闪速流态化煅烧炉进行煅烧，而烟气依次经过多管旋风除尘器和静电除尘器脱除粉尘后放空。煅烧所需的反应热由布置在闪速流态化煅烧炉下部四周的烧咀喷入燃料与来自燃烧室的热烟气燃烧所提供，炉中热料沿气流而上并不断煅烧脱水，然后进入 3 号旋风分离器，被分离的固体物料通过其下端的料腿落入延时保温室，以获得合格的 Al_2O_3 焙砂。高温焙砂经由 5 号、6 号、7 号旋风换热器构成的三级气固逆流冷却系统，冷却焙砂而预热空气；被预热的空气由 5 号旋风换热器的出口管送入燃烧室，与喷入的燃料混合燃烧，产生高温烟气并送入闪速流态化煅烧炉下部锥体的布气室。被冷却的焙砂进入水冷流化床冷却器进一步冷却，然后排出送往料仓。Mark-Ⅲ型闪速流态化煅烧装置的生产能力为 1300t/d，以重油为燃料，单位热耗 3100kJ/kg Al_2O_3，单位电耗 20kW·h/kg Al_2O_3。

（3）循环流化床煅烧过程

西德鲁奇-联合铝业公司（Lurgi-VAW）循环流态化煅烧过程的原则流程如图 6-6 所示[9]。氢氧化铝滤饼用螺旋加料机加入文丘利式湍流干燥器，被来自旋风分离器的煅烧热烟气流化而脱水干燥，干粉料经气固分离，通过气力提升器送至循环流态化煅烧炉上方的文丘里式预热器，被高温煅烧烟气所加热，然后进入气固旋风分离器进行气固分离，固体粉料从循环流态化煅烧炉下部的进料口进入煅烧炉，烟气进入文丘里式湍流干燥器用作干燥介质，用以干燥湿料，然后经气固分离和电收尘净化放空。循环流态化煅烧炉由快速流化床、旋风分离器和带分流式料封阀的回料系统组成，构成物料循环回路；循环流态化煅烧炉下部安装有燃烧器，喷入燃料，与来自煅烧炉底部的热空气进行燃烧，为煅烧过程提供热源。在循环流态化煅烧炉中，氢氧化铝粉料随气流上升，当达到炉顶时，则通过侧壁的烟道进入分离器，然后通过回料系统返回煅烧炉的下部，实现循环煅烧，并逐步转化成 Al_2O_3。煅烧合格的 Al_2O_3 经分流式料封阀的分流管排入流化床冷却器进行冷却，同时将燃烧空气预热。流化床冷却器由气冷和水冷两部分组成，气冷部分床中设置有空气冷却管，水冷部分床中设置有水冷却管，每部分床层内设置有直立隔墙，限制物料的返混，建立逆流换热的布局。高温 Al_2O_3 进入流化床冷却器后，由左向右运动；空气作为流化介质，由下而上，构成气固错流，并形成固体物料的多级冷却，提高了冷却效果。管内空气被预热后送入循环流态化煅烧炉和分流式料封阀底部的气室，然后经各自的分布板进入床层。流化空气经除尘后送入循环流态化煅烧炉的中部，作为二次空气进行二次燃烧。冷却后的 Al_2O_3 送入料仓。循环流态化煅烧炉的底部结构，可以是分布板式，也可以是无分布板的倒锥式简体。

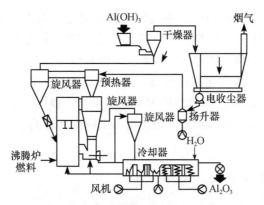

图 6-6　循环流态化煅烧过程的原则流程[19]

（4）气体悬浮煅烧过程

气体悬浮煅烧过程可用丹麦史密斯（F. L. Smidth）公司的工艺过程作为代表，给予说明，如图 6-7 所示[9,18]。含水小于 10％的氢氧化铝滤饼用螺旋加料机加入文丘里式湍流干燥器，被来自旋风预热分离器 PO2 的煅烧热烟气流化而脱水干燥，经气固分离器 PO1 进行气固分离，干粉料与来自高温分离器 PO3 的高温煅烧烟气所加热，然后进入旋风预热分离器 PO2 进行气固分离，固体粉料通过旋风料腿从循环流态化煅烧炉下部的进料口进入煅烧炉 PO4，烟气进入文丘利式湍流干燥器。燃料从煅烧炉 PO4 下部锥体四周的烧嘴喷进入炉中，与来自旋风预热分离器 CO1 而进入煅烧炉底部的预热空气进行燃烧，为煅烧过程提供热量，保持 1100～1250℃的高温，同时使炉内物料处于悬浮状态，在上升过程中

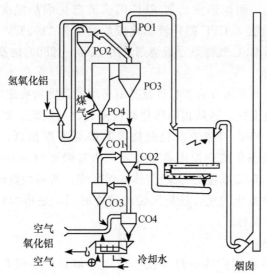

图 6-7　丹麦史密斯（F. L. Smidth）公司气体悬浮煅烧的工艺流程[9,18]

同时完成煅烧，当达到炉顶时，通过侧壁的烟道进入高温分离器 PO3，煅烧合格的 Al_2O_3 排入流化床冷却器进行冷却。高温焙砂经由旋风换热器 CO1、CO2、CO3、CO4 构成的四级气固逆流冷却系统，冷却焙砂而预热空气。冷却至 250℃ 左右的 Al_2O_3 进入水冷流化床冷却器，进一步冷却至 80℃ 左右，然后送料仓储存。从固分离器 PO1 排出的烟气进入静电除尘器，静电细尘从旋风换热器 CO2 处返回煅烧系统。煅烧过程的空气动力由静电除尘器后的引风机提供，净化尾气经烟囱放空。

6.1.2.3　过程参数、设备及评价

1. 过程参数

（1）产品质量

不同时期，煅烧氧化铝的质量要求不尽相同，早期大多要求煅烧产品的 α-Al_2O_3 高于 60%，最好达到 85%，以求尽可能小的烧失率，防止残留结晶水对后续电解过程的不利影响。后来，随着电解工艺的改革和发展，电解的原料可以采用砂型或中间型的氧化铝，其 α-Al_2O_3 的含量可在 10%～60%，通常为 20% 左右，比表面积（B.E.T. 法）为 20～60m^2/g，这样有利于煅烧过程反应器效率的提高，基建投资的减少，生产成本的降低。

（2）煅烧温度

如前所述，对于 8～120μm（平均粒径 50μm）的氢氧化铝煅烧过程，为保证低的烧失率，应尽量采用足够高的煅烧温度，但不同的煅烧过程采用的煅烧温度有所不同，例如，美国铝业公司 FFC 闪速流态化煅烧温度为 950～1050℃，西德鲁奇-联合铝业公司 CFC 循环流态化煅烧温度为 1100℃，高于 FFC 闪速流态化煅烧温度，而 GSC 气体悬浮煅烧则采用 1100～1250℃ 的高温。

（3）煅烧时间

合适的煅烧时间是由反应器特性及其所采用的温度所决定的。一般而言，煅烧温度高，反应速度快，达到相同转化率所需的时间较短。对于生产 20% 的 α-Al_2O_3 产品来说，FFC 闪速流态化煅烧因其煅烧温度偏低，所需煅烧时间为 180s；CFC 循环流态化煅烧温度有所提高，所需煅烧时间有所减少，为 120s；对于采用 1100～1250℃ 高温的 GSC 气体悬浮煅烧，所需煅烧时间很短，一般为 2～10s 之间。应该指出的是，这里所说的煅烧时间，是指物料在煅烧炉内的平均停留时间而未计其他。

（4）排料温度

为了回收高温氧化铝的显热和便于运送和储存，一般将排料温度设定为 80℃，这一参数为氧化铝冷却系统的设计提出了要求。

（5）排烟温度

利用高温煅烧烟气显热预热氢氧化铝原料，可节约燃料消耗，降低生产成本。现有的流态化煅烧过程的排烟温度通常设定为 130～150℃。该过程为一个脱水量很大的过程，过低排烟温度有可能导致烟气中水蒸气的冷凝，应注意防范。

（6）烟气含尘

煅烧烟气中含有一定数量的 $<10\mu m$ 的小颗粒，用旋风分离器很难回收，为减少产品的损失，还需用静电除尘器或布袋除尘器进行回收；另一方面，排出的粉尘也会对环境造成污染。因此，烟气除尘净化应达到 $<50mg/m^3$ 的要求。

（7）燃料和空气消耗

氢氧化铝煅烧过程，不管是 FFC 闪速流态化煅烧过程，CFC 循环流态化煅烧过程，还是 GSC 气体悬浮煅烧过程，所采用的燃料可以是气体燃料，如人造煤气、天然气、石油液化气，也可以是液体燃料，如柴油、重油等燃油。当然，燃料的类型不同，品质不同，单位产品的热耗也会有所不同，例如，低品质气体燃料，如发生炉煤气，含有大量 CO_2 和 N_2 等惰性气体，热值低，会使排烟热损失增加。燃料的选择，除工艺要求外，还必须根据当地燃料供应及价格，进行设计比较，择优而定。

以发生炉煤气作为燃料的氢氧化铝煅烧过程为例，初步计算单位产品的燃料和空气消耗[18]。每 m^3 煤气消耗空气和产生煅烧烟气的组成和用量如表 6-1 所示，设定氢氧化铝的附着水为 10%，氧化铝的烧失率 0.6%，煤气的含湿量 3%，煤气热值：干煤气—5162kJ/m^3；湿煤气—5012kJ/m^3，空气过剩系数 1.4。

表 6-1　每 m^3 煤气消耗空气和产生煅烧烟气的组成和用量

气体成分	CO	H_2	CO_2	N_2	H_2S/SO_2	O_2	CH_4	其他	H_2O	用量/m^3
煤气/%	27	14	6	52	0.1	0.2	0.6	0.1	3	1
空气/%	—	—	—	77.8	—	20.7	—	—	1.5	1.02
烟气/%	—	—	17.96	71.35	0.05	—	—	—	10.63	1.82

单位产品热耗按 3035kJ/kg 计，则单位产品的耗气量、烟气量及其组成如表 6-2 所示；单位煅烧氧化铝的热平衡分析如表 6-3。

表 6-2　单位产品耗气量和产气量

$Al(OH)_3$	输入				输出					
	Al_2O_3/kg	结晶水/kg	附着水/kg	合计	Al_2O_3/kg	H_2O/Nm^3	CO_2/Nm^3	N_2/Nm^3	O_2/Nm^3	合计
	1.0	0.518	0.170	1.688	1.0	0.857				0.857
煤气/m^3	0.606			0.606						
理论空气/m^3	0.618		0.001	0.619		0.118	0.198	0.865	0.021	1.202
过剩空气/m^3	0.100		—	0.100						
合计						0.975	0.198	0.865	0.021	2.059

表 6-3　单位煅烧氧化铝的热平衡分析

热量收入			热量支出		
项目名称	数量/(kJ/kg)	份额/%	项目名称	数量/(kJ/kg)	份额/%
煤气带入热	3035	94.14	粉尘循环热损失	427	13.24
空气带入热	25	0.77	烟气带出热	1969	61.07
冷却机空气带热	38	1.18	炉体散热损失	8	0.25
燃料燃烧热	96	2.98	煅烧反应热	188	5.83
附着水带入热	17	0.53	附着蒸发热	184	5.71
干物料带入热	13	0.40	干物料带出热	448	13.90
	3224	100.00		3224	100.00

2. 主要设备

(1) 煅烧炉

不管是 FFC 闪速流态化煅烧过程，CFC 循环流态化煅烧过程，还是 GSC 气体悬浮煅烧过程，所采用的煅烧炉有其共同点，即都是利用了细颗粒物料的成团运动特性，采用高气体流化速度提高了断面生产强度，但它们在结构形式上，又各有不同，如图 6-8 所示。FFC 闪速流态化煅烧炉为一个带倒锥形的圆桶煅烧室与一个带气固分离的圆桶形延时保温室组合，图 6-8（a），倒锥处安设有燃料喷咀，煅烧料从延时保温室的底部排出，此外，该煅烧炉还带有一个辅助燃烧炉（图中未表示）。CFC 循环流态化煅烧炉如图 6-8（b）所示，它由圆桶形快速流化床、气固分离器和固体循环回路构成，在快速流化床的下部设有燃料燃烧器和加料管，煅烧料从旋风料腿回料系统上的料封阀排出。CFC 循环流态化煅烧炉有两种结构形式，一是安设气体分布板，其上设有燃料燃烧器和加料管，另一是

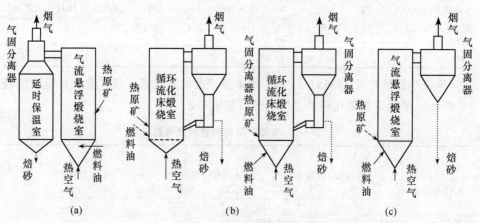

图 6-8　三种不同流态化煅烧过程的煅烧炉的结构形式
（a）ALCOA FFC 循环流化床煅烧炉；（b）LURGI-VAW CFC 循环流化床煅烧炉；
（c）F. L. Smidth SGC 循环流化床煅烧炉

无分布板的带倒锥形的圆桶煅烧炉，倒锥处安设有燃料烧嘴。F. L. Smidth 的 GSC 气体悬浮煅烧与无分布板的带倒锥形的圆桶 CFC 循环流态化煅烧炉相似，所不同的是，它没有回料系统，如图 6-8 (c) 所示。

（2）干燥器

含水 10％左右的氢氧化铝滤饼在进入煅烧炉之前，首先需进行干燥脱水，不同煅烧过程选用的氢氧化铝滤饼干燥器形式如图 6-9。现有选用的干燥器形式有两种，一是美国铝业公司（ALCOA）的气流式干燥与鼓泡流化（沸腾炉）干燥，如图 6-9 (a) 所示；另一是西德鲁奇-联合铝业公司（Lurgi-VAW）和丹麦史密斯（F. L. Smidth）公司都选用的文丘里式湍流干燥器，如图 6-9 (b) 所示，比较而言，后者结构简单，同时操作气速高，气固接触好，传递快，对物料水分变化的适应性强。

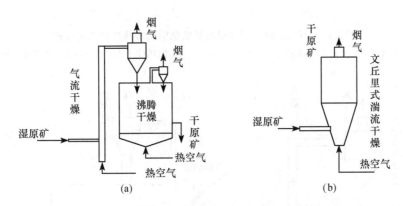

图 6-9　不同煅烧过程选用的氢氧化铝滤饼干燥器形式

（a）ALCOA FFC 过程的气流-流化干燥炉；（b）LURGI-VAW 和 F. Smidth 过程的干燥炉

（3）预热器

不同煅烧过程选用的氢氧化铝粉料预热器结构形式如图 6-10 所示。氢氧化铝粉料的预热有两种形式，一是美国铝业公司（ALCOA）、丹麦史密斯（F. L. Smidth）公司和法国 FCB 公司采用的旋风器式级内气固顺流、级间逆流换热，见图 6-10 (a)，而西德鲁奇-联合铝业公司（Lurgi-VAW）选用了文丘里式湍流预热器，见图 6-10 (b)。比较而言，旋风器式换热更为简单有效。这些预热器的结构形式是各有特色的。

（4）冷却器

高温氧化铝的冷却是这些煅烧过程的另一重要组成部分。对于 1100℃左右高温煅烧过程，通常采用 3～4 级气固逆流冷却，然后用水冷流化床冷却，如图 6-11 所示。丹麦史密斯（F. L. Smidth）公司和法国 FCB 公司四级的旋风器式级内气固顺流、级间逆流换热系统，见图 6-11 (a)，而美国铝业公司（ALCOA）

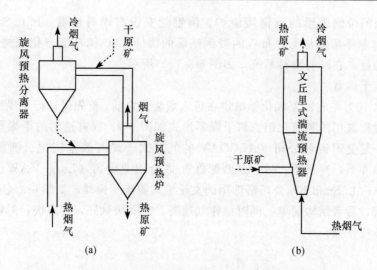

(a)　　　　　　　　　　　　　　　(b)

图 6-10　不同煅烧过程选用的氢氧化铝粉料预热器结构形式

（a）ALCOA 和 F. L. Smidth 过程的旋风预热炉；（b）LURGI-VAW 过程的文丘里式预热炉

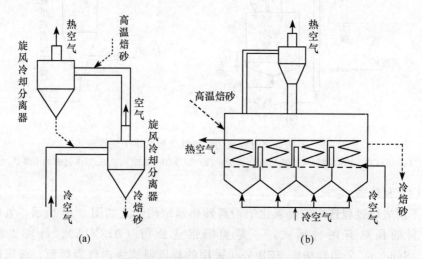

(a)　　　　　　　　　　　　　　　(b)

图 6-11　不同煅烧过程高温氧化铝冷却器的结构形式

（a）ALCOA 和 F. L. Smidth 过程的多级旋风冷却器；（b）LURGI-VAW 过程的多级错流沸腾冷却炉

采用三级流化床气固逆流换热（未表示），西德鲁奇-联合铝业公司（Lurgi-VAW）选用了空气间接冷却的卧式矩形气固错流式流态化冷却器，见图 6-11（b），后者布置紧凑，但结构复杂，流动阻力大。

　　对于水冷冷却器，上述四个过程都是采用埋管式沸腾冷却结构，不同的是，美国铝业公司选用的是上层为空气冷却、下层为水冷的两层沸腾床冷却，而其他的都是水冷埋管式卧式矩形沸腾床。

3. 工艺过程评价

FFC 闪速流态化煅烧过程、CFC 循环流态化煅烧过程、GSC 气体悬浮煅烧过程的技术经济指标列于表 6-4，可供粗略比较。

表 6-4 几种氢氧化铝煅烧过程的技术经济比较[9,18]

公司名称	ALCOA	Lurgi-VAW	F. L. Smidth	FCB
过程简名	F. F. C.	C. F. C.	DK-G. S. C.	FR-G. S. C.
煅烧温度/℃	950～1050	1100	1100～1250	1050～1200
煅烧时间/s	60～100	120～180	1～2	12
系统阻力/Pa	18 000～21 000	～30 000	8000～9000	8000～9000
单位热耗/(kJ/kg)	3250	3180	3060	3270
单位电耗/(kW·h/t)	20	22	19	20.8
机电设备质量/t	421		879	
耐火材料/t	615		914	
钢结构质量/t	740		1200	
厂房高度/m	29.3		61	
设备标高/m	66		71	
年运转率/%	89～93	92～94	＞90	85～90

从表 6-4 可以得到如下看法：①FFC 闪速流态化煅烧过程、CFC 循环流态化煅烧过程、GSC 气体悬浮煅烧过程三个过程的单位热耗都较低，在 3100～3300kJ/kg Al_2O_3，属同一水平，GSC 气体悬浮煅烧过程热耗最低，FFC 闪速流态化煅烧过程最高。②FFC 闪速流态化煅烧过程的煅烧炉结构复杂，生产效率低，其他二者则简单高效。③CFC 循环流态化煅烧过程可任意调节煅烧停留时间，应用适应性好，而其他不易。④CFC 循环流态化煅烧过程布置紧凑，GSC 气体悬浮煅烧过程系统较庞大，造价高。⑤CFC 循环流态化煅烧过程冷却系统为间接换热，效率低，动力消耗高。

4. 发展趋势

氢氧化铝流态化煅烧技术的发展趋势是由回转窑煅烧向流态化煅烧过渡，而流态化煅烧则由低速经典鼓泡流态化煅烧技术向高速无气泡悬浮流态化煅烧技术发展，这是实践证明了的卓有成效的成功之路。今后，将有进一步的发展：①完善和发展快速悬浮煅烧工艺技术，布置紧凑，降低造价。②完善和改进旋风换热技术，优化结构，提高效率。③实时数据采集，在线优化控制。

6.2 催化合成过程

6.2.1 催化制备过程概述

煤、石油、天然气是我国的常规能源和化工原料，关系到我国经济发展、人们生活和国家安全。多煤、少气、缺油是我国能源资源的特点。依据我国资源特点发展我国经济和工业生产是个首要的原则。人们预测，世界石油产量将在近10年内开始下降，因此必须寻找替代液体燃料。在新能源尚未大量商业化之前，现在还必须继续使用化石能源。煤、天然气经裂解气化获得 CO 和 H_2，进一步催化合成液体燃料，包括费托（F-T）合成烃、制甲醇和二甲醚，即发展由合成气制液体燃料 GTL 是一条基本的工艺技术路线[21]。分析研究表明，用合成气制含氧化合物（甲醇、二甲醚、尿素等）比较合理，C、H、O 利用率、经济效益和环境效益可能更好。国际评估认为，原油价格接近 30 美元/桶时，F-T 合成技术路线已具抗衡的竞争力，前景看好。2005 年前，世界上将有七套 GTL 装置投产，总能力将达 880×10^4 t/a。在未来 15 年内 GTL 装置能力将增加到 $4500 \times 10^4 \sim 6750 \times 10^4$ t/a。随着合成气生产和 F-T 合成技术的进步，GTL 的成本费用将有可能降至 18～22 美元/桶的竞争油价而成为 GTL 的新时期。

煤、石油、天然气又是重要的化工原料。石油化工将因石油供应不足而遭受挑战，煤和天然气化工的地位将得到提升。煤、天然气经裂解气化获得 CO 和 H_2，催化合成甲醇，以甲醇为原料进一步制备各种含氧化合物，如甲醛、乙醇、乙二醇、乙酸等，制备碳氢化合物，如乙烯、丙烯、异戊二烯等，以及合成高分子化合物，如聚乙烯、聚甲醛、乙酸乙烯等基础化合物，生产各种合成纤维、合成塑料、人造橡胶及其他化学品，是新时期的合成化学原料路线的发展方向，也是今后 C_1 化学发展的基本内容。

这些能源转换和化学合成的催化制备过程都涉及到颗粒与流体的接触以及它们之间的物质和热量的交换，流态化技术是实施这些过程的重要工程手段。

6.2.2　合成气制烃类

合成气（含 CO 和 H_2 的煤气）可通过石油、煤、天然气、生物质的气化而得到，但石油制合成气与液体燃料短缺的现状相悖。目前有发展前景的工艺技术是煤和天然气的气化造气。煤的气化已在第 5 章中讨论过，符合上述应用的合成气成熟造气技术有 Texaco 法和 Shell 法。与天然气转化气化制合成气相比，煤制合成气的脱硫、脱碳和变换要比天然气制合成气各自的总投资高 10％～15％，但在我国，天然气产地大多远离生产加工和消费地，原料费占合成燃料的比例相当高，因而，只能根据具体情况择优而定。传统的天然气制合成气有天然气蒸汽催化转化 SMR 法和 Shell 的 SGP 炉技术，从 20 世纪 90 年代自热式重整造气（ATR）工艺问世以来，由于其在 H/C 比调节和能量利用上的优势，现已引起普遍关注，其中以空气为氧化剂的 ATR 工艺不仅在投资上低于以氧为气化剂的 ATR 工艺，而且对强放热的固定床合成工艺还具有床层温度调节比较灵活的特点，目前又开发出空气部分氧化法 CPO 的造气工艺，这些都可使天然气制造合成气的成本进一步降低。天然气（煤层气）约 2000m³ 或 5～6t 煤可合成 1t 液体燃料，造气技术的改进可减少天然气原料价格高的影响，但天然气价格仍是个关键问题，这对我国天然气工业的发展将会产生重要的影响。

6.2.2.1　费-托合成法

1. 发展历程

1923 年 Ficher-Tropsch 建议在中低压固定床中，将水煤气的 CO 和 H_2 合成气通过 Co 或 Co-Fe 催化剂直接合成为从甲烷到石蜡的直链烃产品，即 Ficher-Tropsch（F-T）法[21,22]，其主要化学反应是

$$CO + 2H_2 \Longrightarrow \ce{-(CH_2)_{\it n}-} + H_2O(g), \quad n = 1 \sim 50$$

1955 年，南非在 Sasolburg 投产了 SASOL-Ⅰ由煤合成油的工厂，年生产合成产品 25 万 t。13 台内径 3.6m Lurgi 煤气化炉、5 台 Arge 带换热器式 3～6mm 粒状沉铁催化剂固定床式合成反应器和 3 台 Synthol 粉状熔铁催化剂载流床合成反应器。1981 年，南非在 Secunda 投产了 SASOL-Ⅱ工厂，年产合成油 166 万 t 及其他化学品 60 万 t。1984 年投产 SASOL-Ⅲ工厂，年耗原煤 4200 万 t，液体燃料及其他化学品共计 700 万 t（其中油品约占 75%）。该过程的产物分布较宽，汽油需重整以提高辛烷值。

20 世纪 50 年代初期，中国科学院大连石油研究所于 1953 年建成处理能力为 500m³/d 合成气的氮化熔铁催化剂流化床反应器的中间试验装置，取得了与当时南非 SASOL 合成油厂相近的结果；与此同时，在锦州石油六厂建成 2 万 t/a 钴系催化剂的固定床反应器合成油厂。80 年代初，中科院煤化所在分析了 MTG 和 Mobil 浆态床工艺的经验基础上，提出将传统的 F-T 合成与沸石分子筛相结合的固定床两段合成工艺（简称 MFT）和浆态床-固定床两段合成工艺（简称 SMFT），1993～1994 年在山西晋城第二化肥厂进行了 2000t/a 工业试验，打通了流程，考核了主要工艺设备和技术经济指标，并产出合格的 90 号汽油，油品进行了台架试验[21~25]。

2. 工艺原理

（1）基本反应

F-T 合成反应过程是复杂的，主化学反应有

$$nCO + (2n+1)H_2 \Longrightarrow C_n H_{2n+2} + nH_2O$$

$$2nCO + (n+1)H_2 \Longrightarrow C_n H_{2n+2} + nCO_2$$

$$nCO + 2nH_2 \Longrightarrow C_n H_{2n} + nH_2O$$

$$2nCO + nH_2 \Longrightarrow C_n H_{2n} + nCO_2$$

对于钴催化剂，这些合成生烃反应可简单地用下式表示

$$CO + 2H_2 \longrightarrow (—CH_2—) + H_2O \quad \Delta H_r(227℃) = -165kJ/mol$$

当水存在时，还有水煤气反应，即

$$CO + H_2O \Longrightarrow H_2 + CO_2 \quad \Delta H_r(227℃) = -39.8kJ/mol$$

这样，所希望的碳氢合成总反应为

$$2CO + H_2 \longrightarrow (—CH_2—) + CO_2 \quad \Delta H_r(227℃) = -204.8kJ/mol$$

这也是铁催化剂作用下的合成反应。铁催化剂作用下的合成反应还有

$$3CO + H_2O \longrightarrow (—CH_2—) + 2CO_2 \quad \Delta H_r(227℃) = -244.2kJ/mol$$

对于贫氢工业气体（如发生炉煤气和高炉煤气）的转化，可从一氧化碳和水蒸气进行合成烃的反应过程。对于富氢工业气体（如由天然气制合成气且含 CO_2），可由二氧化碳和氢进行合成生烃反应

$$3H_2 + CO_2 \longrightarrow (—CH_2—) + 2H_2O \quad \Delta H_r(227℃) = -125.2kJ/mol$$

此外还有甲烷化和合成醇类等含氧化合物的副反应。因此，应采用高选择性催化剂，并通过适当控制 H_2/CO 比、降低反应器温度、缩短停留时间和除去反应水后合成气的再循环的办法来抑制水煤气反应，使主要产物为烷烃和烯烃。

F-T 合成使用的催化剂活性组分主要有铁、钴、镍、钌等，用于工业装置上的有铁系催化剂和钴系催化剂，它们都对 H_2S、COS 等硫化物敏感，易中毒，一般合成气净化要求总硫低于 0.5×10^{-6}。铁系催化剂与钴和镍催化剂相比，铁催化剂制造成本便宜，而且可生产烯烃较多的产品，同时烯烃有助于增产汽油、柴油的关键作用，价格便宜，用后不必再生，这种催化剂又分为熔铁催化剂和沉淀铁催化剂。熔铁催化剂用于温度 350℃左右、压力 2.5MPa 的 Synthol 反应器；沉淀铁催化剂用于温度 220～270℃、压力 2.5～2.7MPa 的 Arge 反应器和浆态床反应器。钴系催化剂寿命较长并可再生，温度 240℃左右、压力 3～5MPa，合成气的 H_2/CO 比必须调整到接近 2，钴系催化剂的缺点是水煤气变换功能很差，主要生产煤油和柴油。

根据 F-T 合成工艺的多年经验，$H_2/CO = 0.5～1$，适于浆态床合成反应；$H_2/CO = 1～2$，适于固定床合成反应；$H_2/CO \geqslant 2$，适于流化床合成反应。因此应选择合适的造气方法，提高 F-T 合成工艺过程的竞争能力。

（2）产物分布

F-T 合成烃类产品分布，一般遵循 Anderson-Schulz-Flory（ASF）规则，即

$$W_n/n = (1 - \alpha)^2 \alpha^{n-1}$$

式中：n 为产品中所含的碳原子数；W_n 为碳原子数为 n 的产品占总产物的质量分数；α 为链增长概率。α 值大小取决于催化剂研制、放大水平和操作条件，传统的 F-T 催化剂的链增长概率 α 一般 < 0.90，而新开发的催化剂，如 Shell 公司的新催化剂的链增长概率 $\alpha > 0.90$。

6.2.2.2　费-托合成过程

1. SASOL 过程

SASOL 公司 F-T 工艺过程主要包括煤气化制合成气、铁催化剂 F-T 合成油品、油品加工[24～26]。SASOL 公司采用 Lurgi 公司的固定床气化炉发生产合成气，F-T 合成油过程有两个系列铁催化剂合成工艺：第一系列为高温（300～350℃）F-T 合成工艺，主要产品是汽油和轻烯烃，所用反应器是循环流化床的（Synthol 或 CFB）反应器和固定流化床（SAS 或 FFB）反应器；第二系列是低温（220～270℃）F-T 合成工艺，主要产品是蜡和馏出物，所用反应器是固定床（Arge）和浆态床（Slurry bed 或 SSBP）反应器[27～29]。

　　四种反应器的流动特性不同，反应剂在反应器中的停留时间有不同的分布，因而产品的组成有较大的差别。从生产产品结果看，固定床和浆态床反应器有利于生产重馏分油和蜡，而 CFB 和 FFB 反应器适于生产汽油和柴油，含有较多的烯烃。应该指出，固定床和浆态床反应器生产的重馏分油和蜡经过裂解，也可以生产大量的柴油和汽油，而且其十六烷值比石油炼制的柴油高。

　　（1）Synthol 反应器

　　Synthol 反应器如图 6-12 所示，原料气（新鲜气加循环气）送入反应器的底部，在这里它与从立管下落的热催化剂相遇，将合成原料气预热，然后合成气和催化剂（熔铁催化剂）一起向上流经右侧的反应器，进行 F-T 合成反应。设在反应器内的两排换热器将大部分反应热移去，其余的反应热被尾气和产品带走。

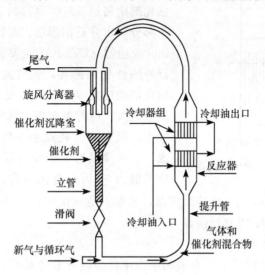

图 6-12　Synthol 合成反应器

催化剂在左侧宽敞的沉降斗中从气流中沉降下来，再向下流过立管继续进行循环，催化剂的流动速度受立管底部的滑阀控制。未反应的气体和烃产物蒸汽一起经过旋风分离器离开反应器，在旋风分离器中除去较细的催化剂颗粒，并把它们送回料斗。一台反应器装催化剂 450t，每 h 催化剂循环量达 8000t，生产能力为 6500 桶合成油/(日·台)（天然气为原料时，生产能力为 7500 桶合成油/(日·台)）。Synthol 反应器（表 6-5）的生产能力比多管式固定床反应器高得多，且具有调整产品的灵活性，但结构复杂，设备庞大；操作复杂；放大困难；催化剂循环量大。

表 6-5　Synthol 反应器

	Sasol Ⅰ	Sasol Ⅱ	Sasol Ⅲ	Mossgas[1]
反应器直径/m	2.30	3.63	3.63	3.63
反应器高度/m	36	50	50	50
装置总高度/m	46	75	75	75
生产能力/[万 t/(台·年)]	7	25	25	30
反应器台数	3	8	8	3
投产年份	1955	1980	1982	1991
总投资费用（亿美元）	—	28	37	—

1) 天然气为原料。

（2）鼓泡流化床（SAS 或 FFB）反应器

固定流化床（SAS 或 FFB）反应器，如图 6-13 所示，为鼓泡流化床，下部浓相区布置有换热面以除去多余的反应热，上方自由空间用以分离出大部分催化剂，剩余的催化剂则通过反应器顶部的多孔金属过滤器被全部分离出并返回床层。与循环流化床的 Synthol 反应器（CFB）的主要区别是，没有反应器外的催化剂循环，低气速操作，减少磨蚀，催化剂消耗减少了 50%，反应器结构简单，传热系数大，冷却效果好，热效率高，反应器尺寸小，投资省，缺点是不能用于低温 F-T 合成。现在建成的 8 个反应器包括 4 个直径 8m 生产能力 55 万 t/Q 的这种反应器和 4 个直径 10.7m 生产能力 100 万 t/a 的反应器，总能力是 600 万 t/a，与原来的能力相同，替代了以前的 16 台 CFB 反应器。

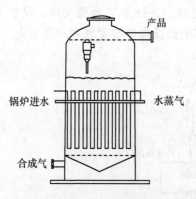

图 6-13　鼓泡流化床合成反应器

（3）浆态流化床反应器

SASOl 公司进行了 F-T 合成的浆态床反应器开发的示范研究，1990 年 7 月研制成直径为 1m 的浆态床示范反应器，1993 年 5 月第一台工业大型浆态床反应器在 Sasolburg 建成投产，称为 SSBP（sasol slurry bed process）或 SSPD（SA-SOL slurry phase distillate）。SASOL 的浆态床反应器直径 5m，高度 22m，试验装置总高 24m，操作温度 250℃，压力 2～3MPa，处理气量 $1.1×10^5 Nm^3/h$，气体线速 0.1m/s，合成产品 C_3^+ 为 $1.4×10^5 t/a$（2400 桶/日）。它的首选产品是生产 F-T 蜡，可以通过蜡的裂解生产各种牌号的液体燃料，如高品质的柴油。浆态床合成反应器最适合于现代 Texaco 水煤浆气化炉和 Shell 粉煤气化炉生产的粗煤气（$H_2/CO<1$）的低温 F-T 合成。

浆态床反应器与 FFB 反应器类似，结构简单，其外壳为一圆筒，内设用于移热的蒸汽盘管、气体分布器和气液分离器，如图 6-14 所示。反应器内装有用特殊形式制备的高活性细粒催化剂，粒度 22～300μm，但催化剂不是由气体悬浮，而通常是由 F-T 生产的馏分油和蜡液所悬浮而形成浆料浓度为 40％（质量分数）以下的浆态状，浆态床膨胀高度在 14～18m，原料气从反应器的底部通入，在浆态流

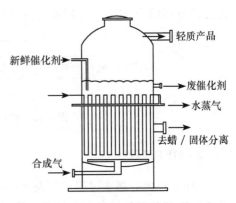

图 6-14　烃合成 SSBP 浆态流化床反应器

化床中形成气泡并在悬浮层中上升，与催化剂接触同时进行合成反应，反应产物和未反应的气体经过旋风分离器后离开反应器，浆态床上液面的下部安装有多组直径为 110～120mm 的带孔径为 0.02～0.04mm 小孔或缝隙的特殊多孔管壳过滤元件进行内滤方式液固分离，将细粒催化剂和蜡分开。过滤压降 0.4MPa，过滤能力 500L/(m²·h)，过滤压降随着过滤时间的延长而增加，当达到一定数值，用流率 6000～9000L/(m²·h) 的滤液或合成尾气进行分组轮流返洗（冲），冲洗周期 15～30min。浆态床反应器的优点主要有结构简单，容易放大；生产能力大，投资节省，比固定床反应器节约 45％；操作压力低，催化剂用量少，运行成本低；传热和温度控制等温特性较好，产品分布较易控制；运行可靠性好，开工率高，连续运转时间长。

2. SMDS 过程

SMDS 合成油工艺技术[30,31]是 Shell 公司开发的，是以重质烃为主的合成技术（HPS）和重质烃转化技术（HPC）为特征，生产以煤油、柴油为主的油品和硬蜡。柴油十六烷值达 70 以上，可作为天然柴油的改进剂。SMDS 工艺主要有四部分：天然气制合成气、F-T 合成、重质烃转化和产品分离，流程图如图 6-15 所示。该过程采用 Shell 煤气化法（SGP）制合成气（$H_2/CO≈1.7$），补入

部分 F-T 合成中生成的 $C_1 \sim C_4$ 组分，经水蒸气重整而得的富氢煤气，使原料气的 H_2/CO 比为 2，另一部分富氢煤气用于产品加氢和原料气脱硫；将合成气在 $200 \sim 250℃$ 反应温度、$3.0 \sim 5.0MPa$ 压力下，采用钴系催化剂进行 F-T 合成反应，生成长链烷烃和长链石蜡烃，长链烷烃进一步加氢处理得到所希望的液体燃料，而石蜡烃经异构化和加氢裂化反应生产中间馏分油。中间馏分油经加工分离得到柴油、煤油、石脑油和蜡。SMDS 工艺有四台列管式固定床反应器，三台在线生产，一台用于催化剂再生。SGP 和 HPS 过程产生的蒸气自用。SMDS 工厂的总热效率约为 63%，达到理论值的 80%。

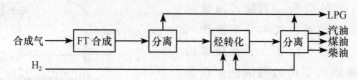

图 6-15　SMDS 工艺流程简图

3. MFT 过程

MFT 合成的基本过程[32,33]是由一段铁系催化剂 F-T 合成烃类和二段装有形选分子筛催化剂的烃类催化转化改质组成，两段串联的固定床反应器（图6-16）。两个催化反应在两个独立的反应器中进行，各自都可调整到最佳的反应条件，充分发挥各自的催化特性。既可避免一段反应器温度过高，抑制了 CH_4 的生成和生碳反应，又能充分利用二段反应器中的分子筛的形选改质作用，进一步提高产物中汽油馏分的比例，且分子筛催化剂再生操作也方便。

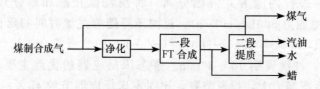

图 6-16　MFT 合成工艺流程简图

煤制合成气（$CO+H_2$）经过净化后，先进入 F-T 合成的反应器，反应生成 $C_1 \sim C_{40}$ 宽馏分烃类和水及少量含氧化合物，然后将其连同未反应的合成气，立即进入催化转化改质反应器，进行低级烯烃的聚合、环化与芳构化，高级烷烯烃的加氢裂解和含氧化合物脱水反应等，产物分布由原来的 $C_1 \sim C_{40}$ 缩小到 $C_1 \sim C_{11}$，选择性得到了很大的改善。

MFT 工艺过程的特点是：工艺流程比较简单，操作条件温和，合成产物中含氧化合物的含量极少，简化了产品后加工过程；产物中汽油比例较高，质量较好，辛烷值可达 90 以上（马达法）；通过选用不同的一、二段催化剂的类型和调节工艺参数的优化组合，可改变产品分布和选择性，如沉淀铁型催化剂不仅可控制产物中 CH_4 含量较低，可以提高汽油收率，同时副产一部分高级蜡烃；尾气可作合成氨的原料气。

F-T 合成技术是成熟的，而且还在发展，理论和实践证实表明，F-T 合成采取两段工艺较为有利，即第一段采用低温 F-T 合成生产重质石蜡烃，第二段加氢裂解或通过分子筛得到所希望的液体燃料，既可获得高的产品收率，又可简化流程、减少建厂投资。在未来新的 F-T 合成工艺中，新型催化剂和浆态床反应器工艺将会起着重要的角色，但由于 F-T 合成理论产率的限制，不论何种工艺技术，当前尚无法与石油产品竞争。

6.2.2.3　Mobil 合成法

美国 Mobil 公司基于合成气（CO 和 H_2）制甲醇和经脱水成二甲醚而转化成汽油的原理，采用合成甲醇和甲醇脱水两过程的催化剂的组合从而构成的具有合成和脱水转化双功能的 Zn-Cr/ZSM-5 复合催化剂，从合成气直接合成汽油，开创了在合成甲醇相近的反应条件下将合成气（CO 和 H_2）一步直接合成为高辛烷值汽油的新过程[34,35]。工艺原理是

$$CO + 2H_2 \longrightarrow C_2 \sim C_{11} \text{ 烃类}$$

实验研究表明，采用粒度 $<0.074mm$ 的 Zn-Cr/ZSM-5 复合催化剂，在 427 ℃ 和 8.3 MPa 的条件下，烃的产率 11%，其中 $C_3 \sim C_{11}$ 达 90%，为优质汽油，转化率 44% 左右。产物中甲醇和醚几乎为 0，烃类 10.8%，H_2O 1.67%，CO 48.85%，CO_2 34.5%；烃类中轻质气（$<C_3$）17.8%，丙烷 9.9%，异丁烷 3.3%，C_5 以上汽油占 72%。该工艺目前的气体产率较高，有待改进。合成气直接合成汽油工艺因其简单而受到普遍关注[36~38]。较新的结果[39]是，在 356~410℃、3.6~4.49 MPa 和空速 0.2~3 毫克分子/(克催化剂·分钟) 的条件下，液体产率可达 74% 左右。

6.2.3　合成气制甲醇

6.2.3.1　工艺原理

合成甲醇的主要反应为

$$CO + 2H_2 \Longrightarrow CH_3OH(g) \qquad \Delta G_{298}^\circ = -91.13 \text{kJ/mol}$$
$$CO + 3H_3 \Longrightarrow CH_3OH(g) + H_2O(g) \qquad \Delta G_{298}^\circ = -49.37 \text{kJ/mol}$$

不难看出，前一个反应消耗较少的氢而放出较多的热，后一个反应则相反。令反应按前一式进行，CO 和 H_2 的初始浓度分别为 16.6% 和 83.4%，转化率为 x，那么，当达到平衡时，系统的分子总数为

$$\sum = (0.166 - x) + (0.834 - 2x) + x = 1 - 2x$$

因而有

$$y_{CO} = \frac{0.166 - x}{1 - 2x}$$

$$y_{H_2} = \frac{0.834 - 2x}{1 - 2x}$$

$$y_{CH_3OH} = \frac{x}{1 - 2x}$$

$$K_P = \frac{y_{CH_3OH}}{y_{CO} y_{H_2}^2} P^{-2} = \frac{x(1 - 2x)^2}{(0.166 - x)(0.836 - 2x)^2} P^{-2}$$

故

$$x^3 - x^2 + \left[\frac{1.2498 K_P - P^{-2}}{4(K_P - P^{-2})} \right] x - 0.1158 \frac{K_P}{4(K_P - P^{-2})} = 0$$

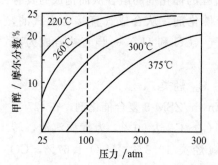

图 6.17　合成甲醇平衡产率与
温度压力的关系
CO 16.6%，H_2 83.4%

当温度为 250℃下，其平衡常数为 $\lg K_P = -2.6215$，即 $K_P = 0.002\,39$，如系统压力为 100 大气压，代入上式，求得 x 和 y_{CH_3OH}。

根据不同温度、压力下合成甲醇的平衡常数，甲醇的平衡分子分数产率与温度、压力的关系如图 6-17 所示。降低温度、增高压力，可保证较高的甲醇平衡产率，选择有效的催化剂可提高选择性，获得较高的甲醇收率。

图 6-17 所示为甲醇的平衡分子分数产率与温度压力的关系。

6.2.3.2　工艺过程

甲醇合成过程有低压法、中压法和高压法三种[40]。高压法以日本三菱瓦斯公司 MGC 法为代表，$(H_2 - CO_2)/(CO + CO_2)$ 为 2.1～2.3，采用 Zn-Cr 催化剂，反应温度 340～380℃，反应压力 30MPa；中压法的代表性过程是丹麦 Topsoe 过程，Cu-Zn-Al 为催化剂，反应温度 250～270℃，反应压力 10～15MPa；低压法有英国 ICI 合成法和德国 Lurgi 合成法，它们的合成反应器设计各有所长，采用 Cu-Zn-Cr 催化剂，反应温度 220～250℃，反应压力 5MPa。甲醇合成反应器通常为固定床反应器。低压法实际操作表明，当反应在 237～270℃、5～8MPa 下，采用铜基催化剂进行催化，催化剂的选择性很高，所得粗甲醇中的非水杂质低于 0.2%，但单程转化率较低，反应器出口处产物气的甲醇浓度低

（5％～6％），需冷凝分离除去甲醇后与新鲜原料气混合一起返回合成反应器。该反应为放热反应，应及时撤出多余的反应热，对保持高转化率操作十分重要，因而反应热的撤出是个关键问题。当上述过程的反应装置采用固定床反应器时，反应热的撤出是困难的，反应器的结构设计将变得复杂了，有的采用废热锅炉产生高压蒸汽，并推动透平以对反应原料气进行压缩，废热蒸气作为粗甲醇蒸馏提纯的热源，但反应器结构复杂；有的采用绝热反应器和急冷器的组合，沿反应器行程喷入冷煤气进行冷却，但喷气分布调控麻烦；有的用管式热交换器冷却，但换热面积大，造价高。

1975，美国 Chem System，Inc. Sherwin and Blum 提出液相合成工艺[41]，通过向反应系统引入一种惰性液体作为热载体并与催化剂调和成悬浮液以强化传热的 LPMEOHTM 浆态反应器，采用带夹套式或浸没于床层的埋管式换热器，维持反应温度。这种甲醇合成反应器与 Fischer-Tropsch 合成反应器在结构原理上具有某些相似。Air Products and Chemicals，Inc. 投产了 8t/d 甲醇的过程示范装置（PDU），采用粒度为 $50\mu m$ 铜基催化剂，浆料固含率 25％～33％，在 225～270℃、3.5～6.3MPa 下进行催化反应，反应器内流速为 0.06m/s，其运行结果表明[42]，温度均一，催化剂活性高，寿命长；物系的可流动性，催化剂的补充或排出方便；良好的催化剂工作状态，保证反应的高选择性和高反应速度，减少了 NO_x 的生成；出口处产物气的甲醇浓度可达 15％～20％，远比传统的固定床反应器的指标先进。技术经济分析预示，浆态甲醇合成反应器的能耗仅为绝热-急冷固定床合成反应器的 20％左右。

6.2.4　合成气制二甲醚

二甲醚（DME）是重要的化工原料，用于制造许多精细化工产品，同时因其属性类似于石油液化气和柴油，可作为民用燃料和发动机燃料，被称为是新世纪的新型绿色燃料。二甲醚作为燃料，它既具有石油液化气和柴油的性能，而且又因其含氧高（34.8％），使其具有石油液化气和柴油所没有的特点，其十六烷值高，燃烧噪声低，空气/燃料比小、气化潜热大、最高燃烧温度低、NO_x 生成量少、碳链短、易燃烧、不析炭；它可与汽油和甲醇混合，形成混合燃料。近年来，国内外都在积极研究、大力开发合成气制备二甲醚的工艺技术，成为国际前沿的热点领域。二甲醚与 CO 在一定的催化剂的作用下，可发生羰基化反应生成乙酸甲酯（AcOMe）、乙酸酐（Ac_2O）和乙酸（HOAc）；与 CO_2 进行催化反应，可生成碳酸二甲酯（DMC），它是一种活性良好的绿色化工产品，可代替光气、硫酸二甲酯（DMS）、氯甲烷等剧毒物质进行甲基化、羰基化、甲酯化等反应，生产各种化工产品，用于医药、农药、材料、染料、食品等工业部门。

合成气制备二甲醚的工艺路线有一步法和二步法，二步法是先将合成气催化合成为甲醇，然后进行甲醇脱水，脱水又分为液相酸法脱水和气相催化脱水；一步法，顾名思义，就是将合成气一步催化合成为二甲醚。二步法比较成熟，一步法在开发之中[43~45]。研究结果表明，合成气催化制甲醇和甲醇催化脱水制二甲醚，主要化学反应是

$$2H_2 + CO \xrightleftharpoons[]{5MPa,400℃,Cu-Zn\ 催化剂} CH_3OH$$

和

$$2CH_3OH \xrightleftharpoons[]{0.5MPa,300℃,ZSM-5\ 催化剂} CH_3OCH_3 + H_2O$$

合成气催化合成为甲醇是成熟技术，甲醇气相催化脱水已进行了开发研究。近年来，国内外先后推出各种甲醇气相催化脱水的工艺，其催化剂为 γ-Al_2O_3 或 ZSM-5 高硅铝比的分子筛，在 200~300℃、0.1~1MPa、液空速 1~2h^{-1} 条件下，甲醇转化率约 80%，二甲醚的选择性＞99%。目前，生产装置最大能力 200t/d。

一步法是采用兼用甲醇合成和甲醇脱水的双功能催化剂 Cu-Zn-Al/HZSM-5 或 Cu-Zn-B/HZSM-5，在 6MPa 和 265℃条件下，将含 H_2、CO 的合成气一步合成二甲醚，主要反应是

(1) 　　　　$CO_2 + 3H_2O \rightleftharpoons CH_3OH + H_2O - 56.33kJ/mol$

(2) 　　　　$2CH_3OH \rightleftharpoons CH_3OCH_3 + H_2O - 21.255kJ/mol$

(3) 　　　　$CO + H_2O \rightleftharpoons H_2 + CO_2 - 40.9kJ/mol$

总反应　　　　$3CO + 3H_2O \rightleftharpoons CH_3OCH_3 + CO_2 - 256.62kJ/mol$

反应（1）和反应（3），Cu-Zn-Al 催化剂起作用，进行甲醇合成和 CO 变换，反应转化率受到甲醇合成反应（1）的限制，但反应（3）消耗水蒸气 H_2O，同时产生了 H_2，都有利于反应（1）向合成甲醇方向移动，提高甲醇的产率。该过程都是放热反应，而且催化剂对温度较为敏感，及时撤出反应热十分重要，否则，只能在低单程转化率下操作，导致循环气量的增大和反应器生产能力的下降。一步合成二甲醚的反应器有固定床、流化床、三相循环流化床和浆态三相流化床或其他组合式反应器，如浆态三相流化床-固定床组合式反应器。由合成气一步合成二甲醚的实验表明[43]，固定床、浆态三相流化床和气固流化床的 CO 的转化率分别为 10.7%、17% 和 48.5%，二甲醚的选择性分别是 91.9%、70%、97%。与固定床反应器和浆态三相流化床工艺相比，气固流化床工艺有其明显优势，表现在其催化剂粒度小（十微米级）、活性稳定寿命长，反应器结构简单、传热效率高，H_2/CO 比可接近理论值、转化率高、产气中二甲醚浓度高、循环气量小、操作弹性大、生产强度高、便于大型化、投资省、能量利用好、操作费用低，其单位产率为浆态三相流化床的 2.45 倍。目前，生产装置最大能力 100t/d，计划进行 250~5000t/d 规模的可行性研究[46]。

6.3　甲　醇　化　学

6.3.1　甲醇制甲醛

甲醛是树脂工业的重要原料，可通过甲醇的热分解或氧化脱氢而得到，但甲醛很不稳定，既可分解、自聚，若有氧时，还会氧化，甲醇制甲醛主要反应为

热解　　　　　$CH_3OH \longrightarrow HCHO \longrightarrow CO + H_2$

氧化　$CH_3OH + \dfrac{1}{2}O_2 \longrightarrow HCHO + \dfrac{1}{2}O_2 \longrightarrow CO + H_2O + \dfrac{1}{2}O_2$

$$\longrightarrow CO_2 + H_2O$$

此工艺的关键是既要使甲醇尽可能地完全转化，又要防止甲醛的进一步的分解和氧化等副反应的发生，因而采用催化转化以提高反应的选择性和甲醛的产率。而下面的分析表明，甲醇的热解与氧化脱氢相结合的组合工艺将更好，这也作为工艺方法分析的示例。甲醇催化转化制甲醛的工艺有银催化固定床法和铁-钼催化流态化法，后者有较好的经济技术优势而受到重视。

甲醇与空气组成的混合物具有易燃易爆的危险性，其爆炸安全极限，其低限浓度为 7%，高限浓度为 36%，即原料气中甲醇浓度至少应小于 7%，或大于36%，才具有安全性。

6.3.1.1　工艺原理

甲醇的热分解或氧化脱氢的主要反应和可能的副反应是制定工艺路线的基础。从这些反应的热力学和动力及其生产操作的安全性进行分析以确定合理的工艺过程以及工艺条件。

甲醇热分解或氧化脱氢反应的有关热力学数据列于表 6-6。

表 6-6　甲醇氧化热分解的反应热及平衡常数

气相反应	标准反应热 $\Delta H°/(kJ/mol)$	平衡常数，$\lg K_p$				
		600K	700K	800K	900K	1000K
(1) $CH_3OH \Longrightarrow HCHO + H_2$	92.05	−1.22	−0.14	0.69	1.33	1.86
(2) $HCHO \Longrightarrow CO + H_2$	8.37	5.16	5.34	5.48	5.62	5.70
(3) $CH_3OH + 0.5O_2 \Longrightarrow HCHO + H_2O$	−154.81	17.41	15.44	13.98	12.83	11.92
(4) $HCHO + 0.5O_2 \Longrightarrow CO + H_2O$	−234.30	23.79	20.92	18.77	17.12	15.76
(5) $CO + 0.5O_2 \Longrightarrow CO_2$	−284.51	20.06	16.54	13.90	11.84	10.20

从表 6-6 热力学数据看，热解反应（1）和（2）为吸热反应，平衡常数都不大，且反应（2）的平衡常数大于反应（1），升高温度虽对主反应（1）有利，同

时也为副反应（2）增加了机会，甚至会超过主反应（1）。因而，采用热分解法制甲醛，反应温度以 700～800K 为宜，平衡转化率也将不会太高。对于氧化脱氢法，反应（3）以及副反应（4）和（5）均是强放热反应，它们的平衡常数都很大，这些反应可能接近完全，因此，采用氧化脱氢法来生产甲醛，反应温度不宜太高，通常以 500～600K 为宜。此外，除反应（5）外，均为增体积反应，降低系统的压力，有利于提高转化率。综合看来，氧化脱氢的工艺更具有优势。

若前所述，氧化脱氢的工艺的反应热较大，维持合适的反应温度的难度较大。值得庆幸的是，该反应属增体积反应，采用过量空气既作稀释剂又作为冷却剂，一方面可提高平衡转化率，节约撤热的投资，简化工艺流程。同时过量空气可使混合气中的甲醇浓度小于爆炸极限浓度的下限，使生产更安全。具体的工艺参数将由过程的热平衡所决定，若令空气过剩系数为 y，反应在 573K 下进行，其反应热为 -153.5kJ/mol，在温度为 573K 与 298K 之间甲醇、氧和氮的焓差分别为 15.33kJ/mol、8.35kJ/mol 和 8.09kJ/mol，根据以下绝热反应

$$CH_3OH + \frac{1}{2}y(O_2 + 4N_2) \xrightarrow{573K} HCHO + H_2O(g) + \frac{1}{2}(y-1)O_2 + 2N_2$$

$$\Delta H_r = -153.5\text{kJ/mol}$$

由热平衡有

$$15.33 + \frac{1}{2}y(8.35 + 4 \times 8.09) - 153.5 = 0$$

故求解得

$$y = 6.788$$

此时的原料气的总分子数为 17.97，原料气中甲醇浓度为 5.56%，产物气的总分子数为 18.47，产物气中甲醇浓度为 5.41%。由此可见，采用空气过剩系数为 6.8 时，采用绝热氧化脱氢工艺是安全可行的。但空气过剩系数大，稀释剂使产物浓度变得很低，不便回收，同时能量利用欠佳。

热解-氧化脱氢工艺将克服单纯热解或单纯氧化脱氢工艺各自的不足，获得较好效果。热力学数据还表明，生成甲醛热解反应（1）是吸热，而生成甲醛的氧化脱氢反应（3）是放热反应，若将这两个反应组合在一起，则可使热量互补，克服单纯氧化脱氢反应工艺的缺点。此外，反应（1）和（3）的平衡常数表明，在 700～800K 的温度范围内，反应（1）的正、逆反应处于等量齐观的程度，甲醇转化成甲醛是不完全的，而反应（3）的平衡常数很大，甲醇的转化可以达到很完全的程度，组合的热解-氧化脱氢工艺的平衡组成将由反应（1）所控制，具体表示如下

$$(x+y)CH_3OH \Longrightarrow xHCHO + xH_2 + yCH_3OH$$

$$CH_3OH + \frac{1}{2}(O_2 + 4N_2) \Longrightarrow HCHO + H_2O + 2N_2$$

$$(1+x+y)CH_3OH + \frac{1}{2}(O_2 + 4N_2) \Longrightarrow (1+x)HCHO + yCH_3OH + xH_2 + 2N_2 + H_2O$$

平衡时的产物总分子数为：$4+2x+y$，那么，平衡常数可表示为

$$K_p = \frac{p_{H_2}\, p_{HCHO}}{p_{CH_3OH}} = K_y p^{-1} = \frac{x(1+x)}{y(4+2x+y)} p^{-1}$$

从平衡常数变化趋势可知，升高反应温度、降低系统压力，都可使反应（1）进行得更完全，因而可消耗更多的反应热，使反应（3）在保持恒温的条件下进行，其反应转化率达到较高水平，并放出更多的反应热，从而更有利于反应（1）的进行。为了安全，仍需采用水蒸气作为稀释剂，设其加入量为 z 克分子，此时，产物气的总可分子数变成：$(4+2x+y+z)$ 了。为了防止水蒸气冷凝，应将原料甲醇先预热至 110℃，原料的配比将由热平衡决定。已知在温度为 750K 与 383K 之间，系统中 CH_3OH、O_2、N_2、H_2O 各组分的焓差分别是 26.682、11.99、11.28 和 13.74kJ/mol，反应（1）和反应（3）的反应热分别为 92.15 和 -153.97kJ/mol，故系统的绝热热平衡可表示如下

$$(1+x+y) \times 26.682 + \frac{1}{2} \times 11.99 + 2 \times 11.28 + z \times 13.74 + 92.15 - 153.97 = 0$$

或

$$4.447x - y + 0.5146z - 5.387 = 0$$

同时，还需顾及系统的安全性，即甲醇的安全浓度。在 750 K 和 1 大气压下，$\log K_p = 0.3036$，于是有

$$K_p = \frac{x(1+x)}{y(4+2x+y+z)} p = 10^{0.3036} = 20.119$$

或

$$x^2 + x - 4.0238xy - 8.0476y - 2.0119y^2 - 2.0119y = 0$$

将热平衡方程与化学平衡方程联立，从而得到

$$20.823x^2 - [(36.788 + 8.9496z) + (5.387 - 0.5146z)]x$$
$$+ 8.0476(5.387 - 0.5146z) + 2.0119(5.387 - 0.5146z)z$$
$$+ 2.0119(5.387 - 0.5146z)^2 = 0$$

令原料中甲醇的分子分数为 X_{CH_3OH}，产物中甲醇的分子分数为 Y_{CH_3OH}；甲醛的分子分数为 Y_{HCHO}，则

$$X_{CH_3OH} = \frac{1+x+y}{3.5+x+y+z}$$

$$Y_{CH_3OH} = \frac{y}{4+2x+y+z}$$

$$Y_{HCHO} = \frac{1+x}{4+2x+y+z}$$

计算结果列于表 6-7 中：

表 6-7　甲醇热解-氧化脱氢制甲醛工艺的平衡组成

原料中水蒸气 z/mol	原料中甲醇含量		产物中甲醇浓度		产物中甲醛浓度	
	X_{CH_3OH}/mol	%	Y_{CH_3OH}/mol	%	Y_{HCHO}/mol	%
0	0.4875	48.75	0.0296	2.96	0.3320	33.20
1	0.4338	43.38	0.0440	4.40	0.2531	25.31
2	0.3164	31.64	0.0145	1.45	0.2435	24.35

　　结果表明,当稀释水蒸气的分子数 z 小于 1 时,原料中甲醇的浓度高于爆炸上限浓度(37%),产物中甲醇浓度低于爆炸下限浓度(7%),生产是安全的,同时,产物中甲醛的浓度高达 25% 以上,比单纯氧化脱氢法的所得甲醛浓度(5.4%)高出约 5 倍。为提高甲醇转化反应的速率,应尽可能的采用较高的反应温度,为了抑制副反应(3)和(5),采用以氧化铁为助催化剂的氧化钼体系催化剂就可提高产物的选择性,增加甲醛的收率。实验表明,当采用含甲醇 13% 的甲醇-空气混合气为原料,反应温度 380～395℃,空间速度 15 000～20 000h⁻¹,甲醇转化率可达 99.5%,甲醛的收率达 86%。但值得注意的是,热解反应(1)的逆反应将变得突出起来,合理的办法是采用急冷,以尽快终止逆反应,保持高的转化率。

6.3.1.2　反应过程

　　甲醇铁钼催化剂催化氧化的控制反应是

$$\text{CH}_3\text{OH} + \frac{1}{2}\text{O}_2 \Longrightarrow \text{HCHO} + \text{H}_2\text{O}$$

　　当采用含甲醇 13% 的甲醇-空气混合气,反应温度 380～395℃,空间速度 15 000～20 000h⁻¹。甲醇铁钼催化剂催化氧化宏观反应速率[47,48]

$$r_1 = 2.7 \times 10^5 \exp(-4.88 \times 10^4/RT) \cdot Y_M^{0.9} Y_O^{1.3} Y_W^{-0.15}$$

$$\text{HCHO} + \frac{1}{2}\text{O}_2 \Longrightarrow \text{CO} + \text{H}_2\text{O}$$

　　甲醛铁钼催化剂催化氧化宏观反应速率

$$r_2 = 3.4 \times 10^4 \exp(-5.67 \times 10^4/RT) \cdot Y_F^{1.3} Y_O^{1.6} Y_W^{-0.5}$$

式中:Y_M 为甲醇分子数;Y_F 为甲醛分子数;Y_O 为氧分子数;Y_W 为水分子数。

6.3.2　甲醇制汽油

　　美国 Mobil 公司采用无定型催化剂,在 316～399℃ 和 1.4～2.5MPa 固定床脱水反应器中将甲醇脱水成二甲醚,然后产物气进入 ZSM-5 沸石分子筛催化剂的固定床汽油反应器,在 343～454℃ 和类似的压力下,将二甲醚转化成汽油过程[49~52]。主要化学反应为

$$2\text{CH}_3\text{OH} \xrightarrow[\;\;]{-\text{H}_2\text{O}} \text{CH}_3\text{OCH}_3 \xrightarrow{-\text{H}_2\text{O}} \text{烃类}$$

烃类产率 43.5%，其中汽油烃类为 79.9%，汽油的辛烷值达 90～100，属优质汽油。若将 C_3～C_4 馏分烷基化，汽油总收率可达 85%。该过程两个反应均为放热反应，甲醇脱水反应热约占 20%，汽油合成反应热占 80%，必须考虑移出反应热，上述过程的反应器类似于 F-T 合成过程的固定床反应器。第一段反应器的无定型催化剂的寿命约一年，第二段反应器的 ZSM-5 沸石分子筛催化剂的寿命约 20 天，需随时再生。为此，该过程还可用带部分催化剂再生的流态化反应系统，中间实验装置如图 6-18 所示，它由反应器、分离器和再生器通过催化剂循环管连接而成，其操作条件是：温

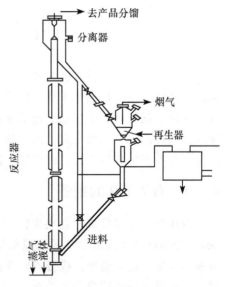

图 6-18　Mobil 甲醇汽油法合成工艺

度 390～425℃，压力 0.14～0.28 MPa，气速 0.21～0.55m/s。在温度 413℃，压力 0.169MPa，空间速度为 1h^{-1} 的 ZSM-5 催化合成，产物（对甲醇的收率）中甲醇＋醚＜0.2%，烃类 43.5%，H_2O 56.0%，CO_2 0.1%，其他 0.2%，C_5 以上汽油占 60%；汽油烃类中轻质气（＜C_3）5.6%，丙烷 5.9%，异丁烷 14.5%，正丁烷 1.7%，丁烯 7.3%。若将烯烃烷基化转化成汽油，汽油的总收率可达 88%，辛烷值达 97。与固定床相比，流化床的汽油选择性高于固定床。

6.3.3　甲醇制烯烃

20 世纪 80 年代，研究发现，硅铝磷酸盐可作为将甲醇转化转化为乙烯和丙烯的催化剂[53～56]；1995 年，UOP 开始进行了甲醇制乙烯（MTO）的技术开发工作，采用 SAPO-34 催化剂的流态化反应器，在 450 和 0.1MPa 的条件下进行催化转化，生成了乙烯和丙烯，而且乙烯和丙烯的比例可根据市场需求调整。以碳基计算，以生产乙烯为主时，乙烯、丙烯和丁烯的收率分别为 46%、30% 和 9%，其余为副产物，占 15%。生产丙烯为主时，乙烯、丙烯和丁烯的收率分别为 34%、45% 和 12%，其余为副产物，占 9%。乙烯和丙烯的选择性可达到 85%～90%。与此同时，中国科学院大连化学物理研究所也进行了用 ZSM-5 及改性的 ZSM-5 作为催化剂的甲醇制乙烯（MTO）的工艺技术研究，还进行过以小孔 SAPO-34 作为催化剂的甲醇经二甲醚制乙烯的流态化床反应工艺过程的研究[57]。甲醇制烯烃的工艺技术是当前国内外大力开发的工艺过程。

6.4　石油化工过程

在石油化工中进行有机合成单体生产的流态化过程有萘氧化制苯二甲酸酐，糠醛、苯或丁烷氧化制顺丁烯二酸酐，乙烯氧化制二氯乙烷，乙烯氧氯化制氯乙烯，丁烯氧化脱氢制丁二烯，硝基苯加氢制苯胺，甲醇氧化制甲醛，丙烯氨氧化制丙烯腈，乙炔、乙酸合成乙酸乙烯，乙烯、乙醛合成异戊二烯等，在有机合成单体聚合生产中有聚乙烯、聚丙烯、乙烯和丙烯共聚等流态化气相聚合过程。

6.4.1　有机单体的制备

丙烯腈是合成纤维、合成橡胶、合成塑料等合成材料的重要单体。1960 年，Sohio 公司成功开发的[58,59]丙烯氨氧化一步法制丙烯腈新工艺，由于该工艺的原料来源丰富，流程简单，投资省，业已成为国际上主导的丙烯腈工艺技术，目前其产量占世界丙烯腈总产量的 90％以上。目前我国国内年需求量为 80 万 t 左右。

6.4.1.1　丙烯氨氧化制丙烯腈

1. 工艺原理

（1）反应网络

丙烯氨氧化是个复杂的反应过程，除生成丙烯腈（AN）外，还有丙烯醛（ACL）、乙腈（ACN）、氢氰酸（HCN）以及碳氧化物（CO_x），可用如下反应体系表示：

$$C_3H_6 + NH_3 + 1\frac{1}{2}O_2 \xrightarrow{k_1} CH_2 = CH-CN + 3H_2O \xrightarrow{k_6} CO_x$$

$$\xrightarrow{k_5}$$

$$\xrightarrow{k_2} ACL \xrightarrow{k_7} CO_x$$

$$\xrightarrow{k_8}$$

$$\xrightarrow{k_3} ACN \xrightarrow{k_9} CO_x$$

$$\xrightarrow{k_4} CO_x$$

$$\xrightarrow{k_{10}} HCN$$

通过催化剂的作用以提高反应的选择性，加快反应速率，降低反应温度。Sohio 公司丙烯氨氧化过程的催化剂通常为微球硅胶载体的磷钼酸铋，催化剂平均粒径为 $50\sim80\mu m$，堆积密度为 $640kg/m^3$，反应温度 450℃，操作气速 $0.6\sim0.8m/s$。

中国石化总公司研究开发了 MB82 催化剂，属于钼铋系列多组份催化剂，上海石化院进一步开发了 MB86 催化剂，经工业试验验证，其性能指标均达到了国际先进水平。该催化剂属于"氧化-还原"型的反应机理，催化剂表面的晶格氧在化学吸附丙烯分子后，生成丙烯腈等产物的同时活性中心被还原；在再氧化过程中，气相氧在吸附中心上被还原扩散进入晶格氧的空穴中，使消耗的晶格氧得到不断扩充，使催化剂重复循环使用，因此参加反应的是晶格氧而不是气相氧。

（2）工艺过程

丙烯腈工艺流程图如图 6-19 所示。过程所用原料气含丙烯 69%～90%、丙烷 28%～8%、乙烷＜ 2%、C_4 2%，工业液氨含 NH_3 98%，空气来自压缩机。空气经计量后进入水饱和增湿塔，用喷淋乙腈解吸塔釜液使空气带有饱和水蒸气（空气：水＝10：3），经预热器的预热后空气与汽化后按一定比例配比的丙烯和氨经预热后混合气（丙烯：氨＝1：1），一同进入混合器，混合物料经过两个串联的换热器，用反应热气体加热后进入流化床反应器。丙烯氨氧化反应热通过设置于反应器内部的水冷却器移出，以维持所需的反应温度。反应气体经过反应器上部扩大段，所夹带的催化剂微粒被内置的旋风分离器回收后进入氨中和塔，用1.5%稀硫酸的喷淋液以除去未反应的氨气。经稀硫酸洗涤的反应气体冷却后进入吸收塔，用水吸收其中的丙烯腈、氢氰酸和乙腈，未被吸收的气体从塔顶放空。吸收液送去分离。除得到目的产品外，氢氰酸和乙腈为本法生产的副产品。

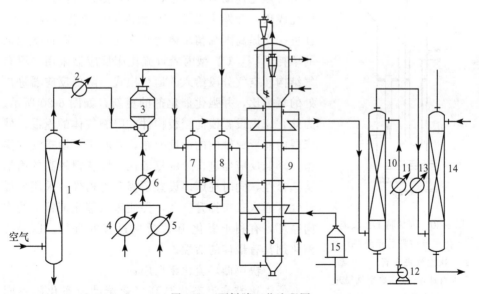

图 6-19　丙烯腈工艺流程图

1-水饱和塔；2-预热器；3-混合器；4-氨气化器；5-丙烯气化器；6-过敏器；7、8-换热器；
9-反应器；10-氨中和塔；11-冷却器；12-泵；13-冷却器；14-吸收塔；15-加热炉

2. 反应器类型

(1) 鼓泡流态化反应器

Sohio 公司丙烯氨氧化反应器为鼓泡流态化反应器，采用平均粒径为 $50\sim80\mu m$，其中关键级分（$<40\mu m$）占 $20\%\sim40\%$ 的细颗粒催化剂。流化床内部布置有散热 U 型管，床层传热系数 K 值高达 $500\sim600W/(m^2\cdot℃)$。在床面附近设置一块导向挡板能有效减少稀相段的粒子夹带损失，约降低 $30\%\sim50\%$。采用高气速湍动流态化状态操作，密相床层的膨胀比大（约 $1.6\sim1.7$），以减少气泡，内置挡板以减小气泡尺寸，从而获得好的流化质量。气相主体返混大大降低，有利用提高反应的选择性。丙烯腈的收率可达 72%，较低速操作的鼓泡流态化反应器的收率（约 62%）有明显的提高。

(2) UL 型流化床反应器

内设横向构件的鼓泡流化床，尽管限制了气体的返混，同时也限制催化剂颗粒的返混，影响着床层的温度分布和催化剂的活性状态。实验表明，在一定的反应温度下，通过控制反应气氛中还原及氧化气的比率，即通过调节反应进程中的局部氧烯比，可保证催化剂的足够活性，从而实现进一步提高丙烯腈单体收率的目的。中国石化总公司联合化学反应工程研究所吸取了 Sohio 反应器内构简单的优点，根据 MB 钼铋系列多组份催化剂动力学特性，并结合提升管型反应器的研究成果，开发了新型 UL 型丙烯腈流化床反应器，在进一步提高丙烯腈单体的收率的同时，降低催化剂的单耗[59,60]。UL 型丙烯腈流化床反应器采用二段布气结构和空气分段给入的运行模式，降低反应器进口处的氧烯比，并强化催化剂的更新，如图 6-20 所示。为此，床内设置横向挡板构件，限制气体的返混，使床层内能形成轴向的浓度分布，有利于二段布气的实施，降低反应器进口处的氧烯比，以获得较高的丙烯腈选择性，同时在床内设置了提升管构件，采用向提升气管通入二次提升空气，促使床内催化剂粒子的有向循环，有利于氧化-还原反应过程的进行，以保证催化剂具有最佳的活性。

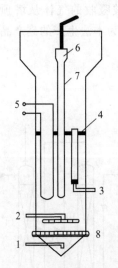

图 6-20　丙烯腈 UL 型流
化床反应器的示意图

1-一次空气进入管；2-丙烯、
氨原料进入；3-二次空气提升
管；4-横向挡板；5-U 型冷却
管；6-旋风分离器；7-料腿；
8-三层多孔空气分布板

(3) 快速循环流化床反应器

低气速鼓泡流态化与高气速湍动流态化的不同操作，丙烯腈的收率则有明显差别，表明床层中的气泡影响气固接触和气体的返混，导致反应的选择性和转化率的降低，丙烯腈的收率下降。魏飞等[61]对丙烯腈氨氧化循环流化床反应过程进行了的模拟分析，其模型认为，反应过程可用前已描述的反应网络表示，均为化学动力学控制的一级反应，快速循环流化床的气固流动可用轴向（x）一维扩散返混描述，于是有

化学反应过程速率

$$R_i = -\frac{\mathrm{d}C_i}{\mathrm{d}t} = k_i(C_{i0} - C_i)$$

其中 R_i 为第 i 个反应的反应速率。

$$k_i = k_0 \exp\left(-\frac{E}{RT}\right)$$

催化剂 MB-82 和 MB-86 速率常数中 k_0、E 取值如表 6-8。

表 6-8　催化剂 MB-82 和 MB-86 速率常数中 k_0、E 取值

催化剂		k_1	k_2	k_3	k_4	k_5	k_6	k_7	k_8	k_9	k_{10}
MB-82	E	73.7	161	47.7	110.1	139.4	143.5	162.8	7.48	115.0	41.3
	k_0	1.18	1.12×10^5	3.91×10^{-4}	4.50	3.52×10^3	2.96×10^3	9.04×10^5	0.113	6.46×10^5	3.94×10^{-4}
MB-86	E	73.7	161	47.7	110.0	139.0	143.0	163.0	7.48	115.0	41.3
	k_0	1.99	3.21×10^4	6.73×10^{-4}	4.50	3.52×10^3	2.0×10^3	9.04×10^5	0.211	6.47×10^5	5.43×10^{-4}

反应器内气固流动

$$\ln\left(\frac{\varepsilon - \varepsilon_a}{\varepsilon^* - \varepsilon}\right) = -\frac{1}{X_0}(x - x_0)$$

$$\varepsilon_a = 0.484 f(\varepsilon)^{0.0741}$$

$$\varepsilon^* = 0.95 f(\varepsilon)^{0.02857}$$

$$X_0 = 500\exp[-69(\varepsilon^* - \varepsilon_a)]$$

反应器的物料平衡

$$\frac{\mathrm{d}^2 C_i}{\mathrm{d}x^2} - \mathrm{Pe}_g \frac{\mathrm{d}C_i}{\mathrm{d}x} - \frac{\mathrm{Pe}_g L \rho_s (1-\varepsilon) R_i}{U_g} = 0$$

边界条件

$$x = 0, \quad -\frac{\mathrm{d}C_i}{\mathrm{d}x} = \mathrm{Pe}_g(C_{i0} - C_i)$$

$$x = 1, \quad \frac{\mathrm{d}C_i}{\mathrm{d}x} = 0$$

反应器的热平衡

$$\frac{\mathrm{d}^2 T}{\mathrm{d}x^2} - \mathrm{Pe}_s \frac{\mathrm{d}T}{\mathrm{d}x} + \frac{\mathrm{Pe}_s L R_T}{U_s} = 0$$

式中：R_T 为反应床层的总散热速率（包括反应热与外界的热交换）。
边界条件

$$x = 0, \quad -\frac{\mathrm{d}T}{\mathrm{d}x} = \mathrm{Pe_g}(T_0 - T)$$

$$x = 1, \quad \frac{\mathrm{d}T}{\mathrm{d}x} = 0$$

对于 16m 高的流化床反应器，在 445℃下，采用 MB82 催化剂进行丙烯氨氧化反应并达到 98％的转化率，现有的高气速湍动流态化的 $\mathrm{Pe_g}$ 数在 0.4 以下，其丙烯腈的收率为 71％～72％，而采用快速循环流化床反应器，其 $\mathrm{Pe_g}$ 数约在 4 左右，丙烯腈的收率将增加 10 个百分点，即可达到 82％～83％，快速循环流化床反应器的优势是十分明显的。

　　快速循环流化床反应器技术，可能是一种较好的反应器技术。床内气相返混流动是很弱的，可抑制副反应的发生，对于丙烯氨氧化反应过程而言，将有利于中间产物丙烯腈的生成；而且固相混合较好，且为高膨胀流化床，可以进行分段布气，以适应反应进程中对催化剂活性状态的不同要求。也可将快速流化床作为合成反应器，循环料腿作为催化剂的再生器，通过控制合成反应器进料的低氧（空气）烯比，可能获得较高的丙烯腈单程收率。该类反应器因其操作气速高（4～5m/s），反应器断面生产强度大，而高膨胀床层，又便于换热面的布置，这些不仅有利于实现生产规模大型化，而且制造成本低，投资省。

6.4.1.2　乙烯氧氯化制氯乙烯

　　氯乙烯是四大塑料单体之一，其最早的生产工艺是电石乙炔法，随着石油工业的发展，炼厂气的增加，从炼厂气提取乙烯、乙炔而开发了乙烯法（包括热解法和碱分解法）、乙烯与乙炔的联合法以及乙烯氧氯化法。目前，石油化工法生产的氯乙烯已占 95％以上，其中乙烯氧氯化法又占有重要地位。乙烯氧氯化法主要包括三个过程，即

液相直接氯化，指乙烯直接氯化成二氯乙烷

$$2C_2H_4 + Cl_2 \xrightarrow{45 \sim 50℃, 0.1 \sim 0.3MPa} 2C_2H_4Cl_2$$

气相氧氯化，指乙烯直接催化氧氯化成二氯乙烷

$$2C_2H_4 + 4HCl + O_2 \xrightarrow{250 \sim 270℃, 1 \sim 1.5MPa} 2C_2H_4Cl_2 + 2H_2O + 528kJ$$

二氯乙烷热解成氯乙烯

$$4C_2H_4Cl_2 \xrightarrow{450 \sim 500℃, 1.5MPa} 4C_2H_3Cl + 4HCl$$

总反应为

$$4C_2H_4 + Cl_2 + O_2 \xrightarrow{285\sim310℃,0.3\sim1.5MPa} 4C_2H_3Cl + 2H_2O + 234.5kJ$$

该反应采用 $CuCl_2$ 为催化剂，KCl 或稀土氧化物为助催化剂，SiO_2 和 Al_2O_3 为载体，氧化剂可用空气或纯氧。乙烯氧氯化法又有 ICI 法、PPG 法、三井东压法等。

采用原料气的组成为 C_2H_4：O_2：HCl：$N_2 = 1.6$：0.63：2：2，在温度 210～230℃，0.3MPa 下催化氧化，HCl 的转化率达 99.5%。其反应动力学公式[62,63]为

$$r = 1.2127 \times 10^5 \exp(-94.7 \times 10^3/RT) \cdot p_{C_2H_4}^{1.38} \cdot p_{O_2}^{0.25}$$

乙烯催化氧氯化反应器有流化床和移动床，较多地采用流化床[62,63]。该过程为放热过程，流化床有利于撤出多余的反应热。挡板结构的流化床反应器直径 5.5m，采用内置挡板 33 层，挡板开孔率 23%，层间距 100mm，以限制气泡长大和气体返混，提高反应过程的选择性和转化率，在 250～270℃和 0.6MPa 下，操作气速 0.4m/s，氯乙烯的收率可达 95%～96%。

6.4.2 有机单体的聚合

6.4.2.1 气相聚乙烯

聚乙烯和聚丙烯是市场需求很大的大宗塑料产品，世界年生产量分别为 370 万 t 和 400 万 t 左右。聚乙烯和聚丙烯的传统生产工艺是在液相中将有机单体进行聚合而成，这要求选择合适的溶剂和浆液制备系统，反应后又存在产物分离和溶剂回收等工序，工艺较复杂，投资较高，操作成本较贵。20 世纪 80 年代，成功开发了乙烯和丙烯流态化气相聚合的新工艺，由于其不需要溶剂，因而工艺简单，投资省，运行成本低，业以成为单体聚合的首选工艺[64~67]。

烯烃气相聚合流态化反应过程如图 6-21 所示，它由带循环回路的流态化聚合反应器和产物分离器组成。一定量的催化剂用高压氮气送入压力为 2～4MPa 的流态化聚合反应器，床层温度维持在 75～110℃；携带单体的原料流态化气从聚合反应器底部的风室进入并通过流化床分布板以 0.5～0.7m/s 表观气速进入装有催化剂的床层，进行气相聚合反应，但乙烯单程转化率仅 5%～8%。产物气经旋风分离器除去细粒催化剂后进行压缩，然后经换热器冷却后返回聚合反应器底部，与原料气一起进入反应器，进行循环反应。随着聚合反应的进行，催化剂被消耗怠尽，聚合物生成、长大成粒并形成颗粒床层，当颗粒尺寸达到一定大小时，从聚合反应器的下部排出并进入分离器，多余气排出后得到聚合物产品。该过程不用溶剂，反应条件温和，催化剂活性高，乙烯的总转化率可达 98%。

国内北京化工研究院开发了 BCG 催化剂，在 Unipol 气相聚乙烯流态化反应

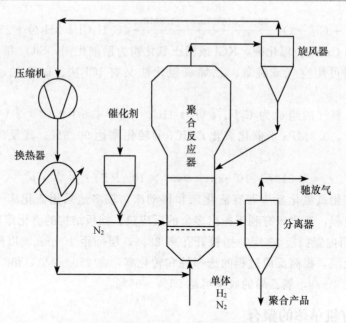

图 6-21　烯烃气相聚合流态化反应过程

装置上进行应用试验，其装置年生产能力为 12～20 万 t。乙烯进料为 17～18t/h，H_2/C_2H_4 为 0.18～0.25，p_t 为 2.25～2.35MPa，$p_{C_2H_4}$ 为 650～750kPa，三乙基铝浓度为 300～400μg/g，反应温度为 87～89℃，循环气量为 750～850t/h。乙烯的总转化率可达 98.5% 的先进水平[68]。

6.4.2.2　气相聚丙烯

像气相聚乙烯一样，气相流态化聚丙烯过程也取得了成功并得到了快速发展[69]。美国 BP-Amoco 公司采用过渡金属元素氧化物为活性组分的 Ziegle-Natta 催化剂，进行了的丙烯流态化气相聚反应装置的开发，也取得了成功[69,70]，已先后在美国、比利时等建厂，年生产能力 15～20 万 t，最大可达 30 万 t。粒度为 30～50μm 的高活性 Ziegle-Natta 催化剂被送入聚合反应器，当其与单体反应混合物（C_3H_6、H_2、N_2）接触时，聚合反应便立即发生，形成尺寸在 300～1000μm 的聚合物胶囊，通过流化床的颗粒分级，大颗粒从流化床聚合反应器的下部排料口排出，经与气体分离后，可供进一步加工[71,72]。

6.5　小结与评述

流态化化学制备过程是涉及到除前面几章有关非金属矿、金属矿、能源矿物等初步加工过程外的非生命化学制备的广泛领域，从反应性质上又可分为非催化的无机化学制备过程和催化的有机化学制备过程两大领域。无机化学制备过程大多涉及无机化学品和各种无机材料的制备；催化的有机化学制备过程涉及合成燃料、化工原料和化工产品的制备。

在无机化学制备过程中，近年来的发展趋势是超纯、超细、超强，而纳米化、功能化、晶型化、纤维化等无机产品特别受到关注；在制备工艺技术上，尽管仍属化学合成和化学转化，但要具有上述特有性能并能大规模生产制备，新的制备工艺技术创新是关键，着重了解传统热解技术难以奏效的新的先进流态化工业制备技术是有益的。

在有机催化化学制备过程中，面对世界，特别是我国的煤多、气少、缺油的能源构成特点，从合成气（$CO+H_2$）直接催化合成传统马达燃料汽油和新世纪的清洁燃料二甲醚，从合成气（$CO+H_2$）直接催化合成基本有机化工原料甲醇和石油化工原料乙烯和丙烯是技术发展的战略选择，以使未来可从煤、天然气、生物质等气化过程生产液体燃料和化工原料的合成气，保证我国的经济发展和国家安全。合成液体燃料和合成化工原料制备的核心技术是催化剂和合成反应器，传统的固定床催化合成技术已受到了气、液、固三相浆态流态化合成技术的挑战，流态化和三相浆态流态化催化合成技术已表现出明显优势，并逐步走向产业化。

在化工产品的制备中，从甲醇、乙烯和丙烯出发，可制备各种各样的有机合成单体，如苯二甲酸酐、顺丁烯二酸酐、二氯乙烷、氯乙烯、丁二烯、苯胺、甲醛、丙烯腈、乙酸乙烯、异戊二烯等，这些制备的生产过程都采用流化床催化反应器，并得到了快速发展；有机单体的聚合可生产各种合成塑料、合成纤维、合成橡胶等产品，近年来，有机单体的流态化气相聚合技术取得了极大地成功，在聚乙烯、聚丙烯、乙丙共聚等流态化气相聚合明显优于传统的液相聚合，已成为首选的工艺技术。还要提到的是，二甲醚与 CO_2 可合成碳酸二甲酯，将因其高效、安全而成为新世纪的绿色化工原料，已为世人所瞩目。

气体催化合成反应通常为复杂的反应过程，除主反应外，还有若干副反应，串联的、平行的或串并结合的，所希望的产物收率除取决于催化剂的选择性外，还取决于反应器的特性，其气体是全混流，还是活塞流或其他。在现有的流态化催化反应过程，大多沿用气体全混的鼓泡流态化反应器，产物的收率较低，而且随反应器的尺寸的增大而显著下降，常用的改进措施是在流化床内设置挡板—限制气泡长大和气体返混，不管是气固流化床还是气液固三相或浆态流化床都如此。近年来，加强了对催化过程采用快速流化床反应器和三相循环流化床反应器的探索研究，取得了积极的进展，因这些反应器中混合特征 Pe 数较传统鼓泡流化床约高一个量级，其产物的收率有大幅度提高，必将导致巨大的经济效益。这预示着用新的流态化技术改进传统鼓泡流化床催化反应过程的研究，有着广泛的发展空间和重大的实际意义。

参 考 文 献

[1] 化工部天津化工研究院. 无机盐工业手册. 北京：化学工业出版社，1979

[2] 李佑楚，王凤鸣，曾庆祥. 硼酸快速流态化热分解制硼酸酐的新工艺. 化学反应工程与工艺，1990，6（2）：43～49

[3] Fish W M. Alumina calcination in the fluid flash calciner. Light Metals 1974（Forberg H, ed.）. Warrendale：The Metallurgical Society of AIME，1974. 673～682

[4] Fox B K et al. Light Metals 1987（Zabreznik R D, ed.）. Warrendale：The Metallurgical Society. Inc，1987. 147～150

[5] Reh L. Fluidized bed processing. Chem. Eng. Progr，1971，67（2）：58～63

[6] Raahauge B E，Nickelsen J. Industrial prospects and operation experience with 32 mtpd stationary alumina calciner. Light Metals 1980（McMinn C J, ed.）. The Metallurgical Society of AIME，1980. 81～102

[7] Wefers K，Bell G M. Oxides and hydroxides of aluminum，Alcoa Tech. Paper No. 19, 18，AlCOA，Pittsburgh，1972

[8] Yamada，K et al. Dehydration products of gibbsite by rotary kiln and stational calciner. Light Metals 1984（McGeer J P, ed.）. Warrendale：The Metallurgical Society of AIME, 1984. 157～171

[9] 王文光. 氢氧化铝流态化焙烧技术的发展. 第五届全国流态化会议文集. 1990，4. 366～370

[10] 厦门氧化铝厂. Φ1500mm 沸腾煅烧试验小结. 1973. 3

[11] Lussky E W. Experience with operation of the Alcoa fluid flash calciner. Light Metals 1980（McMinn C J, ed.）. Warrendale：The Metallurgical Society of AIME. 1980, 69～79

[12] Sibly J M，Buckett L N. Alcoa of australia limited western australian alumina refining operation. Light Metals 1981（Bell G M, ed）. Warrendale：The Metallurgical Society of AIME，1981. 129～138

[13] Reh L. The Lurgi-VAW circulating fluid bed process for calcining aluminum trihydrate. Tecno-Germ，Beijing：Sep，1975. 5～18

[14] Schmidt H W，Beisswenger H. Practical experience with the operation of Lurgi/VAW fluid bed calciners. 105th AIME Annual Meeting，Las Vegas，Nevada，1976

[15] Shimano S. Lurgi fluid bed calciner for sandy alumina. 4th International Conference on Fluidization，1983

[16] Raahauge B E，Hansen P H，Theisen K，Nickelsen J. Application of gas suspension calciner in relation to Bayer hydrate properties. Light Metals 1981，（Bell G M, ed）. War-

rendale：The Metallurgical Society of AIME，1981．229～249

［17］ Smidth F L．Revised proposal for one gas suspension calciner for alumina plant capacity 1300mtpd，F．L．Smith，1989，4，7

［18］ 包月天，厉衡隆．气体悬浮煅烧炉在氧化铝生产中的应用．第五届全国流态化会议文集．1990，4，362～365

［19］ Surana M S et al．Calcination in gas suspension：Theory and experience．Warrendall：The Metallurgical Society Inc，1987

［20］ 山东铝厂研究所．时产200kg氧化铝悬浮闪速焙烧试验报告．1982．1

［21］ Anderson R B．The Fischer-Tropsch Synthesis．New York：Academic Press，1984

［22］ Wender I．Reactions of synthesis gas．Fuel Processing Technology，1996，48（3）：189～297

［23］ 张碧江．煤基合成液体燃料．太原：山西科技出版社，1993

［24］ 吴达才．中国发展合成燃料可能性的探讨．山西能源．1993，（4）：1～9

［25］ 周敬来，张碧江．MFT法煤制合成汽油．煤炭综合利用译丛．1991，14（1）：1～6

［26］ Dry M E．The Fischer-Tropsch process——commercial aspects．Catalysis Today，1990，6（3）：183～206

［27］ Zhao，R．Goodwin，J．G．，Oukaci，R．Attrition assessment for slurry bubble column reactor catalysts．Applied Cataltsis A：General，1999（189）：99～116

［28］ Espinoza R L Steynberg A P，Jager B，Vosloo A C．Low temperature Fischer-Tropsch synthesis from Sasol perspective．Applied Catalysis A：General，1999，186（1，2）：13～26

［29］ Mansker，Yin L D，Bukur D B，Datye A K．Characterization of slurry phase iron catalysts for fischer-Tropsch synthesis．Applied Catalysis A：General，1999，186（1，2）：277～296

［30］ Sie，Senden S T M M G，van Wechem H M H．Conversion of natural gas to transportation fuels via the Shell middle distillate synthesis process（SMDS）．Catalysis Today，1991（8）：371

［31］ Sie S T．Process development and scale-up IV．Case history of development of a Fischer-Tropsch synthesis process．Rev．Chem．Eng，1998，14（1，2）：109～157

［32］ Schulz H．Short history and present trends of Fischer-Tropsch synthesis．Applied Catalysis A：General，1999，186（1，2）：3～12

［33］ 化工部第二设计院．50万吨/年煤基合成油厂预可行性研究报告．1997

［34］ Chang C D，Lang W H，Silvestri A．Conversion of synthesis gas to hydrocarbons mixtures．1978，US Patent 4，96，163

［35］ Allum K G，Williams A R．Operation of the world's first gas-to-gasoline plant．Studies in Surface Science Catalysis，1988（36）：691～711

［36］ Inui T，Takegami Y．Liquid hydrocarbon synthesis from syngas on the composite catalyst of Pd-doped metal oxides and ZSM-5 class zeolite．ACS Symp．Ser，1982（27）：982～

998

[37] Comelli R A, Figoli N S. Synthsis of hydrocarbons from syngas using mixed Zn-Cr ox-ides: amorphous silica-alumina catalysts. Ind. Eng. Chem. Res, 1993 (32): 2474～2477

[38] Simard, Sedren F U A, Sepulveda J, Figoli N S, de Lasa H. ZnO-Cr$_2$O$_3$＋ZSM-5 cata-lyst with very low Zn/Cr ratio for the transformation of synthesis gas to hydrocarbons. Appl. Catal. A. General, 1995, 125 (1): 81～98

[39] Kam A Y, Lee W. Fluid bed process studies on conversion of methanol to high octane gasoline. Final Report. FE-2490-15, 1978

[40] W. 凯姆 (Keim). C1 化学中的催化. 黄仲涛等译. 北京: 化学工业出版社, 1989

[41] 丁百全, 李涛, Beenackers A A C M, Vanderluan G P. Overview of Fischer-Tropsch synthesis in slurry reactors. 中国化学工程学报, 2000, 8 (3): 255～266

[42] Studer D W, Holley E P, Hsiung T H, Mednik R L. Indierct Liquefaction Contactor Review Meeting, Pittsburgh, Dec, 1987. 8～9

[43] Lu, Teng W Z L H, Xiao W D. Simulation and experiment study of dimethyl ether syn-thesis from syngas in a fluidized bed reactor. Chem. Eng. Sci, 2004, 59 (22, 23): 5455～5464

[44] Du M X et al. 从 CO＋H$_2$ 合成甲醇和二甲醚的反应过程和动力学的研究 II. 动力学模型. 煤炭转换, 1993, 16 (4): 68～75

[45] Lu W Z, Teng L H, Xiao W D. 合成气合成二甲醚流态化反应器的理论分析. 天然气化工, 2002, 27 (4): 53～61

[46] 赵骧, 佟浚芳, 蒋燕清. 国内外二甲醚市场现状与发展前景. 化肥工业, 2005, 32 (4): 10～17, 24

[47] 赵敏杰. 沸腾床铁钼催化剂甲醇制甲醛研究. 精细石油化工, 2002 (6): 18～22

[48] 李均伦, 夏代宽. 铁钼催化剂上甲醇氧化制甲醛宏观动力学的研究. 天然气化工: C1 化学与化工, 2000, 25 (3): 9～14、19

[49] Avidan A A, Edwards M. Modelling and scale-up of Mobil's fluid-bed MTG process. Fluidization V (Ostergaard K, Soersen A, ed.). New York: Engineering Foundation, 1986. 457～464

[50] Edwards M, Avidan A A. Conversion model aids scale-up of Mobil's fluid-bed MTG process. Chem. Eng. Sci, 1986 (41): 829～835

[51] Chang C D, Silvestri A J. MTG: Origin, evolution, operation. Chemtech, 1987 (17): 624～631

[52] Zaidi H A, Pant K K. Catalytic conversion of methanol to gasoline range hydrocarbons. Catalysis Today, 2004, 96 (3): 155～160

[53] Redwan D S. Methanol conversion to olefins over high-silica zeolites in continuous flow fixed bed reactor. Pet. Sci. Technol, 1977, 15 (1, 2): 19～36

[54] Hammon U, Kotter M, Riekert L. Formation of ethane and propene from methanol on

zeolite ZSM-5 II. Preparation of finished catalysts and operation of a fixed bed pilot plant. Applied Catalysis，1988（37）：155～174

[55] Schoenfelder H，Hinderer J，Werther J，Keil F T. Methanol to olefins-Prediction of the performance of a circulating fluidized bed reactor on the basis of kinetic experiments in a fixed-bed reactor. Chem. Eng. Sci，1994，49（24）：5377～5390

[56] Soundararajan S，Dalai A K，Berruti F. Modelling of methanol to olefins（MTO）process in a circulating fluidized bed reactor. Fuel，2001，80（8）：1187～1197

[57] 曹湘洪. 重视甲醇制乙烯、丙烯的技术开发，大力开拓天然气新用途. 当代石油化工，2004，12（12）：1～6

[58] 洪汇. 丙烯腈流化床反应器评述. 石油化工，1998，27（3）：221～225

[59] 王炜，吴德荣. 丙烯腈 UL 型流化床反应器的开发与探索. 医药工程设计，1998，16（6）：1～3

[60] 陈秉辉，戴敬镰，吕德伟等. UL 型丙烯腈流化床反应器的开发研究. 第六届全国流态化会议文集. 1993，10，612～616

[61] 魏飞，胡永琪，赖志平等. 丙烯氨氧化循环流化床反应器教学模型. 石油化工，1998，27（4）：276～280

[62] 陈丰秋，阳永荣. 乙烯氧氯化工业反应器的模型化. 高校化学工程学报，1994，8（4）：345～350

[63] 陈丰秋，阳永荣. 乙烯氧氯化反应技术的研究 II：反应历程及动力学. 石油化工，1994，23（7）：421～425

[64] Jenkins J M，Jones R L，Jones T M et al. Method for fluidized bed polymerization. 1986，US Patent 4588790

[65] Xie T，McAuley K B，Hsu J C C，Bacon D W. Gas phase ethylene polymerization. Proparation process，polymer properties and reactor modeling. Ind. Eng. Chem. Res，1994（33）：449～479

[66] Hutchinson，Chen R A C M，Ray W H. Polymerization of olefins through heterogenous catalysis. X. Modelling of particle growth and morphology. J. Appl. Polym. Sci，1992（44）：1389～1414

[67] Chatzidoukas C，Perkins J D，Pistikopoulos E N，Kiparissides C. Optimal grade transition and selection of closed-loop controllers in a gas-phase olefin polymerization fluidized bed reactor. Chem. Eng. Sci，2003，58（16）：3643～3658

[68] 田玉善. 气相聚乙烯 BCG 催化剂的工业应用. 合成树脂及塑料，2003，20（5）：21～23

[69] Caracotsios D M. Theoretical modeling of Amoco's gas phase horizontal stirred bed reactor for manufacturing of polypylene resins. Chem. Eng. Sci，1992，47（9～11）：2591～2596

[70] Zacca J J，Debling J A，Ray W H. Reactor residence time distribution effects on the multistage polymerization of olefins I. Basic principles and illustrative examples，polypropyl-

ene. Chem. Eng. Sci, 1996, 51 (21): 4859~4886

[71] Hatzantonis H, Yiannoulakis H, Yiagopoulos A et al. Recent developments in modeling gas-phase catalyzed olefin polymerization fluidized-bed reactors: The effect of bubble size variation on the reactors performance. Chem. Eng. Sci, 2000 (55): 3237

[72] Kim J V, Choi K Y. Modelling of particle segregation phenomena in a gasphase fluidized bed olefin polymerization reactor. Chem. Eng. Sci, 2001, 56 (13): 4069~4083

第七章　生化与环境流态化过程

7.1　生化过程概述

7.1.1　生物类型及其培养

与前几章无生命的化学过程不同，生化过程是有生物体（organism）参与的物质转化过程，是一个包含了自然界无机物和有机物参与的、有生命和无生命的最为复杂的化学反应（变化）的过程，涉及细胞（cell）、微生物（microorganism microbe）、动物（animal）、植物（plant）等进行的各种生化过程。微生物分为原核生物和真核生物，原核生物包括细菌（bacteria）和古生菌（Archaebacteria）；真核生物包括真菌（fungi）、藻类（algae）、原生动物。这些微生物是有生命的，并有丝状、棒状、球状和椭球状等不同外形。工业用微生物主要有细菌、放线菌、立克次氏体等原核生物和酵母、霉菌、藻类等真核生物[1,2]。

自然界维生物可在液态水条件下生存，为温度−20℃的盐水，120℃的加压水下生存。细菌种类不同，其生存的温度、气氛条件也不同[1,3]。一般在 20～50℃生长快速；有的在低于 20℃生长快速，称嗜冷菌；有的在高于 50℃下生长快速，称嗜热菌；有的生长需要氧气，称好氧（气）菌；有的生长不需要氧气，称厌氧（气）菌。

细菌有好氧（气）细菌和厌氧（气）细菌的不同，因而培养类型分为好氧（气）培养、厌氧培养和兼性培养三类，如酵母菌通空气有氧时则大量繁殖菌细胞，缺氧厌气发酵时则积累酒精，兼性发酵生产酒精。微生物原核细胞缺乏蛋白质转录后的修饰能力，因而，不能从原核细胞培养产生的生物活性物质，只能通过动物细胞的培养而获得。利用动物细胞具有蛋白质转录后的修饰能力，采用注入外来基因的方法，改变细胞属性。1973 年发明了 DAN 重组技术，1975 年发明了杂交瘤技术，使生物技术进入被称之为新生物技术（new biotechnolgy）的新阶段。动物细胞培养可以获得从简单分子到复杂蛋白质等一系列产品如单可隆抗体、生物免疫调节剂、病毒疫苗、激素、酶、杀虫剂、人造器官等，开创了新的分子生物学、遗传学及生物化学方面的时代。近三十年来生物技术经历了孕育、生长的医药生物技术阶段、农业生物技术和海洋生物技术的发展阶段，当前被广泛认为是工业生物催化兴起的新阶段[4,5]。

培养的方式又有悬浮培养、固定化培养之别；培养过程又分为分批（间歇）培养、单级和多级串联连续培养、补料分批培养、循环连续培养等。好氧（气）、悬浮培养是将菌种自由分散在液体培养基中，通入必要的氧气，培养温度的控制、反应热、营养成分和氧气的传递对培养生长速率具有重要意义。厌氧（气）、悬浮培养则不必通入氧气，尽管没有氧传递的问题，但培养温度的控制、反应热和营养成分的传递依然是关键因素。固定化培养是将菌种预先固定在载体中然后在液体培养基中培养，有时采用悬浮培养和固定化培养相结合或全固定化培养的方法。固定化培养可强化营养成分和氧气的扩散传递速率，提高培养速率，同时也便于反应热的移出，固定化三相流态化培养技术是近年来微生物发酵过程的发展方向。

7.1.2　生物代谢及其产物

微生物的培养包括营养物质的吸收、消化、中间（分解与合成的）代谢和排泄等过程，产生细胞增殖，增加新的生物量，同时产生代谢产物（初级代谢产物和次级代谢产物）。生活细胞通过对葡萄糖和其他碳水化合物的氧化而获得能量，进而合成自身的新物质，这就是所谓的新陈代谢。

7.1.2.1　代谢途径

许多微生物都有分解己糖和烷烃的能力[3,4]，其主要途径是 EMP 途径，即将己糖分解为尼克酰胺腺嘌呤核苷酸（$NADH_2$）和 1，3-二磷酸甘油酸，进而形成三磷酸腺苷（ATP）和 3-磷酸甘油酸，后者可进一步转化为第二个三磷酸腺苷和丙酮酸。经过 10 个步骤，一分子葡萄糖可生成两分子丙酮酸、两分子三磷酸腺苷（ATP），并使两分子尼克酰胺腺嘌呤核苷酸（NAD）转化为还原型尼克酰胺腺嘌呤核苷酸（$NADH_2$），该代谢称之为糖酵解途径。在无氧时，丙酮酸在胞液内受 H 还原成乳酸，而在有氧条件下，丙酮酸将进入细胞的线粒体，发生氧化脱羧生成乙酰辅酶 A（HS-CoA），继而进入三羧酸循环（TCA）途径。

三羧酸循环（TCA）途径，其中出现柠檬酸等几个有机酸，故又称柠檬酸循环。三羧酸循环是将生成的丙酮酸和脂肪酸进一步氧化，经过不同有机酸或酶的中间产物至草酰乙酸而再生。在三羧酸循环（TCA）中得到三分子 $NADH_2$ 或 $NADPH_2$ 和一分子还原性黄素蛋白，$NADPH_2$ 将参与生化还原反应。$NADH_2$、$NADPH_2$ 和乙酰辅酶 A 中的乙酰基最终被氧化成 CO_2 和 H_2O。

PP 途径是氧化戊糖-磷酸途径。在己糖激酶和 ATP 的参与下，葡萄糖被转化成 6-磷酸葡糖，在 6-磷酸葡糖脱氢酶的作用下，经脱氢脱羧生成 5-磷酸核酮糖，磷酸戊糖转变为 6-磷酸果糖，经再度异构化成 6-磷酸葡糖。6 个分子 6-磷酸葡糖形成 5 个分子 6-磷酸葡糖、6 个分子 CO_2 和 12 个分子 $NADPH_2$ 而构成封闭系统。

ED 途径即 Entener-Doudoroff 途径或 KDPG 途径。在己糖激酶和 ATP 的参与下，己糖转化为 2-酮基-3-脱氧-6-磷酸葡糖酸（KDPG），在缩醛酶的作用下，进一步转化为 3-磷酸甘油醛和丙酮酸。丙酮酸在氧化条件下可脱氢和脱羧而形成乙酰辅酶 A，乙酰辅酶 A 可使 C_2 化合物转化为脂肪、聚乙酰和类异戊二烯等。

碳水化合物，特别是甲烷和长链正烷烃，通过一些酶的复合物的作用进行末端氧化而产生伯醇，然后形成醛、链烷酸和脂肪酸，再通过 β 氧化或 β 和 ω 氧化作用，转化为二碳化合物而进入三羧酸循环（TCA）或其他生物合成反应。

7.1.2.2　代谢类型

微生物类型不同，代谢过程及其产物有所不同。有一类培养代谢过程是细胞吸收糖等物质进行分解代谢而形成细胞物质，并生成初级代谢产物，所发生的生化反应为简单异化反应；第二类培养代谢过程是细胞利用培养液中的营养成分进行增殖，细胞数量积累达到一个最大值，其代谢产物通过合成代谢而形成次级代谢物质，并达到一个最大值，所发生的生化反应为较复杂的合成反应，如青霉素、链霉素的形成等；第三类微生物培养过程的代谢产物，既不是由分解代谢，也不是由合成代谢而产生，而是通过能量代谢的间接途径而形成的，反应机制更复杂，许多氨基酸如柠檬酸、尼克酸、发酵过程就属于这种情况。此外，有的代谢产物的形成途径是有别于上述三类的复杂过程，如四环素的形成过程是，在发酵过程中，首先形成初级菌丝体，再形成次级菌丝体并伴有抗生素的合成。

7.1.2.3　代谢产物

微生物种类不同，其所含基因不同，培养方法不同，生化反应不同，其新陈代谢产物也不同[2~4]，如假单孢菌可利用几茶酚、笨酚，固氮菌、根瘤菌可固氮，酵母菌可分解长链烷烃，真菌可分解糖、醇，杆菌可分解淀粉和高聚物等。初级代谢产物主要为溶剂、有机酸、氨基酸和维生素等；次级代谢产物主要为抗生素、多糖等，以及大分子产物如酶、重组蛋白等。

1. 厌氧发酵

糖的 EMP 酵解过程生成丙酮酸、ATP 和 $NADH_2$。ATP 储存在细胞里，在无氧条件下，丙酮酸将根据微生物和培养条件的不同，可转化为乙醇、乙酸、丙酸、乳酸、丙酮、丁醇、甘油等。如厌氧发酵时，乳酸杆菌会产生乳酸，梭状芽孢杆菌会产生丙酮、丁醇等；兼性发酵时，酵母菌通空气有氧时则大量繁殖菌细胞，缺氧厌气发酵时则积累乙醇。

2. 好氧发酵

在有氧条件下，糖的 EMP 酵解过程将进入 TCA 酵解循环。在 TCA 酵解循环中，将有大量中间产物累积，当加入可阻断循环中产生某产物的反应时，则该中间产物将大量累积。根据微生物和培养条件的不同，可获得如柠檬酸、顺乌头酸、α-酮戊二酸、琥珀酸、反丁烯二酸、苹果酸等。如好氧发酵时，微生物在生长繁殖时会产生溶剂、有机酸、氨基酸、嘌呤、嘧啶核苷酸、维生素、多糖等初级代谢物，黑曲霉会产生柠檬酸，棒状杆菌会产生谷氨酸，黄单孢菌会产生多糖等。

7.1.3　生化过程及其应用

生物反应过程不仅涉及动量、质量、热量的传递，而且还有生物信息的传递，不仅是有关通常物相之间，而且还与细胞壁（膜）的结构特性有关的传递过程，所发生的反应为生物酶所控制和调节的化学反应。可以说，生物化学过程是个四传（动量、质量、热量、信息传递）一反（酶促反应）的复杂过程。生化过程按反应类型分，主要有生物转化（biotransformation）、生物降解（biodegradation）和生物催化（biocatalysis）[6]。生物转化是利用生物细胞的发酵作用及其代谢合成，将自然界中的有机物和无机物转变为活性细胞及其代谢产物，在这个意义上，可以说是生物合成；生物降解是利用生物发酵作用将大分子化合物转化为小分子产物，即生物分解，实质上也是一种生物转化；生物催化是利用特定生物体（微生物、动、植物等）代谢过程的特殊产物，即生物发酵所产生的活性酶，选择性地加速所期望的化学反应过程，以生产某些产品。因而，生化过程也可归结为生物发酵过程和酶促反应过程两大类。

微生物、动、植物细胞培养、基因工程技术和酶反应过程已逐步在医药化工、精细化工、有机合成、能量转换、生态环境、生物农业等领域发挥日益重要和不可替代的作用。生物催化转化是应用最普遍的领域，已逐渐替代了某些传统的化学催化工艺。目前医药化工产品、精细化工产品、食品添加剂等是生化过程产量最大、产值最高的产品。我国在生物化工过程开发方面进行了卓有成效的工作，有的产品从产量和技术均居世界领先水平。

7.2　细胞反应过程

7.2.1　生物细胞的培养

利用生物细胞或细菌的培养进行生化反应过程有着广阔的发展前景。维持适宜温度、提供足够的营养和适宜的气氛等是有效培养微生物的关键因素，而消毒灭菌、防止感染是保持微生物生存、实现发酵的先决条件。微生物细胞或细菌的培养通常是根据目标产品选育好菌种或细胞，在合适的温度、气氛和碳源（C）、氮源（N）、氧（O）、维生素、激素、无机盐以及其他微量元素等的培养基中，通过摇瓶、种子罐培养进行多级扩种，然后进入反应器进行大规模培养，到达终点后，将发酵液取出，胞外产品的上清液进行分离纯化，胞内产品需将细胞破碎后分离提取，最后得到制剂产品，如图 7-1 所示[2]。该过程是通过微生物细胞的培养将普通的有机物和无机物转化为特定性能的新产品。

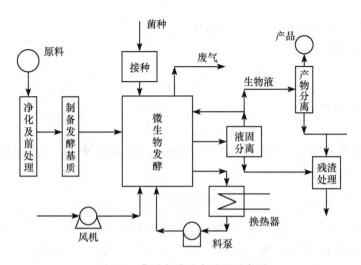

图 7-1　典型发酵基本过程示意图

生物培养过程的重要议题是生物细胞或细菌的生长速率，即细胞生长动力学。将菌种或细胞一次加入到一封闭、装有培养基的反应器系统中，通入空气，微生物或细胞处在限制性条件下繁殖、生长和代谢，同时产生 CO_2，不断排出废气。微生物培养的生长过程如图 7-2 所示。接种后有一适应阶段，细胞增加不明显称为延滞期；接着开始大量繁殖，有一短暂的加速期；由于营养充足、代谢物

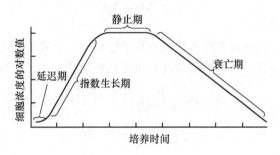

图 7-2　微生物生长量随时间的变化

少，细胞呈对数增长达到对数增长期，细胞大量繁殖；随着营养的迅速消耗和有害物质的积累，细胞浓度不再增加，达到了稳定期，细胞浓度最大；经过一段时间，由于环境的恶化和细胞的衰老，活细胞浓度不断下降称之为衰亡期，表现出典型的周期性[2]。

细胞生长过程通常在减速期以前结束，因而细胞对数增殖的生长动力学可用下式表示

$$\frac{dC_S}{dt} = \mu C_S \tag{7-1}$$

式中：μ 为生长比，可用如下公式估计

Monod 方程

$$\mu = \mu_{max} \cdot \frac{C_S}{k_s + C_S} \tag{7-2}$$

Tessier 方程

$$\mu = \mu_{max}(1 - e^{-k_s}) \tag{7-3}$$

式中：k_s 为饱和常数，通常为 $0.1 \sim 100 \text{mg/L}$。细胞增殖一倍所用的时间叫倍增时间，记为 t_d，则有

$$t_d = \frac{\ln 2}{\mu} = \frac{0.693}{\mu} \tag{7-4}$$

对于细菌，$t_d = 0.25 \sim 1\text{h}$；酵母 $t_d = 1.15 \sim 2\text{h}$，霉菌 $t_d = 2 \sim 6.9\text{h}$，动物细胞 $t_d = 15 \sim 100\text{h}$，植物细胞 $t_d = 24 \sim 75\text{h}$。这说明，细菌或真菌的生长速度远远高于动、植物细胞的生长速度，在实际工业应用中有其明显优势，但原核生物细胞缺乏蛋白质转录后的修饰能力，许多生物活性蛋白不能由原核微生物细胞产生，只能通过动物细胞培养得到。

有些细胞生长速率与限制性基质浓度有关[2]，生长速度随其浓度的增加而减慢，即表现为限制性基质抑制的特征，如假丝酵母/乙酸剂体系，生长动力学方程中的生长比可表示为

$$\mu = \frac{\mu_m}{1 + k_s/C_S + C_S/k_{is}} \tag{7-5}$$

式中：k_{is} 为抑制常数。

有些细胞生长过程随着细胞代谢产物浓度的增加，其生长速度会减慢，即表现为产物抑制的特征，不同的研究者给出不同的表达式[2]，现列其三

$$\mu = \mu_m \frac{C_S}{k_s + C_S}(1 - kC_p); \tag{7-6}$$

$$\mu = \mu_m \frac{C_S}{k_s + C_S} \exp(-kC_p); \tag{7-7}$$

$$\mu = \mu_m - k_1(C_p - k_2). \tag{7-8}$$

7.2.2　培养过程

细胞生长动力学特点的不同，培养过程的方式和反应器形式也应有所不同，选择与根据细胞生长动力学特点相适应的培养过程，以期用最少的消耗和投资而获得最高的产量。

7.2.2.1　培养过程物质变化

生物细胞或细菌的培养过程将消耗碳源（C）、氮源（N）、氧（O）以及其他微量元素等营养成分，而细胞（X）发生增殖，并得到产物（P）、CO_2、H_2O 等（厌氧培养时，$C_{O_2}=0$），该过程所产生的质量变化分别为 ΔC_C、ΔC_N、ΔC_{O_2}、ΔC_X、ΔC_P、ΔC_{CO_2}、ΔC_{H_2O}，由质量守恒，有

$$\Delta C_C + \Delta C_N + \Delta C_{O_2} = \Delta C_X + \Delta C_P + \Delta C_{CO_2} + \Delta C_{H_2O} \tag{7-9}$$

令 S 代表基质的总碳源，并定义 $Y_{X/S}$、$Y_{X/O}$ 分别为基质消耗得率系数、氧消耗得率系数，且

$$Y_{X/S} = \frac{\Delta C_X}{\Delta C_S} \tag{7-10}$$

$$Y_{X/O} = \frac{\Delta C_X}{\Delta C_{O_2}} \tag{7-11}$$

基质用于细胞生长、产物生成和细胞维持，下面进一步分析细胞代谢过程物质变化，其得率系数分别为 Y_G、Y_P、m。

1. 基质的消耗

根据上述定义，基质的消耗率可表示为

$$-\frac{dC_S}{dt} = \frac{\mu}{Y_G}C_X + mC_X + \frac{1}{Y_P} \cdot \frac{dC_P}{dt} \tag{7-12}$$

单位细胞的消耗速率 q_s 可定义为

$$q_s = -\frac{1}{C_X} \cdot \frac{dC_S}{dt} \tag{7-13}$$

2. 产物的生成

单位细胞的产物生成量 q_P 可定义为

$$q_P = \frac{1}{C_X} \cdot \frac{dC_P}{dt} \tag{7-14}$$

产物的生成与细胞生长速率有关，即

$$\frac{dC_P}{dt} = Y_{P/X}\frac{dC_X}{dt} = Y_{P/X}\mu C_X \tag{7-15}$$

式中：$Y_{P/X}$ 为细胞的产物得率系数。

微生物类型不同，发酵条件不同，其代谢产物及生成量各异。初级代谢产物，其生成速率取决于细胞生长速率，葡萄糖氧化成乙醇或乳酸或葡萄糖酸属于此类，表示出如下的依赖关系

$$\frac{\mathrm{d}C_P}{\mathrm{d}t} = \alpha\,\frac{\mathrm{d}C_X}{\mathrm{d}t} + \beta C_X \tag{7-16}$$

有些细胞代谢与细胞生长过程无关，次级代谢产物的生产，细胞生长时，没有产物累积，产物生成似乎与细胞生长无关；生长停止时，产物大量累积，抗生素青霉素生产属次类，则

$$\frac{\mathrm{d}C_P}{\mathrm{d}t} = q_P C_X - k C_P \tag{7-17}$$

式中：α、β 为实验常数；k 为不稳定产物失活常数。

7.2.2.2　培养方式

微生物的培养方式有分批培养，见图 7-3（a）；连续培养：单级连续培养，见图 7-3（b，c），连续循环培养，见图 7-3（d，e）；多级连续培养，见图 7-3（f，g），多级连续循环培养，见图 7-3（h）；补料培养：单级补料分批培养，见图 7-3（a），单级补料连续培养，见图 7-3（c），多级补料连续培养，见图 7-3（g），多级补料连续循环培养，见图 7-3（i）等。

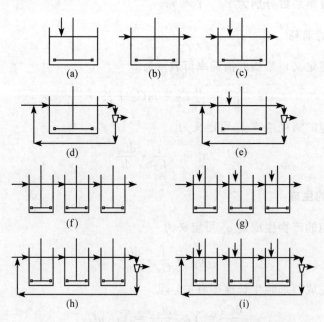

图 7-3　微生物培养的反应系统的类型和操作方式

单级培养用于获得生物量的生产过程，其操作可以是分批的，也可以是连续的，连续操作较分批操作可节省时间而有较高的生产效率，过程运行在对数生长期，从培养液中分离出生物产品。循环培养可充分利用反应底物，同时有部分细胞返回，增加细胞浓度，提高产量。多级连续培养，除可充分利用底物外，可使生长缓慢的细胞产物有足够的生长期和足够的生长量。

1. 分批培养

分批培养的特征是，反应器中的培养液的体积恒定，培养液的基质和细胞初始浓度给定，并在合适的培养条件下培养，考察基质浓度、细胞量、产物量随时间的变化。

用基质总体消耗得率系数表示，如

$$-\frac{dC_S}{dt} = \frac{\mu}{Y_{X/S}}C_X \qquad (7\text{-}18)$$

单位细胞的消耗速率 q_s 可定义为

$$q_s = -\frac{1}{C_X} \cdot \frac{dC_S}{dt} = \frac{\mu}{Y_{X/S}} \qquad (7\text{-}19)$$

产物的生成与细胞生长速率有关，即

$$\frac{dC_P}{dt} = Y_{P/X}\frac{dC_X}{dt} \qquad (7\text{-}20)$$

因此单位细胞的产物生成量可表示为

$$q_P = \frac{1}{C_X} \cdot \frac{dC_P}{dt} = \frac{Y_{P/X}}{C_X} \cdot \frac{dC_X}{dt} \qquad (7\text{-}21)$$

2. 连续培养

连续发酵是以一定速度向发酵罐内添加新鲜培养液，同时以相同速度排出培养液，罐内液量和发酵条件恒定，可保持较高的细胞浓度和生长速率。连续发酵可采用单罐或多罐串联，罐内若充分搅拌混合，出口浓度则与罐内一致，多级串联则可提高原料利用率和目标产品产率。控制方式又分控制细胞浓度恒定称之为恒浊器（turbidostat）法和控制恒定输入营养液的恒化器（chemostat）法。

理想的连续培养是培养液通过返混程度较低，甚至为活塞流反应器（PFR）来实现，但工业化应用存在很多困难，仍在研制中，最近的发展是把固定化细胞技术和连续培养法结合，已用于生产丙酮、丁醇、正丁醇、异丙醇等重要工业溶剂。

（1）单级连续培养

单级连续培养的特征是，给定初始基质浓度的培养液和细胞以恒定流率，通过合适培养条件的反应器进行连续培养，考察基质浓度、细胞量、产物量随时间的变化。培养液通过反应器的流型，即是活塞流，还是全混流或是两者之间的过渡状态，对细胞的增长速率有重要影响。

对于全混流流动的连续培养：

细菌量的平衡是

$$FC_X = V\left(\frac{dC_X}{dt}\right)_G - V\frac{dC_X}{dt} \tag{7-22}$$

$$\frac{dC_X}{dt} = \left(\frac{dC_X}{dt}\right)_G - DC_X = (\mu - D)C_X \tag{7-23}$$

该式表明，通过控制稀释率 D 可以控制细胞的增长速率。当 $\frac{dC_X}{dt}=0$ 时，即细胞浓度保持恒定的培养，此时有

$$\mu = D_c = \frac{\mu_m C_{S0}}{K_S + C_{S0}} \tag{7-24}$$

或当 $D < D_c$ 时

$$C_S = \frac{K_S D}{\mu_m - D} \tag{7-25}$$

式中：D_c 为临界稀释率。

基质的平衡是

$$FC_{S0} = FC_S - V\left(\frac{dC_S}{dt}\right)_C + V\frac{dC_S}{dt} \tag{7-26}$$

$$\frac{dC_S}{dt} = D(C_{S0} - C_S) - \left(\frac{dC_S}{dt}\right)_C = D(C_{S0} - C_S) - \frac{\mu C_X}{Y_{X/S}} \tag{7-27}$$

对于稳态过程，即 $\frac{dC_S}{dt}=0$，则

$$C_X = Y_{X/S}(C_{S0} - C_S) = Y_{X/S}\left(C_{S0} - \frac{K_S D}{\mu_m - D}\right) \tag{7-28}$$

或

$$DC_X = DY_{X/S}\left(C_{S0} - \frac{K_S D}{\mu_m - D}\right) \tag{7-29}$$

对于活塞流流动的连续培养：

细菌量的平衡是

$$FC_X - F(C_X + dC_X) = A_t\left(\frac{dC_X}{dt}\right)_G dz - A_t\frac{dC_X}{dt}dz \tag{7-30}$$

$$-FdC_X = \left(\frac{\mu C_X}{Y_{X/S}} + \frac{dC_X}{dt}\right)A_t dz \tag{7-31}$$

当 $\frac{dC_X}{dt}=0$ 时

$$C_X = C_{X0} \exp\left(-\frac{\mu}{Y_{X/S}U_0}z\right) \tag{7-32}$$

基质的平衡是

$$FC_S - F(C_S + dC_S) = A_t\left(\frac{dC_S}{dt}\right)_G dz + A_t \frac{dC_S}{dt}dz \tag{7-33}$$

$$-FdC_S = \left(\frac{\mu C_X}{Y_{X/S}} + \frac{dC_S}{dt}\right)A_t dz \tag{7-34}$$

对于稳态过程，即 $\dfrac{dC_S}{dt}=0$，则

$$C_S = C_{S0} - \frac{\mu C_X}{Y_{X/S}U_0}z \tag{7-35}$$

（2）多级串联连续培养

对于等体积培养液的多级全混串联培养系统，第 j 级的各个参量如下

细胞浓度

$$C_{X_j} = \frac{D_j C_{X_{j-1}}}{D_j - \mu_m} \tag{7-36}$$

细胞生长速度

$$\mu_j = D_j\left(1 - \frac{C_{X_{j-1}}}{C_{X_j}}\right) \tag{7-37}$$

限制性基质浓度

$$C_{S_j} = C_{S_{j-1}} - \frac{\mu_j C_{X_j}}{DY_{X/S}} \tag{7-38}$$

产物浓度

$$C_{P_j} = C_{P_{j-1}} + \frac{q_P C_{X_j}}{D_j} = C_{P_{j-1}} + \frac{Y_{P/X}\mu_j C_{X_j}}{D_j} \tag{7-39}$$

由动力学，反应产物速率为

$$r_{X_j} = \mu_j C_{X_j} \tag{7-40}$$

第 j 级的物料平衡，有

$$r_{X_j} = D_j(C_{X_j} - C_{X_{j-1}}) \tag{7-41}$$

故得到

$$C_{X_j} = C_{X_{j-1}} + \frac{r_{X_j}}{D_j} \tag{7-42}$$

根据过程的动力学关系和稀释率，可确定各级的产物浓度，或根据各级的产物浓度的要求，确定要控制的稀释率，继而进行反应器结构设计。

对于二级的简单多级系统

$$FC_{S_1} - FC_{S_2} - \frac{\mu_2 C_{X_2} V}{Y_{X/S}} = V \frac{dC_S}{dt} \tag{7-43}$$

$$FC_{X_1} - FC_{X_2} + \mu_2 C_{X_2} V = V \frac{dC_{X_2}}{dt} \tag{7-44}$$

稳态时，$\dfrac{dC_{S_2}}{dt} = 0$；$\dfrac{dC_{X_2}}{dt} = 0$，则

$$\mu_2 = D\left(1 - \frac{C_{X_1}}{C_{X_2}}\right) \tag{7-45}$$

$$C_{X_2} = \frac{D}{Y_{X/S}}(C_{S_0} - C_{S_2}) \tag{7-46}$$

根据 Monod 方程，有

$$\mu_2 = \mu_m \frac{C_{S_2}}{K_2 + C_{S_2}} \tag{7-47}$$

$$(\mu_m - D)C_{S_2}^2 - \left(\mu_m C_{S_0} - \frac{K_S D^2}{\mu_m - D} + K_S D\right)C_{S_2} + \frac{K_S D^2}{\mu_m - D} = 0 \tag{7-48}$$

由式（7-48）求解出 C_{S_2}，然后求得 C_{X_2}。

3. 循环连续培养

培养过程是个自催化过程，菌体浓度越高，增殖的速率越快，因而在连续培养过程时，往往需要从流出液中分离出细胞不断返回培养系统以提高产率，如回流液的回流比为 α，其细胞浓度倍数为 β，根据物料衡算有
对细胞

$$\alpha\beta FC_X - (1+\alpha)FC_X + \mu C_X V = V \frac{dC_X}{dt} \tag{7-49}$$

当 $\dfrac{dC_X}{dt} = 0$，则有

$$D = \frac{\mu}{1 - \alpha(\beta - 1)} = \frac{\mu}{\omega} \tag{7-50}$$

$$C_X = \frac{Y_{X/S}(C_{S_0} - C_S)}{\omega} \tag{7-51}$$

对限制性基质

$$FC_{S_0} + \alpha FC_S - (1+\alpha)FC_S - \frac{\mu C_X V}{Y_{X/S}} = V \frac{dC_S}{dt} \tag{7-52}$$

当 $\dfrac{dC_S}{dt} = 0$，则有

$$C_X = \frac{D}{\mu} Y_{X/S}(C_{S_0} - C_S) \tag{7-53}$$

结合 Monod 方程，得到

$$C_s = \frac{K_s \omega D}{\mu_m - D} \tag{7-54}$$

$$C_X = \frac{Y_{X/S}}{\omega}\left(C_{s_0} - \frac{K_s \omega D}{\mu_m - D}\right) \tag{7-55}$$

$$D_C = \frac{1}{\omega} \cdot \frac{\mu_m C_{s_0}}{K_s + C_{s_0}} \tag{7-56}$$

由此不难看出，回流比 α 增大，临界稀释率 D_C 增大，细胞浓度 C_X 随之增大。在废水处理中，经常采用循环连续培养。

4. 补料分批培养

补料分批培养又称之为半连续发酵，工作状态介于分批发酵和连续发酵之间，是在分批发酵中，向发酵罐中补加一定的物料使培养液的营养物、pH 等保持和适应微生物生长及代谢需要，以提高产率。补料方式又分为单一补料和反复补料。单一补料即分一次或多次补料到发酵罐最大工作容积后，停止补料，发酵液一次排放；反复补料是在单一补料基础上，每隔一定时间按一定比例排放一部分发酵液，以保持补料时不超过最大工作容积。补料分批发酵有分批和连续两者优点，且克服了两者缺点，因而被广泛研究与工业应用。

补料分批培养的特征是，培养液的基质和细胞初始浓度给定，在合适的培养条件下并不断以恒定流量向反应器补充培养基质进行培养，考察基质浓度、细胞量、产物量随时间的变化。由于不断向反应器补充培养，因此反应器中培养液的体积 V 是随时间而变的。细胞的增长速率是

$$\frac{d(C_X V)}{dt} = \mu C_X V \tag{7-57}$$

$$V\frac{dC_X}{dt} + C_X\frac{dV}{dt} = \mu C_X V \tag{7-58}$$

因恒速流加且为 F，则

$$\frac{dV}{dt} = F \tag{7-59}$$

故

$$\frac{dC_X}{dt} = \left(\mu - \frac{F}{V}\right)C_X = (\mu - D)C_X \tag{7-60}$$

式中：D 称为稀释率，即

$$D = \frac{F}{V} \tag{7-61}$$

限制性基质的变化速率为

$$\frac{d(C_SV)}{dt} = \mu FC_{S0} - \frac{1}{Y_{X/S}} \cdot \frac{d(C_XV)}{dt} \tag{7-62}$$

或

$$\frac{dC_S}{dt} = D(C_{S0} - C_S) - \frac{\mu C_X}{Y_{X/S}} \tag{7-63}$$

产物生成量为

$$\frac{d(C_PV)}{dt} = q_P C_X V \tag{7-64}$$

或

$$\frac{dC_P}{dt} = q_P C_X - DC_P \tag{7-65}$$

7.3　酶促反应过程

7.3.1　生物催化概述

微生物在生长繁殖时会产生某些生物活性的代谢物，即生物酶，对生物体内的生化过程进行调控。在工业生产中，利用特定生物体（微生物、动、植物等）代谢过程的活性酶，选择性地加速对所期望的化学反应过程进行催化转化，以获得所需的产品，因此将这类生物催化化学过程又称为酶过程或酶促反应过程。

7.3.1.1　酶催化反应

目前微生物转化和催化大致可以分为微生物发酵催化、与菌体生长藕联的酶催化即生物细胞酶促反应、与菌体生长非耦联的酶催化过程即纯生物酶促反应三大类[7]。微生物发酵是转化，而且也是催化，已在 7.2 节中介绍了，这里就只论及后两类催化过程。

菌体生长与酶催化耦合过程是菌体的催化剂制备和催化反应同时进行的催化过程[7]，菌体只有在具有生命活力的时候才能起到催化作用，当菌体生长时，制备出酶催化剂，同时参与了有关化学反应，该类催化反应过程一般由菌体内多种酶耦合起来的串联催化反应所组成，其中经常涉及氧化还原状态的变化以及一些辅酶的再生等，典型的耦合催化过程如 1，3-丙二醇（1，3-PD）、维生素 C（VC）、长链二元酸的生产等。该类催化过程中副产物较多，分离负担重。

菌体生长与酶催化非耦合过程是生物催化剂的制备与酶催化过程是在不同的体系中进行的[7]。菌体在生长时通过各种措施在菌体内积累高活力的酶，经分离纯化而得到，然后可进行单独催化，因而不需要细胞在反应器内再生长。该过程催化反应的底物比较单一，常为一步催化，如葡萄糖异构酶、α-淀粉酶、腈水合酶、蛋白酶、脂肪酶等酶促反应过程，底物的转化率较高，一般都在 80% 以上。

7.3.1.2 酶促反应动力学

实验研究表明，酶催化反应过程主要分为两大步，即底物（S）与酶（E）之间的快速可逆反应而形成复合物（ES）和复合物离解脱附成产物（P）的慢速不可逆反应[1,2,3]。酶催化反应过程有单底物单产物、多底物多产物等不同，也有单酶和多酶的不同物系，酶催化反应及其动力学将是复杂的。

对于单底物酶催化反应

$$S + E \underset{k_{-1}}{\overset{k_{+1}}{\rightleftharpoons}} ES \overset{k_2}{\longrightarrow} P + E \tag{7-66}$$

酶反应速率可表示为

$$r = \frac{k_2 (C_{E0} C_S)}{C_S + (k_{-1} + k_{+1})/k_{+1}} = \frac{V_m \cdot C_S}{k_m + C_S} \tag{7-67}$$

其中

$$V_m = k_2 C_{E0} \tag{7-68}$$

该方程称 Michaelis-Menten 方程。

对于单底物抑制型反应

$$S + E \underset{k_{-1}}{\overset{k_{+1}}{\rightleftharpoons}} ES \overset{k_2}{\longrightarrow} P + E \tag{7-69}$$

$$S + ES \underset{k_{-s}}{\overset{k_{+s}}{\rightleftharpoons}} ES_2 \overset{k_2}{\longrightarrow} P + E \tag{7-70}$$

$$r = \frac{V_m \cdot C_S}{C_S + K_S + C_S^2/K_S} \tag{7-71}$$

其中

$$K_S = \frac{k_{+s}}{k_{-s}} \tag{7-72}$$

对于可逆酶催化反应

$$S + E \underset{k_{-1}}{\overset{k_{+1}}{\rightleftharpoons}} ES \underset{k_{-2}}{\overset{k_{+2}}{\rightleftharpoons}} P + E \tag{7-73}$$

$$r = \frac{V_m \cdot C_S - V_p K_{mp}/K_p}{C_S + K_m + K_{mp}/K_p} \tag{7-74}$$

其中

$$K_p = \frac{k_{-1} + k_{+2}}{k_{-2}} \tag{7-75}$$

$$V_p = k_{-1} C_E \tag{7-76}$$

对于双底物可逆酶催化反应

$$S_1 + E \underset{k_{-1}}{\overset{k_{+1}}{\rightleftharpoons}} ES_1 \tag{7-77}$$

其平衡常数

$$K_1 = \frac{C_E C_{S_1}}{C_{ES_1}} \tag{7-78}$$

对于可逆酶催化反应

$$S_2 + E \underset{k_{-1}}{\overset{k_{+1}}{\rightleftharpoons}} ES_2 \tag{7-79}$$

其平衡常数

$$K_2 = \frac{C_E C_{S_2}}{C_{ES_2}} \tag{7-80}$$

对于可逆酶催化反应

$$S_2 + ES_1 \underset{k_{-1}}{\overset{k_{+1}}{\rightleftharpoons}} ES_1 S_2 \tag{7-81}$$

其平衡常数

$$K_{12} = \frac{C_{ES_1} C_{S_2}}{C_{ES_1 S_2}} \tag{7-82}$$

对于可逆酶催化反应

$$S_1 + ES_2 \underset{k_{-1}}{\overset{k_{+1}}{\rightleftharpoons}} ES_1 S_2 \tag{7-83}$$

其平衡常数

$$K_{21} = \frac{C_{ES_2} C_{S_1}}{C_{ES_1 S_2}} \tag{7-84}$$

对于可逆酶催化反应

$$ES_1 S_2 \overset{k}{\longrightarrow} P + E \tag{7-85}$$

$$r = \frac{V_m^* \cdot C_{S_1}}{K_m^* + C_{S_1}} \tag{7-86}$$

$$V_m^* = \frac{k C_{E0} C_{S_2}}{K_{12} + C_{S_2}} \tag{7-87}$$

$$K_m^* = \frac{K_{21} C_{S_2} + K_1 K_{12}}{K_{12} + C_{S_2}} \tag{7-88}$$

7.3.1.3 酶促反应操作方式

酶促反应操作方式[3,4]有间歇式，见图 7-4（a），和连续式，通常采用连续式，其结构形式多样，操作方式各不相同，见图 7-4（b~k），如连续搅拌式、单级和多级，直流式和循环式等。

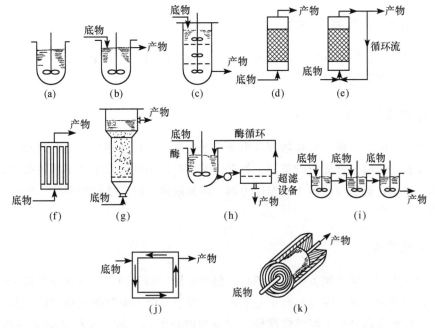

图 7-4　酶促反应的几种操作方式

7.3.2　生物细胞或酶的固定化

7.3.2.1　固定化作用

生物加工过程中经常遇到的颗粒是尺寸很小（$1\sim20\mu m$），并易受剪切破损的单个细胞、细胞群、聚凝细胞团、丝状细胞，是具有生命力的微生物、动物或植物细胞，它可以从其环境中吸取营养等物质以用来自我繁殖，合成可储存在细胞里或分泌出来的相当贵重的产物，可以看作为微观尺度上的"反应器"。

营养物质通过扩散传递从培养液中传入细胞内，强化生物加工的传递过程是非常特殊又极为重要的。为了提高传质速率，通常采用固定化技术制成尺寸较大的固定化细胞颗粒（球形、柱形、无定形等），增加流体与固定化细胞颗粒间的速度差，以达到强化传递的目的。

有的细胞壁薄，易破损，而游离形式的天然酶稳定性差，不能重复使用，将酶通过固定化技术改造成为固定化细胞或固定化酶，便于回收、反复使用，避免催化剂的浪费，减少产物污染与分离的困难。这是发展固定化技术的另一重要原因。

生物细胞或酶的固定化方法有物理吸附法、包埋法、离子结合法、共价键配对法、共价交联以及其他方法[7~11]。

7.3.2.2　固定化方法

固定化方法要根据特定的酶或细胞和具体的应用条件而定，至今还没有一种普遍适用的固定化方法。

1. 物理吸附法

物理吸附法是蛋白酶被物理吸附于不溶性载体，如活性碳、多孔玻璃、氧化铝、硅胶、淀粉、合成树脂等上。物理吸附酶时，酶的活性中心不易被破坏，酶结构变化小，但酶与载体相互作用力弱，酶易脱落，物理吸附并不是一种可靠的方法。

2. 包埋法

包埋法一般用于制备固定化细胞。包埋法用于酶的固定，只适合作用于小分子底物和产物的酶，因为只有小分子才可以通过高分子凝胶的网格进行扩散。将蛋白质包埋在高分子凝胶细微网格中，称为网格型，一般为直径几毫米的颗粒；或将蛋白质包埋在高分子半透膜中，称为微囊型，一般为直径几微米到几百微米的球状体。适于网格型的高分子化合物有聚丙烯酰胺、聚乙烯醇、淀粉、明胶、海藻酸等[2,3]。制备微囊型固定化酶常用界面沉淀法、界面聚合法、二级乳化法以及脂质体包埋法等[12~14]。

3. 离子结合法

离子结合法操作简单，条件温和，酶的高级结构和活性中心的氨基酸残基不易被破坏，能得到酶活收率较高的固定化酶，它是通过离子键将蛋白酶与具有离子交换基的水不溶性载体相结合，载体有多糖类离子交换剂和合成高分子离子交换树脂，例如 DEAE-纤维素、CM-纤维素等。但载体与活性蛋白的结合力较弱，容易受缓冲液种类或 pH 的影响，在离子强度高的条件下反应时，活性蛋白易从载体上脱落[15,16]。

4. 共价结合法

共价结合法是通过适当的化学反应，通过共价将活性蛋白质分子与合适的固相载体结合[17,18]。许多生物活性蛋白质都采用共价结合法进行固定化。根据活性蛋白质共价结合基因，固定化载体分为酰化载体、烷基化载体、芳基化载体、重氮化载体、异硫氰酸化载体、有机汞载体、环氧聚合物载体等。

5. 共价交联法

共价交联法与其他固定化方法不同，它不使用载体，而是通过双功能试剂使活性蛋白质分子之间发生共价交联形成网状结构，操作简单，结合牢固，此法反应条件较激烈，酶活收率低，需慎重从事。交联法广泛用于酶膜和免疫分子膜的制备[19]。例如，用一种黏多糖海藻酸钠（Na-alginate）作为载体，在3%的海藻酸钠溶液中加入10%高活性酵母悬浮液（细胞浓度在10^8个/mL以上，出芽率30%左右），在混合罐中充分搅拌混和均匀后，通过双相流式或压力式制粒机滴入装有20%氯化钙溶液的固化罐中，6h后即可得到1mm以下球形颗粒球型度好的固定化酵母颗粒。该制粒方法和制粒器已推广应用于生物转化法生产丙烯酰胺的工业生产。

7.3.2.3 固定化载体

固定化细胞载体选定时需考虑：散水性强、视和性好、无毒，单位载体中载留和保持量多，具有良好的发酵特性；机械强度高，可供长期使用；来源广、成本低，易于大规模生产；制备磁性颗粒时添加5%的Fe_3O_4磁粉。常用的载体有活性炭、多孔玻璃、纤维素、交联葡萄糖、琼脂糖、聚丙烯胺凝胶、海藻酸盐、明胶及一些高分子化合物等。

7.4 生化反应器

按过程性质可将生物反应器分为发酵反应器和酶促反应器，酶促反应器又因采用的酶的类型不同（属增殖细胞还是酶）而分为生物细胞反应器和酶反应器。按生物细胞的类型，生物反应器可分为微生物反应器、动物细胞反应器和植物细胞反应器，而且还有游离细胞或酶和固定化细胞或酶的不同。按反应器形式，可分为游离细胞或酶过程的机械搅拌式反应罐、液升和气升式循环流反应器，固定化细胞或酶过程的固定床反应器和液固或气液固三相流化床反应器等，以及反应与分离相结合的多管式膜分离反应器。

传统的生物反应器通常为机械搅拌式反应罐。该类反应罐的问题是生物细胞易受损害；混合不充分，气液传质差，转化率难于提高；对非牛顿流体如多糖之类，能耗高；反应器的大型化困难。1984年，英国ICI公司开发了导流筒内多孔板分布结构的超大型内循环型气升式微生物发酵罐并成功用于烃类发酵生产酵母。近20年来成功研制了各种内循环、外循环或内、外循环气升式反应器；随着固定化细胞或固定化酶技术的发展，流态化（液固流态化、气液固三相流态化等）生物反应器得到了快速发展。

7.4.1　气升式反应器

近 20 年来，气升式微生物反应器发展迅速，结构多种多样，分为内循环和外循环两类，内循环式即同心提升管式，一般有正向流、逆流和带挡扳等不同结构；外循环式有管式环流、对分柱和多级环流等。此外还有其他特殊类型气升反应器，如图 7-5（A～E）所列。

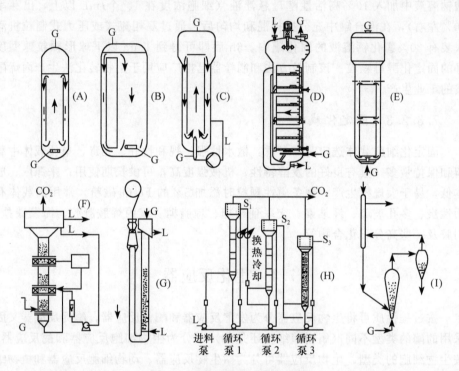

图 7-5　不同形式的生物反应器

气升式微生物发酵罐在生产中广泛应用[3～5]，发酵罐容积一般为 10～200m³，如国内 100t 山梨醇发酵罐，生产衣康酸的 400t 气升式微生物发酵罐，生产谷氨酸 200t 以上多种规模的发酵罐，大的达几千 m³，如单细胞蛋白3000m³，发酵乙醇 1900m³，用于高黏度培养的微生物气升式发酵反应器，如短梗霉多糖发酵醪液黏度达到 1000cp，黄单孢多糖发酵醪液黏度达到 13 000cp，均呈低塑性非牛顿流体。动物细胞培养的气升式反应器以内循环式为主。器内设置环型管作为气体喷射器，以 0.01～0.06 的空气比进行通气，通过导流筒循环，剪切力比较小，氧传递速率较高，液体循环量大。这类反应器已用于进行杂交瘤细胞的悬浮培养生产单克隆抗体。这类反应罐达到 10 000L 的规模。

7.4.2 液固流态化反应器

前已指出，固定化细胞（酶）流态化生物反应器是其未来的技术发展方向，原因是流态化技术是通过流体的作用，将固定状态的固体颗粒转变成具有流体属性的状态，强化了两相间的接触和传递。这将为提高生物反应器的效率和实现大型化生产开辟了新的技术途径。

对于厌氧（气）培养的发酵过程，主要的生化反应取决于固定化颗粒与培养液间的接触和传递，通常选用液固流化床或液升式循环流化床，也可采用磁场流化床、絮凝悬浮流化床、振荡流化床、旋转流化床、离心流化床等等[20]。图 7-5（F~H）表示了部分形式的流态化生物反应器。

7.4.2.1 液固磁场流态化反应器

固定化颗粒是采用包埋法将微生物与载体或磁粉共包埋，一般为非磁性颗粒，则以传统液固流化床操作，而当为磁性颗粒，如在酒精发酵中采用海藻酸钠和软磁性材料粉末及酵母菌共包埋制备成 1~3mm 的磁性颗粒，则可实现磁场流态化操作。

磁场流化床是在反应器外装有两个或多个等间矩的磁场线圈，固定化载体可为含磁性材料和不含磁性材料的颗粒，反应器床高和床径比为 10∶1，如图 7-6（b），磁场线圈可去除（或不通电），如图 7-6（a），从而构成非磁场流态化和磁场流态化两种操作。

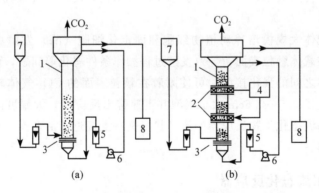

图 7-6 固定化增殖细胞磁场与液固流化床反应器

（a）流化床；（b）磁场流化床

1-三层流化床反应器；2-磁场线圈；3-液体分布板；4-磁场控制器；
5-液体流量计；6-微量循环泵；7-进槽高位槽；8-出料罐

磁性颗粒流化床外的电磁线圈通电后可形成一定强度的磁场。当磁场力方向与流体流动方向相反，磁性颗粒的运动将受到抑制。为了增加导磁率，于床层底部加一网格尺寸大于颗粒数倍的不锈钢网。当线圈通电时磁性颗粒沿磁场相互吸引形成沿磁力线的链，如果这时磁性颗粒间作用力足够大，这些链将横跨铁丝小网孔而架桥，阻止住颗粒落下（但流体可以通过），此时分布板像固体阀门一样起到开关的作用，当电流断开时，磁场消失，颗粒自由落下。所以通过控制电流大小或开关的时间脉冲宽度比，就可达到控制颗粒流率的目的。

当流体以足够大的速度向上通过流化聚结固体床层，聚结在上部的颗粒将被流体所流化，且随着流化速度的增加，床层均匀地膨胀；在流化床层的下部有一受磁场、重力、曳力作用的疏松排列颗粒层，起到流化床分布板的作用，从而可以组成多层流态化床。通过控制磁线圈的电流大小或开关频率，调节磁场强度，可控制部分漂浮粒子的上浮流率。在磁场流化床中，由于磁场力的作用，初始流态化速度可大于普通流化床，同时可以使气泡破裂，床层气泡尺寸小而均匀，强化了相际间的接触。在酒精发酵中由于磁力对颗粒作用，液体很易将反应产生的二氧化碳带出，使床层保持稳定的操作。

7.4.2.2　振荡流态化反应器

振荡流态化反应器是一种新型流态化生物反应器。对多相流态化体系施加一定频率的振荡，可使重颗粒沉降速度和轻颗粒、气泡的上升速度减慢，以至在无净流量的垂直振荡液固体系中，液体的周期振荡可使重颗粒逆重力场达到向上流态化和轻颗粒逆浮力向下流态化。振荡流体不但可增加非连续相的接触时间，改善相间传热、传质效率，并可稳定流态化床层结构，使一些较难流态化的颗粒系统易于流化。

在微珠载体大规模培养动植物细胞和固定化细胞（酶）发酵中，产生 CO_2等气体附着在载体颗粒表面，导致发酵过程操作条件恶化等问题，而振荡流化床的颗粒与流体之间的强化接触，可使附着在颗粒表面的 CO_2 气体较易脱离颗粒表面，形成直径 $0.5\sim0.6cm$ 大小气泡并迅速排出反应器，大幅度降低反应的传质阻力，振荡流态化生物反应器的流动状况基本上接近于活塞流，提高了细胞增殖和发酵速率。

7.4.3　三相流态化反应器

对于好氧（气）培养的发酵过程，主要的生化反应取决于固定化颗粒与培养液间的接触和传递，同时，还受到氧气供给和 CO_2 导出的影响。在流态化状态下，气、液、固间的传递增强，颗粒中包埋的细胞增殖，均匀分布在颗粒表面上，然后形成一壳层，并有少量细胞游离和死亡。发酵产生的 CO_2 气体随着上流的液体从反应器顶部逸出，而液体从反应器底部返回反应器并存留在反应器内。通常选用的反应器有气液固三相流化床、浆态三相流化床、气升或液升导流式三相循环流化床，也可采用磁场流化床、絮凝悬浮流化床、振荡流化床、旋转流化床、离心流化床等[20,21]，图7-7表示部分形式的三相流态化生物反应器。

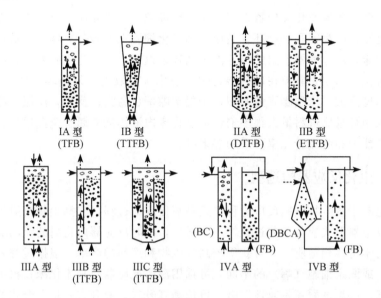

图 7-7 不同结构形式的三相流态化生物反应器[21]

◄—流体流动方向；◄--气体流动方向；∴生物颗粒；∴气泡

BC-气液鼓泡床；FB-液-固流化床；TFB-三相流化床；ITFB-逆三相流化床；

DBCA-下行式鼓泡接触充气塔；DTFB-导流筒三相流化床；ETFB-外循环三相流化床；

TTFB-锥型三相流化床

7.4.3.1 气液固三相流化床

固定化颗粒在反应器内被从床层底部通入的培养液和空气或氧气所流化，形成气液固三相流化床，如图7-5（F～I）和图7-7，液体和空气的速度愈大，床层膨胀愈高，床层空隙率也愈大；反之，床层空隙率就愈小。气液固三相流化床的流动和传递特性，具有液固流态化和气液鼓泡塔的双重特性，其操作模式可随生产工艺过程特性不同而变（详细描述可参见第十一章），因而有其广泛的应用。

7.4.3.2 导流式三相流化床

在固定化颗粒气液固三相流化床内安设一个或几个导流管，向导流管内喷射空气或（和）培养液流，促使流化颗粒物料从导流管内流出，而流入环隙，再返回至导流管，构成流化颗粒物料的循环流动。在物料循环流动这一意义上说，与气升式反应器有些类似，但这里采用的是固定化颗粒，其操作参数会有很大不同，反应器效率有显著提高，有的可高达数倍。

7.4.3.3　外循环三相流化床

外循环三相流态化反应器是固定化细胞颗粒又一重要流态化反应器形式，它由主流化床、分离器和外循环管组成，固定化细胞颗粒经分离器回收沿循环管返回主流化床，从分离器流出的培养液用循环泵返回至主流化床底部，将固定化细胞颗粒流化。固定化颗粒在反应器内的流态化状态取决于外循环液体速度大小。外循环速度愈大，床层膨胀愈剧烈，床层空隙率也愈大；反之，床层空隙率就愈小。一般循环量比进料量大很多倍，流态化床内液体流动属于全混模型。为保证设备生产能力和终端转化率可采用多串联。

7.4.4　生化反应器的选型

无论对于微生物细胞反应过程，还是酶促反应过程，选择生物反应器的基本原则是反应器形式应与工艺过程特点相适应，同时反应器内物料的流动类型应与反应动力学特性相适应，才可获得较高的生物和产品的产率。根据过程是游离细胞（酶）或固定细胞（酶）的不同，可选用深层反应器或是流化床；根据过程是好氧发酵、厌氧发酵还是兼性发酵，可选择气升式、液升式或是混合式的微生物细胞反应器。根据过程动力特性选择反应器形式，一般而言，对于微生物培养符合 Monod 方程的过程，采用高浓度底物和活塞流流型的反应器，可得到高的产率。为此，应采用大的 L/D（高度/直径）的循环三相流态化反应器，但反应器高度过高，会导致物料循环动能消耗的增加；另一种选择是多级串联反应系统以减小返混，这类过程大多为生产生物细胞和初级代谢产物。对于限制性基质会抑制微生物生长的过程，则采用大尺寸的全混流化床反应器再串联一个小尺寸的活塞流反应的复合系统较为合理。对于产物会抑制微生物生长动力学特性的过程，最好采用外循环的活塞流反应器，同时对产物进行在线分离，不断将产物从培养系统中分离排出。

7.5　生化应用过程

7.5.1　微生物发酵过程

微生物发酵可生产氨基酸、有机酸、抗生素、酶、蛋白以及细胞产品，它们在食品、饲料、医药、化工（日化）、农业（农药）等方面应用广泛。

7.5.1.1 谷氨酸生产

历史上氨基酸是用酸水解蛋白质制造的。1956 年日本协和发酵公司开始用发酵法生产谷氨酸，目前绝大部分氨基酸是用发酵法和酶法生产的。谷氨酸是目前产量最大的氨基酸，全世界年产量超过 120 万 t，我国产量超过 60 万 t，已成为世界上最大的生产国和消费国[3,5]。

谷氨酸生物合成[3,23]是利用微生物的三羧酸循环（TCA）代谢途径，即在碳、氮培养基内，葡萄糖经糖酵解（EMP 途径）和已糖磷酸（HMP 途径）生成丙酮酸，一部分丙酮酸氧化脱羧成乙酰辅酶 A（乙酰 CoA），一部分丙酮酸可固定 CO_2 而生成草酰乙酸。乙酰辅酶 A 与草酰乙酸缩合成柠檬酸而进入三羧酸（TCA）循环，生成 α-酮戊二酸。谷氨酸产生菌不能充分氧化 α-酮戊二酸，特别是在生物素（如维生素 B 类）缺乏时而使过程受阻，但它在谷氨酸脱氢酶的催化及有 NH_4^+ 存在的条件下，可生成谷氨酸，谷氨酸的生产就是利用这一原理而进行的。

发酵法生产谷氨酸可以薯干、木薯、玉米、大米或小麦等为原料，但目前所有的氨基产生菌都不能直接利用淀粉、糊精，而必须先将它们先用双酶法水解糖化，即用 α-淀粉酶在 $120 \sim 150℃$ 下液化，然后用糖化酶糖化，进一步转化为葡萄糖。所得葡萄糖液加入菌种用于发酵法生产谷氨酸 $C_5H_9O_4$，主要反应是

$$C_6H_{12}O_6 + NH_3 + 1.5O_2 \xrightarrow{35 \sim 37℃} C_5H_9O_4 + CO_2 + 3H_2O$$

谷氨酸的理论产率为 81.7%。

目前工业上应用的谷氨酸产生菌有谷氨酸棒状杆菌（Corynebacterium）、短杆菌（Brevibacterium）、小杆菌（Microbacterium）、节杆菌（Arthrobacter）等，我国常用的有北京棒状杆菌（C. pekinense）、钝齿棒杆菌（C. crenatum）等。发酵谷氨酸过程正是利用中间产物 α-酮戊二酸氧化受阻这一特性，选用适量的生物素和氮、磷无机盐，在 pH＝7～8，35～37℃发酵，则可得到较高产率的谷氨酸。培养液经液固分离，清液用等电点法或离子交换法——热碱洗脱，然后冷却、结晶得到产品。用于谷氨酸生产的反应器大多为气升式微生物发酵罐，容积达 660m³，有环隙气升式、外循环气升式等不同构型。

7.5.1.2 柠檬酸生产

柠檬酸化学名称为 2-羟基丙烷-1，2，3-三元酸，广泛用于食品、医药、化工及建筑行业，柠檬酸钠在无磷洗衣粉中的利用，为柠檬酸开辟了广阔的市场。

柠檬酸是生物有机体内三羧酸循环（TCA）的中间代谢产物，广泛存在于各种生物体内。1784 年，瑞典化学家 Schcel 首先从柠檬酸汁中分离得到柠檬酸并获得结晶，开始用提取法生产。1919 年，比利时成功地开发了浅盘生物发酵生产工艺；1952 年，美国 Miles 公司首先将柠檬酸生产工艺改浅盘生物发酵为深层生物发酵；1968 年，我国在上海建立了第一个淀粉深层生物发酵生产柠檬酸的工厂。目前，世界柠檬酸的产量超过 60 万 t，我国柠檬酸的产量约占世界的一半，工艺和技术均属世界先进水平[5,23]。

发酵法生产柠檬酸可以薯干、木薯、玉米、大米或小麦等为原料，目前工业化的生产菌种为曲霉类细菌，如黑曲霉（aspergillus niger）。曲霉类细菌不能直接利用薯干类淀粉原料，必须先经水解糖化。典型工艺过程是将原料粉碎、双酶法糖化，加入菌种，在 34℃、0.1MPa、pH＝3 的条件下培养 80h，培养液排出进行液固分离，滤液用钙中和，然后用硫酸酸解，经离子交换、浓缩、结晶成产品。吉林有 10 000t/a 的生产装置。此外，以石油、乙酸、乙醇为原料时，多用酵母（如解脂假丝酵母、热带假丝酵母等）为菌种进行发酵。柠檬酸发酵反应器的一般采用不锈钢机械搅拌深层发酵罐，大型罐也有采用液喷和气液环流反应器的。

7.5.1.3　乳酸生产

乳酸是一种酸味剂和防腐剂，一半作为添加剂用于食品工业，其他用于塑料、医药、乳化剂和化妆品。世界年需求量 10 万 t。目前工业化发酵法生产乳酸可以乳青、玉米、淀粉等为原料，经水解糖化后，用乳杆菌（lactobacillus spor），如德氏乳杆菌（L. delbrickii）、干酪乳杆菌（L. casei）、胚压乳杆菌（L. Plantarium），也有用根霉类（rhizopus），如米根霉（rhizopuaoryzae）、少根根霉（rhizopus arrhizus）、华根霉（rhizopus chinensis），以及链霉类（streptococcus spor）细菌为生产菌种[1,5]。在 30～60℃、pH 为 5～7 进行发酵，在发酵前或中加入一定量的无菌 $CaCO_3$ 以防 pH＜5，发酵液经过滤除去生物残渣后，发酵醪液加 $Ca(OH)_2$ 或 NaOH 中和至 pH 为 11～12，上清液活性炭脱色，用 $MgCl_2$ 处理、浓缩、结晶，经过滤除成硫酸钙，乳酸钙加硫酸酸解得到粗乳酸，再进行提纯，原则流程如图 7-8 所示。乳糖或葡萄糖发酵的主要反应是

$$C_6H_{12}O_6 \xrightarrow{\text{40℃,pH 为 5～7}} C_3H_6O_3 + C_2H_5OH + CO_2$$

发酵法乳酸生产一般采用深层发酵，乳酸的产率 1～3kg/m^3h；有实验报道称[1]，采用固定化细胞流化床连续生产，其产率可达 100kg/m^3h。

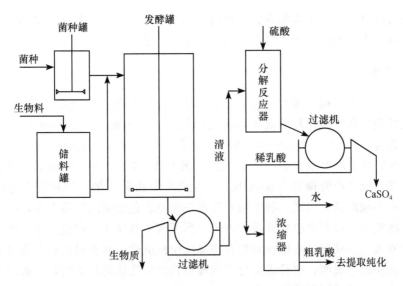

图 7-8　发酵法乳酸生产工艺的原则流程

7.5.1.4　苯丙氨酸生产

L-苯丙氨酸（L-phenylalanime）是甜味剂的重要原料，广泛用作香料、食品等工业生产。苯丙氨酸的直接发酵法生产工艺可以是以糖质为原料，采用产氨黄杆菌发酵，其 L-苯丙氨酸的质量浓度可达 42.6g/L，也可以甲醇、乙醇和乙酸为原料，采用乳糖发酵杆菌进行发酵，其 L-苯丙氨酸的质量浓度可达 20g/L。此外，用海因酶法生产工艺具有竞争力，该工艺以已内酰脲海因酶法经苯丙酮酸生产苯丙氨酸[5]。

7.5.1.5　抗生素的生产

微生物一些次级代谢产物具有不受其他细菌、真菌、病毒侵袭的免疫功能特征，是医药工业的一类重要产品，即抗生素。1928 年，英国细菌学家 Fleming 发现青霉素菌，化学家 Florey、Chain 等对青霉素菌产生的青霉素的性质和毒性进行了研究，并期望用化学法合成青霉素，但未取得所希望的结果。1943 年，美国 Merck 公司采用玉米浆-乳糖液黄异青霉（P. Chrysogenum）发酵生产青霉素工艺获得了成功，开创了生物发酵生产抗生素的新途径。生物发酵生产抗生素是一项重要的传统化工无法替代的工艺技术。目前存在于自然界的抗生素有 9000 多种，经研究过的有 1500 多种，已利用的商品抗生素 120 多种，连同半合成的共计 350 余种，分为抗细菌、抗真菌、抗原虫和抗肿瘤等几类。抗细菌类抗生素又分为 β 内酰胺类如青霉素和头孢菌素，肽和缩肽类如杆菌肽和紫霉素，氨基糖苷类如链霉素和卡那霉素，大环内脂类如红霉素和螺旋霉素，多烯大环内脂类、四环素类如四环素和金霉素以及芳香族类如氯霉素等。

1. 青霉素

生物发酵生产抗生素的传统工艺是自由悬浮细胞气升式深层发酵。近年来，固定化细胞三相流态化发酵显示出明显的优势。日本物理化学研究所[24]报道了用黄异青霉（P. Chrysogenum）孢子俘获在多孔的尿烷（urethane）泡沫颗粒中，泡沫颗粒密度与水接近，在 200L（工作体积 160L）的三相流态化反应器中进行培养，以生产青霉素（penicillin）。生产装置由种子桶、三相流态化生物反应器及一些辅助设备组成。种子桶安装在三相流态化生物反应器上方，向三相流态化生物发酵反应器提供培育液和种子。当无菌的空气从三相流态化生物反应器的底部通入，俘获孢子的泡沫颗粒在培养液中被流化，并获得营养和氧气而不断增殖。实验结果表明，这种固定化三相流态化生物反应器培养的青霉素产率比自由悬浮细胞气升式深层发酵高 3～4 倍。

2. 杆菌素

日本 Morikawa 等[25]将俘获在聚丙酰胺胶粒上的杆菌芽孢（bacillus spore cell）放在三相流态化反应器中的培养液里进行培养，以生产杆菌素（bacitracin）。当无菌的空气从三相流态化生物反应器的底部通入后，在培养液中杆菌芽孢固定化聚丙酰胺胶粒被流化，并获得营养和氧气而不断增殖。经过 50h 的培养，杆菌芽孢固定化胶粒的表面几乎被孢子克隆体所覆盖，向胶粒内扩散提供营养和氧的阻力增大，杆菌的生长速度下降，当清洗除去胶粒表面的杆菌细胞，则生长期可延长至 10 天，杆菌素（bacitracin）的产量可大大提高。与自由悬浮细胞气升式深层发酵相比，其产率高出一个量级，显示出固定化细胞三相流态化发酵的巨大优势。

3. 棒曲霉素

Berk[26,27]研究固定化细胞三相流态化状态发酵生产棒曲酶素的工艺技术。棒曲酶素是次级代谢产物，细胞处于对数生长期的初级代谢之后的低营养物质浓度下生长，代谢过程将转为多步代谢途径，与细胞生长的关系已不重要。生物合成棒曲酶素的关键因素是生物催化剂的寿命问题。对于连续培养的过程，当生物催化剂的生成速率低于从反应器排出的速率，反应器中的生物催化剂浓度将越来越低，导致棒曲酶素产率的下降。解决的办法是将有 Penicillium urticae 细胞固定在粒径为 3.2 mm 的海藻酸盐颗粒中，以 pH 为 6.5 的葡萄糖（25g/L）、KH_2PO_4（13.6g/L）液等作为培养基，在三相流态化反应器中进行培养，经

10h 培养，可得到棒曲酶素 1.6g/L，经 40h 培养，可棒曲酶素 3.3g/ L，其结果是，棒曲酶素远比自由悬浮培养的高。

7.5.1.6 酶的生产

自然界已发现的酶有 3000 多种，其中有工业应用价值的有 50 多种，目前可进行工业生产的有 10 多种，如淀粉酶、糖化酶、蛋白酶、葡萄糖异构酶、凝乳酶、果胶酶等[4,5]。

工业用生物酶通过微生物发酵培养而获得。微生物种类各有不同，培养环境不同，其新陈代谢所产生酶的种类和数量也有所不同。为了提高酶的产率，对于细菌发酵生产淀粉酶要采用低浓度培养，高浓度补料；蛋白酶的发酵生产应提高前期培养温度；糖化酶的发酵生产采用中间补料，同时控制培养液的碱度，即 pH 值。当生产水解酶时，通常会遇到易同化的物质如葡萄糖的抑制，则宜用低浓度多糖碳源和流加或分批补料的方式操作。

酶在细胞内合成，且在胞内进行酶催化作用称为胞内酶；如细胞内合成，但在胞外进行酶催化作用称为胞外酶，如酵母细胞胞外含蔗糖水解酶，胞内含酒化酶，包括己糖磷酸化酶、氧化还原酶、烯醇化酶、脱羧酶、磷酸酶，但不含淀粉酶。对于胞内酶，只有酶通过细胞壁扩散到胞外，才能发挥催化效果，在这种情况下，应添加表面活性剂以强化酶的向胞外扩散。酶制剂的生产可采用固态发酵、液态深层发酵。近年来，固定化细胞技术的发展，采用固定化细胞的三相流态化反应器发酵工艺，大大提高了生产效率而受到广泛的关注。

1. 淀粉酶

淀粉酶的作用是将淀粉和糖源水解转化成葡萄糖。淀粉酶有 α-淀粉酶（葡萄糖水解酶）、β-淀粉酶（淀粉 1，4-麦芽糖苷酶）、葡萄糖淀粉酶和异淀粉酶等。不同的淀粉酶存在于不同的微生物细胞中，分泌 α-淀粉酶的菌种有枯草杆菌、米曲霉、黑曲霉、根霉、拟内孢霉等；分泌 β-淀粉酶的有芽孢杆菌、麦芽、大豆、麸皮等。α-淀粉酶主要功能是将淀粉水解液化成糊精、低聚糖，在这个意义上，又可称为液化酶。

2. 糖化酶

葡萄糖淀粉酶又称糖化酶，葡萄糖淀粉酶和异淀粉酶的主要功能是将淀粉水解液化后的糊精、低聚糖转变为麦芽糖、葡萄糖、果葡糖。分泌葡萄糖淀粉酶的有根霉、黑曲霉、内孢霉、红曲霉等；分泌异淀粉酶的有假单孢杆菌、产气杆菌等。

3. 蛋白酶

蛋白酶的生化作用是催化肽键水解，将蛋白质水解为胨、肽等，最终转变为氨基酸。蛋白酶可来自微生物、动物和植物，又分为中性蛋白酶、碱性蛋白酶和酸性蛋白酶。产中性蛋白酶的微生物有枯草杆菌、放菌霉、栖土曲霉等；产碱性蛋白酶的有地衣芽孢杆菌、短小芽孢杆菌等；产酸性蛋白酶的有黑曲霉、青霉、米曲霉、肉桂色曲霉等。

4. 纤维素酶

纤维素酶是含有 C_1 酶、β-1,4 葡萄糖苷酶（水解酶）和 β-葡萄糖苷酶（纤维二糖酶）的多组分酶系，其功能是将纤维素降解溶解、转化为纤维糊精、纤维二糖、纤维三糖，最终转化为葡萄糖。产纤维素酶的微生物有木毒、青霉等。

Fukuda 等[28] 用 6mm 不锈钢丝颗粒为载体，将绿色木毒（trichoderma viride）嵌入其中，放入葡萄糖液为培养基的三相流态化反应器中进行培养，以生产纤维素酶（cellulase）。

7.5.1.7　蛋白的生产

人口急增和生活水平的提高，动物蛋白质的需求大增，一份牛蛋白和家禽蛋白需耗植物蛋白分别约为 4 份和 8 份，蛋白质食物和饲料的短缺将成为制约社会发展的重要因素。2000 年预期国内蛋白质饲料的需求量为 4500 万 t，可供应量不足一半。通过非粮食原料的微生物发酵合成生产单细胞蛋白（single cell protien，SCP）是解决蛋白质供应不足的重要途径[1~5]。

微生物发酵合成生产单细胞蛋白的非粮食原料主要有石油烃及其氧化物，如甲烷、甲醇、乙醇等和可再生资源如糖类、淀粉、纤维素。

1. 甲醇蛋白

微生物嗜甲基菌或甲基甲烷单胞菌（methylomonas methanica）发酵合成甲醇蛋白的工艺方法有几种[1,5]，如英国 ICI 法、德国赫斯特-伍德法美国菲利普法和日本的三菱瓦斯法等。英国 ICI 法采用甲醇为原料，用嗜甲基菌为生产菌，气升式外循环发酵反应器，氨气从发酵反应器底部气体分布器进入，发酵反应器维持 pH＝6.7，温度 35～40℃，经嗜甲基菌发酵合成为单细胞蛋白。培养液从反应器底部排出，细胞密度 30g/L，甲醇含量＜10^{-6}，经液固分离、闪蒸脱水作为粉状蛋白质饲料产品。蛋白质 78.9%，生产能力 5g/L。1980 年，英国 ICI 法已投产了年产 10 万 t 的生产装置。

2. 酵母蛋白

以糖或多糖为原料，加入适量氨水、维生素，无铁离子和细菌芽孢，作为面包酵母的微生物有用将啤酒酵母（saccharomyces cerevisiae）或假丝酵母在26～30℃，pH：2～2.5下进行三代9～12h培养，经液固分离，得到商品酵母，生产工艺流程如图7-9所示。

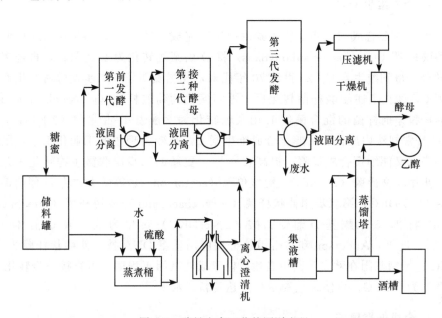

图 7-9　酵母生产工艺的原则流程

7.5.2　酶促反应过程

7.5.2.1　细胞反应过程

1. 1，3-丙二醇的生产

1，3-丙二醇是一种重要的新兴化工原料，1，3-丙二醇合成的聚酯如聚对苯二甲酸丙二酯（PTT）等具有良好的性能和美好的工业化前景，欧美等国家正积极开展通过发酵法生产1，3-丙二醇技术的研究。

在菌种上，肺炎杆菌属（klebsiella pneumoniae）、丁酸梭状芽孢菌属（clostridium butyricum）以及在此基础上改造得到的基因工程菌都具有工业应用的价值[29,30]。美国的 DuPont 公司和 Genencor 公司合作，开发以葡萄糖为底物经由甘油生产1，3-丙二醇，进一步生产 PTT 树脂的技术[31]。该技术采用一种新培养的基因工程菌，以葡萄糖为底物发酵生产得到140～150g/L 1，3-丙二醇。由甘油到 1，3-丙二醇反应的过程中，一部分底物甘油通过还原途径，经甘油脱水酶和 1，3-丙二醇氧化还原酶催化得到 1，3-丙二醇；另一部分甘油通过氧化途径供菌体生长需要，并提供还原所需要的还原型辅酶Ⅰ（NADH2），其催化过程需要与菌体生长耦合在一起的多个酶协同作用，并且菌体在具有生物活性的时候才能保证足够的还原当量和一些辅酶的再生，最终保证催化反应顺利进行。

2. 合成维生素 C

维生素 C 合成的某些反应步骤由微生物完成。1933 年，Reichsterin 用弱氧化醋酸杆菌（acetobacter suboxydans）将 D-山梨醇转化为 L-的梨糖，再经多步化学合成得到维生素 C。20 世纪 70 年代末，我国发明了"二步发酵法"生产维生素 C，即在上述醋酸杆菌转化后，再用氧化葡萄酸杆菌（gluconobacter oxydans）和芽孢杆菌的混合菌使 L-山梨糖转化为 2-酮基-L-古龙酸（2-KLG），2-KLG 按常规法内酯化和烯醇化合成维生素 C，是较为理想的工业化工艺，既减少污染，又能缩短合成步骤，提高收率[32]。更新的二步串联微生物转化工艺是第一步用欧文氏菌（erwinia）、醋酸单孢（acetomonas）等微生物将 D-葡萄糖转化为 2，5-DKG，第二步用棒状杆菌（corynebacterium）或短杆菌（brevibacterium）将 2，5-二酮基-D-葡萄糖酸（2，5-DKG）转化为维生素 C 前体（2-KLG）。近年，Anderson 和 Grindley 分别应用重组 DNA 技术使棒状杆菌 2，5-DKG 还原酶基因在欧文氏菌中表达，构建成功基因工程菌，可直接一步转化 D-葡萄糖为 2-KLG，可使维生素 C 生产达到新的水平[33]。

3. 合成低聚果糖

低聚果糖通常采用黑曲霉菌（aspergillus niger）产生的果糖转移酶作用于高浓度（50％～60％）的蔗糖溶液而得到[1,4,5]。黑曲霉等真菌在气升式反应器培养液中培养 3～4 天，产生具有胞内果糖转移活性（酶）的菌体，用 6％～8％的海藻酸钠溶液与菌体混匀，喷入 0.5mol/L 的 $CaCl_2$ 的溶液中，形成 2～3mm 的凝胶珠，过滤并硬化后，成为固定化活性菌体，装入流化床反应器或固定床反应器，当浓度为 50％～60％的蔗糖溶液连续通过反应器，在 pH＝5.6、温度 54℃下，与菌体胞内果糖转移活性（酶）的作用，停留时间 24～30h，流出的反应液含 55％～60％的低聚果糖，30％～33％的葡萄糖和 10％～12％的残余蔗糖，然后经活性炭脱色、离子交换除盐，浓缩后得到 75％固含物的糖浆，如进一步加工提纯可得 95％的糖浆。

4. 发酵乙醇

世界年产乙醇约 400 万 t，其中 80％为发酵乙醇。淀粉、蔗糖、水果和纤维素等均可作为发酵乙醇的原料[1,5]。淀粉为原料，先通过 α-淀粉酶和 β-淀粉酶作用产生麦芽低聚糖，葡萄糖苷酶或葡萄糖基转移酶合成低聚糖，葡萄糖糖化酶水解成葡萄糖；纤维素为原料，先用纤维素酶将其糖化。工业生产酒精是以废糖蜜（或水解粗淀粉糖，或纤维素发酵糖化）为原料，固定化酵母颗粒作为分解酶，固定化颗粒内酵母从颗粒表面吸取营养和氧气发酵产生酶，而后将糖转化为乙醇并生成 CO_2，同时放出热量的过程，原则工艺流程如图 7-10。在 $30\sim35℃$，$pH=4\sim6$ 下，所得糖密用固定化酵母增殖细胞发酵将糖转化为乙醇的化学反应可表示为

$$C_6H_{12}O_6 \xrightarrow{\text{酵母},30\sim35℃} 2C_2H_5OH + 2CO_2 + 209kJ/mol$$

可能还有少量的丙三醇、乙酸等。

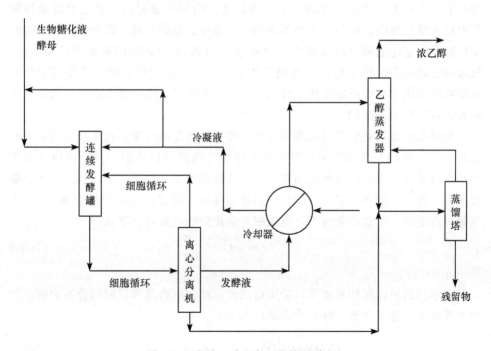

图 7-10　发酵乙醇生产工艺的原则流程

这是一个复杂的生物转化过程，其动力学只能通过实验测定。实验表明[34]，随着底物糖浓度的增加，反应速度增大，反应初速度与乙醇浓度呈直线关系，经线性回归，推到 $r=0$ 处，得到酵母代谢所承受的最大乙醇浓度为 124.23g/L，实验得到固定化酵母发酵乙醇的宏观动力学方程为

$$r = \frac{159.94C_S}{98.81+C_S}\left(1-\frac{C_P}{124.23}\right) \tag{7-89}$$

式中：r 为发酵反应速率，g/h；C_S 为糖浓度，g/L；C_P 为乙醇浓度，g/L。

从动力学方程可见，糖浓度可正向提高反应速度，而乙醇浓度则反向影响反应速度。流态化反应器液体为全混，乙醇浓度将抑制生成反应的进行。

发酵过程可以是自由悬浮间歇操作的分批培养，经 40h，转化率可达 95%；采用单级连续发酵，21h 达 95%；采用六级串联、无细胞循环连续发酵操作，则只需 9h，其生产能力为 11g/(L·h)；采用带细胞循环的多级串联连续发酵操作，则只需 1.6h，其生产能力为 30g/(L·h)，采用固定化酵母颗粒流化床连续发酵操作，只需 3h，其生产能力为 120~150g/(L·h)[1]。固定化增殖细胞发酵乙醇的过程采用外循环流态化反应器[35]，原料液和外循环液经循环泵和流量计，从反应器的底部的液体分布板进入反应器，外循环液体使反应器内固定化酵母颗粒流化，酵母细胞不断从溶液中得到营养，同时原料液发酵转化成乙醇并在颗粒表面上产生 CO_2，CO_2 气体随着上流液体从反应器顶部逸出；含乙醇的液体部分存留于反应器内，部分经换热器冷却后，部分送蒸馏提纯，部分经循环泵返回反应器。固定化增殖细胞发酵乙醇过程中气-液和液-固相间的传质有重要影响，气液固三相流态化技术将可发挥积极作用[34,35]。试验结果表明，采用固定化酵母颗粒流态化发酵可改善传热、传质，提高生产效率，生产能力通常比自由悬浮培养过程的高 10 倍以上。

发酵乙醇的工业生产可采用固定化酵母颗粒的外循环流态化床反应器，发酵过程中产生的 CO_2 气体以微小气泡随液体循环迅速排出床层。当液体速度大于颗粒临界流态化速度，将形成均匀、稳定流态化状态；外循环速度越大，床层膨胀越大，床层空隙率也越大，CO_2 气体排出越快；反之，床层空隙率越小，CO_2 气体排出变慢。在实验条件下，空隙率与流速间的关系符合下式[35,36]

$$U = \varepsilon^n U_t \tag{7-90}$$

其中 $n=3.27$。

在不同的液体循环速度下，采用阶跃式示踪法测得其停留时间分布表明，床内液相混合接近于全混，即有产物浓度 $C_p(t)$

$$C_p(t) = F(t) = 1 - \exp\left(-\frac{t}{\eta\tau}\right) \tag{7-91}$$

式中：η 为液相混合修正系数，反映 CO_2 气泡排出等因素对液相混合的影响，其中 $\eta=1.16$。

流态化反应器液体为全混，因此需采用多级串联操作以降低残糖浓度，提高反应速度。通过多级工艺计算表明，从技术、经济综合考虑，采用三级串联为最宜。在工业实施中最好采用四个反应器为一组建设，其中三个进行发酵，一个进行固定化颗粒细胞的再生和增殖，再生后连接于乙醇浓度最高一级，此时，进原料液的一级进行再生，顺次推进，如图 7-11 所示。三级 500L 流态化反应器串联系统的生产实验结果是，生产能力 150L 乙醇/d，单位生产能力 12kg 乙醇/m³时，终乙醇 8%～10%，对糖收率＞92%。

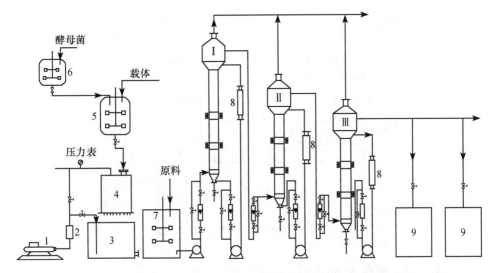

图 7-11　三级串联固定化细胞外循环流化床反应器生产乙醇流程图

1-无油油空压机 (0.06m³/hr)；2-空气过滤器；3-固定化器 (兼增殖器) (0.94m³)；
4-制粒器 (0.24m³)；5-混和罐 (0.6m³)；6-种子罐 (0.5m³)；7-加料罐 (0.5m³)；
8-冷却 (加热) 夹套；9-排料储罐 (0.5m³)

Ⅰ、Ⅱ、Ⅲ-磁场流化床反应器 (⌀300×6000)

5. 发酵丙酮/丁醇

丙酮、丁醇可作为溶剂，是基本化工原料，应用广泛。以玉米为原料，经水解糖化，冷却至 56℃ 后送入发酵罐；乙酸丁酸梭菌为菌种，经多级培养至 5000L 规模，接种到生产过程的发酵罐，在 30～32℃、pH：6～6.5 和 CO_2 气氛的保护下进行发酵，乙酸丁酸梭菌大量生长，生成大量的乙酸、丁酸和氢，在头 13～17h 酸浓度达到最大值；随后，生成丙酮、丁醇和 CO_2，酸度直线下降；醋酸和丁酸生成量继续增加，而丙酮和丁醇的形成变慢，产气变弱。经 48～72h，发酵过程结束。发酵气经活性炭吸附分离，回收其所带丙酮、丁醇等产品，回收液含 55% 丙酮、22.4% 丁醇和 22.4% 乙醇；发酵液进行连续蒸馏，得到粗产品 (含 50%)，再经分馏提纯得到合格产品，残渣富含维生素 B_2，经过滤、筛分分离，干燥后配入部分蛋白质可作为饲料，生产工艺流程如图 7-12 所示。该工艺过程每 100kg 玉米淀粉可生成 11kg 丙酮、22.5kg 丁醇、2.7kg 其他产品 (主要为乙醇)、36m³ CO_2 和 24m³ H_2。

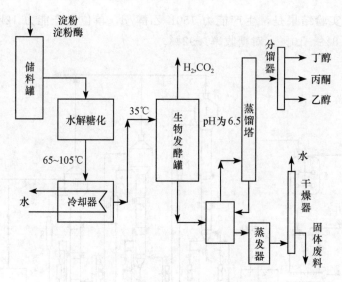

图 7-12 发酵丙酮/丁醇生产工艺流程

7.5.2.2 酶促反应过程

1. 果葡糖浆生产

High-Fructose Corn Syrup（HFCS）是近 20 多年发展起来的新型甜味剂[1,5]。在 7.5.2 节里介绍了生产果葡糖浆的发酵法工艺技术，这里介绍酶促法生产果葡糖浆的过程。1966 年日本参松公司生产出酶法异构糖浆。1974 年，美国首先应用固定化异构酶，大幅度降低了果葡糖浆的生产成本。

该生产过程以淀粉为原料，淀粉调浆成密度为 0.958 左右，在 65℃、pH=6 的淀粉浆，喷射 0.02%D.S. 的 α-淀粉酶液化酶至 DE<10，用葡萄糖苷酶或葡萄糖基转移酶 0.03%D.S. 在 pH=6.5、温度 50℃～60℃下，通 β-淀粉酶作用合成产生麦芽低聚糖（麦芽糖>75%）；葡萄糖糖化酶水解成葡萄糖后，再由葡萄糖异构酶进行异构化反应，制成含有果糖与葡萄糖的混合糖浆，得到粗产品，经脱色、浓缩成为含 40%葡萄糖和不<50%异麦芽低聚糖的成品，其甜度为蔗糖的 0.6 倍，提纯结晶后，降至 0.3。

目前，发达国家生产果葡糖浆已采用 α-淀粉酶、葡萄糖糖化酶、葡萄糖异构酶等三酶法直接从淀粉糖液生产果葡糖浆生产新工艺，美国的年产量超过 1000 万 t，广泛用于碳酸饮料。

2. 甜味剂的生产

阿斯巴甜（aspartame），学名 α-L-天冬氨酰-L-苯丙氨酸甲酯，其甜度为蔗

糖的 200 倍，用于全球 5000 多种饮料、食品和医药产品。通常采用化学合成法
生产。近年来，研究开发生物合成法新工艺，主要利用嗜热白芽孢杆菌的蛋白
酶，也可用木瓜蛋白酶，将 L-天冬氨酸与 L-苯丙氨酸甲酯合成阿斯巴甜[5]。其
前体苯丙氨酸可通过发酵法生产（见 7.5.2），南京化工大学用海因（己内酰脲）
酶法生产 L-苯丙氨酸，副产可转化为 L-苯丙氨酸的前体——苯丙酮酸的丙酮酸，
大大降低了生产成本。

3. β-丙酰胺类抗生素生产

近年来，用大肠杆菌（escherichia coli）或巨大芽孢杆菌（bacillus megate-
rium）产生的青霉素酰化酶，将青霉素 G 或头孢菌素 C（CPC）转化为半合成 β-
内酰胺抗生素母核 6-氨基青霉烷酸（6-APA）、7-氨基-3-脱已酰氧基头孢烷酸
（7-ACA）或 7-氨基头孢烷酸（7-ACA）；也可以用固定化酶水解形成水解青霉
素 G 或其化学扩环物苯乙酰-7-ADCA 的侧链生产 6-APA 或 7-ADCA[47]；还可
先用不同来源的微生物 D-氨基酸氧化酶（D-AAO）将头孢菌素 C（CPC）氧化
为戊二酰-7-氨基头孢烷酸（GL-7-ACA），然后再在 GL-7-ACA 酰化酶作用下进
一步转化为 7-ACA[38] 的两步固定化酶法生产 7-ACA 的工艺。微生物酶转化法与
化学裂解法相比，具有收率高、污染少、工艺简便等优点，微生物酶法转化已逐
步取代化学裂解法，对发展半合成头孢菌素有其重要作用[39]。

4. 丙烯酰胺生产

酰胺及其衍生物是特种化学品、日用化学品、农用化学品或制药中间体的重
要原料，其中丙烯酰胺是一种重要的有机化工原料，以它为单体合成的产品不下
百种，特别是聚丙烯酰胺的用途最为广泛[40]。传统的聚丙烯酰胺生产工艺为化
学合成法，由铜系催化酸水解而得。1973 年，法国研究者 Galay 等发现了一种
微生物 BreubacteriumR312 能将丙烯腈催化水合成丙烯酰胺，腈水合酶或腈水解
酶可以将腈转化为酰胺、羧酸及其衍生物，腈的生物酶转化法生产丙烯酰胺成为
最著名的工业应用。

1985 年，日本日东公司（Nitto）建成了世界上第一个微生物法生产丙烯酰
胺的工业性装置。第一代菌种为红球菌 Rhodococcus sp.774，活力达到 900U/mL；
1988 年，第二代菌种为假单胞菌 Pseudomonas chlororapHis B23，替代了第一代
菌株成为生产菌株，活力达 1400U/mL；1991 年，经优化培养，第三代玫瑰红
球菌 Rhodococcus rhodo-chrous J1 菌种，其活力达到 2100U/mL，带来工业生产
产量的大幅度提高，日东公司的年产量也由初始的 4000t/a 提高到了 30 000t/a。
20 世纪 80 年代，我国沈寅初完成了微生物催化法生产丙烯酰胺研究，并于 20
世纪末建成了 5000t/a 的微生物酶催化生产丙烯酰胺的工业示范装置[40,41]。

　　与传统的铜系催化酸水解法相比，微生物法有许多优点：该工艺反应条件温和，可在常温常压下进行；选择性高，不致生成丙烯酸，酶催化的效率比传统铜催化的高得多，丙烯腈的转化率接近 100%，催化剂产率为每克干细胞可得＞7000g的丙烯酰胺（Rhodococcus rhodochrous J1）；工艺简单，无需回收反应原料，省去传统铜催化工艺催化剂的分离，可避免在中和强酸后处理中副产物硫酸铵的生成；产品纯度高，特别适合生产超高分子量的聚丙烯酰胺；工艺过程简单，设备投资少，生产经济效益高。对石油化工而言，微生物法催化生产丙烯酰胺的工艺技术具有划时代的意义。

7.6　生物降解过程

　　人类的生产和生活活动都会产生污水和固体废物，即工业污水和生活污水，工业废物、农业废物和生活垃圾，若日积月累而不加处理，将会造成对生态环境的严重污染。这些废弃物属含碳、氮、磷的有机物，其含碳量可用总有机碳（TOC）、化学耗氧量（COD）、生物耗氧量（BOD）表示，可通过化学氧化处理或/和生物化学处理以达到资源化和无害化的目的。

7.6.1　污水处理

　　污水处理时，首先通过筛、沉淀、过滤以除去粗颗粒固体和悬浮物，测定其含碳量，即 5 天的化学耗氧量（COD_5）、5 天的生物耗氧量（BOD_5）的高低。根据污水的性质，选择生化处理方案，当 $BOD_5 < 1500mg/L$，一般采用好氧生化处理，当 $BOD_5 > 1500mg/L$，一般采用厌氧生化处理。

7.6.1.1　好氧生物处理

　　工业或生活污水的好氧（曝氧）处理是用能降解有机物质的菌种，将酚、有机氮、有机磷、有机金属化合物分解成无害的小分子化合物。好氧生化处理又分为活性污泥法和生物膜法两类。

1. 活性污泥法

　　活性污泥法是利用可形成巨大表面菌团的细菌或原生动物，通过好氧（曝氧）处理，将污水中溶解的或悬浮的胶团状的有机物吸附并同化或氧化而成为絮凝状污泥[1,3]，故又称为生化曝氧法。污水生化处理一般流程为先经初沉，除去粗大固体团块，调节 pH 和添加营氧物质后送入曝氧池，进行生化处理，然后经二次沉降进行液固分离，得到清水和活性污泥。为了提高生化效率，可添加絮凝剂或活性炭颗粒，并采用部分（20%～30%）活性污泥返回曝氧池的循环培养，多余的污泥经脱水干燥后作为肥料或直接焚烧。曝氧池有小 H/D 比（高度/直径）的槽式，原则工艺流程如图 7-13 所示[1]，和大 H/D 比的深井曝氧池两种，深井曝氧池实际为内导流管式三相流态化反应器，其高度可达 50～150m，原则工艺流程如图 7-14 所示[3]，其氧的利用率由槽式的 10％左右提高到 60％～90％。BOD 脱除率达 90％～95％。三相流态化污水处理反应器有更高的能力和效率[42~44]。

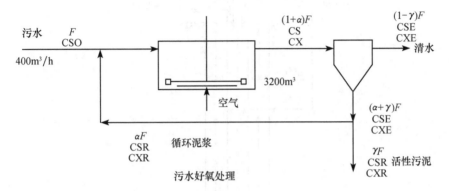

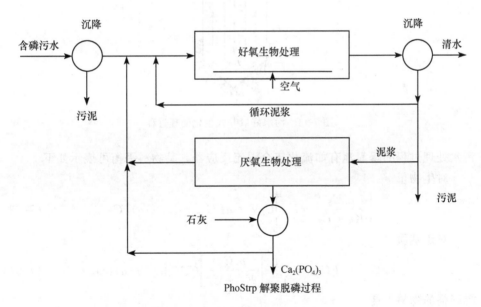

图 7-13　污水好氧槽式生化处理过程

　　污水处理属混合培养过程，可用纯培养过程近似分析[1]。若微生物生长速率可用带死亡速率项 K_d 的 Monod 方程表示，即

$$\mu_{net} = \frac{\mu_m C_S}{K_S + C_S} - K_d \qquad (7\text{-}92)$$

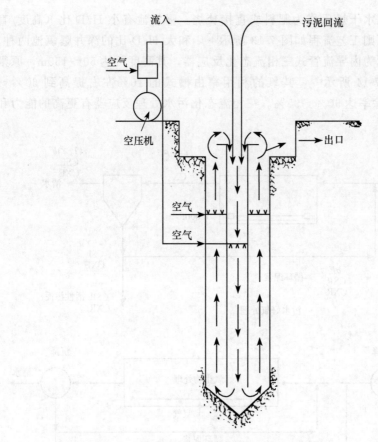

图 7-14 污水好氧井式生化处理过程

污水处理过程的曝氧池有如流化床全混流反应器，其物料平衡可表示如下

对生物量

$$\left[\frac{\mu_m C_S}{K_S + C_S} - K_d\right] C_X V + \alpha F C_{XR} = (1 + \alpha) F C_X \qquad (7\text{-}93)$$

对于基质

$$F C_{S0} + \alpha F C_{SR} = \frac{1}{Y_{X/S}^M}\left[\frac{\mu_m C_S}{K_S + C_S}\right] C_X V + (1 + \alpha) F C_S \qquad (7\text{-}94)$$

沉降桶的物料平衡

对生物量

$$(1 + \alpha) F C_X = (1 - \gamma) F C_{XE} + (\alpha + \gamma) F C_{XR} \qquad (7\text{-}95)$$

对于基质

$$(1 + \alpha) F C_S = (1 - \gamma) F C_{SE} + (\alpha + \gamma) F C_{SR} \qquad (7\text{-}96)$$

式中：α 为泥浆循环比，泥浆循环流率与泥浆加入流率之比；γ 为泥浆排出比，

泥浆排出流率与泥浆加入流率之比。

如 $C_S = C_{SE} = C_{SR}$，则

$$(1+\alpha)FC_X - \alpha FC_{XR} = (1-\gamma)FC_{XE} + \gamma FC_{XR} \tag{7-97}$$

故

$$\mu_m VC_X = (1-\gamma)FC_{XE} + \gamma FC_{XR} \tag{7-98}$$

令 θ_C 为细胞停留时间，有

$$\theta_C = \frac{1}{\mu_{net}} = \frac{VC_X}{(1-\gamma)FC_{XE} + \gamma FC_{XR}} \tag{7-99}$$

θ_L 液体停留时间，有

$$\theta_L = \frac{V}{F} = \frac{\theta_C[(1-\gamma)C_{XE} + \gamma C_{XR}]}{C_X} \tag{7-100}$$

或

$$\theta_L = \frac{(1-\gamma)C_{XE} + \gamma C_{XR}}{\mu_m C_X} \tag{7-101}$$

若令 $C_{SR} = C_S$，则得到反应器体积

$$V = \frac{Y_{X/S}^M \theta_C F(C_{S0} - C_S)}{C_X(1 + K_d \theta_C)} \tag{7-102}$$

式中：$(C_{S0} - C_S)$ 为应去除的生物耗氧量 BOD。

$$V = F\theta_C \left[1 + \alpha - \alpha\left(\frac{C_{XR}}{C_X}\right)\right] \tag{7-103}$$

式中：F、α、C_{XR}、C_X、C_{S0} 为过程操作参数；K_d、K_S、$Y_{X/S}^M$、μ_m 为微生物生长动力学参数，由实验测定。根据这些参数可确定所需的反应器体积 V。

2. 生物膜法

生物膜法是污水中细菌胶团、真菌和原生动物微生物在块状、多孔如煤渣、碎石、塑料的物料上，通过通气培养迅速增殖，形成絮状、多孔、表面积巨大、吸附力极强的生物膜，污水与这些生物膜接触，其中的有机物被细菌吸附，并被溶解氧和从细菌体内释放的生物酶所分解，使污水得到净化[1,3]。为提高效率，生物膜应适时更新。生物膜接触器有各种不同形式，生物滤池（H/D=3）、生物喷淋塔、生物转盘池、填料曝氧池、三相流态化床，流化床法的生产能力和效率远高于一般生物膜法。BOD 脱除率达 80%～90%。

对于滴流生物过滤反应器，如生物滤池（H/D=3）、生物喷淋塔

$$-FdC_{S0} = N_S a A_t dz \tag{7-104}$$

其中

$$N_S = -D_e \left(\frac{dC_S}{dz}\right)_{z=L} = \eta \frac{\mu_m C_{S0}}{K_S + C_{S0}} L \tag{7-105}$$

$$- F \frac{\mathrm{d}C_{S0}}{\mathrm{d}z} = \eta \frac{\mu_\mathrm{m} C_{S0}}{K_\mathrm{S}} a A_\mathrm{t} L \qquad (7\text{-}106)$$

积分，得到

$$\frac{C_{S0}}{C_{SI}} = \exp\left(- \frac{\eta \mu_\mathrm{m} a A_\mathrm{t} L}{F K_\mathrm{S}} H\right) \qquad (7\text{-}107)$$

7.6.1.2　厌氧生物处理

高碳浓度污水、有机废弃物以及好氧处理所得的活性污泥常采用厌氧生化处理。厌氧生化处理的原理是[1,3]，首先利用专性和兼性厌氧菌（enteric bacteria, clostridial specis）将污水中的有机物分解为小分子酸，如甲酸、乙酸、丙酸、丁酸或低级醇，即产酸阶段；在无氧条件下，利用甲烷菌（methanogetic bacteria）将低分子有机酸和低级醇进一步分解为 CH_4 和 CO_2，随着有机酸的消耗，系统 pH 值回升，故称为碱性发酵阶段。如葡萄糖厌氧生化处理可表示如下

产酸

$$C_6H_{12}O_6 \xrightarrow{\text{产酸菌，pH 为 } 4\sim6} 3CH_3COOH$$

产甲烷

$$CH_3COOH \xrightarrow{\text{甲烷菌，pH 为 } 6\sim7} CH_4 + CO_2$$

BOD 脱除率为 $80\%\sim90\%$。发酵气含 CH_4 $70\%\sim75\%$，CO_2 $20\%\sim30\%$，H_2S 约 5%，以及少量 H_2，N_2O，CO 等，每 kg 有机物产气量通常在 $0.75\sim1.2$ m^3。厌氧生化处理过程速率较慢，间歇处理通常需 $30\sim60$ 天，反应器容积较大。

用兼性发酵将有机废弃物分解为可溶性物质，进而通过产酸菌和甲烷细菌的作用再分解为甲烷和二氧化碳，既可生产气体燃料沼气（约含 $60\%\sim70\%$ 甲烷，热值约为 $23\ 100\mathrm{kJ/m^3}$），又可将发酵（消化）后的残渣用作肥料，有的还能用于饲料，消除了废物，治理了环境。利用微生物处理生产和生活中的有机废弃物，处理我国农村生物垃圾，联产沼气和肥料的生物过程已取得较好的经济效益和环境效益，正在大力推广。

7.6.1.3　混合生物处理

1. 含氨废水硝化

对于含氮、磷的有机化合物如氨基酸、蛋白质等的难处理污水，一般采用生物硝化脱氮法除氮[1,45,46]，即先采用亚硝化单孢菌（nitrosomonas）和硝化杆菌（nitrobacter）的好氧处理，使 NH_4^+ 亚硝化和硝化，进而同化水解还原成氨气，即如下反应：

硝化反应

$$NH_4^+ + \frac{3}{2}O_2 \xrightarrow{\text{Nitrosomonas},20℃\sim30℃,pH=8} NO_2^- + H_2O + 2H^+$$

$$NO_2^- + \frac{1}{2}O_2 \xrightarrow{\text{Nitrobacter},20℃\sim30℃,pH=8\sim9} NO_3^-$$

吸收同化脱硝反应

$$NO_3^- + H_2O \longrightarrow NH_3$$

或加入碳源如糖密、废淀粉，利用细菌（pseudomonas，acaligenes，arthobacter，corynebacter）进行异化还原脱硝，原则流程如图 7-15 所示，生化反应可表示如下：

$$NO_3^- + C \xrightarrow{\text{化合物}} NO_2^- + CO_2 + Cell$$

$$NO_2^- + C \xrightarrow{\text{化合物}} N_2 + CO_2 + Cell$$

但传统的生化硝化去除负荷很低，通常为 $0.1\sim0.24kgN/m^3 \cdot d$，硝化是脱氮过程的控制环节。近年来，新的生化技术和设备，特别如流化床、三相流化床技术的采用[1]，硝化脱氮的去除负荷可达到 $1.0\sim1.8kgN/m^3 \cdot d$，$NH_4^+$—N 的转化率为 95%。

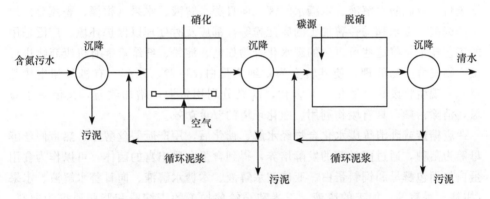

图 7-15　含氨污水生物硝化脱氮过程的原则流程

2. 磷酸盐的脱除

对于磷酸盐的脱除，利用 acinetobacter calcoaceticus 菌进行好氧处理和厌氧处理，原则流程如图 7-16 所示，基本反应过程如下[1]：

好氧处理时，多聚磷酸盐通过与三磷酸腺苷（ATP）合成二磷酸腺苷（ADP）

$$(PO_4)_n + ATP \longrightarrow (PO_4)_{n+1} + ADP$$

厌氧处理时，多聚磷酸盐通过水解解聚成磷酸二氢根，然后加入石灰形成磷酸钙 $Ca_2(PO_4)_3$

$$(PO_4)_n + H_2O \longrightarrow (PO_4)_{n-1} + H_2PO_4^-$$

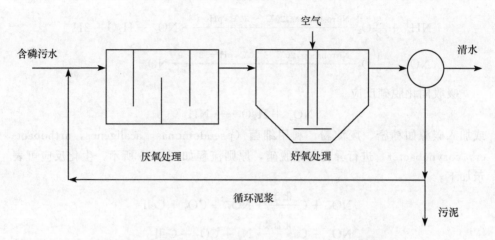

图 7-16　含磷污水生物化学处理工艺 A/O 过程的原则流程

7.6.2　废弃生物质转化

食品工业加工中产生的有机废弃物，如乳清、脂肪质、废糖蜜、废纸浆、纤维废料、亚硫酸水解液、木糖水解液、向日葵水解液、水果（柑橘、香蕉等）加工的废液、玉米和马铃薯加工的废淀粉等，都应及时处理以保护环境。广泛采用的工艺技术是将这些可再生的碳水化合物如糖、淀粉、纤维素等有机废弃物进行微生物发酵生物处理，使其转变为单细胞蛋白、甲醇、乙醇、有机酸和生物肥料，实现生物废料资源化、无害化，既充分利用资源，增加收益，又清除了垃圾，消除污染，具有废物利用、净化环境的双重功效。

废糖蜜或乳清等碳水化合物经水解、糖化后，用产朊假丝酵母、热带假丝酵母等为菌种，通过酵母菌的发酵培养，得到含蛋白质丰富的菌体，可以作为食用蛋白如面包酵母和饲料蛋白。亚硫酸水解液、木糖水解液、向日葵水解液、水果（柑橘、香蕉等）加工的废液、玉米和马铃薯加工的废淀粉和脂肪质等为原料，利用细菌、放线菌、兰藻和真核酵母菌、霉菌、担子菌的培养增殖，生产细胞内富含蛋白质的蛋白饲料。

瑞典开发的 SYMBA 过程[1,4] 采用 Endomycopsis fibutigera、candida utitis 和 yeast（candida utitis）两种微生物混合培养，将土豆加工废料转化为单细胞蛋白（SCP）。Endomycopsis fibutigera 菌产生淀粉酶，将土豆淀粉水解成糖，而 yeast 菌利用糖迅速增殖同时产生单细胞蛋白。PEKILO 过程[1] 是用 Paccilo-myce sp. 生物菌将亚硫酸废液或食品工业的废液转化为单细胞蛋白的工艺技术。

纤维素用嗜热放线菌、纤维单孢菌（cellulomonas）或绿色木霉（tri-choderme viride）的发酵，在纤维素酶的作用下，可将纤维素转化为单细胞蛋白，作为蛋白饲料，原则流程如图 7-17 所示。

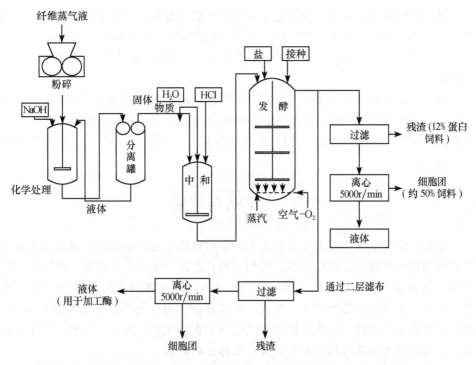

图 7-17　纤维素发酵生产单细胞蛋白过程

7.6.3　生物冶金

利用氧化亚铁硫杆菌（thiobacillus ferrooxidans）、氧化硫硫杆菌（thiobacillus thiooxidans）、硫化芽孢杆菌属（sulfobacllus）、嗜热嗜酸硫化裂片菌（sulfloobus theroaordaphilum）等自养细菌可把亚铁氧化为高铁，把硫、低价硫化物氧化为硫酸的性能，将含硫金属矿石中的金属离子形成硫酸盐而释放出来，浸取液可用淬取或离子交换进行分离提取金属。该工艺可用于铜、钴、锌、铅、铀、金等金属矿物的浸取[2,4,47]生物冶金的原理可简单表述如下

$$MS + 2O_2 \xrightarrow{\text{细菌}} MSO_4$$

$$S + O_2 + H_2O \xrightarrow{\text{细菌}} H_2SO_4$$

如

$$FeS_2 + 3\frac{1}{2}O_2 + H_2O \xrightarrow{\text{细菌}} FeSO_4 + H_2SO_4$$

$$FeSO_4 + H_2SO_4 \xrightarrow{\text{细菌}} Fe_2(SO_4)_3 + H_2O$$

在细菌的参与下，金属的溶出率比无细菌参与的自然溶出率高 $10^5 \sim 10^6$ 倍。

　　微生物已经用于从低品位有色金属难选矿物中提取金属的工业应用，如智利某铜厂，用微生物对含铜 1.3% 的矿石进行细菌浸取，铜的浸取率可达 82%；江西德兴铜业公司，对 0.09%～0.25% 的铜矿石进行细菌浸取，其产生规模达2000t/a。

　　青海省岩矿测试应用研究所进行了浮选金精矿细菌氧化-氰化浸金工艺研究[47]，利用氧化亚铁硫杆菌，使矿石中的 Fe、S、As 矿物分别氧化成 Fe^{3+}、SO_4^{2-}、AsO_4^{3-}，包裹在硫化矿物中的金被暴露，可用氰化物浸金，金浸出率在89%以上。

7.7　小结与评述

　　生物细胞是个微小而又复杂的化工厂，可以高效地制备出传统化工能够或不能合成的各种生物制品和化学品，如酶、糖、脂肪、蛋白、氨基酸、有机酸、抗生素、抗菌素、杀虫剂、醛、醇、酮、酰胺等，通过基因工程技术合成各种激素、疫苗、生物酶、细胞因子、单克隆抗体和蛋白等生物药品，还可进行组织、器官和生物体的克隆。现代生物技术已经或正在使化工、医药、农业、海洋、环境、生命科学等发生深刻的变化，并产生深远的影响。

　　生活细胞的新陈代谢是个从外界吸收营养物质进行细胞增殖过程，同时伴随着分解或合成产生代谢产物（初级代谢产物和次级代谢产物），从中获得所需的生物量和生物活性物质。不同微生物的生活细胞在不同的培养条件下，所得到的生物产品各不相同。选择合适的菌种或培养新的工程菌，采用优化的培养条件是获得高产率的前提。生活细胞新陈代谢中的生物反应过程不仅涉及动量、质量、热量的传递，而且还有生物信息的传递，即四传（动量、质量、热量、信息传递）一反（酶促反应）的复杂过程，因而生物反应器的选择和设计就具有重要的意义。用于生物化学过程的反应器有搅拌、深层、气升或液升、液固流态化和气液固三相流态化反应器等。

　　生物化学反应过程有细胞反应过程和酶促反应过程的不同。细胞反应过程，属细胞培养或发酵过程，其生长动力学因过程不同而异，通常有 Monod型、底物抑制型和产物抑制型等；酶促反应过程较为复杂，因底物的多寡和反应的特性不同而异。生物反应系统应根据反应过程的动力学特性选择全混反应器、活塞流反应器、全混-活塞流组合反应器或活塞流-在线分离组合反应器等。许多生物化学过程的实验结果都证明，细胞和酶的固定化有利于采用流态化反应器，强化相际间的传热、传质，使设备的生产率大幅度的提高。开发不同形式三相流态化反应的生物和环境过程，扩大其应用领域，是今后的技术发展趋势。

参 考 文 献

[1] Shuler M L，Kargi F. Bioprocess engineering (2nd ed.). N. J.：Prentice Hall PTR. 2002

[2] 俞俊棠，唐孝宣. 生物工艺学. 上海：华东理工大学出版社，1991

[3] 李再资. 生物化学工程. 北京：化学工业出版社，1999

[4] 徐浩，洪俊华，陈国强等. 工业微生物学基础及其应用. 北京：科学出版社，1991.

[5] 童海宝. 生物化工. 北京：化学工业出版社，2001

[6] Parales R E. et al. Biodegpadation，biotransformation，and biocatalysis (B3). Applied and Environmental Microbiology，2002，68 (10)：4699～4709

[7] Hartmeier W. Immobilized biocatalysts. Berlin：Springer-Verlag. Berlin Heidelberg，1988. 150～153

[8] Chaplin M F，Bucke C. Enzyme technology. Cambrighe：Cambrighe University Press，1990. 67～90

[9] 袁中一. 酶制剂工业. 北京：科学出版社，1984. 349～386

[10] Klivanov A M，Immobilized enzyme and cells as practical catalysts. Science，1983 (219)：722～727

[11] Bodalo A，Gomez E，Gomez J L et al. Comparison of different methods of β-galactosidase immobilization. Process Biochem，1991 (26)：349～353

[12] Colton C K. Engineering challengs in cell-encapsulation technology. Trends Biotechnol，1996 (14)：158～162

[13] Groboillot A F，Champagne C P，Darling G D et al. Membrane formation by interfacial cross-linking of chitosan for microencapsulation of lactococeus lactis. Biotechnol. Bioeng，1993 (42)：1157～1163

[14] Chang H N，Seong G H，Yoo I K et al. Microencapsulation of recombinant saccharomyces cerevisiae cells with invertase activity in liquid-core alginate capsules. Biotechnol. Bioeng，1996 (51)：157～162

[15] 徐慧显，李民勤，何炳林. 聚丙烯酰胺型载体的合成及其对酵母脂肪酶的固定化. 自然科学进展——国家重点实验室通讯，1996 (6)：337～341

[16] 金双龙，童明容，陈家童等. 免疫球蛋白的吸附剂体外研究. 离子交换与吸附，1992 (4)：10～14

[17] Manecke G，Singer S. Uker einige chemische umsetzungen am polyaminostyrol. Makromol. Chem，1960 (37)：119～142

[18] Katchaleki E. Polyamine acids，polypeptides，proteins. Proc. Intern. Symp. Madison，Wis，1962. 283

[19] Qu H B，Zhang X E，Zhang S Z et al. Kinetic study on starch hydrolysis using a glucose/maltose sensing system. Biotechnology Techniques，1995 (9)：445～450

[20] 欧阳藩. 流态化技术在生物工程中的应用. 北京：Achem Asia92，1992

[21] Fan L S. Gas-liquid-solid Fluidization Engiineering. Boston：Butterworths，1989

[22] 焦瑞身. 微生物工程. 北京：化学工业出版社，2003

[23] Dividson B H，Scott C D. 9th Symp. On Biotechnology for Fuels and Chemicals. Boulder，Colarado，May 5～8，1987

[24] Samejima H M，Hagashima M，Azuma S. et al. Annals New York Academy of Sciences，1984（434）：394

[25] Morikawa Y，Karube I，Suzuki S. Continuous production of bacitracin by immobilized living whole cells of bacillus sp. Biotech. Bioeng，1980，22（5）：1015～1023

[26] Berk D，Behie L A，Jones A. et al. Production of the antibiotic patulin in a three phase fluidized bed reactor. Part I. Effect of medium composition. Can. J. Chem. Eng，1984（62）：112～119

[27] Berk D，Behie L A，Jones A. et al. Production of the antibiotic patulin in a three phase fluidized bed reactor. Part II. Longevity of the biocatalyst. Can. J. Chem. Eng，1984（62）：120～124

[28] Fukuda H，Webb C，Atkinson B. Proceedings of the 3rd European Congress on Biotechnology，1984（1）：547

[29] Papanikolaou S，Ruia-Sanchez P，Pariset B et al. High production of 1，3-propanediol from Industrial glycerol by a newly isolated clostridium butyricum strain. J. Biotechnol，2000，77（2，3）：191～208

[30] Ahrens K，Menzel K，Zeng A P，Deckwer W D et al. Kinetic，dynamic，and pathway studies of glycerol metabolism by klebsiella pneumoniae in anaerobic continuous culture Ⅲ. Enaymes and fluxes of glycerol dissimilation and 1，3-propanediol formation. J. Biotech. Bioeng，1998，59（5）：544～552

[31] Li S G，Tuan V A，Falconer J L et al. Sepatation of 1，3-propanediol from glycerol and glucose using a ZSN-5 zeolite membrane. J. Membrane Sci，2001，1910（1，2）：53～59

[32] 宁思扬，楼士林. 生物技术概论. 北京：科学出版社，2002

[33] 陈策实，尹光琳. 从葡萄糖一步发酵生产维生素 C 的前体 2-酮基-L-古龙酸研究进展. 生物工程进展，2000，20（5）：51～55

[34] 欧阳藩，程琳娜等. 固定化增殖细胞流态化床. "七五"国家重点科技成果，中科院（90）成鉴字 173 号. 中国科学院化工冶金研究所，1999. 11

[35] Ya Han et al. Ethanol fermentation the liquid-solid downward flow light particle fluidized bed bioreactor. Proceedings of Asia-Pacific Biochemical Engineering Conference. Yokohama，Japan（April 1992）

[36] 翁达聪等. 外循环流化床生物反应器的流动及发酵特性. 化工冶金，1992，13（4）：11

[37] Shewale J G，Siraraman H. Penicillin acylase：Enzyme production and its application in the manufacture of 6-APA. Process Biochemistry，1989，24（1）：146～154

[38] 陈军，朱丹波. 三角酵母整细胞酶促转化头孢菌素 C 为戊二酰-7-氨基头孢烷酸. 生物

工程学报. 2001, 17 (2): 150~154

[39] 徐待伟. 微生物转化在药物合成中的应用前景. 中国医药工业杂志, 1996, 27 (a): 422

[40] 法内斯托克, S. R., A. 斯泰因比歇尔. 生物高分子（第七、八卷）聚酰胺和蛋白质材料 I~II. 邵正中, 杨新林主译. 北京: 化学工业出版社, 2005

[41] 李祖义, 吴中柳, 陈颖. 生物催化产业化进展. 有机化学, 2003, 23 (12): 1446~1451

[42] Suzuki K, Tsunoda S. Proc. of World Congress of Chem. Eng. III, 1986. 791

[43] Suzuki K, Momonoi S, Harada H. Proc. of the Symp. on biological wastewater treatment. Soc. Chem. Engrs. Japan. Sendai, Japan, 1983

[44] Mulder R K, Eikelboom D H. Application of three-phase airlift reactor for aerobic treatment of domestic sewage. Proc. of 3rd Tetherand Biotechnology Congress Part I. 1990

[45] 王德成, 贺诗毅, 王舟等. 氨氮废水在气升式反应器中的硝化研究. 第五届全国生物化工学术会议文集 (何鸣鸿, 刘大陆, 刘德华). 北京: 化学工业出版社, 1993. 59~68

[46] Lee D D, Scott C F, Hancher C W. Fluidized bed bioreactor for coal-conversion effluents. J. Water Pollution Control, 1979 (51): 974~984

[47] 孙晓华. 浮选金精矿细菌氧化-氰化浸金工艺研究. 有色金属（冶炼部分）, 2000 (1): 27~28, 38

第八章　流态化过程及反应器设计

过程工业领域广泛、物系多样，但都涉及物质的物理与化学转化的基本规律，即物质的运动、传递和反应及其相互关系。流态化过程是一类重要的工业过程，涉及到化工、冶金、生化、材料、资源、能源、环境等过程工业的非均相过程，流体与颗粒间的接触和传递的改善，工艺过程的优化，从而提高过程的生产效率及物质和能量的利用率。

不同过程的任务目标各有不同，从而形成各种各具特色的具体过程。第二章～第七章论及了各种非金属矿物的焙烧过程，介绍了金属矿物的氧化焙烧、还原焙烧、硫酸化焙烧、氯化焙烧等各种过程，煤或石油等能源矿物的氧化燃烧、热解和气化等过程、有机、无机化制备过程以及生化和环境过程，看到了各种工艺技术都在不断发展，工艺过程也在不断完善和进步，从而获得越来越好的收益。

流态化应用过程繁多，不同的过程其规律有所不同，相似的过程又有实质的相似，在这章，将不同流态化过程给予适当分类，再就同类过程的共性问题如过程设计、反应器设计、经济技术评价等作一定的理论概述，以便进行应用过程的设计、操作和诊断。

这章简要地将涉及的流态化过程作分类概括。

8.1　流态化过程概述

流态化非均相过程按物系特性分，可分为气固系统、液固系统、气-液-固三相系统，以气固系统最为常见，应用最为广泛。近年来，由于生化、环境和能源产业的发展需要，气液固三相系统日益增多，展现出厚积薄发的良好前景。

流态化非均相过程按过程的热特性分，可分为放热过程和吸热过程。放热过程的流态化反应器一般都是单级的，通常在高温下进行，典型的例子是煤的流态化燃烧，硫铁矿的氧化焙烧等。为了维持适当的反应温度，必须采用从反应器移出热量的措施，如安装水冷换热器、膜式水冷壁的汽化器，也可直接向床层喷入水或浆料，利用水的蒸发降低并控制温度。吸热过程又可分为低温热处理过程，如各种物料的干燥、造粒等，高温热加工过程，如石灰石煅烧、各种矿物焙烧等。低温热处理过程的干燥造粒反应器通常为单级的，系统供热为外热空气或烟道气；高温热加工过程通常为气固逆流移动床、多级或多室串联反应器，如石灰石锻烧、氢氧化铝悬浮焙烧、铁矿石还原等，充分回收利用系统的显热，降低燃料消耗量是其突出特点。

流态化非均相过程按物理化学特性分，可分为物理过程和化学过程。物理过程又可分为传动，如物料输送、分级，传热如物件加热、冷却及传质如吸附、解吸、浸取、洗涤、干燥脱水等。化学过程按加工对象分，可分为固相加工和气相加工。按过程性质分，可分为非催化反应过程和催化反应过程以及生化反应过程。固相非催化过程又有热分解、燃烧、氧化和还原焙烧、气化等；气相加工的催化过程又有催化裂解、催化合成、催化燃烧等；生化反应过程有生物转化如生物发酵、细胞培养、生物降解和生物催化等过程。

8.1.1.1　物理过程

流态化非匀相物理过程在工业上广泛遇到，物料的输送、分级，颗粒物料的加热和冷却，物料浸出和洗涤，物料的吸附与解析，物料的干燥和制粒，流体与颗粒物料混合与分离等。物理过程主要涉及流体与颗粒物料两相之间接触与传递的基本特性及其相应工艺设备，两相相互接触将产生动量、质量和热量的相互变换，而物料性质的不同，特别是物料的粒度、形状和密度的不同，两相的接触与传递特性也各不相同，因而也由此研究开发出与此相适应的技术设备，进而构成多种不同的物理过程。

动量传递的物理过程主要通过流体与颗粒表面接触相互摩擦，将动量由一相传至另一相，从而促使另一相作相应的运动。例如，气体通过颗粒床层，气体与颗粒表面摩擦而对颗粒产生一种曳力，导致颗粒物料随气体运动、混合、分级以及物料输送。这里所说的流体，可以是气体，也可以是液体，从而形成以气体为动力源的气力输送和以液体为动力源的水力输送。流体的速度不同，流体与颗粒物料数量比的不同，将形成不同的输送状态，如稀相输送、浓相输送、移动床输送等，因而显示出不同的经济技术指标。

质量传递的物理过程主要是在流体与颗粒物料接触时，由于两相间存在目标物的浓度差，导致从一相向另一相扩散转移。例如某合成废气中含少量二氯乙烷，使之与多孔的吸附能力很强的活性炭接触，气相中二氯乙烷通过颗粒周围的气膜到达活性炭表面并被吸附，只要气相中二氯乙烷的浓度高于活性炭表面二氯乙烷的平衡浓度，这个二氯乙烷的质量传递过程将继续进行，使合成废气中二氯乙烷浓度达到所要求的排放标准，而通过加热，使被吸附的二氯乙烷解吸出来，活性炭得到再生利用。吸附和解吸都是非均相传质过程。这种吸附可以是纯物理的，也可以是化学的，如用氧化钙吸收二氧化硫而生成硫酸钙。因而吸附过程又有物理吸附和化学吸附之别。又如从金属矿物焙砂中浸取其中可溶盐 $CuSO_4$ 的浸取过程就是用水与焙砂颗粒接触，由于焙砂中与水中 $CuSO_4$ 存在浓度差，焙砂中 $CuSO_4$ 不断向水中扩散转移而被浸出，对焙砂而言也可称为洗涤。浸洗过程与颗粒物料的粒度、颗粒内孔隙直径和数量以及流体流动状况有关，从而开发了不同的传质单元过程。

热量传递的物理过程是一种常见的工业应用，如颗粒或物体的加热和冷却，在外界与颗粒或物体之间存在着温度差，两者之间将发生热量传送，颗粒或物体的温度将升高或降低。该传热过程除受颗粒流体接触状态影响外，最重要的是颗粒的尺寸及其颗粒浓度和速度。湿颗粒物料的干燥是个传热过程，同时伴有水分的蒸发扩散，因而是个热质传递并存的过程。被干燥物料的粒度和含水不同而呈现出不同状态，如粗粒湿物料，一般含水 <15%，细粒膏状物，一般含水 15%～35%，细粒悬浮液，其含水 >50%。对粗粒湿物料，通常采用各种流化床；对于细粒膏状物，则采用搅拌流化床和压力雾化惰性粒子流化床；对悬浮液，常用喷雾干燥来进行脱水处理。

8.1.1.2　化学过程

对于一个物质转换的生产过程，物理过程通常处于一个生产过程的原料准备阶段和成品的后处理阶段，生产过程的中心环节是化学过程包括有微生物细胞或生物酶参与的生化过程，目的是实现物质的转化。被加工转化的对象是固体物料，当气体或液体与固体颗粒接触并与它反应时，得到的产物可以是流体，也可以是固体，还可以是同时得到流体和固体两种产物这样三个类型的反应[1]，例如

Ⅰ. 产物为流体类型

$$C(s) + O_2(g) = CO_2(g)$$
$$C(s) + NaNH_2(l) = \frac{1}{2}NaCN(l) + H_2(g)$$

Ⅱ. 产物为固体类型

$$CaC_2(s) + N_2(g) = CaCN_2(s) + C(s)$$
$$CaO(s) + SO_2(g) + \frac{1}{2}O_2(g) = CaSO_4(s)$$

Ⅲ. 产物为流体和固体类型

$$2ZnS(s) + 3O_2(g) = 2ZnO(s) + 2SO_2(g)$$
$$Fe_3O_4(s) + 4H_2(g) = 3Fe(s) + 4H_2O(g)$$

这三类反应中，产物为流体的第Ⅰ类反应，固体颗粒的粒度尺寸是随着反应过程的进行而逐步缩小的；而产物为固体或伴有流体产物的第Ⅱ和第Ⅲ类反应，

固体颗粒的尺寸在反应过程中是基本不变的。这两种情况可用图 8-1 表示，在这里，固体颗粒被视为加工主体，因而称之为固相加工过程。固相加工过程又有特征各异的两种反应过程，即反应界面与反应时间无关的恒径反应过程和反应界面随反应时间而收缩的缩径反应过程。非金属矿物（石灰石、高岭石）的煅烧、金属矿物（硫铁矿、铜精矿、锌精矿）的氧化焙烧、金属矿物（赤铁矿、磁铁矿）的还原焙烧等都属恒径反应过程，而能源矿物（煤）的燃烧和气化则属缩径反应过程。

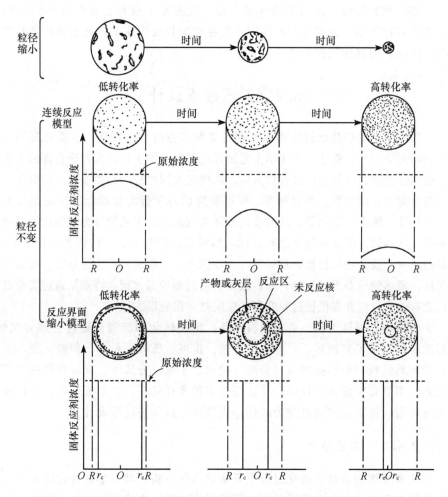

图 8-1　固体颗粒与流体反应及其形状变化

另一类被加工物料为气体或蒸汽相被视为加工主体的，称之为气相加工过程。当需要进行合成、转化或裂解时，通常都要借助催化剂的帮助以得到较高的

转化率和较好的选择性，例如

$$CO(g) + 2H_2(g) \xrightarrow{\text{催化}} CH_3OH(g)$$

$$CH_3-CH_2-CH_2-CH_3 \xrightarrow{\text{催化}} CH_2=CH-CH_3 + CH_4$$

$$C_6H_5NO_2(g) + 3H_2(g) \xrightarrow{275℃} C_6H_5NH_2(g) + 2H_2O$$

这些气相催化反应过程属于气相加工过程。气态原料与固体催化剂颗粒接触并被吸附，然后在催化剂的作用下，实现裂解、合成、脱氢、加氢、烷基化、异构化、芳烃化等过程，得到新的气相产物。气相加工过程通常伴有不同的副反应，得到多种产物，而催化剂的作用不仅在于加快反应速率，更重要的是改善反应的选择性，抑制副反应的进行。

8.2 工艺过程设计

一项物质运动和转化过程得以实现是掌握工业过程的特性，主要是其热力学行为和动力学行为；欲使一个化学工艺过程得以完美的实现，有赖于合理的工艺设计。根据过程热力学行为即过程自由焓，来确定实现过程的必要条件，如温度、压力、组分配比、添加剂、稀释剂等，根据反应动力学行为选择合适反应器及其参数，如粒度、速度、时间等，从而使过程能高效进行。工艺设计为过程设计提供技术基础。过程设计的前提是条件和目标，然后是途径和方法。所谓条件是指原料、燃料的组成、及其物化性能，目标是指产物的产率、组成及其物化性能。根据所给的条件，要达到所要求的目标，我们选择合适的途径即过程，特别是通过实验证明是行之有效的过程并提供使过程顺利实现的技术措施即方法。

一个过程，原则上说，可由原料准备、反应转化和产物后处理三部分组成。原料准备视不同工艺而异，一般包括分选、提纯、破碎、粉磨、制粒、脱水干燥等；产物后处理一般包括回收、分离、脱水、干燥、分级等；反应转化视工艺不同而异。当然要实现一个目标，其途径是多种多样的，而并非唯一的，但以技术最先进可靠、经济最节省有效为条件择优选择，这就是过程设计。

8.2.1.1 工艺条件

前几章介绍的各种流态化过程主要从热力学分析、动力学特性讨论有关工艺过程及其应用的可行性和发展趋势，但要指出的是，在论及被加工的物料时，有些一般化了，而实际的被加工物料，特别是矿物，其化学和矿物组成、物理化学特性也各不相同；在工艺过程的热力学分析中，采用的是标准态，而实际应用中并非如此；在动力学特性讨论中，是一种理想的气-固两相流动和接触下的结果，而实际过程中，通常属非理想流动和接触；在确定反应温度时，通常注重主反应，而未及副反应的影响；在论及化学反应计量时，通常按化学当量考虑，而实际过程也并非如此等，因而将其作为普遍适用的规律，可能有些简单化了。为此，在进行过程设计前，对欲开发的过程进行包括原料、物性、粒度、温度、压力（或稀释比）、流速、时间、化学比等因素对结果的影响的评估，是特别重要的。一般通过正交设计实验以取得最佳工艺条件作为过程设计的依据。这是进入过程设计的第一步。

8.2.1.2　过程设计

1. 技术方案

如前已指出的，不同的物质反应转化过程，其工艺技术将会有所不同。对于放热反应，可选用单级反应过程，同时应考虑过程的反应温度和热利用问题，这视过程热效应大小和工艺要求而定，有废热锅炉、空气直冷、喷水降温、间接换热等不同的选择，这类过程如煤的燃烧、黄铁矿焙烧等；对于吸热的高温反应，反应转化过程则应考虑过程显热的回收利用，如利用反应的热烟气预热原料，利用热物料预热原料气或供燃烧用的空气，其换热方式通常选用气固逆流换热，一般采用多级或多段工艺过程，这类过程如金属和非金属矿物的焙烧等。

就反应物的粒度而言，对于前已提到的第Ⅰ类反应，颗粒的尺寸将随着反应的进行而变小，通常可选用 $0\sim8mm$ 的颗粒，如用于燃烧或气化的煤粒；对于第Ⅱ类和第Ⅲ类反应的物料，其颗粒的粒度，一般为 $0\sim3mm$，但还应随物料的组成和热变特性而适当控制。据此设计原料的制备工艺和选择相应的设备。另一方面，物料粒度的确定还要取决于工艺的要求，如流化床燃烧的用煤粒度可为 $0\sim8mm$，而气流床的燃烧和气化用煤粒度通常 $<100\mu m$，如煤粉锅炉和 Shell 煤气化过程；有时物料是催化剂或其他产品，其粒度是由相应工艺决定的，没有选择的余地。

就流态化反应器而言，其类型主要由工艺要求来决定，选择与其物料的粒度特性相适应的反应器，如粗颗粒鼓泡流化床（沸腾床）反应器、湍流流化床反应器、细颗粒快速流化床反应器、粉料气流化床反应器、粗颗粒液固流化床反应器或三相流化床反应器、粉料三相浆态流化床反应器等。

就换热过程来说，换热器类型依据颗粒的粒度及其分布而定，对于低导热系数的 $>2mm$ 粗颗粒，需要较长的加热时间，则应选择流化床或浅流化床换热器；对于粒度 $<0.5mm$ 的物料，可选用旋风器换热器，对于界于二者之间的颗粒物料，需要足够的加热时间，以选择高换热系数、低压降的淋雨式气-固逆流稀相换热器或浅流化床换热器为宜。矿物煅烧、氧化热解和还原焙烧等过程都较普遍

的采用换热技术以节约热能消耗，而且现代流态化过程较多地选用级内气固并流、级间气固逆流连接的多级旋风分离器换热，其特点是粉料与气流直接接触并以高速运动，气固间热阻低，换热器尺寸小，同时粉料颗粒内的热阻几乎可以忽略，在短时间内气体和粉料的温度可彼此接近而达到一个平衡温度，换热效率高。旋风分离换热器具有气固换热和气固分离的双重作用，使工艺简化，而且流动阻力小，动能消耗低，在粉料气固换热中显示出突出的优势。

　　颗粒物料多级预热或冷却的级数主要与过程的反应温度有关，可以是一级、二级、三级或四级，流程分析表明[2]，随着换热级数的增加，煅烧过程的热耗或燃料消耗将减少。高岭土高温燃油煅烧过程分析如图 8-2 所示，换热级数的增加，热利用率提高，节省了燃料成本，意味着生产成本的下降，但换热级数的增加，增加了换热设备投资和相应的运行费用，抵消了节省燃料的收益，因而合理的换热级数以最大的效益/投资比为宜。

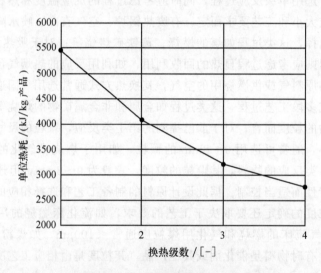

图 8-2　热耗与换热级数的关系

　　合理的换热级数视过程的反应温度和气固流动热容比（GC_g/FC_s）不同而异，反应温度高的，换热级数可多些，反之，换热级数可少些。一般反应温度在 1000～1100℃，换热级数以 4 级为宜；900～1000℃，多采用 3 级换热；700～800℃，可采用 2 级换热；500℃以下可选用一级换热。

　　以上是简单流态化过程的工艺流程方案，但实际生产中还有物质耦合和热耦合的复杂过程，如现代石油的催化裂化过程是由提升管式裂化反应器通过旋风分离器在顶部与快速流态化烧焦再生器相连，在底部通过溢流管和料腿彼此相连，构成一个循环反应系统。油蒸汽与来自再生器的高温活化催化级剂进入提升管式

裂化反应器，被加热并进行裂化反应，表面附炭、活性差的催化剂经旋风分离器
与产物气分离，落入快速流态化再生器，与从其底部鼓入的空气进行烧焦再生反
应，同时使活化的催化剂温度升高并返回提升管式裂化反应器，为裂化反应提供
反应所需的热，是个典型的热耦合过程。

2. 工艺计算

(1) 复杂系统物料平衡

细颗粒物料的高温焙烧过程，如氢氧化铝煅烧过程、菱镁矿煅烧过程、石灰
石煅烧过程，温度在 900~1150℃，都采用四级旋风换热以经济有效的回收其显
热，为了能够进行产品的包装，还需增加一级流化床间接水冷却。现以菱镁矿煅
烧过程为例，说明复杂系统物料平衡的计算方法[3]。若菱镁矿煅烧过程采用 4 级
旋风预热-煅烧反应-4 级旋风冷却，两级旋风除尘，分离器效率分别为 η_5、η_6，
预热旋风器效率分别为 η_1、η_2、η_3、η_4，煅烧器分离器效率为 η_0，旋风冷却器的
分离效率分别为 θ_1、θ_2、θ_3、θ_4，而且在第三级预热器中因温度已相对较高，有
部分菱镁矿分解，其分解率和产物的产率分别为 λ_1、P_{λ_1}，在煅烧器中原料分解
率和产物的产率分别为 λ、P_λ。设原料的投入量为 W_s，在预热段，原生料自上
而下流动，每个分离器中，W_i 代表原生料底流，QW_i 代表原生料顶流，而焙烧
熟料随上升气流自下而上流动，F_i 代表焙烧熟料底流，QF_i 代表焙烧熟料顶流。
对各级冷却器的物料平衡，焙烧熟料随上升气流自上而下逆气流流动，S_i 代表
焙烧熟料底流，KS_i 代表焙烧熟料顶流。工艺布置和物料参数命名如图 8-3 所示。

菱镁矿中含 $MgCO_3$ $a\%$、$CaCO_3$ $b\%$，其他矿物组成的质量分数之和为 $\sum$。
菱镁的分解反应

$$MgCO_3 \longrightarrow MgO + CO_2$$
$$CaCO_3 \longrightarrow CaO + CO_2$$

则菱镁矿分解的产物产率为

$$P_{\lambda_1} = \lambda_1 \left(a\% \cdot \frac{40.31}{84.32} + b\% \cdot \frac{56.08}{100.09} \right) + \sum \qquad (8-1)$$

$$P_\lambda = (1-\lambda)(a\% + b\%) + \lambda \left(a\% \cdot \frac{40.31}{84.32} + b\% \cdot \frac{56.08}{100.09} \right) + \sum \qquad (8-2)$$

故对各级预热器的物料平衡，有
原料部分：

$$W_1 = \frac{\eta_1}{E} \left\{ 1 + \frac{\eta_1(1-\eta_2)}{E - \eta_1(1-\eta_2)} \left[1 + \frac{E\eta_2(1-\eta_3)}{M} \right] \right\} W_s \qquad (8-3)$$

$$W_2 = \frac{\eta_1 \eta_2}{E - \eta_1(1-\eta_2)} \left[1 + \frac{E\eta_2(1-\eta_3)}{M} \right] W_s \qquad (8-4)$$

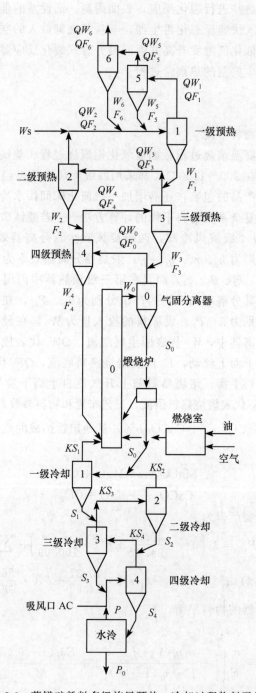

图 8-3　菱镁矿粉料多级旋风预热、冷却过程物料平衡

$$W_3 = \frac{\eta_1 \eta_2 \eta_3}{M} W_S \tag{8-5}$$

$$W_4 = \frac{(1-\lambda_1)\eta_1 \eta_2 \eta_3 \eta_4}{M} W_S \tag{8-6}$$

$$QW_1 = \left(\frac{1-\eta_1}{\eta_1}\right) \cdot W_1 \tag{8-7}$$

$$QW_2 = \left(\frac{1-\eta_2}{\eta_2}\right) \cdot W_2 \tag{8-8}$$

$$QW_3 = \left(\frac{1-\eta_3}{\eta_3}\right) \cdot W_3 \tag{8-9}$$

$$QW_4 = \left(\frac{1-\eta_4}{\eta_4}\right) \cdot W_4 \tag{8-10}$$

产物部分

$$F_1 = \frac{\eta_1(1-\eta_2)(1-\eta_3)}{E-\eta(1-\eta_2)} \cdot \frac{L}{B-L} \cdot PWM \tag{8-11}$$

$$F_2 = \frac{E\eta_2(1-\eta_3)}{E-\eta_1(1-\eta_2)} \cdot \frac{L}{B-L} \cdot PWM \tag{8-12}$$

$$F_3 = \left(\frac{L}{B-L}\right) \cdot PWM \tag{8-13}$$

$$F_4 = \eta_4\left[1+\left(\frac{L}{B-L}\right)\right] \cdot PWM \tag{8-14}$$

$$QF_1 = \left(\frac{1-\eta_1}{\eta_1}\right) \cdot F_1 \tag{8-15}$$

$$QF_2 = \left(\frac{1-\eta_2}{\eta_2}\right) \cdot F_2 \tag{8-16}$$

$$QF_3 = \left(\frac{1-\eta_3}{\eta_3}\right) \cdot F_3 \tag{8-17}$$

$$QF_4 = \left(\frac{1-\eta_4}{\eta_4}\right) \cdot F_4 \tag{8-18}$$

对各级除尘器的物料平衡，类似地有

$$W_5 = \left(\frac{1-\eta_1}{\eta_1}\right) \cdot W_1 \cdot \eta_5 \tag{8-19}$$

$$W_6 = (1-\eta_5)\left(\frac{1-\eta_1}{\eta_1}\right) \cdot W_1 \cdot \eta_6 \tag{8-20}$$

$$QW_5 = (1 - \eta_5) \cdot \left(\frac{1 - \eta_1}{\eta_1} \right) \cdot W_1 \tag{8-21}$$

$$QW_6 = \frac{DF_1}{\eta_1} \tag{8-22}$$

$$F_5 = \left(\frac{1 - \eta_1}{\eta_1} \right) \cdot F_1 \cdot \eta_5 \tag{8-23}$$

$$F_6 = (1 - \eta_5) \left(\frac{1 - \eta_1}{\eta_1} \right) \cdot F_1 \cdot \eta_6 \tag{8-24}$$

$$QF_5 = \left(\frac{1 - \eta_1}{\eta_1} \right) \cdot F_1 \cdot (1 - \eta_5) \tag{8-25}$$

$$QF_6 = (1 - \eta_5)(1 - \eta_6) \left(\frac{1 - \eta_1}{\eta_1} \right) \cdot F_1 \tag{8-26}$$

则煅烧器出口处的物料量为

$$PWM = \frac{(1 - \eta_0)}{\eta_0} \cdot N_0 \cdot P_0 + P_{\lambda_1} \frac{\lambda_1 \eta_1 \eta_2 \eta_3}{M} \cdot W_s \tag{8-27}$$

其中

$$P_0 = \frac{\lambda \cdot P_\lambda \cdot W_s}{Zm} \left\{ 1 - \frac{D}{E} \left[1 + \frac{\eta_1 (1 - \eta_2)}{E - \eta_1 (1 - \eta_2)} + \frac{E - \eta_1 (1 - \eta_2) \eta_2 (1 - \eta_3)}{M(E - \eta_1)(1 - \eta_2)} \right] \right.$$
$$\left. - \frac{D \eta_1 \eta_2 \eta_3 (1 - \eta_2)(1 - \eta_3)(1 - \eta_4)}{(B - L)M} \cdot \frac{\lambda_1 \cdot P_{\lambda_1}}{\lambda \cdot P_\lambda} \right\} \tag{8-28}$$

上式中

$$D = (1 - \eta_1)(1 - \eta_5)(1 - \eta_6) \tag{8-29}$$

$$E = 1 - (1 - \eta_1)[\eta_5 + (1 - \eta_5)\eta_6] \tag{8-30}$$

$$B = [E - \eta_1 (1 - \eta_2)][1 - (1 - \eta_4)\eta_3] - E\eta_2 (1 - \eta_3) \tag{8-31}$$

$$L = [1 - (1 - \lambda_1)(1 - \eta_4)\eta_3]\eta_1 (1 - \eta_2) \tag{8-32}$$

$$M = [E - \eta_1 (1 - \eta_2)][1 - (1 - \lambda_1)(1 - \eta_4)\eta_3] - E\eta_2 (1 - \eta_3) \tag{8-33}$$

$$Zm = \frac{D(1 - \eta_0)(1 - \eta_2)(1 - \eta_3)(1 - \eta_4)N_0 + (B - L)\eta_0}{(B - L)\eta_0} \tag{8-34}$$

且

$$N_0 = \frac{1}{\theta_1 \theta_2 \theta_3 \theta_4} \{ (1 + r)[1 - \theta_1 (1 - \theta_2) - \theta_2 (1 - \theta_3) - \theta_3 (1 - \theta_4)$$
$$+ \theta_1 \theta_3 (1 - \theta_2)(1 - \theta_4)] - r\theta_4 [1 - \theta_1 (1 - \theta_2) - \theta_2 (1 - \theta_3)] \} \tag{8-35}$$

$$N_1 = \frac{1}{\theta_2\theta_3\theta_4}\{(1+r)[1-\theta_2(1-\theta_3)-\theta_3(1-\theta_4)]-r\theta_4[1-\theta_2(1-\theta_3)]\}$$

$$\tag{8-36}$$

$$N_2 = \frac{1}{\theta_3\theta_4}\{(1+r)[1-\theta_3(1-\theta_4)]-r\theta_4\} \tag{8-37}$$

$$N_3 = \frac{1}{\theta_4}[(1+r)-r\theta_4] \tag{8-38}$$

$$N_4 = 1+r \tag{8-39}$$

对各级焙砂冷却器的物料平衡，有

$$S_0 = N_0 \cdot P_0 \tag{8-40}$$

$$S_1 = N_1 \cdot P_0 \tag{8-41}$$

$$S_2 = N_2 \cdot P_0$$

$$S_3 = N_3 \cdot P_0 \tag{8-42}$$

$$S_4 = N_4 \cdot P_0 \tag{8-43}$$

$$KS_1 = \left(\frac{1-\theta_1}{\theta_1}\right) \cdot S_1 \tag{8-44}$$

$$KS_2 = \left(\frac{1-\theta_2}{\theta_2}\right) \cdot S_2 \tag{8-45}$$

$$KS_3 = \left(\frac{1-\theta_3}{\theta_3}\right) \cdot S_3 \tag{8-46}$$

$$KS_4 = \left(\frac{1-\theta_4}{\theta_4}\right) \cdot S_4 \tag{8-47}$$

以上方程组描述了菱镁矿在上述焙烧系统中发生反应后的物料流率及其分布。如该焙烧系统由燃用外界提供的燃料，则上述的物料平衡还应并入为维持焙烧系统反应温度所必需的燃料和相应的燃烧空气而构成的新的物料和热平衡。

（2）多级热量平衡

对于多级气固流化床逐级逆流换热[4]，床层由气体以临界流态化速度 U_{mf} 通过乳化相和以 U_0-U_{mf} 速度通过的气泡相构成，如图 8-4 所示。对于气体活塞流、颗粒完全混合时，有

$$\frac{T_v-t_v}{T_{v+1}-t_v} = \exp(-U_{t,app}) \approx \frac{U_0-U_{mf}}{U_0} = U'_{hy} \tag{8-48}$$

当无气泡时，有

$$U_0-U_{mf} = 0 \tag{8-49}$$

或

$$U'_{hy} = 0 \tag{8-50}$$

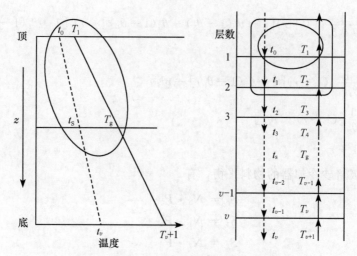

图 8-4　多级气固流化床逐级逆流换热过程

对于有 v 级的多层流化床，各级的热平衡为

$$t_1 - t_0 = \gamma(T_2 - T_1)$$
$$t_2 - t_0 = \gamma(T_3 - T_1)$$
$$t_3 - t_0 = \gamma(T_4 - T_1) \tag{8-51}$$
$$\cdots\cdots$$
$$t_v - t_0 = \gamma(T_{v+1} - T_1)$$

各级的换热速度为

$$T_1 - t_1 = \gamma(T_2 - t_1)$$
$$T_2 - t_2 = \gamma(T_3 - t_2)$$
$$T_3 - t_3 = \gamma(T_4 - t_3) \tag{8-52}$$
$$\cdots\cdots$$
$$T_v - t_v = \gamma(T_{v+1} - t_v)$$

解上述两组方程组，得

$$1 - \eta = \frac{T_1 - t_0}{T_{v+1} - t_0} = \frac{1 - \dfrac{1}{\gamma}}{1 - \dfrac{1}{\gamma[\gamma(1 - U'_{hy}) - U'_{hy}]^v}} \tag{8-53}$$

当无气泡短路时，有

$$1 - \eta = \frac{T_1 - t_0}{T_{v+1} - t_0} = \frac{1 - \dfrac{1}{\gamma}}{1 - \dfrac{1}{\gamma^{v+1}}} \tag{8-54}$$

（3）耦合过程分析

物质耦合过程以氯化法钛白工艺过程[5]为例来说明，高纯的 $TiCl_4$ 与氧气高

温下进行氧化反应，生成钛白粉 TiO_2 和氯气，该氯气返回生产 $TiCl_4$ 的氯化车间，用以对富钛原料进行氯化，生产 $TiCl_4$。这样氯气将氧化和氯化两个工艺耦合在一起，此外氧化工艺中氧的过剩系数，也使氧也参与耦合，并导致对氯化过程的氯化效率和热效应的影响。图 8-5 表明这一过程的耦合关系，利用这一关系

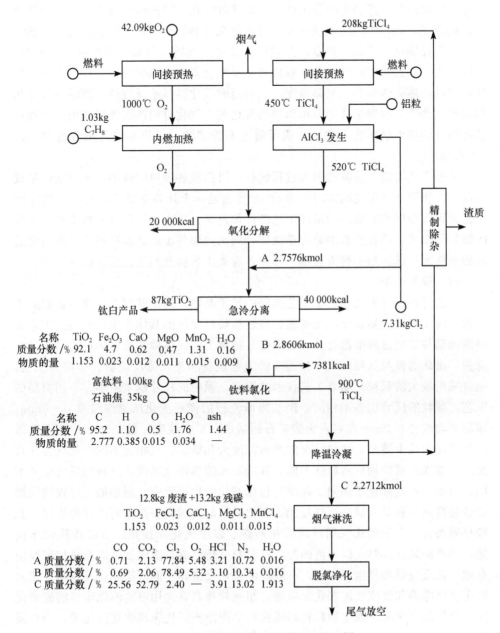

图 8-5　物质耦合复杂过程的设计分析[5]

还可以分析原料组成改变、循环气组成的变化、反应温度及撤热措施对过程经济技术指标的影响。

热耦合过程也是广泛存在的，除前已提的石油催化裂化过程外，还有如煤的气化与甲烷化过程的耦合，生物质和煤的固体热载体热解过程等。煤的固体热载体热解气化过程[6]是利用固体热载体将煤热解气化的吸热过程与半焦燃烧的放热过程耦合在一起，不用纯氧就可生产高热值煤气和油品。固体热载体为煤的热解气化过程提供反应所需的热量，生成的油品和煤气转入气相，经冷凝净化回收，残留半焦于热载体中；带焦的热载体转移至燃烧器进行氧化燃烧，产生了高温烟气，同时将热载体加热至更高温度，然后返回气化器供给反应热，高温烟气显热用以产生蒸气，或发电或部分用作煤的气化剂。气化过程的煤气组成由煤的性质及各组分的热力学平衡所决定，或可通过实验实测。煤热解的热耦合过程如图8-6 所示。

通过工艺实验、设备选型和过程设计，可形成各种可实施的技术方案，组成不同工艺流程图（可先用方块图表示）。当选定一个计算基准后，对一个选定的工艺流程，根据实验确定的最佳工艺条件如温度、压力、气氛等，列出过程各步的物料平衡式，结合物系的热力学性质，列出过程各步的热量平衡式，然后在给定的条件下，求解热平衡方程组，得到各有关工艺参数的工艺过程设计方案。

（4）设备选型

工艺过程设计方案确定了工艺流程的技术参数，在此基础上，通过正确的工艺设备选型和反应器设计以完成能达到过程设计要求的具体化生产流程。工艺设备的选型与工艺过程类型有关，特别是与被加工的固体物料或催化剂的颗粒尺寸有关，由此选择与其颗粒尺寸相适应的工艺设备和流化床反应器。早期的工艺，通常采用较大的颗粒，随着工艺技术的进步，颗粒的尺寸越来越小。不同类型的工艺，颗粒的尺寸也各不相同，例如当前流行的循环流化床燃煤粒度 0～6mm，床层平均粒径 0.2mm 左右；天然矿石的焙烧，矿石粒度一般＜3mm，而浮选精矿的粒度为几十微米，特殊情况的粉料粒度为几微米；气相加工的催化剂为几百至几十微米。颗粒物料的粒度不同，其流动和传递特性不同，过程的反应速率不同，因而生产效率也不相同。在非匀相流态化应用过程中，固相加工过程的关键设备是换热器和反应器，而气相加工催化过程的关键设备是反应器和再生器。就换热器而言，有淋雨式气固逆流稀相换热、多层流化床换热、多层浅流化床换热、多级旋风器换热，以当前的加工物料粒度特性看，多级旋风器换热比较经济有效。就反应器和再生器而言，有鼓泡流态化反应器、湍流流态化反应器、快速流态化反应器和气流式流态化反应器。粗颗粒物料宜选用鼓泡流化床、湍流流化床以及循环流化床，而细颗粒物料或粉料选用湍流流化床和快速流化床，当高温快速反应或加工深度不高时，还可考虑气流式流化床。

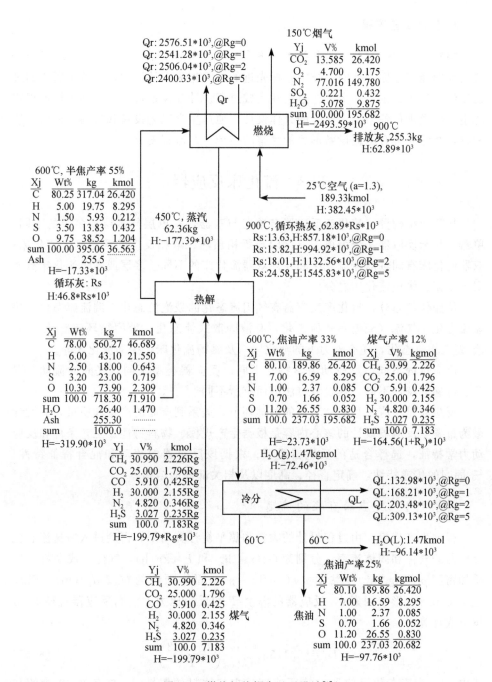

图 8-6 煤热解热耦合过程设计[6]

3. 生产工艺流程

同样，对构造的其他工艺技术方案和生产过程作设计分析，然后通过比较，选出其中经济指标可行的、技术指标先进的方案作为设计流程，也就是所要的过程设计的初步方案，一个工艺过程在完成过程设计和设备选型后，则可根据规定的生产规模进行各个工艺设备的具体设计，通过生产工艺设备和公用工程的合理配置，并建立具有工艺设备形象的完整的生产工艺流程图。

8.3　流化床反应器

从几何结构分，流化床反应器有单器与双器，有单层与多层或多级的不同。单器流化床反应器又分为单层流化床与稀相预热、浓相反应的两相复合流化床；双器流化床有同轴双器流化床和并列双器流化床的不同。多层或多级流化床有多层流化床、多级流化床之分。

从操作状态分，流化床反应器有气固流态化的鼓泡流态化、湍流流态化、快速流态化、气流（载流）式流态化，有液固散式流态化、液固循环流态化、气-液-固三相流态化，还有外力下的流化床，及磁场流化床、振动流化床等。

反应过程不同，反应动力学特性不同，反应器类型不同，气固的流动、混合、传递等特性不同，其设计方法因而有所不同[1,7~9]。

反应器是反应过程物质转化的关键环节，关系到产品的产量和质量，其设计最为重要。反应器设计的核心内容是根据生产规模、物料特性、工艺条件和反应动力学特征，选择合适的反应器类型；根据该反应器的流动和混合特征特性、气-固间的传递特性，确定直径、高度以及相关部件的结构。

8.3.1.1　反应器直径的确定

根据生产规模，由过程设计的物料和热平衡计算结果，得到进入所选流态化反应器的气体和固体流率，分别为 $G/(\mathrm{m}^3/\mathrm{h})$ 和 $F/(\mathrm{kg/h})$，气体组成及物理性质如密度 $\rho_s/(\mathrm{kg/m}^3)$、黏度 $\mu_f/(\mathrm{kg/m \cdot s})$，固体颗粒的粒度 $d_p/(\mathrm{m})$、密度 $\rho_s/(\mathrm{kg/m}^3)$、形状因素 ϕ，反应器的温度 T 和反应压力 P，则反应器直径 D_t 可按下式计算

$$D_t = 0.1138 \sqrt{\frac{G}{\lambda U_{tz}}\left(\frac{T+273}{P}\right)} \qquad (8-55)$$

式中：U_{tz} 为流态化反应器的特征速度，它与物料的属性 Ar 数有关；λ 为流化数，数值为大于 1 的常数，它决定系统的操作气速。λ 的选取与物系特性如颗粒粒度及其分布、反应过程中粒度变化、反应器的稀相分离高度及分离回收要求、

反应的产率和选择性等因素有关，通过工艺实验确定的更可靠。

根据颗粒物料的流动特性，其对比特征速度 U_t/U_{mf} 与 Ar 有关，对于 $Ar < 1$ 的细颗粒，对比特征速度为 $64 \sim 92$；对于 $Ar > 10^6$ 的大颗粒，对比特征速度为 $7 \sim 8$；在 Ar 为 $10^2 \sim 10^4$ 范围时，对比特征速度有 $15 \sim 80$ 的大变化。若反应器为鼓泡流态化型，其特征速度即为临界流态化速度 U_{mf}。实际流态化过程的 Ar 数大多在 $100 \sim 5000$ 范围内；对于 Ar 小于 1000 的细颗粒，$\lambda = 8 \sim 20$，对于 Ar 大于 1000 的大颗粒，$\lambda = 2 \sim 3$。若反应器为快速流态化型，实际流态化过程的 Ar 数大多 < 100，其特征速度为快速点速度 U_c，$\lambda = 1.2 \sim 1.5$。若为气流床，其特征速度为气力输送速度 U_{ft}，实际操作气速大于气力输送速度，至少大于噎塞速度。若为液固或气-液-固三相流态化，其特征速度即为临界流态化速度 U_{mf}，$\lambda = 1.1 \sim 1.3$。这些特征速度可根据物系特性求得（参考第一章有关部分）。

8.3.1.2　反应器高度的确定

流态化反应器高度一般由气室高度 H_g、流化床高度 H_f 和气固分离高度 TDH 组成，即

$$H = H_g + H_f + TDH \tag{8-56}$$

式中：H_g 和 TDH 可按常规计算（参考第一章有关部分）。

流化床反应器高度由反应过程所需的平均停留时间 $\bar{t}$ 所决定，即

$$\bar{t} = \frac{W}{F} = \frac{\pi}{4} \frac{(1-\varepsilon)H_f\rho_s}{F}D_t^2 \tag{8-57}$$

式中：平均停留时间 $\bar{t}$ 与工艺要求、操作条件和反应动力学决定的反应时间 t^*（动力学控制）或 t^+（扩散控制）有关，同时与反应器类型、流化床流动特性决定的层空隙率 ε 和 H_f 有关，而流化床层高度 H_f 与存料量的关系为

$$H_f = \frac{(1-\varepsilon_{mf})H_{mf}}{1-\varepsilon} \tag{8-58}$$

式中：H_{mf} 为流化床中固体颗粒静止状态的堆积高度，它由反应所需的平均停留时间所确定。

从前几章的实际的流态化工艺过程来看，颗粒的粒度都较小，结合上述三种不同的反应类型[1,10,11]，可将化学反应动力学概括如下，并由此求得化学反应过程所需的时间。

1. 粒径缩小的反应

反应时不生成固体产物，其粒径随反应进行而缩小，如煤的燃烧、气化等，因其反应条件（温度、粒度等）的不同，反应过程可表现为动力学控制、扩散控制或动力学与扩散联合控制。如令

$$A(g) + bB(s) \longrightarrow cC(g)$$

颗粒的半径

$$R = \frac{F_P V_P}{A_P} \tag{8-59}$$

反应界面位置

$$\xi = \frac{r_c}{R} = \left(\frac{A_P}{F_P V_P}\right) \cdot r_c \tag{8-60}$$

转化率 X

$$X = 1 - \left(\frac{r_c}{R}\right)^3 \tag{8-61}$$

当反应过程为动力学控制时，对于气体反应剂 A 而言的一级反应

$$\xi = \left(\frac{A_P}{F_P V_P}\right) \cdot r_c \tag{8-62}$$

$$t = \frac{\rho_b R}{b k_s C_{A0}}\left(1 - \frac{r_c}{R}\right) = \frac{\rho_b R}{b k_s C_{A0}}(1 - \xi) \tag{8-63}$$

若固体反应剂 B 完全转化，即 $\xi = 0$ 时，$t = \tau^*$，得到

$$\tau^* = \frac{\rho_b R}{b k_s C_{A0}} \tag{8-64}$$

令 $t^* \equiv \dfrac{t}{\tau^*}$

有

$$t^* = (1 - \xi) = \left(\frac{b k_s}{\rho_b}\right) \cdot \left(\frac{C_{A0}}{R}\right) \cdot t \tag{8-65}$$

故

$$\frac{\mathrm{d}\xi}{\mathrm{d}t^*} = -1 \tag{8-66}$$

对于正向反应为 n 级、逆向反应为 m 级的一般情况，可表示为

$$t^* = \left(\frac{b k_s}{\rho_b}\right)\left(\frac{A_P}{F_P V_P}\right)\left(C_{A0}^n - \frac{C_{C0}^m}{K_E}\right) \cdot t \tag{8-67}$$

对于固体反应剂 B 的转化率 X 与反应界面位置的关系

$$1 - X = \xi^3 \tag{8-68}$$

$$t^* = 1 - (1 - X)^{\frac{1}{3}} \tag{8-69}$$

一般而言

$$t^* = 1 - (1 - X)^{\frac{1}{F_P}} \tag{8-70}$$

$$g_{F_P}(X) \equiv 1 - (1 - X)^{\frac{1}{F_P}} \tag{8-71}$$

当反应过程为外气膜扩散控制时，对于气体反应剂而言

$$\xi = \frac{r_c}{R} \tag{8-72}$$

在小流速情况时

$$t = \frac{\rho_b R^2}{2bD_g C_{A0}}\left[1 - \left(\frac{r_c}{R}\right)^2\right] = \frac{\rho_b R^2}{2bD_g C_{A0}}(1 - \xi^2) \tag{8-73}$$

若固体反应剂 B 完全转化，即 $\xi = 0$ 时，$t = \tau^+$，得到

$$\tau^+ = \frac{\rho_b R^2}{2bD_g C_{A0}} \tag{8-74}$$

令 $t^+ \equiv \dfrac{t}{\tau^+}$

有

$$t^+ = (1 - \xi^2) = \left(\frac{2bD_g}{\rho_b}\right) \cdot \left(\frac{C_{A0}}{R^2}\right) \cdot t \tag{8-75}$$

$$\frac{\mathrm{d}\xi}{\mathrm{d}t^+} = \frac{1}{2\xi}(1 + a\xi^{\frac{1}{2}}) \tag{8-76}$$

其中

$$a = a'(\mathrm{Re}^0)^{\frac{1}{2}} Sc^{\frac{1}{3}} \tag{8-77}$$

对于可逆反应，一般可表示为

$$t^+ = \left(\frac{2bD_g}{\rho_b R^2}\right) \cdot \left(C_{A0} - \frac{C_{C0}}{K_E}\right) \cdot \left(\frac{K_E}{1 + K_E}\right) \cdot t \tag{8-78}$$

对于固体反应剂而言

$$1 - X = \xi^3 \tag{8-79}$$

$$t^+ = 1 - (1 - X)^{\frac{2}{3}} \tag{8-80}$$

一般而言

$$t^+ = 1 - (1 - X)^{\frac{2}{F_P}} \tag{8-81}$$

$$P_{F_P}(X) \equiv 1 - (1 - X)^{\frac{2}{F_P}} \tag{8-82}$$

在大流速情况时

$$t = \frac{2\rho_b R^{\frac{3}{2}}}{3abD_g C_{A0}}\left[1 - \left(\frac{r_c}{R}\right)^{\frac{3}{2}}\right] = \frac{2\rho_b R^2}{3abD_g C_{A0}}(1 - \xi^{\frac{3}{2}}) \tag{8-83}$$

$$\tau^+ = \frac{2\rho_b R^{\frac{3}{2}}}{3abD_g C_{A0}} \tag{8-84}$$

$$t^+ = \frac{t}{\tau^+} = 1 - (1 - \xi)^{\frac{3}{2}} = 1 - (1 - X)^{\frac{1}{2}} \tag{8-85}$$

当反应过程为反应与气膜扩散联合控制时，对于气体反应剂而言

$$\xi = \left(\frac{A_\mathrm{P}}{F_\mathrm{P} V_\mathrm{P}}\right) \cdot r_\mathrm{c} \tag{8-86}$$

$$\frac{\mathrm{d}\xi}{\mathrm{d}t^*} = \frac{1}{1 + \dfrac{k_\mathrm{s}}{h_\mathrm{D}}\left(\dfrac{1 + K_\mathrm{E}}{K_\mathrm{E}}\right)} \tag{8-87}$$

其中

$$t^* = g_{F_\mathrm{P}}(X) + \sigma_0^2 P_{F_\mathrm{P}}(X) \tag{8-88}$$

$$\sigma_0^2 = \frac{k_\mathrm{s} R}{h_\mathrm{D}}\left(\frac{1 + K_\mathrm{E}}{K_\mathrm{E}}\right) \tag{8-89}$$

2. 粒径不变的反应

颗粒物料反应时生成固体产物"灰"，如金属硫化矿的氧化焙烧、金属氧化物与 SO_2、CO_2 的反应，若没有磨损，颗粒的粒度将维持不变。该反应过程因其反应条件（温度、粒度等）的不同，反应动力学可表现为动力学控制、通过"灰"层扩散控制或动力学与扩散联合控制。如令

$$A(\mathrm{g}) + bB(\mathrm{s}) \longrightarrow cC(\mathrm{g}) + dD(\mathrm{s})$$

当反应过程为动力学控制时，由于反应过程只与气-固界面反应有关，而与扩散无关，其动力学关系与颗粒变小的情况一样，如式（8-63）～式（8-71）。

当反应过程为外气膜扩散控制时，对于气体反应剂而言

$$\xi = \frac{r_\mathrm{c}}{R} \tag{8-90}$$

由于颗粒尺寸不变，在小流速情况时

$$t = \frac{\rho_\mathrm{b} R}{3 b h_\mathrm{D} C_\mathrm{A0}}\left[1 - \left(\frac{r_\mathrm{c}}{R}\right)^3\right] = \frac{\rho_\mathrm{b} R}{3 b h_\mathrm{D} C_\mathrm{A0}}(1 - \xi^3) \tag{8-91}$$

若固体反应剂 B 完全转化，即 $\xi = 0$ 时，$t = \tau^+$，得到

$$\tau^+ = \frac{\rho_\mathrm{b} R}{3 b h_\mathrm{D} C_\mathrm{A0}} \tag{8-92}$$

令 $t^+ \equiv \dfrac{t}{\tau^+}$

有

$$t^+ = (1 - \xi^3) = \left(\frac{3 b h_\mathrm{D}}{\rho_\mathrm{b}}\right) \cdot \left(\frac{C_\mathrm{A0}}{R}\right) \cdot t \tag{8-93}$$

或

$$t^+ = X \tag{8-94}$$

当反应过程为灰层扩散控制时，有

$$\xi = \left(\frac{A_P}{F_P V_P}\right) \cdot r_c \tag{8-95}$$

$$t = \frac{\rho_b R^2}{6bD_e C_{A0}}\left[1 - 3\left(\frac{r_c}{R}\right)^2 + 2\left(\frac{r_c}{R}\right)^3\right]$$

$$= \frac{\rho_b R^2}{2bD_e C_{A0}}(1 - 3\xi^2 + 2\xi^3) \tag{8-96}$$

若固体反应剂 B 完全转化，即 $\xi = 0$ 时，$t = \tau^+$，得到

$$\tau^+ = \frac{\rho_b R^2}{6bD_e C_{A0}} \tag{8-97}$$

$$t^+ = 1 - 3\xi^2 + 2\xi^3 = \left(\frac{6bD_e}{\rho_b}\right) \cdot \left(\frac{C_{A0}}{R^2}\right) \cdot t \tag{8-98}$$

$$t^+ = \frac{t}{\tau^+} = 1 - 3(1 - X)^{\frac{2}{3}} + 2(1 - X) \tag{8-99}$$

对于正向反应为 n 级、逆向反应为 m 级的一般情况，可表示为

$$t^+ = \left(\frac{2bD_e}{\rho_b}\right)\left(\frac{A_P}{F_P V_P}\right)^2 F_P \cdot \left(C_{A0} - \frac{C_{C0}}{K_E}\right) \cdot \left(\frac{K_E}{1 + K_E}\right) \cdot t \tag{8-100}$$

当反应过程为反应与气膜、灰层扩散联合控制时

$$\xi = \left(\frac{A_P}{F_P V_P}\right) \cdot r_c \tag{8-101}$$

$$t^* = g_{F_P}(X) + \sigma_0^2\left[P_{F_P}(X) + \frac{2X}{Sh^*}\right] \tag{8-102}$$

其中

$$\sigma_0^2 = \frac{k_s}{2D_e}\left(\frac{F_P V_P}{A_P}\right) \cdot \left(\frac{1 + K_E}{K_E}\right) \tag{8-103}$$

$$Sh^* = \frac{h_D}{D_e}\left(\frac{F_P V_P}{A_P}\right) = \left(\frac{D_g}{D_e}\right) \cdot Sh \tag{8-104}$$

当反应过程为固相原子扩散控制时

$$\frac{C - C_{eq}}{C_0 - C_{eq}} = \sum 2An \cdot \cos\frac{2\beta_n y}{L} \cdot \exp\left(-\frac{4D_s t}{L^2}\beta_n^2\right) \tag{8-105}$$

$$An = \frac{1}{\left[\frac{k_s L}{2D_S} + \left(\frac{2D_s}{k_s L}\right) \cdot \beta_n^2 + 1\right] \cdot \cos\beta_n} \tag{8-106}$$

式中：β_n 为式（8-107）之根。

$$\cos\beta_n = \beta_n\left(\frac{2D_S}{k_s L}\right) \tag{8-107}$$

固体块的平均转化率为

$$X = 1 - \frac{1}{L}\int_{-\frac{1}{L}}^{\frac{1}{L}}\left(\frac{C - C_{eq}}{C_0 - C_{eq}}\right)\mathrm{d}y = 1 - \sum_{n=1}^{\infty}\frac{2\exp(-\theta\beta_n^2)}{\beta_n^2 + \left(\frac{2\beta_n}{D_e}\right)^2 + \frac{2\beta_n^2}{D_e}} \tag{8-108}$$

3. 气固催化反应

气体通过催化剂的作用进行氧化、合成、转化等反应，如 CO 与 H_2 经催化合成为烃、甲醇等，CO 与 H_2O 经催化转化为 CO_2 与 H_2，甲醇催化氧化为甲醛等。该类过程都是气体经过催化剂的微孔扩散至催化剂内部的活性中心然后进行催化反应，因而反应过程的速率与气体扩散和化学反应有关。如催化剂的微孔的半径为 r，孔的长度为 L，孔的断面为 A_c，其反应速率可表示如下

$$r_a = (2A_c L k_s C_{AS}) \cdot f_a \tag{8-109}$$

式中：f_a 为反应有效因子。

$$f_a = \frac{\tanh\sqrt{\dfrac{k_s}{D_e}} \cdot L}{\sqrt{\dfrac{k_s}{D_e}} \cdot L} = \frac{\tanh(Th)}{(Th)} \tag{8-110}$$

式中：Th 为催化反应的席勒模量（Thiele modulus）；将 L 用颗粒的体积 V_P、比表面积 S_P 表示，对 n 级反应的一般式为

$$Th = \frac{V_P}{S_P}\sqrt{\frac{(n+1)k_s C_{AS}^{n-1}}{2D_e}} \tag{8-111}$$

上述的动力学关系为计算基于反应过程的时间确定反应器高度提供了具体方法，尽管催化剂或待反应的颗粒特性不同，其动力学公式具体的参数不同。但应强调的是，这里由反应动力学计算的时间，并未包含与反应器类型有关的气固流动的影响。当工艺过程采用流化床反应器的类型不同时，还应考虑反应器的流动特性来确定流动反应器的高度，具体计算方法将在以下各章分别介绍。

8.4 关 键 部 件

流化床除了床层主体外，还必须包括一些关键部件，共同构成具有一定功能、满足一定工艺要求的流化床反应器。流化床的关键部件有预分布气室、分布板、内部构件、换热部件、加料装置、溢流管及排料装置，气固分离器等。应用对象不同，物料特性不同，流化床所包含的部件不尽相同，部件的结构形式以及它们工作特性也各有不同。它们有一定的自身规律，但有很大的发展空间，需灵活运用。

8.4.1 分布板

分布板是流化床部件中最关键的部件，特别对鼓泡流态化操作而言，其影响特别突出，若有设计制造不当，或造成局部"失流"，出现死床，高温下还可能导致床料烧结，或造成床层气泡尺寸过大，恶化流体与固体颗粒间的接触和传递，或造成床料的泄露，难以长期稳定运行。

8.4.1.1 均匀布气原理

1. 分布板压降

分布板的作用主要有三，一是将流体沿床层断面均匀分布并进入床层，与床中固体颗粒均匀接触，形成均匀的流化状态；其二是对床层物料起支承作用或部分支承作用，消除系统的不稳定性，形成稳定的操作特性；第三，抗击外界的干扰，限制不稳定性的恶性发展。可以说，分布板是流化床的均匀、稳定操作的重要保证。

分布板作用原理就是通过"节流"使流体沿床层断面再分配，将原来沿径向的抛物线不均匀分布变为均匀或比较均匀的分布，流体沿床层断面分布的均匀程度与分布板的节流程度及其上的床层特性有关。通常用流体通过分布板和颗粒床层的压降特性来评估[12]，令分布板压降和床层压降分别为 ΔP_D 和 ΔP_B，则可表示为

$$\Delta P_D = \xi \frac{\rho_f U^2}{\alpha^2 2g} \tag{8-112}$$

$$\Delta P_B = H(1 - \varepsilon_{mf})(\rho_s - \rho_f)\left(\frac{U}{U_{mf}}\right)^m \tag{8-113}$$

或

$$\Delta P_B = H(1 - \varepsilon)(\rho_s - \rho_f) = H(\rho_s - \rho_f)\left[1 - \left(\frac{U}{U_t}\right)^{1/n}\right] \tag{8-114}$$

系统的总压降为

$$\sum \Delta P = \Delta P_D + \Delta P_B \tag{8-115}$$

$$\sum \Delta P = \xi \frac{\rho_f U^2}{\alpha^2 2g} + H(1 - \varepsilon_{mf})(\rho_s - \rho_f)\left(\frac{U}{U_{mf}}\right)^m \tag{8-116}$$

式中：α 为分布板的开孔率，即分布板开孔总面积占床层断面的百分数，%；U 为流体通过床层的表观流速；ε 为床层空隙率；H 为被测床层高度；ξ 为流体通过分布板孔口的阻力系数。

流化床分布板有高压降分布板和低压降分布板之分，阻力特性各异。流体通过不同分布板及被测床层的总压降与表观流速的关系如图 8-7 所示，可以看出，

不同阻力特性的分布板表观出既有相似性，又有不同的特性。相似性为所测系统的总压降随流速的增加而增大；当达到最小流化速度 U_{mf} 以后，床层进入流态化，分布板压降仍以流体速度的二次方增加，而床层的压降则随流体流速的增加而减小，因为床层空隙率增加所致，因而总的看来都随流体流速的增加而增大。但分布板不同，总压降增大的趋势不同。对于高压降分布板，即开孔率 α 小的分布板，分布板压降随流速增大的数值远远大于被测床层压降随流速减小的数值，因而被测总压降表现为随流速单调增加的趋势，而对于大开孔率的低压降分布板，分布板压降低，占被测总压降的份额小，而且随流速增加也相对较小，在一定的流速范围内，其随流速的增加值小于床层压降减小值，被测总压降则随流速增加而减小，但当超过某一流速后，分布板压降随流速的增加值超过床层压降随流速的减小值，则被测压降随流速增加而增大，开始表现为单调增大的特征。

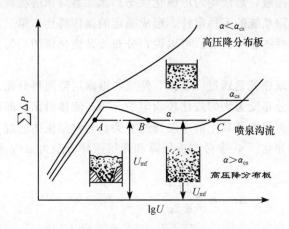

图 8-7　流化床总压降与流速的关系

2. 稳定临界开孔率

高压降分布板总压降为流体流速的单值函数，根据流化床具有与液体类似的特性，床层压降仅与床层深度有关，换而言之，对于给定的压降，床层只对应着一个确定的流速，即床层各处流速相等，即达到了均匀的流化状态；反之，均匀流化的颗粒床层，对同一床层高度的各点，其床层压降相等，这就是等压降原理。然而，对于低压降分布板，由于它有与高压降分布板不同的阻力特性曲线，按等压降原理，床层中可能存在三个状态，即等压降交点 A 与固定压降线相交，局部床层表现为低气速的固定床；交点 B，床层压降处于流化状态，局部床层表现为流态化；交点 C，局部床层处于高速下喷射流动，即局部喷泉床。这说明低压降分布板流化床的流化状态很不均匀，或者说流化质量很差，同时，这种流动状态具有不稳定性，它可崩溃为局部固定床和局部沟流，气体通过沟道短路而过，床层完全失去流态化。这是完全不希望的。

高压降分布板可保证良好流化状态，但分布板阻力导致气体动能消耗增加，不经济，而低压降分布板又会导致床层不能正常流化，尽管其动能消耗相对低些。可以推知，必然存在一个既能保证床层稳定均匀流化，同时动能消耗合理的分布板，即存在一个适当的分布板的开孔率，称之为稳定临界开孔率 α_{cs}，其条件是

$$\frac{\mathrm{d}\left(\sum \Delta P\right)}{\mathrm{d}U} = 0 \tag{8-117}$$

由此求得

$$\alpha_{cs} = U\left(\frac{U_t}{U}\right)^{\frac{1}{2n}} \sqrt{\frac{\xi n\left(\rho_f\right)_b}{H\left(\rho_s - \rho_t\right)g} \frac{\left(T_d + 273\right)}{\left(T_b + 273\right)}} \tag{8-118}$$

式中：T_d，T_b 分别为分布板和床层的温度；n 为散式流态化的空隙率函数的指数。

另外，也可用经验方法确定分布板临界开孔率 α_c，依据分布板阻力 ΔP_D 要足够大于进入分布室的气管阻力 ΔP_R 才能达到均匀布气，并建议

$$\Delta P_D = 100\Delta P_R \approx 100\frac{\rho_f U_R^2}{2g} \tag{8-119}$$

由此，有

$$\alpha_c = 0.1\sqrt{\xi}\left(\frac{U}{U_R}\right) = 0.1\left(\frac{D_r}{D_t}\right)^2 \sqrt{\xi} \tag{8-120}$$

式中：D_r，D_t 分别为进气管和流化床层的直径。必须注意的是，这毕竟是经验。

8.4.1.2　分布结构形式

1. 板式分布器

分布器的结构形式多种多样，而且依应用的情况不同而不同，同时还要考虑加工制造的可能和成本。现仅就较多实用的分布器加以讨论，通常可以分为三大类，即板式分布器、管式分布器和混合式分布板。板式分布器的特征为由气室和一个多孔的板面所组成，多孔的板面可以是金属网、纤维织物、陶瓷或金属粉末烧制而成的多孔板，但实际应用中常为不同形式的直孔板和带风帽的直孔板；管式分布器的特征为一组带节流孔的管道组成，可置于流化床内的下部，也可置于床层下端的外侧，以不同的角度与床层连通；混合型分布板为直孔分布板与管式分布板的组合，如图 8-8 所示[7,9,12]。不同分布器因其结构尺寸不同，其阻力系数不同，布气的均匀也有差异。

设计分布板时，首先根据应用的对象和工艺条件，最好参照实用效果好的实例选择合适的分布板形式，然后确定合理的结构。一般确定分布结构形式的原则是，结构简单、易于制造；不易堵塞、停车不漏料；磨损少、寿命长。直孔式分

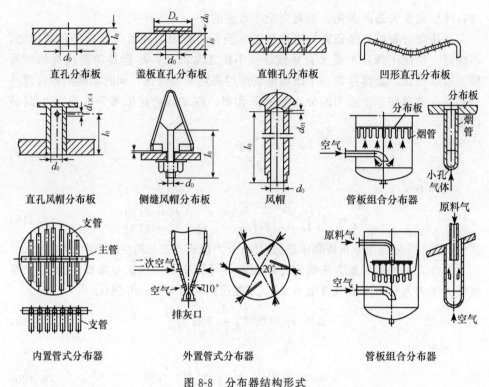

直孔分布板　　　盖板直孔分布板　　　直锥孔分布板　　　凹形直孔分布板

直孔风帽分布板　　　侧缝风帽分布板　　　风帽　　　管板组合分布器

内置管式分布器　　　　　外置管式分布器　　　　　管板组合分布器

图 8-8　分布器结构形式

布板虽结构简单，但容易堵塞和漏料，除气固穿流式流化操作时采用外，通常不单独使用，但也见于与金属网或织物复合使用。实际生产过程大多采用侧孔式或风帽式分布板。

（1）阻力系数

分布器的结构形式不同，流体通过分布板上小孔流动的阻力系数不同，从而将影响其最佳开孔率的大小。

令板式分布板板厚为 L，板上直孔直径 d_0，风帽开孔高度 L_0，风帽侧孔直径 d_s，直孔和侧孔或侧缝的阻力系数 ξ_0 和 ξ_s 分别由实验测定[14]，结果如下：

对于直孔型分布板

当 $L=1.95\sim64.5\text{mm}$，$d_0=2.11\sim16.6\text{mm}$，$\dfrac{L}{d_0}=0.92\sim9.73$，$Re=1\times10^3\sim4\times10^3$ 时

$$\xi_0 = 2.30Re^{-0.055}\left(\frac{L}{d_0}\right)^{0.1} \tag{8-121}$$

当 $L=1.64\sim4.75\text{mm}$，$d_0=5\sim5.05\text{mm}$，$\dfrac{L}{d_0}=0.33\sim0.95$，$Re=1\times10^3\sim4\times10^3$ 时

$$\xi_0 = 1.5\left(\frac{L}{d_0}\right)^{-0.42} \tag{8-122}$$

通常

$$\xi_s = \xi_0 \approx 2.7 \tag{8-123}$$

对于盖板型分布板，其阻力系数 ξ_s 为

$$\xi_s = \xi_{or} + \sum\xi \tag{8-124}$$

当 $Re < 25\times10^3\left(\dfrac{L}{d_0}\right)^{0.375}$ 时

$$\xi_{or} = 6.29Re^{-0.212}\left(\frac{L}{d_0}\right)^{0.276} \tag{8-125}$$

当 $Re > 25\times10^3\left(\dfrac{L}{d_0}\right)^{0.375}$ 时

$$\xi_{or} = 1.23\left(\frac{L}{d_0}\right)^{0.186} \tag{8-126}$$

当 $Re < 3.2\times10^3\left(\dfrac{A_s}{A_0}\right)^{-1.4}$ 时

$$\sum\xi = \left[1.50\left(\frac{A_s}{A_0}\right)^{-1.48} - 13.8\right]Re^{-0.226} \tag{8-127}$$

式中：$A_s = \pi d_0\delta_s$；$A_0 = \dfrac{\pi}{4}d_0^2$；$\delta_s$ 为盖板与分布间的侧缝高度。

当 $Re \geqslant 3.2\times10^3\left(\dfrac{A_s}{A_0}\right)^{-1.4} \sim 3.6\times10^4$ 时

$$\sum\xi = 1.79\left(\frac{A_s}{A_0}\right)^{-1.42} - 1.42 \tag{8-128}$$

对于侧孔型分布板，类似地有

$$\xi_s = \xi_{or} + \sum\xi \tag{8-129}$$

式中：ξ_{or} 按盖板式分布板的 ξ_{or} 求法计算。

当 $Re = 300 \sim 2000$ 时

$$\sum\xi = 7.50Re^{-0.5}\left(\frac{d_s}{d_0}\right)^{-3.34} \tag{8-130}$$

当 $Re = 2000 \sim 4.4\times10^4$ 时

$$\sum\xi = 1.75\left(\frac{d_s}{d_0}\right)^{-3.7} \tag{8-131}$$

对于锥帽型分布板

$$\xi = \xi_{or} + \sum\xi \tag{8-132}$$

$\dfrac{A_s}{A_0} > 2.35$ 时

$$\xi = \xi_{or} \tag{8-133}$$

$$\sum \xi = 3.06 \times 10^3 (\lg Re)^{-5.81} \left(\frac{A_s}{A_0}\right)^{-2.56} \tag{8-134}$$

（2）稳定临界开孔率

当确定分布板形式后，应确定合适的操作气速范围。对于多个侧孔或风帽组成的分布板，当气速不同时，其阻力系数不同，所产生的分布板压降不同，断面布气的均匀程度不同，因而参与工作的风帽个数不同。实际观测发现，当料层存在时，操作气速达到最小流态化速度 U_{mf}，就有部分风帽开始工作；如将气速增加至 U_i，所有的风帽都处于工作状态，床层完全均匀流化。此时将气速逐渐减小，到出现部分风帽停止工作即由工作状态转化非工作状态，此时的气速为 U_m；若进一步降低气速，非工作的风帽数目在增加，床层流化不均匀性增加，直至部分非工作风帽的数目成为"永不工作"的风帽，床层流化状态停止，如图 8-9 所示。因此，操作气速 U 应选择为大于 U_m，以保证所有的风帽都能工作。Whitehead[16] （1976）提出确定 U_m 的经验关系式

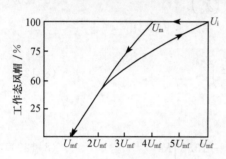

图 8-9　风帽有效工作率与流速关系

$$\frac{U_m}{U_{mf}} = 0.7 + \left[0.49 + 0.006\,05\,\frac{\alpha^2 g}{\xi}\left(\frac{\rho_s}{\rho_f}\right) \cdot \frac{H}{U_{mf}^2} \cdot N_0^{0.22}\right]^{1/2} \tag{8-135}$$

式中：N_0 为风帽个数。当床层适宜的操作气速确定后，即 $U = U_m$，则可根据式（8-135）确定稳定临界开孔率 α，且应与式（8-118）求得的 α_{cs} 比较，取其中较小者。

（3）开孔布置及孔间距

分布板开孔率确定之后，开孔的大小和开孔的个数以及孔间的距离就是一个值得优化组合的问题[8,14]。令流化床分布板直径 D_t，开孔或风帽中心管直径 d_0，风帽开孔个数 N_0，由开孔率 α 得到

$$\alpha = N_0 \left(\frac{d_0}{D_t}\right)^2 \tag{8-136}$$

或

$$N_0 = \alpha \left(\frac{D_t}{d_0}\right)^2 \tag{8-137}$$

如开孔或风帽按等边三角形排列，风帽的中心距 S_0 为三角形的边，h 为三角形的高，如图 8-10 所示，则

$$\frac{0.785 D_t^2}{N_0} = \frac{0.785 d_0^2}{\alpha} = \frac{h \cdot S_0}{2} = 0.43 S_0^2 \tag{8-138}$$

故

$$S_0 = \frac{1.35}{\sqrt{\alpha}} d_0 \qquad (8\text{-}139)$$

风帽间有效距离有 l，则

$$S_0 = l + d_0 \qquad (8\text{-}140)$$

因此

$$d_0 = \frac{l\sqrt{\alpha}}{1.35 - \sqrt{\alpha}} \qquad (8\text{-}141)$$

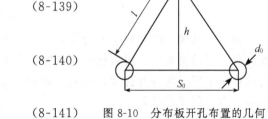

图 8-10　分布板开孔布置的几何

由此可见，分布板的开孔率，有效间距和开孔直径是相互制约的，将式 (8-141) 代入式 (8-136)，得到

$$N_0 = \left[(1.35 - \sqrt{\alpha}) \frac{D_t}{l} \right]^2 \qquad (8\text{-}142)$$

从式 (8-141) 和式 (8-142) 可以看出，开孔或风帽间的有效距离 l 大，则孔径 d_0 大，而开孔或风帽个数少，制作工作量少，但间距 l 太大，布气均匀性可能变差；相反，开孔间有效间距离 l 小，有利于均匀布气，但风帽个数增多，加工安装麻烦，若 l 过小，还会增加磨损。因此，根据式 (8-142)，通过分布板开孔率 α 和有效间距 l 来确定风帽中心管的个数和开孔尺寸最为方便。通常，工业上风帽间有效距离取 $100 \sim 150$mm 为宜，对于特大型流化床反应器，为减轻分布板的加工制造工程量，且对粒度细而轻的物料，则可采用更大的风帽间距，可选 $300 \sim 500$mm，此时，侧孔速度宜选用上限孔速度，如 $40 \sim 50$m/s。而对直孔分布板，则应由开孔直径来确定其有效间距，开孔孔径选定以防床层物料漏税料为宜，如颗粒大的，可选择较大的开孔直径，反之，选小的开孔直径。

(4) 侧孔或侧缝尺寸

风帽侧孔或侧缝尺寸应由床层物料最大颗粒的水平沉积速度确定，即流体通过侧孔的速度应大于最大颗粒的水平沉积速度，通常取大于 2 倍的水平沉积速度，经验数值取孔速 $20 \sim 40$m/s。当颗粒粒度 d_p 用 m 表示，颗粒密度 ρ_s 为 kg/m³ 时，水平沉积速度

$$U_h = 132 \frac{\rho_s}{\rho_s + 1000} (d_p)^{0.4} \text{m/s} \qquad (8\text{-}143)$$

侧孔流速 $U_{or} > (2 \sim 10) U_h$，则侧孔孔径

$$d_{or} = \left[\sqrt{\frac{(273 + T_d) U_m}{dN_{or}(273 + T_h) U_{or}}} \right] d_0 \qquad (8\text{-}144)$$

其中，N_{or} 为侧孔的孔数，通常可选 6，8，12 等，以满足孔速在 $20 \sim 40$m/s 范围内。

对于直孔分布板，开孔的气速应大于床层颗粒物料喷塞速度 U_{ch}，取 $U_m \geqslant$

$2U_{ch}$

$$U_{ch} = 565 \frac{\rho_s}{\rho_s + 1000}(d_p)^{0.6} \, \text{m/s} \tag{8-145}$$

分布孔或风帽的布置主要为等边三角形布置，但边沿几圈可用同心圆布置，而两种布置的交接区，可根据稀疏程度可酌情增补。同时可根据工艺要求，风帽开孔也可采用不均等开孔率，例如，周边几圈的开孔率可略大于中部区域的开孔率等，以取得更好效果。

2. 管式分布器

设计原理

管式分布器，如图 8-8 所示，由主流道、分流道组成一个向床层布气的断面，各流道下侧安设有垂直向下的喷孔或短管喷嘴，流体通过各个喷孔或短管喷嘴喷向床层，以达到布气的目的。与板式分布板不同的是，这里没有板式分布板所具有近似恒压的气室，在流体通过各流道喷向床层的过程中，沿程各点的流体的流量和压力都在变化的，设计和操作不如板式分布板那么容易控制，稳定性差，容易出现死床。但它受力小，制作方便，对石油化工过程中粒度分布窄、流动性好微球催化剂的流态化大型反应器仍具吸引力。

对管式分布器的变质量流动过程，其流量与压力的分布关系[15,17]为

$$\mathrm{d}p + 2k_{分}\left(\frac{\rho_f}{g}\mathrm{d}U\right) + \frac{\lambda}{D}\left(\frac{\rho_f U^2}{2g}\right)\mathrm{d}x = 0 \tag{8-146}$$

x 为流道的水平坐标。其中

$$k_{分} = 0.57 + 0.15\frac{U_2}{U_1} \tag{8-147}$$

式中：U_1、U_2 分别为流道内分流前后（或主流道与嘴管）的流体速度，m/s；一般 $k_{分}=0.57\sim0.72$。流道内流速沿流道的分布，设为

$$U_A = U_{A0}\left(1 - \frac{x}{L}\right) \tag{8-148}$$

U_{A0} 为 $x=0$ 即起点处流速，将 U_A 代入式（8-146），积分得到静压沿流道的分布，有

$$P_{Ax} = \frac{\rho_f U_{A0}^2}{2g}\left\{2k_{分}\left[1 - \left(1 - \frac{x}{L}\right)^2\right] - \frac{\lambda L}{3D}\left[1 - \left(1 - \frac{x}{L}\right)^3\right]\right\} \tag{8-149}$$

分布管小孔的阻力系数 $\xi_{0分}$ 的实验测定，得到

当 $\dfrac{U_0}{U_A} \leqslant 2.5$ 时

$$\xi_{0分} = 2.52\left(\frac{U_0}{U_A}\right)^{-0.432} \tag{8-150}$$

当 $\dfrac{U_0}{U_A}=2.5\sim 8$ 时

$$\xi_{0\text{分}} = 1.81 - 0.046\,\frac{U_0}{U_A} \tag{8-151}$$

当 $\dfrac{U_0}{U_A}\geqslant 8$ 时

$$\xi_{0\text{分}} = 1.45 \tag{8-152}$$

则通过小孔压降 ΔP_A 用下式计算

$$P_{Ax} = P_B - \Delta P_A = P_B - \xi_{0\text{分}}\frac{\rho_f U_{A0}^2}{2g} \tag{8-153}$$

$$\Delta P_A = P_{A0} + \Delta + (\rho_{fA})gx \tag{8-154}$$

式中：Δ 为分布管起始处（$x=0$）的压强，可选定。联立式（8-149）和式（8-153），可求出管路各处的 U_{A0}。

为了不使床层产生"死区"，多管分布器离底的高度 Z 和喷嘴间距 a 是两个关键因素，经验得到（单位 cgs 制）

$$a = Z + 2.5\,(\text{cm}) \tag{8-155}$$

而

$$Z \leqslant L_{or} = -5.53\left(\frac{\pi}{4}\rho_f d_0^2 \cdot U_{OA}^2\right)^{0.324} \cdot \left(\frac{\rho_B}{\rho_f}\right)^{-0.412}\,(\text{cm}) \tag{8-156}$$

式中：ρ_B 为床层物料的堆密度，g/cm³。而需要的喷气量 Q 为

$$Q - Q_{mf} = 80.3(a + 2.7d_0) + 7.79(a + 2.7d_0)^2 - 246.6 \tag{8-157}$$

由工艺给定，于是有

$$U_{OA} = \frac{Q}{\frac{\pi}{4}d_0^2} \tag{8-158}$$

若管路计算所得 U_{OA} 高于这里不生成"死区"所需孔速，这应该说是可行的。据此进一步求得各管路的开孔数目 N_0

$$N_0 = \frac{Q_A/U_{OA}}{\frac{\pi}{4}d_0^2 \times 10^{-3}} \tag{8-159}$$

管式分布器的压降和开孔面积 A_0 可按下式估计

$$\Delta P = 10^{-5} \times \frac{\xi}{2g}U_0^2\rho_g \tag{8-160}$$

及

$$A_0 = 0.002\,66G\sqrt{\frac{10\xi\rho_g}{\Delta P}} \tag{8-161}$$

当 $\dfrac{d_0}{D_t}=0.234$，且 $\dfrac{q}{d_0}=0.4\sim 3.8$

$$\xi = a\left(\frac{u'}{u}\right)^{-1.3} + c \tag{8-162}$$

式中

$$a = 1.559 - 0.5\frac{q}{d_0} + 0.0516\left(\frac{q}{d_0}\right)^2 \tag{8-163}$$

$$c = 1.36 + 0.153\left(0.2 + \frac{q}{d_0}\right)^{-1.715} \tag{8-164}$$

式中：u'、u 分别为直流管嘴流速和侧流管嘴流速；q、d_0 分别为喷嘴长度和孔径。

当 $\dfrac{d_0}{D_t} = 0.234$，且 $\dfrac{q}{d_0} > 3.8$

$$\xi = \left[0.404\left(\frac{u'}{u}\right)^{-1.3} + 1.374\right] + \lambda\left(\frac{q - 3.8d_0}{d_0}\right) \tag{8-165}$$

$$\lambda = \left[1.14 - 2\lg\left(\frac{\Delta}{d_0}\right)\right]^{-2} \tag{8-166}$$

式中：$\dfrac{\Delta}{d_0}$ 为相对粗糙度。

气体分布管的直径 D_t、长度 L、N 段（N_0 孔数），则

第一段上

$$\rho_g U_1 A_1 = \rho_g U_2 A_2 + \rho_g U_0 A_0 \tag{8-167}$$

第二段上

$$U_i = \left(1 - \frac{i-1}{N}\right) \tag{8-168}$$

摩擦损失压降为

$$\left(\frac{P_i - P_{i+1}}{\rho_g}\right) = \frac{\lambda}{2g} \cdot \frac{L_i}{D_t} \cdot U_i^2 \tag{8-169}$$

$$\left(\frac{P_1 - P_i}{\rho_g}\right) = \frac{\lambda}{2g} \cdot \frac{L}{ND_t} \cdot U_1^2 \cdot \sum_{i=1}^{i}\left[\frac{N-(i-1)}{N}\right]^2 \tag{8-170}$$

动量恢复即减速将增压为

$$\left(\frac{P_{i+1} - P_i}{\rho_g}\right) = k\left(\frac{U_i^2 - U_{i+1}^2}{\rho_g}\right) \tag{8-171}$$

$$\left(\frac{P_i - P_1}{\rho_g}\right) = k\frac{U_1^2}{\rho_g} \cdot \sum_{i=1}^{i}\left[\frac{N-(i-1)}{N}\right]^2 \tag{8-172}$$

总的动量平衡压降为

$$\left(\frac{P_1 - P_i}{\rho_g}\right) = \frac{U_1^2}{g} \cdot \left\{\frac{\lambda L}{2D_t N} \cdot \sum_{i=1}^{i}\left[\frac{N-(i-1)}{N}\right]^2 - k\left[\frac{N-(i-1)}{N}\right]^2\right\}$$

$$\tag{8-173}$$

其中

$$k = 0.6041 - 0.1561\left(\frac{U_i^2 - U_{i+1}^2}{U_i^2}\right) \tag{8-174}$$

3. 预分布器

分布板设计是在一个特定的操作气速下进行的，然而，流化床的操作可能有个较大的速度范围，以适应不同工况的要求。当处于低于设计气速下操作时，则分布压降就会小于稳定的临界分布板压降，即分布板布气均匀性可能会降低，在这种情况下，进入分布气室的气体流动方向、速度等会对分布板的布气产生不良影响，因此，设计一个具有预分布作用的气室是十分有益的，而且确实有着均匀布气的实际效果，特别是当分布板的开孔率超过 2% 时，预分布的作用更明显些。

预分布器形式多样，主要有低阻桶体布气（图中未表示）、倒锥气室布气、多层同心圆锥壳导向布气和填充床布气，如图 8-11 所示。前两种预分布器结构简单，制造容易，预分布效果差，特别是当分布板开孔率大于 2% 时。多层同心圆锥壳导向预分布器结构复杂，加工制造工作量大，造价高，一般只在特别需要时才采用。填充床式预分布器布气均匀，但相对阻力较高，当床层物料泄露时，容易堵塞，维修有所不便，因而也不轻易采用。因而通常较广泛采用的倒锥气气室预分布器，气室的锥角可取 60°～90°。

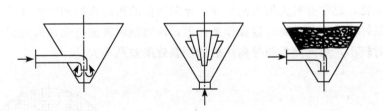

图 8-11　流化床气体预分布器类型

8.4.2　内部构件

气固流化床在低气速操作下，气泡是其主要特征，气固混合强烈，床层温度处处均一，有利最佳反应温度控制，但气泡的存在，导致气固接触不充分，部分气体短路，转化率下降，同时，气体接近完全混合，有较宽的停留时间分布，这对复杂的化学反应过程，将导致选择性的下降。更为值得关注的是，随着生产规模的扩大和反应器直径的增大，气泡尺寸也将增大，上述的不利影响将更为严重，在早期的鼓泡流态化催化反应器的研究中，采用床层内部构件，是抑制床层气泡不利影响的重要措施。

8.4.2.1　构件的作用

在鼓泡流化床层中增设如水平筛网或大开孔率的多孔板等构件，流化床层的流动和反应性能有明显改善。构件的作用主要有，破碎气泡（水平挡板）、抑制气泡长大（垂直挡板）、强化气固接触，限制气固的返混，缩小停留时间分布，因而有利于保持化学反应过程较高的转化率和选择性。同时，由于抑制气泡的长大，因而没有大气泡导致的床层发生节涌流动或大气泡在床面崩溃引起床层表面的剧烈波动，挡板使流化床层流化平稳，减弱对床层的冲击震动。对于相同存料的流化床层，设计挡板的床层压降有所增加，通常会增加 10％～15％，意味着动能消耗略有增加。由于挡板对鼓泡流化床的良好作用，我国的流态化催化反应器内几乎都设有挡板，其结构形式可能多种多样。

8.4.2.2　构件类型及结构尺寸

内部构件类型通常分为三类，即水平构件、垂直构件和塔形构件。

1. 水平构件

最早的水平构件是否互相重叠的多层金属网，后来采用大开孔率的金属板并以一定间距组合在一起。工业上采用较多的是百页窗式导向挡板和波纹挡板，导向挡板又分为单旋导向和多旋导向挡板，如图 8-12 所示[18]。应用观测表明，对粗粒流态化，通常有较大的气泡尺寸，导向挡板的所起作用和收到效果比筛网式挡板效果好，特别是在高气速操作条件下；而对细颗粒流态化，因为其自由气泡尺寸相对较小，筛网挡板与导向挡板的性能效果差别不大。

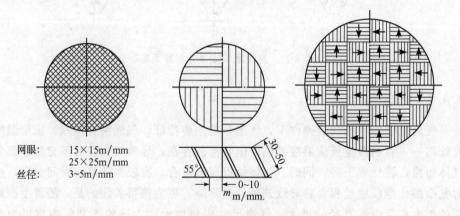

网眼：　15×15m/mm
　　　　25×25m/mm
丝径：　3~5m/mm

30-50
55
0~10
m m/mm.

图 8-12　水平导向挡板结构尺寸

水平挡板尺寸大多依据经验确定，目前尚无完善的理论设计方法。水平挡板直径应略小于流化床直径，形成一个沿床层周边的环隙，环隙宽度一般为 10～50mm，作为颗粒循环的通道，其作用在于消除因内置水平挡板对颗粒返混的限制而造成的纵向温差和颗粒分级，但环隙过大，可能会导致气体短路。导向挡板由长短不一的 30～50mm 宽的金属板按与水平倾角 55°、间距 50～100mm 范围（如图 8-12）组合焊接而成。导向挡板之间距与床层直径有关，流化床直径小的，水平挡板间距小些，随着床层直径的增大，挡板的间距适当地增大。实验观测发现，流化床直径为 1～3m 时，挡板间距通常为 400～600mm，其效果均是满意的。

2. 垂直构件

流化床中垂直构件，就是将圆管、半圆管、翅片管、平板及它们的组合体等垂直置于流化床中，流化床就成了具有内置垂直构件的流化床，如图 8-13 所示，气固流动在径向方向上受到了限制，而轴向上尽管未有制约，然而床层中的气泡特性有所不同。垂直构件置入，原流化床将被分割成几个小直径的流化床，床层中气泡的长大受到了抑制，改善了流化质量。对于有垂直构件的流化床，其有效的床层直径应该用当量床直径 D_e 表示，即

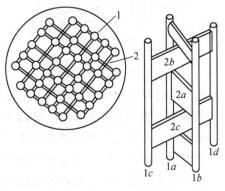

图 8-13 垂直构件示意图

$$床当量直径 = \frac{4 \times 床层自由断面}{垂直构件表面的浸润周边} \tag{8-175}$$

有报道称，一个大型工业流态化反应器，若插入垂直构件后，其当量直径达到 100～200mm 时，该反应器的反应收率将与直径为 100～200mm 小型反应器的水平相当。垂直构件流化床的气泡尺寸，可用下式估计

$$d_b = 1.9 D_e^{1/3} \tag{8-176}$$

式中：D_e 为垂直构件流化床的当量直径；d_b 为流化床催化反应器放大的模型参数。

3. 塔式构件

塔式构件，如图 8-14 所示，是将水平构件和垂直构件相结合而成的新型构件，尽管其结构相对复杂，但应用的试验结果表明，在操作空速、催化剂负荷和反应剂转化收率方面均取得了较好指标[19]。

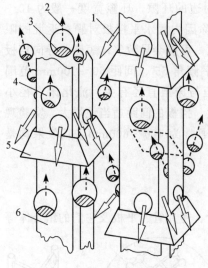

图 8-14　塔式构件结构图

早期的流态化催化反应过程，如萘氧化制苯酐、硝基苯加氢制苯胺、丁烯氧化脱氢制丁二烯、丙烯氢氧化制丙烯腈等，都是采用粗粒催化剂，粒径为 0.1～1mm，床层气泡现象严重，增设内部构件是抑制气泡长大、强化气固接触效率、提高转化率和选择性的有效措施。从气固接触程度看，水平构件优于垂直构件，因而在初期应用中，大多选用的水平构件，在反应器大型化过程中，水平构件流态化催化反应器的气泡尺寸随反应器的增大而增大，导致单程反应转化率有较大下降，高的达十几个百分点，放大效应严重，因而不得不改变反应过程的温度、压力等工艺参数，相反，垂直构件的放大效应较小，较易放大。细粒催化剂（40～100μm）的开发利用，流态化催化反应器的气泡尺寸较小，其气固流动特性较均匀，加之内部构件的采用，缩小了放大效应，提高了放大倍数，丙烯氨氧化制丙烯就是一个较成功的范例。由于现今原料路线的改变，有的催化反应过程可能不再应用和发展，但它们提供的内部构件的运行经验是有重要价值的，并预示着细粒高气速无气泡气固接触流态化催化反应器将有巨大的发展潜力。

对于非催化反应的固相加工过程，如矿物的焙烧、燃烧、气化等，由于反应温度较高而反应速率较慢，大多不属复杂的竞争反应，气泡现象对反应结果不具决定性影响，一般不便也无太大必要加设内部构件，而更多的采用扩大平均停留时间以补偿返混造成停留时间分布过宽的缺陷。

8.4.3　流化床料腿

8.4.3.1　料腿及其基本特征

流化床料腿是流化床的重要部件，用于系统的气密和物料的转移，如正压下的加料、排料的立管，旋风器的料腿立管，快速流化床的循环料管，催化裂化中反应器与再生器间催化剂循环料管等。

流化床料腿可由立管、斜管、稳压密封和料率控制等部件组成，典型的装置见图 8-15，其稳压密封和料率控制部件有机械阀式和气动阀式两种，机械阀式如旋转阀、滑阀、蝶阀、翼阀等，气动阀式如 U 型阀、L 型阀、V 型阀、钝角 L 型阀等。一般，机械阀造价高，易磨损，不宜用于高温；气动阀应用广泛，结构简单，造价低，可在高温下使用。对流化床料腿的要求是，应具有足够的固体通量和较强的锁气能力。

流化床料腿在进行物料输送时，固体颗粒物料的运动，表现出特有的流动特性。料腿中固体颗粒物料通常是由上向下运动，由于系统的压力或由于物料的运动，总有一定量的气体伴随颗粒物料的运动而流动，同时被夹带的气体因固体颗粒的沉积而被压缩并集结成气泡而逸出，固体颗粒脱气而成为浓相，甚至成移动床流动，最后导致架桥堵塞。料腿中的气体与固体的相对速度大于颗粒的临界流态化速度，则呈流化流动；气体与固体的相对速度小于颗粒的临界流态化速度，则呈非流化流动，即移动床流动甚至固定床状态。为了防止颗粒相互架桥，有效的方法是向料腿下部通入一定量的松动气体以使颗粒物料充气并形成悬浮状气固两相流。

对流化床料腿中的流型，Kojabashian[20]、Leung[21]、Staub[22] 分别进行了研究，流化床料腿中的气固流化流动有稀相流化（type Ⅰ fluidized flow）和浓相流化（type Ⅱ fluidized flow）的不同，气固非流化流动又区分为过渡填充床流动（transition packed bed flow）和填充床流动（packed bed flow），过渡填充床流动实为一种充气移动床。流型的转变与物料性质、流动参数、和几何尺寸有关，其判据如下：令滑移速度或气固相对速度 U_s，且

$$U_s = \frac{u_g}{\varepsilon} - \frac{u_s}{1-\varepsilon} \tag{8-177}$$

当 $U_s > \dfrac{U_{mf}}{\varepsilon_{mf}}$，气固流动为流化流动

当 $U_s > \dfrac{U_{mf}}{\varepsilon_{mf}}$；$\left(\dfrac{\partial u_g}{\partial \varepsilon}\right)_{u_s} < 0$，为稀相流化流动（type Ⅰ fluidized flow）；

当 $U_s > \dfrac{U_{mf}}{\varepsilon_{mf}}$；$\left(\dfrac{\partial u_g}{\partial \varepsilon}\right)_{u_s} > 0$，为浓相流化流动（type Ⅱ fluidized flow）。

当 $U_s < \dfrac{U_{mf}}{\varepsilon_{mf}}$，气固流动为非流化流动

当 $0 < U_s < \dfrac{U_{mf}}{\varepsilon_{mf}}$；$\varepsilon_p < \varepsilon < \varepsilon_{mf}$，为过渡填充床流动（transition packed bed flow）

$$\varepsilon = \varepsilon_p + (\varepsilon_{mf} - \varepsilon_p) \cdot U_s/(U_{mf}/\varepsilon_{mf}) \tag{8-178}$$

当 $U_s < 0$；$\varepsilon = \varepsilon_p$，为填充床流动（packed bed flow）。

Leung 和 Jones 根据 Al_2O_3 实测的床层空隙率与滑移速度或气固相对速度 U_s 的关系

$$U_s = \frac{u_g}{\varepsilon} - \frac{u_s}{(1-\varepsilon)} = 8.4\varepsilon^2 - 6.66\varepsilon + 1.36 \tag{8-179}$$

因而，按

$$\left(\frac{\partial u_g}{\partial \varepsilon}\right)_{u_s} = 25.4\varepsilon^3 - 13.32\varepsilon + 1.36 + \frac{u_s}{(1-\varepsilon)^2} = 0 \tag{8-180}$$

可定量确定 type I fluidized flow 与 type II fluidized flow 流化流型的区划。即

当 $(1-\varepsilon)^2(25.4-2\varepsilon^2-13.32\varepsilon+1.36)<u_s$，$\left(\dfrac{\partial u_g}{\partial \varepsilon}\right)_{u_s}<0$，流化流型属 type I fluidized flow；

当 $(1-\varepsilon)^2(25-2\varepsilon^2-13.3\varepsilon+1.36)>u_s$，$\left(\dfrac{\partial u_g}{\partial \varepsilon}\right)_{u_s}>0$，流化流型属 type II fluidized flow。

当系统为鼓泡流态化，并可用如下 Matsen 的关联式表示

$$U_s = \frac{U_b(\varepsilon - \varepsilon_{mf}) + U_{mf}(1-\varepsilon)}{\varepsilon(1-\varepsilon)} \tag{8-181}$$

$$u_g = \frac{1-\varepsilon_{mf}}{1-\varepsilon}\left(U_b + \frac{G_s}{(1-\varepsilon_{mf})\rho_s}\right) - U_b + U_{mf} - \frac{G_s}{\rho_s} \tag{8-182}$$

其中，对单气泡的上升速度，与滑落速度无关。该经验公式的缺陷是当 $\varepsilon \approx \varepsilon_{mf}$ 和 $\varepsilon > 0.85$，料腿床层中将无气泡存在，因而也就没有实际意义。

$$U_b = 0.35\sqrt{gD_t} \tag{8-183}$$

对气泡群的上升速度

$$U_b = 0.35\sqrt{2gD_t} \tag{8-184}$$

则按

$$\left(\frac{\partial u_g}{\partial \varepsilon}\right)_{u_s} = 0 \tag{8-185}$$

定量区划 type I fluidized flow 与 type II fluidized flow 流化流型，即是
当 $-G_s > U_b(1-\varepsilon_{mf})\rho_s$，流化流型属 type I fluidized flow；
当 $-G_s < U_b(1-\varepsilon_{mf})\rho_s$，流化流型属 type II fluidized flow。

应该指出的是，流化床料腿中的气固流化流动情况是复杂的，不仅可出现流化流动与填充床流动两种状态共存，而且还会出现有稀相流化（type I fluidized flow）与浓相流化（type II fluidized flow）共存、过渡填充床流动（transition packed bed flow）与填充床流动（packed bed flow）共存的状态。

料腿中气固流动的流率与几何结构、物料的特性、操作条件有关。料腿有立管和斜管及其出口有限制和无限制的不同；物料有粒度大小和密度轻重之别；通过料腿的固体流率和气体流率有大有小，因而立管料腿和斜管中气固流动有类似，也有所不同，它们都可形成移动床流动和流态化流动，但形成的条件不尽相同。流化床料腿应根据应用目的来设计其功能，若用作循环系统的大量物料输

送，则应选择流态化流型；若用作加料或排料时系统的气体密封，则应选择非流化移动床流型。

1. 立管料腿

对于立管料腿气固流动的新近研究[23]表明，料腿中的流动结构由四种不同的气-固流动状态组成，最下部松动气入口处为气泡区，依次向上为稳定浓相区、脱气过渡区和稳定稀相区，如图8-15所示。在松动气入口处附近，松动气以气泡形式进入料腿而形成气泡区，由于颗粒物料的向下运动，该松动气将分成两部分，一部分与颗粒物料成逆流而继续向上流动，另一部分随颗粒物料并流向下；在气泡区之上为稳定浓相区，其特征是无气泡的、密度均匀的气固充气悬浮流，稳定浓相区高度随固体流率的增加而增高，气体的流向取决与固体流率的大小；在稳定浓相区之上为脱气过渡区，固体颗粒初始夹带的气体因流动状态由稀相转变为浓相而受阻，部分夹带气集结成气泡而返回稀相，固体颗粒部分脱气而成为浓相流；最上部的稀相区为气固逆流，气体为连续相，颗粒为非连续的颗粒团。

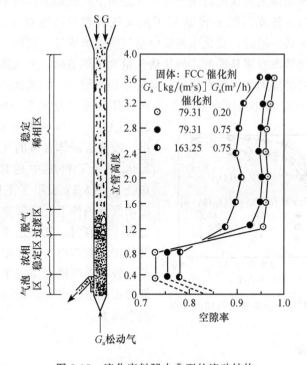

图8-15　流化床料腿中典型的流动结构

立管料腿中气固流动可表现为气固逆流或气固并流，如图8-16所示[23]，将因固体颗粒的特性（主要是颗粒的粒度和密度）、气体速度和颗粒物料的通量而

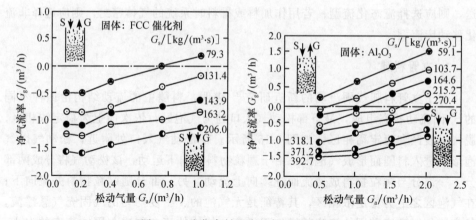

图 8-16　流化床料腿中的气固流动特性

定。对于一定流率的松动气，固体夹带的气量和流向将随固体流率而变：固体流率较小时，料腿中呈气固逆流流动且固体夹带的气量小；固体流率大于某一值时，料腿中的流动由气固逆流转变为气固并流向下；流动固体流率较大时，料腿中呈气固并流向下流动。图 8-16 表示了松动气和颗粒特性对气固流动的影响，当松动气量小于某一值时，流化床料腿中呈气固逆流流动，固体流率和松动气量对固体的夹带气量没有明显影响；当松动气量大于该值时，呈气固逆流流动，但固体的夹带气量将随固体流率和松动气量的增加而增加。在其他条件相近的条件下，密度小的 FCC 催化剂因有较大的容积，其夹带气量大于密度大（容积小）

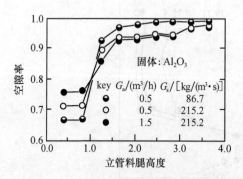

图 8-17　流化床料腿中空隙率沿高度的分布

的 Al_2O_3。固体流率和松动气量的大小，改变着固体夹带的气量和流向，从而也改变了料腿中的床层空隙率分布[23]。图 8-17 表示了不同固体流率和松动气量条件下，床层空隙率沿床高的分布。它表明，气固逆流的流动时，上部稀相区空隙率与下部浓相区空隙率的差别较小；气固并流向下的流动时，上部稀相区空隙率与下部浓相区空隙率的差别较大。

2. 斜管料腿

斜管料腿常用于物料从容器中流出、物料流入一个容器，或物料从一个容器中流出，通过斜管料腿再流入到另一个容器，如图 8-18、图 8-19、图 8-20 所示[24]。像立管料腿一样，斜管料腿操作也有移动床流动和流态化流动两种不同流动状态，但不同的是，斜管料腿还有入口压力高于出口压力的正压差操作（通常如物料从容器中流出的情况）和入口压力低于出口压力的负压差操作（通常如物料流入容器）的不同。在正压差、零压差和负压差操作条件下，斜管料腿均可出现移动床流动，但流态化流动只能在负压差操作条件下发生。此外，斜管料腿出口的结构形式或约束状况对气固流动有重要影响。

与立管料腿中的气固流动有所不同，斜管料腿的正常操作状态是，整个斜管为浓相均匀地沿斜管向下流动，但当系统存料不足时，斜管料腿中气固流动有分层的倾向，即颗粒物料沿斜管下半部分向下流，气体沿斜管上半部分向上涌，发生窜气等不正常现象，系统的操作也将会出现不正常情况。在斜管料腿的正常操情况下，管内的压力或者说固体颗粒浓度沿斜管流向的分布与物料特性、斜管压差等有关，对于物料循环系统，还与系统的存料量有关。图 8-19、图 8-20 分别表示了在不同操作条件下 FCC 催化剂和粒度为 $35\mu m Al_2O_3$ 通过斜管料腿流动时的压力分布[24]。从图 8-19 和图 8-20 可以看出，两种不同物料通过斜管料腿流动时，高压点出现在斜管料腿的中部，但它们的压力沿斜管料腿分布不尽相同。

图 8-19 表明，FCC 催化剂在系统存料量小下通过斜管料腿流动时，斜管

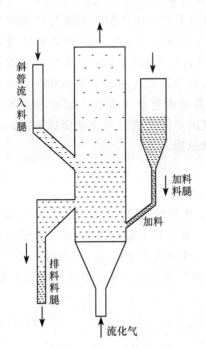

图 8-18　流化床斜管料腿的
应用及其几何结构

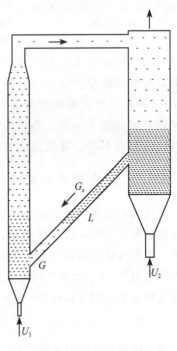

图 8-19　FCC 催化剂流过斜管
料腿的压力分布

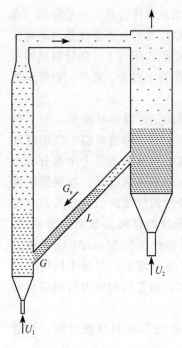

图 8-20　Al_2O_3 流过斜管料腿的
压力分布

料腿中存在上部浓相区和下部稀相区，如曲线 1～3 所示，而在系统存料量大时，斜管料腿中存在上部稀相区和下部浓相区，如曲线 5 所示。曲线 4 可以看成是上述两种分布发生接替的过渡状态。系统存料量小，即作用在斜管料腿为反压差（出口压力高于进口压力）情况时，则向上的窜气量将增大，足以使 FCC 颗粒充分流化，床层密度相对较低，窜气通过斜管料腿的一部分料位静压和摩擦阻力以平衡作用在斜管料腿上的反压差。由于料腿出口没有约束构件，接近出口处的部分物料下落以消除多余那部分料位静压，从而形成如曲线 1～3 所示的上部浓相区和下部稀相区的流动状态。系统存料大，即作用在斜管料腿为正压差（出口压力低于进口压力）情况时，则向上的窜气量较小，FCC 颗粒还不能充分流化，斜管料层密度相对较高，起到料腿出口约束构件的作用，从而形成如曲线 1～3 所示的下部浓相区和上部稀相区的流动状态。图 8-20 表明，Al_2O_3 通过斜管料腿流动时也有两种典型的压力沿斜管料腿分布，但其分布特征与 FCC 催化剂的有所不同，即在系统存料量小时，斜管料腿中存在下部浓相区和上部稀相区，如曲线 1～3 所示，而在系统存料量大时，斜管料腿中存在下部和上部都较浓的气固流动，如曲线 4 所示。颗粒的粒度和密度的不同，颗粒的流动属性不同，夹带气体的能力不同，是造成这种差异的直接原因。

8.4.3.2　料腿中流体力学

流化床料腿工作所处的方位可能是垂直、水平或倾斜，令流化床料腿与水平坐标的夹角为 θ 的一般斜管料腿；当 $\theta=90°$，料腿为立管；当 $\theta=0°$，料腿为水平管。根据流化床的流体力学的分析（见第一章有关部分），若 G_a 为向料腿下部通入的松动气，G_e 为颗粒间隙及其向下运动夹带的气体，并认定气流向上为正，则通过料腿的表观气体流率[23]为

$$\mp G_f = G_a - G_e \tag{8-186}$$

对于倾角为 θ 的流化床料腿

$$G_f = \varepsilon \rho_f u_f \tag{8-187}$$

$$G_s = (1 - \varepsilon)\rho_s v_s \tag{8-188}$$

故对一维的颗粒群系统，则有连续性方程：

对流体相

$$\frac{\mathrm{d}}{\mathrm{d}z}[\varepsilon\rho_f u_f] = 0 \tag{8-189}$$

对分散相

$$\frac{\mathrm{d}}{\mathrm{d}z}[(1 - \varepsilon)\rho_s v_s] = 0 \tag{8-190}$$

而动量方程，当忽略其他界面力时，则有

对流体相

$$\frac{\mathrm{d}}{\mathrm{d}z}[\varepsilon\rho_f u_f^2] = -\frac{\mathrm{d}p}{\mathrm{d}z} - F_d - F_{gf} - F_{ff} \tag{8-191}$$

对分散相

$$\frac{\mathrm{d}}{\mathrm{d}z}[(1 - \varepsilon)\rho_s v_s^2] = F_d + F_b - F_{gs} - F_{fs} \tag{8-192}$$

式中：p、F_d、F_b、F_g分别为每相压力、曳力、浮力和重力；F_f为每相对器壁的摩擦力，并可表示如下

$$F_d = \frac{3}{4}C_D(1 - \varepsilon)\frac{\rho_f}{d_p}[\varepsilon(u_f - v_s)]^2 \tag{8-193}$$

$$F_b = (1 - \varepsilon)\rho_f g\sin\theta \tag{8-194}$$

$$F_{gf} = \varepsilon\rho_f g\sin\theta \tag{8-195}$$

$$F_{gs} = (1 - \varepsilon)\rho_s g\sin\theta \tag{8-196}$$

$$F_{ff} = 2f_{wf}\frac{\rho_f}{D_t}U_f^2 = \left(\frac{\mathrm{d}p_{ff}}{\mathrm{d}z}\right)_f \tag{8-197}$$

$$F_{fs} = 2f_{ws}\frac{\rho_s}{D_t}U_a^2 = \left(\frac{\mathrm{d}p_{fs}}{\mathrm{d}z}\right)_s \tag{8-198}$$

f_{wf}和f_{ws}分别为流体相和分散相的壁摩擦系数（估计方法见第一章有关部分），于是有

$$-\frac{1}{(1 - \varepsilon)}\frac{1}{(\rho_s - \rho_f)g}\left[\frac{\mathrm{d}p}{\mathrm{d}z} + \varepsilon\rho_f g \cdot \sin\theta + \frac{\mathrm{d}p_{ff}}{\mathrm{d}z} + \frac{\mathrm{d}p_{fs}}{\mathrm{d}z}\right] = \frac{3}{4}C_D\frac{Re_s^2}{Ar} \tag{8-199}$$

或

$$-\frac{1}{(1 - \varepsilon)}\frac{1}{(\rho_s - \rho_f)g}\frac{\mathrm{d}P}{\mathrm{d}z} = \frac{3}{4}C_D\frac{Re_s^2}{Ar} = \beta \tag{8-200}$$

其中

$$-\frac{\mathrm{d}P}{\mathrm{d}z} = -\frac{\mathrm{d}p}{\mathrm{d}z} - \varepsilon\rho_\mathrm{f}g \cdot \sin\theta - \frac{\mathrm{d}p_\mathrm{ff}}{\mathrm{d}z} - \frac{\mathrm{d}p_\mathrm{fs}}{\mathrm{d}z} \qquad (8\text{-}201)$$

式中：C_D 为颗粒群的平均表观曳力系数，表观曳力系数 C_D 可用单球曳力系数 C_Ds 和曳力系数空隙率修正函数 $f(\varepsilon)$ 表示，即

$$C_\mathrm{D} = f(\varepsilon) \cdot C_\mathrm{Ds} \qquad (8\text{-}202)$$

$$f(\varepsilon) = \frac{Ar}{18Re_\mathrm{s} + 2.7Re_\mathrm{s}^{1.687}} \qquad (8\text{-}203)$$

$$Re_\mathrm{s} = \frac{d_\mathrm{p}(U_\mathrm{f} - \varepsilon U_\mathrm{s})\rho_\mathrm{g}}{\mu_\mathrm{f}} \qquad (8\text{-}204)$$

1. 立管料腿

（1）移动床流动

流体通过床层断面的速度 $U_\mathrm{f} \leqslant U_\mathrm{mf}$，料腿呈移动床流动。颗粒流体两相垂直流动式（8-199）积分后，得到料腿的压降为

$$\Delta P_\mathrm{p} = \frac{3}{4}C_\mathrm{Dp}L_0(1 - \varepsilon_0)(\rho_\mathrm{s} - \rho_\mathrm{f})\frac{Re^2}{Ar} \qquad (8\text{-}205)$$

垂直管中移动床流动的总压降为流体作用在颗粒上的摩擦压降 ΔP_d、支持颗粒悬浮物的静压降 ΔP_g 和流体与管壁的摩擦压降 ΔP_w 之和，即

$$\Delta P = \Delta P_\mathrm{d} + \Delta P_\mathrm{g} + \Delta P_\mathrm{w} \qquad (8\text{-}206)$$

流体作用在移动床颗粒上的摩擦压降 ΔP_d 可按 Engun 关联式计算

$$\Delta P_\mathrm{d} = \left[\frac{150\mu_\mathrm{f}(u_\mathrm{g} - v_\mathrm{s})(1 - \varepsilon)^2}{d_\mathrm{p}\phi_\mathrm{s}^2\varepsilon^2} + \frac{1.75(1 - \varepsilon)\rho_\mathrm{f}(u_\mathrm{g} - v_\mathrm{s})^2}{d_\mathrm{p}\phi_\mathrm{s}\varepsilon}\right] \cdot \frac{L}{g_\mathrm{c}} \qquad (8\text{-}207)$$

支持颗粒悬浮物的静压降 ΔP_g

$$\Delta P_\mathrm{g} = (1 - \varepsilon)(\rho_\mathrm{s} - \rho_\mathrm{f})g \cdot \frac{L}{g_\mathrm{c}} \qquad (8\text{-}208)$$

流体与管壁的摩擦压降 ΔP_w

$$\Delta P_\mathrm{w} = \frac{f_\mathrm{f}\rho_\mathrm{f}U_\mathrm{f}^2}{2D_\mathrm{t}} \cdot \frac{L}{g_\mathrm{c}} \qquad (8\text{-}209)$$

床层平均空隙率 $\bar{\varepsilon}$ 定义如下

$$\bar{\varepsilon} = 1 - \frac{4G_\mathrm{s}}{\pi D_\mathrm{t}^2\rho_\mathrm{s}v_\mathrm{s}} \qquad (8\text{-}210)$$

移动床立管料腿通常用作形成料封的加、排料管。

（2）流化流动

依据实验结果[23]，得到物料流动时的夹带气量有如下关联式

$$G_f = 9.611 \times 10^{-5} + 0.64 G_a - 1.141 \left(\frac{G_s}{\rho_s} \right) \left(\frac{\varepsilon_{mf}}{1 - \varepsilon_{mf}} \right) \cdot A_t \qquad (8\text{-}211)$$

由式（8-199），流化料腿的压降为

$$\Delta P = \frac{3}{4} C_{Df} L (1 - \varepsilon)(\rho_s - \rho_f) \frac{Re^2}{Ar} \qquad (8\text{-}212)$$

式中：C_{Df} 为流体通过流化料腿流动时曳力系数。

对于 FCC 催化剂和 Al_2O_3 颗粒的浓相段料腿[23]

$$f(\varepsilon) = 0.003\,09 \bar{\varepsilon}_a^{-18.519} = \frac{Ar}{18 Re_s + 2.7 Re_s^{1.687}} \qquad (8\text{-}213)$$

$$G_{Df} = 0.003\,09 \bar{\varepsilon}_a^{-18.519} \cdot \left[\frac{24}{Re_s} + \frac{3.6}{Re_s^{0.313}} \right] \qquad (8\text{-}214)$$

对于 FCC 催化剂和 Al_2O_3 颗粒的稀相段料腿[23]

$$f(\varepsilon) = 0.019\,82 \bar{\varepsilon}^{*-23.967} = \frac{Ar}{18 Re_s + 2.7 Re_s^{1.687}} \qquad (8\text{-}215)$$

$$C_{Df} = 0.019\,82 \bar{\varepsilon}^{*-23.967} \cdot \left[\frac{24}{Re_s} + \frac{3.6}{Re_s^{0.313}} \right] \qquad (8\text{-}216)$$

对于粗颗粒散式流化流动[30]

$$f(\varepsilon) = \bar{\varepsilon}^{-4.7} \qquad (8\text{-}217)$$

$$C_{Df} = \bar{\varepsilon}_a^{-4.7} \cdot \left[\frac{24}{Re_s} + \frac{3.6}{Re_s^{0.313}} \right] \qquad (8\text{-}218)$$

2. 斜管料腿

（1）移动床流动

斜管料腿的压降计算，通常是通过对立管压降的修正而得到，即

$$\Delta P_P = \Delta p_{wf} + \frac{U_d G_s}{g_c} + \frac{L \sin\theta \bar{\rho} g}{g_c} \qquad (8\text{-}219)$$

其中

$$\bar{\rho} = \rho_s (1 - \varepsilon) + \rho_f \varepsilon = \rho_f \varepsilon \left(1 + \frac{G_s U_f}{G U_d} \right) \qquad (8\text{-}220)$$

$$\Delta P_{wf} = \frac{2 f_f \rho_f U_f^2 L}{D_t g_c} + \frac{2 f_s \rho_s U_d^2 L}{D_t g_c} \qquad (8\text{-}221)$$

$$3 \times 10^3 < Re = \frac{D_t U_f \rho_f}{\mu} < 10^5 ,$$

$$f_g = 0.0791 Re^{-0.25} ; \tag{8-222}$$

$$10^5 < Re = \frac{D_t U_f \rho_f}{\mu_f} < 10^8 ,$$

$$f_g = 0.008 Re^{-0.237} \tag{8-223}$$

（2）流化流动

由式（8-199），流化料腿的压降为

$$\Delta P_f = \frac{3}{4} C_{Df} L(1-\varepsilon)(\rho_s - \rho_f) \frac{Re_s^2}{Ar} \tag{8-224}$$

式中：C_{Df} 为流体通过流化料腿流动时曳力系数。对于 Al_2O_3 颗粒的料腿[24,25]

$$f(\varepsilon) = 0.172\bar{\varepsilon}^{-5.253} = \frac{Ar}{18 Re_s + 2.7 Re_s^{1.687}} \tag{8-225}$$

$$C_{Df} = 0.172\bar{\varepsilon}^{-5.253} \cdot \left(\frac{24}{Re_s} + \frac{3.6}{Re_s^{0.313}} \right) \tag{8-226}$$

对于 FCC 催化剂颗粒的料腿[24,25]

$$f(\varepsilon) = 0.235\bar{\varepsilon}^{-7.15} = \frac{Ar}{18 Re_s + 2.7 Re_s^{1.687}} \tag{8-227}$$

$$C_{Df} = 0.235\bar{\varepsilon}^{-7.15} \cdot \left[\frac{24}{Re_s} + \frac{3.6}{Re_s^{0.313}} \right] \tag{8-228}$$

8.4.4　气固分离器

气固分离器是流化床的又一重要部件，其作用有二，一是回收被气体从流化床中带出的固体颗粒；其二是将从流化床排出的气体进行净化，减轻对环境的污染。二者相互联系，但其意义有所不同，技术要求也不尽相同。前者对气固分离程度的要求相对低些，而气固通量可能大些；后者对气固分离程度的要求相对高些，而气固通量，尤其是固体通量不大，分离器实质上是个除尘器。

对气固分离而言，分离器形式有重力沉降分离器、惯性-重力分离器、离心旋风分离器，以旋风分离器最为常用；对除尘来说，有干法除尘，如多级旋风除尘器、布袋除尘器、静电除尘器、砂滤除尘器等，还有湿法除尘，如泡沫除尘器、文氏除尘器等。这些分离器或除尘器，不仅类型繁多，而且既使类型相同，其结构也可能各不相同，这与工艺过程的要求、气固物料的特性、操作状态的工况密切相关。由于气固分离器的特殊性和专业性，在此不做讨论，请参考有关工艺过程的相关专著。

8.5　过程测量与控制

根据工艺原理，确定过程控制的技术方案、调控参数和调控方法，依据过程设计的工艺流程和热物理参数，选择可靠的检测仪器和控制设备，规划数据采集系统和过程控制程序，进行数据处理和运行报告，显示生产过程的工作动态。

8.6　过程技术经济评价

一个工艺过程设计既要充分体现技术先进，而又要力求经济合理，在生产安全可靠的前提下，应做到生产效率高，基建投资省，生产成本低。

8.7　小结与评述

工艺过程及反应器设计是工艺过程原理的工程化，是工艺技术迈向生产的关键步骤，它涉及过程原理和反应过程速率、流化床反应器及其关键部件、检测仪表和控制设备、主要设备和辅助设备、运输机械和动力机械等及它们的技术组合和性能匹配，以及数据采集和技术分析，因而具有极强的综合性。

过程工程的核心是反应器的选型和设计，反应过程动力学、反应器的流动特性和反应器的传递特性等关键基础数据是成功设计的基础。从前几章所涉及的流态化过程看，化学反应类型有催化和非催化两大类，而非催化反应过程又有粒径缩小和粒径不变的不同；颗粒物料的粒度而言，大多在毫米以下，而催化过程更多的在 $1/10 \sim 1/20$ mm 范围，颗粒内不存在温度差，既使有也很小，可视为等温过程；就反应动力学特征而论，所遇到的反应过程常见的为气膜扩散控制、界面反应控制和颗粒内扩散或"灰层"扩散控制，有时表现出它们联合控制。流化床反应器的流动特性与其流化状态有关，低气速鼓泡流态化的气体和固体颗粒都处于近似完全混合的状态；快速流态化的固体颗粒接近全混，但气体的混合程度较低；气力输送稀相载流流态化的气体和固体颗粒混合程度都很低；流化床反应器的传递特性取决于反应器的流化状态，低气速鼓泡流态化的气固间接触和传递很差，快速流态化的气固间接触和传递好，稀相载流流态化的气固间传递好但接触密度低。将反应动力学特性与反应器流动和传递特性科学地结合起来，设计的反应器的性能不仅可满足工艺要求，而且是高效、低耗的。

流态化反应器的主体结构形式是关键，但其他部件如分离器、加料机、排料机以及内部构件乃至于辅助设备，对反应器的正常运行也都具有重要作用。在过程设计时，技术的先进性、可靠性是首要的，但过程的经济性则具有决定的意义。

参 考 文 献

[1] Levenspiel O. Chemical reaction engineering. New York：Wiley and Sons，second edition. 1972

[2] 李佑楚. 煤系高岭土快速流态化煅烧过程设计. 中国科学院过程工程研究所，2004，04

[3] 李佑楚. 菱镁矿快速流态化煅烧过程设计. 中国科学院化工冶金研究所，1985. 7

[4] 郭慕孙，戴殿卫. 流态化冶金中的稀相传递过程. 金属学报，1964，7（3）：263～280

[5] 李佑楚. 氯化法钛白生产过程分析. 中国科学院化工冶金研究所，2000. 9

[6] 李佑楚. 煤炭固体热载体的热解和气化过程设计. 中国科学院化工冶金研究所，1990

[7] 李佑楚. 硫铁矿的流态化焙过程和焙烧炉的设计方法. 硫酸工业，1979（5）：40～61

[8] 李佑楚. 硫铁矿的流态化焙过程和焙烧炉的设计方法. 硫酸工业，1979（6）：4～48，20

[9] Kunii D，Levenspiel O. Fluidozation engineering. New York：John Wiley and Sons Inc，1969

[10] Szekely J. Gas-solid reaction. Chemical Reaction Engineering. New York：Academic Press. 1976

[11] Sohn H Y，Szekely J. The effect of intragrain diffusion on the reaction between porous solid and a gas. Chem. Eng. Sci，1974（29）：630～634

[12] 郭慕孙. 对流化床分布板的一些初步意见. 中国科学院化工冶金研究所. 1959. 10

[13] Glasgow P E，Thweat W T. NPRA refinery and petrochemical plant maintenance conference，paper MC-85-6，1985（分布板）

[14] 王尊孝，叶永华，张琪等. 流体通过分布板的压降. 沈阳化工研究院报告，1963；化学工程（内部资料），1973（3，4）：93

[15] 金涌等. 流化床多管式气流分布器研究（二）. 化学工程第三届校际学术讨论会资料，1981

[16] Whitehead A B，Dent D C，Proc. Inc. Symp. Fluidization，Endhoven，1976，802；Davidson J F，Harrison D，Fluidization. London：Academic Press，1971

[17] 上海化工学院等. 径向反应器流体均匀分布的研究. 化学工程，1978（6）：80

[18] 王尊孝等. 挡板对流化质量的影响. 第二届全国流态化会议论文集. 1980. 185

[19] 金涌，俞芷青，张礼等. 流化床反应器塔式内构件的研究. 化工学报，1980（2）：117

[20] Kojabashian C. Ph. D. Thesis. Boston：Massachusett Institute of Technology. 1958

[21] Leung L S. Fluidization（Grace J R，Matsen J M，eds.）. New York：Plenum Press，1980. 25～68

[22] Staub F W. Steady state and transient gas-solids flow characteristics in vertical transport lines. Powder Technol，1980，26（2）：147～159

[23] Li Y，Lu Y，Wang F et al. Behavior of gas-solid flow in the downcomer of a circulating fluidized bed reactor with a V-valve. Powder Technol，1997（91）：11～16

[24] Jia Z，Li Y. Gas-solid flow through an inclined pipe without restriction. Fluidization VIII（preprints）1995（2）：649～656

[25] 贾志刚. 快速床和鼓泡床之间无约束返料斜管的气固流动研究. 硕士论文. 中国科学院化工冶金研究所. 1994

[1] ... Y. Weak ... late ... flow ... Powder ...
... Z. J., ... flow ...
... temperature ...
Z. ...

第九章　鼓泡流态化工程

对气固系统，当气速超过颗粒最小流态化速度后，超过最小流化速度那部分多余的气体，一般将以气泡形式通过床层，鼓泡是其明显而直观的特点，故称鼓泡的流化床。流化床具有液体某些属性，当床层中出现气泡时，它与沸腾的液体很相似，因而又将明显鼓泡的流化床称之为沸腾床。20 世纪 20 年代，第一个煤的沸腾床气化过程的问世，开始了现代流态化技术的发展时期。鼓泡气固流态化是现代流态化技术发展的基石，是应用最早、使用最多的过程工程技术，如煤的气化和燃烧、矿物的焙烧、石油化工中的气固催化等工业过程，都毫不例外地经历过鼓泡流态化的发展过程，而且许多流态化工艺设备仍在运行。

9.1　床层流动结构

研究表明，气固流化床的宏观流动特性与液固流化床没有本质区别，可通过流态化流体力学进行延伸，但气固流化床中最重要现象是气泡，气泡改变了气体自身通过颗粒床层的流动状态，同时气泡引起了周围固体颗粒的特定运动，气固间相互作用造成床层中物料的迅速而充分的混合。由于床层的微观结构因气泡的存在而与液固流态化有明显差别，导致床层的膨胀、气固的混合、气固两相间的传递等则大相径庭，因而在工程实施中应给予专门的关注和研究。

气固流化床中的气泡可通过肉眼直接观察到，也可通过光学探针[1]、板式电容探针[2]、热变电阻探针[3]直接检测到气泡存在及其数量的多少，也可用二维流化床的快速摄影机和三维床 X 射线透视检测法[4]，观测气泡的形状、大小等基本参数。

对于细粒 A 类物料，试验发现，在超过最小流态化气速之后，尚存在一散式膨胀区，即在此速度范围内，床层空隙率依然与气速成幂函数关系。当气速进一步增加，床层开始出现气泡，称此点的速度为最小鼓泡速度，这是细粒气固流化床所特有的。

对于粗粒气固流态化，即 Geldart 分类的 B 类和 D 类物料，几乎观察不到散式膨胀区，即临界流化点与最小鼓泡点是接近的，最小鼓泡点速度近乎最小流态化速度。

9.1.1 气泡基本特征

9.1.1.1 气泡的形成、分裂与合并

气泡的形成是由气固流化的物系特性所决定的，判定床层是否会发生气泡，最重要的判据是固体与流体密度之比，若该比值＞10，该系统就可能产生气泡。目前尚未有完整的理论来解释气泡的形成，但有一点是明确的，即不稳定流动是气泡形成的根本原因[5,6]。

流化床中气泡并不是一成不变的，而是在其上升过程中不断分裂，同时也不断合并。在一定条件下，这种分裂与合并达到一种动态平衡，从而具有与此条件相适应的平均气泡尺寸。

实验观察发现，由于气泡在流化床的受力作用，气泡的上半部边界向下拉伸，因而形成尖端，并迅速发展为指形或刀状结构，犹如山洞里的钟乳石。它从气泡顶部临界点开始，直至气泡下部尾迹附近。当这些指形结构边界向下发展的速度超过横向水平发展速度时，气泡就会发生垂直分割而分裂的现象。气泡分裂是气固流化床中的一种普遍现象。当气泡达到床层上界面时，气泡的受力已不同于其在床层中的情况，此时气泡将发生爆裂。

气泡在上升过程中对周围的气泡产生排挤作用，将周围的气泡，特别是尺寸相对小的气泡甩向一边，由于大气泡较小气泡上升得快，于是小气泡逐渐进入大气泡尾涡的流场，从而加快了上升速度，迅速追赶大气泡，并在纵向上拉伸变长，直至进入大气泡的底部为止，气泡由此汇合而发生气泡合并。流化床中气泡都是通过大气泡尾涡吸收小气泡而实现合并的，即使两个尺寸大致相等而靠得很的气泡也会以类似的方式发生合并。

9.1.1.2 气泡结构尺寸

1. 气泡结构

气固流化床中的气泡形状，若包括其下部的由颗粒充填的尾涡在内，其整体形状基本为球形，即上半球为球冠形空穴，几乎不含颗粒，下部为颗粒充填的尾涡[4,7]。球冠空气泡与尾涡所占体积分数取决于颗粒物料的种类、粒度及颗粒的形状。一般颗粒密度较轻的球形颗粒，球冠形空穴与尾涡的体积分数分别为 0.7 和 0.3，而非球形颗粒的两者的体积分数有所不同，约为 0.8 和 0.2。颗粒尺寸 ＜200μm 的颗粒物料，球冠形空穴体积分数比＞200μm 的颗粒物料的略小，可降至 0.6，而不规则的非球形颗粒的气泡与此相反，球冠形空穴部分体积分数随粒径增大而增加，粗颗粒的球冠形空穴部分体积分数可达 0.9。

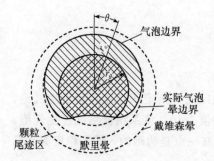

图 9-1　气固流化床中典型的
气泡结构[7]

示踪试验表明，流化床中气泡结构除上述的上部球冠形空穴和下部的颗粒尾涡外，在一定条件下，气泡外还有一层气晕。当气泡上升速度即气泡相对速度 U_{br} 小于乳化相中气体真实速度即 U_{mf}/ε_{mf} 时，气泡外的气体将由气泡底部进入，除少部分气体在气泡内循环并随同气泡一起上升外，绝大部分气体穿过气泡并从气泡顶部离去而进入床层。当 U_{br} 大于 U_{mf}/ε_{mf} 时，尽管气泡外的气体流入气泡底部并由气泡顶部穿出，然而，气泡周围的颗粒群迅速沿气泡边界向下流动，将该部分气体夹带向下流动并重新返回到气体底部的尾涡而形成包围气泡的一层气膜，即晕。这层气晕犹如一个独立的气相并随气泡一起向上运动。不难看出，气晕将引起气体短路，也大大改变了气固接触程度。根据以上实验观测，流化床中气泡的结构形状可用图 9-1[7] 表示。Davidson[8] 和 Murray[9] 从理论上分别预测气泡晕的大小，实验证明，Murray 的预测结果更接近于实际。

气泡的尾涡体积分数与物系特性和流动条件有关。若气泡中球冠空穴体积 V_b，尾涡体积为 V_w，则尾涡体积分数 f_w 表示如下

$$f_w = \frac{V_w}{V_b + V_w} \tag{9-1}$$

不同物料流化床中气泡尾涡体积分数表示在图 9-2 中[10]。

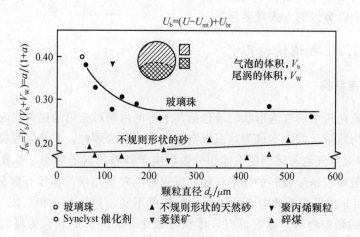

图 9-2　气泡中尾涡所占体积分数与颗粒直径的关系[10]

2. 气泡尺寸

流化床中气泡尺寸是个重要的参数。流化床中气泡与液体中气泡有某种相似性，尽管不完全一致。若将流化床比拟为类似于液体的连续性低黏流体，则可观测的气泡尺寸应为平均颗粒尺寸的 1～2 个数量级。据此，对通常流化床采用颗粒物料的粒度在 $50\mu m$ 至 2mm 范围而言，相应尺寸颗粒流化床中的气泡尺寸分别可达 50mm 和 200mm 的量级。

细颗粒流化床中气泡尺寸很小。曾利用细颗粒物料（如 $40\sim100\mu m$ 的 FCC 催化剂之类）在临界流态化点以上的小流速范围内可形成一种无气泡、均匀散式膨胀、性状类似低黏液体的特性，借以观测气泡在其中的尺寸、频率、上升速度等基本参数和规律。实验观测发现，单孔分布板和多孔分布板流化床生成的气泡尺寸不尽相同，而且气泡的频率与分布板小孔孔径、颗粒粒度以及流化床层高度等因素无关。单孔分布板流化床的气泡尺寸的观测结果，可关联得到如下经验公式[11]：

气泡体积 V_b

$$V_b = 1.138\,\frac{G_{or}^{6/5}}{g^{3/5}} \tag{9-2}$$

气泡直径 d_{b0}

$$d_{b0} = 1.295\,\frac{G_{or}^{0.4}}{g^{0.2}} \tag{9-3}$$

气泡频率 n_0

$$n_0 = \frac{G_{or}}{V_b} = \frac{g^{0.6}}{1.138_{or}^{0.2}} \tag{9-4}$$

但随着气量 G_{or} 的增加，气泡频率将趋向一稳定值，$18\sim21\mathrm{s}^{-1}$，这意味着生成的初始气泡尺寸将增大。

对于不同形式分布板生成的初始气泡尺寸，不同的研究者根据自己的观测结果建立了经验关联式，当采用多孔式分布板，Kato 和 Wen[12] 获得如下公式

$$d_{b0} = 1.295\left[\frac{A_t(U-U_{mf})}{n_0}\right]^{0.4}\Big/g^{0.2} \tag{9-5}$$

Chiba 等[13] 的公式：

$$d_{b0} = 1.49\left[\frac{A_t(U-U_{mf})}{n_0}\right]^{0.4}\Big/g^{0.2} \tag{9-6}$$

Mori 和 Wen[14] 的公式：

$$d_{b0} = 1.38\left[\frac{A_t(U-U_{mf})}{n_0}\right]^{0.4}\Big/g^{0.2} \tag{9-7}$$

不难看出，他们的公式是类似的，只是系数略有不同，但差别不大。当采用

泡罩式分布板，Fryer 和 Potter[15] 提供如下的计算气泡直径的经验公式

$$d_{b0} = 1.81 \left[\frac{A_t(U - U_{mf})}{n_0} \right]^{1/3} \Big/ g^{2/3} \tag{9-8}$$

当采用密孔分布板时，Geldart[16] 建议如下公式

$$d_{b0} = 1.43 \left[\frac{A_t(U - U_{mf})}{n_0} \right]^{0.4} \Big/ g^{0.2} \tag{9-9}$$

而 Mori 和 Wen[14] 建议公式为

$$d_{b0} = 0.003\,76(U - U_{mf})^2 \tag{9-10}$$

秦霁光[17] 则建议了一个不同分布板形式的统一关联式

$$d_{b0} = 1.7 \left[\frac{A_t(U - U_{mf})}{n_0} \right]^{0.4} \Big/ g^{0.2} \tag{9-11}$$

前已指出，初始生成的气泡在流化床中上升过程中既会分裂，也会聚并，两者之间可达到一个动态平衡而形成一个平均气泡尺寸，然而，在上升过程中，气泡经历的时间不同而长大程度不同，因而平均气泡尺寸将随床高而不断增大。对于无内部构件的自由流化床中的气泡尺寸沿床高的分布也有不少研究，但各研究者对床中气泡尺寸的界定和测量技术的不同，所得经验关联式各有不同。Mori 和 Wen[14] 建议

$$\frac{d_{bm} - d_{bh}}{d_{bm} - d_{b0}} = e^{-0.3h/D_t} \tag{9-12}$$

式中

$$d_{bm} = 0.652[A_t(U - U_{mf})]^{0.4} \tag{9-13}$$

Darton 等[18] 建议

$$d_{bh} = 0.54(U_f - U_{mf})^{0.4}(h + 4\sqrt{A_t/n_0})^{0.8}/g^{0.2} \tag{9-14}$$

Kato 和 Wen[12] 公式

$$d_{bh} = 0.147\rho_s d_p \left(\frac{U_f}{U_{mf}} \right) h + d_{b0} \tag{9-15}$$

秦霁光[17] 公式

$$d_{bh} = 1.28(U_f - U_{mf})^{0.8} \left[h + \frac{1.5g^{1/7}}{(U_f - U_{mf})^{2/7}} \left(\frac{A_t}{n_0} \right)^{4/7} \right]^{0.7} \Big/ g^{0.2} \tag{9-16}$$

与气泡尺寸沿床高变化类似，在一定气速条件下，当气泡尺寸因聚并而长大时，其气泡频率也因此沿床高而变。Lancaster 和 Toor 分别测定了不同床高下气泡频率的变化，可用下式估计

$$n_h = \alpha_1 e^{-\beta h} \tag{9-17}$$

式中：α_1 和 β 为实验常数，由表 9-1 给出。

表 9-1　气泡频率常数 α_1 和 β 的数值

粒度/μm	表观气速/(m/s)	α_1/s^{-1}	β/m^{-1}
68	0.0144	14.3056	0.1408±0.0150
	0.0288	14.2339	0.1260±0.0126
	0.0432	14.7759	0.1341±0.0077
83	0.0161	5.5659	0.0904±0.0055
	0.0233	6.3968	0.1066±0.0052
	0.0329	7.4421	0.1383±0.0053
100	0.0518	7.9540	0.1524±0.0120
	0.0351	7.5410	0.1411±0.0098
	0.0229	6.441	0.1094±0.0085
192	0.0575	4.4988	0.0969±0.0081
	0.0747	4.8740	0.1077±0.0062
	0.0863	5.4423	0.1244±0.0062

9.1.1.3　气泡上升速度

气固流化床中的气泡上升速度与气泡自身尺寸、床层气泡的数量以及床料的性质有关，但床层物料性质的影响较小。气泡相对于流化床层的速度称为相对气泡上升速度，而流化床层中的气体速度通常略高于最小流态化速度，因而与其相对床层坐标系的绝对气泡上升速度并不一致。实验测定结果表明，相对气泡上升速度 U_{br} 尽管数据较分散，但有如下的简单关系

$$U_{br} = (0.57 \sim 0.85)(gd_b)^{1/2} \approx 0.711(gd_b)^{1/2} \tag{9-18}$$

这是单个气泡上升速度的计算公式。若操作气速 U_f 高于最小流态化速度 U_{mf}，则单气泡的绝对上升速度 U_b 的表达式为[19]

$$U_b = (U_f - U_{mf}) + U_{br} \tag{9-19}$$

对流化床中气泡群的上升速度，情况并非如此简单。通常将床层分为气泡相和颗粒乳化相，即两相理论，令气泡相体积分数为 δ，其空隙率为 1，而颗粒乳化相的体积分数为 $(1-\delta)$，空隙率为 ε_{mf}，因而床层平均空隙率为 $\bar{\varepsilon}$，于是

$$\bar{\varepsilon} = \delta + (1-\delta)\varepsilon_{mf} \tag{9-20}$$

或

$$\delta = \frac{\bar{\varepsilon} - \varepsilon_{mf}}{1 - \varepsilon_{mf}} \tag{9-21}$$

由通过床层的总气体流量守恒，则有

$$U_f A_t = (1-\delta)U_{mf} \cdot A_t + \delta \cdot U_b \cdot A_t + \delta U_{bp}A_t \tag{9-22}$$

或

$$U_f = (1-\delta)U_{mf} + \delta \cdot U_b + \delta U_{bp} \tag{9-23}$$

式中：$\delta U_{bp} A_t$ 为穿过气泡短路气体流率，这与床层气泡结构有关，对于小气泡床层，即 $U_b < \dfrac{U_{mf}}{\varepsilon_{mf}}$，$U_b \approx 3U_{mf}$

因而

$$U = (1-\delta)U_{mf} + \delta(U_b + 3U_{mf}) \tag{9-24}$$

或

$$U_b = \frac{U_f - (1+2\delta)U_{mf}}{\delta} \tag{9-25}$$

而对于大气泡床层，即 $U_b > 5\dfrac{U_{mf}}{\varepsilon_{mf}}$，$U_{bp} \approx 0$

因而

$$U_b = \frac{U_f - (1-\delta)U_{mf}}{\delta} \approx \frac{U_f - U_{mf}}{\delta} \tag{9-26}$$

在中等气泡床层中，即 $1 < \dfrac{U_b \cdot \varepsilon_{mf}}{U_{mf}} < 5$ 区域内，通过内插法比较求出 U_b。

9.1.2　气固两相流动

如令乳化相为无黏度流体，那么气泡在乳化相中向上流动，犹如流体绕球（假定气泡为球形体）流动。在低雷诺数层流条件下，绕过球形气泡的颗粒流动，可用下式流函数表示[8,19]。

$$\psi_p = U_{br}\frac{y^2}{2}\left(1 - \frac{r_b^3}{r^3}\right) \tag{9-27}$$

对绕过球形气泡的气体流动，若颗粒间隙中的气体速度以略低于 U_{mf} 的速度均匀流动，则气体的流函数为

$$\psi_f = -U_{mf}\frac{y^2}{2}\left(1 + \frac{2r_b^3}{r^3}\right) \tag{9-28}$$

若假定两相流动为固体颗粒运动与气体运动的叠加，即两相的局部速度等于静止颗粒间隙中的气体速度与颗粒速度的矢量和，其流函数 ψ_{fp} 可表示为

$$\psi_{fp} = \psi_f + \psi_p = -U_{mf}\frac{y^2}{2}\left[(1-\alpha_b) + (2+\alpha_b)\frac{r_b^3}{r^3}\right] \tag{9-29}$$

式中

$$\alpha_b = \frac{U_{br}}{U_{mf}} \tag{9-30}$$

对于二维床的圆柱形气泡，类似地有

$$\psi_p = U_{br}y\left(1 - \frac{r_b^3}{r^2}\right) \tag{9-31}$$

$$\psi_f = -U_{mf}y\left(1 + \frac{r_b^2}{r^2}\right) \tag{9-32}$$

$$\psi_{fp} = -U_{mf}y\left[(1-\alpha_b) + (2+\alpha_b)\frac{r_b^2}{r^2}\right] \tag{9-33}$$

当在下列特殊条件下，$\psi_{fp}=0$，即生成气晕，$r=r_e$。

对球形气泡

$$(1-\alpha_b) + (2+\alpha_b)\frac{r_b^3}{r_e^3} = 0 \tag{9-34}$$

或

$$r_e/r_b = \left(\frac{\alpha_b+2}{\alpha_b-1}\right)^{1/3} \tag{9-35}$$

当 $\alpha_b < 1$，如令 $\frac{U_{br}}{U_f} = \alpha b \cdot \varepsilon_{mf} = 0$ 及 $=0.61$ 时，其流场如图 9-3（a），（b）所表示；$\frac{U_{br}}{U_f}=1$，其流程如图 9-3（c）所示；当 $\alpha_b > 1$，如令 $\frac{U_{br}}{U_f}=1.1$，7 和 100 时，其流场如图 9-3（d）、（e）和（f）所示。α_b 的数值将改变气泡结构，影响气晕的厚薄，因而也改变了颗粒和气体的流型。

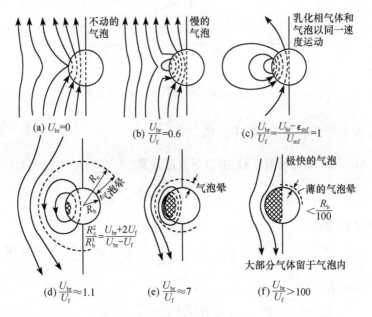

图 9-3　气泡周围气体和颗粒的流动模型——气泡上升速度的影响[7]

9.1.3　床层膨胀

气固流化床的床层膨胀与液固散式流化床的床层膨胀有所不同，其理由是气固流化床层不仅存在颗粒乳化相或散式相，而且还有气泡相，因而，其床层膨胀由颗粒乳化相的膨胀和气泡相的滞留量构成[20,21]。若床层初始高度为 H_{mf}，颗粒乳化相的膨胀后高度为 H_d，床层膨胀后高度 H_f，气泡滞留量 V_b，则

$$V_b = (H_f - H_d)A_t = Y(U_f - U_d)\frac{H_{mf}}{U_b}A_t \tag{9-36}$$

定义床层的膨胀比 R 如下

$$R = \frac{H_f}{H_{mf}} = \frac{1-\varepsilon_{mf}}{1-\varepsilon_f} = \frac{\rho_{mf}}{\rho_{bf}} \tag{9-37}$$

因而

$$1 - \frac{1}{R}\frac{H_d}{H_{mf}} = Y\left(\frac{U_f - U_d}{U_b}\right) \tag{9-38}$$

式中：Y 为实验系数，由图 9-4 查得。值得注意的是，床层物料特性不同，上述参数 H_d、U_d、U_b 不尽相同。

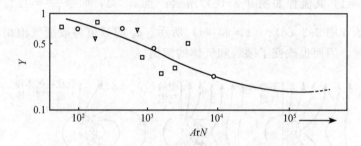

图 9-4　床层膨胀经验系数与 Ar 的关系

9.1.3.1　自由流化床层膨胀

对于 Geldart A 类物料，H_d 由以下方法计算

$$H_d = \left(\frac{1-\varepsilon_{mf}}{1-\varepsilon_d}\right) \cdot H_{mf} \tag{9-39}$$

式中 ε_d 由下式确定[22]

$$\frac{\varepsilon_d^3}{1-\varepsilon_d}\frac{d_p^2(\rho_s-\rho_f)g}{\mu_f} = 210(U_f - U_{mf}) + \left(\frac{\varepsilon_{mf}^3}{1-\varepsilon_{mf}}\right)\frac{d_p^2(\rho_s-\rho_f)g}{\mu_f} \tag{9-40}$$

U_d 用以下方法求得

$$\frac{U_d}{U_{mf}} = 0.77\left(\frac{U_{mb}}{U_{mf}}\right)^{0.71} \cdot H_d^{-0.244} \tag{9-41}$$

式中：U_{mb} 为床层最小鼓泡速度，由第一章 1.1.4.2. 节中式 (1-130) 计算。

对于 Geldart B 类物料，床层的鼓泡点与最小流态化速度较近，几乎没有散式膨胀区，因而取

$$U_d \approx U_{mf}, \quad H_d \approx H_{mf}$$

而在确定床层中气泡平均上升速度 U_b 时，因气泡长大较快，最好采用床高为 0 即 $h=0$ 和 $h=H_f$ 的气泡直径和相应的气泡上升速度，取两者的平均值，如下计算[18]

$$d_{bh} = 0.54(U_f - U_{mf})^{0.4}(h + 4\sqrt{A_t/n_0})^{0.8}/g^{0.2} \tag{9-42}$$

和

$$U_{bh} = (0.95\sqrt{gd_{bh}/2}) + (U_f - U_{mf}) \tag{9-43}$$

对于 Geldart D 类物料，当 $(U_f - U_{mf}) < 0.5\text{m/s}$ 的中等气速条件下，仍可用 B 类物料的方法计算，而对较高气速条件下，气泡聚并长大发展较快，气泡直径沿床高的变化有所不同，应按下式估计

$$D_{bh} = 2.25(U_f - U_{mf})^{1.11}h^{0.81} \tag{9-44}$$

而其床层膨胀比按如下估计

$$\frac{U_f}{\varepsilon_{mf}} = C_oU_f + \left(\frac{1-\varepsilon_{mf}}{\varepsilon_{mf}}\right)U_{mf} \tag{9-45}$$

其中当颗粒为 $650\mu\text{m}$ 玻璃珠时

$$C_o = 1.05$$

当颗粒为 $2600\mu\text{m}$ 玻璃珠时

$$C_o = 1.15$$

自由流化床的床层膨胀特性的研究还有其他人[23~25]的工作，但这些结果都是出自小直径流化床。由于床层的气泡特性受流化床直径影响较大，而大型流化床的床层膨胀特性无足够的实测数据，因而借助两相模型来作出估计也是一种有益的选择。Xavies 等[26]建议：当认为床层中气泡尺寸不随床高而变时

$$\frac{H_f - H_{mf}}{H_f} = \frac{U_f - U_{mf}}{0.71\sqrt{gd_b}} \tag{9-46}$$

如气泡尺寸随床高增加而增大时

$$H_f = H_f + \frac{56}{3}[(H_f + B)^{0.6} - B^{0.6}] - 5b^2[(H_f + B)^{0.2} - B^{0.2}]$$
$$+ 5b^{2.5}\{\tan^{-1}[(H_f + B)^{0.2}/b^{0.5}] - \tan^{-1}(B^{0.2}/b^{0.5})\} \tag{9-47}$$

式中：$b = 1.917(U_f - U_{mf})^{0.8}/g^{0.4}$；$B = 4\sqrt{A_0}$

秦霁光[17]则建议

$$H_{mf} = H_f - \frac{1.92(U_f - U_{mf})^{0.7}}{g^{0.35}}\left\{\left[H_f + \frac{1.5g^{0.14}}{(U_f - U_{mf})^{0.29}} \cdot \left(\frac{A_t}{n_0}\right)^{0.57}\right]^{0.65}\right.$$
$$\left. - \left[\frac{1.5g^{0.14}}{(U_f - U_{mf})^{0.29}} \cdot \left(\frac{A_t}{n_0}\right)^{0.57}\right]^{0.65}\right\} \tag{9-48}$$

9.1.3.2　挡板流化床的床层膨胀

床层的内部构件（如埋管、挡板等）有抑制气泡长大和破碎气泡的作用，不难想到，挡板流化床与自由流化床的床层膨胀特性将会有所不同。Kato 等人[27]在布置有水平埋管的方形流化床中，对非 A 类物料的膨胀特性进行了实验测定，并提出估计床层膨胀的如下经验关联式

$$\frac{H_f - H_{mf}}{H_{mf}} = 0.038 U_{mf}^{0.58} \left(\frac{U_f - U_{mf}}{U_{mf}}\right)^{\alpha} \tag{9-49}$$

式中：$\alpha = 0.84 D_e^{-0.12}$

$$D_e = 4 \left[\frac{ab - ND_p b}{2(a - ND_p) + 2(N+1)b}\right] \tag{9-50}$$

式中：D_e 为床层当量直径；a 和 b 分别为床层的宽和厚；D_p 为水平埋管管径；N 为埋管的数目。

对于 A 类物料在不同结构类型的挡板流化床中的膨胀特性也有不少研究[28~30]发现，床层的膨胀比随床层的直径增大而减小，即在相同操作条件下，小直径床层的膨胀比大，而大直径床层的膨胀比小。对于斜片百页窗式挡板的流化床，挡板间距为 0.1m 时，可获得如下关联式[29]

$$\varepsilon_t = 2.33 \left(\frac{U_f}{U_{mf}}\right)^{0.07} \left(\frac{U_{mf}^2}{D_t \cdot g}\right)^{0.04} \left(\frac{Ly}{Ar}\right)^{0.1075} \tag{9-51}$$

其中

$$Ly = \frac{U_f^3 \rho_f^2}{\mu_f(\rho_s - \rho_f)g} \tag{9-52}$$

$$Ar = \frac{d_p^3 \rho_f(\rho_s - \rho_f)g}{\mu_f^2} \tag{9-53}$$

随着反应器直径和挡板间距的增大，床层的膨胀比将有所下降，即床层中节涌破裂后气泡尺寸变小，导致床层 ε_f 减小，故床层膨胀比减小。

9.1.4　扬析

颗粒的扬析是气固流化床存在的普遍现象，定性来说是指部分颗粒物料在气速的作用下，被带出床层的颗粒进入床面以上的自由空间，甚至被带出流化床反应器。无论从环境排放限制，从物料的分离除去还是分离回收，甚至从系统本身的稳定操作来说，扬析现象都十分重要并为人们所关注。

颗粒的扬析归咎于流化床中的淘洗和夹带。尽管它们有些相似的地方，然而从实质上看，它们又是迥然不同的。淘析是指多粒级或不同密度颗粒组成的物料，在流化气速作用下，因它们各自具有不同的自由沉降速度或终端速度而在床

层中发生分级，并依它们的大小不同分别被带出床层进入自由空间，按颗粒粒度
或密度大小沿床高自下而上的依次分布。若在某一高度上的气速高于某一颗粒的
自由沉降速度，则小于该沉降速度的颗粒将全部以稀相输送的方式带出流化床反
应器。在这里，我们也可看到淘析与稀相输送的差别所在。至于夹带，则是气固
流化床中气泡运动引起床层颗粒物料喷向床面以上自由空间的现象。气泡在上升
过程中因聚并长大而变得不稳定，当达到床层表面时发生爆裂，气泡顶盖部分上
的颗粒被抛向自由空间，同时气泡的尾迹携带的颗粒随气泡上升的惯性继续冲出
床层表面而进入自由空间。与淘析不同的是，夹带可以使自由沉降速度大于床层
气速的颗粒抛向自由空间，但是这部分颗粒还将从自由空间沉降返回床层。气固
流化床的淘析和夹带是同时存在和相互影响的，并形成了流化床层表面上的复杂
多变的扬析现象。

9.1.4.1　淘析

在实际工艺应用中，宽粒度分布的原料、原料粒度因化学反应的进行而减小
以及流化床中颗粒间的磨损导致粉尘的产生，都使微粒粉尘从流化床中淘析出
去，因而淘析的控制将变得更具实际意义。美国矿物局最早对这一问题给予了关
注，Leva[31]研究了 F-T 合成催化剂的淘洗问题，采用微粒组分和床料组分的双
组分物料进行淘洗实验，两者粒径比为 4.7～2.6；接着 Osberg 和 Charles-
worth[32]采用两粒径比为 8.1～1.63、初始微粒组分质量分数 5%～20%；以及
结合其他人的粒径比为 6.2～1.81，原始微粒组分含量为 95%～50% 和双组分粒
径比为 9～1.3 的物料在不同尺寸的流化床装置淘洗过程的实验研究结果，发现
了一些实质性的规律，主要是气速超过微粒组分的终端速度后，淘洗速率激增；
淘洗速率随微粒粒径的减小而增加，随微粒组分密度减小而增加，微粒球形的减
小（不规则形状）也可减小淘洗速率；床料组分的粒度的增大或双组分粒径比的
增大，可提高淘洗速率。此外，床层直径大小、分布板形式、料层的深度、微料
组分的含量以及床层面上的自由空间高度均会对淘洗速率产生不同程度的影响。

根据实验观测结果，Leva[31]认为淘洗过程的机理是由于气体速度与颗粒终
端速度差产生的曳力对颗粒的作用，将微小颗粒从床层中带出床外；淘析速率可
用一级速度方程表示

$$\frac{dX}{dt} = -kX \tag{9-54}$$

积分后

$$X = X_0^{-kt} \tag{9-55}$$

式中：X 和 X_0 分别为时间 t 和初始时床层中微粒组分的质量分数；k 为淘析速
率常数。当床料组分的粒径 d_b 用英寸表示，床层原始高度 L_{mf} 用英尺表示时，

Leva 在 Osberg 和 Charlesworth[32] 的工作基础上可得一个综合关联式，以对 k 进行预测

$$k = \left(\frac{U - U_t}{U_t}\right)^{1.3} \frac{d_b^{0.7}}{L_{mf}^{1.4}} \tag{9-56}$$

该公式是有因次的，min^{-1}，且未包含床层几何尺寸等因素的影响。

Yagi 和 Aochi[33] 对淘析速率方程作了改进，用下式表示

$$\frac{dX}{dt} = -E_\infty \frac{A_t}{W} X \tag{9-57}$$

式中：E_∞ 为淘析速率常数，它与床层高度无关；W 为被淘析颗粒的质量，kg；A_t 为床层截面积，m^2。与 Leva 公式对比可知

$$E_\infty = kW/A_t \tag{9-58}$$

根据有关试验结果，得到确定 E_∞ 的经验公式

$$\frac{E_\infty d_p^2 g}{\mu_f (U - U_t)^2} = 0.0015 Re_t^{0.6} + 0.01 Re_t^{1.2} \tag{9-59}$$

Wen 和 Hashinger[34]、Tanaka 等[35]、Merrich 和 Highly 等[36] 先后都对宽筛分两组元物料系统进行了淘析试验，并根据实验结果整理为各自的经验关联式，然而它们较难适应其他物系。值得注意的是，有的关联式在物理意义上与常理相悖，如淘析量随微粒组分的粒径和密度的增大而增大。但对他们的实验物系及操作条件做一分析，可以发现，这些试验并非如 Leva[31] 和 Osberg 和 Charlesworth[32] 那种意义上的淘析，而是带有相当程度夹带的淘析。后来，Matson[37]、Gugnoni 和 Zenz[38] 对此做了定量的分析比较，表明这些公式在实际运用上会有较大偏差。

Wen 和 Chen[39] 重新对已有淘析实验数据进行处理。令单位时间、单位断面上被淘析组分 i 的质量为 $F_{i\infty}$，则

$$F_{i\infty} = E_{i\infty} \cdot X_i \tag{9-60}$$

式中：$E_{i\infty}$ 为组分 i 的淘析常数；X_i 为床中组分 i 的原始质量分级，那么，淘析的总量 F_∞ 为

$$F_\infty = \sum_{i=1}^{n} F_{i\infty} \tag{9-61}$$

他们认为

$$E_{i\infty} = \rho_p (1 - \varepsilon_i) U_{si} \tag{9-62}$$

式中 U_{si} 按颗粒对器壁受力分析，得

$$U_{si} = U - U_t \sqrt{\left(1 + \frac{\lambda \cdot U_{si}^2}{2gD_t}\right) \varepsilon_i^{4.7}} \approx U - U_t \tag{9-63}$$

故

$$\varepsilon_i = \left[1 + \frac{\lambda(U - U_t)^2}{2gD_t}\right]^{-1/4.7} \tag{9-64}$$

其中 λ 可用如下方法确定，按 Yang[40] 的假定，可取 $\lambda = 0.01$；而 Wen 建议用下面关联式计算

$$\frac{\lambda \rho_p}{d_p^2}\left(\frac{\mu_f}{\rho_f}\right)^{2.5} = 5.17 Re_p^{-1.5} \cdot D_t^2, \quad 当\ Re_p \leqslant Re_{pc} \tag{9-65}$$

$$\frac{\lambda \rho_p}{d_p^2}\left(\frac{\mu_f}{\rho_f}\right)^{2.5} = 12.3 Re_p^{-2.5} \cdot D_t^2, \quad 当\ Re_p > Re_{pc} \tag{9-66}$$

其中

$$Re_{pc} = 2.38/D_t, \tag{9-67}$$

$$Re_p = \frac{d_p(U - U_t)\rho_f}{\mu_f} \tag{9-68}$$

按此法预测的淘析量与 14 位学者的实验数据做了对比，发现有 80% 的数据吻合，误差小于 50%。

Tasirin 和 Geldart[41] 提出了计算淘析速率常数新的关联式

$$E_{i\infty} = 23.7\rho_p U^{2.5} \exp(-5.4U_t/U) \tag{9-69}$$

9.1.4.2　夹带

Zenz 和 Weil[42] 较早地对流化床的夹带问题进行了定量研究；Lewis 等[43] 进行了不同粒径的物料和不同床层直径流化床的气流夹带试验，也考察了床层中埋设挡板或金属丝网等内部构件对夹带的影响。观测结果表明，当气速高于最小流态化速度 U_{mf} 以后，随着气速的增加，床层表面上的固体夹带量随之增加，甚至床层界面变得模糊不清，因气流的抛物线型的径向分布，抛向自由空间的固体颗粒被推入床层边壁并沿边壁下落，形成回流；固体颗粒在自由空间的浓度沿床高而降低，当达到某一高度以上，颗粒浓度达到恒定或者夹带量达到饱和时，则床层上面自由空间任意高度上的颗粒浓度将达到最大。这种情况称之为全回流。此时，任意高度上的断面平均固体浓度 $\bar{\rho}_R$ 可表示如下

$$\bar{\rho}_R = \bar{\rho}_{R0} e^{-aH} \tag{9-70}$$

式中：$\bar{\rho}_{R0}$ 和 $\bar{\rho}_R$ 分别为床层表面处和自由空间里的断面平均固体浓度。若为非全回流的任意高度上断面平均密度为 $\bar{\rho}$，因为空间浓度对气速的影响，那么两者的断面平均固体浓度差将随高度而变

$$\bar{\rho}_R - \bar{\rho} = f(H) \tag{9-71}$$

床层固体颗粒的粒径、密度和形状对夹带有一定的影响，而床层直径和床层深度则有重要影响[44~47]。张琪等[48] 发现内部构件可减小夹带量。

根据大多试验结果，并令相应的夹带量分别用 F 和 F_0 表示，Lewis and

Gilliland[49] 以及 Kunii and Levenspiel[7] 也建议以下模型，如图 9-5 所示，并有

$$F = F_0 \exp(-aH) \tag{9-72}$$

式中：a 为实验的夹带常数；F_0 需由实验测定。

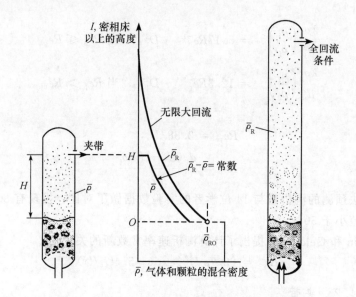

图 9-5　流化床夹带物料密度沿自由空间的分布[7]

Rowe 和 Partrige[50] 有关气固流化床中气泡的行为及其气固流动，表明夹带来源于气泡在床面爆裂，其顶盖部分上的颗粒被抛向床层上方空间，有关气泡尾迹中颗粒随气泡上升而追随上升，也因其惯性而冲出床层表面，进入自由空间。而这些与气泡的尺寸和气泡的上升速度有关，气体速度、床层直径和物料特性影响着气泡的尺寸和上升速度，情况较为复杂。

根据上述的夹带机理，George 和 Grace[51] 建议以下关联式以估算 F_0。（以下为 CGS 制）

$$\frac{F_0}{A_t D_b} = 3.07 \times 10^{-9} \left(\frac{\rho_f^{3.5} g^{0.5}}{\mu_f^{2.5}} \right) (U - U_{mf})^{2.5} \tag{9-73}$$

其中对 D 类物料的气泡直径 D_b 可用下式[21] 计算

$$D_b = 0.0326 (U - U_{mf})^{1.11} \cdot H^{0.81} \tag{9-74}$$

一般情况下，可用 Mori 和 Wen[14] 方法计算

$$\frac{D_{bm} - D_b}{D_{bm} - D_{b0}} = \exp(-0.3H/D_t) \tag{9-75}$$

其中 D_{b0} 为初始气泡直径，当分布板为多孔板时

$$D_{b0} = 0.347 [A_t (U - U_{mf})/n_0]^{2/5} \tag{9-76}$$

当分布板为密孔烧结板时

$$D_{b0} = 0.003\ 76(U - U_{mf})^2 \tag{9-77}$$

D_{bm}为最大气泡直径

$$D_{bm} = 0.652[A_t(U - U_{mf})]^{2/5} \tag{9-78}$$

关于夹带常数 a，Wen 和 Chen[39]对不同物系的实验值作整理，列于表9-2。夹带常数 a 通常为 $3.5 \sim 6.41/m$。鉴于 a 对夹带量的影响在此范围内并不十分敏感，因此 Wen 建议，在没有确切数据时，可取 $a=4$ 来计算夹带量。

表9-2　实验夹带速率常数 a 值

研究者	物料	$\bar{d}_p/\mu m$	$\rho_p/(kg/m^3)$	$D_t/L+H/m$	$U_t/(m/s)$	a/m^{-1}	$\bar{a}/m^{-1}$
Bachovchin et al[47]	砂	450	2630	$\dfrac{0.1524}{0.99-4.25}$	0.73	4.7	4.0
		448				3.5	
		445				4.0	
		450			0.9	4.0	
		448			0.9	3.8	
		445			0.9	3.8	
Jolley and stantan[52]	破碎煤	76	1330	$\dfrac{0.0508}{0.953-1.562}$	0.1219	2.2	3.5
					0.1524	3.0	
					0.1905	3.7	
					0.2240	4.2	
					0.2500	4.2	
Large et al[47]	砂	136	2650	$\dfrac{0.61}{7.92}$	0.30	6.4	6.4
		124			0.30	6.4	
		123			0.30	6.6	
		123			0.20	6.4	
Nazemi et al[45]	FCC 催化剂	59	840	$\dfrac{0.61}{7.22}$	0.0914	3.5	3.6
					0.1524	3.3	
					0.2134	3.7	
					0.2743	3.6	
					0.3353	3.9	
Tweddle et al[53]	砂	163	1370	0.165	0.762	6.1	6.1
Zenz and Wei[42]	FCC 催化剂	60	940	0.0508×0.61 $0.254 \sim 2.8$①	0.3048	5.0	4.2
					0.4572	3.6	
					0.6096	4.2	
					0.7163	4.1	

注：$H=0.254 \sim 2.80m$；H 为自由空域高度；L 为流化床高度。

张琪等[54]在 500mm 直径、高 10m 的流化床中对不同特性的物料的夹带情况进行了试验，同时还考察了床层内部构件的设置对夹带量的影响。

若试验在无内部构件的自由流化床中进行时，当采用 d_p 为 $189\mu m$ 微球硅胶作床料时，操作气速 $U=0.3\sim0.5\mathrm{m/s}$，自由空间高度 $H_\mathrm{d}=3.5\sim5.5\mathrm{m}$，得到

$$F_0 = 2.54U^{2.896} \cdot \exp[-(0.0633U^{-0.769}) \cdot H] \tag{9-79}$$

当采用 d_p 为 $56\mu\mathrm{m}$ 的 FCC 微球催化剂，$U=0.3\sim0.7\mathrm{m/s}$
若 $H_\mathrm{d}=5.5\mathrm{m}$ 时

$$F_0 = 340.8U^{4.08} \cdot \exp[-(0.1842U^{-0.423}) \cdot H] \tag{9-80}$$

若 $H_\mathrm{d}=8.0\mathrm{m}$ 时

$$F_0 = (92.3 + 162\lg U) \cdot U \cdot \exp[-0.37(1-U) \cdot H] \tag{9-81}$$

当采用微球硅胶和 FCC 催化剂混合料，并在上述相近的条件下

$$F_0 = 0.12U \cdot \exp(-0.167H) \tag{9-82}$$

若试验在安设有内部构件的约束性流化床中进行，床料为 $56\mu\mathrm{m}$ 的 FCC 催化剂，操作条件与前者相同，即 $U=0.3\sim0.7\mathrm{m/s}$，$H_\mathrm{d}=8\mathrm{m}$ 时，对浓相内安装内部构件，其形式为斜片挡板，板间距为 $0.25\mathrm{m}$，有

$$F_0 = (96.94 + 170\lg U) \cdot U \cdot \exp[-(0.272 - 0.116U) \cdot H] \tag{9-83}$$

板间距为 $0.5\mathrm{m}$ 时

$$F_0 = (93.84 + 165\lg U) \cdot U \cdot \exp[-(0.335 - 0.231U) \cdot H] \tag{9-84}$$

对浓相安装垂直管束型内部构件，其当量直径为 $0.1\mathrm{m}$ 时

$$F_0 = (82.5 + 141.3\lg U) \cdot U \cdot \exp[-(0.323 - 0.266U) \cdot H] \tag{9-85}$$

其当量直径为 $0.24\mathrm{m}$ 时

$$F_0 = (90.0 + 156\lg U)U \cdot \exp[-(0.278 - 0.214U) \cdot H] \tag{9-86}$$

如果内部构件的型式对夹带的影响并不突出，因而将它们统一作综合关联，得到

$$F_0 = (90.82 + 158\lg U) \cdot U \cdot \exp[(0.304 - 0.207U) \cdot H] \tag{9-87}$$

该式的预测误差为 20%。

9.1.4.3　扬析

扬析是淘析和夹带共同作用的结果，在实际流化床操作中，两者均会同时存在。只是因为系统的颗料物料的粒径、形状、密度以及粒度分布特性千差万别，还因操作条件的变化，两者中哪个为主、哪个为次，也在变化，因而总扬析率的预测是难以准确的，以实测较为可靠。若没有条件实测，则选用物系特性和操作参数相近的实验结果及关联作参考，进行预测评估。若认为扬析速率为 F_ε，且淘析和夹带具有加和性，因而

$$F_\varepsilon = F_\infty + (F_0 - F_\infty) \cdot \exp(-\alpha H) \tag{9-88}$$

F_0 和 F_∞ 按 9.1.4.1 节和 9.1.4.2 节的方法计算。由式（9-88）计算流化床层自由空间里的扬析量及其沿高度的分布，从而为自由空间高度的选择提出建议。

9.2　流　动　模　型

气固聚式流态化的典型特征就是处于临界流态化的乳化颗粒和散布其中的大小不等、形状各异的气泡相。伴随流态化技术的发展，人们力图用最简便有效的流动模型对这一复杂的流动现象作出本质性的概括描述。在众多的流动模型中，最具代表性的是两相模型和气泡模型。

9.2.1　两相模型

Toomey 和 Johnstone[55]最早将气固流化床的复杂流动概括为由处于流化颗粒组成的浓密乳化相和几乎不含固体颗粒的气泡构成的稀相，即所谓由上述两相组成的两相流动模型，两相模型的典型要领如图9-6 所示。该模型认为超过最小流态化速度那部分气体全部以气泡形式通过床层，隐含密相中表观气速为 U_{mf}。Toor[56]、Lanneau[2]、Richardson 和 Davies[57]、Pyle 和 Harrison[58]、Toor 和 Carderbank[59] 以及 Kunii 和 Levensperl[60] 的工作说明两相理论并不适合气速接近 U_{mf} 的场合。

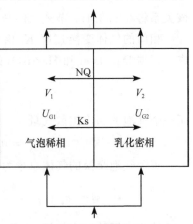

图 9-6　气固流态化的两相模型

根据图 9-6，床层中气泡相体积及其所占体积分数分别为 V_c 和 δ，颗粒乳化密相体积及其体积分别为 V_p 和 $(1-\delta)$；气泡相中气体和固体的表观速度分别为 U_{G1} 和 U_{S1}，密相中气体和固体的表观速度分别为 U_{G2} 和 U_{S2}；气泡相中气体为活塞流，密相中存在一定程度的气体和固体的轴向分散（也有人假定为活塞流或完全混合），按密相断面计的轴向分散系数分别为 E_{Gp} 和 E_{Sp}；两相间床层体积单位时间气体和固体的交换体积，即交换系数分别为 K_G 和 K_S。在这里并未强调 $U_{G2} = U_{mf}$。Latham 等[61]主张

$$V_c + V_p = V \tag{9-89}$$

$$U_{G1} + U_{G2} = U_f \tag{9-90}$$

$$U_{S1} = f_\omega (U_f - U_{mf}) \tag{9-91}$$

$$U_{S1} + U_{S2} = 0 \tag{9-92}$$

但方程式（9-90）含有多于 U_{mf} 那部分气体为气泡。方程式（9-92）表明床层有固体交换，而无固体净流动。

$$U_{G1} = (U_f - U_{mf})(1 + \varepsilon_{mf} f_\omega) \tag{9-93}$$

$$U_{G2} = U_{mf} - \varepsilon_{mf} f_\omega (U_f - U_{mf}) \tag{9-94}$$

随着气体速度增加，气泡直径增大，导致因气固置换而返混，即 U_{G2} 改变为负号（由向上而改为向下流动），将此改变流向的速度定义为 U_{cr}，由密相的下移速度 $f_\omega(U_{er} - U_{mf})$ 等于密相内气固相对速度 U_{mf}/ε_{mf}，故有

$$\frac{U_{cr}}{U_{mf}} = 1 + \frac{1}{\varepsilon_{mf} f_\omega} \tag{9-95}$$

相间的固体交换速率 K_S 由下式确定

$$K_S = \frac{U_{S1}^2}{E_{SA}} = \frac{[f_\omega(U_f - U_{mf})]^2}{E_{SA}} \tag{9-96}$$

该关系将在 9.3.1.3 节式（9-175）得到证明。

相间的气体变换速率 K_G 由气体通过气泡的穿流和气泡周围的涡流扩散组成。根据 Davidson 和 Harrison 的建议[19]，穿过一个气泡的体积流量为

$$q_t = \frac{3}{4}\pi d_e^2 U_{mf} \tag{9-97}$$

而一个气泡的涡流扩散气量

$$q_e = 0.975 D_G^{1/2} d_e^{-1/4} g^{1/4} \cdot \pi d_e^2 \tag{9-98}$$

每个气泡交换的气体总量为

$$Q = q_t + q_e = \frac{3}{4}\pi d_e^2 U_{mf} + 0.975 D_G^{1/2}\left(\frac{g}{d_e}\right)^{1/4} \cdot \pi d_e^2 \tag{9-99}$$

单位床层的气泡数目 N 为

$$N = \frac{6\delta}{\pi d_e^3} \tag{9-100}$$

因而单位床层体积两相间交换的气体总量为

$$NQ = 4.5\left(\frac{\delta}{d_e}\right)U_{mf} + 5.85\delta D_G^{1/2} g^{1/4} d_e^{5/4} \tag{9-101}$$

9.2.2　气泡模型

两相模型简单，但有局限性，故着眼于气泡的气泡模型得到快速发展。Orcutt 等[62] 首先提出了气泡模型的假设：超过最小流态化速度那部分气体全部以气泡形式通过床层，这意味着乳化颗粒密相中的气速为 U_{mf}；床层中气泡尺寸相同，而且分布均匀；气泡中几乎不含固体颗粒，其中的气体呈活塞流；气泡以一定的速度在乳化密相中上升，上升速度取决于气泡尺寸的大小；气泡上升速度大到超过乳化相中的气速 U_{mf}/ε_{mf} 时，气泡周围形成气泡晕；气泡中的气体通过穿透和气泡晕周围的涡流扩散与乳化密相进行气体交换，气泡模型概念如图 9-7 所示。

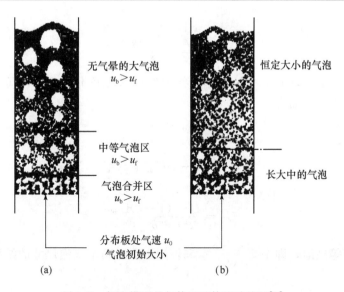

图 9-7 气泡模型的气体和固体流动特征[30]

9.2.2.1 有效气泡模型

Kunii 和 Levenspiel[7,60]在已有两相模型的基础上，用一个不含颗粒的有效直径为 d_e 的气泡来表征床层气泡相的特征，分析气泡相与乳化密相之间的气体和固体交换规律，建立了较完备的气泡模型，基本关系如下，对床层中体积分数为 δ 的气泡相：床层平均空隙率 ε

$$\varepsilon = \delta\varepsilon_b + (1-\delta)\varepsilon_{mf} = \delta + (1-\delta)\varepsilon_{mf} \tag{9-102}$$

气泡相对上升速度 U_{br}

$$U_{br} = 0.711(gd_e)^{1/2} \tag{9-103}$$

气泡绝对上升速度 U_b，按 Davies 和 Taylor 的建议

$$U_b = (U-U_{mf}) + U_{br} \tag{9-104}$$

气泡晕的尺寸 d_c，按 Davidson 理论模型[8]估计

$$d_c = \frac{U_{br} + 2U_{mf}/\varepsilon_{mf}}{U_{br} - U_{mf}/\varepsilon_{mf}} \tag{9-105}$$

令气泡相的表观气体速度 U_{G1}，由床层的气体衡算得到

$$U = (1-\delta)U_{mf} + \delta U_{G1} \tag{9-106}$$

对于小气泡，即 $U_{br} < U_{mf}/\varepsilon_{mf}$，由 Davidson 模型得到

$$U_{G1} = U_b + 3U_{mf} \tag{9-107}$$

于是有

$$U = (1-\delta)U_{mf} + \delta(U + 3U_{mf}) \tag{9-108}$$

故

$$U_b = \frac{U - (1 + 3\delta)U_{mf}}{\delta} \qquad (9\text{-}109)$$

对于大气泡，即 $U_{br} > 5U_{mf}/\varepsilon_{mf}$，气泡晕可以忽略不计，同时气泡相没有其他气体渗透入，因而有

$$U_{G1} = U_b \qquad (9\text{-}110)$$

于是得到

$$U = (1 - \delta)U_{mf} + \delta U_b \qquad (9\text{-}111)$$

故

$$U_b = \frac{U - (1 - \delta)U_{mf}}{\delta} \qquad (9\text{-}112)$$

对于中等气泡，即 $1 < \dfrac{U_{br} \cdot \varepsilon_{mf}}{U_{mf}} < 5$，则由上述两个气泡尺寸的结果进行内插求得。

对乳化相：令乳化相中气体上升速度 U_e，固体下移速度 U_s，由此得到真实的气固相对速度 U_r 应由和真实气速 U_{mf}/ε_{mf} 决定，于是有

$$U_r = U_e + U_s = U_{mf}/\varepsilon_{mf} \qquad (9\text{-}113)$$

故

$$U_e = U_{mf}/\varepsilon_{mf} - U_s \qquad (9\text{-}114)$$

乳化相中固体下降速度可通过任一床层断面的固体物料衡得到，即

（乳化相的断面分数）×（乳化相固体下降速度）

＝（气泡尾涡所占所断分数）×（尾涡中固体上升速度）

以符号表示

$$(1 - \delta - f_\omega \delta)U_s = \delta f_\omega U_b \qquad (9\text{-}115)$$

故

$$U_s = \frac{\delta f_\omega U_b}{1 - \delta - f_\omega \delta} \qquad (9\text{-}116)$$

两相气体流量总衡算，即

$$U = \frac{\text{乳化相中空隙体积}}{\text{床层体积}} \times U_e + \frac{\text{气泡和尾涡中空隙体积}}{\text{床层体积}} U_b$$

即

$$U = (1 - \delta - \delta f_\omega) \cdot \varepsilon_{mf} U_e + (\delta + \delta f_\omega \varepsilon_{mf})U_b \qquad (9\text{-}117)$$

故

$$U_b = \frac{1}{\delta}[U - (1 - \delta - \delta f_\omega)U_{mf}] \qquad (9\text{-}118)$$

该式表明，在高气条件下，U_b 主要由 U 决定；在低速条件下，δ 很小，可

以忽略，因而可简化为下式而不致产生不可接受的误差

$$U_b \approx \frac{U - U - (1-\delta)U_{mf}}{\delta} \approx \frac{U - U_{mf}}{\delta} \tag{9-119}$$

将式（9-114）、式（9-116）和（9-119）联立，得到乳化相中气体上升速度 U_e 的计算式

$$U_e = \frac{U_{mf}}{\varepsilon_{mf}} - \left(\frac{f_\omega U}{1 - \delta - \delta f_\omega} - f_\omega U_{mf} \right) \tag{9-120}$$

乳化相气流方向由向上变为向下。当取 $U = U_{cr}$，$U_e < 0$，则

$$U_{cr}/U_{mf} \geqslant (1 - \delta - \delta f_\omega)\left(1 + \frac{1}{f_\omega \varepsilon_{mf}} \right) \tag{9-121}$$

对比式（9-101），分析其异同。当取 $\varepsilon_{mf} = 0.5$，$f_\omega = 0.2 \sim 0.4$，且 δ 很小时，则有

$$\frac{U_{cr}}{U_{mf}} \geqslant 6 \sim 11 \tag{9-122}$$

这表明当增大气速至 $U/U_m > 6$ 以后，由于气泡上升速度的加大，固体置换增加，夹带气体增多，以致乳化相气流方向的倒转。

气泡相和乳化相密相的固体交换在一定条件将达到平衡，即由乳化密相进入到气泡尾涡的固体颗粒等于离开气泡尾涡返回乳化密相的颗粒。Kunii 等[60,63]对这一固体交换系数 $(K_{ce})_{bs}$ 作了些分析，其定义是

$$(K_{ce})_{bs} = \frac{\text{由密相间尾涡传递的固体体积}}{(\text{气泡体积})(\text{时间})}$$

$$= \frac{K_s(1 - \varepsilon_{mf})}{\delta}$$

$$= \frac{3(1 - \varepsilon_{mf})U_{mf}}{(1 - \delta)\varepsilon_{mf}d_e} \tag{9-123}$$

故固体轴向扩散系数 E_{SA} 如下

$$E_{SA} = \frac{f_\omega^2 \delta \varepsilon_{mf} d_e U_b^2}{3 U_{mf}} \approx \frac{\varepsilon_{mf} d_e f_\omega^2 (U - U_{mf})^2}{3 \delta U_{mf}} \tag{9-124}$$

Kunii 和 Levenspiel[64] 给出固体径向扩散系数 E_{SR} 如下

$$E_{SR} = \frac{3}{16}\left(\frac{\delta}{1 - \delta} \right)\frac{U_{mf}d_e}{\varepsilon_{mf}} \tag{9-125}$$

气泡与密相间的气体交换是气固流动中的重要内容。Kunii 和 Levenspiel[64] 将气泡至散式密相气体传递分为两步，即首先由气泡向气泡晕，接着由气泡晕向密相传递。他们认为两相模型中气体交换速率式（9-123）仅代表着气泡与气泡晕之间的气体交换。对气泡晕致散式密相的扩散，他们根据 Higbie 的渗透理论，推演出其单位气泡的传质系数 $(K_{cp})_b$ 为

$$(K_{cp})_b = 6.78 \left[\frac{D_G \varepsilon_{mf} (U_{br} - U_{mf}/\varepsilon_{mf})}{d_e^3} \right]^{1/2} \left[\frac{1 + 2U_{mf}/(\varepsilon_{mf} U_{br})}{1 - U_{mf}/(\varepsilon_{mf} U_{br})} \right]$$

$$\approx 6.78 \left(\frac{D_G \varepsilon_{mf} U_b}{d_e} \right)^{1/2} \tag{9-126}$$

而单位体积气泡中气泡至气泡晕的传质系数，由式（9-101）除以 δ 得

$$(K_{bc})_b = 4.5 U_{mf}/d_e + 5.85 D_G^{1/2} g^{1/4}/d_e^{5/4} \tag{9-127}$$

单位体积气泡的传递速度为

$$-\frac{1}{V_b} \frac{dN_{Ab}}{dt} - U_b \frac{dC_{Ab}}{dl} = (K_{be})_b (C_{Ab} - C_{Ae}) \tag{9-128}$$

$$= (K_{bc})_b (C_{Ab} - C_{Ac}) \tag{9-129}$$

$$= (K_{ce})_b (C_{Ac} - C_{Ae}) \tag{9-130}$$

式中：N_A 和 C_A 分别为气体组分 A 的平均分子数和平均浓度。

则单位体积气泡的气体总传递速度 $(K_{bp})_b$ 应为

$$\frac{1}{(K_{bp})_b} = \frac{1}{(K_{bc})_b} + \frac{1}{(K_{cp})_b} \tag{9-131}$$

若按床层总体积 V_f 为基准的交换速率和交换系数 $(K_{bp})_f$

$$-\frac{1}{V_f} \frac{dN_{Ab}}{dt} = -(U - U_{mf}) \frac{dC_{Ab}}{dl} = (K_{bp})_f (C_{Ab} - C_{Ap}) \tag{9-132}$$

按床层乳化密相体积 V_p 为基准的交换速率和交换系数 $(K_{bp})_p$

$$-\frac{1}{V_p} \frac{dN_{Ab}}{dt} = -\frac{(U - U_{mf}) L_f}{L_{mf}} \frac{dC_{Ab}}{dt} = \frac{(L_f - L_{mf})}{L_f} (K_{bp})_p \tag{9-133}$$

气泡在床层上升过程中，不断进行气体交换，当其通过床层时气体被更换的次数 X_b 是一个重要参数，X_b 定义如下

$$X_b = \frac{(K_{bp})_b \cdot L_f}{U_b} \tag{9-134}$$

流化气通过床层时气体交换次数 X_f

$$X_f = \frac{(K_{bp})_f}{U/L_f} = \frac{(K_{bp})_p}{U/L_{mf}} \tag{9-135}$$

并有

$$X_f = [1 - (1 - \delta) U_{mf}/U] X_b \approx (1 - U_{mf}/U) X_b \approx X_b \tag{9-136}$$

不难看出，交换次数 X_b 或 X_f 均随床层高度增加而增加。

气泡模型的特征参数即气泡当量体积球直径 d_e 的确定具有决定意义，然而物系不同，设备尺寸不同，即使所给操作条件相同，其当量直径也会是不同的，要做到准确预测是十分困难的。

9.2.2.2 气泡汇聚模型

气泡汇聚模型是气泡模型的发展，其特点是基于气固流化床中的气泡尺寸是

不均匀的，气泡在上升过程中彼此聚合而长大，从而形成了气泡尺寸沿床层高度增加而增大，而聚合速度又随气泡尺寸的增大而加快。该模型假定，在床层任一高度 h 处，所有气泡有着相同的尺寸，而且气泡为球形；气泡中没有颗粒，气体为活塞流，密相、气体速度为 U_{mf}，多余气体以气泡形式通过床层，密相气体全混；气泡个数由气泡频率确定，气泡汇聚模型如图 9-8 所示。气泡频率沿床层高度而变化，由实验得到如下的经验关系估计

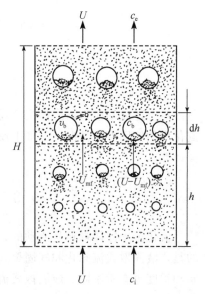

图 9-8　气泡汇聚模

$$f_b = \alpha_1 e^{-\beta h} \tag{9-137}$$

式中：α_1 和 β 为实验常数（见表 9-1）。

对单元床层高度 dh，由气泡相的气体衡算得到

$$nV_b = NU_b V_b = U - U_{mf} \tag{9-138}$$

其中

$$n = \frac{f_b}{A_t} = \frac{\alpha_1}{A_t} e^{-\beta h} = \alpha e^{-\beta h} \tag{9-139}$$

n 为单位截面积上的气泡频率。

$$d_e = \left[\frac{6}{\pi} \frac{(U - U_{mf})}{\alpha} \right]^{1/3} e^{(\beta h/3)} = A_1 e^{(\beta h/3)} \tag{9-140}$$

其中

$$A_1 = \left[\frac{6(U - U_{mf})}{\pi \alpha} \right]^{1/3} \tag{9-141}$$

床层膨胀

$$H - H_{mf} = \int_0^H NV_b \, dh \tag{9-142}$$

气泡上升速度

$$\begin{aligned} U_b &= (U - U_{mf}) + 0.711 \sqrt{g d_e} \\ &= (U - U_{mf}) + 0.711 [gA_1 e^{(\beta h/3)}]^{1/2} \\ &= (U - U_{mf}) + \beta_1 e^{(\beta h/3)} \end{aligned} \tag{9-143}$$

其中

$$\beta_1 = 0.711 (gA_1)^{1/3} \tag{9-144}$$

气泡与散式密相间的气体交换速率（未计气晕影响）：

$$Q = \pi A_1^2 e^{2\beta h/3} \left[\frac{3}{4} U_{mf} + 0.975 D_G^{1/2} \left(\frac{g}{A_1} e^{-\beta h/3} \right)^{1/2} \right]$$

$$= \pi A_1^2 e^{2\beta h/3} \left(\frac{3}{4} U_{\mathrm{mf}} + C_1 e^{-\beta h/12} \right) \tag{9-145}$$

其中

$$C_1 = \frac{0.975 D_G^{1/2} g^{1/4}}{A_1^{1/4}} \tag{9-146}$$

对上述流动模型，当给出流动操作参数及其相应的初始边界条件，则可用于流化床的气固混合情况；如加上反应过程的动力学公式，则可用于化学反应的模拟计算。

9.3　床层气固混合

流化床中固体颗粒是流动的，因而其气固轴向混合变得十分重要。应该指出的是，液固散式流态化和气固聚式流态化两者的床层流动结构不同，其混合的机制和程度也有所不同。液固散式流态化随着液体流速的增加，床层中颗粒间的距离增加，轴向混合加强，然而，气固聚式流态化中气泡的生成、聚并和运动，大大强化了气固的混合，也增加了气体的短路。

气固流化床的强化混合创造了几乎整个床层的均匀温度场，然而也因气泡的发生，降低了接触效率，增加了气体短路损失，扩大了停留时间分布，影响反应过程的操作特性。因而气固流化床中的混合问题具有重要意义，也颇受人们的关注。气体混合通常用气体示踪法进行研究和评价[65~74]；固体颗粒混合的实验测定方法各有不同，有上段加热和下段冷却的两个隔离床层的突然混合法[65]，不同颜色的两层颗粒床层的突然混合法[75]，热流传递法[76,77]，成像分析法[78]，而较多的采用颗粒示踪停留时间分布法[79~84]和固体颗粒混合模型分析[85,86]。这些试验结果都表明，床层中不仅存在着轴向的扩散混合（分散），而且还存在向上游的返混，物料粒度愈细，其混合程度愈高。随后，工业规模流化床中气固混合问题也进行了实验研究和测定[79,87~93]，他们发现，床径的增大，表观轴向扩散系数有显著增加。不少学者对测定结果进行了模拟分析。

9.3.1　气体混合

9.3.1.1　密相扩散模型

流化床最早的流动模型是有颗粒乳化相和气泡相组成的两相模型。May[79]认为，气泡相和密相之间有气体错流，在气泡内，气体呈活塞流；而在密相内，气体流型为活塞流叠加轴向扩散，并假定密相内气体轴向扩散系数等于固体轴向扩散系数。根据他的试验结果分析认为，鼓泡流化床的固体颗粒混合存在扩散传递机制，而大型流化床中的固体混合则属附加有小规模扩散混合的大循环机制。

对于气体混合，De Groot[93]也进行了类似的气体脉冲示踪模拟试验，其响应曲线如图 9-9 所示。

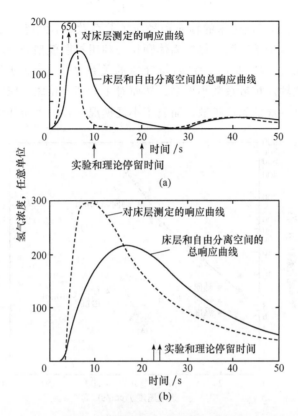

图 9-9　气体脉冲示踪响应曲线[93]

(a) 窄分布石英砂；(b) 宽分布石英砂

对于扩散模型，则有微分方程

$$E_{GA}\frac{d^2C}{dz^2} - U\frac{dC}{dz} = 0 \tag{9-147}$$

　　　边界条件是

$$z = H, \quad C = C_H;$$
$$z = -\infty, \quad C = 0$$

　　　方程的解为

$$C = C_H \exp\left[-\frac{U}{E_{GA}}(H-z)\right] \tag{9-148}$$

该模型对于中小流化床中的气固混合现象能给予合理描述，但难以从理论上导出轴向扩散系数 E_{GA}。

Schugerl[69]认为床层混合由轴向的分子扩散与一个径向速度分布引起径向扩

散系数叠加而成，并表示如下

$$E_{\text{GA}} = E_{\text{B}} + \frac{D^2 U^2}{4E_{\text{R}}} \cdot h \qquad (9\text{-}149)$$

其中，E_{B} 和 E_{R} 分别为流化床的轴向和径向扩散系数，h 为速度分布不均匀性的一个特性数值。对于不吸附气体的固体颗粒，利用扩散模型处理的气体示踪测定实验结果求取 E_{GA}、E_{B} 和 E_{R}，它们与气速的关系如图 9-10 所示[94]。它表明，径向扩散系数比轴向扩散系数小得多。然而对于大型流化床，床层的气固混合有所不同，不再是一般的涡流扩散，而属于小规模混合叠加大循环流的流型。

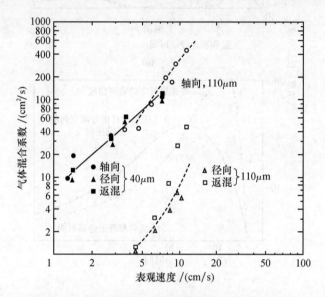

图 9-10　不同粒径玻璃珠气固流化床中气体混合[94]

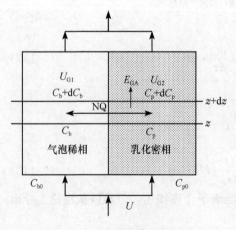

图 9-11　气固两相密相扩散模型

9.3.1.2　对流扩散模型

Van Deemter[95,97] 将两相扩散模型加以发展，以适应循环流存在的情况，如图 9-11 所示，除了密相气体轴向扩散 E_{GA} 外，采取气泡相与乳化密相的气体体积交换率 NQ 以代替密相中气体和固体轴向扩散系数相等的假设，于是有

对气泡相

$$U_{\text{G1}}\frac{\mathrm{d}C_{\text{b}}}{\mathrm{d}z} + NQ(C_{\text{b}} - C_{\text{p}}) = 0 \qquad (9\text{-}150)$$

对乳化密相

$$U_{G2} \frac{\mathrm{d}C_p}{\mathrm{d}z} + NQ(C_p - C_b) - (1 - \varepsilon_b)E_{GA} \frac{\mathrm{d}^2 C_p}{\mathrm{d}z^2} = 0 \qquad (9\text{-}151)$$

当在床层底部密相内示踪物浓度很小时，即令 $z = -\infty$ 时，$C_p = 0$，$C_b = 0$，则方程组的解为

$$\frac{C_p}{C_0} = \left(\frac{q^2 - 1}{4q} + \frac{q+1}{2q} \right) \exp\left[-\left(\frac{q-1}{2} \right)\left(\frac{NQ}{U} \right)(H - z) \right] \qquad (9\text{-}152)$$

其中

$$q^2 = 1 + \frac{4U^2}{(1 - \varepsilon_b) \cdot E_{Gp} \cdot NQ} \qquad (9\text{-}153)$$

式中：U_{G1}，U_{G2} 分别为气泡内和密相内的气体表观速度；C_b，C_p 分别为气泡内和密相内的气体浓度；N 为单位体积的气泡数；Q 为气泡相与密相间单位时间气体交换的体积；q 为气泡相密相间单位时间对流气体交换的体积；E_{GA} 为密相所占断面积的密相气体轴向扩散系数。

该模型能解释气固流化床中的返混现象，但是难以从理论上导出扩散系数 E_{GA}。由于床层中气泡运动的作用，其数值远比固定床中的轴向气体扩散系数大得多。

9.3.1.3　逆流返混模型

Stephens 等[82]，Latham 等[61] 和 Kunii 等[63] 对气固流化床中气固混合提出了逆流返混模型，认为气泡的上升运动对周围固体颗粒产生排挤作用，导致床层部分固体颗粒向下运动，同时还有可能夹带部分气体向下运动，造成了气固的逆流混合。另一方面，气泡的尾涡又使部分气体和固体颗粒进入气泡尾涡，并与气泡内的气体和颗粒进行交换而混合，其物理模型如图 9-12。对于床层高度为 $\mathrm{d}z$ 的单位截面积微元而言，由物料衡算得

对气泡相

$$U_{G1} \frac{\mathrm{d}C_b}{\mathrm{d}z} + NQ(C_b - C_p) = 0$$

$$(9\text{-}154)$$

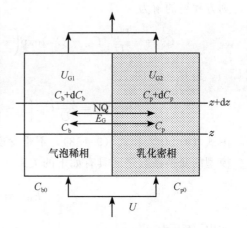

图 9-12　气固逆流返混模型

对乳化密相

$$U_{G2} \frac{\mathrm{d}C_b}{\mathrm{d}z} + NQ(C_p - C_b) = 0 \qquad (9\text{-}155)$$

消去 C_b，且因 $U_{G1} + U_{G2} = U$，则得到

$$\frac{U_{G1}U_{G2}}{NQ}\frac{\mathrm{d}^2 C_p}{\mathrm{d}z^2}+U\frac{\mathrm{d}C_p}{\mathrm{d}z}=0 \tag{9-156}$$

$$\frac{U_{G1}U_{G2}}{NQ}\frac{\mathrm{d}^2 C_b}{\mathrm{d}z^2}+U\frac{\mathrm{d}C_p}{\mathrm{d}z}=0 \tag{9-157}$$

边界条件是当 $U/U_{mf}>5$ 时，可发生逆流返混

$$z=H, \quad C_p=C_H, \quad C_b=C_{bH};$$
$$z=0, \quad C_p=C_{p0}, \quad C_b=C_{b0};$$
$$z=-\infty, \quad C_p=0, \quad C_b=0$$

其解为

$$C_p=C_{pH}\exp\Big[\frac{NQ\cdot U}{U_{G1}U_{G2}}(H-z)\Big] \tag{9-158}$$

注意 U_{G2} 为负。

当在低气速操作下，U_{G1} 很小时，将存在气固并流流动，则边界条件为

$$z=0, \quad C_b=C_{b0}, \quad C_p=C_{p0};$$
$$z=\infty, \quad C_b=C_{bH}, \quad C_p=C_H$$

其中

$$C_H=\frac{U_{G1}}{U}C_{b0}+\frac{U_{G2}}{U}C_{p0} \tag{9-159}$$

则方程组的解为

$$C_p=-\frac{U_{G1}}{U}(C_{b0}-C_{p0})\exp\Big(-\frac{NQ\cdot U}{U_{G1}U_{G2}}\cdot z\Big)+\frac{U_{G1}}{U}C_{b0}+\frac{U_{G1}}{U}C_{p0} \tag{9-160}$$

当 $C_{p0}=0$ 时

$$C_p=\frac{U_{G1}}{U}C_{b0}\Big[1-\exp\Big(-\frac{NQ\cdot U}{U_{G1}U_{G2}}\cdot z\Big)\Big] \tag{9-161}$$

由式（9-149）和式（9-158），不难发现，扩散模型的气体扩散系数与逆流返混模型的变换系数之间具有如下的关系

$$E_{GA}=-\frac{U_{G1}U_{G2}}{NQ} \tag{9-162}$$

式中：U_{G2} 为负。

对于吸附气体的固体颗粒，Miyauchi（宫内）等[71] 和 Yoshida（吉田）和 Kunii（国井）[72] 的试验表明，颗粒的吸附性将会增加气体的混合，吸附的气体越多，气体的扩散混合将愈强烈。Miyauchi（宫内）等[71] 采用扩散模型，假定气固达到吸附平衡，m 为吸附平衡常数，则

$$(E_{GA} + mE_{SA}) \frac{d^2 c}{dz^2} - U \frac{dc}{dz} = 0 \qquad (9\text{-}163)$$

研究 $58\mu m$ 催化剂对 H_2、CO_2 和 CCl_2F_2 气体吸附的返混特性，它们的吸附平衡常数 m 分别为 1、4.5 和 10（克分子/厘米^{3}固体)/(克分子/厘米^{3}气体)。由实验求得的总的气体扩散系数 $\overline{E}_{GA}$ 分别为 300、1000 和 $1450cm^2/s$，即 $\overline{E}_{GA} = E_{GA} + E_{SA}$

对于 H_2 和 CO_2 有

$$300 = E_{GA} + E_{SA}$$
$$1000 = E_{GA} + 4.5E_{SA}$$

两式联立求解，得到

$$E_{GA} = 200cm^2/s$$
$$E_{SA} = 200cm^2/s$$

吉田和国井[72]采用逆流返混模型来处理氦和 CCl_2F_2 气体阶跃示踪的气体响应特性，假定气体吸附达到平衡，即

$$C_{sb} = mC_b \qquad (9\text{-}164)$$

对气泡相的物料衡算，有

$$\overline{U}_{G1} \frac{\partial C_b}{\partial z} + \overline{NQ}(C_b - C_p) + [C_b(1 + \varepsilon_m f_w) + m\varepsilon_b f_w(1 - \varepsilon_{mf})] \frac{\partial C_b}{\partial t} = 0 \qquad (9\text{-}165)$$

对乳化相

$$\overline{U}_{G2} \frac{\partial C_p}{\partial z} + \overline{NQ}(C_p - C_b) + \{\varepsilon_{mf}[1 - \varepsilon_b(1 + f_w)]$$
$$+ m(1 - \varepsilon_{mf})[1 - \varepsilon_b(1 + f_w)]\} \frac{\partial C_p}{\partial t} = 0 \qquad (9\text{-}166)$$

其中有气体吸附时的气体速度与气体交换率为

$$\overline{U}_{G1} = U_{G1} + m(1 - \varepsilon_{mf})U_{S1} \qquad (9\text{-}167)$$
$$\overline{U}_{G2} = U_{G2} + m(1 - \varepsilon_{mf})U_{S2} \qquad (9\text{-}168)$$
$$\overline{NQ} = NQ + m(1 - \varepsilon_{mf})K_S \qquad (9\text{-}169)$$

其中

$$C_p = C_{pH} \exp \frac{\overline{NQ}}{\overline{U}_{G1} \cdot \overline{U}_G} U(H - z) \qquad (9\text{-}170)$$
$$U_{S1} = -U_{S2} \qquad (9\text{-}171)$$
$$U = \overline{U}_{G1} + \overline{U}_{G2} = U_{G1} + U_{G2} \qquad (9\text{-}172)$$

模拟结果与实验测定十分吻合，如图 9-13 所示。

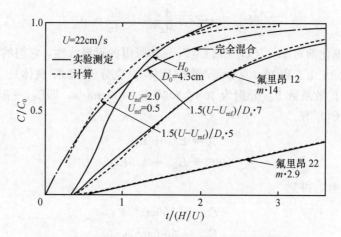

图 9-13　颗粒吸附特性对示踪气响应曲线的影响[72]

　　对于鼓泡流态化反应器而言，床层中的气固流动尚不能用简单的气固两相模型来描述，逆流返混两相有较大的改进，引起偏差的实质在于乳化颗粒相与气泡相之间的物质交换[7,8,56]。

9.3.2　固体混合

　　在流化床中气固混合研究的初期，有些研究者将混合机理归于扩散，甚至假定密相中的固体轴向扩散系数与气体轴向扩散系数相等[79,93]。这样，根据前面介绍气体扩散混合模型求得气体轴向扩散系数则可用于固体的混合。然而，对大型流化床和在高气速操作条件下，其预测结果与实验观测结果不能满意的符合。

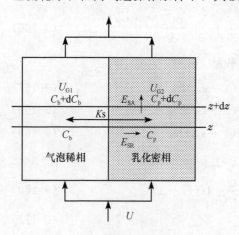

图 9-14　固体逆流返混模型

Verloop 等[96]对流化床中固体混合问题作了综合分析评价，不同学者的固体扩散系数如表 9-3 所列。根据大多数实验结果[79~81,93]的分析认为，逆流返混模型比扩散模型更为接近实际。针对这种情况，Van Deemter[97]采用逆流返混模型对固体示踪的典型试验结果进行了模拟分析，按逆流返混模型，如图 9-14 所示，假定气泡相与乳化密相间的单位时间、单位体积床层固体颗粒体积变换速率为 K_S，且 K_S 与床层高度无关，则单位时间向上的示踪物流为

$$U_{S1}(C_{S10} - C_{S20}) = E_{SA}\frac{C_{S20} - C_{S2H}}{H} \tag{9-173}$$

两相间的物流平衡为

$$U_{S1}(C_{S20} - C_{S2H}) = K_S H(C_{S10} - C_{S20}) \tag{9-174}$$

两式联立，得到

$$E_{SA} = \frac{U_{S1}^2}{K_S} \tag{9-175}$$

　　模拟结果如图 9-15 和图 9-16 所示，并与 De Groot[93] 的实验结果做了比

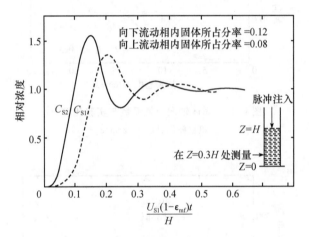

图 9-15　固体逆流返混模型示踪响应[97]

$K_S H/U_{S1} = 0.5$

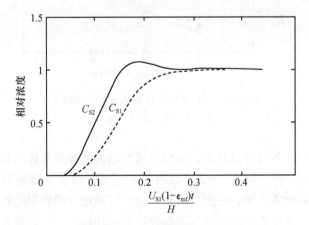

图 9-16　固体逆流返混模型示踪响应[97]

$K_S H/U_{S2} = 2$

较，总体讲来，符合较好。Kunii（国井）等[63]用逆流返混模型预测的固体轴向扩散系数与实验结果的比较，如图 9-17 和图 9-18 所示，两者较为吻合。

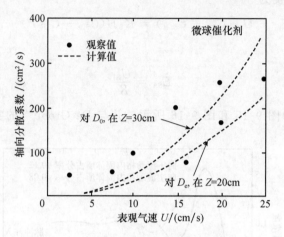

图 9-17 固体轴向分散系数与实验比较[63]
粗粒催化剂 $U_{mf} = 2cm/s$

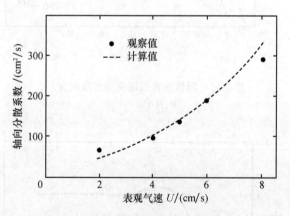

图 9-18 固体轴向分散系数与实验比较[63]
细粒催化剂 $U_{mf} = 0.2cm/s$

从表 9-3 中的数据可以看出，床层直径的增大和操作气速的提高，固体扩散系数将大大提高，甚至提高 1~2 个数量级，这是扩散和逆流返混机理无法解释的。对此，有的学者认为，在大型流化床中，气固混合的机制除扩散和逆流返混外，床层中还可能存在大范围内气固混合物的循环流动，气固混合机理是循环流动上叠加扩散逆流返混，但仍需更多的实验支持和合理的定量描述。

表 9-3　固体混合的扩散系数[9]

作　者	E_{SA} 或 E_{SP} /(m²/s)	U/U_{mf}	D_t/cm	H/cm	d_p/μm	年　份
Brotz W.	0.01~4	1~2.2	—	—	200~500	1952
Morris D. R. et al. [81]	0.02~0.6	1.0	22.5	90~22.5	200~350	1964
Hayakawa T. et al. [98]	0.1~1.5	1.1~6.0	2.2~7.5	2~12	65~375	1964
Alfke G. et al. [99]	0.2~1.5	1.4~4.5	10	8.5	250	1966
Massimilla L. & Bracals S	0.3~1.5	1.6~1.9	8.9	—	700	1957
Jinescu G. et al. [100]	0.4~1.2	1.3~1.7	3.5	0.6	175	1966
Blickle T. & Kaldi P. [101]	0.5~2.3	1.5~10	—	—	100~450	1959
Massimilla L. & Westwater J. W. [102]	0.65	1.74	9.5	28	700	1960
Massimilla L. & Westwater J. W[102].	1.8	2.74		24	—	—
Brotz W. [104]	0.9~11	1.3~2.3	6.0	约48	2000~10 000	1956
Levey R. P. et al. [105]	>1.0	1.1~1.2	17.5	17.5	420~840	1960
Nakamura K.	1.0~150	1.0~3.0	90	15~30	595	1966
Burovoi I. A. & Svetoarova[116]	2~8.0	约2	—	—	1000~3000	1965
Littman H. [108]	3.5~4.7	1.5~2.0	2.5	—	75~105	1964
Bart，R	6.2~52	2.7~12.3	3.2	—	115	1950
de Groot J. H[93]	15~60	6.7	10~30	100~450	70~300	1967
	35~160	13.3	&	—	—	—
	300~2300	6.7	10~150	220~490	30~300	
	500~2100	13.3	—	220~330		
May[79]	520~4900	约50	7.5~150	1000	200~150	1959

Kunii（国井）和 Levenspiel[78] 建议了估计固体径向扩散系数的公式：

$$E_{SR} = \frac{3}{16}\left(\frac{\varepsilon_b}{1-\varepsilon_b}\right)\frac{U_{mf}d_e}{\varepsilon_{mf}} \qquad (9\text{-}176)$$

该式预测的结果与 Mori 和 Nakamura（森和）[106] 的横向分散的试验测定相当吻合。

床层中安装内部构件，如网状拉西环，圆管或半圆管，粗粒填料等，必将影响颗粒物料的混合特性，已有实验报道[110~115]，并得到实测的固定内部填料或构件时的固体轴向混合系数和径向（横向）混合系数，如图 9-19 和图 9-20 所示。

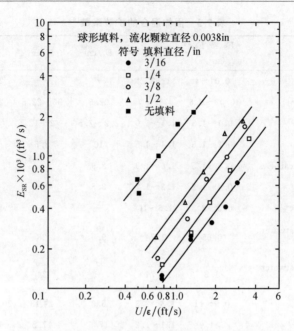

图 9-19　固定填料对横向固体混合的影响

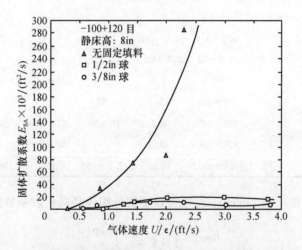

图 9-20　固定填料对轴向固体混合的影响

9.4　鼓泡流态化反应工程

化学反应过程因其加工对象的不同而有催化和非催化两种不同类型，当采用鼓泡流态化反应体系，又会因固体颗粒的特性不同，其反应的行为也有所不同。鼓泡流态化反应器中主要特征是气泡，气泡大小不等，形状各异，在上升过程中合并长大，并通过置换，带动固体颗粒的运动；床层由气泡相和颗粒乳化相组成，气泡中不含固体颗粒，气体呈活塞流；乳化相中颗粒处于临界流态化，气体和固体颗粒处于完全混合状态，气泡上升速度不同，气固两相接触和传递特性不同，这些流动特性对反应过程的影响具有重要意义。

9.4.1　非催化反应过程

非催化反应过程如矿物的煅烧和焙烧、化石燃料和生物质的热解、气化和燃烧，因为所使用的固体颗粒粒度较粗，通常选用鼓泡流态化反应器。对于固相加工的非催化气固反应过程，最为关注的是固体颗粒的行为，由于固体颗粒内部反应为主，气泡与乳化颗粒相的接触和传递特性主要影响反应化学计量比，而对反应速率本身的影响相对较不重要。对于非催化的气固反应，流体与固体颗粒的非均相反应存在两种反应特征，即恒径反应和缩径反应。从实际应用情况看，一是如煤、生物质的燃烧、气化等，随着反应的进行，颗粒的粒度逐渐减小，即缩径反应，其他的固相加工过程的颗粒粒度几乎是不变的，即为恒径反应过程。固体颗粒的结构特性，如粒度大小、颗粒形状，以及颗粒是致密还是疏松等，都会对反应进程产生重要影响。根据反应过程的类型和颗粒特性，结合工艺条件实验选定反应温度和反应化学计量比以及由颗粒全混状态决定的反应时间，以设计合适的反应器。

9.4.1.1　反应动力学

1. 恒径反应过程

一个固体颗粒与一种气体反应剂发生反应，即

$$A(流体) + bB(固体) \longrightarrow P(产物)$$

其产物可以是固体，也可以是气体和固体。反应前后固体颗粒的尺寸基本不变。对于非催化恒径反应过程，描述该过程的动力学模型有缩核反应模型和反应进展模型，对比研究表明，缩核反应模型更接近于实际，如图 9-21 所示。

气固之间的反应通常经历如下的步骤：

步骤 1：气体反应剂通过围绕颗粒的气膜层扩散至颗粒表面；

步骤 2：气体反应剂通过颗粒内已反应的"灰层"扩散至未反应颗粒核的反

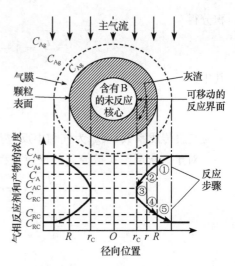

图 9-21　气固反应缩核模型

应界面；

步骤 3：气体反应剂与固体反应剂发生界面反应；

步骤 4：气体产物通过已反应的"灰层"向外扩散至颗粒表面；

步骤 5：气体产物通过颗粒周围的气膜向外扩至气体主流中。

反应过程的总阻力由上述各步阻力串联组合而成，无论何时，其主要阻力步骤就是反应速率的控制步骤。

应该指出，上述所列反应步骤并非处处都存在，例如当没有气体产物生成的反应或者为不可逆反应时，那么步骤 4 和步骤 5 的分阻力并不对反应过程的总阻力作出贡献。

缩核反应模型[117]表现了界面反应的特征，若未反应核的半径为 r_c，颗粒内反应物质量密度 ρ_B，颗粒半径 R，颗粒体积 V_p，则

$$N_B = \rho_B V_p \tag{9-177}$$

$$dN_B = -b dN_A = -\rho_B dV_p = -4\pi \rho_B r_c^2 dr_c \tag{9-178}$$

用固体反应物消失速率表示的反应速率方程如下：

$$-\frac{1}{S_{ex}}\frac{dN_B}{dt} = -\frac{\rho_B}{R^2}r_c^2\frac{dr_c}{dt} \tag{9-179}$$

反应物 B 的转化率定义为 X_B

$$X_B = \frac{未反应核的体积}{颗粒的总体积} = 1 - \left(\frac{r_c}{R}\right)^3 \tag{9-180}$$

对于气膜扩散控制，则有

$$-\frac{\rho_B}{R^2}r_c^2\frac{dr_c}{dt} = bk_g C_{Ag} \tag{9-181}$$

积分得

$$\frac{t}{\tau_k} = 1 - \left(\frac{r_c}{R}\right)^3 = X_B \tag{9-182}$$

其中

$$\tau = \frac{\rho_B R}{3bk_g C_{Ag}} \tag{9-183}$$

k_g 为气膜传质系数；C_{Ag} 为气相中反应剂 A 的浓度。

对于"灰层"扩散控制的反应过程，用反应剂 A 表示的速率方程为

$$-\frac{dN_A}{dt} = 4\pi r^2 D \frac{dC_A}{dt} \tag{9-184}$$

$$-\frac{dN_A}{dt}\int_R^{r_c}\frac{dr}{r^2} = 4\pi D \int_{C_A=C_{Ag}}^{C_A=0} dC_A \tag{9-185}$$

$$-\frac{dN_A}{dt}\left(\frac{1}{r_c} - \frac{1}{R}\right) = 4\pi D C_{Ag} \tag{9-186}$$

故

$$\frac{t}{\tau_d} = 1 - 3\left(\frac{r_c}{R}\right)^2 + 2\left(\frac{r_c}{R}\right)^3 = 1 - 3(1 - X_B)^{2/3} + 2(1 - X_B) \quad (9\text{-}187)$$

其中

$$\tau_d = \frac{\rho_B R^2}{6bDC_{Ag}} \quad (9\text{-}188)$$

D 为气体在灰层中的扩散系数。

对于化学反应控制的过程，则反应速率式为

$$-\frac{1}{4\pi r_c^2}\frac{\mathrm{d}N_B}{\mathrm{d}t} = -\frac{b}{4\pi r_c^2}\frac{\mathrm{d}N_A}{\mathrm{d}t} = bk_s C_{Ag} \quad (9\text{-}189)$$

故

$$\frac{t}{\tau_s} = 1 - \left(\frac{r_c}{R}\right) = 1 - (1 - X_B)^{1/3} \quad (9\text{-}190)$$

其中

$$\tau_s = \frac{\rho_B R}{bk_s C_{Ag}} \quad (9\text{-}191)$$

式中：k_s 为界面反应速率常数。

应该注意到，对一个球形颗粒的恒粒径非均相反应，随着反应的逐步进行，灰层厚度在增加，通过灰层的扩散阻力因而也在增大；随着反应的逐步进行，未反应核在缩小，其表面积也在缩小，因而界面反应速率在减小，即化学反应阻力增大。为了能做出综合的评价，采用对反应完全所需时间的平均速率方程会更容易些。

$$-\frac{1}{S_{ex}}\frac{\mathrm{d}\overline{N}_A}{\mathrm{d}t} = K_s C_A \quad (9\text{-}192)$$

其中

$$K_s = \frac{1}{\dfrac{1}{k_g} + \dfrac{1}{k_d} + \dfrac{3}{k_s}} \quad (9\text{-}193)$$

$$k_d = \frac{2D}{R} \quad (9\text{-}194)$$

2. 缩径反应动力学

一个固体颗粒与一种气体反应剂发生反应，即

$$A(流体) + bB(固体) \longrightarrow P(产物)$$

其产物是气体，而没有固体生成，反应前后固体颗粒的尺寸将随反应的进行而不断缩小，即为缩径反应。因为反应过程中没有"灰层"生成，颗粒尺寸随着反应进行而不断缩小，最终消失。因而，这一反应过程不存在反应剂 A 通过"灰层"

向反应界面扩散（即步骤 2），也不存在产物气（如果有的话）通过"灰层"向外扩散至颗粒表面（即步骤 4）。对于化学反应控制，与恒径反应过程类似，即

$$\frac{t}{\tau_s} = 1 - (1 - X_B)^{1/3} \tag{9-195}$$

对于气膜扩散控制，情况与恒径反应过程有所不同。在这里，由于颗粒粒径随反应进行而减小，颗粒的自由沉降速度因此而减小，导致颗粒与流体间的相对速度减小和气膜传质系数的改变。

气膜传质系数 k_g 可用变化了的颗粒直径按下式计算：

$$\frac{k_g d_p}{D} = 2.0 + 0.6 \left(\frac{\rho_f}{\mu_f D}\right)^{1/3} \left(\frac{d_p U_f \rho_f}{\mu_f}\right)^{1/2} \tag{9-196}$$

9.4.1.2　非催化流态化反应器设计

工业反应器设计，需要反应动力学的数据，将实验测定的反应速率数据处理成动力学公式，再通过反应器的流型，发展为有关的设计方法。流态化反应器内气固流型为

$$固体全混，气体\begin{cases}全混\\活塞流\end{cases}$$

反应器结构类型和操作方式分为

$$间歇\begin{cases}单段：气体\begin{cases}全混或\\活塞流\end{cases}\\多段：气体\begin{cases}全混或\\活塞流\end{cases}\end{cases}$$

$$连续\begin{cases}单段：气体\begin{cases}全混或\\活塞流\end{cases}\\多段：气体\begin{cases}全混或\\活塞流\end{cases}\end{cases}$$

1. 单层流态化反应器

当单一粒径颗粒物料通过流态化反应器时，不同颗粒在反应器的停留时间是不同的，因而其反应转化率也是不同的。若令颗粒物料通过流态化反应器的平均停留时间为 $\bar{t}$，则不同颗粒在床层中的停留时间具有如下分布

$$E(t) = \frac{e^{-t/\bar{t}}}{\bar{t}} \tag{9-197}$$

那么固体反应剂 B 未反应转化的平均分数可由反应动力公式和停留时间分布函数计算得到，即

$$1 - \overline{X}_B = \int_0^\tau (1 - X_B) \cdot \frac{\mathrm{e}^{-t/\bar{t}}}{\bar{t}} \mathrm{d}t \tag{9-198}$$

固体 B 的转化率 X_B 与颗粒粒径特性及流动参数有关。对粗颗粒物料加工而言，反应动力学特征表现为反应动力控制或灰层扩散控制，比较研究表明，两者差别不大，因而假定反应为化学动力学控制，即转化 X_B 采用式（9-190）计算，故

$$1 - \overline{X}_B = \int_0^{\tau_s} \left(1 - \frac{t}{\bar{t}}\right)^3 \cdot \frac{\mathrm{e}^{-t/\bar{t}}}{\bar{t}} \mathrm{d}t \tag{9-199}$$

其中

$$\tau_s = \frac{\rho_B R}{b k_s C_{Ag}} \tag{9-200}$$

根据生产过程的要求，$\overline{X}_B$ 是确定的，从而通过式（9-199）和式（9-200）求得平均停留时间 $\bar{t}$，进而根据反应器尺寸计算出流化床层的高度 H_{mf} 和 H_f。

以上是对单一粒径物料加工过程的分析计算，对宽粒度分布物料加工过程，并有细颗粒物料不断从流化床反应器中带出时，那么将宽粒度分布物料分成若干粒级 R_i，按每一粒度（半径 R_i）如上计算，然后叠加即可[118]。若加料率 F_0、底部排出粗粒产品 F_1 和床层顶部带出细粒料 F_2，且各股物流有自己的粒度分布，于是有

$$F_0 = F_1 + F_2 \tag{9-201}$$

及

$$F_0(R_i) = F_1(R_i) + F_2(R_i) \tag{9-202}$$

由于床中固体全混，则

$$\frac{F_i(R_i)}{F_1} = \frac{W(R_i)}{W} \tag{9-203}$$

$$\bar{t}(R_i) = \frac{W(R_i)}{F_0(R_i)} = \frac{W(R_i)}{F_1(R_i) + F_2(R_i)} = \frac{1}{\dfrac{F_1(R_i)}{W(R_i)} + \dfrac{F_2(R_i)}{W(R_i)}} \tag{9-204}$$

对 R_i 的平均转化率 $\overline{X}_B(R_i)$，有

$$1 - \overline{X}_B(R_i) = \int_0^{\tau(R_i)} [1 - X_B(R_i)] \frac{\mathrm{e}^{-t/\bar{t}}(R_i)}{\bar{t}(R_i)} \mathrm{d}t \tag{9-205}$$

对不同粒径的混合原料的平均转化率 $\overline{X}_B$，则有

$$1 - \overline{X}_B = \sum [1 - \overline{X}_B(R_i)] \frac{F_0(R_i)}{F_0} \tag{9-206}$$

令扬析速率常数为 $K(R_i)$，则

$$K(R_i) = \frac{F_2(R_i)}{W(R_i)} \tag{9-207}$$

于是

$$\bar{t}(R_i) = \frac{1}{F_1(R_i)/W(R_i) + K(R_i)} \tag{9-208}$$

联立式（9-204）和式（9-208），得

$$F_1(R_i) = \frac{F_0(R_i)}{1 + [W(R_i)/F_1(R_i)]K(R_i)} \tag{9-209}$$

$$F_1 = F_1(R_1) + F_1(R_2) + \cdots + F_1(R_m) = \sum_{R_1}^{R_m} \frac{F_0(R_i)}{1 + [W(R_i)/F_1(R_i)]K(R_i)} \tag{9-210}$$

假定一个 W 值并求得相应的 $K(R_i)$，再用式（9-210）试差法求 F_1 及其粒度分布，式（9-208）求 $\bar{t}(R_i)$，最后用式（9-206）计算转化率 $\overline{X}_B$，与其联立后达到与之工艺要求相符。若偏小，加大 W 重复上述试差求解。在反应器设计时，其运算过程则相反，即由工艺要求的反应物转化率 $\overline{X}_B$ 和工艺条件，求出所需的反应停留时间（也可由工艺条件实验的反应时间确定），再按第八章流化床反应器设计的方法确定反应器高度。

以一台年产 4 万 t 硫酸的焙烧炉设计为例，介绍焙烧炉的设计方法。在第二章中已经讨论了硫铁矿焙烧的问题，这是个气固反应的放热过程。传统工艺过程采用小于 3mm 矿石粒度的单层鼓泡流化床焙烧，焙烧温度 850℃，床层周围布置有冷却水管以移出多余的反应热，烟气通过废热锅炉冷却至 400℃（或可至 300℃）。焙烧所用空气温度为 25℃，相对湿度 80%。根据 1000kg 为基准完全焙烧的物料、热平衡[119,120]，得到

炉气生成总量 kmol

$$G = 1000 \left(\frac{C_S}{M_S C_{SO_2}} \right) \eta_S \tag{9-211}$$

或炉气生成标准体积总量（Nm³）

$$V_G = 700 \left(\frac{C_S}{C_{SO_2}} \right) \eta_S \tag{9-212}$$

消耗空气总量 kmol

$$A = \left[\frac{100 + (b-1)C_{SO_2}}{100} \right] G \tag{9-213}$$

或消耗空气标准体积总量（Nm³）

$$V_A = 700 \left[\frac{100 + (b-1)C_{SO_2}}{100} \right] \frac{C_S}{C_{SO_2}} \cdot \eta_S \tag{9-214}$$

其中，b 为化学反应中质量数；C_S 为原料含硫量，%（wt）；C_{SO_2} 为烟气中 SO_2 体积浓度，%；η_S 为脱硫率，%。

就设计要求的焙烧炉而言，如硫铁矿（密度为 4.6g/cm³）含硫为 35%，含水 5%，每天的处理矿量为 122t，即 4.58t/h。设计要求硫的最终转化率为 98%，

过程设计计算求得[119]

消耗空气量

$$V_A = 9850(\text{Nm}^3/\text{h}) \tag{9-215}$$

炉气生成量

$$V_G = 9750(\text{Nm}^3/\text{h}) \tag{9-216}$$

床层冷却移出的热量

$$Q_1 = 5.443 \times 10^6 (\text{kJ}/\text{h}) \tag{9-217}$$

废热锅炉吸收的热量

$$Q_2 = 7.013 \times 10^6 (\text{kJ}/\text{h}) \tag{9-218}$$

鼓泡流化床特性表明，床中气体和固体颗粒都呈全混流状态，即它们在床层中的浓度与空间位置无关。对于宽分布粒度的物料，不同粒度的颗粒完全反应所需的时间不同，每个颗粒在床层中的停留时间不同，如表 9-4 所列，所取得的反应转化率也不同。

表 9-4　不同粒径硫铁矿完全焙烧所需时间

$d_p(i)$	$d_p(1)$	$d_p(2)$	$d_p(3)$	$d_p(4)$	$d_p(5)$	$d_p(6)$	$d_p(7)$	$d_p(8)$	$d_p(9)$	$d_p(10)$
mm	>3	3~2.5	2.5~2.0	2.0~1.5	1.5~1.2	1.2~1.0	1.0~0.5	0.5~0.25	0.25~0.1	<0.1
$P_0(d_p)/\%$	7.8	5.23	5.83	8.13	6.05	3.65	9.95	11.0	21.35	21.0
$K/(\text{cm/s})$	5.81	6.13	7.4	9.34	11.8	14.1	19.4	32.4	51.5	64.1
τ/s	3430	2990	2020	1245	760	518	257	65.6	21.9	10.4

有关 0.15mm 的矿粒在 850℃下焙烧 10s，其硫的转化率可达 98%，据此可以估计反应动力学常数 k_s

$$k_s \approx 100 \quad \text{cm/s} \tag{9-219}$$

灰层中的气体扩散系数 D_g

$$D_g = 0.15 \quad \text{cm}^2/\text{s} \tag{9-220}$$

故有

$$K \approx \frac{1}{\dfrac{1}{k_s} + \dfrac{d_p}{12D_g}} = \frac{1}{0.01 + 0.555d_p} \tag{9-221}$$

矿石颗粒中硫铁矿含量密度 ρ_B 为 0.025 23mol/cm³，烟气中 O_2 的浓度 C_{Ag} 为 $5.27 \times 10^{-7} \text{mol/cm}^3$ 则不同粒径颗粒反应完全所需的时间为

$$\tau(d_i) = \frac{\rho_B d_p}{2KC_{Ag}} \tag{9-222}$$

根据式 (9-222)，先计算某一粒度的完全反应所需的时间，如表 9-4 所列，

将式展成级数表示，所有颗粒的平均转化率为

$$1 - \overline{X} = \sum \left[\frac{1}{5} \left(\frac{\tau \cdot d_{\mathrm{p}}(i)}{\bar{t} \cdot d_{\mathrm{p}}(i)} \right) - \frac{19}{420} \left(\frac{\tau \cdot d_{\mathrm{p}}(i)}{\bar{t} \cdot d_{\mathrm{p}}(i)} \right) + \cdots \right] \tag{9-223}$$

由式（9-223）求得平均停留时间 $\bar{t}$ 为 613s。结合式（9-208）计算出床层的存料量为 3.45t，从而可确定流化床层高度[120]。

2. 多层流态化反应器

气体炼铁要求较高的金属化率，气体还原能力极易受反应中生成水蒸气的影响，单程转化率较低，有必要进行逆流、多段操作或间歇还原。

铁矿还原实质上是一个氧化铁的脱氧过程[121]，即

$$Fe_2O_3 \xrightarrow{-\frac{1}{9}O_2} Fe_3O_4 \xrightarrow{-\frac{1}{2}O_2} FeO \xrightarrow{-\frac{1}{2}O_2} Fe^0$$

为了将实验测定的矿石还原金属化率随时间变化的数据 $R \sim \theta$ 用于反应器设计，故将其进行适当处理，其一，将还原度转变为矿中尚未还原的氧化铁所含的氧量，称为余氧分数 x；其二，将还原生成的水换算成出口气含水量 y_x。

上述氧化铁还原过程的第三步反应是个慢速反应，反应速率常数 k_2，是整个过程控制步骤，前两步反应是个快速反应过程，反应速率常数 k。当金属铁刚出现，即金属化率 $R=0$ 时，铁矿含氧已从原始 Fe_2O_3 或 Fe_3O_4 降至 FeO，也即说，此时的剩氧分数 x_0 已为原始含氧量 X_0，katom/kg 矿，剩氧分数 x 与金属化率 R 的关系为

$$x = x_0(1 - R) \tag{9-224}$$

进、出口气体分成 y_i 和 y_x，通过进出物料平衡和剩氧随时间的递减速率

$$y_x = y_i - \frac{SX_0}{G} \cdot \frac{\Delta x}{\Delta \theta} \tag{9-225}$$

式中：S 为矿量/kg；G 为气体流量/(kmol/h)。

$$-\frac{\mathrm{d}x}{\mathrm{d}\theta} = k_0 x \tag{9-226}$$

积分后

$$x = x_0 \exp(-k_0 \theta) \tag{9-227}$$

实验测定得到温度在 500～550℃下氢还原反应的速率常数的经验公式如下

$$k_0 = 1.305 - 20.17 y_x \tag{9-228}$$

对于含钛铁矿的复杂铁矿，可按钛铁矿和氧化铁基体同时并行还原反应机理处理[122,123]，即

氧化铁基体，　$rFe_2O_3 \longrightarrow Fe_3O_4 \longrightarrow FeO \xrightarrow{k} Fe^0$

钛铁矿　　　　$FeTiO_2 \xrightarrow{k_2} Fe^0 + TiO_2$

基于上述考虑，经过简化，得到下述反应模型方程

$$x = \alpha e^{-k\theta} + \beta e^{-k_2\theta} \tag{9-229}$$

边界条件，$\theta = 0$ 时，$x = x_0$，可得 $\alpha = x_0 - \beta$，于是有

$$x = (x_0 - \beta)e^{-k\theta} + \beta e^{-k_2\theta} \tag{9-230}$$

按以上方法，钛铁矿氢还原处理后的数据如图 9-22 所示。从图 9-22 曲线的上、下段两斜率分别求得 k，k_2，并从下段曲线在 $\theta = 0$ 线上的截距求得不同出口气含水 y_x 下的 β 值。k、k_2 和 β 为实验经验值，850℃时

$$k = 3.8; \quad k_2 = e^{-0.764-15.20y_x}; \tag{9-231}$$

$$\beta = e^{-2.768+12.33y_x} \tag{9-232}$$

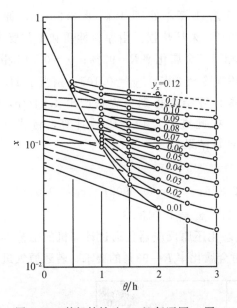
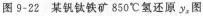

图 9-22　某钒钛铁矿 850℃氢还原 y_x 图

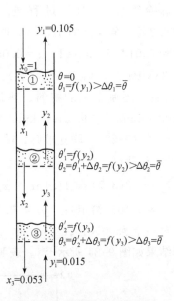

图 9-23　连续逆流三段还原

图 9-23 表示连续逆流三段还原器[124,125]。若固体停留时间分布为 $E(\theta)$，固体出口的剩氧分数 x_x 可表达为具有 θ 停留时间和固体剩余分数 x 的函数

$$x_x = \int_0^\infty x E(\theta) \mathrm{d}\theta \tag{9-233}$$

若固体全混

$$E(\theta) = \frac{1}{\bar\theta} e^{\frac{\theta}{\bar\theta}} \tag{9-234}$$

其中 $\bar\theta$ 为固体在反应器中的平均停留时间，即流化床的料量被进矿率除。代入式 (9-233)，积分得

$$x_x = \frac{x_0 - \beta}{1 + k\bar\theta} + \frac{\beta}{1 + k_2\bar\theta} \tag{9-235}$$

按图 9-23，可写出三段的物料平衡

$$y_1 = y_1 + \frac{Sx_0}{G}(x_0 - x_3) \tag{9-236}$$

$$y_2 = y_1 + \frac{Sx_0}{G}(x_1 - x_3) \tag{9-237}$$

$$y_3 = y_1 + \frac{Sx_0}{G}(x_2 - x_3) \tag{9-238}$$

为便于工业反应器加工，取各反应段的存料量相等，即各反应段的矿石停留时间相等，或 $\Delta\theta_1 = \Delta\theta_2 = \Delta\theta_3 = \bar{\theta}$。选定第一级的还原温度为 480℃，第二级的还原温度为 500℃，第三级的还原温度为 520℃。

郭铨等[122,125]对该过程进行了工艺计算，处理干矿量 8.25t/h，原料 T_{Fe} 60.2%，金属化率 92.8%，吹出 10%，未计热损。由原料性质和工艺要求，有 $x_0 = 0.013\,15$；$x_0 = 1$；$x = 0.053$，相当于金属化率 $R = 93\%$；$y_i = 0.015$ 相当于 0.25MPa（2.5kg/cm²）（表），循环气冷至 30℃；$y_1 = 0.105$，相当于 H_2 利用率 9%。还原工艺的物料、热量平衡计算结果得到金属铁产出 4.14t/h，耗 H_2 102.4kmol/h，即 24.74kmol/t Fe。据此进行反应器参数计算，将式（9-235）～式（9-238）联立求解，试插法计算结果是

$\theta = 3.7$hr，

$\sum\theta = 3(3.7) = 11.1$hr，　$x_1 = 0.225$；　$x_2 = 0.0902$；　$x_3 = 0.0547$，

$y_2 = 0.105$（给定）；　$y_2 = 0.031\,34$；　$y_3 = 0.018\,53$

对一个 $\phi500 \times 1500$（h）的三层流态化还原反应器，通过计算机的工艺操作计算结果如图 9-24 所示[126]。表明，对金属化率 $R = 93\%$ 的要求，若还原气进入

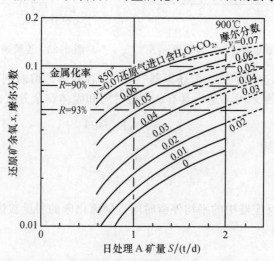

图 9-24　某钒钛铁矿氢还原过程工艺参数

最下层的 H_2O+CO_2 含量 $y_i=5\%$，该反应器的反应能力为 1.08tA 矿。要将日处理能力增至 2t，还原气含 H_2O+CO_2 必须降至 $y_i<2.7\%$。由图看出，将还原 850℃提高到 900℃，效果不大。

9.4.2 催化反应过程

9.4.2.1 催化反应动力学

气相加工为了提高选择性和反应速率而采用固体催化剂，因而这一反应过程转化为气固非均相反应了。催化剂为一多孔的带活性催化物质的小球，这与固相加工恒径缩核反应有所不同，因而采用反应进展模型更符合实际，该模型认为反应过程由以下步骤组成[117]。

步骤 1：流体反应剂由主体通过气膜向催化剂颗粒的外表面扩散；

步骤 2：催化剂颗粒内部孔隙表面积远大于其外部表面，绝大多数反应在颗粒内部进行，反应剂必须不断通过毛细孔由催化剂表面向其内部扩散；

步骤 3：反应剂被催化剂颗粒的活性点所吸附并发生催化反应，放出气相产物至气相；

步骤 4：产物气通过毛细孔向外扩散至催化剂表面；

步骤 5：产物气从催化剂颗粒表面的毛细孔口通过外部气膜向主气流扩散。

应该说明的是步骤 4 和步骤 2 常常忽略，特别是当反应过程分子数不变时，反应剂与产物气在催化剂内孔中扩散可形成等分子逆向扩散而加以合并。还要指出的是，与固相加工中恒径缩核模型不同的是，这些反应步骤不再仅为串联组合，而是既有串联组合，气膜扩散与表面反应彼此串联组合，也有并联组合，孔内扩散与表面反应是并联组合，因而不能孤立地处理。

假定反应剂 A 通过催化剂的孔长为 L 的微孔轴向扩散并在孔壁上进行一级反应，由孔长微元为 dx 的物料守恒得到：

$$-\mathrm{d}\left(\pi r^2 \frac{\mathrm{d}C_A}{\mathrm{d}x}\right) = k_s C_A (2\pi r \mathrm{d}x) \tag{9-239}$$

$$k_v = k_s \left(\frac{反应表面积}{反应体积}\right) = k_s \left(\frac{2\pi r \mathrm{d}x}{\pi r^2 \mathrm{d}x}\right) = \frac{2k_s}{r} \tag{9-240}$$

式中：k_s 和 k_v 分别为基于表面积和反应体积的反应速率常数，故

$$\frac{\mathrm{d}^2 C_A}{\mathrm{d}x^2} - \frac{k_v}{D}C_A = 0 \tag{9-241}$$

边界条件如下

当 $x=\pm 1$

$$C_A = C_{As} \tag{9-242}$$

$x=0$

$$\frac{dC_A}{dx} = 0 \tag{9-243}$$

引入边界条件后式（9-241）的解为

$$\frac{C_A}{C_{As}} = \frac{\cosh\sqrt{k_v/D}\cdot x}{\cosh\sqrt{k_v/D}\cdot L} \tag{9-244}$$

式中：$\sqrt{k_v/D}\cdot L$ 称为席勒（Thiele）模量 Th。

为了区别扩散与反应的作用，引入一个反应有效因子 f_a，定义为

$$f_a = \frac{实际反应速率}{消除扩散温度差后的反应速率} = \frac{2A_c D\left(\dfrac{dC_A}{dx}\right)_{x=\pm L}}{2A_c L k_v C_{As}} = \frac{D}{L k_v C_{As}}\cdot\left(\frac{dC_A}{dx}\right)_{x=\pm L} \tag{9-245}$$

由式（9-244），C_A 对 x 微分后代入式（9-245），得到

$$f_a = \frac{\tanh\sqrt{k_v/D}\cdot L}{\sqrt{k_v/D}\cdot L} \tag{9-246}$$

对一个多孔固体颗粒，其速率方程可表示为

$$-\frac{1}{V_p}\frac{dN_A}{dt} = f_a k_v C_A \tag{9-247}$$

反应有效因子 f_a 与 Th 模量的关系如图 9-25 所示，不难发现，当 $Th<0.5$ 时，$f_a\approx1$，则

$$-\frac{1}{V_p}\frac{dN_A}{dt} \approx k_v C_{As} \tag{9-248}$$

该式表明，反应过程与扩散无关。

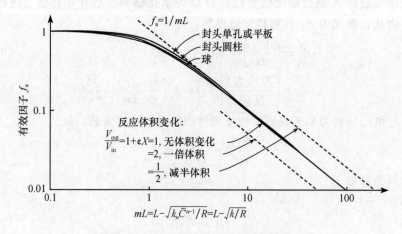

图 9-25　反应有效因子与席勒模量的关系[117]

当 $Th > 5$ 时，$f_a = \dfrac{1}{Th}$，则

$$-\frac{1}{V_p}\frac{\mathrm{d}N_A}{\mathrm{d}t} = \frac{\sqrt{k_v D}}{L}C_{As} \tag{9-249}$$

这说明，反应过程将由扩散所决定。

当 $0.5 < Th < 5$ 时，反应过程同时受到孔内扩散及孔壁反应的影响。对一个以反应器体积为基准的一级反应速率，表达式为

$$-\frac{1}{V_r}\frac{\mathrm{d}N_A}{\mathrm{d}t} = f_a(1-\varepsilon_m)k_v C_A \tag{9-250}$$

$$1 - X_A = \frac{C_{Ae}}{C_{Ai}} = \exp[-(1-\varepsilon_m)k_v t] = \exp(-k_m) \tag{9-251}$$

其中 $k_m = (1-\varepsilon_m)k_v t = \dfrac{(1-\varepsilon_m)H_m k_v}{U_0}$

应当说明的是，上述分析没有涉及反应剂在催化剂表面上的吸附，而实际上，吸附的影响是存在的，因而席勒模量不仅与温度、扩散流动有关，而且还与反应级数、反应物浓度以及催化剂颗粒的形状有关。席勒模量 Th 中的长度 L 应采用催化剂颗粒体积与其外表面积之比，即

$$L = \frac{V_p}{S_p} \tag{9-252}$$

从而得出一个广义的席勒模量如下

$$Th = \frac{V_p}{S_p}\sqrt{\frac{(n+1)k_v C_{As}^{n-1}}{2D_e}} \tag{9-253}$$

式中：n 为反应级数；D_e 为气体在催化剂孔隙中的有效扩散系数。

在催化转化反应中，反应剂在催化剂颗粒内的扩散是十分重要的。催化剂颗粒内的扩散有两种，一是分子扩散，当颗粒内孔径远大于分子平均自由程时，气体在孔内扩散属分子扩散；另一是克努德森（Knudsen）扩散，当孔径远小于分子平均自由程时，将发生克努德森扩散。对分子扩散系数，可用以下公式计算，双组分系统，有 Chapman-Enskog 公式

$$D_{mAB} = 0.001\,858 T^{3/2}\frac{\left(\dfrac{1}{M_A} + \dfrac{1}{M_B}\right)}{p\sigma_{AB}^2\Omega_{AB}}, \mathrm{cm^2/s} \tag{9-254}$$

式中：$\Omega_{AB} = f(K_B T/\varepsilon_{AB})$；$k_B$ 为玻耳兹曼（Boltzmann）常量；$\sigma_{AB} = \dfrac{1}{2}(\sigma_A + \sigma_B)$；$\varepsilon_{AB} = \varepsilon_A \varepsilon_B$；$T$ 为温度，K；p 为压力，atm；M_A，M_B 为 A 和 B 组分的分子质量；σ，ε 为 Lennard-Jones 势。

对多组分，若其摩尔分数为 y_1，则其扩散系数为 D_{1m}，按下式计算

$$D_{1m} = \frac{(1 - y_1)}{\sum\limits_{i=1}^{m} (y_i/D_i)} \tag{9-255}$$

对 Knudsen 扩散

$$D_k = 9700a(T/M)^{1/2}, \mathrm{cm^2/s} \tag{9-256}$$

式中：a 为催化剂中微孔半径，cm。

当催化剂颗粒内微孔并不太小，则分子扩散和 Knudsen 扩散将同时存在时，

$$D = \frac{1}{\dfrac{1}{D_M} + \dfrac{1}{D_k} - \dfrac{x_A(1 + N_B/N_A)}{D_M}} \tag{9-257}$$

式中：x_A 为分子 A 的分子分数；N_A，N_B 为分子 A 和 B 的通量。

对于当量逆向扩散，即 $N_A = -N_B$，则

$$\frac{1}{D} = \frac{1}{D_M} + \frac{1}{D_k} \tag{9-258}$$

当用有效扩散系数表示时

一般

$$\frac{1}{D_e} = \frac{1}{D_{eM}} + \frac{1}{D_{ek}} \tag{9-259}$$

$$D_e = \frac{\varepsilon_p D}{\tau} \tag{9-260}$$

式中：ε_p 为催化剂颗粒内的空隙率；τ 为微孔形状因素，$\tau = 1 \sim 6$，通常取为 4。

当颗粒外气膜扩散阻力不能忽略，必须将它们组合一起考虑，气膜外扩散过程，有

$$-\frac{1}{S_{ex}} \frac{dN_A}{dt} = k_g(C_{Ag} - C_{As}) \tag{9-261}$$

而颗粒内的扩散与反应为

$$\frac{1}{V_p} \frac{dN_A}{dt} = k_v C_{As} \cdot \varepsilon \tag{9-262}$$

式（9-261）与式（9-262）联立，消去 C_{As}，则有

$$-\frac{1}{S_{ex}} \frac{dN_A}{dt} = \frac{1}{S_{ex}/k_v \varepsilon V_p + 1/k_g} C_{Ag} \tag{9-263}$$

或

$$-\frac{1}{V_p} \frac{dN_A}{dt} = \frac{1}{1/k_v \varepsilon + V_p/k_g S_{ex}} C_{Ag} \tag{9-264}$$

直至现在，以上分析没有计及外表上的化学反应，但当化学反应非常迅速以致于反应剂来不及向颗粒内扩散和反应时，则反应速率应考虑外表面反应的影响，得到如下公式：

$$-\frac{1}{S_{ex}}\frac{dN_A}{dt} = \frac{1}{\frac{1}{k_g}+\frac{1}{k_v\varepsilon(V_p/S_{ex})[S_{in}/(S_{ex}+S_{in})]+k_s}}C_{Ag} \qquad (9-265)$$

或

$$-\frac{1}{V_p}\frac{dN_A}{dt} = \frac{1}{\frac{V_p}{k_gS_{ex}}+\frac{1}{k_v\varepsilon(V_p/S_{ex})[S_{in}/(S_{ex}+S_{in})]+k_s(S_{ex}/V_p)}}C_{Ag}$$

$$(9-266)$$

其中

$$k_s(S_{in}+S_{ex}) = k_vV_p \qquad (9-267)$$

当 $\varepsilon\dfrac{S_{in}}{S_{ex}}\ll1$，则方程式变为

$$-\frac{1}{S_{ex}}\frac{dN_A}{dt} = \frac{1}{\frac{1}{k_g}+\frac{1}{k_s}}C_{Ag} \qquad (9-268)$$

属纯外表反应过程。

气固催化反应过程属气相加工过程，关注的重点是气体相反应剂传递和反应转化。对于鼓泡流态化反应器模型有许多，其中以气泡两相模型和气泡汇聚模型研究得较为深入。

9.4.2.2 催化鼓泡流态化反应器设计

1. 气泡两相模型

气泡两相模型假定床层气泡尺寸均一，为 D_b，两相间气体交换由气体贯穿流过气泡和与乳化相间的对流扩散组成[8,10,56,62]。设反应剂 A 在入口处浓度 C_{Ai}，反应器出口处浓度 C_{Ae}，反应为一级反应，则对乳化相中气体为全混，有

连续性方程

$$NV_bU_b = U - U_{mf} \qquad (9-269)$$

气泡绝对上升速度

$$U_b = (U-U_{mf})+0.711\sqrt{gD_b} \qquad (9-270)$$

床层膨胀

$$NV_bH = H - H_{mf} \qquad (9-271)$$

两相交换气泡总流率

$$Q = q + K_G\pi D_b^2 \qquad (9-272)$$

贯穿于气泡与散式相的全体变换

$$q = \frac{3}{4}U_{mf}\pi D_b^2 \qquad (9-273)$$

扩散项

$$K_G = 0.975 D_g^{1/2} \left(\frac{g}{D_b}\right)^{0.25} \tag{9-274}$$

$$1 - X_B = \frac{C_{Ae}}{C_{Ai}} = Z^{-X} + \frac{(1 - Z e^{-x})^2}{k' + (1 - Z e^{-x})} \tag{9-275}$$

对乳化相中气体为活塞流，有

$$\frac{C_{Ae}}{C_{Ai}} = \frac{1}{m_1 - m_2} \left[m_1 e^{m_2 H} \left(1 + m_2 \frac{HU_{mf}}{UX}\right) - m_2 e^{m_1 H} \left(1 + m_1 \frac{HU_{mf}}{UX}\right) \right] \tag{9-276}$$

其中

$$Z = 1 - \left(\frac{U_{mf}}{U}\right) \tag{9-277}$$

$$k' = \frac{k_c H_{mf} \varepsilon_{mf}}{U} \tag{9-278}$$

$$X = \frac{6.34 H_{mf}}{D_b \sqrt{g D_e}} \left[U_{mf} + 1.3 D_G^{1/2} \left(\frac{g}{D_b}\right)^{1/4} \right] \tag{9-279}$$

m_1 和 m_2 为下列二次方程的根

$$m^2 + \frac{x + k'}{H(1 - Z)} m + \frac{k' X}{H^2 (1 - Z)} = 0 \tag{9-280}$$

根据转化率 X，通过式（9-279）估计床中气泡直径 D_b。也可用式（9-269），式（9-270），式（9-271）联立而得的下式估计，但可靠性不高。

$$D_b = \frac{1}{g} \left(\frac{H_{mf}}{H - H_{mf}} \cdot \frac{U - U_{mf}}{0.711}\right)^2 \tag{9-281}$$

比较发现，乳化相气体完全混合情况更可取。因而可在给定 X_A 条件下，求得 H_{mf}。

应当注意，气泡不仅是个气体空穴，还有环绕其外的一层气晕，气体的交换还包括气泡与气晕，气晕与乳化相、气晕内气体环流等，情况似乎更接近实际。

2. 气泡模型

（1）有效气泡模型

有效气泡模型是对鼓泡流化床流动结构的极大简化，认为有如下几点[7,60]。

1）整个床层里的气泡可用一个均一不变的有效气泡 d_{be} 来表征。

2）床层由乳化相颗粒、气泡及其环绕其外的气晕组成。

3）气泡相的反应组分由气泡通过气晕在传至乳化相颗粒，并反应完全，而产物组分则按相反方向传至气泡。

4）乳化颗粒相中气速为 U_{mf}，与气泡流相比很小，故可略而不计，气泡相的组成可代表床层的气体组成。

对于一级化学反应，反应速率由相际间的传递速率所决定，其反应动力学可表示为

$$\frac{C_o}{C_i} = e^{-K_f} \tag{9-282}$$

其中

$$K_f = \frac{L_f k_r}{U_b} \left[\delta_b + \cfrac{1}{\cfrac{k_r}{(K_{bc})_b} + \cfrac{1}{\delta_e + \cfrac{1}{\cfrac{k_r}{(K_{ce})_b} + \cfrac{1}{\delta_e}}}} \right] \tag{9-283}$$

式中：k_r 为以固体颗粒体积为基准的一级反应速率常数；δ_b、δ_c、δ_e 分别为气泡中、气晕中和乳化相中的颗粒体积与气泡总体积之比；其他参数可参见本章 9.2.2.1 节的公式进行计算。气泡两相模型的困难是确定一个代表性的有效气泡尺寸。

（2）气泡汇聚模型

流化床中的气泡尺寸并非均一的，由于气泡在床层上升过程中，合并长大，即气泡尺寸沿床高而变大，气泡频率 N（个数）减少，于是对于任意床层高度 h，有[10,,56]

$$NV_b U_b = U - U_m \tag{9-284}$$

$$H - H_{mf} = \int_0^H N V_b \, dh \tag{9-285}$$

$$D_b = A_1 e^{\beta h/3} \tag{9-286}$$

$$U_b = (U - U_{mf}) + B_1 e^{\beta h/6} \tag{9-287}$$

其中

$$A_1 = \left[\frac{6(U - U_{mf})}{\pi \alpha} \right]^{1/3} \tag{9-288}$$

$$B_1 = 0.711(g A_1)^{1/2} \tag{9-289}$$

于是

$$Q = \pi A_1^2 e^{2\beta h/3} \left(\frac{3}{4} U_{mf} + C_1 e^{-\beta h/12} \right) \tag{9-290}$$

$$C_1 = \frac{0.97 D_G^{1/2} g^{1/4}}{A_1^{1/4}} \tag{9-291}$$

dh 单元中反应剂 A 的反应

对气泡相的物料平衡

$$C_{Ap} - C_{Ab} = \left(\frac{U_b V_v}{Q}\right)\frac{dC_{Ab}}{dh} \tag{9-292}$$

边界条件为

当 $h = 0$

$$C_{Ab} = C_{Ai}$$

故，床层为 h 处气泡相的反应剂浓度

$$C_{Ab} = C_{Ap} + (C_{Ai} - C_{Ap})\exp\left(-\int_0^h \frac{Q}{U_b V_b}\cdot dh\right) \tag{9-293}$$

对整个床层高的单位截面的物料平衡，假定散式相中气体为完全混合，得到

$$\int_0^H NQ C_{Ab}\,dh + U_{mf}C_{Ai} = U_{mf}C_{Ap} + C_{Ap}\int_0^H NQ\,dh + C_{Ap}k_c\varepsilon_{mf}\int_0^H (1 - NV_b)\,dh \tag{9-294}$$

式中：k_c 为乳化相中单位体积的反应速率常数。结合式（9-284）、式（9-285）、式（9-286）、式（9-287）和式（9-290），由式（9-293）求得 $h = H$ 处的散式相中反应剂 A 未转化分数 $\left(\frac{C_{Ap}}{C_{Ai}}\right)_{h=H}$，则气泡相中反应剂未反应转化的分数为

$$1 - X_A = \left(\frac{C_{Ab}}{C_{Ai}}\right)_{h=H} = \left(\frac{C_{Ap}}{C_{Ai}}\right)_{h=H} + \left[1 - \left(\frac{C_{Ap}}{C_{Ai}}\right)_{h=H}\right]\exp\left(-\int_0^H \frac{Q}{U_a V_b}\,dh\right) \tag{9-295}$$

床层中的反应剂 A 总转化率可由 $h = H$ 处的物料平衡求得，即

$$UC_{Ae} = \left[(U - U_{mf})C_{Ab} + U_{mf}C_{Ap}\right]_{h=H}$$

或

$$\left(\frac{C_{Ae}}{C_{Ai}}\right) = \left(1 - \frac{U_{mf}}{U}\right)\left(\frac{C_{Ab}}{C_{Ai}}\right)_{h=H} + \left(\frac{U_{mf}}{U}\right)\left(\frac{C_{Ap}}{C_{Ai}}\right)_{h=H} \tag{9-296}$$

当散式相中气体反应转化极快至反应完全，即是说，$k_c \to \infty$，则

$$\left(\frac{C_{Ap}}{C_{Ai}}\right)_{h=H} \to 0,$$

因此，由式（9-295），得到

$$\left(\frac{C_{Ap}}{C_{Ai}}\right)_{h=H} = \exp\left(-\int_0^H \frac{Q}{U_a V_b}\,dh\right) \tag{9-297}$$

$$1 - X_A = \left(\frac{C_{Ae}}{C_{Ai}}\right) = \left(1 - \frac{U_{mf}}{U}\right)\exp\left(-\int_0^H \frac{Q}{U_a V_b}\,dh\right) \tag{9-298}$$

根据工艺规定的 X_A，由式（9-298）用 Simpson 法拟合求得流化床层高度 H 即 H_f。

假定散式相中气体为活塞流，由气泡相的物料平衡（同式 9-292），得到

$$(C_{Ap} - C_{Ab}) = \left(\frac{U_a V_v}{Q}\right)\frac{\mathrm{d}C_{Ab}}{\mathrm{d}h} \tag{9-299}$$

散式相的物料平衡，有

$$U_{mf}\frac{\mathrm{d}C_{Ap}}{\mathrm{d}h} + NQ(C_{Ap} - C_{Ab}) + k_c \varepsilon_{mf}(1 - NV_b)C_{Ap} = 0 \tag{9-300}$$

边界条件，当

$$h = 0, \quad C_{Ab} = C_{Ai} \tag{9-301}$$

$$h = 0, \quad \frac{\mathrm{d}C_{Ab}}{\mathrm{d}h} = 0 \tag{9-302}$$

通过边界条件对方程组式（9-299）和式（9-300）求解，得到 $h=H$ 处散式相中反应剂未转化的分数为

$$\frac{C_{Ap}}{C_{Ai}} = \left[\frac{C_{Ab}}{C_{Ai}} + \frac{U_a V_b}{Q} \cdot \frac{d(C_{Ab}/C_{Ai})}{\mathrm{d}h}\right]_{h=H} \tag{9-303}$$

对整个反应器的反应剂转化率的分数，为

$$\left(\frac{C_{Ae}}{C_{Ai}}\right) = \left[\left(1 - \frac{U_{mf}}{U}\right)\left(\frac{C_{Ab}}{C_{Ai}}\right)_{kd} + \frac{U_{mf}}{U}\left(\frac{C_{Ap}}{C_{Ai}}\right)\right]_{h=H} \tag{9-304}$$

式（9-304）可通过 Runge-Kutta 法求解。

Wen 等[12,127]建议的气泡汇聚模型的要点是

1）气体以射流方式通过分布板进入颗粒床层，形成高度为 L_j 的射流，然后转变为直径为 d_0 的初始气泡。

2）气泡上升过程中不断长大，其直径随床层高度而变，可按下式估计

$$d_b - d_{bm} - (d_{bm} - d_{b0})\exp(-0.3L/D_t) \tag{9-305}$$

其中

$$d_{bm} = 0.652[\mathrm{Ar}(U - U_{mf})]^{2/3} \tag{9-306}$$

$$d_0 = \left(\frac{6G}{\pi}\right)^{0.4}\Big/g^{0.2} = 1.295\left[\frac{0.785D_t^2(U - U_{mf})}{n_0}\right]^{0.4}\Big/g^{0.2} \tag{9-307}$$

3）将床层分为 N 个区段，每个区段高度与相应床层高度处的气泡尺寸相当，对于第 n 区段，区段高度为

$$\Delta l_n = \frac{d'_{bn}}{1 + 0.15(d'_{bn} - d_{bn})/D_t} \tag{9-308}$$

对于第 n 区段，区段坐标为

$$l_n = l'_n + \frac{\Delta l}{2} \tag{9-309}$$

其中

$$\Delta l'_n = \sum_{i=1}^{n-1}\Delta l_i \tag{9-310}$$

最后一个区段

$$\Delta l_N = L_f - l'_N \tag{9-311}$$

4) 床层由空隙率为 ε_{mf} 的乳化相颗粒相、气泡相 d_b 及其环绕其外的气晕 d_{bc} 组成，床层由气泡所致，故有气泡体积为

$$V_b = \frac{\pi}{4} D_t^2 (L_f - L_{mf}) \tag{9-312}$$

$$U_b = (U - U_{mf}) + 0.711(gd_b)^{1/2} \tag{9-313}$$

$$\delta_{bn} = \frac{U - U_{mf}}{U_b} \tag{9-314}$$

$$V_{bn} = \delta_{bn} \frac{\pi}{4} D_t^2 \Delta l_n (1 + \beta_{cn}) \tag{9-315}$$

$$\beta_{cn} = \frac{V_{cn}}{V_{bn}} = \frac{3U_{mf}/\varepsilon_{mf}}{U_{br} - U_{mf}/\varepsilon_{mf}} \tag{9-316}$$

$$U_{br} = 0.711(gd_b)^{1/2} \tag{9-317}$$

气泡相的反应组分由气泡通过气晕在传至乳化相颗粒，并反应完全，而产物组分则按相反方向传至气泡；

$$(K_{be})_b \approx K_0 = \frac{11}{d_b} \tag{9-318}$$

$$(K_{be})_b = K_0 \left[\frac{U_{br} - U_{mf}/\varepsilon_{mf}}{U_{br} + 2U_{mf}/\varepsilon_{mf}} \right] \tag{9-319}$$

5) 乳化颗粒相中气速为 U_{mf}，与气泡流相比很小，故可略而不计，气泡相的组成可代表床层的气体组成。

对于一级反应，气泡和乳化颗粒相的反应速率分别为

$$r_b = kC_b \tag{9-320}$$

$$r_c = kC_e \tag{9-321}$$

气泡相的物料平衡，得到

$$\left[\frac{\pi}{4} D_t^2 U C_b \right]_{n-1} = [K_0 V_b (C_b - C_c)]_n + \left[\frac{\pi}{4} D_t^2 U C_b \right]_n + [r_b V_c]_n \tag{9-322}$$

乳化颗粒相的物料平衡，得到

$$[(K_{bc})_b V_b (C_b - C_e)]_n = [r_e V_e]_n \tag{9-323}$$

对给定的 U 求解方程组。

3. 床层当量直径模型

自由鼓泡流化床因气泡尺寸随反应器直径的增大而变大，因而实验室小尺寸

反应器的数学模型的预测结果不能直接用于放大设计，只具有一般数学模拟的性质，这是个令人悲哀的结果。从应用效果看，反应器直径的增大而使气固接触恶化，反应转化率下降，改进的技术手段是减小颗粒的粒度（因为稳定气泡尺寸与颗粒粒度有关），或在床层中设置挡板之类的内部构件（参见第八章），以限制气泡长大或将气泡破碎。自 20 世纪 60 年代开始，催化剂的粒度由当时的几百（如 500）微米减小至几十（比如 50）微米，即用细颗粒催化剂代替粗颗粒催化剂，同时在床层中床层中设置挡板之类的内部构件。实践证明，这些措施是有效的[128]，例如，在相同的气速下，粗颗粒浓相区挡板流化床层中的气泡频率 3.8s^{-1}，而粗颗粒稀相区自由流化床层中的气泡频率 3.4s^{-1}；对于细颗粒浓相区挡板流化床层中的气泡频率 7.1s^{-1}，而细颗粒稀相区自由流化床层中的气泡频率 6.08s^{-1}。研究发现[113,129]，将当量直径为 100～200mm 的垂直构件置于大型流化床反应器，可使该带内部构件的流化反应器的化学反应的收率达到 100～200mm 小型自由流化床反应器的水平。

基于上述研究结果，采用流化床当量直径进行流化床催化反应器的放大在丙烯氨氧化制丙烯腈反应器的设计上取得了成功的结果。具体做法[129]是，利用 Kunii-Levenspiel 的有效气泡模型，而模型的有效气泡直径 d_{be} 通过流化床的当量直径 D_e 来确定，即

$$d_{be} = 1.9 D_e^{1/3} \qquad (9\text{-}324)$$

考虑到内部构件有水平和垂直两种不同结构形式，流化床当量直径采用如下方法计算：

$$D_e^{-1} = D_{eV}^{-1} + D_{eH}^{-1} \qquad (9\text{-}325)$$

其中

$$D_{eV} \text{ 或 } D_{eH} = \frac{4 \times 流化床层有效容积}{床中水平或垂直构件的浸润面积} \qquad (9\text{-}326)$$

9.5　小结与述评

鼓泡流化床应用最早，使用最广，但其多变的气泡恶化了相际之间的接触和传递，对于非催化气固反应，将导致化学计量比的增加，如燃煤时过剩空气系数的增大，热效率的降低，对于气固催化反应，将导致化学转化率的下降，原料消耗的增加和后续加工费用的上升等不良后果。对于气固催化反应过程，曾经采用改进的技术措施是：减小颗粒的粒度，或在床层中设置挡板之类的内部构件，以限制气泡长大或将气泡破碎，可明显改善相际之间的接触和传递，但也增加了设备投资和操作上的不便。

　　鼓泡流化床反应器曾进行过数学模型的充分研究，建立过种种的反应器数学模型，主要有气固两相模型和气泡流两相模型。比较而言，在气固两相模型中，逆流返混模型优于其他，在气泡流两相模型中，气泡汇聚模型的适应性较好。然而，由于鼓泡流化床中气泡行为的复杂性及其随着反应器直径变化的不确定性，致使反应器模型只具有模拟性质的意义，就鼓泡流化床反应器的放大设计而言，依然缺乏一种可靠的工程方法，特别是对快速的复杂催化反应过程。尽管流化床当量直径的半经验催化反应模型有过成功的放大设计事例，但低气速鼓泡流化床反应器固有的低效率特点依然存在。因而，流态化催化反应器的发展方向是发展少气泡湍流流化床催化反应器，尤其是无气泡气固接触的快速流化床反应器。

　　现有许多工业生产过程依然沿用着第一代的鼓泡流态化技术，与近年来开发的新的流态化技术相比，不仅在工艺设计思想，而且在反应器工作性能上，都存在较大差距，适时地用新的流态化过程工程技术改造传统的流态化工艺技术，是一个值得重视的课题。

参 考 文 献

[1] Yasui G, Johnstone L N. Characteristics of gas pockets in fluidized beds. A. I. Ch. E. J, 1958, 4 (4): 445~452

[2] Lanneau K P. Gas-solids contacting in fluidized beds. Trans. Inst. Chem. Engrs, 1960, 38 (3): 125~137; 138~143

[3] Marsheck R M, Gomezplata A. Particle flow patterns in fluidized bed. A. I. Ch. E. J, 1965, 11 (1): 167~173

[4] Rowe P N, Partridge B A. An X-ray study of bubbles in fluidized beds. Trans. Inst. Chem. Engrs, 1965, 43 (5): T157~T175

[5] Jackson R. The mechanics of fluidized beds: Part I: the stability of the state of uniform fluidization. Trans. Inst. Chem. Eng, 1963, 41 (1): 13~21; Part II: The motion of fully developed bubbles, 1963, 41 (1): 122~128

[6] Murray J D. On the methametics of fluidization Part I: Fundamental equation and wave propagation. J. Fluid Mech., 1965, 21 (3): 465~493

[7] Kunii D, Levenspiel O. 流态化工程. 华东石油学院等译. 北京：石油工业出版社，1977. 15~52; Fluidization Engineering. New York: John Willey & Sons Inc, 1969

[8] Davidson J F. Symp. on Fluidization-Discussion. Trans. Inst. Chem. Eng, 1961 (39): 230

[9] Kunii D, Levenspiel O. Fluidization engineering. New York: John Willey, 1969

[10] Davidson J F, Harrison D. Fluidization. London: Academic Press, 1971

[11] Harrison D, Leung L S. The rate of rise of bubbles in fluidized beds. Trans. Inst.

Chem. Engrs，1962，40 (3)：146~151

[12] Kato K，Wen W C. Bubbling assemblage model for fluidized bed catalytic reactors. Chem. Eng. Sci，1969，24 (8)：1351~1369

[13] Chiba T，Terashima K，Kobayashi H，Bubble growth in gas fluidized beds. J. Chem. Eng. Japan，1973，6 (1)：78

[14] Mori S，Wen C Y. Estimation of bubble diameter in gaseous fluidized beds. A. I. Ch. E. J，1975，21 (1)：109~115

[15] Fryer C，Potter O E. Bubble size variation in two-phase models of fluidized bed reactors. Powder Technol，1972，6 (5)：317~322

[16] Geldart，D. The effect of particle size and size distribution on the behaviour of gas-fluidized beds. Powder Technol，1972，6 (4)：201~215

[17] 秦霁光. 流化床中气泡的汇合长大和床层膨胀. 化工学报，1980 (1)：83

[18] Darton R C，LaNAUZE R D，Davidson J F et al. Bubble growth due to coalescence in fluidized beds. Trans. Inst. Chem. Engrs，1977，55：274

[19] Davidson J F，Harrison D. Fluidized Particles. Cambridge：Cambridge University Press，1963

[20] Geldart D. The expansion of bubbling fluidized beds. Powder Technol，1968，1 (6)：355~368

[21] Cranfield R R，Geldart D. Large particle fluidization. Chem. Eng. Sci，1974，29 (4)：935~947

[22] Abrahmsen A R，Geldart D. Behaviour of gas-fluidized beds of fine powders Part I：Homogeneous expansion. Powder Technol. 1980，26 (1)：35~46；Part II：Voidage of the dense phase in bubbling beds. Powder Technol. 1980，26 (1)：47~56；Part III：Effective thermal conductivity of a homogeneous expanded bed. Powder Technol，1980，26 (1)：57~65

[23] Горошко В Д，Розеньлум Р В，ИО. М. Тоодес，ИзпВузов. Нефть и Газ，1958 (1)：125

[24] Doichev K，Boichev G. Investigation of the aggregative fluidized bed voidage. Powder Technol，1977 (17)：91~94

[25] Leva M. Fluidization. New York：McGraw-Hill，1959

[26] Xavies A M，Lewis D A，Davidson J F. The expansion of bubbling fluidized beds. Trans. Inst. Chem. Engrs.，1978，56 (4)：274~280

[27] 加藤邦夫，前野光喜，高橋 隆. 水平管群を挿入した流動層の層膨张. 化学工学论文集. 1980，6 (5)：522~526

[28] 陈大宝，赵连仲，杨贵林. 大型挡板流化床床层膨胀的研究. 化工学报，1983 (2)：195~200

[29] 沈阳化工研究院. 研究报告，1979

[30] Colakyan M，Catipovic N，Jovanovic G et al. Elutriation from a large particle fluidized

bed with and without immersed heat transfer tubes. AIChE, 72nd Meeting. San Francisco. 1979

[31] Leva M. Elutriation of fines from fluidized systems. Chem. Eng. Progr, 1951, 47 (1): 39~45

[32] Osberg G L, Charleswork. Elutriation in a fluidized bed. Chem. Eng. Progr, 1951, 47 (11): 566~578

[33] Yagi S, Aochi T, Spring meeting of society of Chem. Engrs, 1955

[34] Wen C Y, Hashinger. Elutriation of solid particles from a dense-phase fluidized bed. A. I. Ch. E. J, 1960, 6 (2): 220~226

[35] Tanaka I, Shinohara H, Elution of fines from fluidized bed. J. Chem. Eng, 1972, 5 (1): 51

[36] Merrich D, Highly J, A. I. Ch. E. Symp. Ser. No. 137, 1974 (70): 366

[37] Matson J M. NSF Workshop on Research needs and Priorities Rensseller Poly. Ind., Oct. 17~19, 1979, New York

[38] Gugnoni R J, Zenz P A. Particle entrainment from bubbling fluidized beds. Fluidization (Grace J R, Matsen J M, eds.). New York: Plenum Press, 1980. 501~508

[39] Wen C Y, Chen L H. Fluidized bed freeboard phenomena: Entrainment and elutriation. A. I. Ch. E., J, 1982, 28 (1): 117~128

[40] Yang W C. A methametical definition of choking phenomenon and a methametical model for predicting choking velocity and choking voidage. A. I. Ch. E. J, 1975, 21 (5): 1013~1015

[41] Tasirin S M, Geldart D. Entrainment of FCC from fluidized beds-A new correlation for the elutriation rate constants $K_{i\infty}$. Powder Technol, 1998, 95 (3): 240~247

[42] Zenz F A, Weil N A, A theoretical-empirical approach to the mechanism of particle entrainment from fluidized beds. A. I. Ch. E. J, 1958, 4 (4): 472~479

[44] Fournol A B, Bergougnou M A, Baker C G J. Solids entrainment in a large gas fluidized bed. Can. J. of Chem. Eng, 1973, 5 (4): 401~404

[45] Nazemi A M, Bergougnou M A, Baker G G J. A. I. Ch. E. Symp. Ser. No. 141, 1974 (70): 98

[46] Large J F, Martinie Y, Bergougnou M A. Inter. Powder Bulk Solids Handling and Processing Conference. May, 1976

[47] Bachovchin D M, Beer J M, Sarofim A F. AIChE 72th meeting. San Francisco, 1979

[48] 张琪, 梁忠英, 秋绍南等. A. I. Ch. E. Meeting, Sept, 1982, Beijing, China

[49] Lewis W K, Gilliland E R, Lang P M. Chem. Eng. Progr. Symp. Ser. No. 38, 1962 (58): 65

[48] Geldart D, Cullinan J, Georphiades S, Gilvray D et al. The effects of fines on entrainment from gas fluidized bed. Trans. Inst. Chem. Engrs, 1979, 57 (4): 269

[50] Rowe P N, Partridge B A. Proceedings of the Symposium on the Interaction between Flu-

ids and Particles（Rotenburg P A，ed.），Inst. Chem. Eng，London，1962，135

[51] George S E，Grace J R. A. I. Ch. E. Symp. Ser. No. 176，1978，74：67

[52] Jolley L J，Stantan J E. J. Appl. Chem.（London），1952，Suppl. Issue 1：S62～68

[53] Tweddle T A，Capes C E，Osberg G L. Effect of screen Parking on entrainment from fluidized beds. Ind. Eng. Chem. Process Des Dev，1970，6（1）：85

[54] 张琪，梁忠英，秋绍南等. 流化床的夹带-Part II：限制床的夹带. 第三届全国流态化会议文集. 1984. 3

[55] Toomey R D，Johnstone H F. Gaseous fluidization of solid particles. Chem. Eng. Progr，1952，48（5）：220～226

[56] Toor F D，Calderbank P H. Reaction kinetics in gas-fluidized catalyst beds Part II：Mathematical models. Proceedings of the International Symposium on Fluidization（Drinkenburg A A H，ed.）. Amsterdam：Netherlands University Press，1967. 373～392

[57] Richardson J F，Davies L. Nature，1963，199：898

[58] Pyle D L，Harrison D. An experimental investigation of the two-phase theory of fluidization. Chem. Eng. Sci，1967，22（9）：1199～1207

[59] Toor F D，Calderbank P H，Tripartite Chemical Engineering Conference，Montreal. London：Instn. Chem. Engrs，1968

[60] Kunii D，Levenspiel O. Bubbling bed model for kinetic processes in fluidized beds. Ind. Eng. Chem. Proc. Des. Dev，1968，7（4）：481～492

[61] Latham R，Hamilton C，Potter O E. Back mixing and chemical reaction in fluidized beds. Brit. Chem. Eng. 1968，13（5）：666～671

[62] Orcutt J C，Davidson J F，Pigford R L. Chem. Eng. Progr. Symp. Ser. No 38，1962（58）：1

[63] Kunii D，Yoshida K，Levensperl O. Symp. on Fluidization I，Tripartite Chem. Eng. Conf. Montreal，Sept. Inst. Chem. Eng，1968，12

[64] Kunii D，Levenspiel O. Bubbling bed model for flow of gas through a fluidized bed. Ind. Eng. Chem. Fundamental，1968，7（3）：446～452

[65] Gilliland E R，Mason E A. Gas and solid mixing in fluidized beds. Ind. Eng. Chem，1949，41（6）：1191～1196

[66] Gilliland E R，Mason E A. Gas mixing in beds of fluidized solids. Ind. Eng. Chem，1952，44（1）：218～224

[67] Gilliland E R，Mason E A，Oliver R C. Gas-flow patterns in beds of fluidized solids. Ind. Eng. Chem，1953，45（6）：1177～1185

[68] Schugerl K，Verweilzeitverteilung des Anstromgases in Flie β betten Chem. Eng. Techn，1966，38（11）：1169～1176

[69] Schugerl K.，Experimental comparison of mixing processes in two-and three-phase fluidized beds. Proceedings of the International Symposium on Fluidization（Drinkenburg A A

H, ed.). Amsterdam : Netherlands University Press. 1967. 782~796

[70] Winter O. Chem. Eng. Progr. Symp. Ser. No. 67, 1966 (62): 1

[71] Miyauchi T, Kaji H, Sato K. Fluid and particle dispersion in fluid-bed reactors. J. Chem. Eng. Japan, 1968, 1 (1): 72~77

[72] Yoshida K, Kunii D. Stimulus and response of gas concentration in bubbling fluidized beds. J. Chem. Eng. Japan, 1968, 1 (1): 11~16

[73] Sane S U, Haynes H W, Agarwal P K. An experimental and modelling investigation of gas mixing in bubbling fluidized beds. Chem. Eng. Sci, 1996, 51 (7): 1133~1147

[74] Liu H, Wei F, Yang Y H et al. Mixing behavior of wide-size-distribution particles in a FCC riser. Powder Technol, 2003 (132): 25~29

[75] Leva M, Grummer M. A correlation of solids turnover in fluidized system: Its relation to heat transfer. Chem. Eng. Progr, 1952, 48 (6): 307~312

[76] Stemerding S, Session 5-Gas mixing and two-phase model: Report. Proceedings of the International Symposium on Fluidization (Drinkenburg A A H, ed.). Amsterdam : Netherlands University Press, 1967. 309~321

[77] Lim K S, Gururajan V S, Agarwal P K. Mixing of homogeneous solids in bubbling fluidized beds. Chem. Eng. Sci, 1993, 48 (12): 2251~2265

[78] Kunii D, Levensperl O. Lateral dispersion of solids in fluidized beds. J. Chem. Eng. Japan, 1969 (2): 122

[79] May W G. Fluidized bed reactor studies. Chem. Eng. Progr, 1959, 55 (12): 49~56

[80] Tailby S R, Cocquerel M A T. Some studies of solids mixing in fluidized beds. Trans. Inst. Chem, Engrs, 1961, 39 (3): 195~201

[81] Morris D R, Gubbins K E, Watkins S B. Residence time studies in fluidized and moving beds with continuous solids flow. Trans. Inst. Chem. Engrs, 1964, 42 (9): T323~333

[82] Stephens G K, Sinclair R J, Potter O E. Gas exchange between bubbles and dense phase in a fluidized bed. Powde Technol. , 1967, 1 (3): 157~166

[83] Mostoufi N, Chaouki J. Local solid mixing in gas-solid fluidized beds. Powder Technol, 2001, 114 (1~3): 23~31

[84] Wirsum M, Fett F, Iwanowa N et al. Particle mixing in bubbling fluidized beds of binary particle systems. Powder Technol, 2001, 120 (1, 2): 63~69

[85] Naimer N S, Chiba T, Nienow A W. Parameter estimation for a solids mixing/segregation model for gas fluidized bed. Chem. Eng. Sci, 1982 (37): 1047~1057

[86] Fan L S, Chen Y M, Lai F S. Recent developments in solids mixing. Powder Technol, 1990, 61 (3): 255~287

[87] Askins J W, Hinds G P, Kunreuther F. Fluid catalyst-gas mixing in commercial equipment. Chem. Eng. Progr, 1951, 47 (8): 401~404

[88] Danckwerts P V, Jenkins J W, Place G. The distribution of residence-times in an indus-

trial fluidised reactor. Chem. Eng. Sci, 1954, 3 (1): 26~35

[89] Handlos A E, Kunstman R W, Schissler D O. Gas mixing characteristics of a fluid bed regenerator. Ind. Eng. Chem, 1957, 49 (1): 25~30

[90] Singer E, Todd D B, Guinn V P. Catalyst mixing patterns in commercial catalytic cracking units. Ind. Eng. Chem, 1957, 49 (1): 11~19

[91] De Maria F, Longfield J E. Chem. Eng. Progr. Symp. Ser. No. 38, 1962 (58): 16

[92] Lewis W K, Gilliland E R, Girouard H. Chem. Eng. Progr. Symp. Ser. No. 38, 1962 (58): 87

[93] De Groot J H. Scaling-up of gas-fluidized bed reactors. Proceedings of the International Symposium on Fluidization (Drinkenburg A A H, ed.). Amsterdam : Netherlands University Press, 1967. 348~361

[94] Ziderweg F J. Session 9—Design: Report. Proceedings of the International Symposium on Fluidization (Drinkenburg A A H, ed.). Amsterdam : Netherlands University Press, 1967. 739~750

[95] Van Deemter J J. Mixing and contacting in gas-solid fluidized beds. Chem. Eng. Sci, 1961, 13 (3): 143~154

[96] Verloop J, de Nie L H, Heertjes P M. The residence time of solids in gas-fluidized beds. Powder Technol, 1968, 2 (1): 32~42

[97] Van Deemter J J. The count-current flow model of a gas-solids fluidized bed. Proceedings of the International Symposium on Fluidization (Drinkenburg A A H, ed.). Amsterdam: Netherlands University Press, 1967. 334~347

[98] Hayakawa T, Grahan W, Osberg G L. Aresistance probe method for determining local solid particle mixing rates in abatch fluidized bed. Can. J. Chem. Eng, 1964, 42 (3): 99~103

[99] Alfke G, Baerns M, Schugerl K et al. Zur Feststoffvermischung in gasdurchstromten wirbelschichten. Chem. Ing. Techn, 1966, 38 (5): 553~560

[100] Jinescu G, Teoreanu L, Ruckenstein E. The mixing of solid particles in a fluidized bed. Can. J. Chem. Eng, 1966, 44 (2): 73~76

[101] Blickle T, Kaldi P. Mischung und Verweilzeit in Wirbelschichtappraturen. Chem. Techn, 1959, 11 (4): 181~184

[102] Massilmilla L, Westwater J W. Photographic study of solid-gas fluidization. AIChE J, 1960, 6 (1): 134~138

[103] Massimilla L, Johnstone H F. Reaction kinetics in fluidized beds. Chem. Eng. Sci, 1961, 16 (1, 2): 105~112

[104] Brotz W. Untersuchung uber Transpotvorgange in durchstromten. Chem. Ing. Techn, 1956, 28 (3): 165~174

[105] Levey R P, De La Garza A, Jacobs S C et al. Fluid bed conversion of UO_3 to UF_4. Chem Eng. Progr, 1960, 56 (3): 43~48

[106] 森 芳郎，中村厚三．流動層における粒子混合．化学工学．1965，29：868～874

[107] Burovoi I A，Svetozarova G I．The determination of mixing coeficients in fluidized bed reactors. Int. Chem. Eng, 1965, 5 (4)：711～713

[108] Littman H. Solid mixing in straight and tapered fluidized beds. AIChE J，1964，10 (6)：924～929

[109] Gabor J D，Chem. Eng. Progr. Symp. Ser. No. 67, 1966 (62)：35

[110] Gabor J D，Chem. Eng. Progr. Symp. Ser. No. 67, 1966 (62)：32

[111] Park W H，Capes C E，Osberg G L．Symp. on Fluidization II, Tripartite Chem. Eng. Conf. Montreal, Sept, Inst. Chem. Eng，1968，40

[112] Lochiel A C，Sutherland J P．The lateral mixing of fluidized solids through meshed and unmeshed apertures. Chem. Eng. Sci, 1965, 20 (12)：1041～1053

[113] Volk W，Johnson C A，Stotler H H．Effec of reactor internals on quality of fluidization. Chem. Eng. Progr, 1962, 58 (3)：44～47

[114] Grace J R，Harrison D．Symp. On the Engineering of gas-solid reactions，Brighton，April. Inst. Chem. Eng, 1968

[115] Hull A S，Chen Z，Agarwal P K．Influence of horizontal tube banks on the behaviour of bubbling fluidized beds 2：Mixing of solids. Powder Technol, 2000 (111)：192～199

[116] Sitnai O．Solids mixing in a fluidized bed with horizontal tubes. Ind. Eng. Chem. Proc. Des. Dev, 1981, 20 (3)：533～538

[117] Levenspiel O．Chemical reaction Engineering. New York：John Wiley and Sons，Inc，1962

[118] Yagi S，Kunii D．Fluidized-solids reactions with continuous solids feed. Chem Eng. Sci, 1961, 16 (3, 4)：364～391

[119] 李佑楚．硫铁矿的流态化焙烧过程和焙烧炉的设计方法．硫酸工业，1979 (5)：40～61

[120] 李佑楚．硫铁矿的流态化焙烧过程和焙烧炉的设计方法．硫酸工业，1979 (5)：34～48，20

[121] 中国科学院北京化冶所气体炼铁小分队 河北怆州地区炼铁厂．流态化气体炼铁——100公斤/日级加压联动试验．化工冶金，1976 (3)：1～18

[122] 郭慕孙．钒钛磁铁精矿钢铁冶炼新流程——流态化还原法．中国科学院化工冶金研究所，1978. 10

[123] 郭慕孙．钒钛磁铁精矿钢铁冶炼新流程——流态化还原法（二）．中国科学院化工冶金研究所，1978

[124] 郭慕孙．钒钛磁铁精矿钢铁冶炼新流程——流态化还原法（三）．中国科学院化工冶金研究所，1978. 4

[125] 郭铨，甘耀琨．流态化选择还原攀枝花铁精矿——流程的分析和评价．中国科学院化工冶金研究所．1979. 3

[126] 郭慕孙．钒钛铁矿综合利用——流态化还原法．钢铁．1979，14 (6)：11

［127］Mori S，Wen C Y．Fluidization technology（Keairns D L，ed.）．Hemisphere Pub.
　　　　Corp，1976（1）：179

［128］王尊孝等．挡板对流化质量的影响．第二届全国流态化会议论文集．1980．85

［129］池田米一．Fluid bedにちる触媒反応のスケールアップにつして．化学工学，1970，
　　　　34（10）：1013～1019

第十章 快速流态化工程

10.1 快速流态化概述

10.1.1 发展历程

自 20 世纪 40 年代开始的头 25 年，鼓泡流态化技术得到了充分的发展，以大型 FCC 催化裂化的实施标明其工业应用达到了极至，然而，鼓泡流态化的气泡行为带来反应器效率降低和装置不易放大的难题，引起人们的困惑，也激起了人们另辟蹊径的希望。以郭慕孙为首的中国科学院过程工程研究所（原化工冶金研究所）的一批学者，适时地进行了聚式流态化的无气泡气固接触的新领域的开创，快速流态化及其应用技术是其核心技术之一。

早在流态化研究发展的初期，人们[1,2]已经发现了细颗粒物料具有适应高气速（高于其自由沉降速度）操作的能力，然而还不能理解其力学的本质。20 世纪 60 年代后期氢氧化铝循环流化床煅烧工艺的成功实现[3]，导致对细颗粒物料的高速而浓密操作现象深入的探索。Yerushalmi 等人[4]报导了 FCC 催化剂快速循环操作的实验观察；自 20 世纪 70 年代初开始，中国科学院化工冶金研究所李佑楚等[5,6]对多种不同特性的颗粒物料进行了系统的快速流态化流动的实验研究，发现了快速流态化一般具有三种轴向空隙率分布，典型的为上稀下浓两相共存的拐点居中的 S 型分布，拐点超过设备顶点的全浓分布和拐点低于分布板的全稀分布，提出一个基于轴向固体分级与扩散的动力学平衡模型给予数学描述[7]，确实证明了一种新的流态化状态的存在。随后，快速流态化的研究成为国际前沿领域的热门课题，与此同时，快速流态化在煤的燃烧等许多工业部门得到越来越多的应用，并得到了长足的发展。

10.1.2 装置类型及操作特性

快速流态化装置一般由快速管或提升管、气固分离器、固体循环料腿以及料腿下端安设的压力平衡器或料率控制阀等组成，如图 10-1 的示意图。在快速流态化操作下，快速管里有一特定的轴向空隙率分布，即两端为渐近极限空隙率 ε_a 和 ε^*，曲线中部有一拐点 z_i，$0 \leqslant z_i \leqslant L$。在稳定操作条件下，由于循环流化床两端的连通结构，快速管与循环料腿两侧之间将保持压力平衡，即

$$\Delta P_{\mathrm{D}} = \Delta P_{\mathrm{v}} + \Delta P_{\mathrm{FA}} + \Delta P_{\mathrm{FS}} + \Delta P_{\mathrm{c}} \tag{10-1}$$

用床层空隙率和料层高度可将上式改写为

$$(1-\varepsilon_{\mathrm{D}})\rho_{\mathrm{s}}H = (1-\varepsilon_{\mathrm{a}})\rho_{\mathrm{s}}h + (1-\varepsilon^{*})\rho_{\mathrm{s}}(L-h) + \Delta P_{\mathrm{v}} + \Delta P_{\mathrm{c}} \tag{10-2}$$

这时，系统的总存料量 I 为

$$I = (1-\varepsilon_{\mathrm{D}})\rho_{\mathrm{s}}A_{\mathrm{D}}H + (1-\varepsilon_{\mathrm{a}})\rho_{\mathrm{s}}A_{\mathrm{F}}h + (1-\varepsilon^{*})\rho_{\mathrm{s}}(L-h)A_{\mathrm{F}} \tag{10-3}$$

两式联立消去 H，并考虑到 $h = L - z_i$ 得到

$$\frac{h}{L} = \frac{1}{(\varepsilon^{*}-\varepsilon_{\mathrm{a}})}\left[\frac{I}{LA_{\mathrm{D}}\rho_{\mathrm{s}}\left(1+\dfrac{A_{\mathrm{F}}}{A_{\mathrm{D}}}\right)} - \frac{\Delta P_{\mathrm{v}}+\Delta P_{\mathrm{c}}}{LA_{\mathrm{D}}\rho_{\mathrm{s}}\left(1+\dfrac{A_{\mathrm{F}}}{A_{\mathrm{D}}}\right)} - (1-\varepsilon^{*})\right]$$

或

$$\frac{z_i}{L} = \frac{1-\varepsilon_{\mathrm{a}}}{\varepsilon^{*}-\varepsilon_{\mathrm{a}}} - \frac{1}{(\varepsilon^{*}-\varepsilon_{\mathrm{a}})}\left[\frac{I}{LA_{\mathrm{D}}\rho_{\mathrm{s}}\left(1+\dfrac{A_{\mathrm{F}}}{A_{\mathrm{D}}}\right)} - \frac{\Delta P_{\mathrm{v}}+\Delta P_{\mathrm{c}}}{LA_{\mathrm{D}}\rho_{\mathrm{s}}\left(1+\dfrac{A_{\mathrm{F}}}{A_{\mathrm{D}}}\right)}\right] \tag{10-4}$$

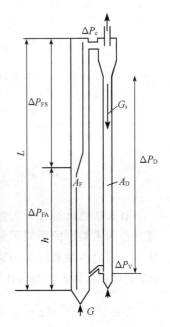

式（10-4）表明，快速流态化浓相床层高度（$h = L - z_i$），除与决定床层状态（ε_{a}、ε^{*}）的操作气速 U_0 和固体循环量 G_{s} 有关外，还与系统物料初始存料 I 有关，与设备结构尺寸（L、A_{F}、A_{D}）、料率控制阀的开度阻力（ΔP_{v}）以及进出口的阻力 ΔP_{c} 等有关，应该指出的是，这些阻力（ΔP_{v}，ΔP_{c}）还随操作条件的改变而变化。

预备实验发现[8]，设备的结构形式，特别是快速管两端进口、出口结构的几何结构尺寸，对其流动有重要影响，如图 10-2 所示，在研究真实的气固相互作用时，应消除设备结构尺寸特别是进口、出口结构的影响。

式（10-4）还说明，快速流化床床层的轴向结构分布 $\left(\dfrac{h}{L}\right)$ 将会因不同的研究者采用不同结构尺寸的设备和不同的初始操作工况（ΔP_{v}、I）而不同，彼此间的实验结果不具可比性，难以相互印证和取得共识。其次，也是最重要的，如果实验系统包括了几何

图 10-1　快速流态化装置及其操作特性

尺寸因素和非气固接触的其他外来因素的影响，则难以用来测定快速流态化下气固相互作用的真实关系。正因为如此，认真研究不同结构形式的循环流化床及其操作性能，对于科学评估现有不同实验装置的结果和在应用设计中正确确定操作参数就显得特别的重要了。

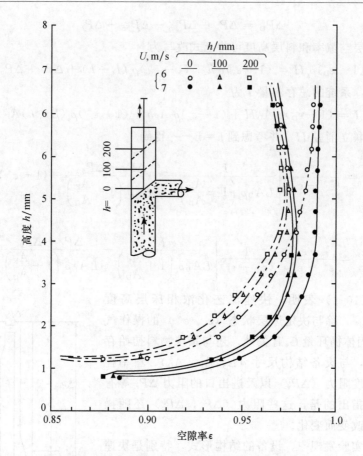

图 10-2　快速管出口几何结构对床层流动结构

有关快速流态化的实验研究装置，已见诸报导的有着种种的不同。但按照上述操作因素类型的不同限制，可将它们归并至以下两类三种形式[9]，如图 10-3 所示，即自由型系统和约束型系统两类，其中自由型系统中又分为独立自由型（A 型）和从属自由型（B 型），而约速系统则为混合约束型（C 型）。

10.1.2.1　独立自由型（A 型）循环床

独立自由型 A 型循环流化床（图 10-3 Type A）属基础研究型[8]，其主要功能在于研究快速流态化真实的气固相互作用及其流动规律。据式（10-4）的操作性能原理，该装置结构设计必须消除 I、A_F/A_D、ΔP_v、ΔP_c 等因素的影响，即采用中间料斗、取消起控制作用的料率控制阀、消除进、出口效应，并经实验验证在较宽的操作参数范围条件下确实满足上述要求。独立自由型（A 型）流化床的主要特征有如下几方面。

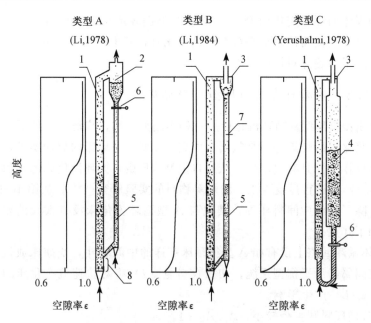

图 10-3 快速流态化装置类型[9]

1-快速流化床；2-中间料斗；3-旋风分离器；4-低速流化床；
5-料腿立管；6-料率控制阀；7-料率仪；8-悬浮段

1）料封阀为气动阀，安装在循环料腿的下端，它保证物料连续稳定的下降循环，而对固体流率没有任何调控限制作用，故称自由系统。

2）料率计量装置安装在循环料腿顶端与分离器下料斗之间，可测量任意流动状态下的固体流率，而料斗则根据系统对存料量需求变化起到储存或提供物料的调节作用，使固体循环流率可独立自由的调节，结合上一特点，构成了独立自由型系统特性。

3）循环物料返回料口安置在快速提升管下端分布板或进气口以上足够高的位置，以消除返回固体颗粒因加速而引起的入口效应，保证返回的固体颗粒进入快速提升管就立即达到相应床层的流动状态。

4）快速管出口结构不应对其气固流动产生额外的影响。

总之，该系统可真实地研究快速流态化的气固相互作用，其气固流动的影响因素，除物系特性参数外，仅包含了操作气速和固体循环量，消除了其他因素影响，而且气速和固体循环量可各自独立地任意改变。对于给定的气速和固体循环量，快速提升管就有一确定的 ε_a 和 ε^* 为特征的流动状态，快速床侧有一特定的轴向空隙率分布即有确定的 $\dfrac{z_i}{L}$ 或一确定的平衡存料量，这一存料量所产生的静压头将决定料腿中物料的循环流率和两侧的压力平衡；系统的存料量或 $\dfrac{z_i}{L}$ 将随气体操作速度和固体循环量变化而变化。这是 A 类循环床重要操作特征之一。当气速或固体循环量改变而使系统平衡存料量变化时，其增减料量将由中间料罐提供或接纳，消除了初始存料量的影响。

10.1.2.2　从属自由型（B 型）循环床

从属自由型（B 型）循环流化床属一种实用型结构，广泛应用的循环流化床燃烧器、氢氧化铝煅烧炉等都是从属自由型（B 型）循环床的成功实例，研究这类循环床的操作特性具有实用性。从属自由型（B 型）循环流化床的几何结构如图 10-3 TypeB，已进行过菱苦土、粉煤等物料的实验研究[10,11]。从图 10-3 TypeB 不难看出，除了取消中间料斗外，其他与 A 型循环流化床没有太大的差别，具体特点有如下几点。

1）固体循环回路上没有如 A 型循环床那样的中间料斗，快速床或快速提升管与料腿之间属静压平衡型系统，初始存料量（I）将对快速流态化床的轴向空隙率分布（z_i/L）产生影响。

2）通常循环料腿直径较小，$A_F/A_D \geqslant 1$。

3）循环料腿下端安设的料封阀，其流阻很小，目的在于形成具有料封的稳定流动，而对料率不起控制或约束作用，因而属自由型循环系统。

4）快速床操作气速的变化将导致固体循环率的改变，固体循环量不能独立调节，而是从属于气速的变化，固体循环量的大小取决于气体速度的大小，因而该系统为从属自由型。

根据式（10-4），从属自由型（B 型）循环流化床系统的 ΔP_v、ΔP_c 等相对而言较小，可以说，对气固流动没有明显的影响，而影响其操作特性的是操作气速、系统初始存料量 I 以及系统的几何尺寸 A_F/A_D。由于几何因素的存在，不同几何结构尺寸的装置，其操作特性将有所不同。在应用设计中，通常根据工艺要求的固体循环通量首先确定合适的 A_F/A_D 比，从而确定了其相应的操作特性。

对于从属自由型（B 型）循环床，在给定的系统初始存料量和一定的气速操作条件下，快速提升管将形成一定轴向空隙分布的流动结构，同时快速床与料腿两侧之间保持静压平衡。与 A 型循环流化床不同的是，拐点的位置 $\left(\dfrac{z_i}{L}\right)$（或下段浓相区高度）将随初始存料量而变，而操作气体速度和固体循环量的影响较小。初始存料量过少，将可出现气力输送状态，而初始存料足够大，又可出现全床浓密的快速流态化状态。当改变气速时，例如增加气速，从快速床带出的物料增加，床层密度下降、拐点位置下移，料层静压下降，而被带出的物料进入腿料，使料腿中料层上升，静压升高，两侧压差扩大，使固体循环率增大，从而增加快速床中存料量，导致快速流化床层压降升高，因而可抑制固体循环量的继续增加直至两侧平衡。这表明固体循环量随气速而变。还应看到，几何尺寸 A_F/A_D 将会改变上述参数的影响程度。

10.1.2.3　混合约束型（C型）循环床

混合约束型（C型）循环流化床属约束型系统，其突出特点是循环料腿下端安设有可改变孔口开度的料率控制阀，并串接有"U"形或"L"型等不同形式的浓相流动循环管，构成了阀与管结合的混合约束型系统。混合约束型（C型）循环床是研究快速流态化时最早采用的实验装置形式[4]，如图 10-3TypeC。后来有在此基础上改进的其他类似的形式[12~14]。与独立自由型（A型）和从属自由型（B型）循环床不同的是，除上述约束式料率控制阀外，混合约束型（C型）循环流化床具有一个较大直径（通常比快速管的直径大）的料腿立管，即 $A_F/A_D \ll 1$，在特定条件下，它有着独立自由型（A型）循环流化床中间料罐的作用。

该系统包含有如式（10-4）所列各种影响因素，交互作用复杂。快速流化床的轴向床层结构特征首先由约束控制阀决定，当其为小开度高流阻（ΔP_v 大）时，则有类似于独立自由型（A型）循环床的流动结构，而在大开度低流阻（ΔP_v 小）时，有类似于从属自由型（B型）循环床的流动结构。两者之间，为多变的操作状态，快速床的流动结构具有不稳定的多态性。

在料率控制阀处于小开度、高流阻的强约束情况下，若系统初始存料量足够多，亦即料腿中料位处于较高水平，对于大于快速点气速的给定气速，快速流化床中将形成一定的轴向空隙率分布床层结构，例如"S"形曲线拐点 z_i 接近快速管顶端（相当全床充满浓密颗粒相）。此时增加气速，从床层带出的颗粒物料增加并进入料循环料腿，快速流化床中存料量下降，曲线拐点位置下移；进入料腿的物料可使料腿料位上升，但料腿直径大于快速提升管直径，而且料腿中料层空隙率比快速流化床层低，这部分新增的物料引起料位升高的数值将是有限的，甚至是很小的，同时由于料率控制阀流阻大，也许与料率控制阀的流阻 ΔP_v 相比是微不足道的，这意味着引起固体循环流率改变的新增推动力是很小的，因此，固体循环流率可近似保持不变。当进一步增加气速，快速流化床空隙率轴向分布随之而变，曲线的拐点位置进一步下降。如果快速床层存料量减小引起料腿侧固体循环量增加的推动力依然很小时，这样的操作可以近似变成固体循环量与气速变化无关，接近于独立自由型（A型）循环床操作性能，其大直径料腿相当于独立自由型（A型）循环床的中间料罐的作用。但是应该强调，气速的改变总是会引起固体循环量和快速流化床层轴向空隙率分布的改变的，其改变的程度与料率控制阀开度（ΔP_v）、床层结构尺寸（A_F/A_D）和系统的初始存料量 I 有关。由于影响因素较多，数据的重现性较差，不宜用于研究快速流态化下真实的气固相互作用的基础研究。

在料率控制阀处于大开度、低流阻的弱约束条件下，若系统的初始存料量适当，亦即料腿中料位处于较低水平，对于某一高于快速点气速，快速床层也可以形成某一特定轴向空隙率分布，例如拐点位于快速管中部一带的"S"形分布曲线。当气速增加时，同样因带出床层的物料增加而使拐点下移，料位升高，如前所述。尽管料位升高的数值有限，但与低流阻料阀的 ΔP_v 相比可能较大，而且因快速流化床侧料层静压头下降，足以引起固体循环率的明显增加，从而可使快速流化床中存料量或料层静压头相应增加，反过来抑制固体循环量的增加，最终达到两侧压力平衡下的一种特定的轴向空隙率分布。在这种条件下，固体循环量随气速而变，即不能独立调节，同时床层空隙率轴向分布由系统两侧的压力平衡决定，其特征拐点 z_i（即下段浓相区高度）将随系统初始存料量 I 和系统的结构尺寸 A_F/A_D 而变，显示出接近从属自由型（B 型）循环床的操作特性。不少研究者[13~15]在采用混合约束型（C 型）循环流化床进行流动实验时，在特定条件下，既可近似地观察到从属自由型（B 型）循环床的操作特性及其特有的轴向空隙率分布特征，同时也可近似地观测到独立自由型（A 型）循环床的操作特性及其轴向空隙率分布，但在相近的操作条件下，他们的实验结果不尽一致，这是因为他们实验装置的结构尺寸不同所致。

10.1.3　床层流动结构

什么是快速流态化？不同的学者[7,16~18]所采用的定义不尽相同，但他们有着明确的共识，即快速流态化的操作气速高于终端吹出速度，重要特征是固体颗粒趋向于成团运动，是一种新型的无气泡气固接触流态化。在现象上，具有不均匀的轴向流动结构、径向床层结构、局部流动结构的鲜明特点，如图 10-4 所示。

10.1.3.1　轴向流动结构

实验观测发现，快速流化床的轴向空隙率分布具有三种不同的类型[7,9]，如图 10-4（a）曲线②表示了一个在中等气速下完整的轴向空隙分布，在床层顶部，床层空隙率达到最大值 ε^*，而在床层底部，则渐近一个最小值 ε_a，其间某 z 处出现一个拐点；曲线①是在低气速下的床层空隙率轴向分布，可以理解为曲线中间拐点位置 z 已超出快速流化床的顶端；而曲线③是在高气速下的床层空隙率轴向分布，其拐点位置 z 则低于快速流化床的底端。其物理现象是，如图 10-4（b）所示，曲线①表明低气速下整个床层被固体颗粒充填，即全浓快速流化床。

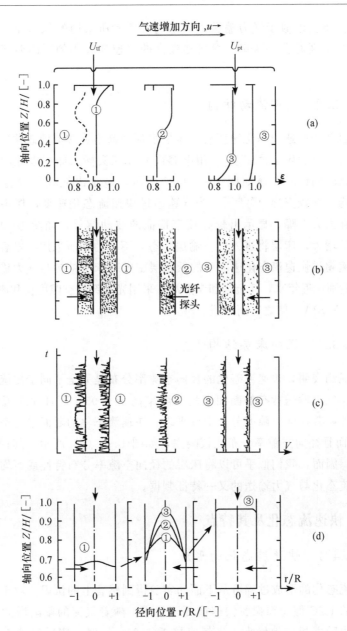

图 10-4 细颗粒流化现象及床层结构特征[9]

当气速略高于快速流态化速度及相当的固体循环通量或在气速较高和特大的固体循环通量条件下，可以实现全浓快速流态化操作，但前一条件下的床层空隙率低于后一条件。曲线②为上稀下浓的两相共存的典型快速流态化，气速适中，固体循环通量适中均可实现。曲线③表明高气速下整个床层全稀的快速流态化，实质上近似于气力输送，只不过是两者所采用的气速和固体通量存在着程度上的差别而已。这里一般指在较高的气速和较小的固体循环通量时所发生的现象。

10.1.3.2　局部流动结构

在气速低于快速流态化速度时，床层表现为鼓泡或湍流流态化特征（当床层直径较小时，可发生节涌流动）。用电容或光纤探头插入床层以探测床层的均匀程度，状态时间记录曲线如图 10-4（c）所示，显示出低频信号特征的不均匀性，即不均匀性较突出[9,15,18,19]。当气速超过快速流态化速度，探头检测到的床层不均匀性大大下降，显示出较高频率特征的波动信号，如图 10-4（c）所示。随着气速的增大，床层将进入气力输送状态，不幸的是所采用的电容式探头难以辨认出气速超过快速流态化速度后的低床层密度时床层结构与气力输送状态的床层结构的差别，近年来，任金强和李静海[4]采用光导纤维空隙度仪和激光相位多普勒粒度仪（PDPA）使之有所改进。

10.1.3.3　径向床层结构

实验观测表明，快速流态化的径向空隙率分布是完全不同于传统意义上的气力输送的。气力输送状态的断面平均空隙率高于 0.95，而且除靠近壁边有略浓的边界层外，其径向空隙率分布十分平坦。快速流态化的断面平均空隙率一般低于 0.95，而且径向空隙率分布比较陡立，如图 10-4（d）所示，其程度随气速而变[15,19,20]。因而，我们似乎可以将床层的径向空隙率分布特性或不均匀程度作为区分快速流态化与气力输送的又一特征判据。

10.1.4　快速流态化及其特点

10.1.4.1　快速流态化的形成

快速流态化的形成过程可从下面的实验得到感官上的认识。对于装有一定初始存料量的 FCC 催化剂颗粒快速循环流化床，随着气速的逐渐增大，床层的平均空隙率也随之相应地增大，当气速接近 1.25m/s 时，床层湍动激烈，从床层夹带的固体物料明显增多，床层界面变得模糊不清，可以称之为进入湍流流态化。若气速略超过 1.25m/s，固体扬析量骤然增加。当进一步增加气速而固体循环量较低时，床层将由浓相床层转变为稀相输送状态；此时，若逐渐增加固体循环量达到某一值时，则流化床的底部将出现浓相的流化床层，该浓相流化床层即为快速流化床，即床层进入快速流态化状态，对应该点的速度称临界快速点速度，而且该床层的平均空隙率将随固体循环量的增加而略有下降，同时该浓相床层高度也会随固体循环量的增加而逐渐升高。但在气速小于 1.25m/s，床层平均空隙率与固体循环速率无关，仍然表明为经典流态化特征。当气速高于 1.25m/s 并逐渐增大时，床层出现下浓上稀两相共存的流动结构，两相的平均空隙率同样随气速的增大而增大，随固体循环量的增加而降低。对相同的固体循环量，气速高的，床层平均空隙率相对较高。当气速和固体循环速率都达到足够高时，当都达到足够大时，快速流化床将转变为固体浓度较高（ $\varepsilon < 0.95$）的全床均匀的流动状态，即较浓的输送状态或快速流态化。有的称之为高膨胀床，床层平均空隙率低于通常气力输送空隙率下限值。这是在快速流态化存在条件范围或操作区，它随气速和固体循环量的增大而扩展；物料特性不同，操作区大小不同，Ar 数小的，操作区大，如图 10-5 所示。快速提升管所表现的快速流态化的床层状态：可以观察到摆动摇曳的絮状颗粒团，而不曾有气泡存在。

实验结果表明，经典气固流态化与快速流态化的重要区别在于：经典气固流态化的床层平均空隙率仅与气体流速有关，而快速流态化的床层平均空隙度不仅与气速有关，而且与固体循环速率有关；床层为无气泡的颗粒团结构。

应该强调的是，对给定的物料而言，快速流态化的形成应同时满足相适应的气速和最小固体循环量的要求。因此所论床层状态转入快速流态化，必须同时具备这两个条件的确切参数。但不少研究者在观测快速流态化建立的过程中注意了气速这一参数，而未能考虑或忽略了最小固体循环量这一必要参数[16~18]。在选择快速流态化参数时，既要根据物系特性的参数，选择高于临界快速点速度的合适操作气速，同时也要保证足够的固体循环量，以使床层在特定设备条件下处于快速流态化操作。

10.1.4.2 快速流态化存在的条件

采用独立自由型（A 型）循环流化床装置，研究了不同特性颗粒物料在提升管里快速流态化的流动特性，并综合为各自的流动状态参数图[9]。这些实验观察表明，快速流态化存在的必要条件可归结如下[9,15]。

1）特定而必要的气体速度，$U_{tf} < U < U_{pt}$。

2）与气速相适应的足够大的固体循环流率，$G_s > G_{sm}$。

3）合适的固体颗粒特性，如 d_p 用 μm 表示，一般 $d_p(\rho_s - \rho_g) \leqslant 300$ 较理想。

在上述三个条件中，最为重要的是固体颗粒特性，属系统的固有特性，而其他的两个条件属外部条件，取决于系统的操作特性。目前已用于进行快速流态化试验研究的颗粒物料绝大多数为 Geldart 的细颗粒 A 类物料，少量的 A-B 类物料和 B 类物料，个别的 C 类和 D 类物料，可参考参考文献 [9]。

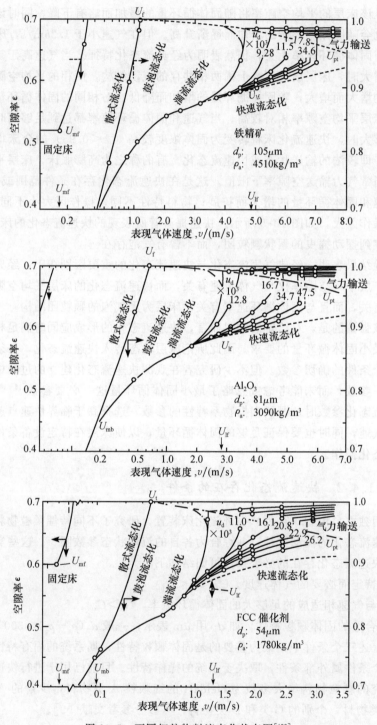

图 10-5　不同细粒物料流态化状态图[439]

　　颗粒流体系统是一种粘弹性物系，其流变特性取决于物系内部的作用力（参见第一章 1.1.1.3）。直观感觉是随着颗粒粒度的减小、含湿的增加，颗粒间的范德华力、表面静电力及残余水毛细管力将增加，导致物料内部粘性力的增加。Mutsers 和 Rietein[21] 的实验结果表明，对于颗粒 D 类物料，颗粒间的粘附力可以忽略，在流体的作用下，几乎以单个颗粒形式运动；对于较粗或较重的 B 类物料，其粘附力约为 2～10 倍的颗粒重量，在气流作用下，大概以相应数目颗粒组成的颗粒团运动；对于细粒 A 类物料，其黏附力大概为 10～100 倍的颗粒重量，在气流作用下，大概以相应数目颗粒组成的颗粒团运动；对 C 类粉体物料，其粘附力可能超过颗粒重量的 1000 倍，甚至更大，颗粒不仅成团运动，甚至聚并成相对稳定而具有一定尺寸的"球"，构成新的聚团流态化。从力学本质上看，物料内的粘附力使颗粒具有成团运动的属性，从而以更大的重力对抗外面流体作用相对减少的曳力，因而可允许更高流速通过而保持类似经典散式流态化状态，导致快速流态化状态的形成。Reh[3] 最早形象地描述了快速流态化颗粒成团运动的形成机制。应该说，D 类物料的快速流态化的研究是不充分的。根据颗粒间内聚力原理推论，D 类物料形成快速流态化的可能性不大，既是可以存在，其快速流态化的操作范围将是很窄的。此外，宽粒度分布物料的快速流态化现象将会是十分复杂的，会因物系特性的不同而各有不同，必须对其特殊性进行专门研究。

10.1.4.3　快速流态化特点

　　快速流态化是介于鼓泡流态化与气力输送之间的一种中间流动状态。从上述定性观察分析知，它既具有相邻两种流动状态的各自的优点，同时又避免了它们各自的缺点，是一种有巨大应用价值的工程技术源头，其鲜明特点表现如下。

　　1）无气泡气固接触，大大强化了气固间的接触。

　　2）高气速、高固体通量和高固体浓度操作，大大提高反应器的效率和能力。

　　3）高气固滑移速度，强化了相际之间的传递，高固体浓度床层，强化了器壁间的热量传递，为开拓新的应用领域创造了条件。

　　4）低气体轴向返混，有利于提高化学反应的选择性和转化率，特别是对快速而复杂的气相加工过程尤为有利。

　　5）固体的快速混合，造成整个床层均一的温度分布，从而可实现化学反应的最佳化操作。

　　6）近似均匀的无气泡床层状态和良好气固接触，减轻了几何结构的影响，使装置放大容易，也便于大型化。

　　7）高气速操作和床层的强烈二次混合，气体分布板的均匀布气要求可以降低，可采用大孔率分布板，降低分布阻力，节约鼓风动能消耗。

　　8）高气固通量操作，且气固间速度差大，剪切力强，抗粘结能力强，可用于粘性物料或反应过程中产生中间液相而发生粘结的加工过程。

9）作为具体的工艺技术装备，因其技术性能的提高，导致原料消耗的减少，操作成本的降低，生产效率的提高，建设投资的节约，从而有望获得优良的综合技术经济指标和可观的经济增益。

当然，快速流态化也有不足之处，如固体颗粒的完全混合，对于固相颗粒的加工过程而言，其反应器的综合转化率和反应器效率会有所下降；高气固通量操作，气固分离难度增加，微粉带出对环境的影响、颗粒间的磨蚀和器壁的磨耗将增大（但不严重）等，对这些问题应该给予充分关注和有效防止。

10.1.4.4　快速流态化与循环流化床

以上实验观测结果表明，快速流态化是一种新型的流态化状态，它是利用颗粒物料，特别是细颗粒物料具有成团运动的特性和允许高气速（高于其自由沉降速度）操作的能力，采用高气速操作并通过固体循环方式不断向床层补充固体物料，以达到高气固通量和高固体浓度的流态化状态，这种流态化床层既非均匀散式流态化，亦非鼓泡流态化，而是一种散式化了的聚式流态化：床层已不存在气泡；强烈的气固相互作用，非连续相气泡崩溃为连续相，而原来的连续乳化的固体颗粒相转化为时而聚合、时而分散的非稳定颗粒聚团的非连续相，即是说与传统鼓泡流态化相比，快速流态化发生了"物相倒置"。重要的是，快速流态化状态有着明确的物性和操作的条件的要求。对于这种有确定物理意义和力学特性的流动状况，从学术上说，还是称为快速流态化为好，以便与循环流态化相区别。现在工业部门更为熟悉的是循环流化床，似乎有点约定俗成地把循环流态化等同于快速流态化。然而"循环流化床"一词属表象性的，突出了物料循环的鲜明特征，但忽视了流动状态的本质内容。众所周知，有物料循环的流态化系统，不仅存在于气固系统，也存在于液固系统；不仅存在于无气泡流化床，还存在于鼓泡流化床，"循环流态化"一词没有具备标明或区分流动状态不同特点的功能，容易造成词不达意，甚至引起歧义。考虑这两种现实情况，为了防止歧义和误解，应区别不同场合来使用这两个术语，即在论及流化床设备和装置时，可采用循环流化床或快速流化床或快速循环流化床等，而在论及流态化流动状态时，对上述这种细颗粒在高气速下具有特定流动结构的流化状态，则应该或必须使用"快速流态化"一词为好。

10.2　床层空隙率分布

10.2.1　空隙率轴向分布

床层空隙率分布是快速流态化流动结构的重要方面，它对床层的气-固混合、热量和物质传递以及化学过程的物质转化都将起着重要作用。如前所述，快速流态化床层密度结构为：在轴向上，上段稀，下段浓；在径向上，中心稀，边壁浓。床层结构的变化主要取决于气体速度和固体循环量。

10.2.1.1　独立自由型（A 型）循环流化床

轴向空隙率分布测定[6,8,15]是在 A 型循环流化床中进行的。快速流化管内径 90mm，高 8m，采用多种不同特性的颗粒物料，在不同操作条件下，测定了床层断面平均空隙率沿床层高度的变化，典型结果如图 10-6 所示。

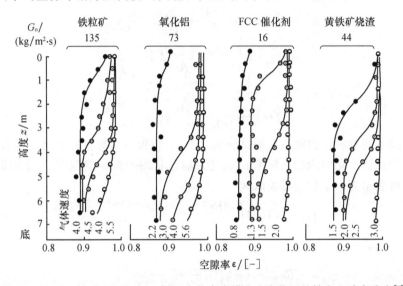

图 10-6　独立自由型（A 型）循环流化床中快速流态化下的轴向空隙率分布[7]

这些不同特性的物料有着相似的快速流态化特性，它们的轴向空隙率分布都有三种不同类型，即如 10.1.3 节所述的，一种上稀下浓两相共存的拐点居中的典型"S"形分布曲线；一种为拐点超出快速管顶端的单一浓相的拟"S"形分布；还有一种为拐点低于快速管底部的单一稀相的拟"S"形分布。它们的共同特点是，对于给定的固体循环率，气速较低时，床中可以出现几乎全浓的快速流态化床层；随着气速的增加，该浓相床层高度逐步下降，这意味着快速流化管中的固体存料量的减小。对于给定的气速和固体循环量，就存在一个拐点 Z_i 确定的轴向空隙率分布或者说有个确定的平衡存料量。快速流化管中存料量随操作条件而变的情况要求有一个中间料斗以适应这一需要，以保持平衡稳定操作。独立自由型（A 型）循环流化床的进口和出口两端合适的几何结构，已完全消除它们的几何结构对流动的影响，在床层上、下两端分别得到了空隙率随 z 的渐近分布特性，这对真实了解快速流化床中气固之间的相互作用而免受其他影响是十分有效的，也是非常必要的。

根据对独立自由型（A 型）循环流化床操作特性分析可知，快速流化床的轴向床层结构特征由下部浓相空隙率 ε_a，上部稀相空隙率 ε^* 和下部浓相区高度 h 所决定，影响床层结构的因素除物性参数 Ar 外，主要由气速和固体循环量决定的相对雷诺数 Re_s，而与系统的存料量等因素无关。因此必须建立 ε_a、ε^* 和 h 与 Ar 和 Re_s 的关联式。根据颗粒与流体的相互作用的两相流动方程式（1-96）（见第一章第一节），对快速流态化，有 $\beta=1$，即

$$1 = \frac{3}{4} C_D \frac{Re_s^2}{Ar} = \frac{3}{4} f(\varepsilon) \cdot C_{Ds} \cdot \frac{Re_s^2}{Ar}$$

$$= \frac{3}{4} f(\varepsilon) \cdot \left(\frac{24}{Re_s} + \frac{3.6}{Re_s^{0.313}} \right) \frac{Re_s^2}{Ar}$$

$$= f(\varepsilon) \cdot \left(\frac{18Re_s + 2.7Re_s^{1.687}}{Ar} \right)$$

故

$$f(\varepsilon) = \frac{Ar}{18Re_s + 2.7Re_s^{1.687}} \tag{10-5}$$

根据不同物料快速流态化的试验结果[5,7]，将曳力系数空隙率修正函数 $f(\varepsilon)$ 与床层快速流化的床层空隙率 ε_a 和气力输送状态的床层空隙率 ε^* 分别进行了关联，可表示为如下的经验关联式[22]

$$\varepsilon_a = 0.7564 \left(\frac{18Re_{sa} + 2.7Re_{sa}^{1.687}}{Ar} \right)^{0.0741} \tag{10-6}$$

其中

$$Re_{sa} = \frac{d_p \rho_g}{\mu_g} \left[U_f - u_d \left(\frac{\varepsilon_a}{1 - \varepsilon_a} \right) \right] \tag{10-7}$$

$$Ar = \frac{d_p^3 \rho_g (\rho_s - \rho_g) g}{\mu_g^2} \tag{10-8}$$

及

$$\varepsilon^* = 0.924 \left(\frac{18Re_s^* + 2.7Re_s^{*\,1.687}}{Ar} \right)^{0.0286} \tag{10-9}$$

其中

$$Re_s^* = \frac{d_p \rho_g}{\mu_g} \left[U_f - u_d \left(\frac{\varepsilon^*}{1 - \varepsilon^*} \right) \right] \tag{10-10}$$

为便于在双对数坐标上清晰地标绘实验结果，采用新的纵坐标表示，如图 10-7 所示，其关联式可相应变为

$$1 - \varepsilon_a = 0.2513 \left(\frac{18Re_{sa} + 2.7Re_{sa}^{1.687}}{Ar} \right)^{-0.4037} \tag{10-11}$$

$$1 - \varepsilon^* = 0.05547 \left(\frac{18Re_s^* + 2.7Re_s^{*\,1.687}}{Ar} \right)^{-0.6222} \tag{10-12}$$

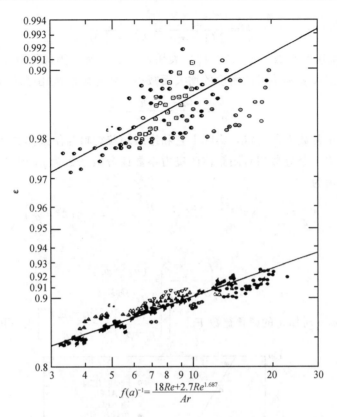

$$f(a)^{-1} = \frac{18Re + 2.7Re^{1.687}}{Ar}$$

图 10-7 独立自由型（A 型）循环床中轴向空隙的经验关联[22]

　　对于给定物系特性（Ar）的快速流态化操作，根据快速流态化操作特性方程式（10-4），在给定的操作气速 U_0 和固体循环量 G_s 的条件下，除决定床层流动结构的 ε_a 和 ε^*，还存在另一个独立的流动结构参数，即快速床层下部浓相区高度 $\frac{z_i}{L}$。快速流态化床层或者说其下部浓相区的建立，是由物系参数和操作参数共同决定的，当固体物料不断循环而进入床层时，床层物料因不断累积而使床层升高，另一方面，在给定气速作用下，床层中稀薄分散相与浓密团聚相将发生分级，稀薄相从团聚中淘洗被带出床层，使床层物料减小，下部浓相区高度下降。上述两个相反制约因素的相互作用，直至达到一个稳定的浓相区床层动力学平衡高度。床层物料淘洗速率与床层存料量有关

$$-\frac{\mathrm{d}W}{\mathrm{d}t} = kW = k(1-\varepsilon_a)\rho_s \cdot A_t \cdot h \tag{10-13}$$

固体循环率 G_s

$$G_s = (1-\varepsilon_a)\rho_s \cdot v_s A_t = \rho_s u_d A_t \tag{10-14}$$

两者达到平衡，有

$$k = \frac{u_\mathrm{d}}{h(1-\varepsilon_\mathrm{a})} = \frac{G_\mathrm{s}}{h(1-\varepsilon_\mathrm{a})\rho_\mathrm{s}} \tag{10-15}$$

k 为淘洗速率常数，式（10-15）表明，它随气速和固体循环量的增加而增大，而随床层高度和物料的密度的增大而减小。快速床层浓相区动力学高度 h

$$\frac{h}{v_\mathrm{s}} = \frac{(1-\varepsilon_\mathrm{a})h}{u_\mathrm{d}} = \frac{1}{k} \tag{10-16}$$

将由淘洗速率常数 k 所决定，实际上它和床层颗粒物料与团聚体之间所受流体作用的曳力有关。令分散相对团聚体的曳力系数或分级系数为 β，则单位体积床层物料受力平衡为

$$\frac{3}{4}(1-\varepsilon_\mathrm{a})\beta \frac{\rho_\mathrm{g}\varepsilon_\mathrm{a}^2}{d_\mathrm{p}} \cdot \frac{(u_\mathrm{g}-v_\mathrm{s})^2}{2g} = (1-\varepsilon_\mathrm{a})(\rho_\mathrm{s}-\rho_\mathrm{g}) \tag{10-17}$$

则

$$\beta = f\left[\left(\frac{\rho_\mathrm{g}}{\rho_\mathrm{s}-\rho_\mathrm{g}}\right) \cdot \frac{(u_\mathrm{g}-v_\mathrm{s})^2}{d_\mathrm{p}g}\right] \tag{10-18}$$

因此，可将 h/v_s 对修正的弗鲁德数 $F_\mathrm{rm} = \left[\left(\frac{\rho_\mathrm{g}}{\rho_\mathrm{s}-\rho_\mathrm{g}}\right) \cdot \frac{(u_\mathrm{g}-v_\mathrm{s})^2}{d_\mathrm{p}g}\right]$ 相关联，如图 10-8

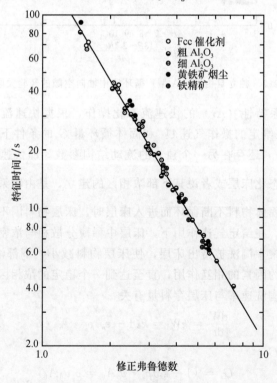

图 10-8　独立自由型（A 型）循环床浓相区高度与操作参数的关联[22]

所示。由此得到用于计算床层高度 h 的经验关联式如下

$$\frac{h}{v_s} = \frac{L - z_i}{v_s} = 175.4 \left(\frac{\rho_s - \rho_g}{\rho_g}\right)^{1.922} \left[\frac{d_p g}{(u_g - v_s)^2}\right]^{1.922} \tag{10-19}$$

在实际应用中，快速流态化床层的动力学高度所具有的存料量应满足化学过程平均停留时间所要求的存料量。

10.2.1.2　从属自由型（B型）循环流化床

实验结果[10,11]表明，从属自由型（B型）循环流化床中轴向空隙率分布如图 10-9 所示。与独立自由型（A型）循环流化床的有所不同，由前面分析可知，从属自由型（B型）循环流化床的轴向床层空隙率分布不仅受到几何参数 A_F/A_D 比的影响，而且还受到初始存料量的影响。不同几何尺寸的两个从属自由型（B型）床系统，即使其他条件相同，它们的轴向空隙率分布所代表床层流动结构也是不同的，不具统一关联性和可比性。对于给定 A_F/A_D 比几何尺寸的从属自由型（B型）循环流化床系统，其轴向空隙率分布，特别是下部浓相区高度，将由系统初始存料量所决定，而独立自由型（A型）循环流化床的浓相区高度与初始存料量无关。假定对于某一大于快速点速度的操作气速和固体循环量，独立自由型（A型）循环流化床则有一个确定两端渐近空隙率 ε_a 和 ε^* 以及下部浓相床层流动高度 h，对于从属自由型（B型）循环流化床，采用上述相同的气速，而且选用的初始存料量所形成固体循环量与前者的固体循环量相同，那么其下部浓相区的流动高度及其存料量也应相同，将这一初始存料量称之为平衡存料量。但在偏离平衡存料量的情况下，后者的下部浓度区的高度将由快速床与循环料腿两侧

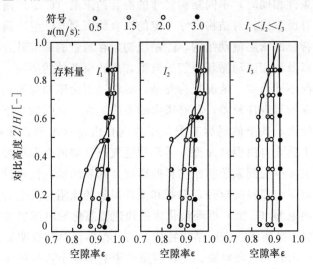

图 10-9　B型循环流化床空隙率轴向分布[11]

的压力平衡所决定。当气速不变，增加存料量时，此时快速床下部浓相高度将上升，其升高幅度与存料量增量有关。相反，保持气速不变，减少存料量，下部浓相区高度将相应下降。当气速恒定而改变系统的存料量，不可能使固体循环量发生改变，但两边状态由两侧压力平衡所决定，流动推动力恒定，因而床层两端渐近空隙率 ε_a 和 ε^* 将保持不变，即 A 型循环床的空隙率关联式将是适用的。

当存料量不变时，增加气速，下段浓相床层空隙率增大，若存料量足够多时，由于两侧压力平衡的制约，快速床层的浓相区高度将上升。整个床层可维持均一的浓密的快速流态化操作；若存料量不足或很少时，增加气速，床层空隙率增大，下段浓相区降低，直至整个床层呈现全稀的气力输送状态。对两相共存情况，通常，快速流态化浓相区床层高度由式（10-20）所决定

$$\frac{h}{L} = \frac{1}{(\varepsilon^* - \varepsilon_a)} \cdot \frac{I}{LA_D\rho_s\left(1 + \dfrac{A_F}{A_D}\right)} - \left(\frac{1 - \varepsilon^*}{\varepsilon^* - \varepsilon_a}\right) \tag{10-20}$$

即它由系统初始存料量 I 和系统几何结构尺寸 A_F、A_D 所决定，这一点与独立自由型（A 型）循环床有根本的不同。

10.2.1.3　混合约束型（C 型）循环流化床

混合约束型（C 型）循环床是最早用于快速流态化研究的床型结构[4]。类似的结构形式也为其他研究者[12,13,19]所采用。与独立自由型（A 型）和从属自由型（B 型）循环流化床相比，该床型的气固流动状态的影响因素较多，而且复杂。混合约束型（C 型）循环流化床的轴向空隙率分布因受几何参数 A_D 和 A_F/A_D 的影响，在其他条件相同时，不同结构尺寸的混合约束型（C 型）循环床的轴向空隙率分布也将有所不同；对结构尺寸一定的混合约束型（C 型）循环床，以轴向空隙率分布为特征的床层流动结构，除系统初始存料量的影响外，还有固体流率控制料阀开度以及浓相流动循环料管的流阻，即约束条件的影响，而且这些流阻还会随操作状况不同而变，情况较为复杂，对快速流化床轴向流动结构的影响也是复杂的，数据的重现性较差，具有很大的不确定性。在强约束下，即料阀开度很小，其流阻较大，其上的料腿有类似于独立自由型（A 型）床的中间料斗作用，有着类似于独立自由型（A 型）循环快速流态化轴向空隙率分布的特征，但此时的固循环量多少受到系统初始存料的影响，两者的轴向流动结构还不会时时相同。在弱约束下，即料阀全开，料阀和循环料管的流阻与其上的料腿静压相比较小时，混合约束型（C 型）循环流化床的快速流态化轴向床层结构有类似于从属自由型（B 型）循环床的床层结构特征，而且存料量对其有明显影响，但混合约束型（C 型）床的大直径料腿，使存料量的影响不像小直径料腿的从属自由型（B 型）循环床那样突出。由此可见，在相同操作条件，初始存料量的同样改变，

混合约束型（C 型）循环床与从属自由型（B 型）循环床的轴向空隙率分布也将有所不同。从国内外的快速流态化流动特性的实验研究看，采用混合约束型（C 型）循环床实验装置不少，但很少见到其流动特性的关联式，更难见到能适用于其他作者数据的关联式，这可能就是问题之所在。

总之，混合约束型（C 型）循环床的轴向空隙率分布因影响因素较多而显得多变；在强约束下，表现出近于独立自由型（A 型）循环床的轴向空隙率分布特征；在弱约束下，表现为近于从属自由型（B 型）循环床的轴向床层结构特征[13,14]。混合约束型（C 型）循环流化床可表观不同流动状态，但包含的影响因素较多，流动特性的关联式因循环流化床的几何结构不同而异，使用局限性大。

10.2.2　床层径向流动参数分布

10.2.2.1　空隙率径向分布

床层空隙率的径向分布是快速流化床流体力学研究的重要方面，为快速流化床层径向结构的描述提供重要的基础。

快速流化床层径向空隙率的测定是采用小尺寸光导纤维探头在不同床层径向位置上测得的，结果如图 10-10 所示[15,20]。结果表明，床层的径向结构随操作气速的增大而变化，在床层刚从湍流流化床转化为快速流态化的低速条件下，床层空隙率的径向分布较为均一，即整个床层断面上的空隙率数值都很接近，类似于传统经典流化床的床层结构；随着操作气速的增加，快速流态化床层结构的径

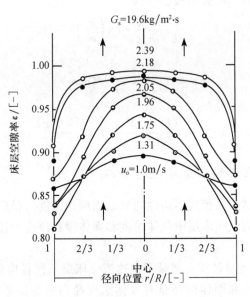

图 10-10　快速流化床空隙率径向分布及与气速的关系[15,20]

向不均匀性增大，即中心区的空隙率增高，形成中心稀薄区，而边壁区的空隙率降低，形成边壁浓密区，在某种条件下，整个床层呈现某种程度的环—核两区的不均匀结构。当气速超过某一值后，床层状态将由快速流态化转变为气力输送，床层空隙率的径向分布则与快速流态化床层空隙率径向分布有所不同，床层除一厚度有限的浓度颗粒边界层外，整个床层断面又呈现出较为均一的空隙率分布。快速流化床与气力输送状态两种不同的径向空隙率分布特征，也是二者之间的重要区别。

Weinstein 等[23]、Monceaux 等[24]、Bader 等[25]、Hartage 等[26]、Horio 等[27]、Azzi 等[28]用 γ 射线密率仪考察了快速流态化的径向床层结构，证实快速流化床的中心稀薄、边壁浓密的环-核两相不均匀结构的存在。董元吉等[19]用光导纤维探头在 $\phi32$、$\phi90$、$\phi300$ 三个不同直径和不同 A 类物料快速流化床层的空隙率径向分布进行了系统测定，对比所得实验数据进行回归分析，提出如下空隙率径向分布的表达式，预测的误差小于 3%：

$$\varepsilon_r = \bar{\varepsilon}^{(0.191+\phi^{2.5}+3\phi^{11})} \qquad (10-21)$$

式中：$\bar{\varepsilon}$ 为床层断面平均空隙率；ϕ 为对比径向位置，$\phi=r/R$。

预测不同径向位置上的空隙率 ε_r，首先要求确定断面平均空隙率 $\bar{\varepsilon}$ 的数据。该平均空隙率 $\bar{\varepsilon}$ 不仅与气速和固体循环量有关，而且在不同床层高度上，断面平均空隙率也各不相同，还有待关联估计。

Patience 和 Chaouki[29]假定床层中心的空隙率是断面平均空隙率的 0.4 次方，并建议空隙率的径向分布表达式为

$$\frac{\bar{\varepsilon}^{0.4}-\varepsilon_r}{\bar{\varepsilon}^{0.4}-\bar{\varepsilon}} = 4\left(\frac{r}{R}\right)^6 \qquad (10-22)$$

其中

$$\bar{\varepsilon} = 1/[1+\psi G_s/(u_g\rho_g)] \qquad (10-23)$$

而

$$\psi = 1 + 5.6\frac{(D_tg)^{0.15}}{U_g} + 0.47\left[\frac{(D_tg)^{0.5}}{U_t}\right]^{0.47} \qquad (10-24)$$

10.2.2.2　床层气体速度径向分布

快速流化床层结构的径向不均性与气、固两相速度的径向不均匀分布有着相互依存的关系，因而快速床层中气体速度和固体颗粒速度的径向分布就是受人关注的课题。

张斌[30]采用等速动量探头测量了快速流化床层不同径向位置上的气体速度，同时考察了表观气速和固体循环量对气体速度径向分布的影响，典型结果如图 10-11 所示。该图表明，气体速度在床层径向上存在明显的不均匀性分布，而且

随着表观气速和固体循环量的增加，这种不均匀性则扩大，即中心区气速增涨较快，边壁区气速减小加快，气速的径向分布曲线变得陡立。气体速度的径向分布可用下式描述

$$U_{g,r} = \left[\left(\frac{k_1}{2k_2} \right)^2 + \frac{k_v}{2k_2} \right]^{0.5} - \frac{k_1}{2k_2}$$

（10-25）

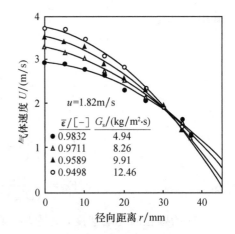

图 10-11　不同条件下对气速的
径向分布[30]

其中

$$k_1 = \frac{150\mu_g(1-\bar{\varepsilon})^2}{D_{eq}^2 \cdot \bar{\varepsilon}^3} \quad (10\text{-}26)$$

$$k_2 = \frac{1.75\rho_g(1-\bar{\varepsilon})}{D_{eq} \cdot \bar{\varepsilon}^3} \quad (10\text{-}27)$$

而

$$D_{eq} = d_p + 0.0004(U_0 - 0.2)(1-\bar{\varepsilon})^{28(1-\bar{\varepsilon})} \quad (10\text{-}28)$$

$$U_0 = 2\int_0^1 U_{g,r} \left(\frac{r}{R} \right) d\left(\frac{r}{R} \right) \quad (10\text{-}29)$$

杨勇林[31]采用二维双色光导纤维多普勒测速仪测定了快速流态化状态下床层的气体速度、固相速度及其径向分布。王涛等[32]用三维激光粒子动态仪（PDA）对床层中气固两相的速度及其分布进行了测定。由于颗粒物料特性和操作条件的不同，尚不能将每一结果对比印证，求得完全的一致，但不管是动量探头法还是激光测速法所得气体速度径向分布随操作表观气速和固体循环量的变化趋势是相似的，即当表观气速和固体循环量增大时，床层气速径向分布变得更不均匀。杨勇林的测定结果还表明，不同轴向高度上，床层中气体速度的径向分布没有明显的变化。

对比床层空隙率和固体通量的径向分布曲线，可以发现，这两组分布曲线是不能互相适应的，揭开这一问题的实质有赖于气固两相速度，特别是固体颗粒速度的径向分布的确定。杨勇林[31]的快速流态化的颗粒速度的径向分布结果表明，固体颗粒速度的径向分布随表观气速和固体循环量的增加而变得更不均匀，这与对气体速度径向分布影响有着相似的规律，但值得注意的是，在接近床层边壁时，固体颗粒具有向下运动的负速度，一般为 1～2m/s；随着床层轴向位置的上升，局部颗粒速度略有增大并趋向一恒定值，同时向下回流边界层的厚度略有减薄。

Patience 和 Chauoki[29]用以下表达式来描述颗粒速度的径向分布

$$U_{s,r} = U_{s,cl} \left[1 - \frac{1}{\phi_s} \left(\frac{r}{R} \right)^2 \right] \quad (10\text{-}30)$$

式中

$$U_{s,cl} = \frac{U_g}{\phi_g \varepsilon_{cl}} - U_t \tag{10-31}$$

$$\phi_s = \left(\frac{r_c}{R}\right)^2 \tag{10-32}$$

而

$$\phi_g = 1 \Big/ \left[1 + 1.1 Fr \left(\frac{u_d}{U_g}\right)^{0.083Fr}\right] \tag{10-33}$$

$$Fr = \frac{U_g}{(D_t g)^{0.5}} \tag{10-34}$$

U_t 为颗粒的终端速度，r_c 为环—核两相结构中核心区的半径，可用 Weather-er[33] 的关联估计

$$\frac{(R - r_c)}{D_t} = 0.55 \left(\frac{L}{D_t}\right)^{0.21} (Re)^{-0.22} \left(1 - \frac{z}{L}\right)^{0.73} \tag{10-35}$$

该式没有固体循环量的影响，有待更多的试验验证。

10.2.2.3　固体通量径向分布

快速流态化床层中固体通量及其径向分布是气固相互作用的综合结果。Rhodes 等[34] 用等速取样的方法对 A 类物料快速流态化床层固体通量及其径向分布进行了实验测定，典型结果表示在图 10-12，可以看出，表观固体循环量对床层径向固体通量分布的影响与对径向固体颗粒速度分布的影响是类似的。快速流态化床层中固体通量的径向分布可用下式表示

$$\frac{G_{s,r}}{G_s} = \left(1 - \frac{\beta}{2}\right) + \beta \left(\frac{r}{R}\right)^2 \tag{10-36}$$

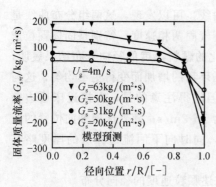

图 10-12　不同条件下固体质量
流率的径向分布[34]

式中：$G_{s,r}$ 为径向 r/R 处的固体通量，$G_{s,r} = (1 - \varepsilon_r) \rho_s V_{s,r}$；$\bar{G}_s$ 为断面平均固体通量，$\bar{G}_s = (1 - \bar{\varepsilon}) \rho_s V_s$；$\beta$ 为 $\bar{\varepsilon}$ 已知时的实验常数，通常 $\beta = 0.9 \sim 1.5$。

在这里依然存在断面平均空隙率 $\bar{\varepsilon}$ 的取值问题，才能得到 $\bar{G}_s$，从而可以预测径向固体通量 $G_{s,r}$。

Thober 和 Santana[35] 也用等速取样的方法对 B 类物料（粒径为 $93\mu m$ 的白云石和 $120 \sim 160\mu m$ 的砂粒）的快速流态化床层的固体通量径向分布进行了测定，同时

对 Rhodes 等人的关联模型作了修改，提出如下的关联式，预测误差小于 20％。

$$\frac{G_{s,r}}{\overline{G}_s} = 7.0 - 0.53U + (1.84U - 21.02)\left(\frac{r}{R}\right)^5 \tag{10-37}$$

该关联式中包含气体速度的影响，而消除了其他待定常数。

此外，固体通量的径向分布也可由式（10-30）的 $V_{s,r}$ 和式（10-21）的 ε_r 联合求解下式得到

$$G_{s,r} = \rho_s V_{s,r}(1 - \varepsilon_r) \tag{10-38}$$

10.3　气固相互作用

10.3.1　表观曳力系数

实验研究观测了快速流态化宏观现象及其基本规律，但快速流态化形成机理有待通过气固相互作用的了解而取得实质性认识。

单球自由沉降是颗粒与流体相互作用最充分而且又消除其他外界影响的真实情况，其曳力系数 C_{Ds} 可以作为气固相互作用的标准，用以判断气固相互作用优劣的程度，例如，对于快速流态化，其表观的曳力系数为 C_D，那么，C_D/C_{Ds} 的比值就表明快速流态化气固相互作用程度的大小。

对于快速流态化，其真实的气固相互作用应该是仅由气体速度和固体循环量两个因素决定而又消除其他因素影响的 A 型循环流化床的流动试验结果得以揭示。气固相互作用的程度与气固间的相对速度有关，所谓相对速度或称滑移速度有表观相对速度（$U_0 - u_d$）、真实相对速度（$u_g - v_s$）或 $\left(\dfrac{U_0}{\varepsilon} - \dfrac{u_d}{1-\varepsilon}\right)$ 和真实的断面平均相对速度 $\left(\dfrac{U_0}{\overline{\varepsilon}} - \dfrac{u_d}{1-\overline{\varepsilon}}\right)$，但对于以流化床轴向高度为欧拉坐标基准的快速流态化的气固流动，则应采用广义的断面平均相对速度 $\left[U_0 - \left(\dfrac{\overline{\varepsilon}}{1-\overline{\varepsilon}}\right)u_d\right]$，因而

$$C_D = f(Re_s) \tag{10-39}$$

其中

$$Re_s = \frac{d_p \rho_f \left[U_0 - \left(\dfrac{\overline{\varepsilon}}{1-\overline{\varepsilon}}\right)u_d\right]}{\mu_g} \tag{10-40}$$

流态化与单球自由沉降相比，除论及的运动颗粒之外，还有周围其他颗粒的影响，其效果一般是负的，其程度与周围颗粒数目或颗粒浓度或床层空隙度有关，用下式表示

$$\frac{C_D}{C_{Ds}} = f(\varepsilon) \tag{10-41}$$

对于单颗粒自由沉降

$$C_{Ds} = \begin{cases} \dfrac{24}{Re_s} + \dfrac{3.6}{Re_s^{0.313}} & Re_s < 1000 \\[2mm] 0.44 & Re_s > 1000 \end{cases} \tag{10-42}$$

由式（10-5）得

$$f(\varepsilon) = \frac{Ar}{18Re_s + 2.7Re_s^{1.687}}$$

根据 A 型循环流化床的 A 类物料的快速流态化实验结果，曳力系数修正函数 $f(\varepsilon)$ 与床层空隙率 ε（即 $\bar\varepsilon$）具有如下相关性[22]

$$f(\varepsilon_a) = 0.0232\varepsilon_a^{-13.49} \tag{10-43}$$

快速流化床空隙率 ε_a 通常为 0.8～0.95，因而 $f(\varepsilon_a)$ 的数值在 0.471～0.046 之间。这意味着快速流态化中气固相互作用离气体与单球相互接触相距甚远。

对于 A 类物料的气力输送状态，从实验结果获得的曳力系数空隙率修正函数关联式[22]，

$$f(\varepsilon^*) = 0.0633\varepsilon^{*-35.01} \tag{10-44}$$

细颗粒气力输送下的床层空隙率 ε^* 一般在 0.98～0.99 之间，因而，$f(\varepsilon^*)$ 的数值范围是 0.128～0.09。这个数值表明，气力输送比快速流态化的气固接触更不均匀、更不充分。

细颗粒快速流态化下的气固接触恶化主要来自两方面的原因，其一是细颗粒具有成团运动的特性；其二是床层断面上气速分布不均，导致气固离析，形成环-核两相不均匀的床层结构。前者对床层轴向流动结构有重要影响，而后者对径向流动结构具有决定意义。

值得指出的是，上面所说的气固接触不均匀仅仅是指空间运动状况而言的，气固接触不充分仅仅是指宏观的运动状况而言的，但由于气固高速运动，湍动激烈，时而聚集，时而离散，瞬时相际接触是良好的，相际传递仍然是快速的，这与鼓泡流态化因相对稳定的气泡导致气固接触和传递的恶化有本质的区别。

许多研究者的实验结果[36~38]也都表明，快速流态化下气固相互作用的曳力系数均比单球自由沉降时的标准曳力系数小得多。但比较发现，有的实验结果来自混合约束型（C 型）循环流化床，如前所述，除气体速度和固体循环量外，尚不知其他影响因素及其影响程度的大小；有的[36]定义表达曳力系数的相对速度与常规定义的不同，因而所得结果可比性难以估计。

就流化床层中颗粒所受到表观曳力

$$F_D = \frac{3}{4} \frac{(1-\varepsilon)}{d_p} \rho_g C_d \varepsilon^2 \, | \, u_f - v_s \, | \, (u_g - v_s) \tag{10-45}$$

对粗颗粒流态化，Lewis 等[2]、Wen 和 Yu[39]曾建议

$$\frac{C_{\mathrm{d}}}{C_{\mathrm{ds}}} = \varepsilon^{-4.65} \quad \text{或} \quad \frac{C_{\mathrm{d}}}{C_{\mathrm{ds}}} = \varepsilon^{-4.7} \tag{10-46}$$

则

$$F_{\mathrm{D}} = \frac{3}{4} \frac{(1-\varepsilon)}{d_{\mathrm{p}}} \rho_{\mathrm{g}} C_{\mathrm{ds}} \frac{|u_{\mathrm{f}} - v_{\mathrm{s}}| (u_{\mathrm{g}} - v_{\mathrm{s}})}{\varepsilon^{-2.7}} \tag{10-47}$$

对细粒快速流态化[22]

$$\frac{C_{\mathrm{da}}}{C_{\mathrm{ds}}} = 0.0232\varepsilon_{\mathrm{a}}^{-13.49} \tag{10-48}$$

故

$$F_{\mathrm{a}} = 0.0174 \frac{(1-\varepsilon_{\mathrm{a}})}{d_{\mathrm{p}}} \rho_{\mathrm{g}} C_{\mathrm{ds}} \frac{|u_{\mathrm{f}} - v_{\mathrm{s}}| (u_{\mathrm{g}} - v_{\mathrm{s}})}{\varepsilon_{\mathrm{a}}^{11.49}} \tag{10-49}$$

对细粒气力输送[22]

$$\frac{C_{\mathrm{d}}^{*}}{C_{\mathrm{ds}}} = 0.0633\varepsilon^{*-35.01} \tag{10-50}$$

因而

$$F_{\mathrm{D}}^{*} = 0.0475 \frac{(1-\varepsilon^{*})}{d_{\mathrm{p}}} \rho_{\mathrm{g}} C_{\mathrm{ds}} \frac{|u_{\mathrm{f}} - v_{\mathrm{s}}| (u_{\mathrm{g}} - v_{\mathrm{s}})}{\varepsilon^{*33.01}} \tag{10-51}$$

值得指出的是，对于不同的流态化状态，因其气固相互作用程度不同，所受的曳力不同，在进行模拟计算时，必须选用与所流动状态相适应的曳力表达式，否则不能取得与实验观测相符合的结果。

10.3.2　曳力系数分布

流化床层曳力沿径向分布可通过与床层空隙率径向分布的关联做出估计，一般表达式为

$$F_{\mathrm{D}}(r) = A_{1} \frac{[1-\varepsilon(r)]}{d_{\mathrm{p}}} \rho_{\mathrm{g}} C_{\mathrm{Ds}} \frac{|u_{\mathrm{f}} - v_{\mathrm{s}}| (u_{\mathrm{g}} - v_{\mathrm{s}})}{\varepsilon(r)^{B_{1}}} \tag{10-52}$$

A_{1}、B_{1} 为与床层空隙率 $\varepsilon(r)$ 有关的经验常数。

类似地，流化床层曳力沿轴向向分布可通过与床层空隙率轴向分布的关联做出估计，一般表达式为

$$F_{\mathrm{D}}(z) = A_{2} \frac{[1-\varepsilon(z)]}{d_{\mathrm{p}}} \rho_{\mathrm{g}} C_{\mathrm{Ds}} \frac{|u_{\mathrm{f}} - v_{\mathrm{s}}| (u_{\mathrm{g}} - v_{\mathrm{s}})}{\varepsilon(z)^{B_{2}}} \tag{10-53}$$

10.4　气固混合

快速流态化床中气固混合状况决定着它们的停留时间分布，影响反应过程的

转化率和选择性，对反应器设计具有重要意义。快速流化床中气固混合问题从开始就受到人们的关注。最早的研究[40]表明，快速流态化床中气体的返混是相当小的。后来的研究[25,41~50]也证明，快速流化床中气体返混不大，但确实存在一定程度的轴向扩散混合，其程度与床层结构密切相关，李佑楚和吴培[43]给出了气体轴向混合程度与床层空隙率的综合关联式。快速流化床中固体的混合问题也有不少研究报导[51~56]，其总的趋势基本一致。

10.4.1　气体混合

10.4.1.1　气体返混

快速流态化的床层环-核结构，即中心为气固高速上升的稀薄区，而近壁为气固低速下降的浓密区，是导致气体返混的重要原因。吴培[43]采用气体示踪、进样点上游取样的方法，探测了快速流化床层中的气体返混情况，结果如图10-13和图10-14所示。实验结果表明，对于给定FCC催化剂的固体循环量，气体返混随表观气速的增大而减小，而且当气速由1m/s增加至1.5m/s，即床层流动状态由湍流流态化向快速流态化转变时，床层气体流型将由通常的全混而转变为有限的返混；在径向上，气体浓度分布也将由平坦变为陡峭，表明边壁区比中心区的返混强烈；当气速由1.5m/s增至2.0m/s，床层由快速流态化转化为空隙率大于0.95的气力输送状态，此时示踪气浓度径向分布又变得平坦且返混进一步减少，表明气体返混与气体横向混合处于同一量级。对于给定的表观气速，快速流态化床层的气体返混随固体循环量的增加而增加，因为固体循环量的增加导致边壁区固体回流量的增加，而又不断被卷入中心稀薄区，形成颗粒局部循环和气体返混的加快。对比径向气体浓度分布和固体浓度分布，它们有着十分相似的特征就是很好的说明。

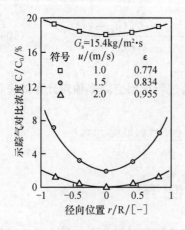
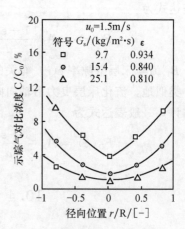

图 10-13　气速对气体返混的影响[44]　　　　图 10-14　固体循环量对气体返混的影响[44]

10.4.1.2　气体轴向分散

快速流化床中气体轴向分散是存在的，其原因在于：在径向上存在气体速度的不均匀分布导致的气体扩散；固体颗粒的脉动和局部循环，特别是在靠近边壁区的固体循环引起气体的涡流扩散；颗粒团聚体的不断崩溃又不断形成的颗粒交换而造成的气体混合。为消除传统示踪测定的某些不足，吴培[43,44]采用单点源脉冲气体示踪、双探头检测技术，对快速流态化床层的气体轴向混合问题进行了测定，获得双示踪气体浓度响应曲线，用一维扩散模型对实验结果进行处理，通过时域最小二乘法回归，求得模型参数，即代表气体流型的毕克列数 $Pe\left(=\dfrac{UL}{D_a}\right)$。

采用一维扩散模型的依据是[44]：快速流态化属无气泡气固接触，气相的拟均相假定是接近实际、是可以接受的；其次，不少实验表明，气体径向扩散系数比轴向扩散系数小两个数量级，两者相比，忽略径向扩散不会引起不能接受的误差，因而简化的一维模型是适合快速流态化气相混和的。由所得的实验结果经拟合的毕克列数与床层空隙率的关系表示于图 10-15。从图 10-15 可以看到，气体混合指数 $\left(\dfrac{1}{Pe}=\dfrac{D_a}{UL}\right)$ 随表观气体速度的增加而减小，即是说，高气速有利于抑制气体的混合；气体混合指数随床层空隙率的增加而减小，这意味着在给定气速下，固体循环量的减小将导致床层空隙率的增加和气体混合的减弱。图 10-16 表示了实验所得气体轴向扩散系数与操作参数的关系，表明了不同流动状态下具有数值不同的气体轴向扩散系数。气体轴向扩散系数 D_a 与床层平均空隙率的依赖关系表示在图 10-17 中，具有如下经验表达式：

$$D_a = 0.1953\varepsilon^{-4.119} \qquad\qquad (10\text{-}54)$$

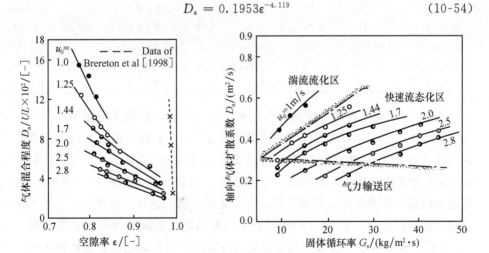

图 10-15　气体混合指数与气速的关系[44]　　图 10-16　轴向气体扩散系数与固体循环量的关系[44]

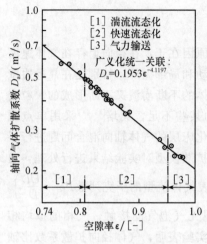

图 10-17　轴向气体扩散系数与
床层平均空隙率的关系[44]

有些研究者[50,57,61]采用较为复杂的环-核模型，但从 Namkung 和 Kim[57]、Zhang 等人[58]的研究结果看，在较接近的试验条件下，用环-核模型处理所得的气体轴向扩散系数 D_a 为 $0.25\sim0.5m^2/s$，都与简单的一维拟均相模型所得的气体轴向扩散 D_a（$0.25\sim0.5m^2/s$）别无二致，快速流态化的径向不均匀床层结构，对气体轴向扩散的影响是十分有限的。这也说明一维拟均扩散模型是可以接受的，也比较简便。

10.4.1.3　气体径向分散

快速流化床层气体径向扩散混合也有实验研究，通常采用气体氢、氦、CO_2、CH_4、O_2、SF_6 等作为示踪剂，点源示踪，在不同径向位置上探测示踪剂的浓度[25,41,57~59]，有关的试验结果列于表 10-1。

表 10-1　气体径向分散系数测定值

研究者	示踪气	粒径/μm	床径/mm	床高/m	气速/(m/s)	床密度/(kg/m³)	$Dr\times10^4$/(m²/s)
Van. Zoonen[60]	H_2	20～250	50	10	2.5～12	150	3.2～13
Yang 等[41]	He	220	115	8	3.5～5.3		2.6～7.1
Adams[59]	CH_4	76	300×400	4	3.5～4.5	55	50～180
Bader 等[25]	He	76	305	12.2	3.7～6.1	300	26～65
Werther 等[50]	CO_2	130	400	8.5	3.6～6.2		25～55
Amos 等[61]	SF_6	71	305	6.6	2.6～5	10～40	3～3.5
Zhang 等[58]	O_2	77.6	190	5.5	0.4～1.5	395	40～120

表 10-1 中结果表明，快速流态化床层的气体径向扩散系数是很小的，一般为 $0.002\sim0.02m^2/s$，比气体轴向扩散系数小 1～2 个数量级。不同研究者观测的气体径向扩散系数也有 1 个量级的差别，如 Van Zoonen[60]、Yang 等[41]和 Amos[61]的结果较其他人的径向扩散系小 1 个量级，这里除床径、物料特性外，床层检测点操作状态彼此有所不同，是个重要原因。此外，处理数据的模型方法不同也是原因之一，如 Zhang 等[57]是采用有轴向扩散影响的径向扩散模型，而 Yang 等[41]和 Amos[61]所采用的模型是忽略轴向扩散影响的纯径向扩散模型。床层中径向分散量是床层中轴向扩散和径向扩散的综合结果，但由前述可知，轴向

扩散远远强于径向扩散，如果忽略轴向扩散对径向分散的影响，可能导致拟合径向分散系数较大的偏差。Yang 等[41]所得的径向扩散系数不仅数值偏低，而且还得到随气速增大而增大的不寻常结果。这也许是采用的不同模型进行数据处理所造成的结果。

10.4.2 固体混合

快速流化床中固体混合的研究比气体混合困难得多，这主要是喷入的固体示踪颗粒将随固体循环而不断累积，导致固体示踪颗粒的本底浓度增加，从而引起不可接受的误差。为改善这一状况，最好采用短寿命的固体示踪颗粒。

一般的观测[25,56]表明，快速流态化的大量固体循环和强烈的气固相互作用，床层中固体颗粒处于接近完全混合的状态。Patience 等[53]、Milne 和 Berruti[62]采用放射性同位素颗粒示踪技术深入研究了快速流化床的颗粒停留时间分布，分别用一维轴向扩散模型和环-核两相模型分析颗粒的分散系数。Patience 等人[53]的结果是，快速床的固体扩散系数为 $0.2 \sim 1.7 \mathrm{m^2/s}$，且随气速和固体循环量的增大而增大，但这个数值是快速流化床整体（包括入口浓相、上部稀相和出口）的固体混合程度。

白丁荣[52]采用泡浸一种可挥发的有机物的固体颗粒作为示踪颗粒，从快速流化床底部喷入，在床层出口处取样检测，用以同时研究气体和固体颗粒的混合情况，其原理是当固体示踪颗粒进入床层在气流作用下流化时，示踪颗粒表面的有机挥发物迅速传入气相，残余有机物逐渐减小，至返回床层时已消耗殆尽。通过物料平衡得到：

对气相

$$\frac{\partial C_{sg}}{\partial t} + \frac{\partial (u_g C_{sg})}{\partial z} - D_{ag} \frac{\partial^2 C_{sg}}{\partial z^2} = \frac{1-\varepsilon}{\varepsilon} f(t) C_s \qquad (10\text{-}55)$$

对固相

$$\frac{\partial C_s}{\partial t} + \frac{\partial (v_s C_s)}{\partial z} - D_{as} \frac{\partial^2 C_s}{\partial z^2} = 0 \qquad (10\text{-}56)$$

式中：D_{ag} 为气体分散系数；D_{as} 为固体分散系数。

固体颗粒停留时间分布曲线显示出近乎完全混合的特性，气体较窄的停留时间分布表明气体轴向混合有限，气体轴向扩散系数为 $0.05 \sim 0.3 \mathrm{m^2/s}$，且随气速增大而减小，随固体循环量的增大而增大，如图 10-18 所示。

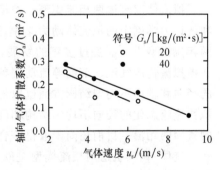

图 10-18 快速流态化中气体轴向扩散系数与气速的关系[52]

10.5　快速流态化流动模型

在流态化发展史上，快速流态化的床层结构可算是最为复杂的了，它不仅存在如经典鼓泡流态化那样的轴向不均匀性和床层局部"微观"结构的不均匀性，而且存在如气力输送那样的径向不均匀性；这种不均匀床层结构，不只是像经典鼓泡流态化那样仅由气体速度决定，而且还与固体循环量有关。欲将由轴向不均匀结构和径向不均匀结构综合而成快速流态化床层的精确模型化，其困难是不言而喻的。尽管如此，在过去的 20 多年里，特别是自 20 世纪 80 年代后期起，由于计算机和计算技术的长足发展和广泛应用，使许多工程模拟计算成为可能，快速流态化的模型化方法也取得了巨大进步，正经历着逐步从经验走向理论的历史性发展。

快速流态化的模型方法不少，称谓也各不相同，但从方法原理来分，可分为两大类，即理论模型（或半经验半理论模型）和经验模型。理论模型是将牛顿流体力学方程延伸至流体-颗粒两相流系统，建立两相流流体力学方程组，其模型参数有的可由分子力学和统计力学导出或通过湍流理论模拟确定，但因两相流的复杂性，目前两相流体力学理论尚不完备，因而有的参数还依赖于实验。经验模型则是根据快速流态化的实验观察，建立可描述其主要或基本特征的物理模型，并将其进行数学化描述而成，其模型参数由实验确定。

理论模型或半经验半理论模型即为常用的拟流体两相流模型，将流化床中的流化固体颗粒比拟为气体分子，其宏观力学行为是颗粒群行为的统计结果，而且与气体相互渗透、相互作用而成为连续介质，从而构成流体-颗粒的双流体两相流模型。根据观察视角的不同，流体-颗粒两相流模型又分为拟流体双流体两相流模型和流体-颗粒轨道两相流模型，前者着眼于流体-颗粒整体运动的时空状态，后者着眼于个别颗粒的运动历程。

拟流体双流体两相流模型，按模型参数确定方法来分，又可分为由分子力学和统计力学确定的拟流体动力学模型[63~65]和由湍流理论模拟确定的拟流体湍流两相流模型[31,66]。经过多年的发展，拟流体动力学模型已有突破性进展，不仅在模拟流化床气泡、节涌等流动现象等方面取得了成功，而且在模拟快速流态化的径向和轴向不均匀结构方面也取得了满意结果。拟流体湍流两相流模型可以模拟快速流态化的径向不均匀结构和固体浓度极稀的气固两相流，而对高固体浓度的气固两相流，目前还尚未取得符合实际的结果。

流体-颗粒轨道两相流模型是欧拉和拉格朗日两种分析方法相结合的模型。该模型认为，流化床中离散的颗粒受流体的曳力作用则按牛顿力学第二定律运动，运动的颗粒之间可能发生碰撞并改变运动方向并形成各自的运动轨迹。流化床的宏观状态则是无数个颗粒运动轨迹的叠加结果[67~69]。该类模型需跟踪数量巨大的颗粒的运动，计算工作量大。

至于经验模型，根据其构思原理和分析方法的不同，可分为非均匀流体-颗粒团两相流模型和拟均匀连续分布两相流模型。非均匀流体-颗粒团两相流模型主要依据快速流态化中颗粒成团运动的不均匀特征，研究流体与颗粒团的相互作用及其运动规律。根据非均匀尺度的大小不同，又可分为流体-颗粒团扩散轴向两区两相流模型[7,70~72]、流体-颗粒团二维扩散两区两相流模型[73,74]和多尺度流体-颗粒团两相流模型[75]，多尺度单流体-颗粒团两相流模型已有专著发表。拟均相连续分布两相流模型假定流体与颗粒共同形成参数和状态均匀分布的流动状态，而快速流化床的不均匀结构通过质量和动量相联系的分区子模型组合而成的流动结构物理模型来描述，从而建立起连续分布轴向两区两相流模型[20,76,77]和各种连续分布环-核径向两区两相流模型[42,78~86]。

本章只对部分便于工程应用的经验模型作一介绍，以提供一种快速流态反应器设计的思路。

10.5.1　气固两相流模型

10.5.1.1　流体-颗粒团轴向两区模型

快速流态化流动的数学模拟中重要的问题是，应明确所要模拟的快速流化床的类型及其相关的影响因素，对于从属自由型（B型）循环流化床，除物系特性、气体速度、固体循环速率外，还应包括系统的存料量、提升管和循环料料腿的几何尺寸（或 A_F/A_D），同时选择与此相应的模型参数；对于混合约束型（C型）循环流化床，则应考虑与混合约束型（C型）循环流化床相应的影响因素和参数。

绝大多数工艺过程如非金属矿的煅烧、金属矿的各种焙烧、无机材料制备、煤的燃烧、气化、催化剂不易失活的催化过程等，均采用从属自由型（B型）循环流化床；催化剂需连续再生的催化过程、热载体煤热解的热耦合等工艺过程，可采用两器混合约束型（C型）循环流化床。两器混合约束型（C型）循环流化床的设计是个特殊 A_F/A_D 比例并带排料控制的从属自由型（B类）循环流化床。因此，从属自由型（B类）循环流化床的流动模拟是快速循环流化床工程设计的基础，具有重要实际意义。从属自由型（B型）循环流化床的流体力学特点是：①快速流态化空隙率轴向分布曲线拐点位置由初始存料量所决定。②初始存料量可明显改变快速流化床的操作状态，调节特性好。③快速流态化空隙率轴向分布两端的渐近极限空隙率 ε_a、ε^*，由提升管侧的操作气速和固体循环量决定。④当操作气速确定时，固体循环量将由固体颗粒的滑移速度（$u_g - v_s$）所制约，而滑移速度与物系特性有关。

根据快速流态化颗粒具有成团运动的特性和快速流态化空隙率轴向"S"形典型分布特征，建立一个一维非均匀流体-颗粒团两相流模型[7]，如图 10-19 所示。

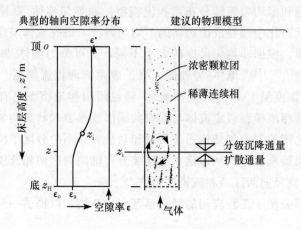

图 10-19　流体-颗粒团扩散轴向两区模型[7]

快速流态化中的颗粒团分散在以细颗粒和流体构成的稀薄连续相中，颗粒团数量多的构成下部的浓相区，而颗粒团数量少的则构成上部的稀相区。颗粒团因扩散而从下部浓相区向上运动；当其到达上部床层密度较低的区域因而受到的浮力减小而下沉，又返回至下部浓相区；当向上扩散通量与向下沉降通量相等时，即达到一种动态平衡。扩散通量由颗粒团浓度梯度 $d[\rho_s(1-\varepsilon_a)f]/dz$ 决定，它与由平均空隙度与颗粒团的浓度差决定的分级推动力有关，可用如下数学表达式表示：

$$\xi \frac{d}{dz}[\rho_s f(1-\varepsilon_a)] = \omega[\Delta\rho(1-\varepsilon_a) - \Delta\rho(1-\varepsilon)]f(1-\varepsilon_a) \tag{10-57}$$

又

$$(1-\varepsilon) = f(1-\varepsilon_a) + (1-f)(1-\varepsilon^*) \tag{10-58}$$

式（10-57）和式（10-58）联立得到

$$-\frac{d\varepsilon}{(\varepsilon^*-\varepsilon_a)(\varepsilon-\varepsilon_a)} = \frac{\omega\Delta\rho}{\xi\rho_s}dz \tag{10-59}$$

对于空隙率轴向分布曲线中的拐点，其坐标为 z_i，相应空隙率为 ε_i，ε_i 通过 $\frac{d^2\varepsilon}{dz^2}=0$ 求得

$$\varepsilon_i = \frac{(\varepsilon_a + \varepsilon^*)}{2} \tag{10-60}$$

以 z_i 为原点，对式（10-59）进行积分，即

$$-\int_{\frac{\varepsilon^*+\varepsilon_a}{2}}^{\varepsilon} \frac{d\varepsilon}{(\varepsilon^*-\varepsilon)(\varepsilon-\varepsilon_a)} = \frac{\omega\Delta\rho}{\xi\rho_s}\int_0^{z+z_i} d(z-z_i) \tag{10-61}$$

得到

$$\frac{\varepsilon - \varepsilon_a}{\varepsilon^* - \varepsilon} = \exp\left(1 - \frac{z - z_i}{Z_0}\right) \tag{10-62}$$

其中

$$Z_0 = \frac{\xi\rho_s}{\omega\Delta\rho}\left(\frac{1}{\varepsilon^* - \varepsilon_a}\right) \tag{10-63}$$

如令 $\bar{\varepsilon}$ 为对整个快速流化床 Z 的积分平均空隙率

$$\bar{\varepsilon} = \frac{1}{Z}\int_0^Z \varepsilon dz \tag{10-64}$$

式（10-62）代入式（10-64）并积分，得到

$$\frac{\bar{\varepsilon} - \varepsilon_a}{\varepsilon^* - \varepsilon_a} = \frac{1}{Z/Z_0}\ln\left[\frac{1 + \exp(z_i/Z_0)}{1 + \exp(z_i - Z)/Z_0}\right] \tag{10-65}$$

对于从属自由型（B 型）循环流化床，其轴向空隙率分布还与系统的存料量有关。根据循环流化床的提升管和循环管的几何尺寸及两侧的压降保持平衡，忽略快速提升管进、出口两端的阻力及其内的存料量，则有

$$\rho_s(1 - \varepsilon_0)H_D \approx \rho_s(1 - \bar{\varepsilon})Z \tag{10-66}$$

其相应的存料量为

$$\rho_s I \approx A_D\rho_s(1 - \varepsilon_0)H_D + A_F\rho_s(1 - \bar{\varepsilon})Z \tag{10-67}$$

式（10-66）和式（10-67）联立，得到

$$\bar{\varepsilon} = 1 - \frac{I/A_F}{(1 + A_D/A_F)Z} \tag{10-68}$$

将式（10-65）与式（10-68）联立求解，即可得到从属自由型（B 型）循环流化床的床层存料量与 z_i 的关系，结合式（10-62），则可确定在给定存料量下的床层空隙率轴向分布。模型参数 Z_0、ε_a 和 ε^* 按 10.3 节的公式确定。

10.5.1.2　流体-颗粒团二维扩散模型

流体-颗粒团二维扩散两相流模型假定快速流态化的颗粒运动属 Brownian 式的随机行走，床层空隙率分布遵循 Fokker-Planck 扩散方程[73]，即

$$\frac{\partial\varepsilon}{\partial t} + \frac{\partial(u_z\varepsilon)}{\partial z} = D_a\frac{\partial^2\varepsilon}{\partial z^2} + \frac{D_r}{r}\cdot\frac{\partial}{\partial t}\left(r\cdot\frac{\partial\varepsilon}{\partial r}\right) \tag{10-69}$$

当轴向扩散系数 D_a 与径向扩散系数 D_r 相等时，流动过程为稳态即 $\frac{\partial\varepsilon}{\partial t} = 0$ 时，式（10-69）则变成为

$$\frac{1}{A}\frac{\partial\varepsilon}{\partial z} = \frac{\partial^2\varepsilon}{\partial z^2} + \frac{\partial^2\varepsilon}{\partial r^2} + \frac{1}{r}\cdot\frac{\partial^2\varepsilon}{\partial r^2} \tag{10-70}$$

其中

$$A = \frac{G_s}{\rho_s f'}$$

f' 称为频率因素，其优化拟合值取 $f' = 0.02^{[74]}$。偏微分方程式（10-70）分离变量后，得到常微分方程：

$$H''(z) - \frac{H'(z)}{A} - k^2 \cdot H(z) = 0 \qquad (10\text{-}71)$$

和

$$I''(r) + \frac{I'(r)}{r} + k^2 \cdot I(r) = 0 \qquad (10\text{-}72)$$

这些 Bessel 方程的解分别为

$$H(z) = C_1 \cdot e^{\alpha_1 z} + C_2 \cdot e^{\alpha_2 z} \qquad (10\text{-}73)$$

和

$$I(r) = r^{1.5} [C_3 \cdot J_0(kr) + C_4 \cdot Y_0(kr)] \qquad (10\text{-}74)$$

$J_0(kr)$ 和 $Y_0(kr)$ 分别为 Bessel 函数和 Neumann 函数；α_1 和 α_2 为微分方程（10-71）特征方程的根，分别为

$$\alpha_1 = \frac{1/A + [(1/A)^2 + 4k^2]^{1/2}}{2} \qquad (10\text{-}75)$$

$$\alpha_2 = \frac{1/A - [(1/A)^2 + 4k^2]^{1/2}}{2} \qquad (10\text{-}76)$$

式（10-70）的解为

$$\varepsilon(z,r) = H(z) \cdot I(r) \qquad (10\text{-}77)$$

即

$$\varepsilon(z,r) = (C_1 \cdot e^{\alpha_1 z} + C_2 \cdot e^{\alpha_2 z}) \cdot [C_3 r^{1.5} \cdot J_0(kr) + C_4 r^{1.5} \cdot Y_0(kr)] \qquad (10\text{-}78)$$

$$\frac{\partial \varepsilon(z,r)}{\partial r} = (C_1 \cdot e^{\alpha_1 z} + C_2 \cdot e^{\alpha_2 z}) \cdot [1.5 C_3 r^{1.5} \cdot J_0(kr) + k C_3 r^{1.5} \cdot J_1(kr)] \qquad (10\text{-}79)$$

$$\frac{\partial \varepsilon(z,r)}{\partial z} = \frac{\partial H(z)}{\partial z} \cdot I(0) = C_1 \alpha_1 \cdot e^{\alpha_1 z} + C_2 \alpha_2 \cdot e^{\alpha_2 z} \qquad (10\text{-}80)$$

根据 Li-Kwauk 颗粒团扩散模型[7]，考虑所存在的边界条件是

当 $r = 0$，$z = +\infty$ 时

$$\frac{\partial \varepsilon(+\infty, 0)}{\partial z} = 0$$

$$\varepsilon(+\infty, 0) = \varepsilon^*$$

当 $r = 0$，$z = -\infty$ 时

$$\frac{\partial \varepsilon(-\infty, 0)}{\partial z} = 0$$

$$\varepsilon(-\infty, 0) = \varepsilon_a$$

当 $r = 0$，$z = z_i$ 时

$$\varepsilon(z_i, 0) = \frac{\varepsilon_a + \varepsilon^*}{2}$$

当 $r = R$，$z = +\infty$ 时

$$\varepsilon(+\infty, 0) = q \cdot \varepsilon_{mf}$$

当 $r = R$，$z = -\infty$ 时

$$\varepsilon(-\infty, 0) = \varepsilon_{mf}$$

上述边界条件结合式（10-78）、式（10-79）和式（10-80）确定式（10-78）中的常数 C_1、C_2、C_3、C_4，因而得到可以计算快速流化床层空隙率分布的公式[74]，即

对于 $z \leqslant z_i$

$$\varepsilon(z, r) = \left[\varepsilon_a + \left(\frac{\varepsilon^* - \varepsilon_a}{2} \right) \cdot \varepsilon^{\alpha_1(z-z_i)} \right] \cdot \left\{ 1 - \left(1 - \frac{\varepsilon_{mf}}{\varepsilon^*} \right) \left(\frac{r}{R} \right)^{1.5} \left[\frac{J_0(kr)}{J_0(kR)} \right] \right\}$$

$$(10\text{-}81)$$

对于 $z \geqslant z_i$

$$\varepsilon(z, r) = \left[\varepsilon^* + \left(\frac{\varepsilon^* - \varepsilon_a}{2} \right) \cdot \varepsilon^{\alpha_2(z-z_i)} \right] \cdot \left\{ 1 - \left(1 - \frac{q\varepsilon_{mf}}{\varepsilon^*} \right) \left(\frac{r}{R} \right)^{1.5} \left[\frac{J_0(kr)}{J_0(kR)} \right] \right\}$$

$$(10\text{-}82)$$

或改用简便的计算公式：

对于 $z \leqslant z_i$

$$\varepsilon(z, r) = \left[\varepsilon_a + \left(\frac{\varepsilon^* - \varepsilon_a}{2} \right) \cdot \varepsilon^{\alpha_1(z-z_i)} \right] \cdot \left\{ 1 - \left(1 - \frac{\varepsilon_{mf}}{\varepsilon^*} \right) \left(\frac{r}{R} \right)^{3.5} \left[\frac{4 - (kr)^2}{4 - (kR)^2} \right] \right\}$$

$$(10\text{-}83)$$

对于 $z \geqslant z_i$

$$\varepsilon(z, r) = \left[\varepsilon^* + \left(\frac{\varepsilon^* - \varepsilon_a}{2} \right) \cdot \varepsilon^{\alpha_2(z-z_i)} \right] \cdot \left\{ 1 - \left(1 - \frac{q\varepsilon_{mf}}{\varepsilon^*} \right) \left(\frac{r}{R} \right)^{3.5} \left[\frac{4 - (kr)^2}{4 - (kR)^2} \right] \right\}$$

$$(10\text{-}84)$$

式中：k 和 q 为取决于物料性质的常数，对于 FCC 催化剂，$k = 0.01$；$q = 1.75$。

床层的平均空隙率定义为

$$\bar{\varepsilon} = \frac{1}{Z} \int_0^Z H(z) \cdot \left[\frac{2}{R^2} \int_0^R I(r) \cdot r \cdot dr \right] dz \tag{10-85}$$

对于从属自由型（B 型）循环流化床，其轴向空隙率分布还与系统的存料量有关。根据循环流化床的提升管和循环管的几何尺寸及两侧的压降保持平衡，忽略快速提升管进、出口两端的阻力及其内的存料量，则有

$$\rho_s(1 - \varepsilon_0) H_D \approx \rho_s(1 - \bar{\varepsilon}) Z \tag{10-86}$$

其相应的存料量为

$$\rho_s I \approx A_D \rho_s (1-\varepsilon_0) H_D + A_F \rho_s (1-\bar{\varepsilon}) Z \qquad (10\text{-}87)$$

式（10-86）和式（10-87）联立，得到

$$\bar{\varepsilon} = 1 - \frac{I/A_F}{(1+A_D/A_F)Z} \qquad (10\text{-}88)$$

将式（10-83）和式（10-82）分别与式（10-85）和式（10-88）联立求解，即可得到从属自由型（B型）循环流化床的床层存料量与 z_i 的关系和计算给定存料量下快速流化床层空隙率分布。模型参数 ε_a 和 ε^* 按 10.3 的公式确定。

10.5.1.3　一维拟均匀连续分布模型

根据快速流态化的气固混合特性（参见 10.4 节），固体颗粒接近全混；气体有一定的轴向混合，而且随气速的增加而减小；与轴向混合相比，气体轴向混合远远大于径向混合，忽略径向混合，其预测误差是有限的。因此，对于快速流态化采用一维拟均相连续分布两相流模型，即考虑快速流化床空隙率不均匀分布，采用断面平均空隙率，忽略气体的径向扩散混合，不会偏离快速流态化基本特征太远，因而不至于导致不可接受的误差。

根据上述模型概念，如图 10-20 所示，可以得到该类型的基本方程[20,77]。对于提升管中快速流态化

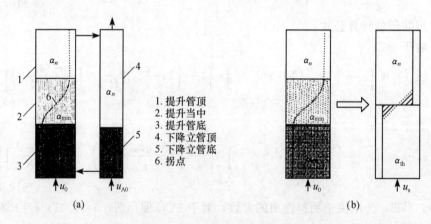

1. 提升管顶
2. 提升当中
3. 提升管底
4. 下降立管顶
5. 下降立管底
6. 拐点

(a)　　　　　　　　　　　　　　　　(b)

图 10-20　一维分布两相流动模型[77]

(a) 模型概念；(b) 模型计算

连续性方程

$$\frac{d}{dz}(\varepsilon_f \rho_f u_f) = 0 \qquad (10\text{-}89)$$

$$\frac{d}{dz}\big[(1-\varepsilon_f)\rho_s v_s\big] = 0 \qquad (10\text{-}90)$$

动量守恒方程

$$\frac{d}{dz}(\varepsilon\rho_f u_f^2) + \frac{dP_f}{dz} + F_d + \varepsilon\rho_f g = 0 \tag{10-91}$$

$$\frac{d}{dz}[(1-\varepsilon)\rho_s v_s^2] - F_d + (1-\varepsilon)(\rho_s - \rho_f)g = 0 \tag{10-92}$$

其中

$$F_d = \frac{3}{4}(1-\varepsilon)\rho_f \frac{C_d}{d_p}[\varepsilon(u_f - v_s)]^2 \tag{10-93}$$

当 $Re < 1000$

$$C_d = C_{ds} \cdot f(\varepsilon) = \left(\frac{24}{Re} + \frac{3.6}{Re^{0.313}}\right)f(\varepsilon) \tag{10-94}$$

根据 10.3

$$f(\varepsilon) = \begin{cases} 0.0633\varepsilon^{-35.01} & \varepsilon \geqslant 0.96, \text{上部稀相} \\ & (10\text{-}95) \\ 3.16(\varepsilon - 0.94)\varepsilon^{-35.01} + 1.16(0.96-\varepsilon)\varepsilon^{-13.49} & 0.94 < \varepsilon < 0.96 \\ & (10\text{-}96) \\ 0.0232\varepsilon^{-13.49} & \varepsilon \leqslant 0.94, \text{下部浓相} \\ & (10\text{-}97) \end{cases}$$

根据图 10-20，由式（10-89），有

$$\varepsilon_{rb} u_{frb} = \varepsilon_{rt} u_{frt} \tag{10-98}$$

$$\varepsilon_{db} u_{fdb} = \varepsilon_{dt} u_{fdt} \tag{10-99}$$

$$G_f = \varepsilon_{rb} u_{fdb} A_F \tag{10-100}$$

由式（10-90），有

$$(1-\varepsilon_{rb})v_{srb} = (1-\varepsilon_{rt})v_{srt} \tag{10-101}$$

$$(1-\varepsilon_{db})v_{sdb} = (1-\varepsilon_{dt})v_{sdt} \tag{10-102}$$

对于充分发展的快速流态化，由式（10-91）和式（10-92），有

$$-\frac{dp_f}{dz} + (1-\varepsilon)(\rho_s - \rho_f)g = 0 \tag{10-103}$$

系统两侧压力平衡

$$(1-\varepsilon_{rt})H_{rt} + (1-\varepsilon_{rb})H_{rb} = (1-\varepsilon_{dt})H_{dt} + (1-\varepsilon_{db})H_{db} \tag{10-104}$$

系统两侧物料守恒

$$(1-\varepsilon_{rb})v_{srb}A_F = -(1-\varepsilon_{db})v_{sdb}A_D \tag{10-105}$$

系统存料量

$$I = \rho_s\{[(1-\varepsilon_{rt})H_{rt} + (1-\varepsilon_{rb})H_{rb}]A_F + [(1-\varepsilon_{dt})H_{dt} + (1-\varepsilon_{db})H_{db}]A_D\} \tag{10-106}$$

给定 Ar，A_F，A_D，I 和 G_f，联立求解式（10-95）～式（10-106）。该模型

的模型参数可从基于多种物料实验结果的关联式进行计算而确定。该模型既可用于试验模拟，也可用于流化过程反应器的设计。

对于一个上升管内径 150mm，下降管内径 90mm，高 5.5m 的 B 型循环流化床，采用平均粒径 65μm、密度 1620kg/m³ 的煤粉进行的快速流态化试验，当初始存料量 $I=8\sim28$kg，操作气速 $U_0=1.5$ 和 2.0m/s 条件下的试验结果进行了模拟计算。模拟计算与实验结果比较表明，两者是比较接近的。操作参数影响的分析表明，当固定存料量时，增加气体速度，快速流态化床层中上部稀相区的空隙率与下部浓相区空隙率的差值缩小；当固定气体速度，在实验的存料量范围内，快速流态化床层上、下两端渐近极限空隙保持恒定，而空隙率分布曲线中的拐点位置（或浓相区的高度）随存料量而变，存料量增加，快速流化床下部浓相区高度相应增加。在这里，我们特别注意到初始存料量对 B 型循环流化床的流动结构的重要影响，对于一定的气速条件下，随着存料量的增加，快速流态化床层浓相区高度增加直至整个床层转变为空隙率均一的全浓的操作状态；相反，减小床层初始存料量，快速流态化浓相区高度随之降低，直至整个床层转变为全稀的气力输送状态。

10.5.2　环-核径向两区模型

根据快速流态化径向不均匀的特征，将快速提升管的流动状况构造成一个由中心稀薄的核和颗粒浓密的外环组成的床层结构，基于该环-核结构的物理模型，分析气固流动的行为和特征。环-核两相流动模型最早见于颗粒物料的气力输送[78]，对于特定的非"S"形轴向床层空隙率分布的快速流态化，用环-核两相流动模型来描述也具有合理性[79-86]。Bai 等[87]的环-核两相流动物理模型如图 10-21，令中心核的直径为 D_c，床层直径 D_t，有

$$\alpha = \frac{D_c}{D_t} \tag{10-107}$$

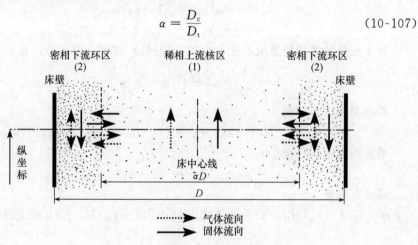

图 10-21　环-核两区两相流模型

气体流率和固体流率分别为 G_g 和 G_s，由流动过程的物料守恒有

$$G_f = \alpha^2 \rho_f \varepsilon_1 u_{f1} + (1-\alpha^2)\rho_f \varepsilon_2 u_{f2} \tag{10-108}$$

$$G_s = \alpha^2 \rho_s (1-\varepsilon_1) v_{s1} + (1-\alpha^2)\rho_s (1-\varepsilon_2) v_{s2} \tag{10-109}$$

及

$$-\left(\frac{\mathrm{d}P}{\mathrm{d}z}\right)_1 = -\left(\frac{\mathrm{d}P}{\mathrm{d}z}\right)_w \tag{10-110}$$

$$-\left(\frac{\mathrm{d}P}{\mathrm{d}z}\right)_2 = -\left(\frac{\mathrm{d}P}{\mathrm{d}z}\right)_w \tag{10-111}$$

$$\bar{\varepsilon} = \alpha^2 \varepsilon_1 + (1-\alpha^2)\varepsilon_2 \tag{10-112}$$

由流动过程的动量守恒有

对核心区

$$-\left(\frac{\mathrm{d}P_f}{\mathrm{d}z}\right)_1 = (1-\varepsilon_1)\rho_s g + \varepsilon_1 \rho_f g + \frac{2}{\alpha R}(\tau_{fi} + \tau_{si}) \tag{10-113}$$

对环流区

$$-\left(\frac{\mathrm{d}P_f}{\mathrm{d}z}\right)_2 = (1-\varepsilon_2)\rho_s g + \varepsilon_2 \rho_f g + \frac{2\alpha}{(1-\alpha^2 R)}(\tau_{fi} + \tau_{si})$$
$$+ \frac{2\alpha}{(1-\alpha^2)R}(\tau_{fw} + \tau_{sw}) \tag{10-114}$$

对器壁

$$-\left(\frac{\mathrm{d}P_f}{\mathrm{d}z}\right)_w = (1-\bar{\varepsilon})\rho_s g + \bar{\varepsilon}\rho_f g + \frac{2}{R}(\tau_{fw} + \tau_{sw}) \tag{10-115}$$

其中

切应力的表达式

$$\tau_{fi} = \frac{1}{2} f_{fi}\rho_s \varepsilon_1 (u_{f1} - u_{f2}) \mid u_{f1} - u_{f2} \mid \tag{10-116}$$

$$\tau_{si} = \frac{1}{2} f_{si}\rho_s \varepsilon_1 (v_{s1} - v_{s2}) \mid v_{s1} - v_{s2} \mid \tag{10-117}$$

$$\tau_{fw} = \frac{1}{2} f_{fw}\rho_s \varepsilon_2 u_{f2} \mid u_{f2} \mid \tag{10-118}$$

$$16/Re_1 \quad (Re_1 \leqslant 2000)$$

式中摩擦系数可按如下公式计算

$$f_{fi} = K 0.079/Re_1^{0.313} \quad (Re_1 > 2000)$$
$$Re_1 = \alpha D_t u_{f1}\rho_f/\mu \tag{10-119}$$

$$16/Re_{21} \quad (Re_2 \leqslant 2000)$$
$$f_{fw} = 0.079/Re_2^{0.313} \quad (Re_2 > 2000)$$
$$Re_2 = (1-\alpha)D_t u_{f2}\rho_f/\mu \tag{10-120}$$

$$f_{si} = 0.046/|v_{s1} - v_{s2}| \tag{10-121}$$

$$f_{sw} = 0.046/|v_{s2}| \tag{10-122}$$

假定核心和环流两区中气固间的滑移速度分别为

$$
\begin{aligned}
u_{f1} - v_{s1} &\geqslant U_t \\
u_{f2} - v_{s2} &\geqslant U_t
\end{aligned}
\tag{10-123}
$$

$$E = \frac{1}{(1-\bar{\varepsilon})\rho_s}[\alpha^2 F_{D1}\varepsilon_1 u_{f1} + (1-\alpha^2)F_{D2}\varepsilon_2 u_{f2}] \tag{10-124}$$

其中

$$F_{D1} = (1-\varepsilon_1)\rho_s g + \frac{2}{\alpha R}\tau_{si} \tag{10-125}$$

$$F_{D2} = (1-\varepsilon_2)\rho_s g + \frac{2}{(1-\alpha^2)R}(\alpha\tau_{si} - \tau_{sw}) \tag{10-126}$$

根据稳定流动的能量最小原理,以式(10-107)和式(10-123)为约束条件,对式(10-124)进行最小化,即可求得流动过程的基本参数。

对于具有"S"形轴向空隙率分布的快速流态化或宽粒度分布物料的情况,简单的环-核两区流动模型就不能适应了,则需要更为复杂的模型,如在实际应用中的煤粒循环流化床燃烧过程,针对宽粒度分布的特殊物系,床层中可能在底部存在鼓泡浓相区、中部存在环-核两区快速流态化和上部存在环-核两区稀相载流流化区,发展为更为复杂的三区或四区模型。所谓三区模型,就是将快速流化床的下部浓相区看作为传统的鼓泡流态化、湍流流化床或叠加一个过渡区,不计径向床层结构差别,而将上部稀相区处理为环-核式浓、稀共存的两相结构[86,88~93]。四区模型则是将快速流化床的下部浓度区处理为环-核式浓、稀的两相结构,而上部稀相区同样处理为环-核浓、稀的两相结构[94~95],Neidel 等[89]的物理模型如图 10-22 所示,这些快速流化床实用模型都带有其特殊性,它们的模型参数个数不同,数值也因情况不同而异,这些模型参数的确定将变得复杂了,只能由具体情况而定,详细内容请参考有关文献。环-核径向两区或多区两相流模型已对不同情况下的过程进行模拟分析,但建立包含存料量和必要几何尺寸在内的统一模型参数确定方法是发展环-核两相模型的重要课题。

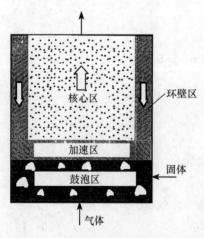

图 10-22　环-核三区两相流模型[89]

此外,还有与径向环-核两相模型不同的轴向多室串联流动模型[96]和一维分布多室返混串联燃煤模型[76],其实,后者的多室模型是为便于计算的离散式一维分布两相流模型。

10.6　快速流态化反应器设计

铁精矿、锌精矿、硫精砂等焙烧是经常遇到细粒物料加工的非催化气固反应，煤燃烧时，经常会发生爆裂，加入的粗粒煤受热胀裂并颗粒相互摩擦、撞击而形成小碎粒，因而循环流化床锅炉的床料平均粒度约 0.2mm 左右，也属细颗粒非催化气固反应。现有许多石油化工过程所采用的催化剂粒度几十微米，这属细粒催化气固反应。细颗粒物料适应于快速流态操作。按第八章方法进行工艺过程设计后并当将独立自由型（B 型）快速流化床作为该过程的反应器形式，则可根据快速流态化的特征及其基本规律将其工程化，即设计出满足工艺要求的反应器。

快速流态化流动特征已通过上述有关的研究分析得到明确，即是：床层颗粒浓度即 $(1-\varepsilon)$ 的轴向分布通常为上稀下浓，其径向分布呈中稀边浓的特点，气体为连续相，固体以颗粒团形式运动而成为非连续相，固体颗粒接近全混，气体存在一定程度的气体扩散，气固接触充分，这些作为建立快速流化床反应器模型的物理基础。气体与颗粒之间的热、质传递和流化床层与器壁之间的热量传递的关系已在 1.1.2. 节"传递特性"中做了论述，则可按下面的方法建立反应器模型并进行反应器设计。

10.6.1　非催化气固反应过程

10.6.1.1　煤燃烧反应器

煤粒循环流化床燃烧在世界范围得到了广泛的应用，以快速流态化燃煤反应器模型为例说明其设计方法。循环流化床或叫快速流态化燃煤反应器的燃烧过程模型如图 10-23 所示，一次空气从反应器底部给入，与加入的煤粒相互作用形成流态化并发生燃烧反应，反应器中下部补给二次空气，相对于煤而言，空气过剩，过量的空气叫过剩空气系数。煤与燃烧空气并流向上，从反应器顶部排出经气固旋风分离器回收固体物料并通过循环管路返回燃烧器底部，进行循环燃烧。燃烧器中固体物料的浓度沿高度逐渐减小，气体浓度也随燃烧器高度而变。气体为连续相，固体颗粒团为非连续相，两相间进行物质和热交换。当达到快速流态化操作时，整个燃烧器内保持均一的温度，即等温反应。煤燃烧由快速的热解脱挥发分并燃烧的过程和残余半值燃烧的慢速过程组成，燃烧过程的控制步骤由半焦燃烧所决定。燃烧时，煤中的碳、氢、硫、氮等与氧结合生成 CO_2、CO、SO_2、NO_x、H_2O 以及过剩的 O_2 和 N_2。废物气体生成速率由挥发分燃烧速率和半焦燃烧速率所决定。过程可用一维分布的两相模型描述[76,97]，见图 10-23。对任意高度 z 处 Δz_i 的微元或 dz，列出燃烧过程的物料和热平衡。

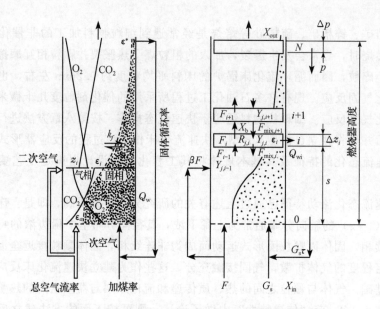

图 10-23　非催化气固反应一维分布两相模型[97]

物料平衡：对任何气体组分 j

$$F_i Y_{j,i} = F_{i-1} Y_{j,i-1} + F_{\text{mix},i+1} - F_{\text{mix},i} + A_{j,i} + \sum_0^k R_{kj,i} \qquad (10\text{-}127)$$

对固体相，半焦燃烧，简化为一个代表性粒度 d_{p} 或半径 R 的燃烧，在循环流态化锅炉燃烧条件下（900℃），通常表现为气模扩散控制反应过程，即

$$X_{\text{c}} = 1 - \left(\frac{r_{\text{c}}}{R}\right)^3 = \frac{t}{\tau_k} \qquad (10\text{-}128)$$

$$\tau_k = \frac{\rho_{\text{c}} R}{3kg C_{Ag}} \qquad (10\text{-}129)$$

由于固体颗粒为完全混合，其停留时间分布为

$$E(t) = \frac{1}{\bar{t}} = \exp\left(-\frac{t}{\bar{t}}\right) \qquad (10\text{-}130)$$

所以

$$1 - \overline{X}_{ci} = \sum (1 - X_{ci}) \frac{1}{t_i} \exp\left(-\frac{t}{t_i}\right) \Delta t = \sum \left(1 - \frac{t}{\tau_k}\right) \frac{1}{t_i} \exp\left(-\frac{t}{t_i}\right) \Delta t$$

$$\qquad (10\text{-}131)$$

其中

$$\bar{t}_i = \frac{(1-\varepsilon_i)\rho_s A_t \Delta z_i}{G_s} \tag{10-132}$$

$$\bar{t} = \sum \bar{t}_i = \sum \frac{(1-\varepsilon_i)\rho_s A_t \Delta z_i}{G_s} \tag{10-133}$$

碳平衡

$$X_{c,out} = X_{c,in}(1-X_c) \tag{10-134}$$

热平衡

$$\frac{(1-\varepsilon_i)\rho_s A_t \Delta z_i}{\bar{t}_i}Q_{dw} + \sum_j^M Q_{gi,j,i} + Q_{si,i} = \sum_j^M Q_{g0,j,i} + Q_{s0,i} + Q_{w,i} \tag{10-135}$$

对整个反应器

$$G_s Q_{dw} + \sum_j^M \sum_i^N Q_{gi,j,i} + \sum_i^N Q_{si,i} = \sum_j^M \sum_i^N Q_{g0,j,i} + \sum_i^N Q_{s0,i} + \sum_i^N Q_{w,i} \tag{10-136}$$

动量平衡

$$\Delta P_i = (1-\varepsilon_i)\rho_s g \Delta z_i \tag{10-137}$$

对反应器

$$\Delta P = \sum (1-\varepsilon_i)\rho_s g \Delta z_i \tag{10-138}$$

其中 ε_i 由快速流态化流体力学决定。

　　边界条件，入口处

$$Y_{O_2}(0) = 0.21; \quad Y_{SO_2}(0) = 0; \quad Y_{NO}(0) = 0; \quad Y_{CO_2}(0) = 0;$$

$$Y_{CO}(0) = 0; \quad Y_{H_2O}(0) = 0; \quad C_{in} = X_c + X_R; \tag{10-139}$$

联立求解以上非线性方程组，得到如图 10-24 的结果，与实验结合较为吻合。

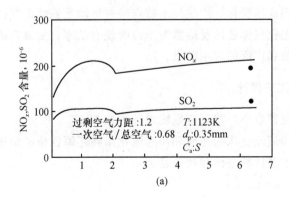

(a)

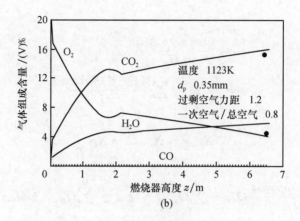

图 10-24　一维分布两相模型预测与实验比较[97]

另一方面，根据第八章工艺过程设计由加煤量 G_s 确定的 A_t，和由燃烧效率确定的 X_c 和 $X_{c,out}$，由式（10-131）和式（10-135）流化床的设计高度 z，即可根据所要求的燃烧效率选择相适应的流化床层高度。但实际的流化床层高度还要看是否满足换热面布置所需的空间高度而定。

10.6.1.2　两级铁精矿还原反应器

快速流化床采用高气速和物料循环的方法，以达到高通量、高固体浓度的流态化操作，与传统鼓泡流化床不同，改善气固接触，强化相际间的传递过程，加速化学反应。

铁精矿气体还原金属化，当其达到高还原度时，易出现铁须，造成矿粉粘结而失流，而且反应速率大为下降，并受生成物 CO_2 和 H_2O 等氧化组分的制约。快速流态化床采用高气速操作，气体轴相扩散小，近乎活塞流，可抑制还原生成的氧化组分返混对还原过程的不利影响；快速流态化的气固间的相对速度较大，两相的剪切作用明显，具有抗粘结、防止失流的作用；高气速操作还可减小反应器面积，便于实现高压操作。这些技术特点较好地满足铁精矿气体还原过程的工艺要求。快速流态化气体还原反应器对于改善现有工序，发展新的炼铁过程，具有重要的理论价值和广泛的应用前景。

1. 反应系统工艺设计

为了提高反应器效率，将反应系统设计为在 550℃、压力 2.5MPa、H_2、N_2 合成气还原下由湍流流化床初还原和快速流化床终还原铁精矿组成的二段还原构成的工艺过程。工艺计算条件和任务目标

处理矿量 S　150kg/h

合成气量 G_0　61.4kmol/h，含氢量 C_{H_2}　75%，含水量 y_i　0.0149mol/fr
矿石成份 T_{Fe}　61%，含氧 23.3%，矿石初始含氧量 x_0　0.014 56kmol/kg 矿
产品金属化率 R　93%，剩氧分数 x_2　0.0532

一段初还原物料平衡

$$G(y_1 - y_2) = SX_0(x_i - x_1) \tag{10-140}$$

而

$$G(y_2 - y_i) = SX_0(x_1 - x_2) \tag{10-141}$$

故

$$y_1 = y_i + \frac{SX_0}{G}(x_i - x_2) \tag{10-142}$$

湍流床属固体全混、气体全混流型，其反应动力学公式[98,99]可表示如下：

$$\theta = \bar{\theta} = \left(1 - \frac{x_i}{x_1}\right) \Big/ \left\{ -k_0 \left\{ 1 - \frac{1}{y^*}\left[y_i + \frac{SX_0}{G}(x_i - x_2) \right] \right\} \right\} \tag{10-143}$$

式中：y^* 为似平衡含水量，mol fr；θ 为时间，h；k_0 为反应速率常数，h^{-1}。

二段终还原物料平衡

$$G(y_2 - y_i) = SX_0(x_1 - x_2)$$

即

$$y_2 = y_i + \frac{SX_0}{G}(x_1 - x_2) \tag{10-144}$$

2. 反应动力学

快速流态化属固体全混，而气体接近治塞流，其反应动力学公式[98]可表示
为

$$\frac{1}{\dfrac{SX_0}{G}\dfrac{x_2}{y^*}} \ln \frac{1 - \dfrac{1}{y^*}\left[y_i + \dfrac{SX_0}{G}(x_1 - x_2) \right]}{1 - \dfrac{y_i}{y^*}} = -k_0\bar{\theta}_2 \tag{10-145}$$

该还原过程达到一段初还原的余氧分数 x_1 时所经历的反应时间由下式计算：

$$\frac{1}{\dfrac{SX_0}{G}\dfrac{x_1}{y^*}} \ln \frac{1 - \dfrac{1}{y^*}\left[y_i + \dfrac{SX_0}{G}(x_i - x_1) \right]}{1 - \dfrac{y_i}{y^*}} = -k_0\theta_1' \tag{10-146}$$

若令铁矿在二段还原的实际停留时间 $\bar{\theta}_2$，则

$$\bar{\theta}_2 = \theta_2 - \theta_1' \tag{10-147}$$

x_1 的确定，可用最佳化条件，即系统总还原时间最短，由下式求取 x_1

$$\frac{\mathrm{d}\left(\sum \bar{\theta}\right)}{\mathrm{d}x} = 0 \tag{10-148}$$

或从便于该系统两反应器平稳操作而选定，现取

$$x_1 = 0.3375$$

这相当于一段还原金属化率 55%，对于全混反应器也是合适的。由以上公式求得

$$\bar{\theta}_1 = 20.31h, \quad \bar{\theta}_2 = 3.12h$$

3. 反应器设计

（1）湍流床初还原反应器

根据系统物料及流化特性，选取操作气速 U_{01}，这里取一段气速 $U_{01} = 0.9\text{m/s}$，可确定反应器直径，计算 $D_1 = 0.682\text{m}$。

反应器的有效高度过 H_1 和压降 ΔP_1 由以下式求得[99]

$$H_1 = \frac{S\bar{\theta}}{(1-\varepsilon)\rho_1 \cdot \frac{\pi}{4}D_1^2} \tag{10-149}$$

$$\Delta P_1 = (1-\varepsilon)\rho_s H_1 \tag{10-150}$$

计算 $H_1 = 3.36\text{m}$，$\Delta P_1 = 81\text{kPa}$

（2）快速床终还原反应器[100]

根据系统物料特性，求取物性参数 Ar

$$Ar = \frac{d_p^3(\rho_s - \rho_g)\rho_g g}{\mu_g^2} \tag{10-151}$$

由下式求操作气速 U_{02} 和必要的固体循环通量 G_{sm}（最小循环通量）[9]

$$U_{02} = U_{tf} = 0.758 \frac{\mu_g}{d_p\rho_g} Ar^{0.73} \tag{10-152}$$

$$G_{sm} = 6.08 \frac{\mu_g}{d_p} Ar^{0.78} \tag{10-153}$$

计算得出 $U_{01} = 6.3\text{m/s}$；$G_{sm} = 25.9\text{kg/(m}^2 \cdot \text{s)}$

快速床可选用单管或多管并流反应器，以限制气体的返混因直径增大而加强。对单管反应器，其反应器直径 D_2，由下式计算

$$D_2 = \sqrt{\frac{G_0 \cdot 22.4 \cdot \frac{823}{273} \cdot \frac{1}{3.5} \cdot \frac{1}{3600}}{\frac{\pi}{4} \cdot U_{02}}} = 0.263\text{m} \tag{10-154}$$

若用双管反应器 D_2'，则 $D_2' = 0.186\text{m}$。

计算得到的 G_{sm} 值并不一定能满足反应过程的操作状态，即浓相床层空隙度 ε_a 的工艺要求，故应根据反应器工作特性来确定固体循环量，然后根据料腿立管的设计方法（见第八章）来确定合适的固体循环管直径。

固体循环量 G_s 的确定：若选定快速床的操作状态，即浓相床层空隙度 ε_a，则可根据以下[9]方法确定，由下式先求解雷诺数 Re_s。

$$0.0626 \cdot \varepsilon_a^{-13.49} Re_s^{1.687} + 0.4716\varepsilon^{-13.49} \cdot Re_s - Ar = 0 \qquad (10\text{-}155)$$

当取 $\varepsilon_a = 0.87$，则 $Re_s = 10.53$

于是床层的固体通量 G_s 为

$$G_s = u_d \cdot \rho_s = \left(\frac{1-\varepsilon_a}{\varepsilon_a}\right)\left(U_{tf} - \frac{Re_s \cdot \mu_g}{d_p \cdot \rho_g}\right) \cdot \rho_s \qquad (10\text{-}156)$$

求得 $G_s = 1000\text{kg/m}^2 \cdot \text{s}$

由反应停留时间 $\bar{\theta}_2$，确定反应器有效高度 H_2

$$H_2 = \frac{S \cdot \bar{\theta}_2}{\frac{\pi}{4}D_2^2 \cdot (1-\varepsilon_a)\rho_s} = 15.35\text{m} \qquad (10\text{-}157)$$

反应器压降 $\Delta P_2 = (1-\varepsilon_a) \cdot \rho_s \cdot H_2 = 104\text{kpa}$

在反应系统的设计中，结合材料及工程问题，进一步确定具体的结构尺寸。

10.6.2　催化气固反应过程

对细颗粒快速流态化气相催化反应过程，由于在快速流化床中，气体为连续相，不存在气泡现象，因而可以采用如 1.4 节所述的拟均匀流动的气固反应模型来描述。

微球催化剂的烧焦过程属动力学控制的表面反应，烧炭反应动力学可表示如下[101,102]：

$$-\frac{dC_C}{dt} = k_C P_{O_2} C_C \qquad (10\text{-}158)$$

$$k_C = 1.65 \times 10^8 \exp\left(-\frac{1.612 \times 10^5}{RT}\right) \qquad (10\text{-}159)$$

烧焦过程的脱氢反应动力学[103,104]

$$-\frac{dC_H}{dt} = k_H P_{O_2} C_H \qquad (10\text{-}160)$$

其中当 $T < 973\text{K}$

$$k_H = 2.47 \times 10^{10} \exp\left(-\frac{3.766 \times 10^4}{RT}\right) \qquad (10\text{-}161)$$

当 $T > 973\text{K}$

$$k_H = (1 - ae^{-b})\left[2.47 \times 10^{10} \exp\left(-\frac{3.766 \times 10^4}{RT}\right)\right] \qquad (10\text{-}162)$$

式中：$a = 2.67 \times 10^3$；$b = 7.34 \times 10^4$。

若反应剂 A 的处口处浓度为 C_{Ai}，出口处浓度为 C_{Ae}，通过反应器的流速维持恒定的稳定流动，以反应物体积和浓度表示的速率方程速率常数 $k_v = \varepsilon k_c H/U$，

则有

对活塞流流动

$$\frac{C_{Ae}}{C_{Ai}} = e^{-k_v} \tag{10-163}$$

对完全混合流动

$$\frac{C_{Ae}}{C_{Ai}} = \frac{1}{1 + k_v} \tag{10-164}$$

对有一定程度轴向返混流动的快速流态化，由 Danckwerts 的分析[105]

$$\frac{d^2 C_A}{dh^2} - \frac{U}{D_a} \frac{dC_A}{dh} - \frac{k_A C_A}{D_a} = 0 \tag{10-165}$$

边界条件为

当 $h = 0$

$$U_{Ai} = U_A - D_a \frac{dC_A}{dh} \tag{10-166}$$

$h = H$

$$\frac{dC_A}{dy} = 0 \tag{10-167}$$

积分催化剂燃碳速率方程可表示为式（10-158）

$$C_C = C_{C0} e^{-k_c P_{O_2} t} \tag{10-168}$$

$$\frac{C_{Ae}}{C_{Ai}} = 1 - \frac{4a}{(1+a)^2 \left[\exp \frac{UH}{2D_a}(1-a) \right] - (1-a)^2 \exp \left[\frac{UH}{2D_a}(1+a) \right]} \tag{10-169}$$

$$a = \sqrt{1 + \frac{4k_c D_a}{U^2}} \tag{10-170}$$

对快速流态化，轴相分散系数可按下式计算[9]

$$D_a = 0.1953 \varepsilon^{-4.1197} \tag{10-171}$$

可对烧焦再生反应器建立了如下无因次方程构成的烧焦反应动力学和烧焦反应器数学模型[106,107]：

催化剂的碳平衡

$$\frac{1}{Pe} \cdot \frac{d^2 C_C}{dz_x^2} - \frac{dC_C}{dz_x} - r_C t_s = 0 \tag{10-172}$$

边界条件为

当 $z_x = 0$ 　　　　$\dfrac{dC_C}{dz_x} - Pe_s \cdot C_C + Pe_s \cdot C_{C0} = 0$ 　　　　(10-173)

$$z_x = 1 \qquad\qquad \frac{\mathrm{d}C_C}{\mathrm{d}z_x} = 0 \tag{10-174}$$

其中

碳反应速率公式如下

$$r_C = \frac{\mathrm{d}C_C}{\mathrm{d}t} = k'C_C P_{O_2} \tag{10-175}$$

相应生成的 CO_2 和 CO 的速率分别为

$$r_{CO_2} = \frac{r_C \rho_s \beta}{12(1+\beta)} + r_{CO} \tag{10-176}$$

$$r_{CO} = \frac{r_C \rho_s}{12(1+C_{O_2})} - r'_{CO} \tag{10-177}$$

催化剂的氢平衡

$$\frac{1}{Pe} \cdot \frac{\mathrm{d}^2 C_H}{\mathrm{d}z_x^2} - \frac{\mathrm{d}C_H}{\mathrm{d}z_x} - r_H \cdot t_s = 0 \tag{10-178}$$

边界条件为

当 $z_x = 0 \qquad \frac{\mathrm{d}C_H}{\mathrm{d}z_x} - Pe_s \cdot C_H + Pe_s \cdot C_{H0} = 0 \tag{10-179}$

$$z_x = 1 \qquad\qquad \frac{\mathrm{d}C_H}{\mathrm{d}z_x} = 0 \tag{10-180}$$

其中

氢反应速率公式如下

$$r_H = \frac{\mathrm{d}C_H}{\mathrm{d}t} = k'C_H P_{O_2} \tag{10-181}$$

相应生成的 H_2O 的速率为

$$r_w = \frac{\rho_s}{2} \cdot r_H \tag{10-182}$$

催化剂的氧平衡

$$\frac{1}{Pe} \cdot \frac{\mathrm{d}^2 C_O}{\mathrm{d}z_x^2} - \frac{\mathrm{d}C_O}{\mathrm{d}z_x} - r_O t_s = 0 \tag{10-183}$$

边界条件为

当 $z_x = 0 \qquad \frac{\mathrm{d}C_O}{\mathrm{d}z_x} - Pe_s \cdot C_O + Pe_s \cdot C_{O0} = 0 \tag{10-184}$

$$z_x = 1 \qquad\qquad \frac{\mathrm{d}C_O}{\mathrm{d}z_x} = 0 \tag{10-185}$$

烧焦时氧消耗的速率则为

$$r_O = r_{CO_2} + r_{CO} + \frac{1}{2}r_H \tag{10-186}$$

烧焦反应器的热平衡

$$\frac{1}{Pe_T} \cdot \frac{d^2 T}{dz_x^2} - \frac{dT}{dz_x} - \left(\frac{r_T \cdot Q_L}{C_s \rho_s}\right) \cdot t_s = 0 \qquad (10\text{-}187)$$

边界条件为

当 $z_x = 0$　　　　　　$\frac{dT}{dz_x} - Pe_s \cdot T + Pe_T \cdot T_0 = 0$　　　　　(10-188)

$z_x = 1$　　　　　　　$\frac{dT}{dz_x} = 0$　　　　　　　　　　(10-189)

反应器的升温速率为

$$r_T = \frac{(12r_{CO_2} \cdot \Delta H_2 + 12r_{CO} \cdot \Delta H_1 + r_W \cdot \Delta H)}{100} \qquad (10\text{-}190)$$

联立求解该方程组。当出口处浓度为 C_{Ae} 由工艺要求规定时，则可通过式（10-169）计算流化床高度 H，然后按第八章的反应器设计方法确定反应器高度。

由于快速流态化反应器中气固流动结构为无气泡气固接触的根本性变化，对反应器模拟放大设计将会变得简便些、可靠些，但目前缺乏更多的实验研究和验证。

10.7　小结与评述

有关实验研究表明，细颗粒物料有利于形成快速流态化；快速流态化为无气泡的颗粒团式气固两相流，气固接触充分，可用特定曳力系数的流体与颗粒相互作用的表观曳力模型描述；流化颗粒处于完全混合，气体只存在一定程度的轴向扩散，床层呈上部稀、下部浓和中心稀、边壁浓的非均匀结构，但在工程上可简化为拟均匀两相流，低气体返混有利气相加工过程的选择性的改善和转化率的提高，细颗粒有利于固相加工过程的表面反应进行；化学反应过程可在低于鼓泡流化床下的化学计量比进行，表明气固之间的质量传递速率提高。快速流态化反应器的工作性能优于鼓泡流化床反应器，可用于气相加工催化过程，也可用于固相加工的非催化过程，由于颗粒的完全混合的流型，对于要求高转化率反应过程，宜采用多级或多段反应系统以提高效率。快速流态化的模拟及其反应器的模拟放大，是极其必要的，可获得无法从实验得到的信息，促进流态化理论的发展，但从工程应用来说，一维轴向两区模型较简便，适应性强，并有关联式确定其模型参数。与传统的鼓泡流态化反应器相比，快速流态化反应器因其采用高参数操作，生产强度高，便于大型化；特别是对于气固催化反应的气相加工过程，因不存在影响传质和反应特性且随反应器尺寸放大而变的气泡，反应器模拟放大将易于实现。用新型快速流态化技术改造传统的鼓泡流态化工艺技术将是值得重视的任务。

参 考 文 献

[1] Wilhelm R H, Kwauk M. Fluidization of solid particles. Chem. Eng. Progr, 1948 (44): 201

[2] Lewis W K, Gilliland F D, Bauer W C. Characteristics of fluidized particles. Ind. Eng. Chem, 1949 (41): 1104

[3] Reh L. Fluidized bed processing. Chem. Eng. Progr, 1971, 67 (2): 58

[4] Yerushalmi J, Turner D, Squires A M. The fast fluidized bed. Ind. Eng. Chem. Proc. Des. Dev, 1976 (15): 47～53

[5] 李佑楚，陈丙瑜，王凤鸣等. 快速流态化的流动. 化工学报，1979，30 (2): 143～152

[6] Li Y, Chen B, Wang F et al. Rapid fluidization. Internal. Chem. Eng, 1981 (21): 670～678

[7] Li Y, Kwauk M. The dynamics of fast fluidization. in Fluidization (Grace J R, Matsen J M, eds.). New York : Plenum Press, 1980. 537～544

[8] 李佑楚，王凤鸣，戴殿卫等. 快速流态化——攀枝花铁精矿快速流态化特性. 中国科学院化工冶金研究所，1978. 02

[9] Li Y. Hydrodynamics. in Advances in Chemical Engineering Volume 20: Fast fluidization (Kwauk M, ed.). San Diego : Academic Press, 1994. 85～146

[10] 李佑楚，王凤鸣，孙奎元. 菱镁矿快速流态化参数的试验测定. 中国科学院化工冶金研究所，1983，07

[11] 李佑楚，王凤鸣，沈天临. 快速流态化燃煤反应器的操作特性. 中国科学院化工冶金研究所，1984，02

[12] 白丁荣，金涌，俞芷青等. 循环流化床操作特性的研究. 化学反应过程与工艺，1987，3 (1): 24～32

[13] 高士秋，湛记先，秋绍南等. 快速流化床轴向空隙率分布的研究. 第六届全国流态化会议论文集. 1993. 38～41

[14] Li J. Modeling. in Advances in Chemical Engineering Volume 20: Fast fluidization (Kwauk M, ed.). San Diego : Academic Press, 1994. 147～201

[15] 李佑楚，陈丙瑜，王凤鸣等. 快速流态化的研究. 化工冶金，1980 (4): 20～45

[16] Yerushalmi J, Cankurt N T, Geldart D et al. Flow regimes in vertical gas-solid contact systems. AIChE Symposium Series, 1978, 74 (176): 1～13

[17] Takeuchi H, Hirama T, Chiba T et al, A quantitative definition and flow regime diagram for fast fluidization. Powder Technol, 1986, 47 (2): 195～199

[18] Reddy Karri S B, Knowlton T M. A practical definition of the fast fluidization regime. in Circulating Fluidized Bed Technology-III (Basu P, Horio M, Hasatani M, eds.). Oxford: Pergamon Press, 1991. 67～72

[19] Tung Y, Li J, Kwauk M. Radial voidage profile in a fast fluidized bed. in Fluidization:

Science and technology (Kwauk M, Kunii D, eds.), Beijing: Science Press, 1988. 139～145

[20] Li Y, Wang F. Flow behavior of fast fluidization. CREEM Seminar. Beijing: Institute of Chemical Metallurgy, 1985. 183

[21] Mutsers S M P, Rietema K. The effect of interparticle forces on the expansion of a homogeneous gas-fluidized bed. Powder Technol, 1977, 18 (2): 239～248

[22] Li Y, Chen B, Wang F et al. Hydrodynamic correlations for fast fluidization. in Fluidization: Science and technology (Kwauk M, Kunii D, eds.). Beijing : Science Press, 1982. 124～134

[23] Weinstien H, Graff R, Meller N et al. The influence of the imposed pressure drop across a fast fluidized bed. in Fluidization (Kunii D, Toei R, eds.). New York: Eng. Found, 1984. 299～306

[24] Monceaux L, Azzi M, Molodtsof Y et al. Overall and local characterization of flow regimes in a circulating fluidized bed. Circulating Fluidized Bed Technology (Basu P ed.). Oxford: Pergamon Press, 1986. 147

[25] Bader R, Findly J, Knowlton T M. Gas/solids flow patterns in a 30. 5-cm-diameter circulating fluidized bed. In Circulating Fluidized Bed Technology-II (Basu P, Large J L, eds.). Pergamon Press, 1988. 123～128

[26] Hartge E U, Rensner D, Werther J. Solids concentration and velocity patterns in circulating fluidized beds. in Circulating Fluidized Bed Technology-II (Basu P, Large J L, eds.). Pergamon Press, 1988. 165～172

[27] Horio M, Morishita K, Tachibena O et al. Solid distribution and movement in circulating fluidized beds, in *Circulating Fluidized Bed Technology II* (Basu P, Large J F, eds.), Pergamon Press, 1988. 147

[28] Azzi M, Turlier P, Large J F et al. Use of a momentum probe and gammadensity to study local properties of fast fluidized beds. in Circulating Fluidized Bed Technology-Ⅲ (Basu P, Horio M, Hasatani M, eds.). Pergamon Press, 1991. 189～194

[29] Patience G S, Chaouki J. Solids hydrodynamics in the fully developed region of circulating fluidized bed risers. in Preprints for Fluidization VIII (Lagueric C, Large J F, eds.). Tours, France, 1995. 33～40

[30] 张斌. 快速流化床中气体速度径向分布的研究 (硕士学位论文). 中国科学院化工冶金研究所. 1990

[31] Yang Y, Jin Y, Yu Z et al. The radial distribution of local particle velocity in a dilute circulating fluidized bed. in Circulating Fluidized Bed Technology-III (Basu P, Horio M, Hasatani M, eds.). Oxford: Pergamon Press, 1991. 201～206

[32] 王涛, 刘德昌, 林志杰等. 环流化床中粒子速度的测量. 第六届全国流态化会议论文集. 1993. 18～22

[33] Werther J, Circulating Fluidized Bed Technology IV (Avidan A, ed.), AIChE, N. Y,

1994. 1

［34］ Rhodes M J，Wang X S，Cheng H et al. Similar profiles of solid flux in circulating fluidized bed risers. Chem. Eng. Sci，1992（47）：1635～1643

［35］ Thober C W A，Santana C C. Radial profile in CFB for B group particles. in Circulating Fluidized Bed Technology V（Kwauk M，Li J，eds.）. Beijing：Science Press，1996. 66～71

［36］ 白丁荣，金涌，俞芷青. 快速流态化气固两相间的动量交换. 第三届全国多相流、非牛顿流体、物理化学流体力学学术会议论文集. 1990. 337～339

［37］ Wirth K E. Fluid mechanics of circulating fluidized beds. Chem. Eng. Technology，1991（14）：29～38

［38］ Muller P，Reh L. Particle drag and pressure drop in accelerated gas-solid flow. in Circulating Fluidized Bed Technology IV（A. Avidan，ed.）. New York：AIChE，1994. 159～166

［39］ Wen C Y，Yu Y H. Mechanics of Fluidization. Chem. Eng. Progr. Symp. Ser. No. 62，1966（62）：100～111

［40］ Cankurt N T，Yerushalmi J. Gas mixing in high velocity fluidized beds. in Fluidization（Davidson J，Kearins D，eds.）. Cambndge：Cambridge University Press，1978. 387～392

［41］ Yang G，Huang Z，Zhao L. Radial gas dispersion in a fast fluidized bed. in Fluidization（Kunii D，Toei R，eds.）. New York：Eng. Found，1984. 145～152

［42］ Brereton C M H，Grace J R，Yu J. Axial gas mixing in a circulating fluidized bed. in Circulating Fluidized Bed Technology-II（Basu P，Large J L，eds.）. Oxford：Pergamon Press，1988. 307～314

［43］ 吴培. 快速流化床中气体混合特性的研究（硕士学位论文）. 中国科学院化工冶金研究所. 1988

［44］ Li Y，Wu B. A study on axial gas mixing in a fast fluidized bed. in Circulating Fluidized Bed Technology-III（Basu P，Horio M，Hasatani M，eds.）. Pergamon Press，1991. 581～586

［45］ Dry R J，White C C. Gas residence time characteristics in a high-velocity circulating fluidized bed of FCC catalyst. Powder Technol，1989（58）：17

［46］ Li J，Weinstein H. An experimental comparison of gas backmixing in fluidized beds across the regime specrum. Chem. Eng. Sci，1989（44）：1697～1705

［47］ 罗国华，杨贵林. 快速流化床中轴向气体分散. 第五届全国流态化会议论文集. 1990. 155～157

［48］ Liu J Z，Grace J R，Bi H T et al. Gas dispersion in fast fluidization and dense suspension upflow. Chem. Eng. Sci，1999（54）：5441～5449

［49］ Sterneus J，Johnsson F，Leckner B. Gas mixing in circulating fluidised bed risers. Chem. Eng. Sci，2000（55）：129～148

[50] Werther J, Hartge E U, Kruse M et al. Radial mixing of gas in the core zone of a pilot scale CFB. in Circulating Fluidized Bed Technology-Ⅲ (Basu P, Horio M, Hasatani M, eds.), Oxford: Pergamon Press, 1991. 593~598

[51] Ambler P A, Milne B J, Berruti F et al. Residence time distribution of solids in a circulating fluidized bed: Experimental and modelling studies. Chem. Eng. Sci, 1990, 45 (8): 2179~2186

[52] 白丁荣. 循环流态化气固流动及传递规律的研究. 博士学位论文. 清华大学, 1991

[53] Adams C K. Gas mixing in a fast fluidized bed. in Circulating Fluidized Bed Technology-Ⅱ (Basu P, Large J L, eds.), Pergamon Press, 1988. 299~306

[54] Wei F, Cheng Y, Jin Y et al. Axial and lateral solids dispersion in a binary-solid riser. in Circulating Fluidized Bed Technology V (Kwauk M, Li J, eds.), Beijing: Science Press, 1996. 182~187

[55] Wei F, Cheng Y, Jin Y et al. Axial and lateral dispersion of fine particle in a binary-solids riser. Can. J. Chem. Eng, 1998 (76): 19~26

[56] Chesonis D C, Klinzing G E, Shah Y T et al. Solid mixing in a circulating fluidized bed. in Circulating Fluidized Bed Technology-Ⅲ (Basu P, Horio M, Hasatani M, eds.). Oxford: Pergamon Press, 1991. 131~136

[57] Namkung W, Kim S D. Gas mixing in the upper dilute region of a circulating fluidized bed. in Circulating Fluidized Bed Technology V (Kwauk M, Li J, eds.). Beijing: Science Press, 1996. 134~139

[58] Zhang X, Guo S, Li L et al. Gas mixing behavior in the turbulent fluidized bed with FCC particles. Preprint CFB-5. in Circulating Fluidized Bed Technology V (Kwauk M, Li J, eds.). Beijing: Science Press, 1996, Paper DGS2 1

[59] Lin Y C, Chyang C S. Radial gas mixing in a fluidized bed Using response. Surface methodology, Powder Technol, 2003 (131): 48~55

[60] Van Zoonen D. Measuements of diffusional phenomena and velocity profiles in a a vertical riser. in proceedings of the Symposium on the Interaction between Fluids and Particles (Rottenburg P A, ed.). New York: Institute of Chemical Engineering, 1962. 64~71

[61] Amos G, Rhodes M J, Mineo H. Gas mixing in gas-solids risers. Chem. Eng. Sci, 1993 (48): 943~949

[62] Milne B J, Berruti F. Modeling the mixing of solids in circulating fluidized beds. in Circulating Fluidized Bed Technology-Ⅲ (Basu P, Horio M, Hasatani M, eds.). Oxford: Pergamon Press, 1991. 575~580

[63] Sinaclair J L, Jackson R. Gas-particle flow in a vertical pipe with particle-particle interactions. AIChE J, 1989 (35): 1473~1486

[64] Gidaspow D. Hydrodynamics of fluidization and heat transfer: Supercomputer modeling. Appl. Mech. Rev, 1986 (39): 1~22

[65] 王维. 两相流数值模拟及在循环流化床锅炉上的软件实现 (博士学位论文). 中国科学

院化工冶金研究所. 2001

[66] 周力行、黄晓晴. 三维湍流气粒两相流的 $k\text{-}\varepsilon\text{-}kp$ 模型. 工程热物理学报. 1991，12 (4)：428～580

[67] Tsuji Y，Kawaguchi T，Tanaka T. Discrete simulation of two-dimensional fluidized bed. Powder Technol，1993（77）：79～87

[68] Xu B H，Yu A D. Numerical simulation of the gas-solid flow in a fluidized bed by combining discrete partcle method with computational fluid dynamics. Chem. Eng. Sci，1997 (52)：2785～2809

[69] Ouyang J，Li J. Discrete simulations of heterogeneous structure and dynamic behaviorin gas-solid fluidization. Chem. Eng. Sci，1999（54）：5427～5440

[70] Lee Y Y，Hyppanen T. Coal combustion model for circulating fluidized bed boiler. in Proceedings of 10-th International Conf. on Fluidized Bed Combustion. New York：A. S. M. E，1989. 753～764

[71] Pagliolico S，Tiprigan M，Rovero G，Gianetto A. Pseudo-homoogeneous approach to CFB reactor design. Chem. Eng. Sci，1992（47）：2269～2274

[72] Fligner M，Schopper P H，Shapre A V et al. Krambeck. Two phase cluster model in riser reactors：Impact of radial density distribution on yields. Chem. Eng. Sci，1994 (49)：5813～5818

[73] Zhang H，Xie Y S，Hasatani M. Mathmetical modeling for longituing voidage distribution of fast fluidized beds. Circulating Fluidized Bed Technology-III（Basu P，Horio M，Hasatani M，eds.）. Oxford：Pergamon Press，1991. 151

[74] Zhang H，Xie Y S，Hasatani M. A new two dimensional correlation for voidage distribution of fast fluidized beds. Fluidization：Science and Technology（Kwauk M，Kunii D，eds.）. Beijing：Science Press，1991. 21

[75] 李静海. 能量最小多尺度两相流模型和方法. 博士论文. 中国科学院化工冶金研究所. 1987

[76] Lin X J，Li Y. A two-phase model for fast fluidized bed combustion. in Preprints of Preceedings of 4th Intern. Conf. On Circulating Fluidized Bed Technology（Avidan A A，ed.）. AIChE，1993. 547～552

[77] 王维，李佑楚. 快速流化床的整体模拟. 化工冶金. 2000，21（3）：274～277

[78] Nakamura K，Capes C E. Vertical pneumatic conveying：A theoretical study of uniform and annular particle flow model. Can. J. Chem. Eng，1973（51）：39～46

[79] Bai D，Jin Y，Yu Z. The two-channel model for fast fluidization. in Fluidization'88：Science and Technology（Kwauk M，Kunii D，eds.），Beijing：Science Press，1988. 155～164

[80] Kagawa H，Mineo H，Yamazaki R et al. A gas solid contacting model for fast fluidized bed. in Circulating Fluidized Bed Technology-III（Basu P，Horio M，Hasatani M，eds.），Pergamon Press，1991. 551～556

[81] White C C, Dry R J, Potter O E. Modeling the gas mixing in a 9-cm diameter circulating fluidized bed. in Fluidization Ⅶ (Potter O E, Nicklin D J, eds.). New York: Eng. Foundation, 1992. 265~273

[82] Werther J, Hartge E U, Kruse M. Gas mixing and interphase mass transfer in the circulating fluidized bed. in Fluidization Ⅶ (Potter O E, Nicklin D J, eds.), New York: Eng. Foundation, 1992. 257~264

[83] Zhao J. Ph. D. thesis, University of British Columbia, Vancouver, 1992

[84] Ishii H, Nakajima T, Horio M. The clustering annular flow model of circulating fluidized beds. J. Chem. Eng. Japan, 1989, 22 (5): 484~490

[85] Ouyang S, Li X G, Potter O E, Preprins for Fluidization Ⅷ (Lagueric C, Large J F, eds.). Tours, France, 1995 (1): 457~465

[86] Marmo L, Manna L, Rovero G, Preprins for Fluidization Ⅷ (Lagueric C, Large J F, eds.), 1995 (1): 475~482

[87] Bai D, Zhu J, Jin Y et al. Internal recirculation flow structure in upward flowing gas-solids suspensions Part I: A core/annular model. Powder Technol, 1995 (85): 171~178

[88] Saraiva P C, Azevedo J L T, Carvalho M G. Modeling combustion NO_x emission and SO_2 retention in a circulating fluidized bed. in Proc. 12-th Intnl. Conf. On Fluidized bed combustion. New York: A. S. M. E, 1993. 3754~380

[89] Neidel W, Gohla M, Borghardt R et al. Theortical and experimental investigation of mix-combustion coal biofuel in circulating fluidized beds. in Preprins for Fluidization VIII (Lagueric C, Large J F, eds.), 1995 (1): 573~583

[90] Talukdar J, Basu P, Joos E. Sensitivity analysis of a performance predictive model for circulating fluidized bed boiler furnaces. in Circulating Fluidized Bed Technology IV (Avidan A, ed.). New York: AIChE Press, 1994. 450~457

[91] Pugsley T S, Patience G S, Berruti F et al. Modelling the catalystic oxidation of n-butane to maleic anhydride in a circulating fluidized bed reactor. Ind. Eng. Chem. Res, 1992 (31): 2652~2660

[92] Pugsley T S, Berruti F, Chakma A. Computer simulation of a novel circulating fluidized bed pressure temperature swing aborber for recovering carbon dioxide from flue gases. Chem. Eng. Sci, 1994 (49): 4465~4481

[93] Schoenfelder H, Werther J, Hinderer J et al. A multi-stage model for the circulating fluidized bed reactor. AIChE Symp. Ser, 1994, 90 (301): 92~104

[94] Sung L Y. NO_x and N_2O emissions from circulating fluidized bed combustion. MASc dissertation. Vancouver: University of British Columbia, 1995

[95] Kruse D, Schoenfelder H, Werther J. A two-dimensional model for gas mixing in the upper dilute zone of a circulating fluidized bed. Can. J. Chem. Eng, 1995 (73): 620~634

[96] Weiss V, Fett F N, Mathematical modeling of coal combustion in a circulating fluidized

bed reactors. in Circulating Fluidized Bed Technology（Basu P，ed.）. Oxford：Pergamon Press，1986. 186

[97] Li Y，Zhang X. 8. Circulating fluidized bed combustion. in Advances in Chemical Engineering Volume 20：Fast fluidization（Kwauk M，ed.）. San Diego：Academic Press，1994. 331～388

[98] 郭慕孙. 攀枝花太和铁精矿流态化氢还原反应器设计. 北京：中国科学院化工冶金研究所. 1976. 3

[99] 郭慕孙. 张庄铁精矿氢还原反应器设计. 北京：中国科学院化工冶金研究所. 1975. 2

[100] 李佑楚，王凤鸣. 攀枝花太和矿快速流态化还原反应器的初步设计. 北京：中国科学院化工冶金研究所. 1980. 3

[101] Weisz P B，Goodwin R D. Combustion of carbonaceous deposits within porous catalyst particle. J. Catalysis. 1963，2：397

[102] 莫伟坚，林世雄，杨光华. 石油学报，1986，2（2）：13

[103] Hughes R. Deactivation of catalyst. London：Academic Press. Inc，1984

[104] 彭春生，王光埙，杨光华. 石油学报，1987，2（4）：17

[105] Danckwerts P V，Jenkins J W，Place G. The distribution of residence-time in an industrial fluidized bed. Chem. Eng. Sci，1954（3）：26～35

[106] Chen J W，Can H，Liu T. 9. Catalyst regeneration in fluid catalytic cracking. in Advances in Chemical Engineering Volume 20：Fast fluidization（Kwauk M，ed.）. San Diego：Academic Press，1994. 389～419

[107] 魏飞. 石油大学博士研究生论文. 1990

第十一章 液固与三相流态化工程

三相流态化是涉及气、液、固三种物系共存的流动状态。在某种意义上说，可以看成是液固流态化导入气体（参与反应或不参与反应）以强化液固间或气液间热、质传递的技术延伸，也可以看作是气液鼓泡反应器中引入固体颗粒以改善气液接触和传递的技术发展，在宏观特征上，它具有液固流态化、气固流态化和气液鼓泡反应器三者中任意两种状态复合而成的状态特征。由于它满足了气、液、固三相物系加工的要求，同时又大大强化了物相间的接触和传递，特别适用于石油化工、生物化工、湿法冶金、生态环境等领域的新过程的开发，近年来，受到国内外的广泛关注，并得到较大的发展。

11.1 基本原理和现象

11.1.1 三相流化床

11.1.1.1 装置结构

三相流化床是用以形成三相流态化的试验装置，与一般流化床相似，它由分布室、流化床、分离空间等组成，分布室与流化床之间安设有分布器，流化床侧壁上按一定间距安设有测压头和取样器，或安设光纤探头、电导电极探头，分别用以测定分段压降、床层中气含率、固含率，如图 11-1 所示，所不同的，三相流化床的分布器不仅要使气体得到均匀分布，同时还要使液体得到均匀分布。常用的分布器结构形式有三类，如图 11-2 所示，第一类（Ⅰ）为气液共用的分布器，而它又可分为气液多孔板式分布器（Ⅰ-A 型）和气液管式分布器（Ⅰ-B型）；第二类（Ⅱ）为气液分流式分布器，它也有气管液体多孔板分布器（Ⅱ-A型）和液管气体多孔板式分布器（Ⅱ-B 型）之别；第三类（Ⅲ）为气液组合式分布器，其结构型式有液管气体管隙板式分布器（Ⅲ-A 型），也有气管液体管隙板式分布器（Ⅲ-B 型）。经验表明，气液共用分布器因气体与液体分布的相互影响，分布的均匀性、稳定性和操作弹性不如气液分流式分布器。

三相流态化的形成过程也与一般液固流态化的形成过程大同小异。在如图 11-1 的流化床中放置一定重量固体颗粒物料，并充满液体（如水等）。在给定的气速下，将液体速度由小逐渐增大，同时测定和记录流化床层的压降变化，观察床层的状态变化。当床层中液体表观速度达到某一数值时，床中固体颗粒像液固

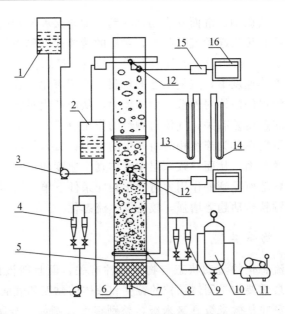

图 11-1 气液固三相流化床实验装置

1-高位槽；2-循环槽；3-离心泵；4-流量计；5-气体分布管；6-填料层；7-液体入口；8-液化床体；

9-流量计；10-气罐；11-压缩机；12-电极；13-差压计；14-压差计；15-电导信；16-记录仪

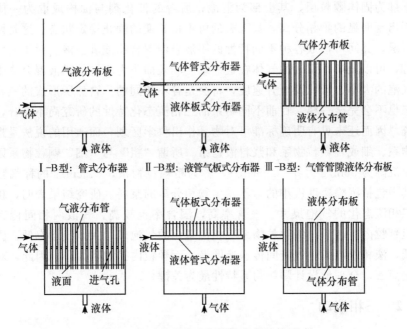

图 11-2 三相流化床气液分布器结构形式

Ⅰ-型：气液共用式分布器 Ⅱ-型：气液分流式分布器 Ⅲ-型：气液组合式分布器

Ⅰ-A 型：板式分布器 Ⅱ-A 型：气管液板式分布器 Ⅲ-A 型：液管管隙气体分布板

流态化过程那样开始振动、继而发生局部移动，即床层颗粒开始进入三相流化状态，因而将这一状态称为起始流化状态，对应的液体速度称为起始流态化速度或最小流态化速度U_{lmf}。初始设定的气速不同，其最小流态化速度也略有不同，因而应在设定不同气体速度下，重复上述的观察。三相流化床状态中固体颗粒的流化主要受到向上流过的液体对颗粒表面摩擦力，从而产生对颗粒的向上曳力，其曳力大小与液固间速度差有关；气体对颗粒的作用有二，一是气体（分散相）对颗粒的搅动，也可能在其为连续相时所产生的曳力；二是气体的通入所生成的气泡挤占了液体流通断面，从而导致床层中液体真实速度的提升，即液固间速度差的增大，因而，颗粒所受到的作用力将大于相同条件下单一液固两相体系中颗粒所受的作用力，颗粒运动趋势增强，较易发生流态化。

11.1.1.2　物系类型

气液固三相流态化的流动状态与物系特性有关，而且较液固两相流态化复杂。物系特性中最重要的是固体颗粒的粒度和液体的黏度和表面张力，通常以水作为液相，固体颗粒从微米级到毫米级，差别很大，例如，金属矿物的水浸出，矿物粒度一般 1~10mm，而煤的催化加氢合成液体燃料，其催化剂粒度为 10~30μm。前者的矿物颗粒与水构成的物系，在静态条件下，液相与固相发生分离，床层下部为固体颗粒层，其上部为清液；后者的催化剂与油构成混为一体的浆料，不出现明显的物相分离，甚至有的可维持长期的静止稳定状态。这是两个极端的情况，其间可形成各种不同特性的固液悬浮混合物或乳浊液。对于三相流态化而言，可以预期，引入的气体在这些黏度和表面张力不同的固液混合物中所形成的气泡的大小、形状及上升速度，将会是各不相同的。自然所形成的三相流态化状态也不会完全一样。目前不同物系的三相流态化特性的研究尚不充分，也不够系统，因而还未见有明确标准可对物系作出科学区划，而通用的说法是粗或重颗粒物系、细或轻颗粒物系和浆料液物系。所谓"粗"与"细"颗粒物系以颗粒的自由沉降为 5cm/s 为界，＞5cm/s，称为粗颗粒物系，＜5cm/s 的称细颗粒物系，其中包括沉降速度极小的、不发生物相分离的浆料。研究结果表明，粗颗粒物系三相流态化的气泡尺寸、气含率高，固含率也较高，气液两相间传递速度快，但颗粒内扩散慢；细颗粒物系三相流态化的气泡尺寸大，气含率低，固含率也较低，液相返混大，气液间传递速度慢，而颗粒内扩散阻力小。因此，对三相流态化而言，合理地设计颗粒物系特性最为关键。

11.1.2　三相流动

11.1.2.1　最小流态化速度

三相流态化的流化速度与物系特性有关，由于液体的密度远远高于气体密

度，对于固体颗粒所产生的浮力和曳力起主
要作用，因而其最小流态化速度更接于相同
物系的液固流态化的最小流态化速度，可用
类似的实验测定三相流态化的最小流态化速
度，如图 11-3 所示。当液体流速由小逐渐
增大，流体通过颗粒床层的压降相应逐渐增
大，当达到某一液体流速时，床层开始膨
胀，颗粒开始流动，此时，颗粒的重量被流
体对颗粒的曳力和浮力所平衡，当进一步增
大流速，颗粒受到的曳力相应增大，床层中
颗粒移动使床层进一步膨胀，床层压力梯度
减小，但床层总压降维持不变。床层压降随
液体速度增加的曲线将由上升转变为水平，

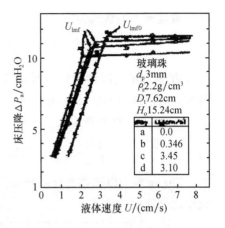

图 11-3　三相流化床的最小
流态化速度

其拐点所对应的液体速度为三相流态化的最小流态化速度 U_{lmf}。气体速度的不
同，该最小流态化速度也相应有所不同。不同研究者对各自的研究物系进行了最
小流态化速度的测定，并建议各自预测关联式，主要有 Fan 的关联式[1]

$$\frac{U_{lmf}}{U_{lmf0}} = 1 - 376 U_g^{0.327} \mu_l^{0.227} d_e^{0.213} (\rho_s - \rho_l)^{-0.423} \tag{11-1}$$

式中：d_e 为颗粒的当量直径；U_{lmf} 为三相流化床的起始流化的液体速度；U_{lmf0} 为
散式流化或液固流化时起始流化的液体速度（可参考散式流态化一节），通过以
下步骤计算。

$$U_{lmf0} = Re_{lmf0} \left(\frac{d_p \rho_l}{\mu_l} \right) \tag{11-2}$$

$$Ar = \frac{d_p^3 \rho_l (\rho_s - \rho_l) g}{\mu_l^2} \tag{11-3}$$

而

$$Re_{lmf0} = (33.7^2 + 0.0408 Ar)^{0.5} - 33.7 \tag{11-4}$$

Ar 为物性特征准数，只要已知系统的物性参数，即可通过式（11-4）求出
Re_{lmf0} 和 U_{lmf0}，进而通过式（11-1）求出三相流态化的起始流态化速度 U_{lmf}。

Ermakova 等[2] 的关联式为

$$\frac{U_{lmf}}{U_{lmf0}} = 1 - \varepsilon_g - 0.5 U_g^{0.075} \tag{11-5}$$

Begovich 和 Watson[3] 关联式为

$$\frac{U_{lmf}}{U_{lmf0}} = 1 - 16\,225 U_g^{0.436} \mu_l^{0.227} d_p^{0.598} (\rho_s - \rho_l)^{-0.118} \tag{11-6}$$

黄健榕[4]关联式为

$$\frac{U_{lmf}}{U_{lmf0}} = 1 - 1013 U_g^{0.50} \mu_l^{0.10} d_p^{0.45} (\rho_s - \rho_l)^{-0.20} \tag{11-7}$$

液体为水，固体颗粒为玻璃珠、砂、树脂，粒度 d_p 范围是 $0.3 \sim 1.8 \mathrm{mm}$，密度 ρ_s 范围是 $1935 \sim 2676 \mathrm{kg/m^3}$。

Song 等[5]的关联式为

$$\frac{U_{lmf}}{U_{lmf0}} = 1 - 376 U_g^{0.327} \mu_l^{0.227} d_p^{0.213} (\rho_s - \rho_l)^{-0.423} \tag{11-8}$$

Zhang 等[6]以流体通过颗粒床层的 Ergun 公式为基础，建立预测三相流态化最小流化速度的公式

$$Re_{lmf} = \sqrt{\left[42.86 \frac{(1-\varepsilon_{mf})}{\phi} \right]^2 + 0.5715 \phi \, \varepsilon_{mf} (1-\varepsilon_{mf}) Ar} - 42.86 \frac{(1-\varepsilon_{mf})}{\phi} \tag{11-9}$$

11.1.2.2　床层压降

三相流化床由固体颗粒相、液相和气泡相组成，令其在床层中所占体积分数分别为 ε_s、ε_l、ε_g，则有

$$\varepsilon_s + \varepsilon_l + \varepsilon_g = 1 \tag{11-10}$$

三相流态化床层的总压力梯度为

$$-\frac{dP}{dh} = \varepsilon_s \rho_s + \varepsilon_l \rho_l + \varepsilon_g \rho_g \tag{11-11}$$

由于固体颗粒和气泡为非连续相，则液体连续相的动压与总压具有如下关系，

$$-\frac{dp}{dh} = -\left(\frac{dP}{dh}\right) - \rho_l \tag{11-12}$$

对气液固三相流动，将式（11-10），式（11-11）与式（11-12）联立，得到

$$-\frac{dp}{dh} = \left[\varepsilon_s (\rho_s - \rho_l) - \varepsilon_g (\rho_l - \rho_g) \right] \tag{11-13}$$

气液流的混合密度 ρ_f 可表示如下

$$\rho_f = \frac{\varepsilon_l \rho_l + \varepsilon_g \rho_g}{\varepsilon_l + \varepsilon_g} = \frac{\varepsilon_l \rho_l + \varepsilon_g \rho_g}{1 - \varepsilon_s} \tag{11-14}$$

气液流动的摩擦压力梯度 $\dfrac{dp_f}{dh}$ 则为

$$-\frac{dp_f}{dh} = \left(-\frac{dP}{dh}\right) - \rho_f = \left(-\frac{dP}{dh}\right) - \left(\frac{\varepsilon_l \rho_l + \varepsilon_g \rho_g}{1 - \varepsilon_s}\right) \tag{11-15}$$

将式（11-11）、式（11-14）与式（11-15）联立，得到

$$-\frac{\mathrm{d}p_{\mathrm{f}}}{\mathrm{d}h} = \varepsilon_{\mathrm{s}}(\rho_{\mathrm{s}} - \rho_{\mathrm{l}}) \tag{11-16}$$

当物系确定且操作状态参数 ε_{s} 和 ε_{g} 已知，则三相流化床的床层压降即可由式（11-15）求得。胡宗定等[7]通过实验，对粒径为 1mm 的玻璃珠和硅球，对三相流态化的床层压降建立如下的经验公式

$$\frac{\Delta P}{H} = \frac{W_{\mathrm{p}}}{A \cdot H\rho_{\mathrm{s}}}(\rho_{\mathrm{s}} - \rho_{\mathrm{l}}) - 0.1924U_{\mathrm{g}} \tag{11-17}$$

式中：W_{p} 为床层颗粒物料重量；A、H 分别为三相流化床的断面积和床层高度；U_{g} 为通过床层的气体速度。

11.2　操作类型及其流型

11.2.1　三相流化床操作类型

根据气液固三相体系的操作方式，三相流化床可设计为两大类型，即无固体循环和有固体颗粒循环两大类。无固体颗粒循环的三相流态化就是通常所说的三相流化床或经典三相流化床，而带固体颗粒循环的三相流态化系统，称之为三相循环流化床。一般三相流化床包括有液体循环、无液体循环、带内置挡板、外带磁场等不同形式的三相流化床，而三相循环流化床又分为内循环三相流化床和外循环流化床。内循环三相流化床又有上喷导流提升循环、下喷导流提升和下喷吸气返流循环流化床三种。典型的三相流化床如图 11-4 所示。

三相流态化是液固流态化与气液反应器的复合，液固流态化和气液反应器的操作方法都有可能在三相流态化的操作中得到再现。郭慕孙和庄一安[8]描述了液固流态化的各种操作方式及其广义流态化的状态参数图，Østergaard[9]、Epstein[10] 和 Fan[1] 分别对三相流态化的操作方式进行了分析归纳，如图 11-6 所示。按流动流向来分，可分为三大类，即并流向上、三相逆流和并流向下。对于并流向上，又可分为膨胀三相流态化和输送三相流态化，通常气体和液体流速小于颗粒的带出速度，属膨胀流化区，而气体和液体流速大于颗粒的带出速度，则属输送流化区。在这种操作方式下，操作参数范围不同，将出现如图 11-6 中所示的不同流动状态，此外在输送区还包括三相循环流态化操作状态（图中未表示）。对于三相逆流，主要为气体向上，液体向下，而以床层中是否设置稳定床层操作的分布板而区分为是膨胀三相流态化还是输送三相流态化。对于并流向下，则会因颗粒密度是否小于液体密度而形成反三相流态化（inverse three-phase fluidization）还是通常的输送三相流态化。为了能看清不同操作方式的流动状态与操作参数的关系，我们可以将郭慕孙和庄一安[8]的液固广义流态化状态参数图与三

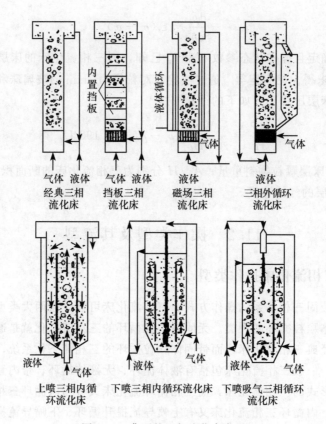

图 11-4　典型的三相流化床类型

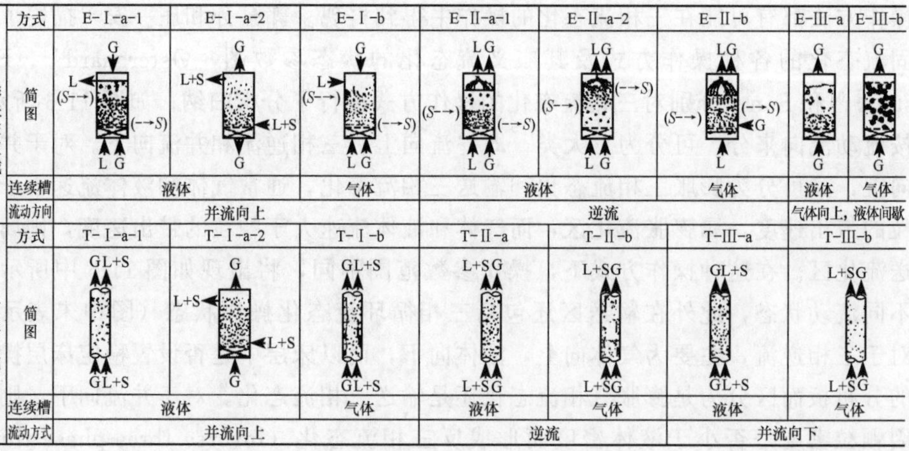

方式	E-I-a-1	E-I-a-2	E-I-b	E-II-a-1	E-II-a-2	E-II-b	E-III-a	E-III-b
膨胀床区域 简图								
连续槽	液体		气体	液体		气体	液体	气体
流动方向	并流向上			逆流			气体向上，液体间歇	

方式	T-I-a-1	T-I-a-2	T-I-b	T-II-a	T-II-b	T-III-a	T-III-b
输送区域 简图							
连续槽	液体		气体	液体	气体	液体	气体
流动方式	并流向上			逆流		并流向下	

图 11-5　三相流态化操作方式类型

相流态化操作状态相融合，形成定性的三相流态化状态参数图，如图 11-6 所示（对于 $n=2.39$ 的物系）。在图 11-6 中存在三个区，即 $U_1/U_t<0$，$U_g<0$ 的并流向下的流化区（包括反三相流态化）；$0<U_1/U_t<1$，$U_g>0$ 的并流向上膨胀区和 $U_1/U_t>1$，$U_g>0$ 的并流向上输送区；$U_1/U_t<0$，$U_g>0$ 和 $U_1/U_t>0$，$U_g<0$ 的三相逆流区。对于并流向上的膨胀三相流态化为经典的三相鼓泡流态化，气泡的搅动支持着固体颗粒（gas-supported solids）。应该提到的，在该区内的左侧存在一个浆料鼓泡三相流态化（bubble slurry fluidization）区；而在右侧则属并流向上输送的涓流区（upward trickle flow），如将固体返回三相流化床下部，则可建立三相循环流态化。对三相逆流区，则又分为液体向下、气体向上的气体支持的三相流态化和液体向上、气体向下的液体支持的（liquid supported solids）三相流态化。它们的具体操作状态取决所采用气液通量比的大小。在高气速条件下，则会形成涓流三相流态化。图 11-6 所显示的三相流态化操作状态都有它存在的可能及其应用的价值，但目前更多的研究都集中在液固并流向上的三相流态化方面，而其他操作方式缺乏广泛深入的研究。

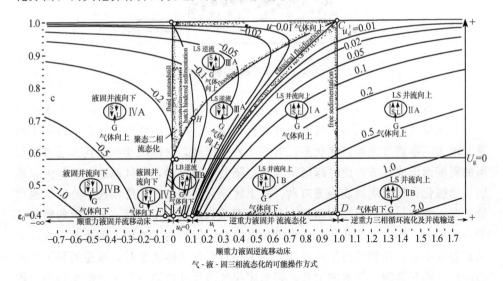

图 11-6　三相流态化的状态参数图

11.2.2　流型区划与床层结构

11.2.2.1　流型区划

三相流化床层主要由分布器附近的分布区、密相流化区、稀相区、气体分离区组成，如图 11-7 所示。液体将固体颗粒均匀流化，气体进入下部分布区后，形成直径较小的气泡，并不断通过床层上升。气泡在上升过程会相互聚并而长大，也会受颗粒的作用而破碎，聚并与破碎过程哪个占据势与流动条件有关。

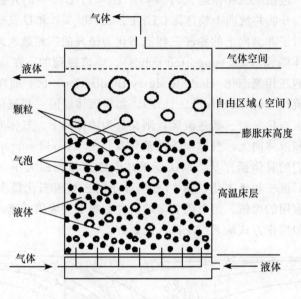

图 11-7　三相流化床层结构

　　对于如图 11-1 的三相流化床，在较小液体流化速度下，当气速由小逐渐增大时，床层气泡数量增多，气泡聚并的机率增加，床层中气泡尺寸在上升中不断聚并增大，形成气泡聚并流状态；对于小直径床层，气泡尺寸可达到床层直径相当的程度而形成气节，此时床层呈气节分隔的节涌流动，若气速进一步增大，床层湍动强化，气节崩溃成湍流流动。在上述流化过程中，床层轴向中心区气泡数量较多，气泡尺寸较大，因而其上升速度较快，因而床层呈现一定程度的物料从中心区上升，到达上部稀相区后则沿床层边壁区返回向下流动，到达分布板区后又被卷入中心，而构成内循环流动。当采用较高的液体速度时，液速增强了气泡的破碎，同时抑制了气泡的聚并，因而床层气泡尺寸较均一，气泡断面分布较均匀，而呈现为一种分散鼓泡流动，此时，床层的内循环流减弱乃至消失，若进一步增加液体速度，当其超过带出速度，床层将转入液体输送状态，或者若进一步增加气体速度，床层将通过节涌流或直接转变为气体输送流。因此，不难看出，在不同的流动参数下，三相流化床可呈现为气泡聚并流、分散鼓泡流、节涌湍动流和稀相输送流等不同状态，如图 11-8 示。这些流型转变的条件将随颗粒流体特性的不同而异。由于情况的复杂和研究尚不充分，目前还不能对三相流态化流型的转变做出预测。

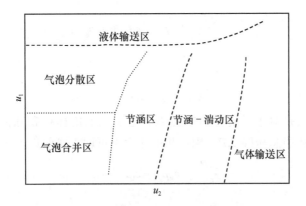

图 11-8　三相流态化的流型区划示意图

11.2.2.2　床层结构

三相流化床由气、液、固三个物相组成，在不同流动状况下，三相流化床层的三个物相含量及其结构以及它们对床层的混合、传递的影响是人们最为关切而又最具实用价值的问题。

1. 相率测定法

对于整体平均相率，通常采用膨胀法、瞬时截流法和压差称重法来测定。膨胀法是对所给床径断面 A_t，加入密度为 ρ_s 的颗粒物 W_s/kg，在床中形成初始床层 H_0，当采用不同的气速和液速时，将形成与此相应三相流化的床层膨胀高度 H，则气、液、固三相的相含率由以下三个方程联立求解得到

气含率 ε_g

$$\varepsilon_g = \frac{H - H_0}{H} \tag{11-18}$$

固含率 ε_s

$$\varepsilon_s = \frac{W_s}{\rho_s A_t H} \tag{11-19}$$

液含率 ε_l

$$\varepsilon_g + \varepsilon_l + \varepsilon_s = 1 \tag{11-20}$$

瞬时截流法是将三相流化床试验段的两端安装有快速开闭阀门，当在给定条件下稳定运行时测定试验段的相应压降，并同时关闭两端快闭阀，当试验段内颗粒物料沉降后，测量固体料层的高度 H_s，若试验段管长 L 和颗粒物料堆密度 ρ_b 已知，则可利用以下三个方程求出各相的含率

$$\frac{\Delta P}{L} = \varepsilon_s \rho_s + \varepsilon_l \rho_l + \varepsilon_g \rho_g \tag{11-21}$$

$$\varepsilon_s = \frac{H_s}{L} \frac{\rho_b}{\rho_s} \tag{11-22}$$

$$\varepsilon_s + \varepsilon_l + \varepsilon_g = 1 \tag{11-23}$$

压差称重法是对于一给定的床层 H，若加入的固体体积和液体体积比 n 已知，通过测定床层总压降 ΔP，则三相的相含率可联立求解以下方程组而得到

$$\frac{\Delta P}{H} = \varepsilon_g \rho_g + \varepsilon_l \rho_l + \varepsilon_s \rho_s \tag{11-24}$$

$$\frac{\varepsilon_l}{\varepsilon_s} = n \tag{11-25}$$

$$\varepsilon_g + \varepsilon_l + \varepsilon_s = 1 \tag{11-26}$$

对于局部床层相含率，则可通过压差取样法，或用电导仪探头、光纤探头等测定气泡大小，气体速度等参数进行计算而得到。

压差取样法其原理与压差称重法相似，不同点是：这里采用局部采样来确定液固体积比 n，即在待测点取得床层料样体积 V，将料样沉积、分离、烘干，得固体的料重和体积，从而计算出局部的 n 值；与此同时，记录待测点的压力梯度 $\frac{\Delta P}{\Delta L}$，则按下列方程组求得各相含率

$$\frac{\varepsilon_l}{\varepsilon_s} = n \tag{11-27}$$

$$\frac{\Delta P}{\Delta L} = \varepsilon_g \rho_g + \varepsilon_l \rho_l + \varepsilon_s \rho_s \tag{11-28}$$

$$\varepsilon_g + \varepsilon_l + \varepsilon_s = 1 \tag{11-29}$$

2. 床层相含率及其分布

三相流态化床层流动结构已进行了实验观测，结果表明，既存在局部结构的不均匀，又存在整体结构的不均匀。三相流化床中气含率和固含率不仅存在着轴向分布，也存在着径向分布。床层的气含率沿床层的升高而增加，如图 11-9 所示。床层气含率表现为中心区高，床层边壁区低，沿径向逐渐降低的分布，如图 11-10 所示[11~13]，固含率也表为类似的情况[11]。三相流化床的相含率的分布特性不仅与物料特性有关，而且还将随气体流率和液体流率的增加而改变。床层的流动结构由气泡聚并流动的不均匀分布，过渡到较为均匀的分散气泡流，进而发展为湍流脉动。应该指出的是，这种流动结构的转变并非全床层各处同时发生，而是由三相流化床顶部开始，逐渐向床层下部扩展，直至床层底部，因而床

层各处局部流动结构及相含率也是各不相同的。陈祖茂等[12]用压差取样法对三相流态化床层的流动结构进行了观测，床层结构随气速而变化，观测描绘如图11-11所示。

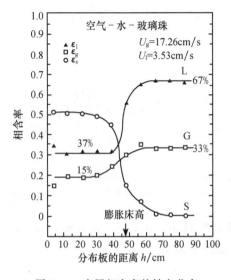

图 11-9　床层相含率的轴向分布

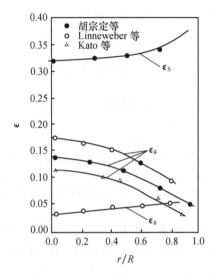

图 11-10　三相流化床相含率径向分布

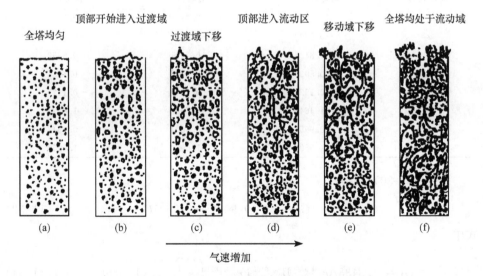

图 11-11　三相流化床流动结构及气速的影响

陈祖茂等[12]在内径为 285mm、高 4.1m 的流化床中，用空气和水流化粒度为 0.53～1.8mm 密度为 2300kg/m³ 玻璃珠，气体流速范围为 0.5～17.25cm/s，

液体流速范围为 $0.435 \sim 9.144 \text{cm/s}$，观测经典三相流态化的不同流动状态：均匀鼓泡、过渡状态和湍流流化状态及其状态转变条件，并关联了三个不同流化状态下的固含率 ε_s 和气含率 ε_g，由均匀鼓泡向过渡状态转变的气速 U_{gt1} 为

$$U_{gt1} = 2.1921 Ar^{-0.0744} B_0^{-0.122} Fr_1^{-0.4492} (1 - \bar{\varepsilon})^{0.5536} U_1 \left(\frac{1 + 0.5601X}{1 + 0.9057X} \right)^{2.6563}$$

$$(11\text{-}30)$$

由过渡状态转变为湍流状态的气速为

$$U_{gt2} = 2.212 Ar^{-0.1180} B_0^{-0.2281} Fr_1^{-0.4558} (1 - \bar{\varepsilon}_s)^{-0.3391} U_1 \left(\frac{1 + 0.3547X}{1 + 0.5601X} \right)^{2.6563}$$

$$(11\text{-}31)$$

床层中的局部气含率 ε_g 的关联式为

$$\varepsilon_g = a_1 Ar^{a_2} B_0^{a_3} Fr_g^{a_4} \left(\frac{U_1}{U_g} \right)^{a_5} (1 - \bar{\varepsilon}_s)^{a_6} (1 + a_7 X)^{a_8} \qquad (11\text{-}32)$$

式中：X 为距流化床分布器的无因次距离；参数 a_1，a_2，a_3，a_4，a_5，a_6，a_7，a_8 与床层的流动状态有关。该系统的实验值列于表 11-1。

表 11-1　三相流化床中气含率的相关系数实验值

流动状态	均匀鼓泡区	过渡区	湍流区
a_1	12.002	12.219	22.943
a_2	-0.2280	-0.3464	-0.3728
a_3	0.8137	0.7401	0.6893
a_4	0.5095	0.2401	0.1385
a_5	-0.1928	-0.1318	-0.1121
a_6	1.4647	1.7968	1.8724
a_7	0.9057	0.5601	0.3547
a_8	1.5897	1.5970	1.6258

由式（11-30）解得

$$X_1 = (G_1 - 1)/(0.9037 - 0.5601 G_1) \qquad (11\text{-}33)$$

式中

$$G_1 = 1.3438 Ar^{-0.0744} B_0^{-0.0462} Fr_1^{-0.1691} \left(\frac{U_1}{U_g} \right)^{0.3765} (1 - \bar{\varepsilon}_s)^{-0.2084} \qquad (11\text{-}34)$$

由式（11-31）解得

$$X_2 = (G_2 - 1)/(0.5601 - 0.3547 G_2) \qquad (11\text{-}35)$$

式中

$$G_2 = 1.1162 Ar^{-0.0163} B_0^{-0.0316} Fr_1^{-0.0631} \left(\frac{U_1}{U_g}\right)^{0.1384} (1-\bar{\varepsilon}_s)^{0.0469} \quad (11\text{-}36)$$

根据上述计算，可以估计三相流化床中不同高度处所的流动状态：当 $X<X_1$，该床层区属均匀鼓泡流化；$X_1<X<X_2$，该床层区属过渡流化；$X>X_2$，该床层区属湍动流化。

在均匀鼓泡区，床层平均气含率与气速的 1.2119 次方相关；在过渡区时，平均气含率与气速的 0.6120 次方相关；在湍动流化区，平均气含率与气速的 0.3890 次相关。液速增大，床层平均气含率下降，而且轴向气含率的分布变得均匀。床层固体量的增加，床层的平均气含率下降，而且轴向气含率的分布更不均匀。

11.2.3 气泡特性

气泡是三相流化床的重要特征，决定着床层中气液间和液固间的传递速率。气泡尺寸和气泡数量直接关系到气液间的相界面积的大小，也关系到气泡上升速率及气泡尾涡的大小，影响到气液两相间的交换频率。

11.2.3.1 气泡尺寸

三相流化床的气泡尺寸与物系特性（d_p，ρ_s，ρ_1，μ_1，σ_1）、操作条件（U_g，U_1，p，T）和设备几何结构尺寸（D_t，H，分布器等）有关。现有的三相流化床实验研究所采用固体物料有玻璃珠、硅球、砂、树脂球、石英砂、催化剂颗粒、活性炭、三氧化二铝球等，颗粒的粒度一般为 0.2~2mm，大的达 6~8mm，小的 0.03mm，流体一般为空气水系统。试验装置直径大多为 50~200mm 之间，大的可超过 300mm。实验观察发现，床层的气泡尺寸随气速 U_g 的增加而变大，随液体速度 U_1 的增加而变小；气泡在上升过程中发生合并，因而气泡沿床层高度的增加而变大[11,12,14,15,16]；床层中气泡大小是不均匀的，有一定的分布；在低气速、高液速条件下，气泡尺寸是对数正态分布，而且是离差较小的狭分布，这表明气泡尺寸较均一；增大气速，气泡数量增多，气泡聚并加快，气泡尺寸不均匀程度扩大，分布变宽，对数正态分布的离差增大，相反，增加液体速度，气泡破碎加快，气泡尺寸将变得均匀，分布变狭[14,17,18]。Matsuura 和 Fan[18] 给出估计气泡尺寸的公式

$$\bar{d}_b = 1.34\bar{l}_b + 0.42 \times 10^{-4} \quad (11\text{-}37)$$

Kim 等[19]气泡直径的关联式还包含了气体速度、液体速度、液体黏度、表面张力等影响因素，得到

$$\bar{d}_b = 0.142 U_g^{0.248} U_l^{0.052} \nu_l^{0.008} \sigma^{0.034} \tag{11-38}$$

在流化床层处于临界流态化时，床层中气泡尺寸最小，然后随着液体速度的增加，气泡尺寸变大[16,20]；三相流化床层压力增大，床层表面的增高，床层气泡尺寸变小[1,21]；固体颗粒粒度＜6mm 时，随着颗粒物料粒度的减小，床层气泡尺寸将变大，而当颗粒粒度＞6mm 时，颗粒粒度的增大使气泡尺寸变大[16]。图 11-12 显示了 Rigby 等[14]对不同颗粒粒度、不同气速、不同床层高度处的气泡长度的观测结果，可以发现，三相流化床中气泡长度一般为 5～15mm。这些结果与 Massimilla 等[22]的观测结果是一致的。三相流化床的气泡尺寸及气泡合并过程与气固流化床中气泡尺寸和合并是十分类似的，其差别在于三相流化床中

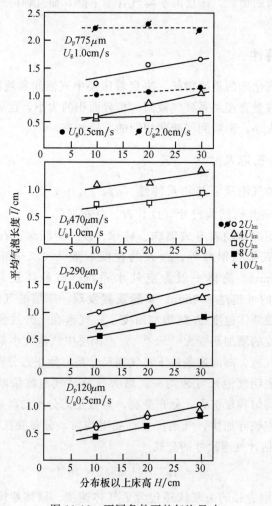

图 11-12　不同条件下的气泡尺寸

气泡合并速率略低一些而已。因此，三相流化床中气泡尺寸的预测，可见鉴于气固流化床的结果。

11.2.3.2　气泡上升速度

三相流化床中气泡上升速度观测表明，气泡上升速度随气泡尺寸的增大而加快，同时随着液体流速的增加而增大，但随着气体流速的增加而减小。对于一个给定的气泡尺寸，该气泡的上升速度将随气体流速的增大而降低。图11-13 显示了给定颗粒粒度三相流化床中气泡上升速度与气速和液速的相互关系，表明气泡上升速度随液速增加和气速减小而增大的依赖关系。固体颗粒对气泡上升速度的影响，也有实验观测。对于小颗粒床气泡上升速度的关联图如图 11-14 所示。

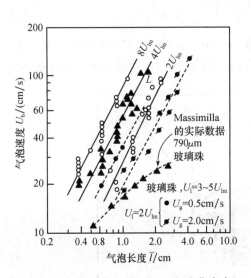

图 11-13　粒度为 0.775mm 三相流化床中气泡上升速度的关联

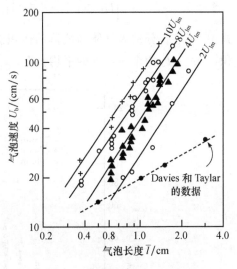

图 11-14　粒度为 0.49mm 三相流化床中气泡上升速度的关联

将图 11-13 与图 11-14 作一比较，不难看出，颗粒粒度的减小，床层气泡上升速度减小；粒度的减小使粒度对气泡上升速度的影响减弱，而且上升速度相对较小。

气泡在三相流化床中上升流动，与气液反应器和气固流化床中气泡行为十分相似，但不同情况下的气泡尺寸不同，其上升速度也有所不同。单个气泡在静止液体中的上升速度即绝对上升速度 $U_{b\infty}$ 由 Taylor 公式计算，即

$$U_{b\infty} = 0.711(gd_b)^{0.5} \tag{11-39}$$

　　这个关系表明，气泡直径 d_b 决定了气泡的上升速度，气泡尺寸大，其上升速度快，气泡尺寸小，上升速度慢。对于三相流化床，因其气泡大小是不均匀的，因而它们在床层中的上升速度也将是不同的。

　　气泡在以一定速度运动的气液固三相流化床中上升与在静止床层中上升有所不同，其上升速度除了其自身的绝对上升速度 $U_{b\infty}$ 外，还需加上床层的上移速度，即

$$U_b = U_{b\infty} + \frac{U_g - U_l}{1 - \varepsilon_s} \tag{11-40}$$

式中：U_b 为气泡相对上升速度，这是应用过程中所关心的重要参数。Rigby 等[14]给出了粒度在 $0.29 \sim 0.771$mm 气液固三相流化床中气泡上升速度 U_b 与气泡尺寸的经验关联，如图 11-15 所示，并有

$$\left[U_b - \left(\frac{G}{A_t} + \frac{L}{A_t} \right) \right] \left(\frac{1-\varepsilon}{\varepsilon} \right)^2 = 32.5 (\bar{l}_b)^{1.53} \tag{11-41}$$

式中：G、L 分别为气体和液体的体积流率，cm^3/s；A_t 为三相流化床层的断面积，cm^2；$\bar{l}_b$ 为个体气泡的平均长度；ε 为三相流化床层的总空隙率，即气体和液

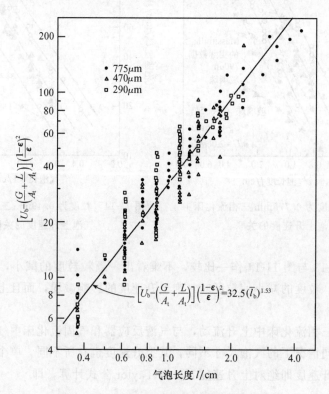

图 11-15　气泡上升速度与气泡尺寸的关系

体共同占有的体积分数，即

$$\varepsilon = \varepsilon_g + \varepsilon_1$$

Matsuura 和 Fan，Lee 和 de Lasa 也分别提出过各自的气泡上升速度的关联式。此外，气泡上升速率还与液体黏度有关，观测发现，气泡上升速度随液体黏度的增大而下降。气泡上升速度与液体黏度和气泡当量球半径的关联如图 11-16 所示。

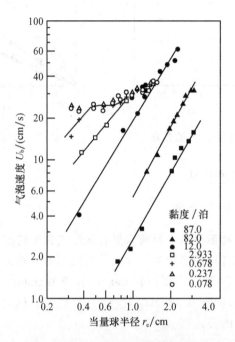

图 11-16 气泡上升速度与液体黏度的关系

11.3 床层相含率

床层相含率是三相流态化流动特性重要内容，许多实验观测都获得了相似的结论：三相流化床中的气含率随气速的增加而增加，同时也随液体流速的增加而增加[3,4,12,23,24]。床层中的液含率将随气速的增加而降低，而随液体流速的增加而升高[4,23]。胡宗定和张瑛[23]的观察发现，三相流化床中固含率并不随气体流率的变化而变；三相流化床的几何尺寸对其气含率有不同的影响，床层直径为304mm 的床层气含率按气速的 1.14 次方而变，而直径＜250mm 的小型床，其气含率随气体流速度化的方次＜1，其理由是小直径床层的气泡聚并速度高于大径床层所致。这些结果如图 11-17 和图 11-18 所示。

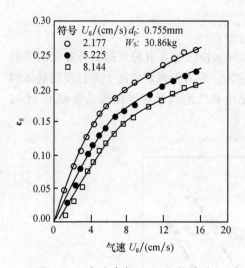

气速 U_g/(cm/s)

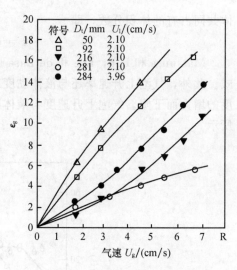

气速 U_g/(cm/s)

图 11-17　气含率与 U_g、U_l 的关系　　　　　图 11-18　床径对气含率的影响

11.3.1　经典三相流化床

11.3.1.1　床层气含率

由于三相流态化物系复杂，目前未见有床层气含率的统一关联公式，通常为不同研究工作者根据各自的实验条件建立的有限制的经验关联式，用以对气含率的估计，除式（11-32）外，主要还有 Begovich 和 Watson[3] 的公式

$$\varepsilon_g = (1.61 \pm 0.336)U_g^{(0.720 \pm 0.027)} d_p^{(0.168 \pm 0.061)} D_t^{(-0.125 \pm 0.088)} \tag{11-42}$$

Chern 和 Fan[24] 的公式

对分散气泡流

$$\frac{U_g}{\varepsilon_g} = \frac{U_g}{\varepsilon} + \frac{U_l}{\varepsilon} + 0.106 + 1.488\left(\frac{U_g}{\varepsilon}\right) \tag{11-43}$$

对气泡合并流

$$\varepsilon_g = CU_l^{-0.98}U_g^{0.70} \tag{11-44}$$

其中当 $U_l = 0.02 \sim 0.06$cm/s，$C = 0.027$；$U_l > 0.06$cm/s，$C = 0.0491$。

对节涌流

$$\frac{U_g}{\varepsilon_g} = 1.783\left(\frac{U_g}{\varepsilon} + \frac{U_l}{\varepsilon}\right) + 0.35(gD_t)^{1/2} \tag{11-45}$$

其中

$$\varepsilon = \varepsilon_g + \varepsilon_l = 1 - \varepsilon_s$$

该物系为 1~6mm 的玻璃珠，2.27mm 和 5.5mm 氧化铝球的水-空气系统。

胡宗定等[25] 就直径 1.125mm 的玻璃珠水-空气系统在直径为 66mm、92mm

和 284mm 三种床中三相流态化的观测，得到床层气含率的关联式，其中包括床层尺寸的影响

$$\varepsilon_g = 0.0645 U_g^{0.842} U_l^{-0.696} D_t^{-0.419} \tag{11-46}$$

黄健榕[4]对粒度为 $0.3\sim1.8mm$ 密度为 $1935\sim2627g/cm^3$ 的不同物料的液空气系统的三相流态化观测，得到

$$\varepsilon_g = 0.082 Re^{0.26} We^{0.16} Fr_e^{-0.19} Fr_g^{0.35} \tag{11-47}$$

其中

$$Fr_g = \frac{U_g^2}{d_p g} \tag{11-48}$$

$$Fr_l = \frac{U_l^2}{d_p g} \tag{11-49}$$

$$Re = \frac{d_p U_l \rho_s}{\mu_l} \tag{11-50}$$

$$We = \frac{U_g \mu_l}{\sigma} \tag{11-51}$$

式中：σ 为液体的表面张力。

11.3.1.2　床层液含率

Østergaard and Michelsen[26]对于 0.25mm，1mm 和 6mm 玻璃珠的水空气系统，提出的关联式是

$$\varepsilon_l = k_1 U_l^{k_2} \cdot 10^{-k_3 U_g} \tag{11-52}$$

试验常数 k_1，k_2，k_3 的取值如表 11-2 所列。

表 11-2　经验常数 k_1，k_2，k_3 的取值

$d_p/(mm)$	$U_l \times 10^2/(m/s)$	$U_g \times 10^2/(m/s)$	k_1	k_2	k_3
0.25	$0.5\sim1.25$	$0.35\sim1.7$	1.86	0.211	1.8
1.0	$2.0\sim10.5$	$0\sim2.2$	2.16	0.397	2.3
6.0	$9\sim18.0$	$0\sim2.2$	1.414	0.415	1.1

Razumov 等[27]对 6mm 颗粒的水空气系统的经验公式是

$$\varepsilon_l = 0.423 + 0.135 U_l/d_p^{0.562} - 1.82 U_g \tag{11-53}$$

Kato 等[28]对床层液含率进行了观测并得到了 Chiu 和 Ziegler[29]工作的印证，表明三相流化床的液含率随气速的增加而减小，随液速的增大而增大，经验关联式为

$$\varepsilon_l^* = [0.1 + 0.443(\rho_l U_g^4/g\sigma)^{0.165}] Re_t^{0.9} \tag{11-54}$$

$$\frac{U_l}{U_t} = \left(\frac{\varepsilon_l}{\varepsilon_l^*}\right)^n \tag{11-55}$$

11.3.1.3　床层固含率

Begovich 和 Watson[3] 的公式

$$\varepsilon_s = 1 - [(3.93 \pm 0.18)U_l^{(0.271\pm0.011)}U_g^{(0.041\pm0.005)}(\rho_s-\rho_l)^{(-0.316\pm0.011)}$$
$$d_p^{(-0.268\pm0.01)}\mu_l^{(0.055\pm0.008)}D_t^{(-0.033\pm0.013)}] \tag{11-56}$$

根据陈祖茂等[12]对 0.53～1.8mm 不同玻璃珠水-空气系统的实验测定，三相流化床层中的局部固含率 ε_s，由式（11-57）确定

$$\varepsilon_s = \varepsilon_{sb}e^{-mx} \tag{11-57}$$

其中

$$\varepsilon_{sb} = \frac{mW_s}{A_t\rho_s(1-e^{-mH_t})} \tag{11-58}$$

式中：W_s 为床中固体加入量，kg。

$$m = a\left[\frac{(U_l+U_g)^2}{d_p g}\right]^b + \left(1+\frac{U_l}{U_g}\right)^c(1-\bar{\varepsilon}_s)^d \tag{11-59}$$

式中：系数 a，b，c，d 由实验确定，不同流动状态下具有不同值，对于所给物系，其实验值如表 11-3 所列。

表 11-3　三相流化床固含率的相关系数实验值

流动状态	均匀鼓泡	过渡流动	湍动流动
a	2.8667	3.0492	3.6084
b	−0.2732	−0.3735	−0.4058
c	−0.5555	−0.5508	−0.5178
d	−1.6969	−1.7154	−1.8818

11.3.2　浆态流化床

细颗粒物料的三相流化床所形成的三相流态化，其特点是颗粒表面积大，相际间的接触效率高；液固可形成浆料，浑然一体，通常没有液体循环，或采用过滤分离而进行液体循环；三相湍流流化，相际间的传递速率高，因而颇受石油化工过程的重视，如 H-Oil、H-Coal 和 F-T 的催化合成等都曾采用三相流态化反应器而取得良好效果。

11.3.2.1　床层流动状态

浆态三相流态化随气速的增加而表现为不同的流动状态。对于固体颗粒粒径为 $53\mu m$、密度为 $2636kg/m^3$ 的石英砂-空气-水系统，其床层的平均气含率与气速 U_g、固体浓度 C_s 的依赖关系如图 11-19 所示。床层表现出三种流动状态，即稳流区、过渡区和湍流区[30]。稳流区出现在低气速下（$U_g<3cm/s$），气泡小而

分散，床层表面稳定，床层的气含率随气速的增加而增加；气体流速的增加（$U_g > 3\text{cm/s}$）导致气泡数量的增多，气泡合并加快，床层气含率先下降，然后随气速增加而缓慢增加，床层表现出收缩与膨胀交替的复杂变化，称为不稳定的过渡区；当气速进一步增加（$U_g > 9\text{cm/s}$），气泡合并加剧导致大量大气泡，床层波动激烈，气含率随气速增加而增加。床层进入湍流区。对三种不同流动状态，其床层的平均气含率都随固体浓度增加而减小，随流化床直径的增大而略有下降。

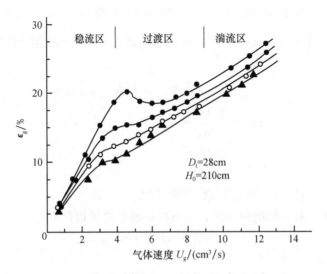

图 11-19　浆态三相流化床的流动状态

1. 气泡尺寸

浆态流化床中气泡尺寸，Hughmark[31] 的关联式

$$d_{vs} = 0.00635\left(\frac{\sigma}{0.072}\right)^{0.6}\left(\frac{1000}{\rho_l}\right)^{0.2} \tag{11-60}$$

Fukuma[32] 的关联式

$$d_{vs} = 0.59\{[U_g(1-\varepsilon_g)-U_l\varepsilon_g(1-\varepsilon_g)/\varepsilon_l]/\varepsilon_g\}^2/g \tag{11-61}$$

2. 气相轴向混合

浆态流化床中气体轴向混合已有不少研究，Yoshida[33] 给出预测气体轴向分散系数的关联式

$$D_{zg} = 110D_t^2\left(\frac{U_g^2}{\varepsilon_g}\right) \tag{11-62}$$

该式适用于 D_t：0.092～1.067m；U_g：0.0076～0.13m/s；U_l：0～0.06m/s。

11.3.2.2　床层相含率

实验观察表明，浆态流化床层的气相含率 ε_g 随气速的增大而增加。Akita and Yoshida 方程[34]可给出较好的预测

$$\frac{\varepsilon_g}{(1-\varepsilon_g)^4} = C_1 \left(\frac{D_t^2 \rho_l g}{\sigma}\right)^{1/8} \left(\frac{D_t^3 \rho_l^2 g}{\nu_l^2}\right)^{1/12} \left(\frac{U_g}{\sqrt{gD_t}}\right) \tag{11-63}$$

对非电解质纯液体，$C_1=0.2$；对电解质水溶液，$C_1=0.25$。

Kara 等[35]对于 $10\mu m$、$30\mu m$、$70\mu m$ 颗粒-空-水系统，在 U_g 为 $0.03\sim 0.30m/s$，U_{sl}^* 为 $0\sim0.1m/s$，$\dfrac{\overline{C}_s}{\rho_{sl}}$ 为 $0\sim0.4$ 的条件下，浆态床层的平均气相含率 ε_g

$$\varepsilon_g = \frac{Re_g^*}{C_1 + C_2 Re_g^* + C_3 Re_{sl} + C_4 \nu_s} \tag{11-64}$$

$$Re_{sl} = \frac{D_t U_{sl}^* \rho_{sl}}{\mu_{eff}} \tag{11-65}$$

$$Re_g^* = \frac{D_t U_g \rho_g}{\mu_g} \tag{11-66}$$

式中：C_1、C_2、C_3、C_4 为实验颗粒特定参数。

Koide 等[36]对于气泡聚合区，浆态床层的平均气相含率 ε_g

$$\frac{\varepsilon_g}{(1-\varepsilon_g)^4} = \frac{k_1 (U_g \nu_l/\sigma)^{0.918} (g\nu_l^4/\rho_l \sigma^3)^{-0.252}}{1+4.35(\overline{C}_s/\rho_s)^{0.748}[(\rho_s-\rho_l)/\rho_l]^{0.88} (D_t U_g/\rho_l)^{-0.168}} \tag{11-67}$$

对于 $53\mu m$ 颗粒-空-水系统床层的平均相含率 ε_g、ε_l、ε_s，宋同贵和曹翼卫[30]给出如下关联式

稳流区流动

$$\varepsilon_g = 0.048 U_g^{0.92} D_t^{-0.15} C_s^{-0.164} \pm 0.049 \tag{11-68}$$

$$\varepsilon_l = 0.860 U_g^{-0.077} D_t^{0.15} C_s^{-0.011} \pm 0.009 \tag{11-69}$$

$$\varepsilon_s = 0.236 U_g^{-0.077} D_t^{0.015} C_s^{0.896} \pm 0.01 \tag{11-70}$$

湍流流动

$$\varepsilon_g = 0.045 U_g^{0.672} D_t^{-0.061} C_s^{-0.092} \pm 0.04 \tag{11-71}$$

$$\varepsilon_l = 1.147 U_g^{-0.212} D_t^{0.023} C_s^{-0.0004} \pm 0.014 \tag{11-72}$$

$$\varepsilon_s = 0.316 U_g^{-0.214} D_t^{0.023} C_s^{0.905} \pm 0.017 \tag{11-73}$$

周立等[37]研究了不同温度、不同压力下不同颗粒直径物料的浆料三相流态化的床层结构特性，发现三相流化床层的气含率随气速的增加而增加，表现为 $\varepsilon_g \propto U_g^{1.2}$；床层操作压力对气含率的影响不大；颗粒粒径不同，固体浓度对床层的气含率有不同影响，对于粒径为 $165\mu m$ 的较粗颗粒，床层固体浓度的增加，床层气含率下降，其流动特性更接近于经典三相流态化，而非浆态三相流态化；

但对于 $53\mu m$ 的细粒物料形成的浆态三相流态化，床层固体浓度增加对气含率没有明显影响。一般而言，加入固体颗粒，可使三相流化床的气含率下降；随着颗粒粒径的减小，固体加入量对气含率的影响减弱；当粒径减小至 $53\mu m$ 时，这种影响将是十分微小了。操作温度的影响，尚无一致的结果，有待更深入的研究。

11.3.3　三相内循环流化床

根据图 11-6 和图 11-11 可知，当液体速度超过固体颗粒的自由沉降速度，固体颗粒将被带出流化床，床层中的固体浓度随之下降，直至最终全部被带出，三相流化床将转变为气液并流反应器。假如，将带出的固体颗粒重新从床层底部返回至三相流化床中，则通过固体循环使气液固三相流态化状态得以维持，即构成了三相循环流态化。物料的循环，有床内循环和床外循环之分，即三相内循环流化床和三相外循环流化床。

当 $\dfrac{U_1}{U_t}\geqslant 1$ 进入三相循环流态化后，床层上部大气泡崩溃成尺寸较均匀的小气泡，气泡数量剧增，气含率高，固体颗粒有聚集成链或丝带的趋向，从床层中心区上升，而沿床壁下降，构成内循环。随着液速 U_1 的进一步增大，床层中固含率将下降，颗粒团聚体破裂加快，气泡进一步破碎，气含率达到最大，并保持不变，床中的内循环消失，气液固接近活塞流运动。当 U_1 足够高时，床层将进入输送状态。

三相循环流化床采用高液速操作，它可以抑制气泡的合并，提高床层中的气含率，强化了气液固相际之间的接触和传递，同时液固的循环可以方便地对反应系统提供热量或撤出多余的反应热，以维持合适的反应温度，表现出某些特有的优点，引起了更多的实验研究[38~43]。

11.3.3.1　床层压降

曹翼卫等[38]在提升管直径为 40mm、循环管直径为 120mm 构成的三相循环流化床中，用三种不同粒径（$0\sim 0.053$mm，$0.105\sim 0.42$mm，$0.35\sim 0.59$mm）、密度为 2633kg/m³ 的石英砂的空气-水系统进行流动实验，提升管段的流动压降与液固流速、液固密度、床层气含率等有关，并用式（11-14）表示

$$\frac{\mathrm{d}p}{\mathrm{d}h} = \frac{4\tau_{\mathrm{W-Ls}}}{D_{\mathrm{t}}} + \rho_{\mathrm{Ls}}g(1-\varepsilon_{\mathrm{g}}) + U_{\mathrm{Ls}}^2\rho_{\mathrm{Ls}}\frac{\mathrm{d}}{\mathrm{d}h}\left(\frac{1}{1-\varepsilon_{\mathrm{g}}}\right) \tag{11-74}$$

其中

$$\tau_{\mathrm{W-Ls}} = \frac{1}{2}C_{\mathrm{fm}}\rho_{\mathrm{Ls}}U_{\mathrm{Ls}}U_{\mathrm{M}} \tag{11-75}$$

$$U_{\mathrm{M}} = U_{\mathrm{Ls}} + U_{\mathrm{g}} \tag{11-76}$$

由实验求得

$$C_{fm} = 0.68 Re_m^{-0.36} \qquad (11\text{-}77)$$

其中

$$Re_m = \frac{D_t \rho_{Ls} U_{Ls}}{(1 - \varepsilon_g) \mu_{Ls}} \qquad (11\text{-}78)$$

$$\mu_{Ls} = \mu_L (1 - 1.35 \varepsilon_s)^{-2.5} \qquad (11\text{-}79)$$

式中：ε_s 为液固混合物中固体体积浓度。

毕志远等[41]用三种不同粒度、不同密度的颗粒物料的空气-水系统三相内循环流态化的提升管中压降进行实验研究，得到以下经验关联式

$$\frac{\Delta P}{H} = 1.132 \rho_s^{0.1670} \varepsilon_s^{0.0477} d_p^{0.017\,38} U_l^{0.013\,20} U_g^{-0.052\,36} \qquad (11\text{-}80)$$

式中：Δp 用 gf/cm^2 表示，其他单位均为 cgs 制。

11.3.3.2　床层相含率

实验观测表明，三相内循环流化床中气体含率随气速的增加而增加，随液速的增加而先减小后增加；随固体含量的减少而增加。固体颗粒粒径越小，气含率越高。在低速条件下，床层气含率随液速的增大而增大。毕志远等[41]对 $U_g = 1 \sim 15 \text{cm/s}$，$U_l = 1 \sim 10 \text{cm/s}$ 的参数范围，给出床层平均气含率的经验式如下

$$\varepsilon_g = 3.761 \times 10^{-3} (Re_1)^{0.2322} \left(\frac{U_g}{U_l} \right)^{0.3760} Fr_g^{0.2888} \varepsilon_s^{-0.1603} \qquad (11\text{-}81)$$

栾金义和彭成中就三相内循环流化床中平均气含率建立自己的经验关联式

$$\varepsilon_g = 2.815 U_g^{1.1623} U_l^{0.0503} d_p^{0.027\,56} \rho_s^{-0.3292} \varepsilon_s^{-0.1152} \qquad (11\text{-}82)$$

其试验条件为 $U_g = 0.19 \sim 4.48 \text{cm/s}$，$U_l = 0.37 \sim 2.24 \text{cm/s}$。

11.3.3.3　液体循环速率

三相内循环流化床的液固循环与提升管中的气速和固体含量有关。循环速率随气速的增加而增加，低气速下循环增长率尤为明显，而高气速下则相对有限，直至达到恒定；循环速率随固体含量的增加而减小，随固体密度的增加而增加，随固体颗粒粒度的增大而减小，液体速度的增加将会增加循环流率。栾金义和彭成中[44]并给出在 $U_g = 0.49 \sim 3.73 \text{cm/s}$，$U_l = 0.22 \sim 2.06 \text{cm/s}$ 范围内的液体循环速率公式

$$U_{Lc} = 18.65 U_g^{0.5181} U_l^{0.0425} d_p^{-0.0804} \rho_s^{0.1138} \varepsilon_s^{-0.286} \qquad (11\text{-}83)$$

毕志远等[41]也有相似的结果。

11.3.4　三相外循环流化床

三相外循环流化床的物料循环是通过三相流化床外的循环回路实现的。该循环回路一般由液固分离、循环立管及其三相流化床底部连通的固体流率控制器组成。它与三相内循环流化床的唯一区别是，床层中固体含量可以通过固体流率控制器随时改变固体循环率而得到改变，床层固含率的改变将导致床层流动状态的改变，相应改变了床层的气含率及其传递特性，显示出良好的操作灵活性和应用适应性。

11.3.4.1　固体循环率

三相外循环流化床的固体循环率与床层的液体速度、气体速度有关，同时受到物料特性的影响。图 11-20 表示三相循环流化床固体循环流率或 U_s 与液速和气速的相互关系[45]，结果表明，对于给定的颗粒物料和气速，只有床层的液体速率 U_l 足够高，一般要达到颗粒的自由沉降速度，固体颗粒才开始循环；随着液体速度的增加，固体循环率或 U_s 将快速增加；当液体速率高至其携带固体颗粒能力与控制固体返回流速相当时，床层的固体循环率 U_s 将保持恒定而与液速无关。气速有利于固体循环，即要达到某一固体循环率，在较高气速下则可采用较小的液体速度就可实现，反之，低气速下则需较高的液体速度。但还可看到，气速高于某数值后，最大固体循环率不但没有随气速增大而增大，相反降低了，有待深入研究。

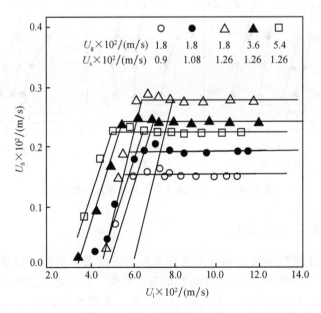

图 11-20　三相循环流化床固体循环率与液速、气速的关系

11.3.4.2　固含率的轴向分布

　　三相循环流态化固含率的轴向分布研究尚不充分，但初步研究结果表明，它与物料特性（颗粒粒度、密度）、气速、液速、固体循环率等有关。Liang 等[43]对粒径为 0.405mm 玻璃珠-水-空气系统的三相循环流态化轴向固含率分布进行了观测，其典型如图 11-21 所示，从图可以看出，对于给定的气速和固体循环率时，三相循环流化床固含率轴向分布是不均匀的，表现出上稀下浓的不均匀特点；不同液速条件下，均表现出相似的固含率的轴向不均匀性，不同的是，床中固含率随液速不同而异，液速越高，床层中固含率的绝对值越低。对于给定的气速和液速，三相循环流化床固含率轴向分布也不均匀，呈现上稀下浓的特点，固体循环率只改变了床层固含率的绝对数值，即固体循环率越高，床层的固含率越高，但没有改变固含率轴向不均匀分布。对于给定的液速和固体循环率，气速越低，床层固含率轴向分布的不均匀性更为突出，这种上稀下浓的固含率分布越明显，气速并未改变这种轴向分布特点，但改变了床层固含率的绝对值，即气速越低，床层固含率越高，这是因为在三相循环流态化的条件，气体多以分散的小气泡存在，气速越低，气体相含率越低，导致固含率增大。

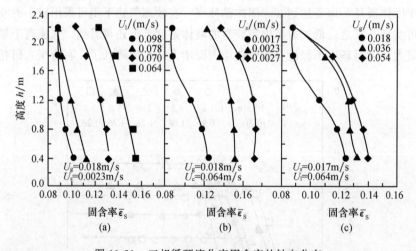

图 11-21　三相循环流化床固含率的轴向分布

11.3.5　磁场三相流态化

　　三相流化床的气泡大小和行为直接关系到反应器内流动、传递和化学反应，控制气泡的大小是强化三相流态化过程的重要措施。不少研究表明，气泡破裂是颗粒从气泡顶部进入气泡所致，颗粒欲进入气泡，其粒度应足够大（通常＞3mm），具体尺寸与液相或乳化相的表面张力有关。磁场流态化是铁磁性颗粒在外加磁场的作用下而形成的流态化状态，被磁化的颗粒按磁力线排列成有序的链状，当导入气泡后，床层中原本均匀有序的磁力线遭到破坏而发生弯曲，导致磁势的升高而处于不稳状态，并产生磁张力，其作用方向指向气泡中心。当磁场足够强而使磁张力能克服液体表面张力的阻碍，固体颗粒将会进入气泡而使气泡破裂，而且粒度＜1mm的颗粒就能使气泡破裂。磁场最大稳定气泡尺寸可用以下公式预测[46]，

$$d_{b.\,max} = \frac{C_0 dU_b + f(\theta)\pi d\sigma - \frac{\pi}{6} g\rho_d d_p^3}{C_H H(H - H_d) - \frac{\pi}{8}(\rho_s\varepsilon_s + \rho_g\varepsilon_g + \rho_l\varepsilon_l)d_p^2} \tag{11-84}$$

式中：H、H_d 分别为磁场强度和气泡的退磁场强度/Oe；C_D、C_H 分别为曳力系数和磁作用力系数；U_b 为气泡上升速度，cm/s；σ 为液体表面张力，dyn/cm；$f(\theta)$ 为相接触角函数。上述分析通过试验给予了验证，试验是在宽150mm、厚10mm、高1000mm的二维三相流化床中进行的，固体颗粒为 0.087～0.371mm 的几种不同粒级铁粉；液体为浓度分别为 0.57％ 和 1.14％ 的洗衣粉溶液，液速 0～3.7cm/s；气体为空气，气速 0～16.2cm/s；磁场强度为 0～160Oe，结果表明，随着磁场强度的加强，床层中气泡尺寸明显变小；在磁场强度达到 80Oe 时，床层大气泡分裂为多个大小相近的小气泡，此后，气泡尺寸随磁强强度增强略有减小，但程度有限；磁场达到 270Oe 时，气泡发生分裂，磁性颗粒从气泡顶部进入气泡；最大稳定气泡尺寸与理论预测相符。磁场的增强，气泡尺寸变小，气泡上升速度降低，表明磁场三相流态化的相际之间的接触增强。

11.4 三相流化床的混合

三相流化床中气、液、固的混合对反应器进行的反应过程有重要影响，决定着反应产物的分布和转化率，因而已有不少研究报导。实验观测发现，气体的轴向混合是很小的，径向混合更小，仅是轴向混合的十分之一。液相混合主要由气泡尾涡夹带所致，因而与床中气泡特性有关。就液体轴向混合而论，气泡聚并流的混合强于气泡分散流；液体径向混合有与轴向混合相同的趋势，只是其径向分散系数小约一个量级而已[22,47～50]。固体的混合机理与流体的混合机理相近，但对于小于 0.1mm 易于形成浆料的固体颗粒与一般三相流化床的粗颗粒不同，它与液体的轴向扩散系数存在一定差别[51]。

11.4.1 液相返混

11.4.1.1 液体轴向分散

Muroyama 等[52]对三相流化床中的液相轴向分散情况进行了观测，结果表明，液相分散程度与床层的流动状态有关，对于气泡聚并流，液体的轴向混合较

为强烈，而且与气体速度、液体速度有关。轴向分散系数随气速的增加而增大，而随液速的增加而减小。对于分散气泡流，一般液体轴向混合很小，图 2-22 表示了有关试验结果。Joshi[53]则给出一个关联式，表明液体轴向分散系数与气速、液速和床层直径的关系。

$$D_{z,l} = 0.29(U_l + U_c)D_t \tag{11-85}$$

Kim and Kim[54] 在 U_l：$0 \sim 1.2$cm/s，$d_p > 3$mm，$\dfrac{d_p}{D_t}$：$0.0022 \sim 0.08$ 和

$\dfrac{U_l}{U_l + U_g}$：$0.143 \sim 0.962$ 的条件下，液体轴向分散系数有如下关系

$$\frac{d_p U_l}{D_{zl}} = 20.19 \left(\frac{d_p}{D_t} \right)^{1.66} \left(\frac{U_l}{U_l + U_g} \right)^{1.03} \tag{11-86}$$

Nguyen-Tien 等[55]对颗粒粒度为 $0.3 \sim 1$mm 的实验结果的关联式为

$$\frac{d_p U_l}{D_{zl}} = 61 \left(\frac{d_p}{D_t} \right)^{1.66} \left(\frac{U_l}{U_l + U_g} \right)^{1.03} \tag{11-87}$$

胡宗定等[23,25]对不同床径的三相流态化的液体返混进行了研究，对于 1.125mm 的玻璃珠-水-空气系统，在液速为 $2.1 \sim 3.4$cm/s、气速为 $1.4 \sim 6.5$cm/s 的条件下，其液相返混与三相流化的流动状态密切相关。实验发现，在低液速（<2.64cm/s）时，床层流动状态属气泡聚并区，液相返混与气速 U_g 有关；在高液速（>2.64cm/s），床层由气泡聚并流转变为分散鼓泡流，液相返混受气速的影响很小。在较高气速（如 $U_g > 3$cm/s）下，床层处于气泡聚并流状态，液相返混主要由液速所决定，根据所得结果，他们建议如下的经验关联式

$$Pe_{zl} = 24.32 \left(\frac{U_l}{U_t} \right)^{1.2} U_g^{-0.34} D_t^{-0.5} \rho_s^2 \cdot d_p \tag{11-88}$$

黄健榕[4]对不同的物系进行液相返混的研究，得出适应性更为广泛的经验关联式

$$Pe_{zl} = 32.82 Re^{-0.98} We^{-0.45} Fr_l^{0.56} Fr_g^{0.10} \tag{11-89}$$

其中

$$Pe_{zl} = \frac{U_l L}{D_{zl}} \tag{11-90}$$

$$We = \frac{U_g \mu_l}{\sigma} \tag{11-91}$$

$$Re = \frac{d_p U_l \rho_s}{\mu_l} \tag{11-92}$$

$$Fr_l = \frac{U_l^2}{d_p g} \tag{11-93}$$

$$Fr_g = \frac{U_g^2}{d_p g} \tag{11-94}$$

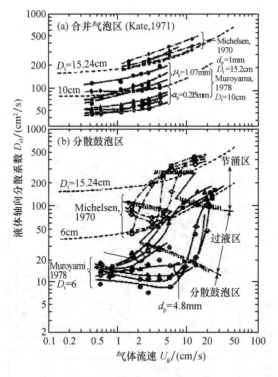

图 11-22 液体轴向分散系数

宋同贵和曹翼卫[30]对颗粒粒径为 $53\mu m$ 的浆态三相流化床液相返混进行了测定，得到以下液相轴向扩散系数的经验关联式

$$D_{zl} = 2.988U_g^{0.284} D_t^{1.369} C_s^{-0.122} \tag{11-95}$$

式中：D_t 为床直径，cm；C_s 为固体质量分数，[-]；D_{zl} 为液体轴向扩散系数，cm^2/s。

11.4.1.2 液体径向分散

液体径向分散同样与床层的流动状态密切相关，即与颗粒直径等物系特性、气体速度、液体速度、床层直径等有关。El-Temtamy 等[49]的实验观测表明，总的说来，液体径向分散系数远比液体轴向分散系数小，颗粒直径为 $0.45\sim0.96mm$，径向分散系数约为液体轴向分散系数的 $1/30\sim1/20$；颗粒直径为 $3mm$，径向分散系数约为液体轴向分散系数的 $1/10\sim1/2$。径向分散系数随气速的增加而增大，随液速的增加而减小，随床层直径的增大而增大，此外，颗粒直径也有重要影响，粒度小的三相流化床，其径向液体分散比颗粒大的要大些，如图 11-23 所示。Yasunishi 等[56]的实验观测还给出如下关联式，

$$(Pe_{\mathrm{rl,m}})_2 = \frac{d_{\mathrm{er}}(U_1 + U_{\mathrm{g}})}{\varepsilon_1 D_{\mathrm{rl}}} = d_{\mathrm{er}}U_1/(\varepsilon_1 D_{\mathrm{rl}}) \tag{11-96}$$

$$d_{\mathrm{er}} = \varepsilon D_{\mathrm{t}} \bigg/ \left[1 + 1.5\left(\frac{D_{\mathrm{t}}}{d_{\mathrm{p}}}\right)(1-\varepsilon)\right] \tag{11-97}$$

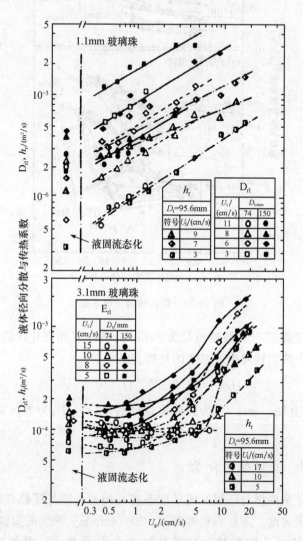

图 11-23　三相流化床液体径向分散关联

11.4.2　气体返混

　　三相流化床的气体返混很小，因而较深入的研究不多。当需要对此进行估计时，通常可借用气液反应器的有关结果。

11.4.3　固体返混

三相流化床中液固混合主要是由气泡后部尾涡的形成和脱落造成的，在气泡的尾涡中夹带大量的固体颗粒，这也是固体返混的物理机制。对于颗粒（$d_p <$ 1mm）三相流态化，其固体轴向扩散系数，可用液相的扩散系数来估计，即使对 $d_p < 0.01$mm 的固体颗粒，两者的轴向扩散系数虽然有点差别，但差别的程度不大；对于大颗粒、大直径（> 130mm）三相流态化，其固体的轴向扩散系数与其液相扩散将有所不同，Kato 等[51]建议对液相扩散系加以修正，以求得固体的轴向扩散系统，其方法如下：

$$D_s = D_l / (1 + 0.009 Re Fr^{-0.4})\qquad(11\text{-}98)$$

11.4.4　流动模型

三相流化床流动现象的复杂性使得时至今日仍未见有全面、有效的模型方法对三相流态化流动作出描述和预测，但人们从不同的角度，针对不同特点，进行过理论分析和探讨，如 Bhatia 和 Epstein[57]以气泡为特征，建立预测床层结构和混合的广义尾涡模型（Generalized wake model），Fan 等[58]从气泡结构及其形成和脱落为要点的结构尾涡模型（Structure wake model），Page 和 Harrison[59]、El-Temtamy 和 Epstein[60]通过颗粒夹带的机制以建立相含率轴向不均性描述的区段历经模型（Stagwise partition process model），此外，还有描述径向相含率不均的循环流模型（circulating flow model）[13,61,62]以及飘流通量模型（Draft flux model）[63,64]。这些模型有特点突出的一面，但又有视角局限的一面，因而应用的广泛性受到制约，有必要进一步发展更全面、通用性强、简单有效的模型。

广义尾涡模型认为三相流化床由气泡相、液固流化相和气泡尾涡相组成，如图 11-24 所示，每相的体积分数分别为 ε_g，ε_{ls}，ε_w，尾涡体积与气泡体积之比保持恒定；气泡与尾涡一同上升，其上升速度为 u_b，表观速度为 U_b；尾涡中固含率 ε_{sw} 与液固流相中固含率 ε_{sf} 之比保持不变。据此，$\varepsilon_w / \varepsilon_g = k$，$\varepsilon_{sw} / \varepsilon_{sf} = X$，由固相物料平衡得到

$$u_g \varepsilon_w \varepsilon_{sw} + u_{sf}(1 - \varepsilon_g - \varepsilon_w)\varepsilon_{sf} = 0 \qquad(11\text{-}99)$$

其中

$$u_{sf} = - u_g \varepsilon_w X / (1 - \varepsilon_g - \varepsilon_w) \qquad(11\text{-}100)$$

液相物料衡算

$$U_l = \varepsilon_w u_g (1 - \varepsilon_{sw}) + \varepsilon_{lf} u_{lf} (1 - \varepsilon_g - \varepsilon_w) \qquad(11\text{-}101)$$

$$\varepsilon_l = \varepsilon_w (1 - \varepsilon_{sw}) + \varepsilon_{lf}(1 - \varepsilon_g - \varepsilon_w) \qquad(11\text{-}102)$$

根据液固流态化

$$u_{lf} - u_{sf} = U_i (\varepsilon_{lf})^{n-1} \qquad(11\text{-}103)$$

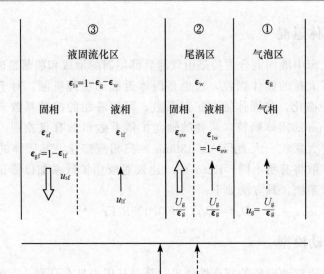

图 11-24　广义尾涡流动模型

其中 U_i 为外推至 $\varepsilon_{lf}=1$ 时的表观液体速度，式（11-99）至式（11-103）联立求解，得到

$$\varepsilon_1 = \left[\frac{U_1 - U_g k(1-X)}{U_i(1-\varepsilon_g - k\varepsilon_g)}\right]^{1/n} \{1-\varepsilon_g[1+k(1-X)]\} + \varepsilon_g k(1-X)$$

$$(11\text{-}104)$$

及

$$1-\varepsilon_s = \varepsilon_g + \varepsilon_1 = \left[\frac{U_1 - U_g k(1-X)}{U_i(1-\varepsilon_g - k\varepsilon_g)}\right]^{1/n} \{1-\varepsilon_g[1+k(1-X)]\}$$

$$+ \varepsilon_g[1+k(1-X)] \qquad (11\text{-}105)$$

El-Temtamy 和 Epstein[66] 研究发现，X 和 k 两个重要参数的取值有如下特点

若 $\dfrac{U_i}{u_g - u_1} < 1.14$

则

$$X = 1 - 0.877\frac{U_i}{u_g - u_1} \qquad (11\text{-}106)$$

若 $\dfrac{U_i}{u_g - u_1} > 1.14$

则

$$X = 0 \qquad (11\text{-}107)$$

而模型参数 k 则可从经验关联式中求得，见表 11-4。

表 11-4　模型参数 k 值的经验关联

作　　者	关　联　式
Østergaard[65]	$k = 14.0(U_1 - U_{lmf0})\varepsilon_g^{-0.5}$
Bhatia 和 Epstein[57]	$k = k_0'(1 - \varepsilon_s)^3$ $k_0' = 0.61\dfrac{0.037}{\varepsilon_g + 0.013}$
El-Tematamy 和 Epstein[66]	$k = k_1 \exp(-5.08\varepsilon_g)$ $k_1 = \dfrac{8 - \cos(3\theta/2) + 9\cos(\theta/2)}{8 + \cos(3\theta/s) - 9\cos(\theta/2)}$
Khang 等[67]	$k = (1 - \varepsilon_s)^3\{\exp(-1.2\varepsilon_g) + 2.5\exp(-32.8\varepsilon_g)\}$

11.5　三相流化床反应器设计

液固和气液固三相流化床反应器的工业应用有生物反应器和常规（非生物）反应器，生物反应器又分为细胞生物发酵反应器和生物酶促反应器，常规非生物反应器也有催化和非催化反应的不同情况。

三相流化床反应器设计的基本条件是，反应条件，如温度、压力、催化剂；颗粒流体系统的物理特性，如颗粒的粒度和密度、流体（液体和气体）的密度和黏度；反应器内流动特性，如流体速度、流型、各相的相含率 ε_g、ε_1、ε_s；反应器内传递特性，如 k_1a；反应动力学特性，即反应转化率与反应时间的关系等。

生物发酵或降解反应的动力学有 0 级、1 级、Monod 式和 Haldane 式等不同形式。高底物 Monod 式过程表现为 0 级，低底物 Monod 式过程表现为 1 级；Haldane 式过程表现为底物抑制。0 级反应的有生物好氧发酵、除 BOD、硝化和脱硝、脱酚等过程。

11.5.1　催化酶促反应器

催化反应包含生物酶催化和非生物催化剂催化。生物酶催化过程本章有所介绍，非生物催化反应也已在前几章中提到，主要有气体催化合成反应、气液催化反应和气固催化反应，气体催化合成反应如合成气合成汽油、甲醇等，气液催化反应如重质油催化加氢过程，气液固催化反应如煤催化加氢 H-Coal 过程等。非生物非催化反应有的气液反应和气固反应，如石灰乳吸收 SO_2 的烟气脱硫过程，纸浆生产中的石灰石与 SO_2 反应制二亚硫酸氢钙浸取剂等。

11.5.1.1　固定化酶促反应器

三相流态化催化反应涉及有气相组分、液相组分和固体催化剂颗粒之间的各种反应，一般包括气相反应组分从气相传入液相，继而在液相中向催化剂颗粒表面扩散并进入催化剂颗粒内部，并进行扩散和反应。假定该气体组分为关键组分且在液相中溶解有限，其他组分过量存在，反应器内的气速和气-液间的传质系数可分别用平均速度和平均传质系数表示；反应为关键组分的假一级反应。一般反应动力学可表示为

$$r = k_r \eta C_s \tag{11-108}$$

式中：k_r 一级反应速率常数，视反应过程类型而定；C_s 为反应剂浓度；η 有效因子。

催化反应器可采用经典的三相流化床，也可采用导流管式或外循环式三相流化床。研究表明，流化床内液相为轴向扩散流型，而气体为活塞流型，据此建立如下反应器模型[68]

液相反应剂的物料平衡

$$\varepsilon_l D_{zl} \frac{d^2 C_l}{dz^2} - U_l \frac{dC_l}{dz} + k_l a \left(\frac{C_g}{h_e} - C_l \right) - k_s a S_p \varepsilon_s (C_l - C_s) = 0 \tag{11-109}$$

气相反应剂的物料平衡

$$U_g \frac{dC_g}{dz} + k_l a \left(\frac{C_g}{h_e} - C_l \right) = 0 \tag{11-110}$$

式中：h_e 为亨利常数；$k_l a$ 为总气液体积传质系数。

固相反应剂的物料平衡：颗粒表面上的反应剂浓度 C_s 与固体颗粒的混合有关，对于慢速混合（远比反应速度慢）或无颗粒混合，有

$$k_s S_p (C_l - C_s) = k_r \eta C_s \tag{11-111}$$

式中 S_p 单位体积颗粒的表面积。

对于快速混合（远比反应速度快）或颗粒完全混合，则反应器内反应剂浓度 C_s 处处相同，有

$$C_s = \frac{U_g (C_{g0} - C_{gex}) + U_l (C_{l0} - C_{lex})}{k_r \eta \varepsilon_s H} \tag{11-112}$$

边界条件

$$z = 0, \quad C_g = C_{g0}; \tag{11-113}$$

$$z = 0, \quad \varepsilon_l D_{zl} \frac{dC_l}{dz} + U_l C_{l0} = U_l C_l \tag{11-114}$$

$$z = H, \quad \frac{dC_l}{dz} = 0 \tag{11-115}$$

对于快速混合（远比反应速度快）或颗粒完全混合，方程组式（11-109）、式（11-110）和式（11-112）及边界条件式（11-113）、式（11-114）和式（11-115），其解为

$$\frac{C_g}{C_{g0}} = \alpha_1 \exp(\beta_1 \xi) + \alpha_2 \exp(\beta_2 \xi) + \alpha_3 \exp(\beta_3 \xi) + C_s h_e / C_{g0} \tag{11-116}$$

$$\frac{UC_1 h_e St}{C_{g0}} = \alpha_1 (h_e \beta_1 + U \cdot St) \exp(\beta_1 \xi) + \alpha_2 (h_e \beta_2 + U \cdot St) \exp(\beta_2 \xi)$$

$$+ \alpha_3 (h_e \beta_3 + U \cdot St) \exp(\beta_3 \xi) + h_e U \cdot St \cdot C_s / C_{g0} \tag{11-117}$$

$$\frac{h_e C_s}{C_{g0}} = \frac{h_e (\lambda U \cdot St + UPeStR_1) C_{10} / C_{g0} + \lambda h_e St - R_2}{\lambda U \cdot St^2 k_1 / k_2 + \lambda St (h_e + U) + UPeStR_1 - R_2} \tag{11-118}$$

其中

$$St = \frac{k_1 aH}{U_1} \quad \text{Stanton 数} \tag{11-119}$$

$$Pe = \frac{U_1 H}{\varepsilon_1 D_{zl}} \quad \text{Peclet 数} \tag{11-120}$$

$$\beta_1 = \frac{2}{3h_e} \sqrt{p} \cdot \cos(\theta/3) + \frac{A}{3h_e} \tag{11-121}$$

$$\beta_2 = \frac{2}{3h_e} \sqrt{p} \cdot \cos[(\theta + 2\pi)/3] + \frac{A}{3h_e} \tag{11-122}$$

$$\beta_3 = \frac{2}{3h_e} \sqrt{p} \cdot \cos[(\theta + 4\pi)/3] + \frac{A}{3h_e} \tag{11-123}$$

$$\theta = \cos^{-1}(qp^{-\frac{2}{3}}/2) \tag{11-124}$$

$$p = 3h_e PeSt(h_e + k_1 h_e + U) + A^2 \tag{11-125}$$

$$q = 2A^3 + 9h_e PeStA(h_e + k_1 h_e + U) + 27k_1 h_e^2 PeSt^2 U \tag{11-126}$$

$$\alpha_1 = \frac{\lambda_1}{\lambda} \tag{11-127}$$

$$\alpha_2 = \frac{\lambda_2}{\lambda} \tag{11-128}$$

$$\alpha_3 = \frac{\lambda_3}{\lambda} \tag{11-129}$$

$$\lambda = b_{12} + b_{23} + b_{31}$$

$$\lambda_1 = UPeSt(E_2 - E_3) \cdot h_e C_{10} / C_{g0} + b_{23}$$

$$- [UPeSt(E_2 - E_3) + b_{23}] \cdot h_e C_s / C_{g0} \tag{11-130}$$

$$\lambda_2 = UPeSt(E_3 - E_1) \cdot h_e C_{10} / C_{g0} + b_{31}$$

$$- [UPeSt(E_3 - E_1) + b_{31}] \cdot h_e C_s / C_{g0} \tag{11-131}$$

$$\lambda_3 = UPeSt(E_1 - E_2) \cdot h_e C_{10} / C_{g0} + b_{12}$$

$$- [UPeSt(E_1 - E_2) + b_{12}] \cdot h_e C_s / C_{g0} \tag{11-132}$$

$$A = h_e UPeSt \tag{11-133}$$

$$b_{12} = E_1 F_2 - E_2 F_1 \tag{11-134}$$

$$b_{23} = E_2 F_3 - E_3 F_2 \tag{11-135}$$

$$b_{31} = E_3 F_1 - E_1 F_3 \tag{11-136}$$

$$E_1 = \beta_1 (h_e \beta_1 + USt) \exp(\beta_1) \tag{11-137}$$

$$E_2 = \beta_2 (h_e \beta_2 + USt) \exp(\beta_2) \tag{11-138}$$

$$E_3 = \beta_3 (h_e \beta_3 + USt) \exp(\beta_3) \tag{11-139}$$

$$F_1 = \beta_1 (h_e \beta_1 - A) - UPeSt \tag{11-140}$$

$$F_2 = \beta_2 (h_e \beta_2 - A) - UPeSt \tag{11-141}$$

$$F_3 = \beta_3 (h_e \beta_3 - A) - UPeSt \tag{11-142}$$

$$U = \frac{U_1}{U_g} \tag{11-143}$$

$$k_1 = \frac{k_s S_p \varepsilon_s}{k_1 a} \tag{11-144}$$

$$k_2 = \frac{k_s S_p}{k_r \eta} \tag{11-145}$$

$$R_1 = G_1 (E_3 - E_2) + G_2 (E_1 - E_3) + G_3 (E_2 - E_1) \tag{11-146}$$

$$R_2 = b_{23} G_1 + b_{31} G_2 + b_{12} G_3 \tag{11-147}$$

$$G_1 = [St(h_e + U) + h_e \beta_1] \exp(\beta_1) \tag{11-148}$$

$$G_2 = [St(h_e + U) + h_e \beta_2] \exp(\beta_2) \tag{11-149}$$

$$G_3 = [St(h_e + U) + h_e \beta_3] \exp(\beta_3) \tag{11-150}$$

根据工艺过程的条件和物系特点，如温度、压力、颗粒的尺寸和密度、气体的密度、黏度、液体的密度、表面张力、反应剂的初始浓度以及在液体中的亨利常数 h_e 和扩散系数，确定合适的操作气速 U_g 和液速 U_1，以获得有利的操作状态和传质系数，从而确定反应器的直径。当工艺要求和设计条件规定时，可根据反应过程的转化率或 C_s 的要求，联立求解式 (11-115)～式 (11-117)，则可求得反应器高度 H。

对于慢速混合（远比反应速度慢）或无颗粒混合过程从略，因流化床中颗粒大多处于完全混合状态。

11.5.1.2 非生物催化反应器

气体催化合成反应如合成气合成汽油、甲醇等，浆态三相流化床反应器是个有竞争力的技术方案。这些过程的特点之一是反应过程中气体体积有较大变化。合成气（$CO + H_2$）的 F-T 合成反应温度为 539K，压力为 1.01MPa，钾改性无载体沉铁催化剂浓度为 Fe 23wt%。合成气转化为一级反应，反应速率常数为 $0.245s^{-1}$，体积压缩因子为 -0.5。

合成气合成反应速率[69,70]：

$$\frac{H_2}{CO} \leqslant 0.8$$

$$-r_{CO+H_2} = \frac{kC_{H_2}}{1 + k_b \dfrac{C_{CO_2}}{C_{CO}}} \tag{11-151}$$

其中

$$k = k_0 \exp\left(-\frac{E}{RT} - \beta_m \tau\right) \tag{11-152}$$

$$\alpha_m = \exp(-\beta_m \tau) \tag{11-153}$$

$$k_0 = 1.36 \times 10^9, \quad k_b = 0.204, \quad E = 100, \quad \beta_m = 3.0 \times 10^{-4}\,\text{h}^{-1}$$

$$\frac{H_2}{CO} > 0.8$$

$$-r_{CO+H_2} = \frac{kC_{H_2}}{1 + k_b \dfrac{C_{H_2O}}{C_{H_2}C_{CO}}} \tag{11-154}$$

$$k_0 = 5.88 10^8, \quad k_b = 0.237, \quad E = 100, \quad \beta_m = 3.0 \times 10^{-4}\,\text{h}^{-1}$$

合成反应器为浆态反应器,假设气速是整个反应器内的一个平均值。合成气合成反应器的模型[71]考虑合成反应过程引起气体体积的变化,且认为与合成气的转化率有关,故床层操作平均气速为

$$U_g = U_{g0}(1 + \alpha X_{CO+H_2}) \tag{11-155}$$

X_{CO+H_2} 为合成气的转化率。

浆态反应器的气含率:

$$\varepsilon_g = 0.053 U_g^{1.1} = a_1 U_g^{1.1} \tag{11-156}$$

体积传质系数的关联式:

$$k_1 a = 0.045 U_g^{1.1} = a_2 U_g^{1.1} \tag{11-157}$$

根据实测的平均气泡直径 d_b 为 0.15cm,则气液相界面积 a 是

$$a = \frac{6\varepsilon_g}{d_b} = 2.12 U_g^{1.1} \tag{11-158}$$

反应器体积 V,床内催化剂浓度 C_{cat},如 τ_n 时刻放出浆料量 Q_n,浆料密度 ρ_m,补充催化剂量 G_{cn},则

$$Y_n = \frac{G_{cn}}{V} \tag{11-159}$$

$$\alpha_n = \frac{Q_n}{V\rho_m} \tag{11-160}$$

$$C_{cat}(n) = \sum_{i=0}^{n-1} Y_{ni} \prod_{j=i+1}^{n-1} (1 - \gamma \cdot \alpha_{nj}) \tag{11-161}$$

大型浆态三相流化床反应器中气相活塞流,液相完全混合。取

$$z = \frac{x}{L} \tag{11-162}$$

$$\bar{C}_{gi} = \frac{C_{gi}}{C_{gi}^0} \tag{11-163}$$

$$\bar{C}_{li} = \frac{H_0 C_{li}}{C_{gi}} \tag{11-164}$$

$$\bar{U}_g = \frac{U_g}{U_{g0}} \tag{11-165}$$

$$R_{di} = \frac{H_{0i}}{k_1 a} \tag{11-166}$$

$$S_{tgi} = \frac{L}{U_{g0} R_{di}} \tag{11-167}$$

$$S_{tk1} = \frac{\varepsilon_1 k C_{cat} L}{U_{g0} H_{01}} \tag{11-168}$$

$$\psi = -\frac{\beta(1+\alpha)}{[1 + \alpha\beta Y_1^0 (\bar{C}_{g1} + \bar{C}_{g2})]^2} \tag{11-169}$$

$$\beta = \frac{1}{Y_1^0 (1 + C_{g2}^0)} \tag{11-170}$$

由两相的各组分的物料平衡，得到

$$S_{tgi}(\bar{C}_{gi} - \bar{C}_{li}) + S_{tk1} \frac{\theta_i \bar{C}_{li}}{1 + k_b \bar{C}_{13}/\bar{C}_{12}} = 0 \tag{11-171}$$

$$\bar{C}_{gi} \frac{\mathrm{d}\bar{U}_g}{\mathrm{d}z} + \bar{U}_g \frac{\mathrm{d}\bar{C}_{gi}}{\mathrm{d}z} + S_{tgi}(\bar{C}_{gi} - \bar{C}_{li}) = 0 \tag{11-172}$$

$$\frac{\mathrm{d}\bar{U}_g}{\mathrm{d}z} - \alpha\psi Y_1^0 \left(\frac{\mathrm{d}\bar{C}_{g1}}{\mathrm{d}z} + \frac{\mathrm{d}\bar{C}_{g2}}{\mathrm{d}z} \right) = 0 \tag{11-173}$$

$$\theta_1 = -(1 + 0.5N_a - R_n) \tag{11-174}$$

$$\theta_2 = -(1 + R_n) \tag{11-175}$$

$$\theta_3 = R_n \tag{11-176}$$

$$R_n = \frac{1 + 0.5N_a - \zeta}{1 + \zeta} \tag{11-177}$$

式中：$i=1$，2，3，分别代表 H_2，CO，CO_2；N_a 为产物中 H/C 原子比（实验值＝2.3）；ζ 为实际化学计量比。

边界条件

$$z = 0, \quad \bar{C}_{gi} = \bar{C}_{gi}^0, \quad \bar{C}_{g1}^0 = 1, \quad \bar{U}_g = 1 \tag{11-178}$$

气速确定后，计算单器的生产量，再根据流体流动的状态，估计浆态反应器所需的浆液体积，即可求得反应器的直径和高度(L/D)，然后进行分布器的设计、过滤器设计和过滤元件的敷设、换热器设计和换热元件的敷设。

11.5.2 生物细胞反应器

较多采用、更为有效的生物细胞反应器形式是固定化细胞导流管或循环流化床，细胞固定在载体颗粒上，较大的颗粒尺寸可采用较高的操纵速度，尤其是当采用超颗粒自由沉降速度的导流管式或循环流化床式操作，相际间的传递速率可得以强化，从而提高了反应器效率。

细胞在载体颗粒粒上生长而形成生物膜，颗粒的尺寸将随细胞生长而变大。未带生物膜时载体颗粒粒径 d_0，带生物膜颗粒粒径为 d_p；固体载体颗粒的结构有多孔、非多孔。若多孔颗粒的空隙率为 ε_p，骨架密度为 ρ_m，则无生物膜的多颗粒表观密度为

$$\rho_s = \rho_m(1-\varepsilon_p) + \varepsilon_p\rho_l \tag{11-179}$$

若多孔颗粒空隙中细胞的体积分数为 ε_c，湿细胞密度为 ρ_w，生物膜湿密度为 ρ_{bw}，则无生物膜的非多颗粒表观密度为

$$\rho_p = (\rho_s - \rho_{bw})\left(\frac{d_0}{d_p}\right)^3 + \rho_{bw} \tag{11-180}$$

则带生物膜多孔颗粒的表观密度为

$$\rho_p = \rho_m(1-\varepsilon_p) + \rho_w\varepsilon_c\varepsilon_p + \rho_l(1-\varepsilon_c)\varepsilon_p \tag{11-181}$$

对于生物细胞颗粒，若令单位体积湿生物膜中干生物量或称生物干密度为 X_v，而湿份的重量分数为 f_w，则生物膜的湿密度按下式计算

$$\rho_{bw} = \frac{X_v}{(1-f_w)} \tag{11-182}$$

流化床中的生物量浓度或密度 X_m

$$X_m = X_v(1-\varepsilon)\left(1 - \frac{d_0}{d_p}\right)^3 \tag{11-183}$$

Andrews and Tien[72] 给出生物细胞颗粒自由沉降速度关联式如下

$$\frac{U_t}{U_{t0}} = \frac{1 + AX_p}{(1+X_p)^{1/3}} \tag{11-184}$$

其中

$$X_p = \left(\frac{d_p}{d_0}\right)^3 - 1 \tag{11-185}$$

$$A = \frac{(\rho_{bw} - \rho_l)}{(\rho_s - \rho_l)} \tag{11-186}$$

按液固流态化的床层膨胀关系

$$\frac{\varepsilon_l}{\varepsilon_{l0}} = \left(\frac{U_{t0}}{U_t}\right)^{1/n} \tag{11-187}$$

其中，当 Re_t：$40 \sim 90$[73]

$$n = 10.35 Re_t^{-0.18} \tag{11-188}$$

对于非球形颗粒[74]

$$n' = n^{(-2.94\phi_s^{0.88} Re_t^{-0.36})} \tag{11-189}$$

流化床层的膨胀关系为

$$\frac{H_f}{H_c} = \frac{(1 - \varepsilon_{l0})(1 + \overline{X}_p)}{1 - \varepsilon_{l0}\left[\dfrac{(1 + \overline{X}_p)^{1/3}}{1 + A\overline{X}_p}\right]^{1/n}} \tag{11-190}$$

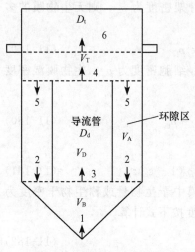

图 11-25　导流管式生物反应器

导流管式生物反应器的流动如图 11-25 所示，在导流管内的液体速度超过生物颗粒的自由沉降速度，生物颗粒将由下部（位置 3）上升至上部（位置 4）并被带出导流管至上部空间（位置 6），由于面积的扩大、流速的降低，生物颗粒将沉降并通过边壁的环隙通道从上部（位置 5）向下部（位置 2）沉积，生物颗粒的增加导致环隙内静压的增加，使生物颗粒经过下部锥体空间而流向导流管（位置 3），从而形成物料的循环。导管直径大小对总气液传质系数 $k_l a$ 有影响，根据颗粒大小不同，通常取其与反应器直径之比（D_D/D_t）为 $0.4 \sim 0.85$。

该循环流动的物料平衡：

$$U_D A_3 = U_A A_2 + U_I A_1 \tag{11-191}$$

$$U_D A_4 = U_A A_5 + U_E A_6 \tag{11-192}$$

根据该循环流动的动量平衡[75]，且当摩擦阻力 ΔP_{Df} 和加速阻力 ΔP_{Da} 可略时，有如下关系：

导流管内

$$\Delta P_{3-4} = -\Delta P_{Df} - \Delta P_{Da} - \Delta P_{Dh} \approx -\Delta P_{Dh} \tag{11-193}$$

环隙通道

$$\Delta P_{2-5} = -\Delta P_{Af} - \Delta P_{Aa} - \Delta P_{Ah} \approx -\Delta P_{Ah} \tag{11-194}$$

式（11-193）减式（11-194），得到

$$\Delta P_{4-5} + \Delta P_{2-3} \approx \Delta P_{Dh} - \Delta P_{Ah}$$
$$= \left[(\rho_g \varepsilon_{gA} + \rho_l \varepsilon_{lA} + \rho_s \varepsilon_{sA})\right.$$

$$-(\rho_g\varepsilon_{gD}+\rho_1\varepsilon_{1D}+\rho_s\varepsilon_{sD})]\cdot Hg \tag{11-195}$$

式中：H 为分布板以上的液体深度。

上部由导流管至上部空间的膨胀阻力和由上部空间至环隙的收缩阻力

$$\Delta P_{4-5}=\frac{1}{2}\rho_1U_{D1}^2\left(1-\frac{A_D}{A_t}\right)^2+\frac{1}{2}\omega\rho_1U_{A1}^2 \tag{11-196}$$

下部由环隙至锥体空间的膨胀阻力和由喷嘴至导流管的流动阻力

$$\Delta P_{2-3}=\frac{1}{2}\omega\rho_1U_{B1}^2+\frac{1}{2}\rho_1(U_{I1}^2-U_{D1}^2) \tag{11-197}$$

其中

$$\omega=\frac{\lambda}{8\sin\left(\dfrac{\theta}{2}\right)}\left(1-\frac{1}{n^2}\right)\approx\frac{\lambda}{8\sin\left(\dfrac{\theta}{2}\right)} \tag{11-198}$$

$$n=\frac{A_A}{A_I} \tag{11-199}$$

$$\lambda=0.3164(D_{Ae}U_{A1}\rho_1/\mu_1) \tag{11-200}$$

式中：D_{Ae} 按 4 倍水力半径计算；θ 为锥体角度。根据上述参数关系，由采用的操作速度确定反应器的几何尺寸，或相反，对给定的反应器（一定的几何尺寸），选择合适的操作速度。

11.6 小结与评述

气液固三相流态化是在液固流态化和气液两相流基础上发展起来的流态化新领域，到 20 世纪 70 年代逐渐形成一门独立的工程技术。三相流态化具有明显的液固流态化特性，也有气液反应器的某些属性，可以说，它是液固流态化的扩展和延伸，但比液固流态化的流动、混合、传递、反应要复杂得多。三相流态化的物系复杂，反应器形式多样，研究或多或少带有特定系统的局限性，综合性研究尚不充分，尽管用液固流态化的流动状态图定性说明三相流态化的现象，但毕竟还不是三相流态化本身。

三相流态化是一种有生命力的工程技术，其原由在于它改变了反应过程的状态，导致相际之间和流化床与外界之间的接触和传递的改善，明显提高了反应器的生产效率，增强了经济方面的竞争力。三相流态化在石油炼制、石油化工、煤化工、生物化工、医药化工、传统化工、电化学过程、环境工程等领域都有广泛的应用前景并已取得了重大成绩，如重质油加氢处理的 H-Oil 过程、煤催化加氢的 H-Coal 过程、合成气催化制烃（汽油、柴油）过程、合成气催化制甲醇过程、合成气催化制烯烃过程、生物发酵制酒精过程、生物发酵制抗生素过程、甲醇发酵制蛋白过程、石灰石制纸浆浸滤液二亚硫酸钙、从电解废液回收金属、污水生物处理、生物废料制蛋白饲料等。随着三相流态化技术研究的深入和发展，其应用在不断扩展，不断提高。

　　三相流态化反应器有不同类型，以适应不同的反应过程。目前使用较多的有经典的三相流态化反应器、导流管式三相流态化反应器、三相循环流态化反应器和浆态三相流态化反应器。对一定的物系而言，决定三相流态化反应器性能的关键因素是与液速和气速相关的流动状态，通过选定液速和气速，使系统具有较大的表观传质系数 k_la，这对气体合成反应过程尤为重要，而生化反应液体反应剂而言，抑制返混同样重要。总而言之，根据反应过程的动力特性和过程的要求来选择和设计三相流态化反应器，才能取得预期的效果。

参 考 文 献

[1] Fan L S. Gas-Liquid-Solid fluidization Engineering. Boston：Butterworths，1989

[2] Ermakova A，Ziganskin G K，Slinko M G. Theo. Found. Chem. Eng，1970（4）：84～89

[3] Begovich J M，Watson J S. Hydrodynamic characteristics of three-phase fluidized bed. Fluidization（Davidson J F，Keairns D L eds.）. Cambridge：Cambridge University Press，1978. 190～197

[4] 黄健榕. 气液固三相流态化特性的研究. 第四届全国流态化会议论文集. 1987. 176～181

[5] Bavarian F，Fan L S，Buttke R D，Peck L B. Hydrodynamics of three-phase fluidized bed containing cylindrical hydrotreating catalysts. Can. J. Chem. Eng，1989（67）：265～275

[6] Zhang J P，Epstein N，Grace J R et al. Minimum liquid fluidization velocity of gas-liquid fluidized beds. Chem. Eng. Res. Des，1995，73（A3）：347～353

[7] 胡宗定，张瑛，黄路等. 气液固三相流态化压降与液相返混的研究. 第二届全国流态化会议论文集. 1980. 11～15

[8] 郭慕孙，庄一安. 流态化：垂直系统中均匀球体和流体的运动. 北京：科学出版社，1963

[9] Østergaard K. Fluid mechanics of three-phase fluidization. 27ᵗʰ Can. Chem. Eng. Conf. Calgary，Alberta. 1977，paper No. 1

[10] Epstein N. Three-phase fluidization：Some knowledge gaps. Can. J. Chem. Eng，1981（59）：649～657

[11] 王一平，胡宗定. 用电导法进行气-液-固三相流化床个相局部含率的测定. 第三届全国流态化会议论文集. 1984

[12] 陈祖茂，冯元鼎，郑冲. 三相流化床内流域分布和相含率分布. 第五届全国流态化会议论文集. 1990. 188～195

[13] Morooka S，Uchida K，Kato Y. Recirculating turbulent flow of liquid in gas-liquid-solid fluidized bed. J. Chem. Eng. Japan，1982，15 (1)：29

[14] Rigby G R，Van Blockland G P，Park W H et al. Properties of bubbles in three phase fluidized beds as measured by an electroresistivity probe. Chem. Eng. Sci，1970，25 (11)：1729～1741

[15] Page R E，Harrson D. The size distribution of gas bubbles leaving a three-phase fluidized bed. Powder Technology，1972，6 (4)：245～249

[16] Bruce P N，Revel-Chion L. Bed porosity in three-phase fluidization. Powder Technol，1974，10 (4，5)：243～249

[17] Darton R C，Harrison D. The rise of single gas bubbles in Liquid fluidized beds. Trans. Inst. Chem. Engrs，1974 (52)：301～306

[18] Matsuura A，Fan L S. Distribution of bubble properties in a gas-liquid-silod fluidized bed. AIChE. J，1984，30 (6)：894～903

[19] Kim S D，Baker C G J，Bergougnou M A. Bubble characteristics in three phase fluidized beds. Chem. Eng. Sci，1977 (32)：1299～1306

[20] Perterson D A，Tankin R S，Bankoff S G. Bubble behavior in a three-phase fluidized bed. Int. J. Multiphase Flow，1987 (13)：477～491

[21] Lee J C，Worthington H. Instn. Chem. Engrs. Symp. Ser. No. 38. Multi-phase flow systems. I. Ins. Chem. Engrs. London，1974，paper B2

[22] Massimilla L，Solimando A，Squillace E. Gas dispersion in solid-liquid fluidized beds. Brit. Chem. Eng，1961 (6)：232

[23] 胡宗定，张瑛. ϕ304×10 毫米直径三相流化床相含率与返混的研究. 第三届全国流态化会议论文集. 1984. 247～252

[24] Chern S H，Fan L S，Muroyama K. Hydrodynamics of co-current gas-liquid-solid semi-fluidization with a liquid as the continuous phase. AIChE. J，1984 (30)：288

[25] Hu Z，Yu B，Wang Y. Holdups and models of three phase fluidized bed. Fluidization V. (Østergaard K，Sørensen A，eds). New York：Engineering Foundation. 1986，353

[26] Østergaard K，Michelsen M L. Joint AIChe-IIQPR Meeting. Tampa，FL，1968

[27] Razumov I M，Manshilin V V，Nemets L L. The structure of three-phase fluidized beds. Int. Chem. Eng，1973，13 (1)：57～61

[28] Kato Y，Morooka S，Kago T et al. Axial hold distributions of gas and solid particle in three-phase fluidized bed for gas-liquid (slurry)-solid system. J. Chem. Eng. Japan，1985，18 (4)：308～313

[29] Chiu，T. M. Ziegler E M. Liquid holdup and heat transfer coefficient in liquid-solid and three-phase fluidized bed. AIChE. J. 1985 (31)：1504～1511

[30] 宋同贵，曹翼卫. 浆态鼓泡塔气液固含率及液相返混. 第四届全国流态化会议论文集. 1987，163～169

[31] Hughmark G A. Holdup and mass transfer in bubble column. Ind. Eng. Chem.

Process Des，Dev. 1967，6（2）：218～220

[32] Fukuma M，Muroyama K，Yasunishi A. Properties of bubble swarm in a slurry bubble column. J. Chem. Eng. Japan，1987，20（1）：28～33

[33] Joshi J B. Gas-phase dispersion in bubble column. Chem. Eng. J，1982，24（2）：213～216

[34] Akita K，Yoshida F. Gas holdup and volumetric mass transfer coefficient in bubble column. Effects of liquid properties. Ind. Eng. Chem. Process Des. Dev，1973，12（1）：76～80

[35] Kara S，Kelker G，Shah Y T et al. Hydrodynamics and axial mixing in three-phase bubble column. Ind. Eng. Chem. Process Des. Dev，1982（21）：584

[36] Koide K，Takazawa A，Komura M. et al. Gas holdup and volumetric mass transfer coefficient in solid suspended bubble columns. J. Chem. Eng. Japan，1984，17（5）：459

[37] 周立，赵玉龙，曹翼卫等. 热态下鼓泡浆液反应器的气含率研究. 第五届全国流态化会议论文集. 1990. 201～205

[38] 曹翼卫，宋同贵，张碧江. 三相环流床上升管中的含气率与摩擦系数. 第三届全国流态化会议论文集. 1984. 248～276

[39] Fan L S，Chern S H，Muroyama K. Solid mixing in a gas-liquid-solid fluidized bed containing a binary mixture of particles. AIChE J，1984，30（5）：858

[40] 汪叔雄，吕德伟. 环流反应器内气、液、固三相流动特性的研究. 化学反应工程与工艺，1986，2（1）：39～50

[41] 毕志远，谌记先，李仲岩等. 提升管气液固三相流化床流体力学特性. 第五届全国流态化会议论文集. 1990. 206～210

[42] 吴群伟，俞芷青，金涌等. 气液固三相循环流态化的研究. 第六届全国流态化会议论文集. 1990. 224～227

[43] Liang W G，Wu Q W，Yu Z Q et al. Hydrodynamics of gas-liquid-solid three-phase circulating fluidized bed. Fluidization'94：Science and Technology（Organizing committee of CJF-5，eds.），Organizing committee. Beijing：Chem. Industry Press，1994. 329～337

[44] 栾金义，彭成中. 复合生物流化床流动特性研究. 第五届全国流态化会议论文集. 1990. 211～214

[45] Zheng Y，Zhu J X，Martin S et al. The axial hydrodynamic behavior in a liquid-solid circulating fluidized bed. Can. J. Chem. Eng，1999，77（2）：284～290

[46] 吴远祥，欧阳藩，郭慕孙. 磁场流态化——气液固三相流化床中气泡的控制. 第四届全国流态化会议论文集. 1987. 193～196

[47] 翁达聪，欧阳藩. 气液固三相磁场流化床气泡特性及液相返. 第五届全国流态化会议论文集. 1990. 224～227

[48] 赵学明，王一平，胡宗定. 三相流化床液相径向和轴向扩散系数的研究. 第五届全国流态化会议论文集. 1990. 259～262

[49] El-Temtamy S A，El-sharnoubi Y O，El-Halwagi M M. Liquid distribution in gas-liquid

fluidized beds. Part Ⅱ. Axial and radial dispersion. The dispersion plug-flow model. Chem. Eng. J, 1979, 18 (2): 161

[50] 韩社教，周俭. 气液固三相提升管中液体扩散特性. 化工学报，1997，48 (4): 477~483

[51] Kato Y, Nishiwaki A, Fukuda T et al. The behavior of suspended solid particles and liquid in bubble column. J. Chem. Eng. Japan, 1972 (5): 112

[52] 宝山勝彦，橋本健治，川端瑞憲，塩田道治. 3相流動層における軸方向の液混合. 化学工学論文集. 1978，4: 622~628

[53] Joshi J B, Axial mixing in multiphase contactor—a unified correlation. Trans. Inst. Chem. Engrs, 1980 (58): 155

[54] Kim S D, Kim C H. Axial dispersion characteristics of three phase fluidized beds. J. Chem. Eng. Japan, 1983 (16): 173

[55] Nguyen-Tien K, Patwari A N, Schumpe A et al. Liquid dispersion in three-phase fluidized beds. J. Chem. Eng. Japan，1984 (17): 652

[56] 安西 晟，福間三喜，宝山勝彦. 液-固おちび3相流動層における半径方向の液混合. 化学工学論文集. 1987，13 (2): 208~214

[57] Bhatia V K, Epstein N. Three phase fluidization: A generalized wake model. Fluidization and its Applications (Angelino H, Couderc J P, Gidert H et al. eds.). Toulouse. France, 1974. 380~392

[58] Fan L S. AIChE. J. Symp. Ser, 1986 (80): 102

[59] Page R E, Harrison D. Fluidization and its application (Angelino H, Couderc J P, Gidert H et al. eds.), Cepadues-Editions, Toulouse, 1974. 393

[60] El-Tematamy S A, Epstein N. Rise velocities of large single two-dimensional and three-dimensional gas bubbles in liquids and in liquid fluidized bed. Chem. Eng. J. 1980, 19: 153; Fluidization (Grace J R, Matsen J M, eds.). Plenum Press, 1980. 519

[61] Ueyama K, Miyauchi T. Properties of recirculating turbulent two phase flow in gas bubble column. AIChE. J, 1979, 25 (2): 258~266

[62] Hu Z T, Yu B T, Wang Y P. Holdups and models of three phase fluidized bed. Fluidization V (Østergaard K, Sørensen A, eds). New York: Engineering Foundation, 1986. 353

[63] Wallis G B. One Dimensional Two-phase Flow. New York: Mcgraw-Hill, 1969

[64] Chen Y M, Fan L S. Drift flux in gas-liquid-solid fluidized systems from the dynamics of bed collapse. Chem. Eng. Sci, 1990 (45): 935~945

[65] Østergaard K. On bed porosity in gas-liquid fluidization. Chem. Eng. Sci, 1965 (20): 165~167

[66] El-Tematamy S A, Epstein N. Bubble wake solid content in three-phase fluidized beds. Int. J. Multiphase Flow, 1978 (4): 19~31

[67] Khang S J, Schwaartz J G, Buttke R D. AIChE Symp. Series, 1983, 79 (222): 47

[68] Fan L S. Gas-Liquid-Solid fluidization Engineering. Boston: Butterworths, 1989. 737

[69] Deckwer W D. Kinetic studies of Fischer-Tropsch synthesis on Fe/K catalyst-rate inhibition by CO_2 and H_2. Ind. Eng. Chem. Process Des. Dev, 1986, 25 (3): 648

[70] Sander E. and Deckwer W D. Fischer-Tropsch synthesis in slurry phase: Effect of CO_2 inhibition on performace of bubble column slurry reactor. Can. J. Chem. Eng, 1987, 65 (1): 119

[71] 宋同贵, 赵玉龙, 张碧江. 浆态床 F-T 合成数学模型. 第六届全国流态化会议论文集. 1993, 184~187

[72] Mulcahy L T, Shien W K, Lamotta E J. AIChE Symp. Ser, 1981, 77 (209): 273

[73] Cleasby J L, Fan K. Environmental engineering Div. ASCE, 1981 (107): 454

[74] Andrews G F, Tien C. The expansion of a fluidized bed containing biomass. AIChE J, 1979 (25): 720~723

[75] Fan L S, Hwang S J, Matsuura A. Hydrodynamic behavior of a draft tube gas-liquid-solid spouted bed. Chem. Eng. Sci, 1984 (39): 1677~1688

第十二章　21世纪流态化过程工程展望

12.1　工业过程新背景

资源是人类社会发展的物质基础，环境是人类赖以生存的基本条件，是社会文明的重要方面。人类社会的经济发展依赖于资源，影响着环境，资源和环境制约着社会生产和社会文明的进步。

世界上的资源，特别是不可再生的矿产资源是有限的。在与经济发展和人们生活密切相关的资源中，除水资源外，最为重要的是能源资源和矿产资源。能源资源是社会生产发展的动力，是最为重要的资源。当前和今后的相当长的时期内，能源仍将以化石燃料为主，其资源结构是多煤、少气、缺油，即石油和天然气储量有限，煤将是21世纪的主要能源和化工冶金原料，在煤资源中，弱黏结性、不黏结性煤丰富，而肥煤、焦煤不足。因此，以煤为能源和原料的生产过程将不可避免地越发突现出来。就矿产资源，特别是金属矿产而言，随着长期的不断开发，优质富矿日益减少，资源状况的变化和资源供应的紧缺与日俱增，低品位复杂矿，甚至现有选矿的尾砂将成为未来工业的主要原料，传统生产工艺技术面临新的挑战。

工业生产过程联系着资源和环境，而且只能在资源保证、环境许可的条件下发展，这是工业生产过程发展的现实空间。以化石燃料和矿产资源为原料的传统工业是一个产生大量粉尘、酸性气体、温室气体等废弃物的污染过程，特别是未来的过程工业将转向以煤为主，工业经济受生态环境的制约将更加严厉。

资源、能源和环境是制约经济发展的重要因素。为了减轻经济增长对资源供给和生态环境的压力，必须遵循高效、清洁、可持续发展的原则作为经济发展的基本方针，实行资源高效利用，发展循环经济。所谓高效利用，就是采用高新技术改造传统工艺技术，提高产品质量，降低原料消耗，节约能源；所谓循环利用，就是发展绿色工艺，实现资源综合利用和再生循环，减少或消除废物排放，进行清洁生产。只有这样，才能加快经济发展进程，实现可持续发展。

12.1.1　面临挑战

中国是个发展中国家，尽管中国地大物博，但人口众多，人均资源占有量在世界上并不占优，资源、能源和环境对经济发展的制约更为突出。长期以来，我国经济遵循"资源-利用-产品"直流发展模式,表现为大量生产、大量消费、大量废弃的特点,资源利用程度低,综合利用水平差,不仅浪费了资源,同时又污染了环境。随着我国经济的快速发展,资源消费量急增,原材料供应趋紧,生态破坏严重,环境不堪重负。资源紧缺、环境恶化和人口急增是 21 世纪面临的严重挑战。对我国来说,如何面对挑战就显得格外突出和刻不容缓。在战略上,发展与未来能源、原料状况相适应的生产工艺技术并不断开发零排放或少排放的清洁新工艺和对传统工艺废物的资源化、无害化的技术改造;在战术上,过程工艺技术的创新,生产效率的提高,资源利用程度的深化,废弃物的减少,则是面对挑战的取胜之道。两者的结合都意味着人类社会财富的增加和环境的改善。流态化技术在资源加工、能源转化、产品生产、环境保护等过程工业中发挥着重要作用,流态化过程工程承受着应对新挑战的使命,同时也为其自身的发展赢得了难得的机遇。

12.1.2　发展对策

就资源、能源而论,21 世纪里,在开发核能、风能、太阳能、生物能等新能源和利用石油等常规能源的同时,应重视发展煤能源的转化新工艺、新技术、新设备,以及以煤为原料的化工生产新过程、新产品。就生产工艺而言,21 世纪里,应该信守工艺高效、清洁、资源循环利用的原则,提高过程效率,减少废物排放,废弃物资源化、无害化。

人们可以看到,20 世纪后半期,绿色工艺、清洁生产、循环经济、可持续发展等理念已不只是空泛的学术概念,而是已在付诸于实施的行动,并在实践中发展。目前紧迫的任务是,面对当前的挑战,应加快行动的速度,并强化其深度,扩展其广度,广泛开发和采用高速度、高产率、高效率、低污染生产的新工艺、新技术和新过程。

12.1.2.1　资源战略

生产技术的发展应根据国家资源结构特点,从战略的高度加以规划和引导,保障能源和资源的合理供应,以提高国民经济发展的稳定性和可持续性。随着世界经济的发展,国际市场的石油能源和矿产资源的供应日益紧张,市场价格不断攀升,对经济发展的制约日益突显,资源战略的制定将具有重要意义。我国多煤、少气、缺油的能源资源结构,预示着以煤为能源和原料的生产过程和工艺技术,如煤的气化、液化以及合成甲醇、二甲醚等,将具有战略意义。在金属矿资源方面,我国铁矿资源丰富,但以难选的贫赤铁矿居多,现有的选矿工艺未能在获得高铁品位的条件下达到高铁收率,资源流失严重,业已形成 20 多亿 t 可进行再利用的高含铁尾矿,发展流态化磁化焙烧-磁选新工艺以解决难选的贫赤铁矿利用，发展不用焦炭的流态化预还原-熔融还原的非高炉炼铁新过程以解决焦煤资源不足和供应紧张等都是具有战略课题。金属硫化矿既含有铜、锌、铅、锡等有色金属，也伴生有铁、硫以及金、银等贵金属，冶炼过程不应只局限于有色金属的提取，而应从资源战略的高度，发展可同时提取铁、硫以及金、银等贵金属的流态化焙烧过程。这类问题因其广泛存在而具有普遍意义。

12.1.2.2　工艺高效

工艺高效的内涵是反应过程的高速率和物质转化的高产率。工艺过程的高速率意味着生产周期的缩短和效率的提高，物质转化的高产率意味着能源和资源消耗的降低，污染排放的减少。对于矿物加工的非催化过程，提高反应的温度，减少固体颗粒的粒度，是加快反应过程进行的重要手段。在矿物加工或金属提取冶炼中，高温熔融冶炼或融态反应已成为一种优势突出的发展趋势，如铜精矿的闪速熔炼、铁精矿的熔融还原、煤的融态气化等，这些过程的反应温度高达 1300～1500℃以上，当采用小颗粒物料时，其反应过程可达到几秒中即可完成的高速度。对气相加工的催化过程，研制高效催化剂、开发新的反应过程工艺是实现过程快速、高效的根本途径。对于生化转化和催化过程，查明生物转化过程的机制，培养新的高性能工程菌，以提高生产效率。工艺高效化的结果是产量的提高，投资的降低，资源的节约，能耗的减少，环境的改善。

12.1.2.3　技术创新

在工艺高效化以后，化学反应过程将由化学动力学控制转化为扩散控制，因而相际之间的接触和传递将成为影响过程高效的关键因素，相际之间的接触和传递技术的创新将成为实现工艺过程高效的重要条件。例如，在高温熔融的反应条件下，喷吹技术就是有效强化接触和传递的技术手段，从而发展喷吹转炉炼钢、喷吹转炉炼铜等高效反应器和技术设备；在煤粉或煤浆的高温气化条件下，喷射气化技术使煤粒与氧或蒸气之间的接触和传递达到充分而快速，气化过程可在数秒钟之内完成；在气固催化反应过程中，发展无气泡气固接触的快速流态化新技术，强化了气固接触，抑制了气体的返混，提高了转化率和选择性；在微生物发酵和酶催化过程中，采用固定化细胞和固定化酶的三相流态化新技术，其反应效率可比悬浮过程提高数倍至数十倍。不难看出，突出技术创新，发展高效接触和传递的反应器是实现过程高效率的重要途径。

12.1.2.4　过程综合

过程综合性是过程工程的核心，它关系到资源利用的程度、生产过程的效率和生产废物的排放，联系着资源、能源的供应和生态环境的保护。对于一个生产过程而言，其工艺过程的设计应考虑资源的综合而有效的利用，减少生产废物的排放，以消除环境污染的压力。以硫酸处理磷矿石继而生产磷铵肥料为例，若将硫酸处理磷矿石生产磷酸和磷铵肥料作为一个生产过程是不完备的，因为生产1t 磷酸需消耗 2t 硫酸同时产生 5t 磷石膏废渣，这不仅没有考虑磷矿石中其他资源的利用，而且将有用的硫资源变成了硫酸钙废物，大量废渣又造成严重环境污染。这种单一性生产工艺应该摈弃，而应该代之以磷石膏流态化煅烧联产硫酸和水泥，硫酸返回磷铵肥料生产系统，实现资源循环利用的绿色生产过程，使这一过程的资源充分利用。工艺过程的综合程度事关可持续发展。

12.1.2.5 　环境友好

发展经济不能以牺牲环境为代价，相反，还应有利于生态环境为目标。就能源过程而论，生物能就是环境友好的绿色能源，植物吸收一分子的 CO_2 与一定量的 H_2O 在叶绿素的作用下，通过太阳光提供 477kJ 的能量进行光合作用，生成 1/6 分子葡萄糖而供给植物自身的生长，不断获得大量的生物质，一方面减少大气中的温室气体 CO_2，另一方面，从生物质加工中获得生物油、煤气、电或热。发展生物能源过程，可从源头上防止有害污染物的生成。就加工工艺而言，加工工艺过应该是清洁，在生产过程中力求减少污染物的排放，如煤的流态化快速热解-半焦燃烧综合能源过程、煤燃烧脱硫的循环流化床燃煤过程，在过程设计时，就通过控制燃烧温度、两段燃烧和加石灰石等措施以控制有害气体 SO_2 和 NO_x 的生成和排放；或在工艺设计中应考虑有对废弃物的资源化和无害化处理，以免污染环境，如利用淀粉、糖蜜、纤维素等生物废料，经微生物发酵，生产乙醇、饲料蛋白等有用产品。21 世纪里，人们不只是被迫地为矿物过程经济适应未来能源、资源变化而忙碌，而且已在自觉地着手安排未来将以生物为能源和原料的生物过程经济。

12.2 　气固流态化过程

在燃料（煤、石油、天然气、油页岩、生物质等）的能源转化、非金属矿物的加工处理、金属矿物提取冶金、化学品的催化合成等过程中，依据加工过程类型、反应温度高低和反应速率快慢的不同，形成各种各样的气固流态化过程。为应对 21 世纪所面临的挑战，不同特点的高温载流流态化过程、中温快速循环流态化过程、低温催化快速流态化过程都将会得到快速发展，并发挥重要作用。

12.2.1 　高温流态化过程

如前所述，高温是矿物加工利用过程的发展趋势，高温可使反应脱离动力学控制，反应过程的速率大大提高，反应时间大大缩短（数秒钟内完成），反应过程转变为扩散控制，强化接触和传递将成为强化反应过程的主要因素。载流流态化反应器的结构形式和性能可较好地满足高温矿物加工过程的要求。

12.2.1.1 高温煤气化过程

煤的高温融态气化是煤能源转化过程的发展趋势，高温不仅可使反应过程的速率大大提高，反应完全，而且可消除焦油和酚等有害物质的生成，生产过程变得高效清洁，代表性过程有高温加压的 Winkler 煤气化过程，U-Gas 灰熔聚高温煤气化过程，高温加压的 Shell 粉煤气化过程和高温加压的 Texaco 煤浆（水煤浆、油煤浆）气化过程。Shell 粉煤和 Texaco 煤浆气化过程的特点是喷雾状的高温融态流动气化，同时充分利用过程多余的反应热，产生过程所需的饱和蒸气或发生高压蒸气以进行发电，过程的热能得到了充分利用，较全面地体现了清洁、高速、高效、高产的先进过程的技术特点。

12.2.1.2 铁矿石熔态还原过程

铁矿石熔态还原过程是一个不用焦煤、不用烧结、快速清洁的熔态还原非高炉炼铁的新过程，因其符合未来的资源特点而具有巨大发展潜力。在目前比较受人关注的两步法熔态还原过程中，经快速流态化预还原的铁精矿、预热的氧气和煤粉一起喷吹入铁浴熔池，进行部分燃烧供给熔池所需的反应热，并在熔融状态下实现终还原，副产煤气用于铁精矿预还原。铁精矿熔态还原所得富碳铁水与熔化的废钢一起经喷吹石灰熔态脱硫-吹氧脱碳-脱氧精炼-连续浇铸，将会成为21世纪一种重要的钢铁冶炼方法。其先进性表现在符合未来资源特点，具有传统高炉炼铁所没有的优点。高炉炼铁不仅需要炼焦和矿石烧结，需耗费大量能源，而且高炉自身的热能转化利用率仅为 $50\%\sim60\%$，不仅能源利用率低，而且对环境污染严重，而熔态还原则是克服高炉炼铁的这些不足的新的工艺方法，以解决焦煤供应日益紧张的资源状况。在两步法熔态还原过程中，流态化预还原是其中的核心关键技术之一，占有重要地位。流态化预还原有鼓泡流态化预还原和快速流态化预还原两种选择，而快速流态化预还原气固接触好，热质传递快，气固通量大，生产效率高，气固相对速度大而抗黏结能力强，操作弹性大，对终还原反应器的适应能力好。

12.2.1.3 金属硫化矿的闪速熔炼

有色金属硫化矿的闪速熔炼有着与 Texaco 煤气化过程相似的技术特点，属高温短停留时间的快速反应过程。熔态冶炼可大幅度提高生产效率，节约能耗，降低生产投资。此外，三菱连续炼铜法也是个快速熔炼过程，在熔池里喷吹矿粉、煤粉和氧气或空气进行熔炼，得到含 Cu 65％的冰铜，然后进入贫化电炉，使得渣与铜分离，冰铜进入吹炼熔池生产出粗铜，铜渣返回熔炼。与一般炼铜法相比，投资下降 30％，能量消耗节约 20％～40％，硫回收 98％～99％，加工费用节约 60％～80％。

12.2.2　中温流态化过程

矿物煅烧热解、氧化焙烧或燃烧过程，如菱镁矿的煅烧、黄铁矿的氧化焙烧、贫铁矿的磁化焙烧、复杂金属矿的选择性焙烧、煤的燃烧等，与受反应热力学和动力学制约的氧化铁还原金属化和煤的气化等过程不同，它们有的是热力学上可自发进行的过程，而且在中等温度（＜1000℃）的条件下，其反应过程通常表现为扩散控制或反应-扩散联合控制，化学反应已不是过程的主要控制因素，有的虽在热力学上不可自发进行，但在中等温度（＜1000℃）的条件下，反应过程可达到较完全的程度而不受化学平衡的限制，过程速率主要由相际间的传递速率所制约。因而，强化接触和传递对于改善过程的工艺技术指标具有重要意义。不言而喻，作为专工相际之间的接触和传递的流态化技术，它在中温流态化过程中的作用和地位是显而易见的。

12.2.2.1　煤能源转换

在传统能源日益加大对煤依赖的未来，煤能量转换技术就备受关注。燃煤发电是传统的煤能量转换形式，提高煤能源转化效率，可节约资源，也可减少污染物排放。在煤资源中有相当数量的低挥发分次烟煤和高硫煤，这对传统的煤粉炉发电锅炉将是一种挑战，因为存在稳定燃烧需要补油，烟气脱硫投资高，高温燃烧的灰渣处理麻烦多等问题。21 世纪有两个煤能源转换的流态化过程特别值得期待，其一是超临界循环流化床锅炉发电，其二是煤快速热解-联合循环发电综合能源过程。

1. 超临界燃煤锅炉发电过程

蒸气热力发电效率取决于蒸气温度和压力，提高蒸气温度和压力将可提高蒸气发电效率，因而，目前国内外都在致力于发展大容量超临界燃煤发电技术，如2000 年，德国投产了参数为 26.0MPa/580℃/600℃ 的一次再热式 950MW$_e$ 发电机组；2001 年，丹麦投产了 415MW$_e$ 的 30MPa/582℃/600℃ 一次再热式超临界发电机组，其发电效率可达 49％，并拟将开发发电效率为 52％～55％ 的40MPa/700℃/720℃ 的超临界发电机组；美国的超临界发电机组上百台，其参数大多为 24.1MPa/538℃/538℃，计划开发发电效率为 55％ 的 35MPa/760℃/

760℃的超临界发电机组；2000 年日本投产了 1050MW$_e$ 超临界发电机组，其参数为 25.5MPa/600℃/610℃，准备研制 34.5MPa/620℃/650℃ 的超临界发电机组；近年来，我国通过技术引进，建设了一批 25.4MPa/541℃/541℃ 一次再热式发电机组，最大容量为 900MW$_e$。研究表明，与煤粉炉比，循环流化床燃煤锅炉实现超临界操作具有更优的条件，首先，循环流化床燃煤锅炉炉膛温度均匀，沿水冷壁的热负荷分布较均匀，而且在燃烧室下部的高热流密度区对应着低温工质段，这样，不仅有利于传热，而且减少了水冷壁超温的危险，运行更安全。超临界循环流化床燃煤发电技术是 21 世纪的新过程。

20 世纪末期，炉内脱硫式的循环流化床燃煤技术可高效燃用劣质煤，同时实现清洁燃烧，扩大了清洁利用煤资源的范围，因而得到了快速的发展，单台能力达到 300MW 规模，已接近当今工业化生产要求，为超临界循环流化床燃煤发电的开发打下坚实的技术基础。Fost Wheeler 公司已在开发世界上第一台超临界循环流化床燃煤发电机组，其容量 460MW$_e$，蒸气参数为 27.5MPa/560℃/580℃；法国 Stein 也着手研制 600 MW$_e$27.5MPa/600℃/602℃ 超临界循环流化床发电机组，其燃烧室断面积为 302m²；国内，已由哈尔滨锅炉公司、东方锅炉公司、上海锅炉公司、清华大学、浙江大学、西安热工院、中国科学院等单位合作开发 600 MW$_e$25MPa/600℃ 一次再热超临界循环流化床燃煤发电锅炉技术的工程项目已开始启动，设计发电效率为 52%。可以预期，超临界循环流化床燃煤发电技术在 21 世纪里将有快速而广泛的发展。超临界循环流化床燃煤发电锅炉已逐步从研发进入商业化实施阶段。

2. 煤快速热解-发电综合能源过程

煤作为化工原料以生产一定组成的合成气或代用天然气时，煤的高温完全气化是通常采用的工艺技术，但若没有对煤气成分的特殊要求而只是能量形式的转换，则煤的加工工艺技术将另当别论了。煤像石油一样，是一种分子大小不同的多组分构成的混合物，由于含有氮、硫等有害成分而不便直接燃烧，但可通过简单的热物理方法将它们分离提取，从中获得相对小的分子质量的气体产物，如 H_2、CH_4、C_2H_6、C_3H_8、C_2H_4、H_2S 以及 CO、CO_2 等，也可得到中等相对分子质量的液体产物，包括 $C_1 \sim C_{16}$ 轻质油和 $C_{16} \sim C_{35}$ 的重质油，还有固体焦炭，当去除其中的有害成分，即可获得清洁的气体燃料、液体燃料和固体燃料。仅从化学能转化的角度考虑，是否将煤中原本具有不同分子大小的组分，统统裂解为分子质量相对小的 H_2 和 CO，然后将它们合成为液体燃料，即通过煤间接液化进行煤能源转换，未必是唯一合理的选择。近年来，从煤的自身性质出发，采用较温和的条件和成熟的工艺技术，在 600～700℃ 下将煤进行流态化快速热解，对煤进行处理，首先从煤中抽提出气体燃料和液体燃料，余下的半焦用于燃烧发电,按无灰基计算,通常可得到 10%～15% 的气体、20%～30% 的液体油和 50%～65% 的半焦,构成油、气、电、热联产的综合能源过程。该过程因其工艺的综合性、技术的可行性、产品的多元化而具有竞争优势。对于幅员辽阔、能源资源分布不均、交通运输紧张、能源需求多样的我国,这种多产品能源转化过程具有特别的经济优势,受到了广泛的关注。

煤能源综合过程的具体方案因市场需求和建厂条件不同而异,其主要区别在于对热、气、电的处置,当以油、电为开发目标时,则可采用流态化快速热解提油,半焦和热解气燃烧的蒸气-燃气联合循环发电,以提高发电效率;当以油、电、热为开发目标时,则可采用流态化快速热解提油,热解气作为工业燃料气,半焦燃烧产生蒸气,进行热、电联供式发电;当以油、电、蒸气(用于石油开采或石油化工、造纸、印染工业等的过程蒸气)为开发目标时,则可采用流态化快速热解提油,热解气作为工业燃料气,半焦燃烧产生蒸气;当以油、气、电为开发目标时,则可采用流态化快速热解提油,热解气精制后供民用或作为工业燃料气,半焦燃烧产生蒸气发电。

12.2.2.2 矿物综合焙烧

经过长期的开发利用,我国不少矿产资源储备不足,令人堪忧。回顾矿物资源的开发利用的历史,由于当时市场需求和生产技术发展程度的限制等原因,许多工艺过程设计缺乏综合性,不仅浪费了资源,同时又污染了环境。如现有的硫铁矿或金属矿的尾矿硫精砂焙烧工艺过程,大多只利用了硫和少量的热,其余的铁和有色金属都作为废料排出,每吨硫酸将产生约 1t 烧渣,累积产渣已达 10 亿 t 之多,铁和有色金属被废弃,需占用土地作为堆场,并造成地下水资源的污染。面对资源供应短缺和环境日益恶化的新时期,应开发新的焙烧工艺,不仅要考虑硫的利用,同时要考虑铁、铜等有色金属、金等贵金属的利用,而且还要考虑过程热的利用,以求充分利用资源,而又减少废物排放。因此,用可持续发展的综合观点,对传统的工艺进行改造将是十分重要的课题。

另外,除工艺设计的缺陷外,已有的矿物焙烧工艺大多都仍沿用早期的回转窑或鼓泡流态化技术,生产效率较低,大型化困难多。用先进的工艺技术,特别是快速循环流态化新技术,改造传统的生产技术,是面对未来挑战的重要技术手段。快速循环流态化新技术,即利用细颗粒物料具有成团运动的特性,采用高气速、高固体通量的流化操作,通过强制气固分离实现物料循环并达到高固体浓度的流化状态。与沸腾床鼓泡流态化的本质差别是,床层不存在气泡,属无气泡气固接触,气固接触好,热质传递快,反应器生产效率高;床层对换热管壁的给热系数大,通常为烟气给热系数的 5～7 倍,大大减少了换热面积,快速循环流态化显示出完善的工作性能。

通过工艺的综合性和技术的先进性的密切结合，以形成新的工艺过程是应对挑战的有效方法。

1. 非金属矿物焙烧新过程

石膏、石灰石、金红石、高岭土、菱镁矿、硼镁矿、水氯镁石、硼砂、硼酸、氢氧化铝等非金属矿煅烧或无机物的焙烧脱水是一类应用广泛的 $750\sim1200℃$ 热加工过程。在早期的工业生产中，大多采用块矿竖炉或粗粒回转窑焙烧，也曾采用单层或多层流化床煅烧技术，年处理能力是以数十万 t 计，要求产品质量均匀，生产效率和热利用率决定着生产成本和市场竞争力。生产操作表明，块矿竖炉或粗粒回转窑焙烧工艺技术是难以满足这些要求的。此外，有些物料如硼酸、硼砂、水氯镁石，在受热脱水过程中会形成低熔化合物或产生液相，这会发生黏结而危及正常操作，抑制热、质的传递，延缓过程的进行。20 世纪 70 年代，粉体快速循环流态化技术的问世，为开创非金属矿煅烧或无机物的焙烧脱水的新过程提供了新的技术手段。快速循环流态化的煅烧分解或焙烧脱水的新过程，处理的物料为粉体（一般小于 $100\mu m$），与热烟气的直接接触和加热，气固间的传热瞬间即可完成，且可接近两相的平衡温度，细粉的巨大表面和均匀温度，不仅有利于反应的快速进行，而且保证均匀的焙烧质量，同时可采用旋风分离式的多级气-固逆流换热，以回收热烟气和热焙砂的显热，高气速和高固体通量的快速流态化操作，大大提高了生产强度和效率，特别是可防止黏性物料的黏结，较全面地满足这类物料的加工的工艺要求。快速循环流态化的煅烧新过程的单台处理能力已达到每天 2000t，燃料热耗比粗粒回转窑焙烧过程节省 $40\%\sim50\%$，比块矿竖炉节省更多，焙砂质量均匀、活性高，便于后续加工。质量的改进、燃料的节省和生产效率的提高，可提高资源的利用率，降低烟气的排放，有利于环境。目前，这一工艺技术已在石灰石和氢氧化铝的煅烧中应用，21 世纪扩大其工业应用是其发展的必然趋势。

2. 金属矿焙烧新过程

有色金属矿如锌精矿、铜精矿、锡精矿、镍精矿、钴精矿、金精矿等，大多为多元素赋存的共生矿，除有色金属外、还有硫、铁，有的还含有金、银、铂等贵金属元素，冶炼时，常常涉及焙烧预处理，都存在资源综合利用的共同问题，有色金属行业发展循环经济大有可为，综合利用的任务十分深远。

对于金属硫化精矿，采用快速循环流态化焙烧，含 SO_2 焙烧烟气用于制备硫酸，余热用于产生蒸气发电，热烧渣可耦合还原氯化过程，对复杂金属矿烧渣进行离析焙烧-分离，回收其中的金、银等贵金属和有色金属，并得到高品位铁精矿作为优质炼铁原料。

对于已废弃的堆存冷渣，可将金属硫化精矿与废渣进行混合氧化共焙烧，继而进行还原焙烧或离析焙烧工艺相结合，通过过程热耦合，氧化焙烧的反应热为废渣的还原焙烧提供热源，组成对新渣和废渣资源综合利用的绿色工艺，减少废渣的生成，同时还可利用焙烧余热组织热耦合综合利用过程，开展对堆存废渣的利用，不仅可拓展金属矿产的资源，也可减少建设新增矿山的投资，实现循环经济模式发展。

快速循环流态化焙烧与燃煤的快速循环流化床锅炉类似，可称之为燃矿快速循环流化床锅炉。硫化矿焙烧工艺经上述改造后的结果是，每生产 1t 硫酸从回收热能发电增值与从回收的铁精矿增值的两项之和已超过了硫酸的产值，即产值可提高 1 倍；若有金、银等贵金属，产值将有更大的增长（与金、银的含量有关），同时消除了废渣，净化了环境，经济效益、社会效益和环境效益明显。硫精砂快速循环流态化焙烧具有如下优点：

1) 空气过剩系数小，SO_2 浓度高，有利于提高制酸系统的能力。

2) 适应细粉（－325 目）硫精砂焙烧，床层温度均匀，焙烧充分，预计残硫可达 0.5%。

3) 生产强度高，断面处理能力为一般沸腾焙烧炉的 4～6 倍。

4) 床层对换热面的给热系数大，为烟气给热系数的 5～7 倍，换热面积小，结构紧凑。

5) 床层混合强烈，无需布料，便于大型化，目前用于燃煤锅炉尺寸，断面积已达 100m^2。

6) 综合投资省，成本低。

用快速循环流态化焙烧高新技术改造传统的鼓泡流态化（沸腾床）焙烧技术，实现资源综合利用和再生循环，发展金属矿的绿色加工工艺，减少或消除废物排放，保护生态环境，实现可持续发展，是一项急待解决的重大科技任务，对我国社会的科学文明发展具有深远的战略意义。

12.2.3　低温催化流态化过程

根据目前世界三大支柱能源即石油、天然气和煤的储量，估计石油可开采 40 年，天然气可开采 130 年，煤可开采 240 年。令人犯难的是，石油主要分布在中东，其 75% 为重质油；3/5 的天然气储存在远离可经济利用的地区，管道输送的利用距离有限，液化后运输的投资和成本太高而无市场竞争力，被称为"措手无策"的天然气；煤也有单位储能低而运输成本高的不利方面，同时，现今的石油化工产品以石脑油制烯烃和芳烃为原料的工艺路线也隐藏着深刻的危机。不言而喻，21 世纪对天然气（CH_4）、煤和重质油的依赖会日益增加，因而，当前所面临的任务是如何扩大和深化对这些资源的开发利用而减少对石油，特别是石脑油的依赖,以满足 21 世纪对清洁燃料和化工原料的需求。

随着时间的流逝,世界能源的现实迫使人们从"无策"中找出了对策,即先将天然气和煤就地转化成其他化学能或化学产品,甚至于进一步加工成化工产品再向外输送,以减少投资和运输成本,提高市场竞争力。这些含碳原料可很容易地转换成含 CO 和 H_2 的合成气,并进一步转化成合成油或合成甲醇、二甲醚等新型燃料和各种基本有机化工产品,开发天然气和煤转化成合成气制液体燃料(GTL)、合成气制甲醇、合成气制二甲醚的燃料路线,同时开创经甲醇制烯烃(GTO)工艺路线:主要为甲醇制烯烃(MTO—乙烯、丙烯)、二甲醚制烯烃(DTO)和甲醇经二甲醚制烯烃(DTO)的工艺方法,显示出以 C_1(CO、CO_2、CH_4 和 CH_3OH)为原料工艺路线代替石脑油为原料的工艺路线将是一种必然的发展趋势。

从 C_1 化合物转化成各种化学品的工艺过程,其反应一般为催化转化,温度低于 500℃的高压、低温气相催化反应,其中合成含氧化合物的过程又有较大的热效应,催化剂性能和寿命具有决定性的作用,同时,反应器中物料流型对反应的选择性有重要影响。从新近的发展情况看,有两类新的流态化催化过程特别值得关注:其一是浆态三相流态化催化过程,如由合成气合成甲醇、合成油等;其二是低返混的快速流态化催化过程,如合成气制二甲醚、甲醇氧化制甲醛、丙烯氨氧化制丙烯腈等。

12.2.3.1 合成燃料

甲醇、二甲醚(DME)是重要的化工原料,也是新的清洁燃料,燃料电池的发展,为甲醇、二甲醚开发了新的市场。新世纪,为减轻车用燃料对石油的依赖,从合成气合成甲醇、二甲醚过程已逐渐走向工业生产,几个年产 80~180 万 t 的大型甲醇厂已投入运行,20 世纪初,全球的甲醇消费已超过 3000 万 t,更大型的甲醇厂在拟建中。

天然气(CH_4)用两段蒸气催化裂解、煤和重质油经相应的 Shell 气化、Texaco 气化转化成主要成分为 CO、CO_2 和 H_2 的合成气,除经 F-T 工艺路线合成液体烃,即 GTL 工艺外,可通过催化合成制备甲醇(CH_3OH),如进一步脱水可制备二甲醚 [$(CH_3O)_2$],或从合成气一步合成二甲醚。近年来,国内外对天然气、煤层气、劣质煤为原料转化成合成气制二甲醚的研究开发的热度在持续升温,建生产厂的兴趣在增强,日本东洋工程公司(TEC)在建年产 250 万 t 二甲醚的装置,BP 公司与印度天然气管理局、印度石油公司也在建年产 180 万 t 二甲醚的工厂,日本三菱瓦斯公司等合作建设规模为 140~240 万 t 的生产线,日本 NKK 公司拟建 150 万 t 的二甲醚过程。业内人士预言,二甲醚将是 21 世纪合成燃料的新宠。

作为以燃料为目标的合成气转化工艺，CO、CO_2 和 H_2 的一步合成二甲醚则有某些优势，它不像合成气制甲醇过程受热力学平衡的严重限制，甲醇的平衡产率很低 5%～7%，最高 20% 左右，而合成二甲醚过程，其 CO 的转化率可达 80%，对二甲醚的选择性也近 80%。CO 的单程转化率的大幅度的提高，减少了循环气量和循环压缩功，因而降低了投资和生产成本。合成气一步合成二甲醚过程是极具发展潜力的工艺方法。

在合成气制二甲醚的催化过程中，其主要反应是可逆的放热反应，低温操作有利于提高转化率，特别是目前采用的催化剂（$Cu/ZnO/Al_2O_3$）有效工作的温度范围较窄，当超过 270℃，其反应活性快速下降。一个有效的解决方案是采用流态化反应器，将反应热快速地从反应区中移出并可保持均匀的适宜的反应温度。例如，在本书第六章中所述，该过程的鼓泡流化床反应器优于固定床反应器和浆态流化床反应器，但鼓泡流化床反应器的气相返混将限制其过程的转化率和产物的选择性。作者认为，采用低返混的快速流态化反应器将会使该过程的工艺技术指标进一步提高，从而获得更先进的经济技术指标。

甲基叔丁基醚（MTBE）是美国 50 种重要化工产品之一。1973 年，意大利阿尼克（Anic）公司投产了世界上第一台 10 万 t/a 甲基叔丁基醚工厂，20 世纪 90 年代世界产量超千万吨。甲基叔丁基醚（MTBE）制备工艺通常以混合 C_4 石油气为原料，大孔径离子交换树脂为催化剂，在 50～60℃，0.5～5MPa 条件下，异丁烯与甲醇反应生成甲基叔丁基醚和正丁烯，异丁烯的转化率大于 90%，选择性大于 98%。该过程是放热反应过程，传统反应器是列管式固定床反应器，或是多级外循环冷却的绝热反应器，近年来，采用流化膨胀床反应器以强化传热，简化工艺，消除床层的局部过热，维持最佳反应温度，防止树脂结块，抑制二聚物和二甲醚等副反应的发生，同时，使床层的流动阻力增加。此外，还开发了催化-分馏法，即催化合成与蒸馏分馏一体化的反应装置，充分利用反应热。该过程的原料来源广，产品市场大，工艺简单，条件温和，无腐蚀、无污染，工艺设备造价低、投资少，成本低，发展快速。

12.2.3.2　基本有机化工原料

从天然气、煤层气、重质渣油和劣质煤转化成 C_1 化合物原料的最大的目标是，建立 C_1 化合物直接合成各种化工产品的原料路线，以代替从石脑油转化成乙烯（C_2）的化工原料路线。至今，已通过实验开发了制备各种有机化工原料的工艺方法和技术，合成气代替石脑油合成反应体系，如图 12-1 所示，需要注意的是，这些产品市场的竞争力在于过程的经济性，主要取决于反应自身的经济性、催化剂的经济性和过程技术的经济性。

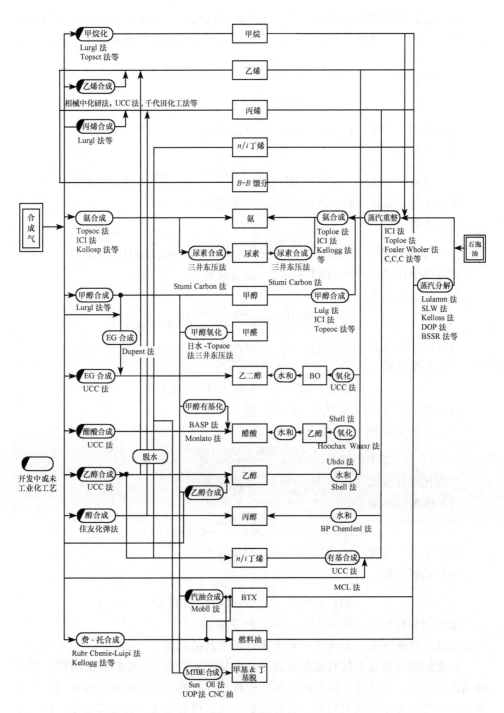

图 12-1　合成气代替石脑油合成反应体系

反应的经济性与反应的化学计量比和副反应的多寡有关，化学计量比和副反应小的，反应的经济性相对较好，几个重要的基本有机原料过程的化学计量比和副反应如下：

（1）甲醇过程

$$2H_2 + CO \xrightarrow{\text{Cu/ZnO-Cr}_2\text{O}_3,\ 250℃,\ 5\text{MPa}} CH_3OH$$

反应化学计量比（H_2/CO）＝2/1，副反应为 0。

（2）乙酸过程

$$2H_2 + 2CO \longrightarrow CO + CH_3OH \xrightarrow{\text{RhI},\ 200℃,\ 1.5\text{MPa}} CH_3COOH$$

反应化学计量比（H_2/CO）＝2/2，副反应为 0。

（3）乙醇过程

$$2H_2 + CO + CH_3OH \xrightarrow{\text{Rh-Fe/SiO}_2,\ 330℃,\ 7\text{MPa}} C_2H_5OH + H_2O$$

反应化学计量比（H_2/CO）＝2/2，副反应为 1。

（4）乙二醇过程

$$3H_2 + 2CO \xrightarrow{\text{H}_x\text{Rh(CO)}_y\text{L}_z,\ 220℃,\ 56\text{MPa}} (CH_2OH)_2$$

反应化学计量比（H_2/CO）＝3/2，副反应为 0。

（5）乙醛过程

$$3H_2 + 2CO \longrightarrow CH_3CHO + H_2O$$

反应化学计量比（H_2/CO）＝3/2，副反应为 1。

（6）二甲醚过程

$$3H_2 + 3CO \xrightarrow{\text{Cu/ZnO-ZSM-5},\ 250℃,\ 3\text{MPa}} (CH_3)_2O$$

反应化学计量比（H_2/CO）＝3/3，副反应为 0。

（7）碳酸二甲酯

$$(CH_3)_2O + CO_2 \xrightarrow{\text{CuCl}_2\text{-PtCl}_2} (CH_3O)_2CO$$

反应化学计量比（H_2/CO）＝3/3，副反应为 0。

（8）乙烯过程

$$4H_2 + 2CO \xrightarrow{\text{SAPO-34}} C_2H_4 + 2H_2O$$

反应化学计量比（H_2/CO）＝4/2，副反应为 2。

从反应经济性看，合成气一步合成烯烃更具挑战性。

催化剂的经济性不仅与催化剂自身的价格有关，而且催化剂性能决定了反应的温度和压力，影响着反应的转化率和选择性，关系到反应剂的压缩功耗。从上述几个过程的催化剂的类型看，有金属氧化物、稀贵金属（第Ⅷ族元素）化合物和沸石分子筛 ZSM-5 或硅铝磷酸盐 SAPO 系列催化剂，开发新型高效、价廉的催化剂对改善过程的经济性具有重要意义。

工艺技术的经济性表现在所选反应器的类型及其流动的非理想性的程度，非理想流动严重的将降低反应过程的转化率和选择性，从而影响过程产物的分离与未反应物料的循环系统的建设投资和运行成本。在催化合成反应器的开发中，习惯上都开始于固定床反应器，因其返混小，但在工程化的过程中，迫于移出反应热的需要而转向浆态三相流化床，如合成气的 F-T 合成过程、甲醇脱水制二甲醚过程，或当催化剂活性对温度敏感或需不断再生时，如合成气一步合成二甲醚、甲醇制烯烃等过程，气固鼓泡流化床则优于固定床和浆态反应器，尽管鼓泡流化床存在返混的非理想流动。气固鼓泡流化床的气泡现象使得反应器放大结果充满变数，也是要面对的挑战。作者认为，若选择无气泡、低返混的快速流态化反应器，则可解除这些羁绊，也可方便地建立起反应与再生紧密联系的两个反应区，而且最重要的是，可实现快速流态化反应器有效的工程放大设计，因为不存在鼓泡流化床反应器难以放大的气泡问题。可以预期，21世纪将会出现一大批的快速流态化催化反应过程。

在世界石油价格不断上涨的情况下，从甲醇制烯烃工艺被推向工业化进程。美国 UOP 公司利用联合碳化物公司（Union Carbide Co.）的磷酸硅铝 SAPO-34 催化技术，并与挪威 Horsk Hydro 公司合作，用 SAPO-35（MTO-100）采用流化床反应和再生的反应器，将甲醇一步转化成烯烃的工艺技术（MTO），甲醇转化率大于99%，可获得乙烯和丙烯80%的收率，已在尼日利亚建设一个年处理240万 t 甲醇的烯烃厂；德国 Lurgi 公司采用改性 ZSM-5 催化剂将甲醇经二甲醚采用两个固定床反应器两步转化成丙烯（MTP），甲醇转化率大于99%，收率达71%，Lurgi 公司为埃及设计建设年加工 180 万 t 甲醇的丙烯厂。可行性研究表明，与石脑油制烯烃相比，这些 MTO 的工艺技术已具有市场的经济竞争力。

当前，我国的烯烃（乙烯和丙烯）的自给率都只有50%～60%，存在增产烯烃的巨大市场需求，合成氨厂联产甲醇甚至化学品的三联产过程得到了一定的发展，即将氨合成后的部分反应气送去合成甲醇，甚至将甲醇进一步加工成化工产品，三联产过程可获得较好的经济效益。

12.2.4　跨行业大型联合过程

12.2.4.1　煤基钢铁-发电联合过程

前已论及铁矿石气体预还原-熔态终还原不仅是个高效快速的反应过程，生产效率高，而且特别重要的是符合未来能源以煤为主、焦煤不足的资源情况，是有重大发展前途的冶炼新流程。具体方案很多，各自的优势和局限性不同。典型的可概括为三类：

　　一是用等离子体供热及煤、氧喷吹造气熔态终还原，但其造气量由矿石流态化预还原所需煤气决定，操作上有一定限制；二是矿石、煤粉、氧气经预还原炉顶喷入，经闪速高温还原落入电弧炉，采用外供电等离子电弧加热，产生的废热和煤气用于发电；三是采用全煤、氧熔态还原造气，除供矿石预还原外，还直接用于发电。比较起来，第三类全煤、氧熔态冶炼工艺的生产成本最低，也最适合中国国情。以上三种方案，不管是哪种方案，都存在煤气过剩问题，解决这一问题的出路之一是钢铁-发电联合企业，其生产成本最低。单从钢铁厂来看，其投资（包括发电部分）比其他同等规模的钢铁企业要高，但钢铁、发电两部分总投资低于同等规模而各自独立的钢铁厂和发电厂的投资之和，因为有相当一部分装置属于共用的，可节省。这一工艺路线在技术上是先进的，经济上是可行的，通过新的经营管理体制的促进，在 21 世纪将会建立一种钢铁-发电联合的新型企业。

　　铁矿石全煤、氧熔态冶炼工艺的关键技术之一是铁精矿的气体预还原，快速流态化预还原技术显示出较强的竞争力。

12.2.4.2　煤基冶金-化工联合过程

　　前已提到，世界石油资源有限，石油化工的原料路线将会由轻油、重质油逐渐过渡到以煤造气为原料，而煤的造气，目前投资大，成本高，已成为"C1"化学工业发展的障碍。然而，全煤氧熔态还原冶炼工艺，其煤气有富余，将其成分做适当重整，作为化工合成原料气是个合理的解决方案。因而将煤、氧熔态冶金过程与以甲醇为代表的碳-化学企业结合起来，具有天然的合理性，不仅消除了各自的烦恼和困扰，而且使各自的优势进一步发挥。煤、氧熔态还原副产的煤气成分为 CO 78%、H_2 17%、N_2 5%左右，只要通过一部分气体的水煤气变换，将煤气组成调整为 $H_2/CO=2/1$，便能满足甲醇（CH_3OH）合成的需要。而这些技术都是成熟的，因而在技术上是可能的，这将为煤制甲醇开辟了一条新途径。一个年产 40 万 t 的钢铁厂可配一个年产 10 万 t 的甲醇厂，年产 100 万 t 的钢铁厂可配一个 30 万 t 大型甲醇厂。建立联合企业至少可省去共用设备，如造气炉、煤气净化系统等投资，而生产成本也较低，增强了在市场上的竞争能力。特别应该提到的是，这种钢铁化工联合企业有利中小地方钢铁企业的发展，对幅原辽阔、资源复杂的我国经济来说，提供了一条因地制宜的技术发展道路。

12.3　液固、三相流态化过程

　　三相流态化技术开始于石油和煤的加氢，发展于有机化工过程和生物发酵和酶促生物化工过程，扩展于环境生化过程。在石油的短缺和环境的恶化、能源、资源、环境面临更严重挑战的 21 世纪，生物能和非化石燃料备受重视。植物经光合作用将 CO_2 和 H_2O 转化成纤维素类碳水化合物，是种可再生的清洁能源和化工原料。如果由轻质油转向天然气、重质油和煤的原料路线是被迫的话，近年来，人们已自觉地将原料路线转向可再生的生物质，以生产生物燃料和生物化学品或化工产品，则是具有前瞻性的战略思考。已有的研究表明，固定化生物催化剂的三相流态化可大大强化生产过程，可以预期，三相流态化技术将会在这种转变中有更大的发展，并发挥更大的作用。

12.3.1　有机化工

除三相流态化煤加氢 H-Coal 反应过程外，还有石油加氢脱硫过程、石油加氢脱氮过程、石油加氢脱重金属过程，合成气催化合成石油烃过程等，在有机化工方面，有乙烯和丙烯的聚合与共聚反应过程等各种应用；21 世纪里，合成气三相流态化催化合成甲醇和二甲醚及其衍生物的反应过程将逐渐走向工业化生产。

12.3.2　生物化工

化学品生产中，60％以上由催化合成所得，催化化工产品占有重大比重，具有核心地位，但化学催化过程一般工艺流程较长，反应条件苛刻，选择性较低。生物细胞或酶催化反应过程流程简单，条件温和，选择专一，不需分离。生物合成 1, 3-丙二醇（PDO）、丙烯酰胺、氨基酸、果葡糖、聚乳酸脂、聚硫脂、棕榈酸异辛脂、正构烷烃制二元酸等工艺是具有深远意义的成功范例，但生物催化还欠稳定、造价高、速度慢。21 世纪，改进生物催化技术，扩大应用范围，将会使传统化工过程发生根本性变革。

生物燃料是 21 世纪有重要发展前景的领域，也是生物化工的主要内容之一。从植物油生物转化成柴油，从淀粉、糖蜜甚至纤维素制备燃料乙醇得到很大发展，主要有巴西、美国等。我国每年光合纤维素产量达 1.5×10^{12} t，尽管已建设从淀粉、糖蜜制备燃料乙醇的工厂，燃料乙醇年产量约 132 万 t，但纤维素的利用还在研究开发之中，其困难在于现在发现的微生物还不能将纤维素转化成糖而加以利用。寻求高效溶剂、强化水解（酸解和酶解）、培养有效的工程菌是实现技术突破的关键。由纤维素制备燃料乙醇是个符合可持续发展原则的过程，BC International 公司投资 9000 万美元建成采用甘蔗渣为原料生产年产 7600 万升燃料酒精工厂；Masada Resource 公司以固体废弃物为原料制备乙醇，其规模为 3600 万 L/a，耗资 1.5 亿美元。

生物废料发酵制单细胞蛋白饲料，污水处理脱氮、磷，不仅有所收益，而且可净化环境。

12.3.3 生物医药

生物医药是产品的附加值最高、发展速度最快的生物化工产业。依斯曼化学公司和 Genencor 公司开发了二步法生物法制备维生素 C，BASF 公司投产 3000t/a 的维生素 B_2 和维生素 E 装置；生物法制备抗生素和青霉素、麦迪霉素、麦白霉素、丙酰螺旋霉素、β-丙酰胺半合成头孢素等，生产抗真菌药物、抗癌药物；控病毒的疫苗和器官组织培养。

12.4 外力场下流态化过程

外力场下的流态化过程是个值得关注的领域，尽管其规模和应用范围还不能与气固流态化、三相流态化过程相比，但在某些领域或过程中仍具有重要，甚至是不可替代的作用。

近年来，超细粉体乃至于纳米材料的开发应用发展迅速，其制备技术，特别是工业生产技术，是个重要研究课题。北京化工大学开发了离心力场流态化过程即超细碳酸钙超重力制备技术，在高速旋转反应器内，颗粒受到超重力作用，流体与颗粒的相对速度可大幅度提高，其传质速率较传统的高 $1\sim3$ 个数量级，生成粒度 $0.05\sim0.1\mu m$ 的球形、片状、立方等不同形状的颗粒。该项工艺技术已用于建造 3000 t/a 的生产装置。该种装置也可用于生产粒度类似的碳酸锶-碳酸钡粉体等。

电场流态化通常是在盛有导电液的液固流化床中安设一个阳极和一个阴极，阴极可以是固定的极板，也可以是导电的金属颗粒作为移动的阴极，再通以恒定或脉冲的直流电即可，实质上是个化学电池，其中的固体颗粒在于强化传质，降低槽电压。在通电的情况下，电解液中的阳离子不断获得电子而还原成金属并在床中固定的阴极或移动阴极的金属颗粒表面上沉积。电场流态化问世于 20 世纪 60 年代，其应用目的在于从湿法冶金的浸取液和微量金属的电解废液中回收 Cu、Co、Ni、Hg、Au、Ag 等金属或制备金属薄膜材料，其排出液的金属含量可降低 ppm（10^{-6}）级，消除重金属污染。为了降低液固间的传质阻力，可向液固流化床通入气体，将液固两相电场流态化发展为气液固三相电场流态化。该气体可以是惰性的以使床层膨胀，从而降低电流密度，提高电流效率，或是电化反应所需的而兼而有之，如用石墨颗粒作为移动阴极，向电解液中喷入氧气，氧气经电还原成过氧化氢（H_2O_2），这使过氧化氢（H_2O_2）的生产更经济。电场流态化应用在燃料电池中氢与氧的反应、甲醇氧化、有机和无机化合物的电合成等，有着广阔应用前景。

振动流化床的重要性随着近年来超细粉体材料制备或合成的大量增加。这些超细粉体材料的干燥、表面修饰和改性等加工技术是其产业化进程中关键技术之一。超细粉体材料的细微颗粒和巨大表面积而显示出较大内聚力，这使传统流态化技术有些无能为力。除气流干燥、喷雾干燥外，振动流化床干燥将是个有效而经济的解决方案，其应用的过程和范围将会不断扩大。

磁场流态化已用在糖蜜发酵制备乙醇的过程。磁性固定化细胞在磁场流化床中，可大大提高流体与颗粒间的相对速度和传质速率，其单位产率较悬浮培养过程高1个量级（参见本书第七章）。

12.5　结　束　语

在能源、资源供应日紧和环境的压力日重的情况下，21世纪里，世界产业经济发展的原料资源将逐步由石油为主转向天然气和煤，而且还将进行向以生物质为原料和能源的转变，在工艺上，由化学催化向生物催化发展，以此为背景，开发与此相适应的新的流态化过程，特别是资源综合利用的新工艺和先进的流态化工程技术，将是应对21世纪挑战应做的技术准备。

主 题 索 引